W0372559

# ELEMENTE DER MATHEMATIK

SACHSEN-ANHALT

8. Schuljahr

Herausgegeben von

Heinz Griesel

Helmut Postel

Friedrich Suhr

Schroedel

# Elemente der Mathematik 8
Sachsen-Anhalt

*Herausgegeben von*
Prof. Dr. Heinz Griesel, Prof. Helmut Postel, Friedrich Suhr

*Bearbeitet von*
Christine Fiedler, Reinhard Kind, Werner Ladenthin, Prof. Helmut Postel, Heinz Klaus Strick, Friedrich Suhr

*An der Ausgabe für Sachsen-Anhalt wirkte mit:*
Ardito Messner

Abgestimmt auf dieses Unterrichtswerk sind umfangreiche Unterrichtsmaterialien entwickelt worden:
Band 2 Best.-Nr. 87002; Band 3 Best.-Nr. 87003; Band 4 Best.-Nr. 87004

Zum Schülerband erscheint: Lösungen Best.-Nr. 87278



Druck A $^{1}$ / Jahr 2010

Alle Drucke der Serie A sind im Unterricht parallel verwendbar.

Redaktion: Michael Boßmeyer
Herstellung: Reinhard Hörner
Umschlagentwurf: Loeper & Wulf, Hannover
Illustrationen: Dietmar Griese
Zeichnungen: Günter Schlierf; Langner & Partner
Satz und Repro: Triltsch, Print und digitale Medien GmbH, Ochsenfurt
Druck: pva Druck- und Mediendienstleistungen, Landau

**ISBN 978-3-507-87268-4**

# Inhaltsverzeichnis

## Bildquellenverzeichnis

Umschlag: Scott Markewitz – Getty Images, München; Seite 10, 90, 140, 142, 149, 153 (Mutter und Tochter), 158, 191 (Fliesenleger), 197, 200, 201 (Blumenkübel), 273 (Wochenmarkt) Torsten Warmuth, Berlin; Seite 13 (Stromzähler, Nahtstelle einer Brücke, Messgerät an einer Brücke), 24 (Wasserglas), 66, 67 (Wasserbehälter, Essigflaschen), 69 (Zuckerpackung), 80, 102, 104 (Motorrad, Glas 1–5), 107, 108 (Würfel), 111, 114, 118, 119 (Kinder beim Würfeln), 130, 132 (Würfel), 133, 136, 137 (Ziehung Spiel 77), 167, 225, 228 (Tetraeder-Packs), 240, 241 (Sandkegel), 246, 252, 253 (Glaszylinder), 254 (Ball,Windmühle), 258 Michael Fabian, Hannover; Seite 21, 50, 135, 191 (Pythagoras), 205, 208, 255, 260 (Kepler, Weltmodell) akg-images, Berlin; Seite 24 H. Baesemann – www.naturfoto-Online.de; Seite 38 (Weide mit Schafen) Urs Flüeler – Mauritius, Mittenwald; Seite 38 (Reisebus) Döpke Logistik GmbH & Co. KG, Endingen; Seite 57 (Rotationsmaschine) SST – Mauritius, Mittenwald; Seite 67 (Flugzeugheck), 119 (Lottozieh-Gerät) dpa – picture-alliance, Frankfurt; Seite 69 (Zuckerrübenanbau) Schrempp – Mauritius, Mittenwald; Seite 78 dpa/Goebel – picture-alliance, Frankfurt; Seite 79 John W. Warden – Okapia, Frankfurt am Main; Seite 93 (Taucher) Frei – Mauritius, Mittenwald; Seite 93 (Dehnungsfugen einer Stahlbrücke) van Eupen, Hemmingen; Seite 98 Hänel – Mauritius, Mittenwald; Seite 99, 161, 238 Vidler – Mauritius, Mittenwald; Seite 100 Köcher, Hannover; Seite 106 Bordis – Mauritius, Mittenwald; Seite 117 (Blutspenden-Plakat) Deutsches Rotes Kreuz; Seite 120 Merten – Mauritius, Mittenwald; Seite 125 J. Beck – Mauritius, Mittenwald; Seite 127 (Lottoziehung: Kugeln) Heinz-J. Schlüter; Seite 128 Corbis, Düsseldorf; Seite 137 (Erbsen) TH Foto-Werbung – TopicMedia, Ottobrunn; Seite 141 Loehr – www.mediacolors.com; Seite 153 (Escher) M.C. Escher's "Circle Limit I" © 2010 The M.C. Escher Company-Holland. All rights reserved. www.mcescher.com; Seite 178 Haff, Pfronten; Seite 201 (Blüte) Greiner & Meyer, Braunschweig; Seite 202 Gert Mothes, Leipzig; Seite 203 HB Verlag, Hamburg; Seite 210 Rust – Corbis, Düsseldorf; Seite 213 Grundig, Nürnberg; Seite 214 Andrea Postel, Kassel; Seite 216 Hackenberg – Mauritius, Mittenwald; Seite 219 (Windmühlen) Kohlhaas/zefa – Corbis, Düsseldorf; Seite 219 (Kugelförmiges Gebäude) Vidler – Mauritius, Mittenwald; Seite 219 (Marktplatz in Karlsruhe), 228 (Marktplatz in Karlsruhe), 232 (Turm), 245 Otto – Mauritius, Mittenwald; Seite 228 (Glaspyramide), 233 (Glaspyramide), 250 age – Mauritius, Mittenwald; Seite 232 (Biberschwanzziegel) Arge Ziegeldach, Bonn; Seite 235, 259 (Platon) Deutsches Museum, München; Seite 236 Fichtl – Mauritius, Mittenwald; Seite 241 (Gewürzkegel) Photo nonstop – Mauritius, Mittenwald; Seite 247 (Kegelförmiger Sandhaufen, Kegelförmiger Sandberg) GS Werbung, Gießen; Seite 247 (Kegelförmiges Dach) Otto – Helga Lade Fotoagentur, Frankfurt; Seite 247 (Vulkankrater), 253 (Heißluftballon) Bricks, Erfurt; Seite 251 (Kugelbrunnen) Stadt Hof; Seite 253 (Lunge eines Menschen) Phototake – Mauritius, Mittenwald; Seite 254 (Glaspyramide) Hackenberg – corbis, Düsseldorf; Seite 254 (Litfaßsäule) dpa/Fuehler – picture-alliance, Frankfurt; Seite 257 (Escher) M.C. Escher's "Stars" © 2010 The M.C. Escher Company-Holland. All rights reserved. www.mcescher.com; Seite 260 (Euler) E. Handmann – akg-images, Berlin; Seite 270 ZB/Ralf Hirschberger – picture-alliance, Frankfurt; Seite 272 Stadler Otto – TopicMedia, Ottobrunn; Seite 273 Langner & Partner, Hemmingen.

Es war nicht in allen Fällen möglich, die Inhaber der Bildrechte ausfindig zu machen und um Abdruckgenehmigung zu bitten. Berechtigte Ansprüche werden selbstverständlich im Rahmen der üblichen Konditionen abgegolten.

## Zur allgemeinen Zielsetzung des Buches

**Elemente der Mathematik** ist auf die Bedürfnisse und Anforderungen eines gymnasialen Mathematikunterrichts am Anfang des 21. Jahrhunderts auf der Basis der Rahmenrichtlinien Gymnasium 2003 zugeschnitten. Insbesondere wurden auch Ergebnisse und Schlussfolgerungen aus der TIMS- und der PISA-Studie angemessen berücksichtigt. Den Unterrichtenden werden konkrete Hilfen an die Hand gegeben, um problem- und handlungsorientierte Lernsituationen zu schaffen, in denen die Schülerinnen und Schüler altersangemessen ihr mathematisches Wissen möglichst eigenständig entwickeln und strukturieren können. Beim gemeinsamen Entdecken, Erforschen, Beschreiben und Erklären erfahren die Schülerinnen und Schüler, dass nicht nur die Lösung eines Problems, sondern auch der Lösungsweg wichtig ist, und dass dabei insbesondere die Analyse von Fehlern hilfreich sein kann. Besonderer Wert wird so auf den Kompetenzerwerb in den für den Mathematikunterricht relevanten überfachlichen Kompetenzbereichen gelegt: Problemlösefähigkeit, kritischer Vernunftgebrauch, verständiger Umgang mit fachgebundener Sprache, Anschauungsvermögen.

## Zum methodischen Aufbau

1. Jedes der Kapitel 1 bis 6 beginnt mit einer Einstiegsseite, die an den Erfahrungshintergrund der Schülerinnen und Schüler anknüpft und kurze Aktivitäten ermöglicht. Diese Seite eignet sich für einen möglichen offenen Einstieg und gibt einen Ausblick auf das Thema des Kapitels.

2. Die Erarbeitung des Lernstoffes erfolgt in den einzelnen Lerneinheiten, die durchnummeriert und mit einer Überschrift versehen sind. Sie sind jeweils untergliedert in einen Theorieteil und einen Übungsteil.

   *Zum Theorieteil:*
   Der Theorieteil beginnt häufig mit einer **Aufgabe** und deren vollständiger **Lösung**. Ist der mathematische Inhalt jedoch so, dass die Schülerinnen und Schüler kaum eine Chance haben, selbstständig die Lösung des zu behandelnden Problems zu finden, so beginnt der Theorieteil mit einer **Einführung**. Diese kann einen Lehrtext oder ein vollständig durchgeführtes Beispiel darstellen; in jedem Fall ist auch dieser Einstieg aktivitätsbezogen, da Mathematik nur über eigene Tätigkeit erlernt werden kann. Um alle Theorieanteile übersichtlich beieinander zu haben, folgen schon hier **weiterführende Aufgaben**, die im Unterricht in aller Regel erst nach einer erfolgten Festigung der Ausgangsinhalte an einigen Übungsaufgaben behandelt werden sollten. Sie dienen der Abrundung und Weiterführung der Theorie. Ihr Thema wird den Unterrichtenden in einer Überschrift genannt. In aller Regel sollten weiterführende Aufgaben im Unterricht bearbeitet werden und nicht als Hausaufgaben gestellt werden.
   Der Theorieteil enthält häufig eine **Information**, in der Begriffe eingeführt werden, Rückblicke und Ausblicke gegeben werden. Wesentliche Inhalte werden dabei optisch deutlich in einem Kasten mit einem roten Rahmen hervorgehoben. Hier wird großer Wert gelegt auf prägnante, altersgemäße Formulierungen, die auch beispielgebunden sein können.

   *Zum Übungsteil:*
   Der Übungsteil beginnt in aller Regel mit einer Übungsaufgabe, die einen **alternativen Einstieg** zu dem im Theorieteil dargestellten ermöglicht. Da seine Lösung im Buch nicht dargestellt ist, kann er oftmals auch offener angelegt sein. Der alternative Einstieg wird im Layout hervorgehoben durch eine mit einem Zettel unterlegte Aufgabennummer. Die folgenden Übungen dienen zur Festigung des Gelernten, der operativen Durcharbeitung und der Vernetzung der Lerninhalte mit denen früherer Themen; dabei sind überall offene Aufgaben integriert. Zur soliden Durcharbeitung wird konsequent das Analysieren typischer Schülerfehler und entsprechendes Argumentieren gefordert.
   Bei einigen Aufgaben sind in einem blauen Rahmen Musterbeispiele als Vorbild für Schreibweisen und Lösungswege angegeben. Manche Aufgaben enthalten Selbstkontroll-Möglichkeiten für die Schülerinnen und Schüler.
   Aufgaben, die die Selbstständigkeit und Problemlösefähigkeit in besonderer Weise herausfordern, sind durch eine rote Aufgabennummer gekennzeichnet.

3. Am Ende jeden Kapitels liefert ein Abschnitt **Vermischte und komplexe Übungen** Material zum Üben der bisher erworbenen Qualifikationen.

4. Den Abschluss eines jeden Kapitels bildet der Abschnitt **Bist du fit?**, in dem in besonderer Weise die erworbenen Grundqualifikationen getestet werden. Die Lösungen dieser Aufgaben sind im Anhang des Buches angegeben, sodass sie von den Schülerinnen und Schülern gut zum eigenständigen Üben für eine Klassenarbeit verwendet werden können. Zwischen den Kapiteln befinden sich Abschnitte **Bleib fit in ...**, in denen ausgewählte Inhalte früherer Schuljahre sowohl bezüglich der Grundvorstellungen als auch der Grundfähigkeiten wiederholt werden.

5. Unter der Überschrift **Im Blickpunkt** werden innermathematische, aber insbesondere auch fachübergreifende, komplexere Themen, die von besonderem Interesse sind und in engem Zusammenhang mit dem Lerninhalt des Kapitels stehen, als Ganzes behandelt. Diese Abschnitte eignen sich auch zur Differenzierung und Förderung von eigenständigen Schüleraktivitäten über einen etwas größeren Zeitraum sowie für Erweiterungen und Vertiefungen.

6. Um Schülerinnen und Schüler im eigenständigen Erarbeiten mathematischer Themen zu schulen, enthalten einige Kapitel eine oder mehrere Lerneinheiten **Zum Selbstlernen**, in der das Thema so aufbereitet ist, dass es von den Lernenden ganz selbstständig bearbeitet werden kann. Unterkapitel, die solche Lerneinheiten enthalten, sind im Inhaltsverzeichnis gekennzeichnet.

7. Das Kapitel 7 beinhaltet umfangreiches Material für das **Aufgabenpraktikum**. Dafür können außerdem auch die „Blickpunkte" sowie Aufgaben aus den Teilkapiteln „Vermischte und komplexe Übungen" genutzt werden.

8. Im Internet findet man unter www.elemente-der-mathematik.de Vorschläge für Projekte, die kostenlos abgerufen werden können. Diese Projekte ermöglichen auch einen offenen Einstieg in das entsprechende Kapitel. Sie sind für die eigenständige Arbeit der Schülerinnen und Schüler mehrfach erprobt.

   Inhaltlich eignen sich für den Schuljahrgang 8 folgende Projekte:
   Funktionen – Messen und Darstellen (zu Kapitel 2)
   Pythagoras (zu Kapitel 5)

## Symbole

**3.** Das Unterlegen einer Aufgabennummer mit einem grünen Zettel kennzeichnet eine Übungsaufgabe, die auch als **alternativer Einstieg** geeignet ist.

**5.** Rote Aufgabennummern kennzeichnen Aufgaben, die die Selbstständigkeit und Problemlösefähigkeit der Schülerinnen und Schüler in besonderer Weise herausfordern.

**7.** Blaue Aufgabennummern (und Überschriften) kennzeichnen Zusatzstoffe.

DGS Hier bietet sich der Einsatz eines dynamischen Geometrie-Systems an.

TAB Hier bietet sich der Einsatz eines Tabellenkalkulations-Programmes an.

CAS Hier bietet sich der Einsatz eines Computer-Algebra-Systems an.

A In den Einheiten zum Selbstlernen kennzeichnet dieses Symbol einen Auftrag.

 Dieser Arbeitsauftrag ist für die Bearbeitung in Partnerarbeit konzipiert.

 Dieser Arbeitsauftrag ist für die Bearbeitung durch eine Gruppe aus mehreren Schülerinnen und Schülern konzipiert.

# Bleib fit im . . .
# Umgang mit den rationalen Zahlen

**Zum Aufwärmen**

**1.** *Peters Geldgeschichten*

**a)** (1) Peter führt den Hund von Frau Meier regelmäßig spazieren. Dafür bekommt er 20 € im Monat. Frau Meier hat für Juli bis Dezember im Voraus bezahlt:
(+20 €) + (+20 €) + (+20 €) + (+20 €) + (+20 €) + (+20 €).
Wie berechnet man diese Summe durch Multiplizieren?

(2) Am 30. September ist Frau Meier nach Mallorca geflogen, mit ihrem Hund! Peter muss leider drei Bezahlungen rückgängig machen:
(+20 €) + (+20 €) + (+20 €) + (+20 €) + (+20 €) + (+20 €) – (+20 €) – (+20 €) – (+20 €).
Welches Produkt kann er anstelle der roten Änderung addieren?

**b)** (1) Für das Mittagessen in der Schule hat er fünfmal 3,50 € im Voraus ausgegeben:
(–3,50 €) + (–3,50 €) + (–3,50 €) + (–3,50 €) + (–3,50 €).
Wie addiert man negative rationale Zahlen?
Wie kann man diese Änderung durch Multiplizieren berechnen?

(2) Übersehen wurden am Donnerstag die Bundesjugendspiele und am Freitag ein Feiertag. Da kann er glücklicherweise zwei der Ausgaben für das Mittagessen in der Schule wieder rückgängig machen:
(–3,50 €) + (–3,50 €) + (–3,50 €) + (–3,50 €) + (–3,50 €) – (–3,50 €) – (–3,50 €).
Wie subtrahiert man negative rationale Zahlen?
Welches Produkt kann man anstelle der roten Änderung addieren?

**c)** Wie ändert sich sein Geldvorrat insgesamt? Erkläre mithilfe der Aufgaben a) bis d), wie man rationale Zahlen (mit positiven und negativen Vorzeichen) multipliziert.

**Zum Erinnern**

Betrag:
Abstand von 0
|–7| = 7
|+3| = 3
| 0| = 0

### (1) Addieren rationaler Zahlen

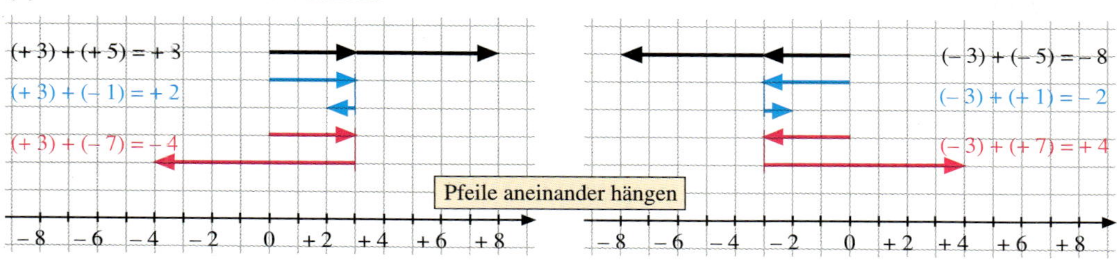


- Zwei rationale Zahlen mit *gleichen Vorzeichen* werden addiert, indem man die Beträge addiert und das gemeinsame Vorzeichen übernimmt.
- Zwei rationale Zahlen mit *verschiedenen Vorzeichen* und *verschiedenen* Beträgen werden addiert, indem man den kleineren Betrag von dem größeren subtrahiert und das Vorzeichen beim größeren Betrag übernimmt. Bei *verschiedenen* Vorzeichen und *gleichen* Beträgen ist die Summe 0.

Die Gegenzahl erhält man durch Ändern des Vorzeichens: –5 ist die Gegenzahl von +5.

### (2) Subtrahieren rationaler Zahlen

Eine rationale Zahl wird subtrahiert, indem man ihre Gegenzahl addiert.

*Beispiele:* (+5) – (+6) = (+5) + (–6) = – 1 (+5) – (–6) = (+5) + (+6) = + 11

### (3) Multiplizieren rationaler Zahlen

(a) Mit positiven Zahlen multiplizieren

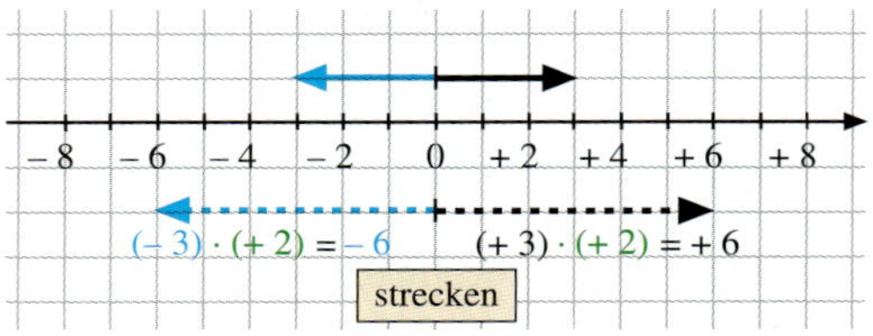


(b) Mit negativen Zahlen multiplizieren

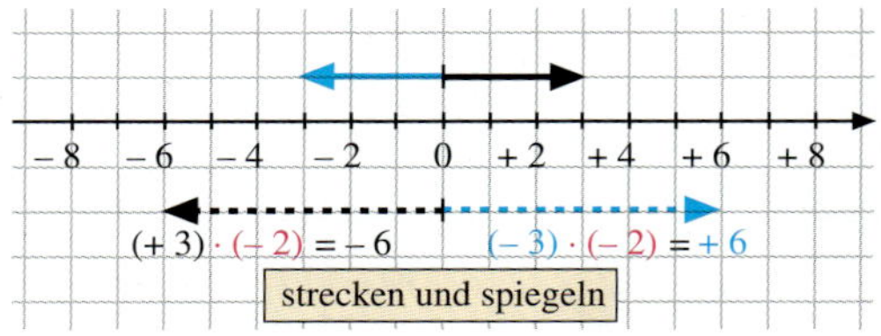


Zwei rationale Zahlen werden multipliziert, indem man ihre Beträge multipliziert und das Vorzeichen wie nebenstehend bestimmt. Außerdem gelten:

$a \cdot 0 = 0$; $0 \cdot a = 0$.

plus mal plus ergibt plus
plus mal minus ergibt minus
minus mal plus ergibt minus
minus mal minus ergibt plus

*Den Kehrwert (Das Reziproke) eines Bruches erhält man durch Vertauschen von Zähler und Nenner.*

### (4) Dividieren rationaler Zahlen

Durch eine rationale Zahl ungleich 0 wird dividiert, indem man mit dem Kehrwert multipliziert.

*Beispiel:* $(+6) : (-3) = (+6) : \left(-\frac{3}{1}\right) = (+6) \cdot \left(-\frac{1}{3}\right) = -2$

**Zum Trainieren**

**2. a)** Ordne nach der Größe: 25; −15; 5,5; $-\frac{25}{2}$; 12,1; −25,5; $-\frac{99}{4}$

**b)** Bilde die Beträge der Zahlen aus Teilaufgabe a) und ordne die Beträge.

**3. a)** Zeichne in ein Koordinatensystem die Punkte A(−4|−1); B(−1|−1); C(1|1); D(5|1); E(4|−3); F(−5|−3) und verbinde sie der Reihe nach zu einem Vieleck.

**b)** Addiere (−3) zu allen Koordinaten in Teilaufgabe a). Zeichne die entstehenden Punkte in ein neues Koordinatensystem. Wie entsteht das neue Vieleck aus dem vorherigen?

**4.**

| a) | b) | c) | d) |
|---|---|---|---|
| (+12) + (−8) | (+15) − (−8) | (−5) · (+3) | (−30) : (+6) |
| (+24) + (+16) | (+17) − (+9) | (−4) · (−16) | (−21) : (−7) |
| (+8) + (−15) | (+22) − (+25) | (−5) · (+15) | (−24) : (+12) |
| (−21) + (+10) | (−19) − (+11) | (+9) · (−20) | (+39) : (+3) |
| (−17) + (+33) | (−13) − (−5) | (+11) · (−7) | (+48) : (−4) |
| (−12) + (−14) | (−24) − (−30) | (+12) · (+11) | 0 : (8 + (−8)) |
| (−117) + (+117) | (+63) − (+63) | 0 · (−17) | 0 : (−50) |
| (−27) + (−27) | (+25) − (−25) | (−8) · (+8) | (−12) : 0 |

**5.**

| a) | b) | c) | d) |
|---|---|---|---|
| $(-100 + 8) \cdot 0{,}5$ | $-25 - 30 - 5$ | $(-2)^4 - 24$ | $\left(-\frac{2}{5}\right) \cdot \left(-\frac{1}{3}\right)$ |
| $-7{,}5 : (-5) - 3{,}5 : (-5)$ | $(-5) \cdot (-6) \cdot (-2)$ | $-6 + (-4)^3$ | $\left(-\frac{2}{5}\right) + (-0{,}5)$ |
| $-0{,}3 - 0{,}8 \cdot (-2)$ | $100 : (-2) : (-2)$ | $(5 - 10)^2$ | $\left(-\frac{1}{4}\right) : \left(+\frac{1}{2}\right)$ |

**6.** Mit drei Zahlen aus dem Korb kann man Aufgaben bilden, bei denen das Ergebnis zwischen −20 und −10 liegt. Finde mehrere solche Aufgaben.

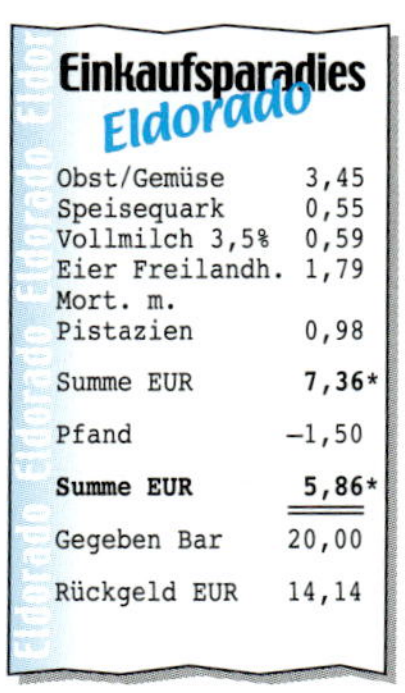


**7. a)** Gib einen einzigen Term an, mit dem man das Rückgeld berechnen kann.

**b)** Wie viel sollte man dem Kassierer geben, damit er einen glatten Betrag zurückgeben kann?

**c)** Wie ändert sich das Rückgeld, wenn man noch zusätzlich eine Schokolade für 1,50 € kauft?

**d)** Wie ändert sich das Rückgeld, wenn man noch weitere Flaschen mit 2 € Pfand abgibt?

# 1. ARBEITEN MIT VARIABLEN – GLEICHUNGEN

In Klasse 7 hast du das Aufstellen von Termen mit einer Variablen geübt.
Du kennst aber auch schon Formeln zur Berechnung von Größen aus der Geometrie, die von mehreren Variablen abhängen.

- Kannst du die Bedeutung der Formeln und der Variablen in ihnen erklären?

In diesem Kapitel lernst du, wie man Terme umformen kann und Gleichungen mithilfe von Termumformungen löst.

# 1.1 Terme mit mehreren Variablen

## 1.1.1 Aufstellen von Termen – Berechnen von Termwerten

**Aufgabe 1**

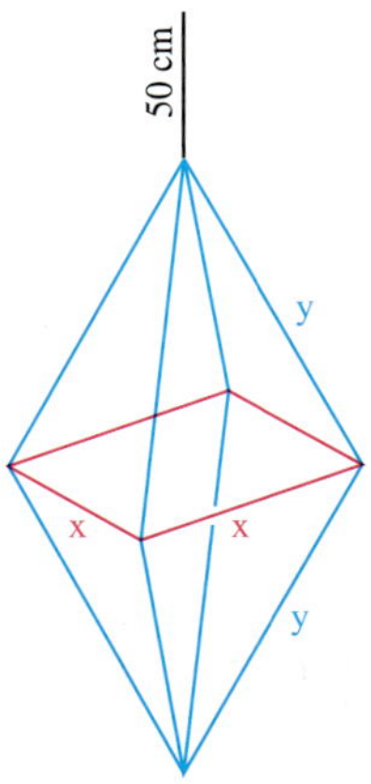


Die Teilnehmer einer Arbeitsgemeinschaft wollen den Körper links als Mobile aus Draht basteln. Die einzelnen Gruppen beschließen, unterschiedlich große Körper herzustellen.
Um einen Überblick zu bekommen, wollen sie zunächst den Drahtverbrauch für die Körper bei verschiedenen Kantenlängen berechnen. Stefan macht dazu den Vorschlag, Formeln aufzustellen, damit für jede Kantenlänge schnell der Drahtverbrauch berechnet werden kann.

**a)** Stelle Formeln auf.

**b)** Berechne für jeden der Körper mit den folgenden Kantenlängen die benötigte Drahtlänge (in cm):
(1) $x = 5;\ y = 7$  (2) $x = 10{,}4;\ y = 12{,}5$  (3) $x = 6;\ y = 6$

**Lösung**

**a)** Der Körper besteht aus zwei gleichen (einander kongruenten) Pyramiden mit einer gemeinsamen quadratischen Fläche als Mittelfläche (Grundfläche jeder einzelnen Pyramide) und einem Aufhänger. Für den Drahtverbrauch s (in cm) kann man verschiedene Formeln aufstellen:

Drahtlänge für die quadratische Mittelfläche (in cm): $4 \cdot x$
Drahtlänge für *eine* Pyramide ohne Grundfläche (in cm): $4 \cdot y$

- Der Körper besteht aus einer Pyramide ohne Grundfläche, der Mittelfläche, einer weiteren solchen Pyramide ohne Grundfläche und dem Aufhänger: $s = 4 \cdot y + 4 \cdot x + 4 \cdot y + 50$
- Der Körper besteht aus der Mittelfläche, zwei gleichen Pyramiden ohne Grundfläche und dem Aufhänger: $s = 4 \cdot x + 2 \cdot (4 \cdot y) + 50$
- Der Körper besteht aus vier Kanten der Länge x (in cm), acht Kanten der Länge y (in cm) und dem Aufhänger: $s = 4 \cdot x + 8 \cdot y + 50$

**b)** Berechnen der Drahtlängen (mithilfe der dritten Formel):

*Es dürfen auch gleiche Zahlen eingesetzt werden.*

(1) $x = 5;\ y = 7$

$$s = 4 \cdot x + 8 \cdot y + 50$$
$$s = 4 \cdot 5 + 8 \cdot 7 + 50$$
$$= 20 + 56 + 50$$
$$= 126$$

(2) $x = 10{,}4;\ y = 12{,}5$

$$s = 4 \cdot x + 8 \cdot y + 50$$
$$s = 4 \cdot 10{,}4 + 8 \cdot 12{,}5 + 50$$
$$= 41{,}6 + 100 + 50$$
$$= 191{,}6$$

(3) $x = 6;\ y = 6$

$$s = 4 \cdot x + 8 \cdot y + 50$$
$$s = 4 \cdot 6 + 8 \cdot 6 + 50$$
$$= 24 + 48 + 50$$
$$= 122$$

**Information**

**(1) Terme – Berechnungsregeln für Terme**

In den bisher betrachteten Formeln kommen rechts vom Gleichheitszeichen folgende Terme vor:

$4 \cdot y + 4 \cdot x + 4 \cdot y + 50$;  $4 \cdot x + 2 \cdot (4 \cdot y) + 50$;  $4 \cdot x + 8 \cdot y + 50$

Sie enthalten die Variablen x und y. Setzt man anstelle der Variablen Zahlen ein, so kann man den Wert des Terms berechnen.
Auch $3 \cdot 5 + 4$,  $(7 + 2 \cdot 9)^2$,  $(8 + 2 \cdot 4) \cdot 5$ sind Terme. Sie enthalten keine Variable.

**terminare** ⟨lat.⟩
bestimmen, festsetzen

Ein **Term** gibt einen Rechenweg an. Setzt man anstelle einer jeden Variablen Zahlen ein, so entsteht ein Term mit Zahlen. Als Ergebnis der Rechnung erhält man dann eine Zahl, den Wert des Terms.

**Vorrangregeln für die Berechnung von Termen**

(1) Wenn nichts anderes geregelt ist, rechnet man von links nach rechts.
(2) Das Innere einer Klammer wird zuerst berechnet.
(3) Wo keine Klammer steht, geht Punktrechnung vor Strichrechnung und Potenzrechnung noch vor Punktrechnung und vor Strichrechnung.

**(2) Einsetzungen bei mehrfach vorkommenden Variablen**

In dem Term $4 \cdot y + 4 \cdot x + 4 \cdot y + 50$ kommt die Variable y an zwei verschiedenen Stellen vor. Dann muss für y jedes Mal dieselbe Zahl eingesetzt werden.

Kommt in einem Term eine Variable mehrmals vor, dann muss für diese Variable überall dieselbe Zahl eingesetzt werden.
Kommen in einem Term verschiedene Variable vor, dann darf für diese Variablen auch dieselbe Zahl eingesetzt werden.

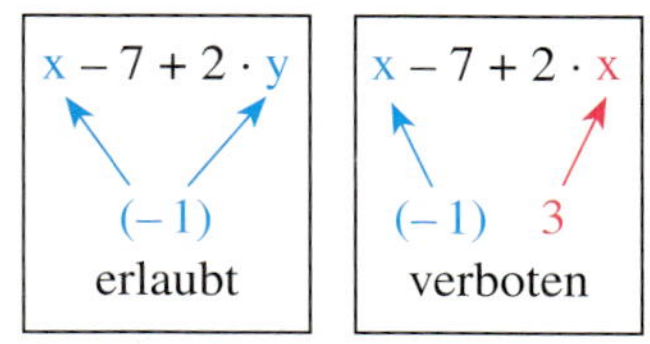


**Weiterführende Aufgabe**

**2.** *Erstellen der Wertetabelle eines Terms mit dem GTR oder einer Tabellenkalkulation*

Um mit dem grafikfähigen Taschenrechner für einen Term eine Wertetabelle zu erstellen, verwendest du für jede vorkommende Variable eine Liste. Für den Term $2 \cdot x - y + 3$ schreibst du z.B. die Einsetzungen für die Variable x in die Liste L1, die Einsetzungen für die Variable y in die Liste L2. Vereinbarst du die Liste L3 wie im Bild rechts, so werden in ihr die Werte des Terms $2 \cdot x - y + 3$ berechnet.

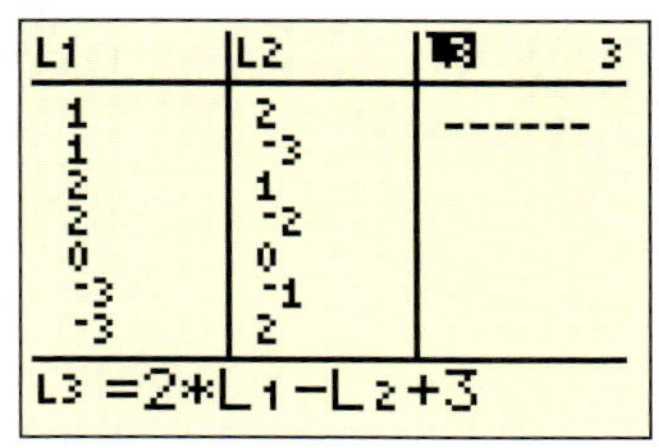


**a)** Erstelle die Wertetabelle mit einem grafikfähigen Taschenrechner. Untersuche, wie der GTR auf das Weglassen des Multiplikationszeichens reagiert.

**b)** Gib jeweils vier Einsetzungen für die Variable x in der Liste L1 und für die Variable y in der Liste L2 an, sodass der Term $2 \cdot x - y + 3$ den Wert 3 [0; 1; – 3; 100] in der Liste L3 annimmt.

TAB

**c)** Erstelle diese Wertetabelle auch mit einem Tabellenkalkulationsprogramm.

**Übungsaufgaben**

**3.** Die Klasse 8 a möchte Kantenmodelle von verschieden großen Quadern mit quadratischer Grundfläche herstellen.

**a)** Erstelle zunächst eine Formel für die Drahtlänge (in cm), die für einen Quader benötigt wird.

**b)** Berechne dann mithilfe dieser Formel die benötigte Drahtlänge für die Quader mit folgenden Kantenlängen (in cm):
(1) $x = 5;\ y = 8$ (2) $x = 7;\ y = 7$ (3) $x = 10{,}7;\ y = 5{,}2$

**c)** Anna hat einen Draht der Länge 64 cm zur Verfügung. Überlege dir verschiedene Möglichkeiten, daraus Kantenmodelle herzustellen.

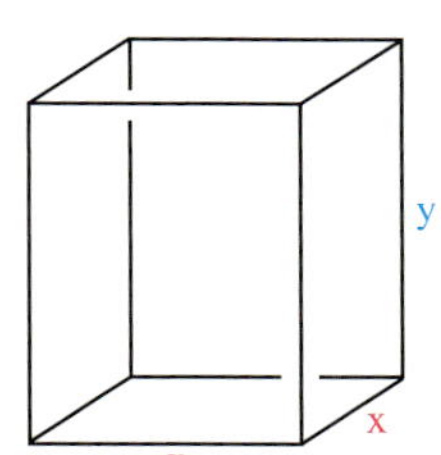

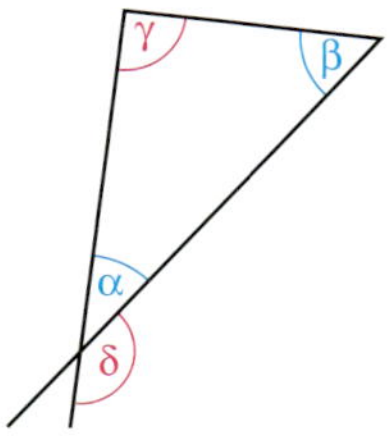


**4.** In der Figur links sind die Größen der Winkel $\alpha$ und $\beta$ gegeben.

**a)** Erstelle für die Größe der Winkel $\gamma$ und $\delta$ je einen Term.

**b)** Berechne die Größe dieser Winkel für
(1) $\alpha = 43°$; $\beta = 52°$ (2) $\alpha = 40°$; $\beta = 40°$ (3) $\alpha = 60°$; $\beta = 60°$
Gib auch die Dreiecksart an.

**5.** Verschiedene quaderförmige Schachteln sollen mit buntem Papier als Geschenkpackungen beklebt werden.

**a)** Stelle eine Formel für die Größe $A_O$ der Oberfläche des Quaders auf sowie eine Formel für die Länge s des Geschenkbandes. Rechne 20 cm für die Schleife.

**b)** Berechne mithilfe dieser Formel die Gesamtlänge s des Geschenkbandes und die Größe $A_O$ der Oberfläche für:
(1) $a = 7$; $b = 4$; $c = 3$ (Maße in cm)
(2) $a = 3{,}5$; $b = 7{,}5$; $c = 2{,}4$ (Maße in cm)

**6.** Mehrere Schüler haben in den Term $7 - a \cdot b - c$ Zahlen eingesetzt: $a = 2$, $b = -3$ und $c = -4$. Was meinst du dazu?

| | | |
|---|---|---|
| Anna: 7-2-3-4 | Bastian: 7-2·-3--4 | Christian: 7-2·(-3)-(-4) |
| Paul: 7-2·(-3)+4 | Laura: 7-2·3+4 | Tina: 7+6+4 |

**7.** Berechne den Wert des Terms $2 \cdot x - x \cdot y^2$ für

(1) $x = 0$; $y = 1$ (4) $x = -1$; $y = 1$ (7) $x = 1$; $y = 2$
(2) $x = 1$; $y = 0$ (5) $x = 1$; $y = -1$ (8) $x = \frac{1}{2}$; $y = -\frac{2}{3}$
(3) $x = 1$; $y = 1$ (6) $x = 2$; $y = 1$ (9) $x = 0{,}7$; $y = -1{,}1$ (10) $x = \frac{3}{4}$; $y = -1{,}4$

Stelle deine Ergebnisse in einer Tabelle zusammen.

| x | y | $2 \cdot x - x \cdot y^2$ |
|---|---|---|
| 0 | 1 | |
| 1 | 0 | |

**8.** Berechne die Werte der Terme.
(1) $a - b \cdot c + d$ (2) $a - b \cdot (c + d)$ (3) $(a - b) \cdot c + d$ (4) $(a - b) \cdot (c + d)$ für:

**a)** $a = 2$; $b = 4$; $c = 1$; $d = 3$
**b)** $a = 5$; $b = -1$; $c = 0$; $d = 0$
**c)** $a = \frac{1}{2}$; $b = \frac{2}{3}$; $c = \frac{1}{3}$; $d = -\frac{3}{4}$
**d)** $a = 0{,}4$; $b = 0{,}4$; $c = -1$; $d = \frac{1}{2}$

**9.** Hier siehst du, wie mit dem GTR die Wertetabelle eines Terms ausgerechnet wurde.

**a)** Wie könnte der Term heißen?

**b)** Gebt euch gegenseitig mit dem GTR kleine Wertetabellen vor und sucht einen passenden Term.

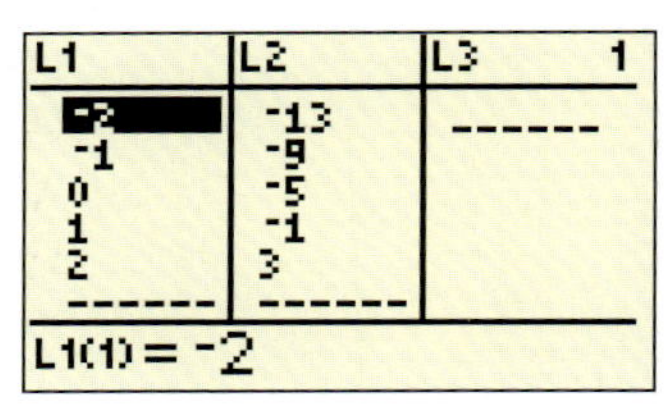

**10.** Elias behauptet: $-a$ ist stets negativ. Was meinst du dazu?

**11.** **a)** Für welche rationalen Zahlen a wird der Wert des Terms $-3 \cdot a$ negativ [positiv]?

**b)** Für welche rationalen Zahlen a und b wird der Wert des Terms $a : b$ größer [kleiner] als 1?

**12.** Finde einige Belegungen für x und y, sodass der Term $3 \cdot x - 4 \cdot x \cdot y$ einen Wert nahe bei 20 [–20,8; –123,4] annimmt.

**13.** Stelle einen Term auf für

**a)** den Flächeninhalt des gelben Rechtecks;

**b)** den Umfang des gelben Rechtecks;

**c)** den Flächeninhalt der grünen Fläche;

**d)** den Umfang der grünen Fläche;

**e)** den Flächeninhalt der blauen Fläche;

**f)** den Umfang der blauen Fläche.

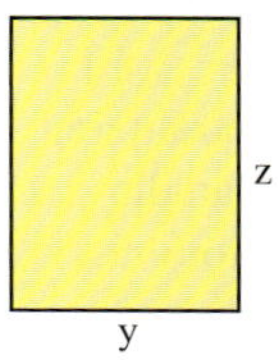


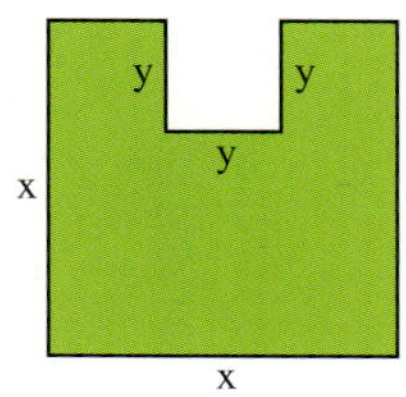


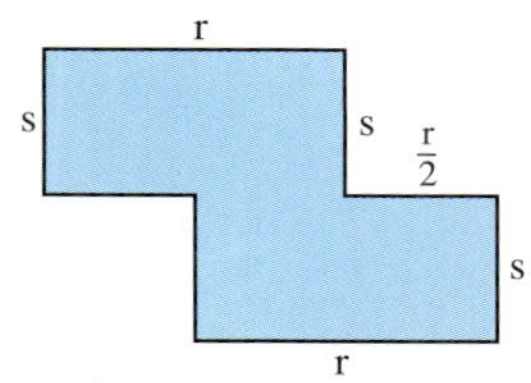


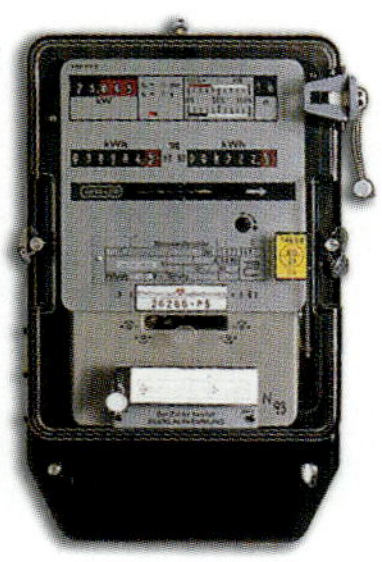

**14.** **a)** Frau Müller will ihre Stromkosten berechnen. Eine Kilowattstunde kostet y €. Hinzu kommt die monatliche Grundgebühr von z €. Sie verbraucht im Monat x Kilowattstunden. Stelle eine Formel auf für die monatlichen Stromkosten P.

**b)** Frau Müller hat mehrere Verträge zur Auswahl. Erstelle mit einem GTR eine Übersicht über die Stromkosten der verschiedenen Tarife bei einer jährlichen Abnahme von 1 000 kWh bis 4 000 kWh.

| Tarif | Single | Couple | Family |
|---|---|---|---|
| Grundgebühr im Jahr | 25 € | 54 € | 132 € |
| Preis pro kWh | 0,13 € | 0,12 € | 0,10 € |

**15.** Körper dehnen sich bei Temperaturerhöhung aus und ziehen sich bei Abkühlung wieder zusammen. Diese Ausdehnung ist umso größer, je länger der Körper ist und je größer die Temperaturänderung ist. Daher sind bei großen Bauwerken, wie z. B. Brücken, Dehnungsfugen angebracht.
Für die Länge L (in m) eines festen Körpers gilt: $L = L_0 \cdot (1 + \alpha \cdot \vartheta)$, wobei $L_0$ die Länge (in m) bei 0 °C und $\vartheta$ die Temperatur (in °C) bedeutet und $\alpha$ eine materialabhängige Konstante ist. Für eine Stahlbetonbrücke hat $\alpha$ den Zahlenwert 0,0012.

Griechische Buchstaben:
$\alpha$ - Alpha
$\vartheta$ - Theta

**a)** Berechne die Länge einer Brücke, die bei 0 °C 30 m lang ist, für die Temperaturen –20 °C, –15 °C, …, 30 °C.

**b)** In Deutschland geht man davon aus, dass die Temperaturen an dieser Brücke nicht unter –25 °C absinken und nicht über 35 °C ansteigen. Wie breit muss die Dehnungsfuge sein?

### 1.1.2 Struktur eines Terms

**Aufgabe 1**

Welche Rechenart wird bei der Berechnung des Terms als letzte ausgeführt? Zeichne zur Verdeutlichung jeweils einen Rechenbaum. Gib auch den Typ des Terms an.

**a)** $3 \cdot (x + 7)$ **d)** $24 : x - 2$

**b)** $3 \cdot x + 7$ **e)** $(5 \cdot x + 4 \cdot y)^2$

**c)** $24 : (x - 2)$ **f)** $5 \cdot x + 4 \cdot y^2$

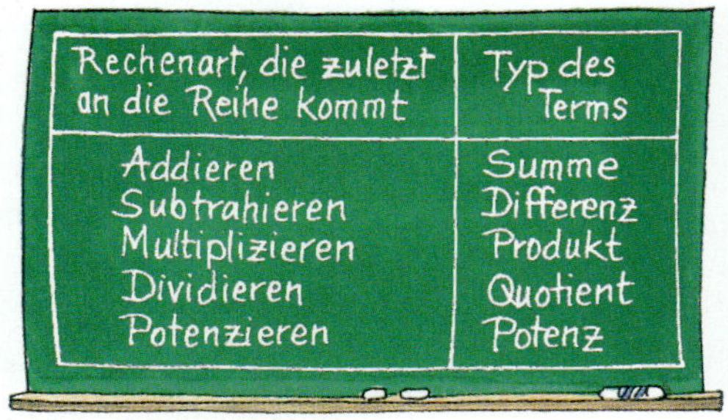


**Lösung**

**a)** $3 \cdot (x + 7)$
Der Term ist ein *Produkt,* weil das Multiplizieren zuletzt an die Reihe kommt.

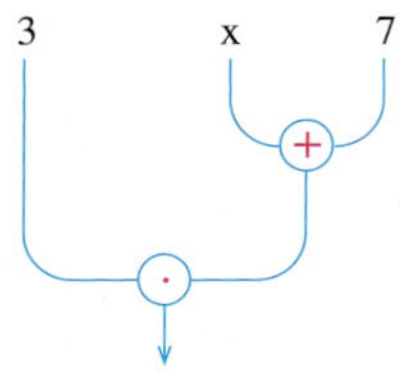

**b)** $3 \cdot x + 7$
Der Term ist eine *Summe,* weil das Addieren zuletzt an die Reihe kommt.

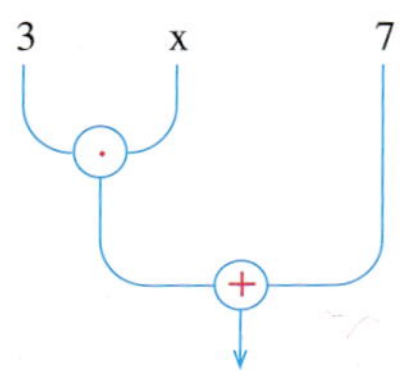

**c)** $24 : (x - 2)$
Der Term ist ein *Quotient,* weil das Dividieren zuletzt an die Reihe kommt.

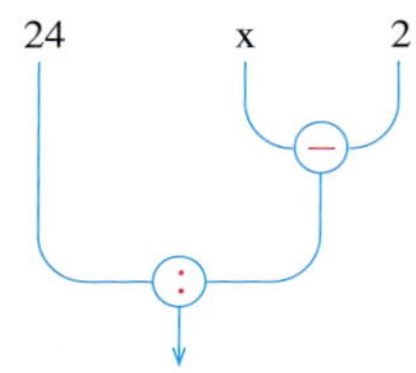

**d)** $24 : x - 2$
Der Term ist eine *Differenz,* weil das Subtrahieren zuletzt an die Reihe kommt.

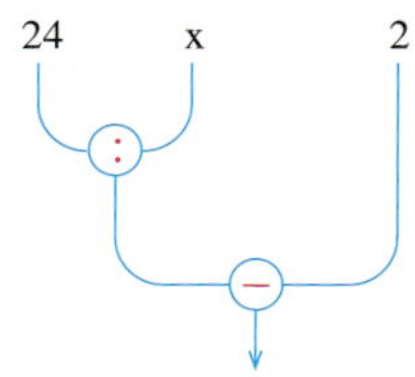

**e)** $(5 \cdot x + 4 \cdot y)^2$
Der Term ist eine *Potenz,* weil das Potenzieren zuletzt an die Reihe kommt.

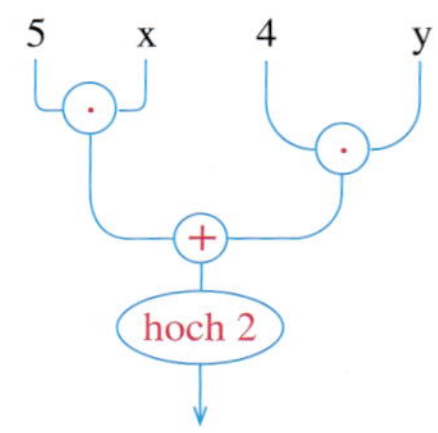


**f)** $5 \cdot x + 4 \cdot y^2$
Der Term ist eine *Summe,* weil das Addieren zuletzt an die Reihe kommt.

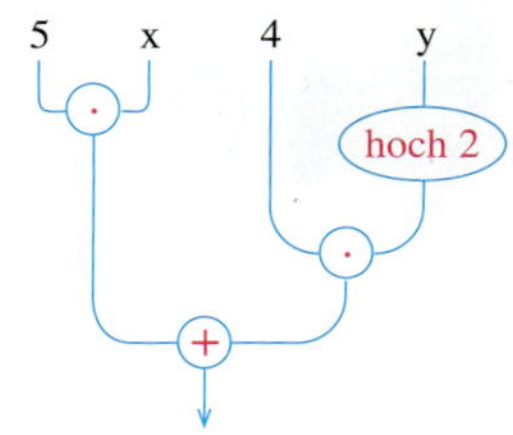


**Weiterführende Aufgaben**

**2.** *Wortform von Termen mit Variablen*

**a)** Multipliziere 87 mit der Summe der Zahlen 98 und x.
Setze dann x = 121 und berechne den Term.

**b)** Dividiere 82 durch die Differenz von $2 \cdot x$ und x.
Setze dann x = 17 [x = 28] und berechne den Term.

> *Wortform:* Multipliziere x mit der Summe von 84 und x.
> *Term:* $x \cdot (84 + x)$

**3.** *Teilterme eines Terms*

**a)** Gib alle Teilterme an. Welchen Typ haben sie?

(1) $8 \cdot (7 - 3 \cdot x) + 5$ (4) $3 \cdot x + (y - 7 \cdot 2) : 5$

(2) $5 - (a + 3 \cdot b) \cdot 2$ (5) $4^2 - x^2 \cdot y^2$

(3) $(5 + 7 \cdot a)^2 + 2 \cdot a$ (6) $(4 - x \cdot y)^2$

**b)** Warum ist $7 \cdot u - 5 \cdot v$ kein Teilterm von $7 \cdot u - 5 \cdot v \cdot 3$?

| Term: $(4 - 3 \cdot x)^2 + 5 \cdot y$ | |
|---|---|
| Teilterme | Typ |
| $3 \cdot x$; $5 \cdot y$ | Produkte |
| $4 - 3 \cdot x$ | Differenz |
| $(4 - 3 \cdot x)^2$ | Potenz |
| ganzer Term | Summe |

**10.** Elias behauptet: $-a$ ist stets negativ. Was meinst du dazu?

**11.** **a)** Für welche rationalen Zahlen a wird der Wert des Terms $-3 \cdot a$ negativ [positiv]?

**b)** Für welche rationalen Zahlen a und b wird der Wert des Terms $a : b$ größer [kleiner] als 1?

**12.** Finde einige Belegungen für x und y, sodass der Term $3 \cdot x - 4 \cdot x \cdot y$ einen Wert nahe bei 20 [−20,8; −123,4] annimmt.

**13.** Stelle einen Term auf für

**a)** den Flächeninhalt des gelben Rechtecks;

**b)** den Umfang des gelben Rechtecks;

**c)** den Flächeninhalt der grünen Fläche;

**d)** den Umfang der grünen Fläche;

**e)** den Flächeninhalt der blauen Fläche;

**f)** den Umfang der blauen Fläche.

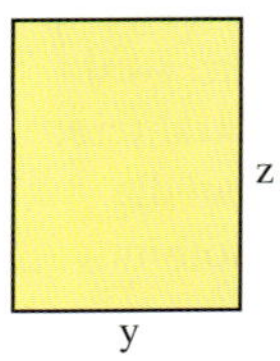


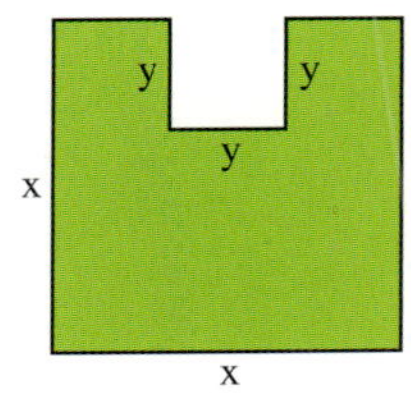


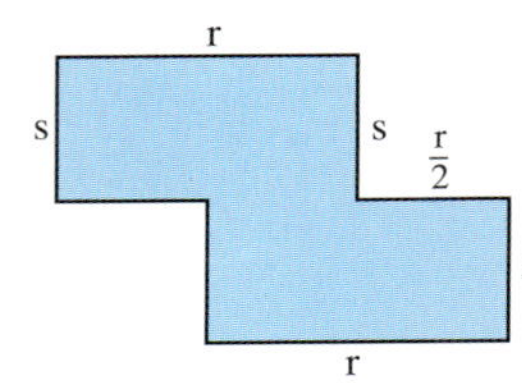

**14.** **a)** Frau Müller will ihre Stromkosten berechnen. Eine Kilowattstunde kostet y €. Hinzu kommt die monatliche Grundgebühr von z €. Sie verbraucht im Monat x Kilowattstunden. Stelle eine Formel auf für die monatlichen Stromkosten P.

**b)** Frau Müller hat mehrere Verträge zur Auswahl. Erstelle mit einem GTR eine Übersicht über die Stromkosten der verschiedenen Tarife bei einer jährlichen Abnahme von 1 000 kWh bis 4 000 kWh.

| Tarif | Single | Couple | Family |
|---|---|---|---|
| Grundgebühr im Jahr | 25 € | 54 € | 132 € |
| Preis pro kWh | 0,13 € | 0,12 € | 0,10 € |

**15.** Körper dehnen sich bei Temperaturerhöhung aus und ziehen sich bei Abkühlung wieder zusammen. Diese Ausdehnung ist umso größer, je länger der Körper ist und je größer die Temperaturänderung ist. Daher sind bei großen Bauwerken, wie z. B. Brücken, Dehnungsfugen angebracht.
Für die Länge L (in m) eines festen Körpers gilt: $L = L_0 \cdot (1 + \alpha \cdot \vartheta)$, wobei $L_0$ die Länge (in m) bei 0 °C und $\vartheta$ die Temperatur (in °C) bedeutet und $\alpha$ eine materialabhängige Konstante ist. Für eine Stahlbetonbrücke hat $\alpha$ den Zahlenwert 0,0012.

Griechische Buchstaben:
$\alpha$ - Alpha
$\vartheta$ - Theta

**a)** Berechne die Länge einer Brücke, die bei 0 °C 30 m lang ist, für die Temperaturen −20 °C, −15 °C, …, 30 °C.

**b)** In Deutschland geht man davon aus, dass die Temperaturen an dieser Brücke nicht unter −25 °C absinken und nicht über 35 °C ansteigen. Wie breit muss die Dehnungsfuge sein?

## 1.1.2 Struktur eines Terms

**Aufgabe 1**

Welche Rechenart wird bei der Berechnung des Terms als letzte ausgeführt? Zeichne zur Verdeutlichung jeweils einen Rechenbaum. Gib auch den Typ des Terms an.

**a)** $3 \cdot (x + 7)$ **d)** $24 : x - 2$

**b)** $3 \cdot x + 7$ **e)** $(5 \cdot x - 4 \cdot y)^2$

**c)** $24 : (x - 2)$ **f)** $5 \cdot x + 4 \cdot y^2$

**Lösung**

**a)** $3 \cdot (x + 7)$
Der Term ist ein *Produkt,* weil das Multiplizieren zuletzt an die Reihe kommt.

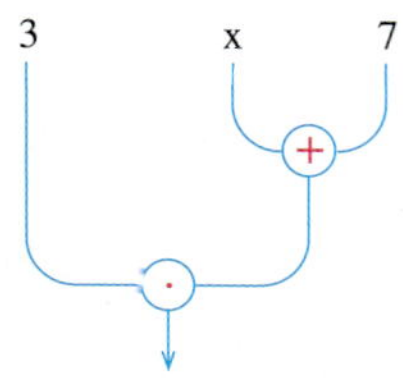

**d)** $24 : x - 2$
Der Term ist eine *Differenz,* weil das Subtrahieren zuletzt an die Reihe kommt.

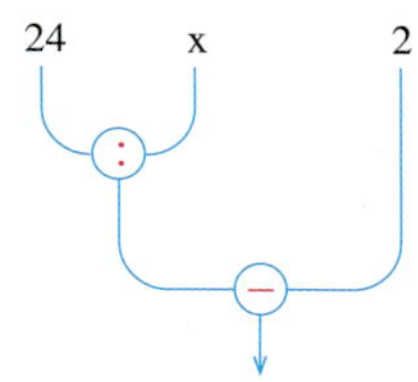

**b)** $3 \cdot x + 7$
Der Term ist eine *Summe,* weil das Addieren zuletzt an die Reihe kommt.

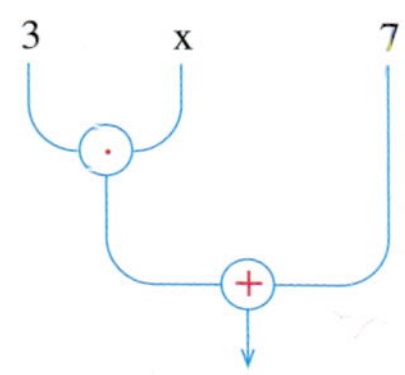

**e)** $(5 \cdot x + 4 \cdot y)^2$
Der Term ist eine *Potenz,* weil das Potenzieren zuletzt an die Reihe kommt.

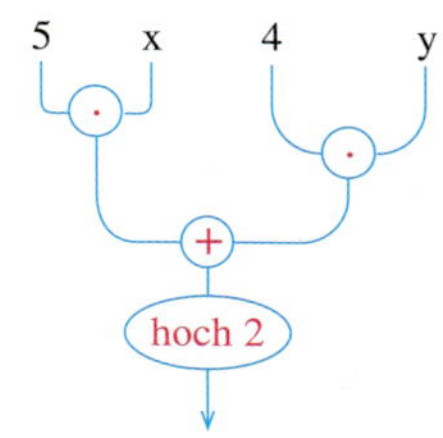


**c)** $24 : (x - 2)$
Der Term ist ein *Quotient,* weil das Dividieren zuletzt an die Reihe kommt.

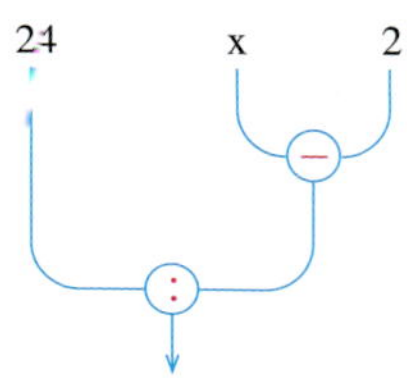

**f)** $5 \cdot x + 4 \cdot y^2$
Der Term ist eine *Summe,* weil das Addieren zuletzt an die Reihe kommt.

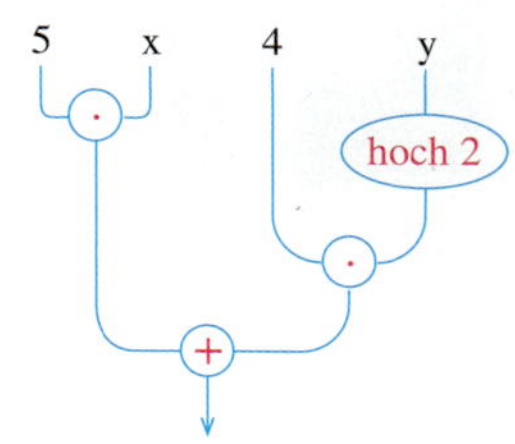


**Weiterführende Aufgaben**

**2.** *Wortform von Termen mit Variablen*

**a)** Multipliziere 87 mit der Summe der Zahlen 98 und x.
Setze dann $x = 121$ und berechne den Term.

**b)** Dividiere 82 durch die Differenz von $2 \cdot x$ und x.
Setze dann $x = 17$ [$x = 28$] und berechne den Term.

> *Wortform:* Multipliziere x mit der Summe von 84 und x.
> *Term:* $x \cdot (84 + x)$

**3.** *Teilterme eines Terms*

**a)** Gib alle Teilterme an. Welchen Typ haben sie?

(1) $8 \cdot (7 - 3 \cdot x) + 5$ (4) $3 \cdot x + (y - 7 \cdot 2) : 5$

(2) $5 - (a + 3 \cdot b) \cdot 2$ (5) $4^2 - x^2 \cdot y^2$

(3) $(5 - 7 \cdot a)^2 + 2 \cdot a$ (6) $(4 - x \cdot y)^2$

**b)** Warum ist $7 \cdot u - 5 \cdot v$ kein Teilterm von $7 \cdot u - 5 \cdot v \cdot 3$?

| Term: $(4 - 3 \cdot x)^2 + 5 \cdot y$ | |
|---|---|
| Teilterme | Typ |
| $3 \cdot x$; $5 \cdot y$<br>$4 - 3 \cdot x$<br>$(4 - 3 \cdot x)^2$ | Produkte<br>Differenz<br>Potenz |
| ganzer Term | Summe |

**Information**

**Fortlassen von Malpunkten**

Zur Vereinfachung vereinbaren wir:

Malpunkte dürfen fortgelassen werden, wenn keine Missverständnisse möglich sind.
Ferner ist $1 \cdot x = x$.

*Beispiele:* $4a$ statt $4 \cdot a$;
$2\,(3 + y)$ statt $2 \cdot (3 + y)$;
aber *nicht* 45 statt $4 \cdot 5$;
*nicht* $2\frac{1}{2}$ statt $2 \cdot \frac{1}{2}$.

**Übungsaufgaben**

**4.** Welche Rechenoperation wird bei der Berechnung des Terms als letzte ausgeführt? Zeichne den Rechenbaum zum Term.

**a)** $x + 3 \cdot y$ **b)** $x \cdot (z - 5)$ **c)** $(x - 5y)^2$ **d)** $x - (6y)^2$ **e)** $a - x : 4$ **f)** $(p - q) : x^2$ **g)** $a : 3 - 2c$ **h)** $p : (c^2 + 3)$ **i)** $a + 7 - c \cdot 3$ **j)** $(k - 8) \cdot (c + 3)$

**5.** Zeichne den Rechenbaum zum Term und gib den Typ des Terms an.

**a)** $(8 + x)^2 - 3$ **b)** $8 + (x^2 - 3)$ **c)** $(x - y) \cdot z^3$ **d)** $(x - y \cdot z)^3$ **e)** $a : (b - 4 \cdot a)$

**6.** Stelle den Term auf. Notiere auch die Struktur des Terms.

**a)** Addiere x zur Summe der Zahlen 25 und y.

**b)** Quadriere die Summe der Zahlen y und x.

**c)** Dividiere x durch die dritte Potenz von y.

**d)** Multipliziere die Summe der Zahlen x und y mit deren Differenz.

**e)** Subtrahiere von dem Produkt der Zahlen a und b den Quotienten der Zahlen.

**f)** Bilde die dritte Potenz der Summe von a und b.

**7.** Gib zu dem Rechenbaum den Term, dessen Typ und die Wortform an:

**a)**
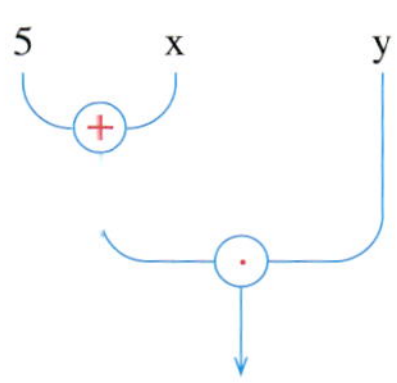


**b)**
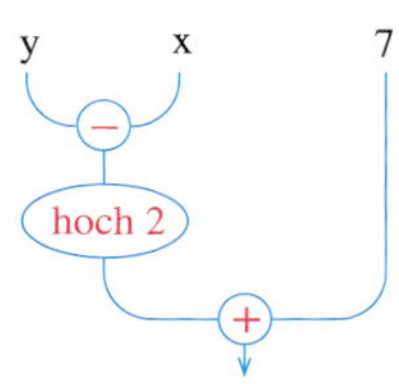


**c)**
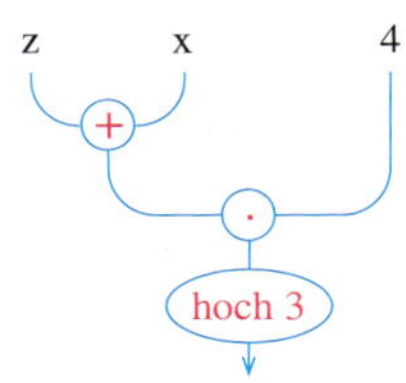


**d)**
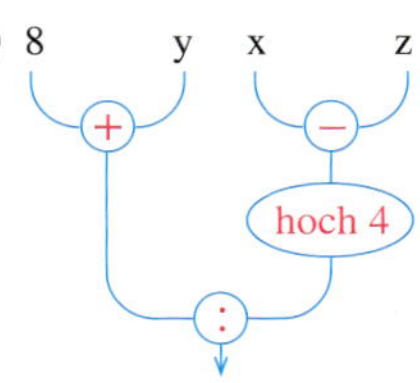


**8.** Gib den Term in Wortform an.

**a)** $x + 2 \cdot 8$ **b)** $(x + 2) \cdot 8$ **c)** $x \cdot y - 14$ **d)** $(1 - x) : y$ **e)** $(x - 7)^2 \cdot z$

**9.** Notiere den Typ des Terms und gib die Teilterme an.

**a)** $(7 + x)^2 - y$ **b)** $(5 - m) \cdot n^2$ **c)** $(5 - m \cdot n)^2$ **d)** $(p + q) \cdot (r - 5)$ **e)** $p + q \cdot r - 5$

**10.** Welche Malpunkte darfst du weglassen, ohne Fehler zu machen?

**a)** $3 \cdot a \cdot b$ **b)** $4 \cdot 5 \cdot x$ **c)** $7 \cdot (a - 8 \cdot 6)$ **d)** $2 \cdot \frac{1}{2} + \frac{3 \cdot x}{2}$ **e)** $3 \cdot 5^2 - 1 \cdot x$ **f)** $(4 + x) \cdot (4 - x)$ **g)** $5 \cdot x^2 \cdot 3 \cdot y$ **h)** $-2 \cdot p^3 - 3 \cdot (p - q)$

**11.** Gegeben ist der Term $2 - x \cdot 4 + y : 3^2$.
Setze Klammern so, dass (1) eine Summe, (2) ein Produkt, (3) eine Differenz, (4) ein Quotient, (5) eine Potenz entsteht. Berechne dann den Wert der Terme für $x = 2$ und $y = 6$.

## 1.2 Addieren und Subtrahieren – Multiplizieren und Dividieren von Produkten

### 1.2.1 Zusammenfassen gleichartiger Glieder

**Aufgabe 1**

Marc und Lena haben eine Plastik aus Quadern entworfen. Diese sollen aus Gips gegossen werden. Da die Maße noch nicht genau feststehen, erstellen sie zunächst einen Term für das Volumen der Plastik, um den Gipsbedarf zu ermitteln.
Marcs Term: $x^2y + xy^2 + x^2y$
Lenas Term: $2x^2y + xy^2$

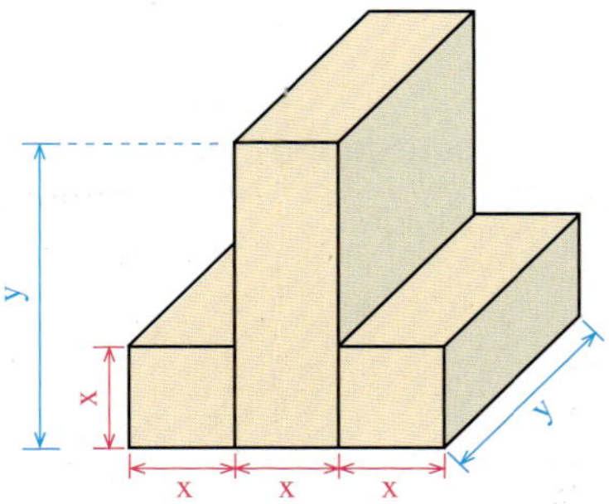


**a)** Erkläre, wie die beiden ihre Terme gefunden haben.

**b)** Setzt man positive Zahlen für die Variablen ein, so ist an dem Sachverhalt unmittelbar klar, dass beide Terme jeweils übereinstimmende Werte liefern.
Begründe mithilfe von Rechengesetzen für rationale Zahlen, dass beide Terme für alle rationalen Zahlen, also auch für negative, übereinstimmende Werte ergeben, also wertgleich sind.

**c)** Ihr Freund Tobias überlegt, ob man den Term $2x^2y + xy^2$ nicht noch weiter zusammenfassen kann. Ihm sind folgende Möglichkeiten eingefallen:
(1) $3x^2y$; (2) $3xy^2$; (3) $3x^2y^2$; (4) $3x^3y^3$
Überprüfe mithilfe von Zahlenbeispielen, ob einer dieser vier Terme wertgleich mit dem Term $2x^2y + xy^2$ sein kann.

**Lösung**

**a)** Der linke Quader hat die Seitenlängen x, x und y. Sein Volumen beträgt also $x \cdot x \cdot y = x^2y$.
Der mittlere Quader hat die Seitenlängen x, y und y. Sein Volumen beträgt also $x \cdot y \cdot y = xy^2$.
Der rechte Quader stimmt mit dem linken überein.
Marc hat diese drei Volumina addiert, um das Gesamtvolumen zu erhalten:
$x^2y + xy^2 + x^2y$
Anstatt das Volumen der beiden äußeren Quader zu addieren, hat Lena das Volumen des linken Quaders verdoppelt, da beide Teilkörper dasselbe Volumen haben:
$2x^2y + xy^2$

$a + b = b + a$
$a \cdot (b + c) = a \cdot b + a \cdot c$
$a \cdot b = b \cdot a$

**b)** Wir formen Marcs Term so um, dass wir den von Lena erhalten:

$x^2y + xy^2 + x^2y$
Kommutativgesetz der Addition
$= x^2y + x^2y + xy^2$
Distributivgesetz
$= x^2(y + y) + xy^2$
Zusammenfassen (von Termen mit einer Variablen)
$= x^2 \cdot 2y + xy^2$
Kommutativgesetz der Multiplikation
$= 2x^2y + xy^2$

**c)** Wir stellen Zahlenbeispiele für Einsetzungen in einer Tabelle zusammen:

| x | y | $2x^2y + xy^2$ | $3x^2y$ | $3xy^2$ | $3x^2y^2$ | $3x^3y^3$ |
|---|---|---|---|---|---|---|
| 1 | 1 | 3 | 3 | 3 | 3 | 3 |
| 1 | 2 | 8 | 6 | 12 | 12 | 24 |

Für die erste Einsetzung liefern alle Terme übereinstimmende Werte. Die untere Zeile der Tabelle zeigt aber, dass keiner der von Tobias vorgeschlagenen Terme wertgleich mit Lenas Term ist.

**Information**

### (1) Wertgleiche Terme – Termumformung

Die Terme $x^2y + xy^2 + x^2y$ und $2x^2y + xy^2$ liefern bei allen Einsetzungen für x und y jeweils übereinstimmende Werte. Das bedeutet:
Für alle rationalen Zahlen für x und y gilt:

$x^2y + xy^2 + x^2y = 2x^2y + xy^2$

Die Terme links und rechts vom Gleichheitszeichen sind *wertgleich.*
Geht man von dem Term $x^2y + xy^2 + x^2y$ zu dem Term $2x^2y + xy^2$ über, so nennt man diesen Übergang *Termumformung*. Man sagt: Der Term $x^2y + xy^2 + x^2y$ ist in den Term $2x^2y + xy^2$ umgeformt worden.
Termumformungen kann man mithilfe von Rechengesetzen begründen. Solche Termumformungen werden häufig zur Vereinfachung von Termen durchgeführt.

**Definition**

Zwei Terme heißen **wertgleich**, wenn sich bei *jeder* beliebigen Einsetzung übereinstimmende Werte ergeben.
Bei einer **Termumformung** wird ein Term in einen anders aufgebauten, aber wertgleichen Term umgeformt.
Man verbindet beide Terme durch ein Gleichheitszeichen.

### (2) Begründen der Wertgleichheit von Termen – Zielsetzung

Gilt $x \cdot (y - x) - y \cdot (x - y) = y^2 - x^2$ ?

In der nachstehenden Tabelle wird dies an Beispielen überprüft.

| x | y | $x \cdot (y - x) - y \cdot (x - y)$ | Wert | $y^2 - x^2$ | Wert |
|---|---|---|---|---|---|
| 0 | 1 | $0 \cdot (1 - 0) - 1 \cdot (0 - 1)$ | 1 | $1^2 - 0^2$ | 1 |
| 1 | 2 | $1 \cdot (2 - 1) - 2 \cdot (1 - 2)$ | 3 | $2^2 - 1^2$ | 3 |
| −2 | 3 | $-2 \cdot (3 - (-2)) - 3 \cdot (-2 - 3)$ | 5 | $3^2 - (-2)^2$ | 5 |
| 5 | −2 | $5 \cdot (-2 - 5) - (-2) \cdot (5 - (-2))$ | −21 | $(-2)^2 - 5^2$ | −21 |

*Auch noch so viele Beispiele liefern keinen Beweis für Wertgleichheit.*

Dies liefert die *Vermutung:* Beide Terme können wertgleich sein. Wir können aber nicht sicher sein.
Dass man auch aus vielen Einsetzungen, die übereinstimmende Werte ergeben, kein sicheres Ergebnis folgern kann, zeigt folgendes Beispiel:

Gilt $2 \cdot x + y = 2 \cdot (x + y)$? Dazu wird folgende Tabelle angelegt.

| x | y | $2 \cdot x + y$ | Wert | $2 \cdot (x + y)$ | Wert |
|---|---|---|---|---|---|
| −2 | 0 | $2 \cdot (-2) + 0$ | −4 | $2 \cdot (-2 + 0)$ | −4 |
| 0 | 0 | $2 \cdot 0 + 0$ | 0 | $2 \cdot (0 + 0)$ | 0 |
| 1 | 0 | $2 \cdot 1 + 0$ | 2 | $2 \cdot (1 + 0)$ | 2 |
| 1 | 3 | $2 \cdot 1 + 3$ | 5 | $2 \cdot (1 + 3)$ | 8 |

*Eine Einsetzung, die verschiedene Werte liefert, reicht.*

Die beiden Terme $2 \cdot x + y$ und $2 \cdot (x + y)$ sind also nicht wertgleich. Trotzdem kannst du auch noch weitere Einsetzungen finden, bei denen sie übereinstimmende Werte liefern.
Unser Ziel ist daher, Regeln aufzustellen, mit deren Hilfe man begründet einen Term in einen wertgleichen umformen kann.

### (3) Addition und Subtraktion gleichartiger Glieder als Termumformung

Die Terme $4c$ und $2c$ unterscheiden sich nur in den **Koeffizienten**. Man nennt sie **gleichartig.** Entsprechend sind auch die Terme $3a^2$ und $4a^2$ sowie $8y^2z$ und $12y^2z$ gleichartig.

$4xy$ und $7xy^2$ und entsprechend $9x$ und $12y$ sowie $8x^2y$ und $8xy^2$ sind dagegen *nicht* gleichartig.
*Verwechsle nicht gleichartig und wertgleich.* Beides bedeutet etwas Verschiedenes:
$3xy$ und $4xy$ sind gleichartig, weil sie sich nur in den Koeffizienten unterscheiden. Sie sind aber nicht wertgleich, denn es gilt z. B. für $x = 7$ und $y = 4$:
$3xy$ ergibt 84, aber $4xy$ ergibt 112.

$x = 1 \cdot x$

**Regel über das Zusammenfassen gleichartiger Glieder**

Man addiert (subtrahiert) gleichartige Glieder, indem man die Koeffizienten addiert (subtrahiert).

*Beispiele:*

(1) $7a + 5a = 12a$

(2) $8x - x = 7x$ (Koeffizient 1 denken)

(3) $-5xy^2 + 3xy^2 = -2xy^2$

(4) $\frac{3}{4}pr + \frac{4}{5}pr = \frac{31}{20}pr$

Distributivgesetz
$a \cdot (b + c) = a \cdot b + a \cdot c$

*Begründung von Beispiel (3):*

Wir verwenden das Distributivgesetz (Verteilungsgesetz) in der Form $(b + c) \cdot a = b \cdot a + c \cdot a$ und schreiben es von rechts nach links: $b \cdot a + c \cdot a = (b + c) \cdot a$

$$-5\,xy^2 + 3\,xy^2 = (-5 + 3) \cdot xy^2 = -2xy^2$$
$$b \cdot a \;+ c \cdot a \;=\; (b + c) \cdot a$$

(Hier ist $b = -5$; $c = 3$; $a = xy^2$.)

**Weiterführende Aufgaben**

**2.** *Anwenden von Kommutativ- und Assoziativgesetz der Addition – Algebraische Summe*

**a)** Erkläre an dem Beispiel rechts die Anwendung des Kommutativgesetzes und des Assoziativgesetzes der Addition.

$$-2yz + \underbrace{3x}_{a} + \underbrace{7yz}_{b} = -2yz + \underbrace{7yz}_{b} + \underbrace{3x}_{a} = 5yz + 3x$$

**b)** Vereinfache den folgenden Term. Wende dazu zunächst das Kommutativgesetz an.

(1) $72ab + 8b + 19ab$

(2) $-34xz^2 + 16x^2z + 62xz^2$

(3) $-32uv + 64vw - 9uv - 3vw$ (Tipp: Verwandle zunächst in eine Summe!)

CAS

**3.** *Zusammenfassen gleichartiger Glieder mit einem Computer-Algebra-System (CAS)*

Du kannst gleichartige Terme auch mithilfe eines CAS zusammenfassen.

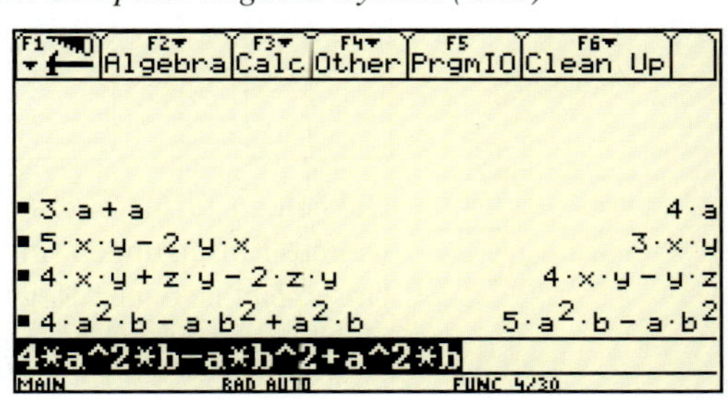


**a)** Probiere die rechts abgebildeten Termumformungen mit einem Rechner aus. Kontrolliere per Hand.

**b)** Untersuche, wie der Rechner reagiert, wenn du alle [einige] Multiplikationszeichen weglässt.
Welche Malpunkte darfst du weglassen?

**Information**

Assoziativgesetz der Addition
$a + b + c$
$= a + (b + c)$
$= (a + b) + c$
Kommutativgesetz der Addition
$a + b = b + a$

Beim Zusammenfassen gleichartiger Glieder wendet man oft zusätzlich noch das Assoziativ- und das Kommutativgesetz der Addition an.
Aus diesen Gesetzen ergibt sich folgende Regel für Terme mit Additions- und Subtraktionsschritten (*algebraische Summen*):

**Vertauschbarkeit von Gliedern in einer algebraischen Summe**

Bei algebraischen Summen darf man aufeinander folgende Additions- und Subtraktionsschritte beliebig vertauschen.

*Beispiel:* $15x^2z - 9xz^2 + 3x^2z = 15x^2z + 3x^2z - 9xz^2$
$= 18x^2z - 9xz^2$

*Das Zeichen vor den Teiltermen gehört zu diesen und muss mit ihnen zusammen vertauscht werden.*

**Übungsaufgaben**

**4.** Einige der Terme rechts liefern bei allen Einsetzungen übereinstimmende Werte. Finde heraus, welche. Kannst du auch eine Begründung dafür angeben?

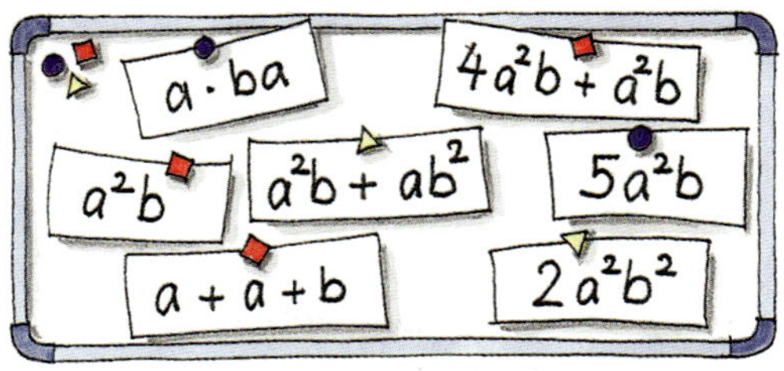


**5. a)** Die beiden Terme ergeben für jede Einsetzung denselben Wert. Überprüfe das an Beispielen.
(1) $(a - 2)^2$ und $a^2 - 4a + 4$ (2) $(1 + x) \cdot (1 - x)$ und $1 - x^2$

**b)** Gib Einsetzungen an, bei denen die Terme $2 - 3 - x$ und $2 - (3 - x)$ *nicht* denselben Wert ergeben.

**6.** Berechne für (1) $x = 15;\ y = 3$ (2) $x = 1{,}5;\ y = 1{,}5$ (3) $x = -\frac{3}{4};\ y = \frac{1}{3}$
die Werte der drei Terme $4 \cdot x - 6 + 6 \cdot (1 - y)$; $2 \cdot (2 \cdot x - 3 \cdot y)$; $3 \cdot (1 - 2 \cdot y) - (3 - 4 \cdot x)$.
Was fällt dir auf?

**7.** Zeige, dass die Terme nicht wertgleich sind.
**a)** $(a + x)^2$ und $(a + x) \cdot 2$ **b)** $(u \cdot v)^2$ und $u \cdot v^2$ **c)** $(-x)^2$ und $-x^2$

**8.** Die Terme $2 \cdot x + y$ und $2 \cdot (8x + y)$ sind nicht wertgleich. Trotzdem können sie bei bestimmten Einsetzungen für x bzw. y denselben Wert haben. Suche solche Einsetzungen.

**9.** Nils behauptet: „Die Terme $x^2y + xy^2$ und $2xy$ stimmen für unendlich viele Einsetzungen überein: $x = 0,\ y = 1$, sowie $x = 0,\ y = 2$, sowie $x = 0,\ y = 3$, sowie … Also sind sie wertgleich.“
Was meinst du dazu?

**10.** Für den Umfang u des Rechtecks kannst du zwei Formeln aufstellen:
$u = 2 \cdot a + 2 \cdot b$ und $u = 2 \cdot (a + b)$.

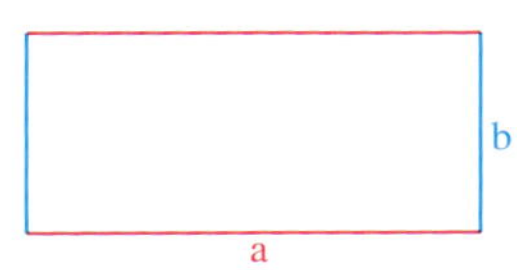


**a)** Begründe die Formeln.

**b)** Bestätige durch Einsetzen in beide Formeln, dass sich derselbe Wert für u ergibt.
(1) $a = 7;\ b = 5$ (2) $a = 1{,}7;\ b = 2{,}8$ (3) $a = \frac{5}{6};\ b = \frac{1}{3}$

**c)** Versuche noch weitere Einsetzungen für a und b zu finden, sodass der Umfang des Rechtecks derselbe ist.
Wie viele Möglichkeiten gibt es?

**11.** Stelle jeweils den Term auf. Bei welchen Termen erhältst du durch geeignetes Einsetzen jeweils den gleichen Wert? Welche Terme sind mit Sicherheit nicht wertgleich zueinander?
(1) Multipliziere 4 mit a und subtrahiere davon b.
(2) Bilde die Differenz aus dem Vierfachen von a und dem Vierfachen von b.
(3) Subtrahiere die Differenz aus b und a von dem Dreifachen von a.
(4) Multipliziere die Differenz aus a und b mit 4.

**12.** Frau Meier und Frau Müller berechnen die Größe eines Grundstücks der nebenstehenden Form.

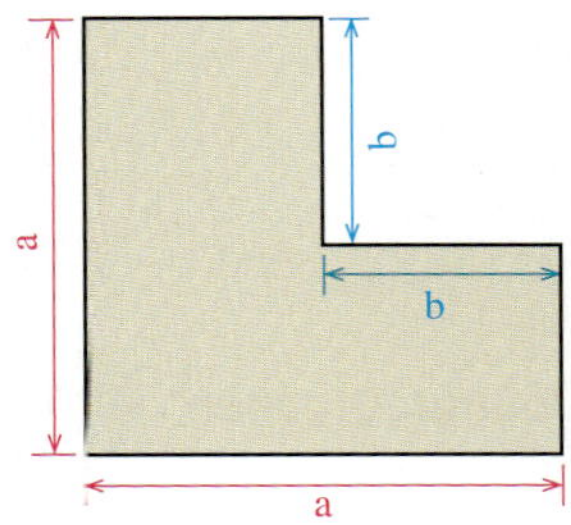


**a)** Sie stellen zwei unterschiedliche Terme für den Flächeninhalt des Grundstücks auf. Welche Terme sind möglich?

**b)** Berechne den Flächeninhalt durch Einsetzen in einen der beiden Terme und prüfe das Ergebnis durch Einsetzen in den anderen Term (Maße in m):
(1) $a = 20;\ b = 5$ (2) $a = 24{,}5;\ b = 4{,}5$

*Zusammenfassen gleichartiger Glieder*

**13.** Vereinfache die Terme.

**a)** $x + x + x + x$ **c)** $a + b + c + a + c + a - c$ **e)** $a^2 + a + ab + a + ab$
**b)** $k + t + t + t + t + t + k$ **d)** $ab + ab + ab$ **f)** $x^2y + xy + xy^2 + x^2y$

**14.** Schreibe ausführlich als Summe.
**a)** $7x$ **b)** $2a + 3b$ **c)** $3x + 4$ **d)** $m^2 + 3k^2$ **e)** $2xy + 3y^2 + 4x^2 + 2xz^2$

**15.** Zerlege auf drei verschiedene Weisen in eine Summe aus zwei Summanden.
**a)** $16x$ **b)** $9h$ **c)** $24ab$ **d)** $6s^2$ **e)** $20yz^2$ **f)** $12b^2x^3$

**16.** Welcher Term lässt sich durch Zusammenfassen vereinfachen, welcher nicht?
(1) $2xy + 2x$ (2) $12d - d$ (3) $7a^2b - 2ab^2$ (4) $z^2 + 9z$ (5) $2xy - 2yx$

CAS **17.** Rechts wurden mit einem Computer-Algebra-System gleichartige Glieder mit Brüchen zusammengefasst. Die Schreibweise überrascht zunächst etwas. Erläutere sie.

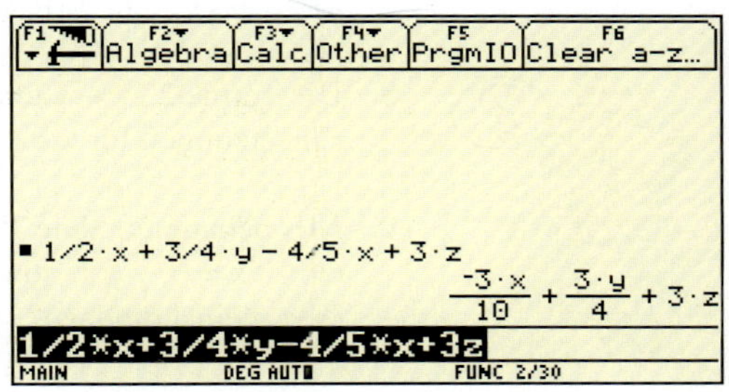


**18.** Vereinfache den Term schrittweise. Gib bei jedem Schritt die Regel an.
**a)** $12x + 4y + 8x$
**b)** $8ab + 5b - 2ba - 6b$
**c)** $2r^2s^2 + 6s^2 - 7r^2s^2 + 5r^2 - 3s^2$

**19.** Vereinfache die Terme, wenn möglich.

**a)** $5x + 13x$
$3a + 5 - 9a$
$6a - a - 8a$
$8w^2 - 2w$

**b)** $4ab + 11ab$
$-8uv - u$
$9kt - kt$
$-7 - 7cd$

**c)** $3{,}6abc + 2{,}9ab - 4{,}1ac$
$-1{,}2bac - 0{,}9cab + abc$
$10a^2b - 9ba^2 + 4a^2b$
$3{,}5u^2v + 2{,}5uv^2 - 4{,}5u^2v^2$

**d)** $\frac{3}{4}r^2 - \frac{1}{8}r^2 - \frac{1}{2}r^2$
$-\frac{2}{3}u + \frac{5}{6}u - \frac{7}{12}u$
$\frac{9}{10}ba - \frac{1}{4}ba + ba$

**20.** Diese Termumformungen sind falsch. Welche Fehler wurden gemacht?

| | | | |
|---|---|---|---|
| a) $7x - 7 = x$ | c) $6x^3 = 6 + x^3$ | e) $9a + 9b = 9ab$ | g) $x^2 - x = x$ |
| b) $3x^2 + 2x = 5x^2$ | d) $7xy - 5x = 2y$ | f) $3a + 2a^2 = 5a^3$ | h) $a^2 - 2a = 0$ |

**21.** Vereinfache.

**a)** $6xy - 4x^2 + 5yx^2 - 8xy + 2x^2y - y^2$

**b)** $-6a^2b - 5ab^2 - 6ba^2 - 4ab + 5ab^2 - 8a + 10a^2$

**c)** $0{,}9uv^2 + 0{,}3u^2v - 1{,}4uv - 0{,}7uv^2 + 0{,}5uv$

**d)** $\frac{1}{3}cd - \frac{2}{3}cd^2 + \frac{1}{6}c^2d - \frac{3}{4}cd - \frac{1}{4}c^2d + \frac{5}{6}c^2d^2 - \frac{2}{3}cd^2$

**22.** Magische Quadrate haben die Menschen schon lange interessiert. Der Maler Albrecht Dürer hat eines in seinen Kupferstich „Melancholie“ eingebaut.
Bei magischen Quadraten hat in jeder Zeile, in jeder Spalte und in jeder Diagonalen die Summe der Zahlen denselben Wert.
Das Erstellen von magischen Quadraten ist nicht ganz einfach.
Erstellt man ein magisches Quadrat mit Variablen, so erhält man daraus durch Einsetzen von Zahlen beliebig viele magische Quadrate.

**a)** Weise nach, dass das 3 × 3-Quadrat magisch ist.

**b)** Vervollständige das 4 × 4-Quadrat so, dass es magisch wird.

**c)** Kann man für eine Einsetzung der Variablen das magische Quadrat von Albrecht Dürer erhalten?

| | | |
|---|---|---|
| $x + z$ | $x + y - z$ | $x - y$ |
| $x - y - z$ | $x$ | $x + y + z$ |
| $x + y$ | $x - y + z$ | $x - z$ |

| | | | |
|---|---|---|---|
| $u$ | $v + w$ | | $y$ |
| $x - z$ | $y$ | $u$ | |
| | $x$ | $v$ | $u - z$ |
| $v$ | | $y + w$ | $x$ |

**23.** Welchen Wert hat der Term bei $\frac{2}{3}$ für x und 0,3 für y? Rechne möglichst einfach.

**a)** $5{,}2x^2y - 3{,}9xy^2 + 3{,}7xy + 3{,}8x^2y - 2{,}1xy^2 - 0{,}7xy + 1{,}8x^2$

**b)** $\frac{1}{2}xy - \frac{3}{4}xy^2 + \frac{3}{5}x^2y + xy - \frac{3}{5}x^2y - \frac{3}{2}xy^2$

**24.** Tim will sich ein kettenförmiges Armband aus Silberdraht herstellen. Jedes Kettenglied soll rechteckig sein. Er weiß noch nicht genau, wie groß die einzelnen Kettenglieder sein sollen. Er will daher zunächst eine Formel für die benötigte Drahtlänge d aufstellen.

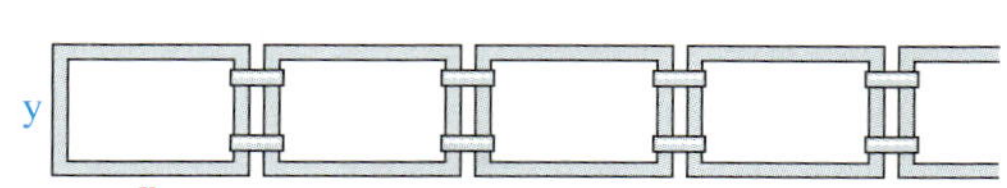


**a)** Stelle eine Formel für die Drahtlänge d auf. Das Armband soll zunächst 6 Glieder haben. Die kleinen Ösen sollen nicht berücksichtigt werden. Berechne die Drahtlänge nach deiner Formel für x = 2; y = 3 [x = 2,5; y = 0,5]; Maße in cm.

**b)** Die Kette soll jetzt 20 Kettenglieder haben. Stelle eine Formel für die Drahtlänge d auf. Berechne die Drahtlänge für x = 7; y = 10 [x = 9; y = 24]; Maße in mm.

**c)** Das Armband soll jetzt n Glieder haben. Stelle auch dafür eine Formel auf.

## 1.2.2 Multiplizieren und Dividieren von Produkten und Potenzen

**Aufgabe 1**

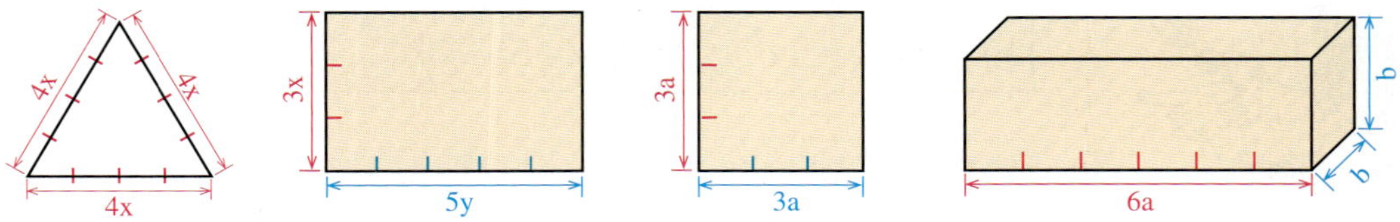


**a)** Gib einen Term für den Umfang des Dreiecks an und vereinfache ihn.

**b)** Gib Terme für den Flächeninhalt des Rechtecks und für den Flächeninhalt des Quadrats an und vereinfache sie.

**c)** Der Quader soll in 3 gleich große Teile zerlegt werden. Gib einen Term für das Volumen eines Teilkörpers an und vereinfache ihn.

**d)** Aus den Aufgaben in a), b) und c) folgen Regeln für Termumformungen. Deren geometrische Begründung gilt nur für positive Werte für die Variablen. Begründe mithilfe von Rechengesetzen, dass diese Umformungen für alle rationalen Zahlen, also auch für negative, gelten.

**Lösung**

**a)** Umfang des gleichseitigen Dreiecks: $3 \cdot (4x) = 12x$

**b)** Flächeninhalt des Rechtecks:
$3x \cdot 5y = 15xy$

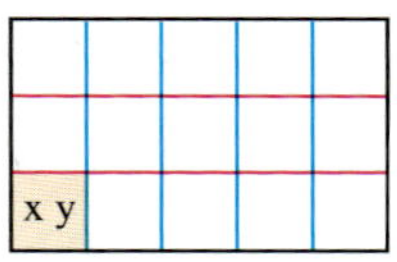


Flächeninhalt des Quadrats:
$(3a)^2 = 3a \cdot 3a = 9a^2$

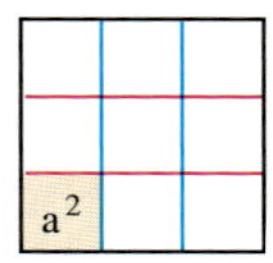


**c)** Volumen des Quaders: $6a \cdot b \cdot b = 6ab^2$
Volumen eines drittel Quaders: $6ab^2 : 3 = 2ab^2$

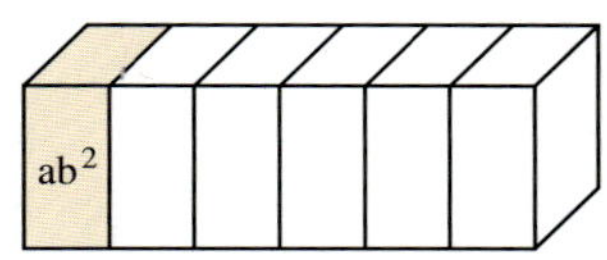


Kommutativgesetz der Multiplikation
$a \cdot b = b \cdot a$

Assoziativgesetz der Multiplikation
$a \cdot (b \cdot c) = (a \cdot b) \cdot c$

**d)**
- Das Assoziativgesetz der Multiplikation liefert:
  $3 \cdot (4 \cdot x) = (3 \cdot 4) \cdot x = 12x$
- Das Kommutativ- und das Assoziativgesetz der Multiplikation liefern:
  $3x \cdot 5y = 3 \cdot 5 \cdot x \cdot y = (3 \cdot 5) \cdot (x \cdot y) = 15xy$
  $(3a)^2 = (3a) \cdot (3a) = (3 \cdot 3) \cdot (a \cdot a) = 9a^2$
- Schreiben wir die Division als Multiplikation mit dem Reziproken, so ergibt sich mit dem Assoziativ- und Kommutativgesetz der Multiplikation:
  $6ab^2 : 3 = 6ab^2 \cdot \frac{1}{3} = 6 \cdot \frac{1}{3}ab^2 = 2ab^2$

**Information**

Die Termumformungen aus Aufgabe 1, die wir am Beispiel eingesehen haben, gelten allgemein.

**Multiplizieren eines Produktes mit einer Zahl**
Man multipliziert ein Produkt mit einer Zahl, indem man *nur einen* Faktor mit der Zahl multipliziert.

*Beispiel:* $4 \cdot (3 \cdot xy) = (4 \cdot 3) \cdot xy = 12xy$

**Dividieren eines Produktes durch eine Zahl**
Man dividiert ein Produkt durch eine Zahl, indem man *nur einen* Faktor durch die Zahl dividiert.

*Beispiel:* $(14u^2v^2) : 7 = (14 : 7) \cdot u^2v^2 = 2u^2v^2$

**Weiterführende Aufgaben**

**2.** *Quadrieren von Produkten*

Schreibe als Produkt und vereinfache: **a)** $(5b)^2$ **b)** $(pq)^2$ **c)** $(0{,}3xy)^2$ **d)** $(-4vw)^2$ **e)** $6(st)^2$

**Quadrieren von Produkten**
Man quadriert ein Produkt, indem man es als Produkt schreibt und gleiche Faktoren zusammenfasst.
*Beispiele:* $(3ab)^2 = 3ab \cdot 3ab = 3 \cdot 3 \cdot a \cdot a \cdot b \cdot b = 9a^2b^2$ $\quad 5(xy)^2 = 5 \cdot xy \cdot xy = 5x^2y^2$

CAS **3.** *Multiplizieren und Dividieren von Produkten mit einem CAS*

**a)** Probiere die rechts abgebildeten Termumformungen mit einem Rechner aus. Kontrolliere per Hand.

**b)** Untersuche, wie der Rechner reagiert, wenn du zusätzliche Klammern setzt oder Klammern weglässt.
Überlege auch, welche Multiplikationszeichen du bei der Eingabe weglassen kannst.

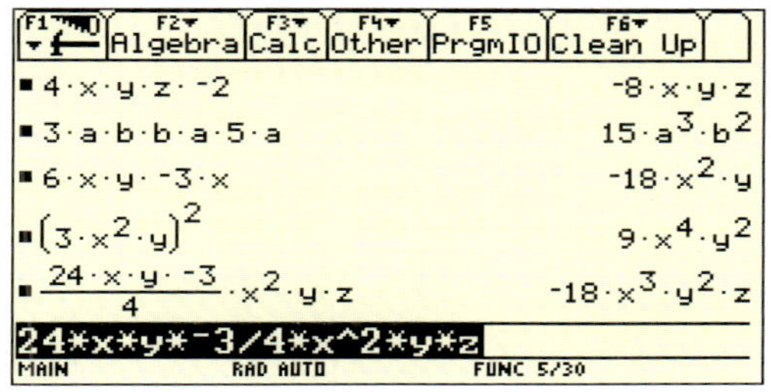


**Übungsaufgaben**

**4.** **a)** Forme die Terme so um, dass sie einfacher werden. Begründe die Umformung mithilfe von Rechengesetzen der Multiplikation.
(1) $4 \cdot 3a$ (2) $2x \cdot 3y$ (3) $a^2 \cdot a$ (4) $12ab^2 : 4$

**b)** Deute (für positive Werte für die Variablen) die Terme als Umfang bzw. Flächeninhalt geeigneter Rechtecke bzw. Volumen geeigneter Quader. Veranschauliche daran die vorgenommene Termumformung.

**5.** Vereinfache den Term. Gib an, welche Gesetze du dabei anwendest.

**a)** $8 \cdot (3x)$ **b)** $5a \cdot 7b$ **c)** $\frac{1}{3} \cdot (-9u)$ **d)** $(-0{,}2x) \cdot (-5y)$ **e)** $8x : 2$ **f)** $(-64rt) : (-16)$

**6.** Vereinfache.

| | | | |
|---|---|---|---|
| **a)** $15 \cdot (4a)$ | **c)** $48 \cdot \frac{1}{4}$ | **e)** $4 \cdot 3x \cdot (-5)$ | **g)** $2{,}4u : (-6)$ |
| $4 \cdot (15a)$ | $\frac{2}{3}r \cdot \frac{5}{6}$ | $(-0{,}2y) \cdot 12 \cdot 1{,}5$ | $6{,}9x : 0{,}3$ |
| $4 \cdot (-15a)$ | $-10{,}5y \cdot \frac{1}{7}$ | $\frac{5}{6} \cdot 14t^2 \cdot \frac{3}{10}$ | $-10yz : (-2{,}5)$ |
| **b)** $0{,}2 \cdot (10x)$ | **d)** $44y : 2$ | **f)** $9 \cdot (-y) \cdot 5$ | **h)** $\frac{5}{6}a : \frac{1}{3}$ |
| $-0{,}2 \cdot (10x)$ | $-28t : 7$ | $(-11) \cdot (-4r) \cdot (-3)$ | $-\frac{9}{20}s : \frac{3}{4}$ |
| $-10x \cdot (-0{,}2)$ | $30k^2 : (35)$ | $(-8) \cdot (10s^2) \cdot (-1)$ | $-\frac{9}{8}xy^2 : (-1{,}5)$ |

**7.** Ergänze passend.

**a)** $\square \cdot 7a = 63a$ **c)** $96r : \square = 8r$ **e)** $\square \cdot 2x^2y = x^2yz$

**b)** $48x : \square = 4x$ **d)** $3x \cdot \square = 6xy$ **f)** $3a^2 \cdot \square = 12a^2b$

**8.** Welche Termumformungen sind falsch? Korrigiere.

$y + y + y = y^3$ $\quad x^2 : 2 = x$ $\quad 7 \cdot (ab) = 7a \cdot 7b$ $\quad (18a \cdot 21b) : 3 = 6a \cdot 7b$

**9.**

Multipliziere die Terme auf den Tafeln (1) mit $\frac{1}{2}$a; (2) mit (– 2 x); (3) mit 10 $a^2$.

**10.** Vereinfache.

**a)** $4x \cdot 3y$; $8k \cdot k$; $16a : 4$; $-18a : (-3)$

**b)** $\frac{1}{3}y \cdot \frac{3}{5}y$; $8y \cdot (-8xy)$; $(-2w) : 5$; $(-32ab) : (-8)$

**c)** $(-2z) \cdot 1{,}5zb$; $(-\frac{3}{4}m) \cdot 4am$; $(-6{,}5st) \cdot (-2ta)$; $1{,}5x^2y^2 : \frac{1}{2}$

**d)** $-\frac{1}{2}a \cdot \frac{4}{7}ab$; $-\frac{1}{4}t \cdot (-\frac{4}{5}t^2)$; $11a^2bc \cdot (-7abd)$; $-\frac{2}{9}xy^2 : (-\frac{5}{3})$

**11.** **a)** $3 \cdot (2x) + 3 \cdot (5y) + 7 \cdot (3x)$

**b)** $5 \cdot (4a) - 7 \cdot (3b) + 2 \cdot (4a)$

**c)** $-2 \cdot (5u) + 3 \cdot (6v) - 4 \cdot (2u)$

**d)** $(8x) : 2 + (6y) : 3 + (12x) : 2$

**e)** $(18p) : 3 - (15q) : 5 - (16p) : 2$

**f)** $(-32a) : 4 + (14a) : 7 - (8a) : 4$

**12.** Vereinfache.

**a)** $25a^3 \cdot 4b \cdot 2$; $36x^3 \cdot (-5y \cdot (-\frac{1}{2}))$; $\frac{8}{9}u^2 \cdot 0{,}5 \cdot \frac{3}{4}t$; $0{,}58t \cdot (-100r)$

**b)** $15x^2y^3 : 5$; $24xz : (-8)$; $\frac{14}{3}a^2b^2 : \frac{7}{2}$; $6u^2v : (-10)$

**c)** $6x^3 \cdot 4a^2 \cdot 2y$; $12r \cdot 5s \cdot (-3t)$; $-\frac{1}{2}k \cdot 8m \cdot 15m$; $4{,}8x \cdot (-25y) \cdot t$

**d)** $18x \cdot 45y : 9$; $22r^2 \cdot 77t^2 : (-11)$; $\frac{12}{5}ab \cdot \frac{18}{7}c : 6$; $0{,}8u \cdot 2{,}4v : (-4)$

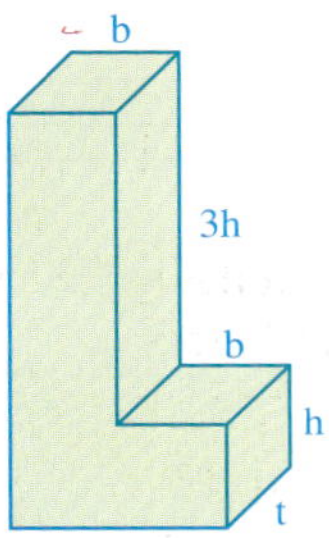


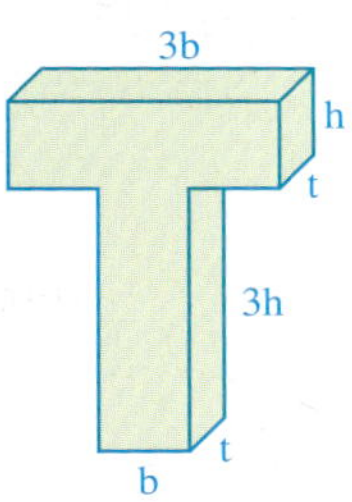


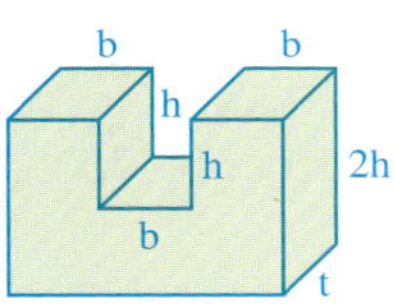


**13.** Ein Architekt hat Betonplastiken entworfen, die in verschiedenen Größen hergestellt werden sollen. Für den Betonbedarf benötigt man deren Volumen, für den Schutzanstrich die Größe der Oberfläche.

**a)** Gib für jede Plastik einen Term für das Volumen an.

**b)** Gib für jede Plastik einen Term für die Größe der Oberfläche an.

**c)** Die Plastiken sollen in den Größen S, M und L hergestellt werden.
Für Größe S ist h = 15 dm; b = 12 dm; t = 9 dm
Für Größe M ist h = 20 dm; b = 16 dm; t = 12 dm
Für Größe L ist h = 25 dm; b = 20 dm; t = 15 dm
Berechne für jede Plastik in jeder Größe das Volumen und die Größe der Oberfläche.

**d)** 1 $cm^3$ Beton wiegt 2,2 g. Berechne die Masse aller 3 Plastiken in allen drei Größen.

**14.** Entwirf selbst Betonplastiken, die in verschiedenen Größen hergestellt werden können. Erstelle dann die Terme für die Größe der Oberfläche und das Volumen.

**15.** Eis schwimmt so im Wasser, dass 90 % des Volumens unter der Wasseroberfläche sind. Ein Eiswürfel der Kantenlänge a wird in Wasser gegeben.

**a)** Erstelle einen Term für die Größe der Fläche, die vom Wasser umgeben ist.

**b)** Wie viel Prozent der Oberfläche des Eiswürfels sind vom Wasser umgeben?

**16.** Vereinfache, wenn möglich.

**a)** $14xy + 8x \cdot 2y - 3x \cdot 5 - 7y \cdot 2x + 4 \cdot 2z$

**b)** $-5b \cdot 2a + 5b \cdot 2a - 3a \cdot 2a - a^2 + 3 \cdot (-4a)$

**c)** $16uvw + 3 \cdot 2v - 8uv \cdot (-2w) + 3w \cdot 2v \cdot 4u$

**d)** $18yz : 3 - 6y \cdot 2x \cdot 3z - 3z \cdot 8y : 4 + 5xz$

**e)** $-10a^2b : 2 \cdot 3b - 3ab^2 \cdot 5 - 7ab \cdot (-2) \cdot ab + 10b^2a : 5$

*Quadrieren von Produkten*

**17.** Welche Terme sind wertgleich? Begründe.

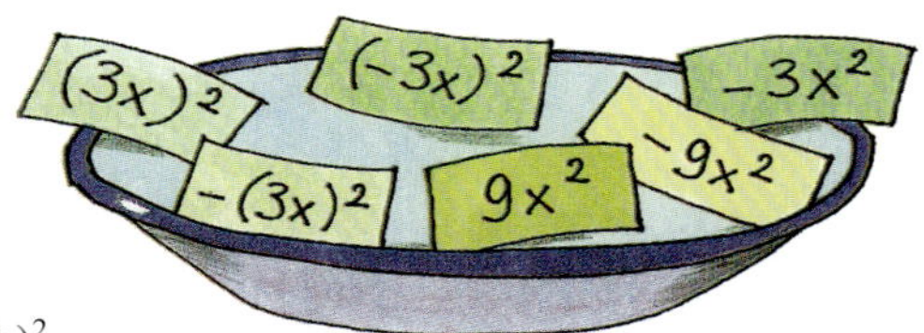


**18.** Verwandle in ein Produkt und vereinfache.

**a)** $(5a)^2$; $(2uv)^2$; $(6xyz)^2$

**b)** $(-3y)^2$; $(-4ab)^2$; $(-2klm^2)^2$

**c)** $3(ab)^2$; $4x \cdot (yz)^2$; $(-3x^2) \cdot (7ab)^2$

**19.** Vereinfache so weit wie möglich.

**a)** $(0{,}9xy)^2$ **b)** $(-0{,}5rs)^2$ **c)** $(a^2b)^2$ **d)** $-\frac{1}{2}(klm)^2$ **e)** $-3a \cdot (uv)^2$

**20.** Alexanders Hausaufgabe war das Quadrieren von Produkten. Nur bei der ersten Teilaufgabe hat er die Potenz notiert. Finde zu den übrigen Teilaufgaben die gestellten Aufgaben heraus.

a) $(3x)^2 = 9x^2$
b) $25z^2$
c) $36a^4$
d) $\frac{1}{4}u^2$
e) $\frac{1}{81}z^6$
f) $4x^2y^2$
g) $100a^2b^4$
h) $64u^2v^4w^2$
i) $\frac{1}{9}p^2a^4$
j) $\frac{16}{81}c^2d^4e^6$

**21.** Vereinfache so weit wie möglich.

**a)** $4x \cdot 3x^2y$; $3a^2 \cdot 2ab^2$; $5c^2(-3c^2d)$

**b)** $-3pq \cdot (4pq)^2$; $vw(-2v^2w) \cdot 2w^2$; $p^2q(-pq)^2 \cdot 3p^2q$

**c)** $-ab(2ab)^2 \cdot (-4a^2b)$; $yz^2(-yz)^2 \cdot (-3yz)$; $(-0{,}4xy)^2 \cdot 0{,}2x^2y$

**d)** $(1{,}5mn^2)^2 \cdot 0{,}4mn$; $(\frac{2}{3}ab^2)^2 \cdot a^2b$; $(-\frac{3}{4}u^2v) \cdot uv^2$

**22.** **a)** $(3uv)^2 + 2u^2v^2$ **b)** $(2xy)^2 + 2x^2 \cdot (4y)^2$ **c)** $(-2u)^2 \cdot 3v^2 - (4uv)^2$

**d)** $3(2ab)^2 + (5a)^2 \cdot (-2b^2)$ **e)** $8r \cdot (r^2s)^2 - (4rs)^2 \cdot 3r$ **f)** $(2p \cdot 3q^2)^2 - (5pq^2)^2$

**g)** $(6uv^2)^2 + 3u \cdot (-2v)^2 \cdot 2u$ **h)** $(-e^2f) \cdot (-ef) + (e^2f) \cdot (-ef)$ **i)** $4s(s^2t)t - (3s^2t)^2 \cdot (-2st^2)$

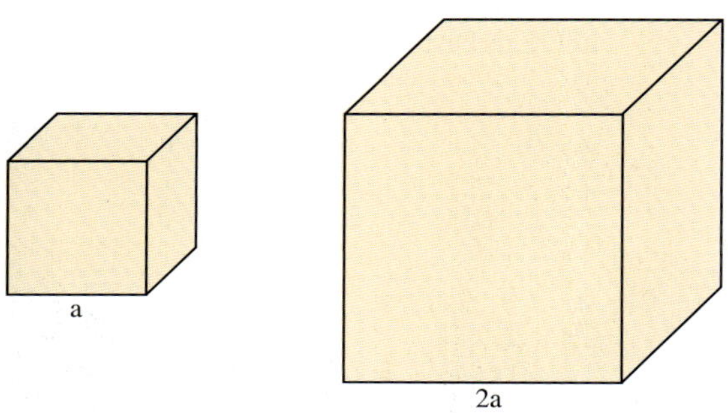


**23.** **a)** Vergleiche einen Würfel der Kantenlänge a mit einem Würfel mit einer doppelt so großen Kantenlänge. Erstelle die Terme für den Oberflächeninhalt und das Volumen. Um welchen Faktor unterscheiden sich
(1) die Volumina der beiden Würfel;
(2) die Oberflächeninhalte der beiden Würfel?

**b)** Wie verändern sich Volumen und Oberflächeninhalt eines Würfels, wenn man die Kantenlänge
(1) verdreifacht; (2) um 10 % verlängert?

## 1.3 Auflösen und Setzen einer Klammer

### 1.3.1 Multiplizieren von Summen und Differenzen

**Aufgabe 1**

Eine Firma verarbeitet rechteckige Stahlplatten verschiedener Größe.

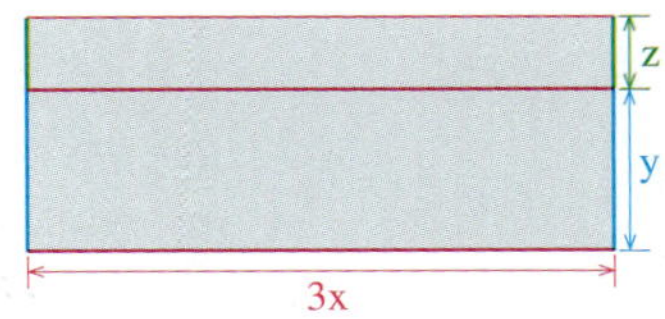


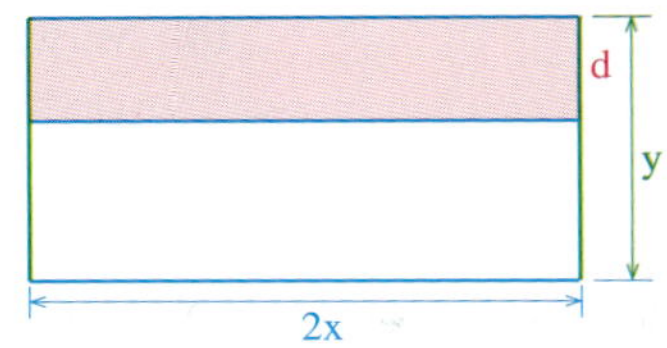


**a)** Finde verschiedene Rechenwege für folgende Aufgaben:

(1) Eine Platte mit den Seitenlängen $3x$ und $z$ sowie eine Platte mit den Seitenlängen $3x$ und $y$ sollen zusammengeschweißt werden.
Wie groß ist die entstandene Platte?

(2) Von einer Platte mit den Seitenlängen $2x$ und $y$ soll ein Streifen der Länge $2x$ und der Breite $d$ abgeschnitten werden (siehe Bild).
Wie groß ist die Platte nach dem Abschneiden?

**b)** Aus den verschiedenen Rechenwegen ergeben sich Regeln für Termumformungen, die geometrisch aber nur für positive Werte für die Variablen begründbar sind. Beweise mithilfe eines Rechengesetzes für rationale Zahlen, dass sie für alle rationalen Zahlen, also auch negative, gelten.

**c)** Forme entsprechend mithilfe eines Distributionsgesetzes um

(1) $(-4) \cdot (3 + 2d)$ (2) $2u \cdot (2x - 3)$

**Lösung**

**a)** (1) *1. Weg:* Die entstandene Platte hat die Seitenlängen $3x$ und $y + z$, also den Flächeninhalt $3x(y + z)$.

*2. Weg:* Die entstandene Platte setzt sich aus Platten mit den Flächeninhalten $3x \cdot y$ sowie $3x \cdot z$ zusammen, hat also den Flächeninhalt $3xy + 3xz$.

Für positive Werte für die Variablen liefern beide Wege wertgleiche Terme:

$3x(y + z) = 3xy - 3xz$

(2) *1. Weg:* Schneidet man den Streifen ab, so hat die Platte die Seitenlängen $2x$ und $y - d$, also den Flächeninhalt $2x(y - d)$

*2. Weg:* Von der gesamten Platte mit dem Flächeninhalt $2x \cdot y$ wird ein Teilstück mit dem Flächeninhalt $2xd$ abgetrennt. Das Reststück hat also den Flächeninhalt $2xy - 2xd$.

Für positive Werte der Variablen sind die Werte der beiden Terme offensichtlich wertgleich:

$3x(y - d) = 2xy - 2xd$

Distributivgesetz
$a \cdot (b + c) = a \cdot b + a \cdot c$

**b)** (1) Die Termumformung
$3x(y + z) = 3xy + 3xz$
lässt sich für beliebige Werte für die Variablen mithilfe des Distributivgesetzes beweisen:

$$\begin{aligned} a \cdot (b + c) &= a \cdot b + a \cdot c \\ 3x \cdot (y + z) &= 3x \cdot y + 3x \cdot z \end{aligned}$$

(2) Entsprechend begründet man die Termumformung
$2x(y - d) = 2xy - 2xd$
mit dem Distributivgesetz für Differenzen:

$$\begin{aligned} a \cdot (b - c) &= a \cdot b - a \cdot c \\ 2x \cdot (y - d) &= 2x \cdot y - 2x \cdot d \end{aligned}$$

**c)** (1)

$$\begin{aligned} a \cdot (b + c) &= a \cdot b + a \cdot c \\ (-4) \cdot (3 + 2d) &= (-4) \cdot 3 + (-4) \cdot 2d \\ &= -12 - 8d \end{aligned}$$

(2)

$$\begin{aligned} a \cdot (b - c) &= a \cdot b - a \cdot c \\ 2u \cdot (2x - 3) &= 2u \cdot 2x - 2u \cdot 3 \\ &= 4ux - 6u \end{aligned}$$

**Information**

Bei der obigen Termumformung $3x(y + z) = 3xy + 3z$ ist durch die Anwendung des Distributivgesetzes ein Term ohne Klammer entstanden.
Man sagt: Die Klammer wurde *aufgelöst.*
Aus einem Produkt wurde eine Summe.
Entsprechend wurde bei der Termumformung $2u \cdot (2x - 3) = 4ux - 6u$ ein Produkt in eine Differenz umgeformt. Summe und Differenzen sind Sonderfälle algebraischer Summen.

*Man sagt auch: Es wurde ausmultipliziert.*

**Multiplizieren einer algebraischen Summe (Auflösen einer Klammer in einem Produkt)**
Man multipliziert jedes Glied der algebraischen Summe in der Klammer mit dem Faktor. Die Zeichen + und – werden nach den Vorzeichenregeln gesetzt.

*Beispiele:* (1) $7 \cdot (4x + 3y) = 7 \cdot 4x + 7 \cdot 3y = 28x + 21y$ (2) $-2x \cdot (3y - 6z) = -2x \cdot 3y + 2x \cdot 6z = -6xy + 12xz$

*Den Faktor mit jedem Glied der Klammer multiplizieren*

**Weiterführende Aufgaben**

**2.** *Dividieren von Summen und Differenzen*

$(6a + 9b) : 3$
$= (6a + 9b) \cdot \frac{1}{3}$
$= 6a \cdot \frac{1}{3} + 9b \cdot \frac{1}{3}$
$= 2a + 3b$

**a)** Erläutere die Division einer Summe im Beispiel rechts.
**b)** Löse entsprechend die Klammer auf:
(1) $(4a + 6b) : \frac{2}{3}$ (3) $(6x - 9y) : (-3)$
(2) $(8p - 12q) : 4$ (4) $(12r - 9s) : (-\frac{3}{4})$
**c)** Formuliere selber eine Regel für das Dividieren einer algebraischen Summe.
**d)** Führe das Distributivgesetz für das Dividieren $(a + b) : c = a : c + b : c$ auf das Distributivgesetz für das Multiplizieren $(a + b) \cdot c = a \cdot c + b \cdot c$ zurück.

**3.** *Auflösen von Klammern mit einem Computer-Algebra-System*

**expand** ⟨engl.⟩ ausdehnen

**a)** Bei dem ersten Term hat das Computer-Algebra-System die Klammer sofort nach der Eingabe aufgelöst, bei dem anderen jedoch nicht. Mithilfe des Befehls **expand** kannst du das Ausmultiplizieren dann erreichen. Probiere die rechts abgebildeten Termumformungen mit einem Rechner aus.

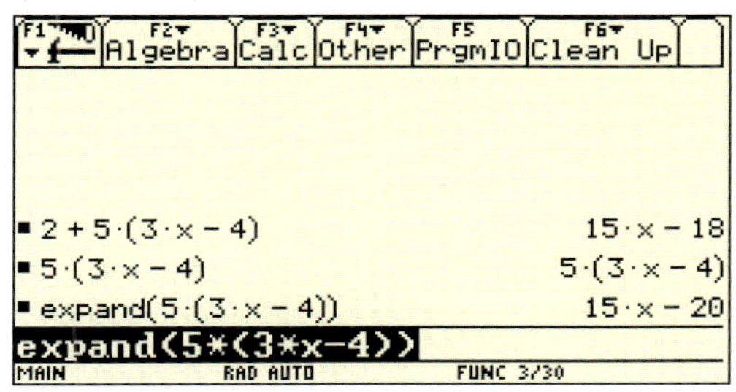


**b)** Untersuche, welche Klammern das CAS sofort auflöst und welche nicht.

**Übungsaufgaben**

**4.** Der Garten der Familie Müller hat die Form eines Rechtecks. Er besteht aus zwei Teilrechtecken. Berechne die Größe des Gartens auf zwei Wegen.

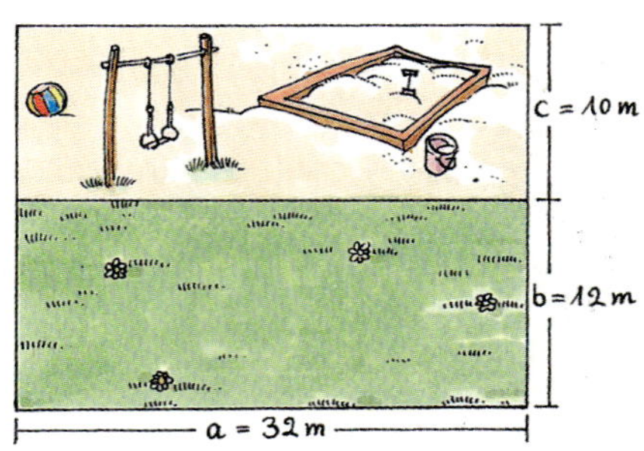


**a)** Gib für jeden der Berechnungswege einen Term mit den Variablen a, b, c an.
**b)** Berechne die Gesamtfläche durch Einsetzen der Werte für a, b, c.
**c)** Welches Rechengesetz kannst du diesem Beispiel entnehmen?
Beachte, dass es auf diese Weise nur für positive Zahlen nachgewiesen werden kann.

**5.** Löse die Klammer auf. Wende dazu ein Distributivgesetz an.

**a)** $5 \cdot (x + y)$; $0{,}7 \cdot (3 + x)$; $(-8) \cdot (y + 7)$
**c)** $x \cdot (a + b)$; $(x + y) \cdot z$; $(r + s) \cdot t$
**e)** $9 \cdot (x - y)$; $(x - y) \cdot 7$; $(x - y) \cdot (-5)$
**g)** $(1 - u^2) \cdot 4$; $r \cdot (r - 1)$; $(1 - t) \cdot (-s)$
**b)** $(x + y) \cdot 7$; $(x + 4) \cdot 9{,}5$; $(1 + x) \cdot (-3)$
**d)** $(1 + y) \cdot x$; $(-k) \cdot (r + 1)$; $a \cdot (1 + b)$
**f)** $x \cdot (1 - y)$; $(x - 1) \cdot y$; $(-3) \cdot (a - b)$
**h)** $4 \cdot (-a - b)$; $(-2) \cdot (-3 + x)$; $(-1 - u) \cdot (-u)$

**6.**
**a)** $7(8x + 5)$; $6(3 + 5r)$; $4(9t + 1)$; $10(8b + 6)$
**b)** $10(3x - 2y)$; $-9(7a - 4b)$; $12(2r - 6s)$; $-15(4d - 9c)$
**c)** $a(7x + 5y)$; $t(3r - 14s)$; $w(6u + 12v)$; $(-c) \cdot (8a + 7b)$
**d)** $c(0{,}5x + 3{,}7y)$; $(2{,}4a - 7{,}6b) \cdot 5$; $\left(\frac{2}{9}u + \frac{7}{9}v\right) \cdot (-18)$; $8\left(\frac{3}{12}p + 0{,}7q\right)$

**7.** Bilde alle Produkte, bei denen ein Faktor aus dem linken Korb und einer aus dem rechten Korb stammt.
Vereinfache die Produkte.

**8.**
**a)** $2x(3a - 4b)$; $5a(7b + c)$; $9r(x + 11y)$; $4z(6x - 7y)$
**b)** $15a(3x - 7)$; $12x(a - 5b)$; $9t(1 - 4r)$; $6z(9t - 7q)$
**c)** $(-7c + 4y)8z$; $(-5s)(3t + 20u)$; $(12q - 1) \cdot 15k$; $(15r + 5s) \cdot (-t)$
**d)** $(-3a)(4x - y)$; $(-5r)(2a - 4t)$; $(-7u)(-9v - 3w)$; $(-2x)(y - 50z)$

**9.**
**a)** $3{,}2(15x - 25y)$; $25(2{,}2a + 6{,}9b)$; $\left(-\frac{2}{5}\right)(20v - 65t)$; $(-48)\left(\frac{5}{6}u + \frac{3}{8}v\right)$
**b)** $3{,}6a(25x - 45y)$; $\frac{3}{5}x(-40x - 85y)$; $\frac{8}{9}k\left(\frac{3}{4} - \frac{9}{10}m\right)$; $(4{,}8a - 1{,}8b) \cdot 3{,}5c$
**c)** $0{,}3a(0{,}5b + 1{,}2c)$; $\frac{x}{2}\left(\frac{x}{3} + \frac{y}{2}\right)$; $\left(\frac{3}{5}u + \frac{6}{25}v\right) \cdot \frac{5}{6}t$; $\left(1{,}2r - \frac{3}{2}s\right) \cdot \left(-\frac{s}{3}\right)$
**d)** $(-75r)(1{,}2r - 0{,}8s)$; $(-60v)\left(\frac{7}{12}u - \frac{4}{15}v\right)$; $(-0{,}2t)(-1{,}5k - 2{,}5t)$; $(0{,}2u - 0{,}8) \cdot (-5u)$

**10. a)** Erläutere die Division einer Summe im Beispiel rechts. Formuliere dann eine Regel.

$(2x + 4y) : 2$
$= 2x : 2 + 4y : 2$
$= x + 2y$

**b)** Löse entsprechend die Klammer auf.
(1) $(6a - 3b) : 3$
(2) $(8a + 12b) : 4$
(3) $\left(\frac{1}{2}x + \frac{3}{2}y\right) : \frac{1}{2}$
(4) $\left(\frac{2}{3}u - 3v\right) : \frac{2}{3}$
(5) $(14c - 8d^2) : (-4)$
(6) $\left(8u^2 - \frac{1}{2}\right) : \left(-\frac{3}{4}\right)$
(7) $(3p + 4{,}5q) : 1{,}5$
(8) $(2{,}5r - 3s^2) : 0{,}5$
(9) $(4g - 5{,}5h^2) : (-0{,}25)$
(10) $\left(\frac{2}{3}cd - \frac{3}{4}c^2 + \frac{1}{2}d^2\right) : \left(-\frac{3}{4}\right)$

**11.** Kontrolliere Roberts Aufgaben. Korrigiere, falls erforderlich.

(1) $2a\left(3x + \frac{3}{2}y\right) = 6ax + 3ay$
(2) $-8(2{,}5p - 4) = 20p + 32$
(3) $\left(\frac{1}{4}x + \frac{2}{5}y\right) : \frac{1}{2} = \frac{1}{8}x + \frac{1}{5}$
(4) $\frac{a}{2}\left(\frac{b}{3} + \frac{a}{4}\right) = \frac{b}{6} + \frac{a}{8}$
(5) $\left(4q^2 - \frac{2}{7}\right) : \left(-\frac{3}{2}\right) = -6q^2 + \frac{3}{7}$
(6) $(4ab - 2b) \cdot \frac{1}{4}a = a^2b \cdot \frac{1}{2}ab$

**12.** Löse die Klammern auf. Wende dazu das Distributivgesetz für drei Summanden an.

**a)** $8(a + b + c)$
$(f + 2g - 1) \cdot 5$
$4\left(3x - 5y - \frac{1}{2}z\right) \cdot 3$

**b)** $7x(a + 2b + 3c)$
$(-2a) \cdot (v + 3w - 5x)$
$-5y(-4a + 3y - 11)$

**c)** $3ab(4a + 5ab - 2c)$
$-4uv^2 \cdot (7v - 3u^2 - 5uv)$
$-\frac{2}{9}p\left(\frac{5}{6}q - \frac{3}{5}p + \frac{1}{4}pq\right)$

**13.** Hier wurden die Klammern aufgelöst. Ergänze die Lücken in deinem Heft.

**a)** $\square\,(3x - 7y) = 6x - \square$
**b)** $b(\square + \square) = 4ab + 3bc$
**c)** $\square\,(8ab + \square) = 4a^2b + 3a$
**d)** $3kd(-4k - \square) = \square + 15kd$
**e)** $0{,}5x(\square - z) = 6ax^2 - \square$
**f)** $\square\,(\square - 4bc) = -6ac + 8bc^2$

**14.** Tom wollte mit einem Computer-Algebra-System die Klammern auflösen. Aber nicht alle Aufgaben erfüllen seine Erwartungen. Erläutere, welche Umformungen das CAS vorgenommen hat.

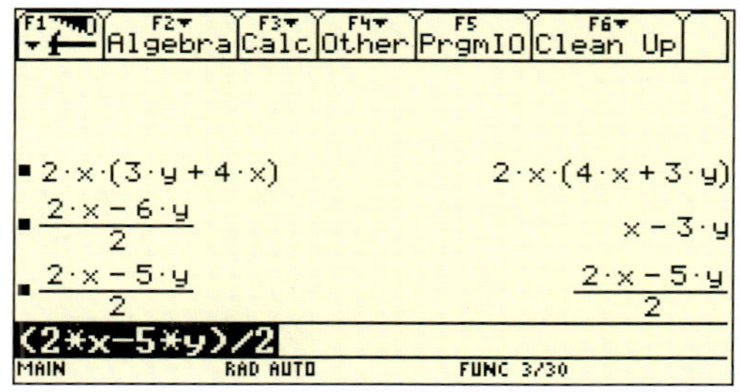


**15.** Löse jede Klammer auf. Fasse dann zusammen.

**a)** $5a - 3b + 7(a - b)$
$xy - 9x + x(3 - y)$
$7(x + y) + 3(x - y)$

**b)** $0{,}8(15x - 25y) - 7x + 11y$
$b + 25(1{,}6a + 3{,}2b) - 40a$
$2(0{,}5r - 1{,}5s) + 7(6r + 8s)$

**c)** $\frac{1}{3}(9r - 12s) + 5s - 4r$
$7a + \frac{3}{5} + \frac{1}{2}(22 - b)$
$-\frac{x}{4}(8 - 8x) + \frac{x}{5}(5x + 20)$

**16.** Herr Hultsch überrascht seine Klasse gerne mit Zahlenzaubereien:

*„Denke dir eine Zahl. Multipliziere sie mit der um 2 verminderten Zahl. Addiere dazu das Vierfache der gedachten Zahl.*
*Subtrahiere davon das Ergebnis der mit sich selbst multiplizierten gedachten Zahl.*
*Nenne mir dein Ergebnis und ich sage dir deine gedachte Zahl."*

Führe die Zahlenzauberei mit verschiedenen Zahlen durch. Wie findet Herr Hultsch die gedachte Zahl? Begründe, indem du einen Term aufstellst.

**17.** Vereinfache so weit wie möglich.

**a)** $7a(x + 5y - 3z) + 2x(a - b + c) + 6y(a + 3b - 4z) - 9ax + 24zy$

**b)** $-1{,}2(5r - 8s + t) + 2{,}5(1{,}6s - 4{,}8t - 2r) + 0{,}4(7{,}5t + 3{,}5r - 1{,}25s)$

**c)** $\frac{3}{4}x(20 - 8y) + \frac{2}{3}y(9x + 33) + \frac{4}{5}(30xy - 25x + 70y) - 24xy + 5x - 78y$

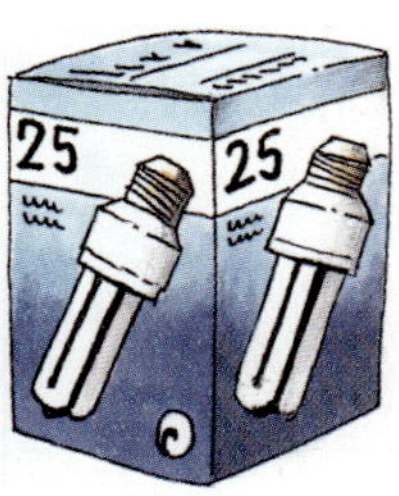


**18.** Energiesparlampen und deren Verpackungen gibt es in verschiedenen Größen. Rechts siehst du das Netz einer Verpackung aus Pappe.

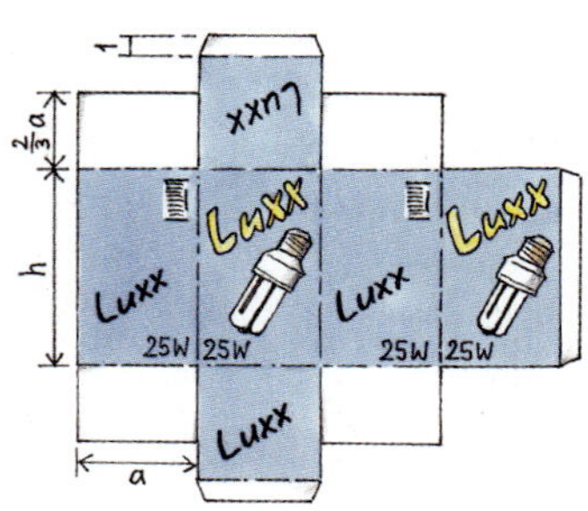


**a)** Stelle einen Term für die benötigte Pappmenge auf. Vernachlässige dabei die Abschrägungen an den Laschen, d. h. berechne diese auch als Rechtecke.

**b)** Berechne mit dem Term die Pappmenge für folgende Verpackungen (Längenangaben in cm):
(1) E-27-Lampe (Standardform): $a = 6$; $h = 10{,}5$
(2) E-14-Lampe (Kerzenform): $a = 3{,}5$; $h = 10$

## 1.3.2 Minuszeichen vor einer Klammer – Subtrahieren einer Klammer

**Aufgabe 1**

Ein Term steht für eine Zahl.

Betrachte den Term. Vor der Klammer steht ein Minuszeichen. Wir sagen kurz: *Minusklammer.* Löse die Klammer auf.

**a)** $-(-3x+5y)$ **b)** $a-(2b+3c)$ **c)** $7z-(5y-3z)$ **d)** $3x-4(2x+5y)$

*Beachte:* Das Minuszeichen vor der Klammer bedeutet Bilden des entgegengesetzten Terms in der Klammer. Die entgegengesetzte Zahl erhält man aber auch durch Multiplizieren mit (–1).

**Lösung**

$-(-7)=(-1)\cdot(-7)$
$-(-x)=(-1)\cdot(-x)$

**a)**
$$\begin{aligned}-(-3x+5y) &= (-1)\cdot(-3x+5y)\\ &= (-1)\cdot(-3x)+(-1)\cdot 5y\\ &= +3x+(-5y)\\ &= 3x-5y\end{aligned}$$

**b)**
$$\begin{aligned}a-(2b+3c) &= a+(-1)\cdot(2b+3c)\\ &= a+(-2b-3c)\\ &= a-2b-3c\end{aligned}$$

**c)**
$$\begin{aligned}7z-(5y-3z) &= 7z+(-1)\cdot(5y-3z)\\ &= 7z+(-5y+3z)\\ &= 7z-5y+3z\\ &= 10z-5y\end{aligned}$$

**d)**
$$\begin{aligned}3x-4(2x+5y) &= 3x-(8x+20y)\\ &= 3x+(-1)\cdot(8x+20y)\\ &= 3x+(-8x-20y)\\ &= 3x-8x-20y\\ &= -5x-20y\end{aligned}$$

**Information**

$-x=(-1)\cdot x$

**Auflösen einer Minusklammer – Subtrahieren einer Klammer**

(1) Steht ein Minuszeichen vor einer Klammer, so heißt die Klammer *Minusklammer.* Das Minuszeichen vor der Klammer kann als Multiplikation mit (–1) aufgefasst werden. Das Multiplizieren mit (–1) liefert die entgegengesetzte Zahl.
Man löst eine Minusklammer auf, indem man jedes Glied der algebraischen Summe in der Klammer mit (–1) multipliziert.

$$\begin{aligned}-(-3x+2y) &= (-1)\cdot(-3x+2y)\\ &= (-1)\cdot(-3x)+(-1)\cdot 2y\\ &= +3x+(-2y)\\ &= 3x-2y\end{aligned}$$

Minusklammer auflösen bewirkt das Ändern der Vorzeichen.

(2) Subtrahieren bedeutet das Addieren des entgegengesetzten Terms.

$$\begin{aligned}7x-4\cdot(2x-5y) &= 7x-(8x-20y)\\ &= 7x+(-(8x-20y))\\ &= 7x+(-8x+20y)\\ &= 7x-8x+20y\\ &= -x+20y\end{aligned}$$

**Weiterführende Aufgabe**

CAS

**2.** *Auflösen von Minusklammern mit einem Computer-Algebra-System*

In einigen Fällen löst ein CAS Minusklammern sofort nach der Eingabe auf, bei anderen nicht.

(1) Untersuche, wie das verfügbare CAS Minusklammern stets auflösen kann.

(2) Löse mit dem CAS die Klammern auf. Kontrolliere von Hand.

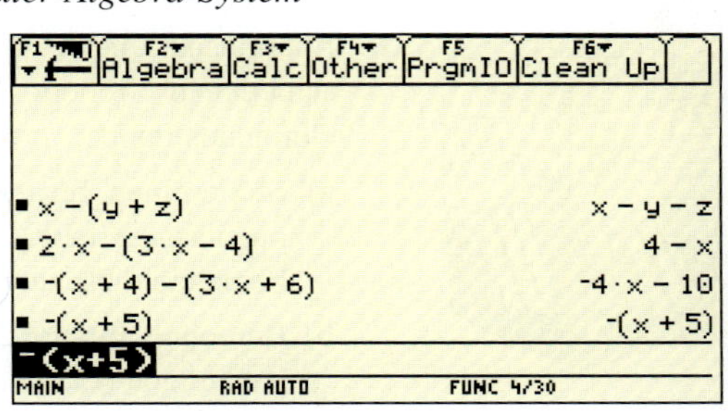


**a)** $-(x-4)$ **d)** $-(a-b)-a$

**b)** $-(3x+8y)$ **e)** $-2(k-5r)$

**c)** $-(-3a+5b)$ **f)** $-(7v^2+3v)-(-2v+v^2)$

**Übungsaufgaben**

**3.** **a)** Anna hat 100 € zum Geburtstag bekommen. Sie möchte davon eine Hose und einen Pullover kaufen. Da sie noch nicht genau ausgesucht hat, bezeichnet sie den Hosenpreis mit h € und den Pulloverpreis mit p €. Schreibe den Term für das Restgeld mit Variablen – einmal mit und einmal ohne Klammern.

**b)** Herr Pingel hat ebenfalls 100 € und möchte eine Lederjacke kaufen. Er entdeckt stets kleine Mängel an den Waren und versucht, einen Preisnachlass herauszuhandeln. Schreibe auch für sein Restgeld verschiedene Terme mit Variablen.

**4.** Löse die Minusklammer auf.

**a)** $-(a+b)$; $-(x-y)$; $-(-3+r)$

**b)** $-(a-b)$; $-(4x+y)$; $-(-u-7v)$

**c)** $-(3+x)+2$; $-(x+5y)+3y$; $-(a^2-b^2)-b^2$

**d)** $-(3x-y)+2(x-y)$; $-(-2a+1{,}8b)+a(2+b)$; $-(r+0{,}9x)+r(1-x)$

**5.** Subtrahiere die Klammer, indem du den entgegengesetzten Term der Klammer addierst.

**a)** $x-(y+z)$; $x-(y-z)$; $a-(5+b)$

**b)** $3x-(x-y)$; $8a-(-a+2b)$; $5r-(-r-s)$

**c)** $6a-(-3b+4a)$; $4x-(-5x-7z)$; $5u-(7u-4v)$

**d)** $8-(2-a+b)$; $x-(3x+y-2z)$; $7r-(-s+2r+5)$

**6.** Von einem Stab der Länge x wird ein Stück der Länge y und eines der Länge 2z abgeschnitten. Stelle verschiedene Terme für die Restlänge des Stabes auf.

**7.** Auf einem Konto befindet sich ein Guthaben von h €. Eine Rechnung der Höhe r € wird um einen Treuegutschein von t € ermäßigt und von dem Konto bezahlt.
Erstelle verschiedene Terme für das Restguthaben auf dem Konto.

**8.** Löse die Klammer auf. Fasse dann gleichartige Glieder zusammen.

**a)** $2{,}5a-(8{,}3a+b)$; $x-(1{,}9y+3{,}6x)$; $1{,}1s-(-2{,}5r+0{,}1s)$

**b)** $7x-15(2x+y)$; $r-2{,}5(0{,}4r-s)$; $2x-7{,}5(-3{,}6y-2{,}4x^2)$

**c)** $a-\frac{5}{6}\left(30b-\frac{12}{5}a\right)$; $\frac{2}{3}x-\frac{1}{4}\left(\frac{8}{3}x-\frac{3}{8}y\right)$; $\frac{4}{5}s-\frac{2}{3}\left(-t^2+\frac{6}{5}s\right)$

**9.** Kontrolliere Noras Hausaufgaben.

1) $(x^2+y)-(x^2-y)$
$= x^2+y-x^2-y$
$= 0$

2) $u^2-2(v+u)^2$
$= u^2-2v-u^2$
$= -2v$

3) $-(r-(s-r))$
$= -r+(s+r)$
$= -r+s+r$
$= s$

**10.** Vereinfache.

**a)** $(a-b)-(a+b)$; $(x^2+y^2)-(-x^2-y^2)$; $-(w^2-v^2)-(v^2-w^2)$

**b)** $m(m-n)-(m^2-1-n)$; $2a(3a-5b)-b(a+4b)$; $3x(2x-y)-x^2(6+y)$

**c)** $-(4-a)+(2a-7)-(-4a+6)$; $xy(x-y)-y^2(y-x)-3x$; $-3pq+2q(p-q)-(p^2+q^2)$

### 1.3.3 Ausklammern

**Aufgabe 1**

Beim Auflösen einer Klammer entsteht aus einem Produkt eine Summe. Wie kann man umgekehrt eine Summe in ein Produkt umformen?

**a)** Die Summe $3xy + 4xz$ enthält in beiden Summanden den gleichen Faktor x. Forme den Term in ein Produkt mit einem Faktor x um.

**b)** Schreibe entsprechend als Produkt: (1) $6x + 4y$ (2) $20x + 12xy$

**Lösung**

**a)** Wir wenden das Distributivgesetz von rechts nach links an.

$$a \cdot b + a \cdot c = a \cdot (b + c)$$
$$3xy + 4xz = x \cdot 3y + x \cdot 4z = x \cdot (3y + 4z)$$

**b)** (1) Wir suchen in den Summanden 6x und 4y einen gleichen Faktor. Das ist die Zahl 2. Dann wenden wir das Distributivgesetz von links nach rechts an.

$$6x + 4y = 2 \cdot 3x + 2 \cdot 2y$$
$$= 2 \cdot (3x + 2y)$$

(2) Wir gehen zunächst schrittweise vor und suchen in 20x und 12xy einen gleichen Faktor. Wir finden z. B. die Zahl 4, klammern sie aus und wenden das Distributivgesetz von links und rechts an und erhalten $4 \cdot (5x + 3xy)$.
In der Klammer finden wir dann noch x als gemeinsamen Faktor und klammern auch diesen aus.
Du kannst den Faktor 4x auch in einem Schritt ausklammern.

$$20x + 12xy = 4 \cdot 5x + 4 \cdot 3xy$$
$$= 4 \cdot (5x + 3xy)$$
$$= 4 \cdot (x \cdot 5 + x \cdot 3y)$$
$$= 4x(5 + 3y)$$

*Mehrere Lösungen sind möglich.*

$$20x + 12xy = 4x \cdot 5 + 4x \cdot 3y$$
$$= 4x(5 + 3y)$$

**Information**

**Faktor** ⟨lat.⟩ Math. Vervielfältigungszahl

In der Termumformung $4x \cdot 5 + 4x \cdot 3y = 4x \cdot (5 + 3y)$ wurde 4x vor die Klammer als Faktor gesetzt. Wir sagen: *4x wurde ausgeklammert.*
Die Summe wurde in ein Produkt umgeformt. Man spricht daher auch vom **Faktorisieren** der Summe.

**Weiterführende Aufgaben**

CAS

**2.** *Ausklammern mit einem Computer-Algebra-System*

**a)** In der ersten Aufgabe hat das Computer-Algebra-System ohne ausdrücklichen Befehl ausgeklammert. Welches Ziel hat es verfolgt?

**b)** Ausklammern kann man stets mit dem Befehl **factor** erreichen. Kontrolliere das Ergebnis.

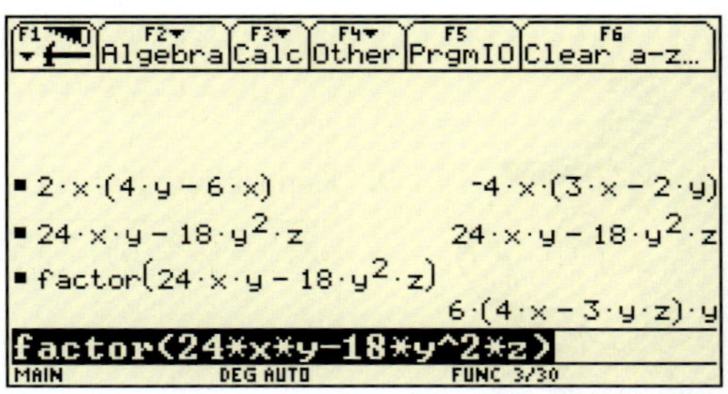


**3.** *Ausklammern einer Summe oder Differenz*

Fasse zusammen.

**a)** $3(x^2 + y) + 7(x^2 + y)$

**b)** $9(a + b) - 13(a + b)$

$$7(a + b) + 4(a + b)$$
$$= (7 + 4) \cdot (a + b) = 11(a + b)$$

**Übungsaufgaben**

**4.** Susanne hat Klammern aufgelöst. Sie hat die Aufgaben aber nicht notiert. Wie könnten die Aufgaben geheißen haben?

a) $3x + 3x$ d) $3p^2q + 6pq$
b) $8a + 12b$ e) $8x^3z - 4x^2z$
c) $4x + ax$ f) $7u - 7$

**5.** Suche in den Gliedern der Terme gleiche Faktoren. Klammere dann aus.

**a)** $6x + 6y$; $15r - 20$; $xy + x$
**b)** $7x + 7xy$; $36a - 48b$; $-5pqr + 4pq$
**c)** $8ab - 16c^2$; $-49 + 14x^2$; $a^2b - c^2b$
**d)** $-9xy - (-9xz)$; $-4ab^2 + (-24ac^2)$; $66t^2 + (-22t)$
**e)** $16k^2 + 24kb$; $75vc^2 - 50cv^2$; $13ab^2c^2 - 39bc$

**6.** Kontrolliere, ob richtig gerechnet wurde. Korrigiere, falls nötig.

| Anna | Bert | Christian |
|---|---|---|
| $4xy - 4xz$ | $12ab + 18ab^2$ | $-30cd - 24ce$ |
| $= 4x(y + z)$ | $= 3ab(4 + 6b)$ | $= -6c(5d - 4e)$ |

**7.** Fülle die Lücke aus.

**a)** $12 - 3x = -3 \cdot (\square + x)$
**b)** $-x + xy = -x(1 - \square)$
**c)** $-ab - 8a = -a(\square + 8)$
**d)** $9x - 12xy = \square \cdot (-3 + 4y)$
**e)** $a^2 - ab = \square \cdot (-a + b)$
**f)** $xy - y^2 = \square \cdot (y - x)$

**8.** Klammere so aus, dass der Term in der Klammer möglichst einfach wird.

**a)** $9ab + 9ac$; $5r^2 - 5rs$; $7xy + 7x$
**b)** $4xy + 4xz$; $17xy^2 - 17y^2z$; $9rq^2 + 7rt^2$
**c)** $8uv - vw$; $0{,}5ab + abc$; $\frac{1}{12}xy + \frac{1}{12}yz$
**d)** $a^2b - ac$; $800xy^2 + 24yt^2$; $18u^2v - 999uv$
**e)** $15uv - 5ut + 20ur - 45uv$; $12rs - 18st - 30s^2 - 42rst$; $\frac{2}{5}ab + \frac{2}{5}a^2c - \frac{4}{5}abc - \frac{1}{5}a$
**f)** $8ab + 12a^2 + 60ab^2$; $75x^3uv + 125x^2r^2 - 150x^4$; $42rs + 56st - 35s^2 + 91rst$

**9.** Fasse zusammen. Klammere dazu eine Klammer, also eine Summe oder eine Differenz, aus.

**a)** $5(x + y) + 11(x + y)$ **b)** $2(5x - 4y) - 8(5x - 4y)$ **c)** $\frac{2}{3} \cdot (4u - 11v) + 1 \cdot (4u - 11v)$

**10.** Klammere den Faktor $(-1)$ aus.

**a)** $-5 - a$; $-x - y$
**b)** $-r^2 - 9$; $-x^2y - 11$
**c)** $-x + y$; $-q + 4$
**d)** $a - b$; $-a - x$
**e)** $x^2 - y^2 + 1$; $a + b - c$
**f)** $u - 1{,}7 + v$; $\frac{4}{5} + x + y$

**11.** Tobias hat Minusklammern aufgelöst, aber nur die Ergebnisse notiert. Wie könnten die Aufgaben geheißen haben?

1) $5x - y - 7$ 2) $3a - 2b + 4$ 3) $-7x - 14y$ 4) $7a - 2x - 4y + 9$

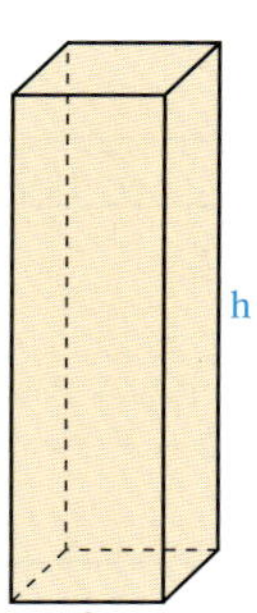


**12. a)** Skizziere ein Netz eines Quaders mit quadratischer Grundfläche und erstelle einen Term für den Oberflächeninhalt.

**b)** Klammere in diesem Term so aus, dass der Term in der Klammer möglichst einfach wird. Veranschauliche dann diesen Term durch eine geeignete Fläche.

**c)** Berechne die Größe der Oberfläche für $a = 3{,}5$ und $h = 7{,}5$ mit beiden Termen. Wie viele Rechenschritte benötigst du bei dem einen Term, wie viele bei dem anderen?

## 1.4 Lösen von Gleichungen mit Klammern *Zum Selbstlernen*

**Ziel**

Im letzten Schuljahr hast du gelernt, Gleichungen zu lösen. Dabei traten nur Terme ohne Klammern auf. Mit deinen Kenntnissen über Terme mit Klammern kannst du nun auch Gleichungen lösen, in denen Klammern auftreten.

**Zum Erarbeiten**

### Termumformungen beim Bestimmen der Lösungsmenge

*Bestimme die Lösungsmenge der Gleichung $10x + 7 - 6x = -17 - 5x + 6$.*
*Gib an, welche Umformungsregeln du verwendet hast. Führe auch die Probe durch.*

$$
\begin{aligned}
10x + 7 - 6x &= -17 - 5x + 6 && \text{Zusammenfassen gleichartiger Glieder}\\
4x + 7 &= -11 - 5x && \mid +5x \quad \text{Additionsregel}\\
9x + 7 &= -11 && \mid -7 \quad \text{Subtraktionsregel}\\
9x &= -18 && \mid :9 \quad \text{Divisionsregel}\\
x &= -2
\end{aligned}
$$

*Probe:*

| $10 \cdot (-2) + 7 - 6 \cdot (-2)$ | $= -17 - 5 \cdot (-2) + 6 \quad$ (w?) |
|---|---|
| $10 \cdot (-2) + 7 - 6 \cdot (-2)$ <br> $= -1$ | $-17 - 5 \cdot (-2) + 6$ <br> $= -1$ |

*Ergebnis:*
$L = \{-2\}$

**Zur Erinnerung**

### (1) Umformungsregeln für Gleichungen

In einer **Gleichung** stehen links und rechts vom Gleichheitszeichen Terme.
Gleichungen heißen **zueinander äquivalent,** wenn sie dieselbe Lösungsmenge haben. Mithilfe der folgenden Regeln kann man aus einer Gleichung eine dazu äquivalente Gleichung erhalten.

**Additions- und Subtraktionsregel**
Addiert oder subtrahiert man auf beiden Seiten einer Gleichung dieselbe Zahl, so ändert sich die Lösungsmenge nicht. Die Gleichungen sind zueinander äquivalent.

**Multiplikations- und Divisionsregel**
Multipliziert (dividiert) man beide Seiten einer Gleichung mit derselben Zahl (durch dieselbe Zahl) ungleich 0, so ändert sich die Lösungsmenge nicht. Die Gleichungen sind zueinander äquivalent.

**Information**

### (2) Termumformungen beim Lösen von Gleichungen

Termumformungen wie z. B. das Zusammenfassen oder das Auflösen von Klammern wandeln einen Term in einen wertgleichen Term um. Werden in einer Gleichung Terme wertgleich umgeformt, so ändert sich die Lösungsmenge der Gleichung nicht. Es liegt also eine Äquivalenzumformung der Gleichung vor.

**Zum Erarbeiten**

### Äquivalente Umformungen mit einem CAS

CAS

*Mit einem CAS kann man auch Gleichungen umformen. Dazu gibt man die Gleichung in Klammern ein und die gewünschte Umformung dahinter.*
*Probiere das mit den Beispielen rechts und oben aus.*

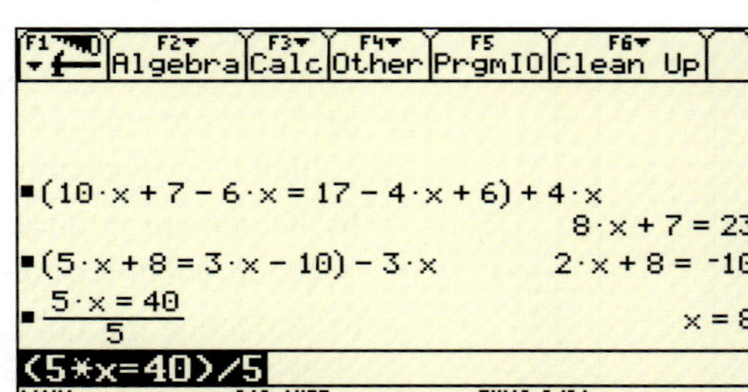


Zum Selbstlernen

**Zum Üben**

**1.** Welche Gleichungen sind äquivalent zueinander? Begründe.

$x + 9 = 6x - 15$ $-5x = -24$ $x = 2x - 8$ $3x + 9 - 2x = -15 + 6x$

$-x = -8$ $10x = 48$ $5x = 9 - 15$

CAS **2.** Ein CAS führt die angegebene Umformung korrekt aus. Deshalb kann man mit ihm gut Fehler finden. Lisa kontrolliert ihre Rechnungen mit einem CAS. Welche Fehler hat sie gemacht?

$4 - 3x = 12 - x$
$4 - 4x = 12$

$6x + 12 = 3x$
$2x + 12 = x$

$8 - 6x = 20$
$6x = 12$

$\frac{1}{2}x + 44 = 0$
$x + 22 = 0$

```
F1  F2▾     F3▾  F4▾   F5     F6▾
    Algebra Calc Other PrgmIO Clean Up
■ (4 - 3·x = 12 - x) + x        4 - 2·x = 12
■ (8 - 6·x = 20) - 8            -6·x = 12
■ (6·x + 12 = 3·x)/3            2·(x + 2) = x
■ (1/2·x + 44 = 0)/.5           x + 88 = 0.
(1/2*x+44=0)/0.5
MAIN        RAD AUTO        FUNC 4/30
```

**3.** Bestimme die Lösungsmenge.

**a)** $5 + 16a - 8 = 4a - 2a - 17$

**b)** $-3x + 18 - 5x = -13 - 6x + 11$

**c)** $7{,}4 + 0{,}3x - 7{,}5 = -4{,}6x - 4{,}3 + 2{,}1x$

**d)** $4 + \frac{x}{2} - \frac{3}{4} = 2x - \frac{3}{4} + \frac{3}{2}x$

**Zum Erarbeiten**

## Lösen von Gleichungen mit Klammern

*Löse die Gleichungen und mache die Probe.*

**a)** *$14 = 5x - (-2x + 2)$*  **b)** *$7(2x - 4) - 1 = 3x + 4$*

Wir lösen zuerst die Klammer auf und wenden dann die Umformungsregeln an.

**a)**

$14 = 5x - (-3x + 2)$ — *Jedes Zeichen in der Minusklammer ändern.*
$14 = 5x + 3x - 2$
$14 = 8x - 2 \quad | +2$
$16 = 8x \quad | :8$
$2 = x$

**b)**

$7(2x - 4) - 1 = 3x + 4$ — *Jedes Glied der Klammer mit dem Faktor davor multiplizieren.*
$14x - 28 - 1 = 3x + 4$
$14x - 29 = 3x + 4 \quad | -3x$
$11x - 29 = 4 \quad | +29$
$11x = 33 \quad | :11$
$x = 3$

*Probe:*

| $14 = 5 \cdot 2 - (-3 \cdot 2 + 2)$ (w?) | |
|---|---|
| 14 | $5 \cdot 2 - (-3 \cdot 2 + 2) = 14$ |

*Probe:*

| $7(2 \cdot 3 - 4) - 1 = 3 \cdot 3 + 4$ (w?) | |
|---|---|
| $7(2 \cdot 3 - 4) - 1 = 13$ | $3 \cdot 3 + 4 = 13$ |

**Zum Erarbeiten**

## Lösen von Gleichungen mit einem Computer-Algebra-System

Ein Computer-Algebra-System löst Gleichungen mit dem Befehl **solve** in einem Schritt.

CAS *Betrachte den Bildschirm rechts. Hier wurden Gleichungen mit einem CAS gelöst. Probiere das aus und kontrolliere die Lösungen durch Rechnung von Hand.*

```
F1  F2▾     F3▾  F4▾   F5     F6▾
    Algebra Calc Other PrgmIO Clean Up
■ solve(5/4 + 17·x = 3/4 + 2·x, x)
                                 x = -1/30
■ solve(7·(x + 4) = 4·x - 2, x)    x = -10
■ solve(3 - (4·z + 3) - 5·z = 1 - z, z)
                                  z = -1/8
■ solve(1.2·(x - 2.3) - (x - 5) = -3, x)
                                 x = -26.2
solve(1.2*(x-2.3)-(x-5)=-3,x)
MAIN        RAD AUTO        FUNC 4/30
```

Zum Selbstlernen

**Zum Üben**

**1.** Löse die Klammer auf und fasse zusammen. Bestimme dann die Lösungsmenge.

**a)** $5(x-7)-4x=11$ **c)** $6(1{,}5x-2{,}5)-1{,}5x=0$ **e)** $6-3(5-6x)+4x=2x$

**b)** $-8x-(8-8x)=-8$ **d)** $12x+20=2(3x+1)$ **f)** $4\cdot(7x+5)-48x=10x-10$

**2.** **a)** Erkläre die beiden Lösungswege und vergleiche sie.

**b)** Bestimme die Lösungsmenge auf einem günstigen Weg.

(1) $4(x+3)=28$ (3) $(x+5):2=0$ (5) $(x+1):5=-2$

(2) $(x-2)\cdot 6=6$ (4) $3\cdot(x+1)=6\cdot(x+2)$ (6) $(4x-8):4=1$

**3.** Gunnar, Volker und Gregor haben die Gleichung $2(x+1)-8x=4x-12+2(x+1)$ auf verschiedene Weisen gelöst.

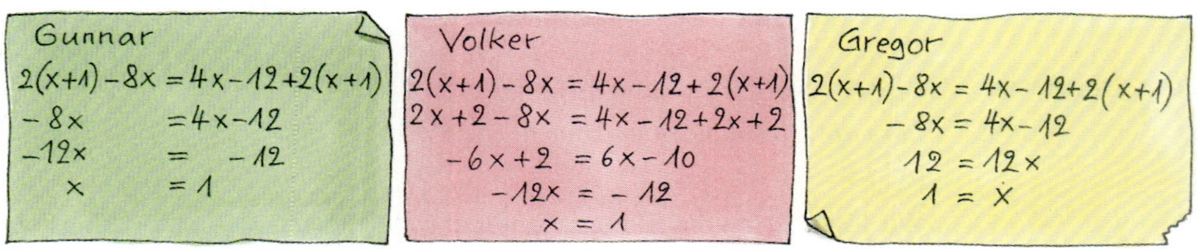


**a)** Erkläre die drei Lösungswege und vergleiche sie.

**b)** Löse die Gleichungen möglichst vorteilhaft.

(1) $3(2-x)-3=5x+3(2-x)$ (2) $9x+(x+1)=3+(x+1)$

CAS **4.** **a)** Auch die bei der Lösungsmenge vorkommenden Sonderfälle kann ein Computer-Algebra-System verarbeiten. Betrachte den Bildschirm rechts. Überlege, welche Sonderfälle vorliegen, und was die Antwort des Systems bedeutet.

**b)** Beschreibe auch, wie ein Computer-Algebra-System mit Gleichungen mit mehr als einer Lösung verfährt.

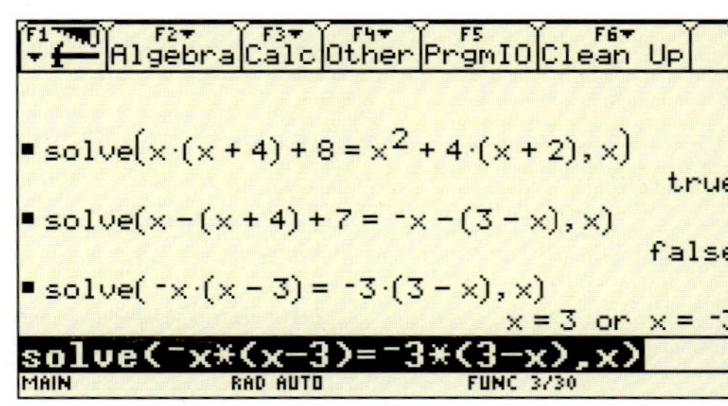


**5.** Bestimme die Lösungsmenge.

**a)** $9(3-6x)=-2-(5+5x)$ **d)** $6x(x-4)=(2x+3)\cdot 3x-33x$

**b)** $2x-8(x+12)=4x\cdot(-7)$ **e)** $4(x+2)-8x=-2x+3(-x-1)+8$

**c)** $25(a-2)-5(4-a)=30(a-7)+153$ **f)** $-3(5-4x)-10=6(2x-4)-1$

**6.** Für welches x erhält der Term den angegebenen Wert?

**a)** $8x\cdot(5-12)-23$; Wert: 481 $[-319; -599]$ **b)** $4x-3(x+1)$; Wert: $-1$ $\left[0; -\frac{3}{8}; 5\right]$

Zum Selbstlernen

## 1.5 Eine besondere Strategie bei Gleichungen mit Brüchen

**Aufgabe 1**

Bestimme die Lösungsmenge von $\frac{3}{4}x - \frac{1}{2} = \frac{1}{6}x - \frac{9}{4}$. Versuche auch, einen günstigen Weg zu finden.

**Lösung**

Wir gehen zunächst nach dem üblichen Weg vor:

$$\frac{3}{4}x - \frac{1}{2} = \frac{1}{6}x - \frac{9}{4} \quad \left| -\frac{1}{6}x\right.$$
$$\frac{3}{4}x - \frac{1}{6}x - \frac{1}{2} = -\frac{9}{4}$$

Beim Berechnen von $\frac{3}{4}x - \frac{1}{6}x$ müssen die Brüche auf den Hauptnenner 12 erweitert werden. Diesen Schritt hätte man aber vermeiden können, wenn man die gegebene Gleichung sofort mit 12 multipliziert hätte. Dieses Vorgehen vermeidet das Rechnen mit Brüchen (siehe rechts).

*Erst Brüche beseitigen*

$$\frac{3}{4}x - \frac{1}{2} = \frac{1}{6}x - \frac{9}{4} \quad | \cdot 12$$
$$\left(\frac{3}{4}x - \frac{1}{2}\right) \cdot 12 = \left(\frac{1}{6}x - \frac{9}{4}\right) \cdot 12$$
$$\frac{3}{4}x \cdot 12 - \frac{1}{2} \cdot 12 = \frac{1}{6}x \cdot 12 - \frac{9}{4} \cdot 12$$
$$9x - 6 = 2x - 27 \quad | -2x$$
$$7x - 6 = -27 \quad | +6$$
$$7x = -21 \quad | :7$$
$$x = -3$$

**Übungsaufgaben**

**2.** a) Sarah und Lukas haben die Lösungsmenge der Gleichung auf zwei Weisen bestimmt. Rechne weiter und vergleiche die Lösungswege.

Sarah

$$\frac{3}{4}(x+8) = \frac{1}{3}(x-12) \quad | \cdot 12$$
$$9(x+8) = 4(x-12)$$
$$9x + 72 = 4x - 48 \quad | -4x - 72$$

Lukas

$$\frac{3}{4}(x+8) = \frac{1}{3}(x-12)$$
$$\frac{3}{4}x + 6 = \frac{1}{3}x - 4 \quad \left| -\frac{1}{3}x - 6\right.$$
$$\frac{3}{4}x - \frac{1}{3}x = -10$$

b) Wie kann man eine Gleichung mit Brüchen besonders geschickt lösen? Formuliere eine Strategie.

**3.** Bestimme die Lösungsmenge auf zweierlei Weise.

a) $\frac{3}{2}(x + 9) = \frac{2}{3}(30 - x)$ b) $-\frac{3}{4}\left(1 + \frac{2}{3}x\right) = -\frac{1}{2}$ c) $\frac{5}{6}(2x + 14) = \frac{5}{9}\left(x - \frac{5}{3}\right)$

**4.** Bestimme die Lösungsmenge.

*Multipliziere mit dem Hauptnenner im Kopf.*

a) $\frac{7x}{8} = \frac{70}{36}$ c) $\frac{3}{4} = \frac{x}{9}$ e) $\frac{x}{2} + \frac{1}{5}x = 7$ g) $\frac{r}{15} + \frac{r}{10} = \frac{r}{6}$

b) $-\frac{3x}{16} = \frac{15}{20}$ d) $\frac{3y}{4} - 2 = 1$ f) $\frac{3}{5}x + \frac{3}{4}x = \frac{6 \cdot 9}{2}$ h) $\frac{1}{2} - \frac{4}{5}t = \frac{1}{4}$

**5.** a) $\frac{x}{3} + \frac{x}{4} = 7$ c) $\frac{x}{8} + 5 = \frac{x}{3}$ e) $\frac{7}{2} - \frac{3x}{4} = \frac{11}{4}$ g) $\frac{5z}{12} - \frac{7z}{18} = 2$

b) $\frac{x}{2} + \frac{x}{5} = 7$ d) $\frac{y}{2} - \frac{y}{3} = \frac{1}{3}$ f) $\frac{3x}{5} - \frac{1}{15} = \frac{2x}{3}$ h) $\frac{7x}{9} - \frac{13x}{6} = \frac{1}{12}$

**6.** a) $\frac{2x - 41}{9} + \frac{x - 4}{5} = 9$ c) $\frac{7 \cdot (5x + 2)}{6} - \frac{3 \cdot (7x - 4)}{5} = \frac{2 \cdot (9x + 2)}{5}$ e) $\frac{17 - 3z}{5} - 6 = \frac{17 + z}{11}$

b) $\frac{6x + 3}{11} = 10 - \frac{3x - 1}{2}$ d) $\frac{x \cdot (x + 2)}{30} - \frac{1}{3} = \frac{x(x + 3)}{30} - \frac{1}{3}$ f) $\frac{y - 5}{2} - \frac{y - 5}{4} = \frac{5}{4} + \frac{y}{4}$

Auch Dezimalbrüche kann man vermeiden.
$0{,}7x + 3{,}84 = 2{,}4$
$70x + 384 = 240$
... ...

**7.** Bestimme die Lösungsmenge wie im Beispiel.

a) $4x + 3{,}9 = 7x$ c) $-z + 0{,}9 = -0{,}1z$ e) $0{,}3x + 6{,}9 + 2{,}2x - 0{,}4 = 0$

b) $2x - 9{,}6 = 3{,}2x$ d) $7{,}2x - 5{,}8 - 2{,}4x + 1 = 0$ f) $0{,}48y - 4{,}17y = 250 - 3{,}19y$

## 1.6 Lösen von Sachaufgaben mithilfe von Gleichungen

**Aufgabe 1**

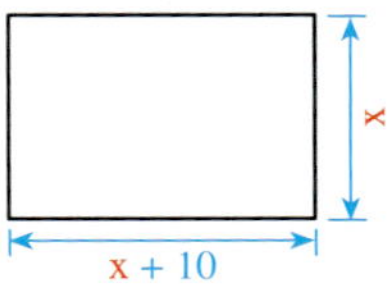


Von einer Weide soll ein rechteckiges Stück abgesteckt werden. Jede der beiden längeren Seiten soll 10 m länger als jede der beiden kürzeren Seiten sein. Es stehen 82 m Signalband zum Abstecken zur Verfügung. Wie lang sind die beiden kürzeren Seiten des Rechtecks?

**Lösung**

(1) *Fertige eine Skizze an, lege die gesuchte Größe fest und stelle die Gleichung auf.*

Wir rechnen nur mit den Maßzahlen.
Länge einer kürzeren Seite: x
Länge einer längeren Seite: x + 10
*Gleichung:* $\mathbf{2 \cdot x + 2 \cdot (x + 10) = 82}$

(2) *Bestimme die Lösungsmenge.*

$$\begin{aligned} 2 \cdot x + 2 \cdot (x + 10) &= 82 \\ 2x + 2x + 20 &= 82 \\ 4x + 20 &= 82 \\ 4x &= 62 \\ x &= 15{,}5 \end{aligned}$$

(3) *Beurteile die Lösung und führe die Probe durch.*

Die Seitenlänge muss eine positive Zahl sein: 15,5 erfüllt diese Bedingung. Wir überprüfen am Sachverhalt:
Ein Rechteck mit den Seitenlängen 15,5 m und 25,5 m hat den Umfang u = 2 · (15,5 m + 25,5 m) = 82 m (wahr).

(4) *Formuliere den Antwortsatz.*

Die beiden kürzeren Seiten des Rechtecks sind 15,5 cm lang.

**Weiterführende Aufgabe**

**2.** *Diagramm als Hilfe zum Erstellen der Gleichung*

Ein Reisebus hat eine 800 km lange Strecke in zwei Tagen zurückgelegt. Am zweiten Tage fuhr der Bus 70 km mehr als am ersten Tag.
Wie viel km fuhr der Bus am ersten Tag, wie viel km am zweiten Tag?

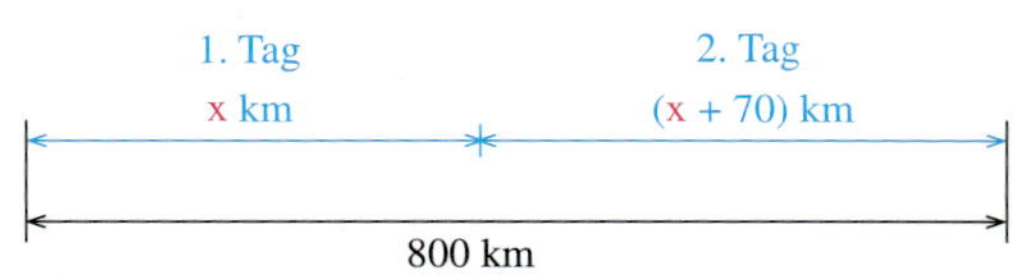


**Information**

**(1) Einschränkende Bedingung für die gesuchte Größe**

Bei jeder Sachaufgabe muss überlegt werden, ob zusätzlich zur Gleichung, die man aufgestellt hat, noch eine einschränkende Bedingung für die gesuchte Größe hinzukommt.
Ist x die Maßzahl einer Größe, so lautet sie $x > 0$, weil eine Größe nur positiv sein kann.
Ist in der Aufgabe nach einer Anzahl x gefragt, so lautet die einschränkende Bedingung $x \in \mathbb{N}$. Nicht immer muss es zu einer Sachaufgabe eine einschränkende Bedingung geben.

**(2) Strategie zum Lösen von Sachaufgaben mithilfe einer Gleichung.**

- Veranschauliche den Sachverhalt durch eine Skizze, ein Diagramm oder eine Tabelle.
- Lege eine Variable für die gesuchte Größe fest.
- Trage die Größen in die Skizze, das Diagramm oder die Tabelle ein.
- Stelle die Gleichung auf und bestimme ihre Lösungsmenge.
- Beurteile die Lösung und führe die Probe am Sachverhalt durch. Beachte auch einschränkende Bedingungen.
- Formuliere einen Antwortsatz.

**Übungsaufgaben**

**3.** In einem Viereck ist ein Winkel um 20° größer als der kleinste Winkel. Die beiden anderen Winkel sind gleich groß. Sie sind um 30° größer als der kleinste Winkel.
Wie groß sind die vier Winkel?

**4.** Ein Quader hat drei verschiedene Kantenlängen. Die Summe der Längen aller 12 Kanten beträgt 144 cm. Die mittlere Kantenlänge ist doppelt so groß wie die kürzeste Kantenlänge. Die längste Kante ist um 12 cm länger als die kürzeste.
Wie lang ist die kürzeste Kante? Berechne auch das Volumen des Quaders.

**5.** Uwe stellt beim Ausmessen eines Quaders fest: Die Grundfläche ist doppelt so groß wie jede der beiden kleineren Seitenflächen. Eine der größeren Seitenflächen ist um 10 $cm^2$ kleiner als die Grundfläche. Die Oberfläche hat eine Größe von 280 $cm^2$.
Wie groß ist die Grundfläche?

**6.** Löse das Zahlenrätsel mithilfe einer Gleichung.

**a)** Wenn man die Differenz von 7 und einer Zahl mit 5 multipliziert, erhält man 15.

**b)** Wenn man das Doppelte einer Zahl um 5 vergrößert und die Summe durch 3 dividiert, erhält man das Achtfache der gesuchten Zahl.

**c)** Wenn man das Vierfache einer Zahl von 10 subtrahiert und die Differenz mit 1,5 multipliziert, erhält man das Dreifache der Zahl, vermindert um 6.

**7.** Eine Großmutter ist 84 Jahre alt, ihre Enkelin ist 8 Jahre alt.

**a)** In wie vielen Jahren wird die Großmutter fünfmal so alt wie die Enkelin sein?

**b)** Vor wie vielen Jahren war sie zwanzigmal so alt?

**8.** In 16 Jahren wird ein Vater doppelt so alt wie sein Sohn sein. Zusammen sind beide heute 40 Jahre alt. Wie alt ist jeder?

**9.** Ein Junge ist doppelt so alt wie seine Schwester. Vor 4 Jahren war der Junge viermal so alt wie seine Schwester. Wie alt sind der Junge und seine Schwester jetzt?

**10.** Aus dem Kapitel „Lîlâvati“ (die Reizende) seines Werkes „Krönung des Systems“ von dem Inder Bhâskara (1150 n. Chr.):
„Von einem Schwarm Bienen lässt $\frac{1}{5}$ sich auf einer Kadombablüte, $\frac{1}{3}$ auf einer Silindhablüte nieder. Der dreifache Unterschied der beiden Zahlen flog nach den Blüten einer Kutaja. Eine Biene blieb übrig, welche in der Luft hin- und herschwebte, gleichzeitig angezogen durch den lieblichen Duft einer Jasmine und eines Pandamus. Sage mir die Anzahl der Bienen.“

**11.** Aus dem Buch „Die Wunder der Rechenkunst“ von Johann Christoph Schäfer (1857):

**Jemand hatte in einem Stall,**
**Ein Heerdchen Schafe, ein eigner Fall**
**Fand, wie Du sehen wirst, Statt dabei.**
**Nahm er davon die Hälft' und drei**

**Und wenn er den Rest sich achtfach dachte**
**Oder zu ihnen noch sieben brachte,**
**So bekommt er stets dieselbe Zahl.**
**Wieviele Schafe hat er wohl im Stall?**

**12.** **a)** Formuliert für die Gleichung $2{,}5 \cdot (x + 4) = 4x - 8$ verschiedene Zahlenrätsel. Bestimmt die Lösungsmenge.

**b)** Schreibt Gleichungen mit Klammern auf Zettel. Tauscht die Zettel aus und formuliert dazu passende Zahlenrätsel. Bestimmt auch die Lösungsmenge.

## 1.7 Multiplizieren von Summen – Binomische Formeln

### 1.7.1 Multiplizieren von Summen

**Aufgabe 1**

*Eine Differenz kann man auch als Summe schreiben.*

**a)** Wende zum Multiplizieren der Summen zweimal das Distributivgesetz an.
Formuliere dann eine Regel über das Multiplizieren von Summen.
(1) $(a + b) \cdot (p + q)$ (2) $(a - b) \cdot (c + d - e)$

**b)** Wende diese Regel auf die folgenden Produkte an.
(1) $(3a + 7b) \cdot (4b + 2c)$ (2) $(2a - 4b) \cdot (-7a - 2b + 9)$

**Lösung**

**a)** (1) Führe für die Summe p + q eine neue Variable c ein, d. h. setze $c = p + q$.

$$\begin{aligned}(a + b) \cdot (p + q) &= (a + b) \cdot c \\ &= a \cdot c + b \cdot c \quad \text{Distributivgesetz einmal angewandt} \\ &= a \cdot (p + q) + b \cdot (p + q) \\ &= a \cdot p + a \cdot q + b \cdot p + b \cdot q \quad \text{Distributivgesetz nochmals angewandt}\end{aligned}$$

(2)
$$\begin{aligned}(a - b) \cdot (c + d - e) &= a \cdot (c + d - e) - b \cdot (c + d - e) \\ &= a \cdot c + a \cdot d - a \cdot e - b \cdot c - b \cdot d + b \cdot e\end{aligned}$$

**Multiplizieren von Summen**
Jedes Glied der einen Summe wird mit jedem Glied der anderen Summe multipliziert.
Die Zeichen + und – werden nach den Vorzeichenregeln bestimmt.

**b)**

(1)
$$\begin{aligned}(3a + 7b) \cdot (4b + 2c) &= 3a \cdot 4b + 3a \cdot 2c + 7b \cdot 4b + 7b \cdot 2c \\ &= 12ab + 6ac + 28b^2 + 14bc\end{aligned}$$

(2)
$$\begin{aligned}(2a - 4b) \cdot (-7a - 2b + 9) &= -2a \cdot 7a - 2a \cdot 2b + 2a \cdot 9 + 4b \cdot 7a + 4b \cdot 2b - 4b \cdot 9 \\ &= -14a^2 - 4ab + 18a + 28ab + 8b^2 - 36b \\ &= -14a^2 + 24ab + 18a + 8b^2 - 36b\end{aligned}$$

**Weiterführende Aufgaben**

**2.** *Gleichungen mit zwei Summen in einem Produkt*

Vergrößere zwei gegenüberliegende Seiten eines Quadrates um 6 cm und verkleinere die beiden anderen um 4 cm. Du erhältst ein Rechteck, dessen Flächeninhalt 12 cm² kleiner ist, als der des Quadrats. Welche Seitenlänge hatte das Quadrat?

CAS

**3.** *Multiplizieren von Summen mit einem Computer-Algebra-System*

Computer-Algebra-Systeme multiplizieren mit dem Befehl **expand** auch Summen miteinander.

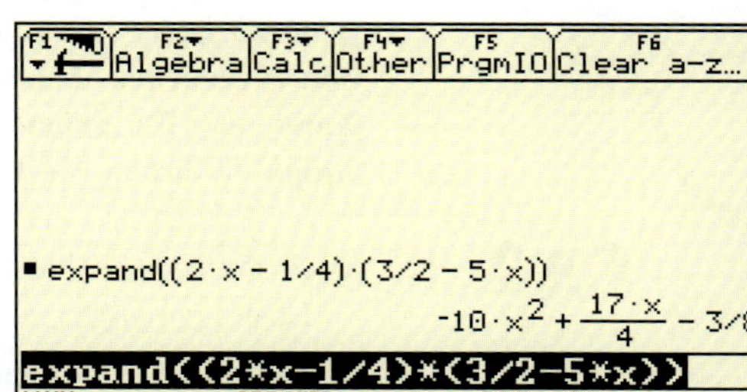


**a)** Kontrolliere das Beispiel rechts. Gib dann eigene Beispiele ein und vergleiche die Form der Ausgabe mit deinen Erwartungen.

**b)** Multipliziere die Summen aus Aufgabe 1 nochmals mithilfe des CAS.

**Übungsaufgaben**

**4.** Der Garten der Familie Meyer hat die Form eines Rechtecks. Berechne die Größe des Gartens auf zwei Weisen:
(1) Länge mal Breite des ganzen Gartens.
(2) Berechne die Größe der 4 Teile und addiere sie.

**a)** Gib für jede der Berechnungsweisen einen Term an.
**b)** Berechne die Gesamtfläche durch Einsetzen für a, b, c, d.
**c)** Die Gültigkeit von $(a+b)\cdot(c+d) = a\cdot c + a\cdot d + b\cdot c + b\cdot d$ kann so nur für positive Zahlen nachgewiesen werden. Wie kann man beweisen, dass diese Formel auch für negative Zahlen gilt?

**5. a)** Erkläre am nebenstehenden Bild:
$(a+b)\cdot(c-d) = ac - ad + bc - bd$
Warum ist diese Überlegung nur für positive Zahlen a, b, c, d mit $d < c$ gültig?
**b)** Entwirf ein ähnliches Bild zu der folgenden Gleichung
$(a-b)(c-d) = ac - ad - bc + bd$

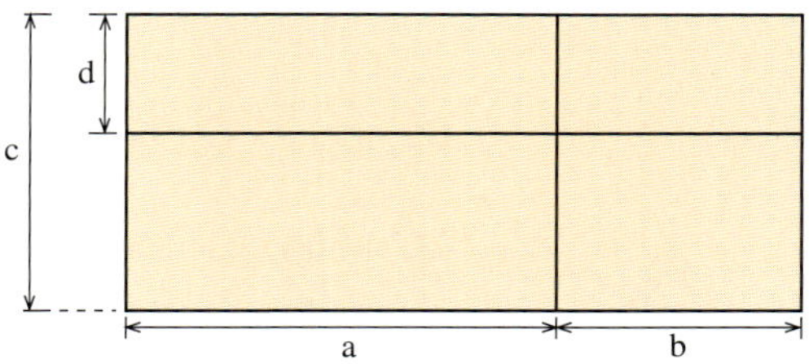


**6.** Multipliziere. Wende dabei mehrmals das Distributivgesetz an.

**a)** $(x+7)(y+4)$
$(a+9)(b-3)$
$(a-1)(b-8)$

**b)** $(x+y)(a+b)$
$(x-y)(u+v)$
$(x-y)(u-v)$

**c)** $(-x+y)(2+a)$
$(-a-b)(x-y)$
$(-1-r)(u+v)$

**d)** $(x-2)(y+1)$
$(x+y)(a-b)$
$(-a-b)(-c-d)$

$(a+5)\cdot(b+2)$
$= (a+5)\cdot b + (a+5)\cdot 2$
$= ab + 5b + 2a + 10$

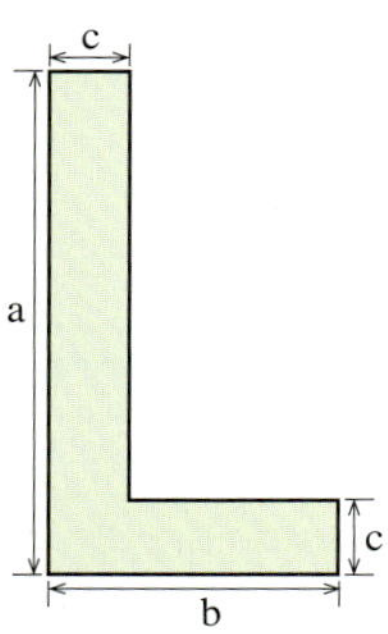


**7.** Für den Flächeninhalt der abgebildeten Fläche haben Christopher und Britta verschiedene Terme aufgestellt.

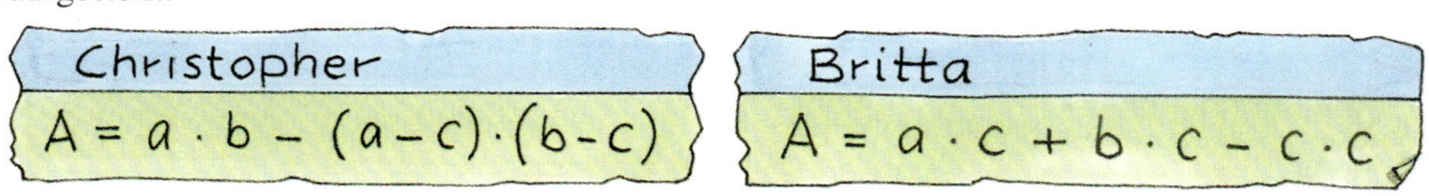


**a)** Erläutere die Überlegungen von Christopher und Britta.
**b)** Zeige, dass beide Terme wertgleich zueinander sind.

**8.** Multipliziere aus und fasse gegebenenfalls zusammen.

**a)** $(a-b)(10-a)$
$(2a+b)(3-c)$
$(4-5x)(1+y)$
$(8r+s)(s-2t)$
$(9x-4y)(6z+3)$

**b)** $(8a-3b)(5c-7d)$
$(8a-3b)(3a-8b)$
$(3x-y)(x-5y)$
$(-a+6b)(3a-9)$
$(-a-b^2)(a-3)$

**c)** $(1-r)\left(\frac{2}{5}-r\right)$
$\left(\frac{1}{8}-t\right)\left(t+\frac{1}{8}\right)$
$\left(9a-\frac{1}{2}b\right)\left(\frac{1}{3}a+4b\right)$
$(7x-3y)\left(\frac{2}{3}x-\frac{3}{7}y\right)$

**9. a)** $(x-0{,}3)(x+7)$
$(a+11)(a-8)$
$(9-x)(4+x)$

**b)** $(4a-1{,}5)(0{,}3-2a)$
$(a-7x)(4x+1)$
$(a+2b)(a-b)$

**c)** $(-x-y)(x+2y)$
$(2a+9b)(a+7b)$
$(-r-2s)(-r+s)$

**10. a)** $(z+3)(7+z+t)$
$(a^2-a)(c+d-1)$

**b)** $(-a+b)(4+a-b)$
$(-x-y)(r-s-t)$

**c)** $(2a+4b)(7a-2b)$
$(3x-2y)(4x-7y)$

**11.** Schreibt die Summen auf Karten und legt sie verdeckt auf den Tisch. Zieht zwei Summen und multipliziert sie miteinander. Fasst gegebenenfalls zusammen.
Zieht dann zwei weitere Summen.
Wenn alle Zettel gezogen sind, mischt die Karten wieder und beginnt von vorn.
Ihr könnt noch weitere Karten ergänzen.

**12.** **a)** $\left(x - \frac{y}{2}\right)(9x - 15y) + (6x + 3y)\left(\frac{x}{2} - y\right)$ **b)** $(x + y)(4y - 4x) + (x - 2y)(1{,}5x + y)$

**13.** Multipliziere aus und fasse zusammen.

**a)** $6y^2 + (2x + 3y)(3x - 2y)$
**b)** $28a^4 + (5a - 7a^2)(a + 4a^2)$
**c)** $3xy - (2x - 9y)(x + 6y)$
**d)** $41 - (11 - 5x)(3 - x^2) + 5x^3 - 15x$
**e)** $(a - b)(2a + b) - (a + 4b)(3a - 2b)$
**f)** $\left(\frac{a}{2} + \frac{b}{2}\right)(4a + 6b) - (1{,}2 - 4{,}8b)(5b + 15a)$

**14.** **a)** $8xy - (2x - 5y)(2x - 3y) + 3x^2$
**b)** $2a^2 - b^2 + (5a - 3b)(9a - 6b)$
**c)** $4 - (2x^2 - y^2)(x - y) + 3x^3 - 2xy^2$
**d)** $9pq^2 - (4p - 3q^2)(2p + q) + 8p^2$

**15.** *Gleichungen mit Produkten von Summen*
Bestimme die Lösungsmenge.

**a)** $(5x - 2)(x + 4) = 5(x^2 + 2)$
**b)** $(2x - 5)(5x - 2) = 10x^2 - 34x$
**c)** $(3x - 1)(4x + 2) = (2x + 1)(6x - 2)$
**d)** $(4x + 3)(6x - 5) = (2x + 3)(12x - 13)$
**e)** $(x + 7)(x - 4) = x^2 + 2$
**f)** $(2x + 1)(3x - 1) = 6x^2$

$$(x - 2)(x - 1) = x^2 - 7$$
$$x^2 - x - 2x + 2 = x^2 - 7$$
$$x^2 - 3x + 2 = x^2 - 7 \quad | -x^2$$
$$-3x + 2 = -7$$
$$x = 3$$
$$L = \{3\}$$

**16.** Suche den Fehler in Michels Rechnung.
Korrigiere dann.

$$x^2 - (x + 1)(x - 3) = 7$$
$$x^2 - x^2 - 3x + x - 3 = 7$$
$$-2x - 3 = 7$$
$$-2x = 4$$
$$x = -2$$

*Probe:*
L.S.: $(-2)^2 - (-2 + 1)(-2 + 3) = 2$
R.S.: 7

**17.** Bestimme die Lösungsmenge.

**a)** $(x + 2)(x + 5) = x^2 + 3$
**b)** $(x - 1)(x + 6) = x^2 + 4x + 4$
**c)** $(2x + 3)(5 - x) = x - 2x^2 + 27$
**d)** $(3a - 4)(2a + 1) - (6a^2 - 9) = 15$
**e)** $-10b^2 - (7 - 2b)(5b - 2) = 287$
**f)** $(3x - 5)(3x + 2) = (x - 7)(9x + 1) + 50$
**g)** $(6x + 2)(x - 3) = (3x + 1)(2x - 4) + 4$
**h)** $(9x + 5)(2x - 8) = (6x + 1)(3x - 10)$
**i)** $(x - 8)(x - 14) - (x + 3)(x - 2) + 3 = 0$
**j)** $(3x - 4)(4x - 3) - (5 - 2x)(7 - 6x) = 34$
**k)** $(-c + 6)(4c - 9) = 2 + 61c - 4c^2$
**l)** $(v - 0{,}2)(v + 0{,}3) = (v - 0{,}3)(v + 0{,}2)$

## 1.7.2 Binomische Formeln

**Aufgabe 1**

Verwandle zunächst in ein Produkt. Löse dann die Klammern auf.

**a)** $(a+b)^2$ **b)** $(a-b)^2$ **c)** $(a+b)\cdot(a-b)$

**Lösung**

**a)** $(a+b)^2 = (a+b)\cdot(a+b) = a^2 + ab + ba + b^2 = a^2 + 2ab + b^2$

**b)** $(a-b)^2 = (a-b)\cdot(a-b) = a^2 - ab - ba + b^2 = a^2 - 2ab + b^2$

**c)** $(a+b)\cdot(a-b) = a^2 - ab + ba - b^2 = a^2 - b^2$

**binomisch** ⟨lat.⟩
Math. zweigliedrig

**Binomische Formeln**

Für alle rationalen Zahlen für a und b gilt:

*1. Binomische Formel:* $\mathbf{(a+b)^2 = a^2 + 2ab + b^2}$

*2. Binomische Formel:* $\mathbf{(a-b)^2 = a^2 - 2ab + b^2}$

*3. Binomische Formel:* $\mathbf{(a+b)\cdot(a-b) = a^2 - b^2}$

*Man quadriert eine Summe, indem man zum Quadrat des ersten Summanden das doppelte Produkt beider Summanden und das Quadrat des zweiten Summanden addiert.*

**Weiterführende Aufgaben**

**2.** *Anwenden der binomischen Formeln*

**a)** Will man den Term $(3x+5)^2$ ausrechnen, so könnte man ihn in das Produkt $(3x+5)\cdot(3x+5)$ verwandeln und ausmultiplizieren. Man spart jedoch Zeit, wenn man die 1. binomische Formel anwendet. Erkläre die Rechnung.

$$(a + b)^2 = a^2 + 2 \cdot a \cdot b + b^2$$
$$(3x + 5)^2 = (3x)^2 + 2\cdot 3x \cdot 5 + 5^2$$
$$= 3x \cdot 3x + 6x \cdot 5 + 25$$
$$= 9x^2 + 30x + 25$$

**b)** Wende eine binomische Formel an.

(1) $(7x+5)^2$
(2) $(4x-2)^2$
(3) $(3x+2)\cdot(3x-2)$
(4) $(5x+7y)^2$
(5) $(8a-2b)^2$
(6) $(5p+3q)\cdot(5p-3q)$

CAS **3.** *Auflösen binomischer Formeln mit einem Computer-Algebra-System*

Löse binomische Formeln mit einem CAS. Wähle selbst Beispiele aus und kontrolliere, inwieweit die Ergebnisse deinen Erwartungen entsprechen.

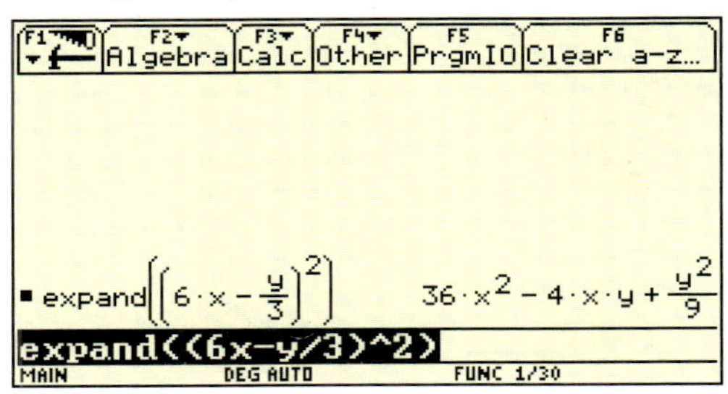


**4.** *Binomische Formeln in Gleichungen*

Vermindere die Seitenlängen eines Quadrats um 3 cm. Das neue Quadrat ist flächeninhaltsgleich zu einem Rechteck, dessen längere Seiten der Seitenlänge des Ausgangsquadrats entsprechen und dessen kürzere Seiten um 4 cm kleiner sind als die längeren Seiten.
Welche Seitenlänge hatte das Ausgangsquadrat?

**5.** *Binomische Formeln in Ungleichungen*

Untersuche, ob es Zahlen gibt, die diese Ungleichung erfüllen.

**a)** $(x+4)^2 \leq (x-4)^2$ **b)** $x^2 \geq (x+6)^2$ **c)** $x^2 < (x+5)(x-5)$ **d)** $(x+4)(x-4) < (x+2)^2$

**Übungsaufgaben**

**6.** **a)** Der Garten der Familie Hansel hat die Form eines Quadratws.

(1) Berechne die Größe des Gartens auf zwei Weisen.

(2) Wieso folgt daraus
$(a + b)^2 = a^2 + 2ab + b^2$
für positive Zahlen a und b?

(3) Beweise, dass für alle rationalen Zahlen, also auch für negative, die Termumformung aus (2) gilt.

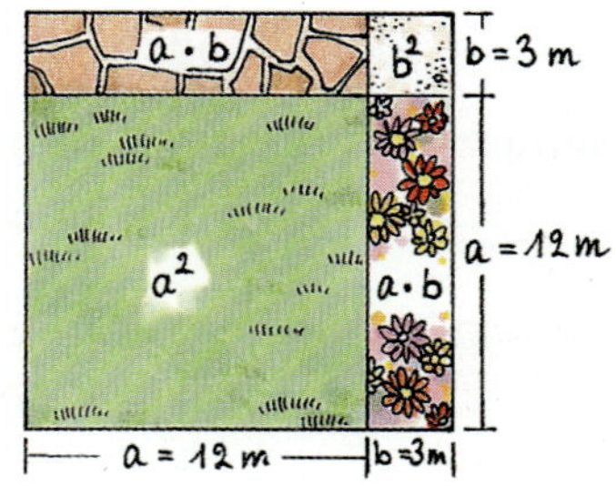


**b)** Löse die Klammer auf:
$(a - b)^2$
Veranschauliche die Teilterme des Ergebnisses dann an dem nebenstehenden Bild.
Welche einschränkende Bedingung muss bei der Veranschaulichung für die Variablen gelten?

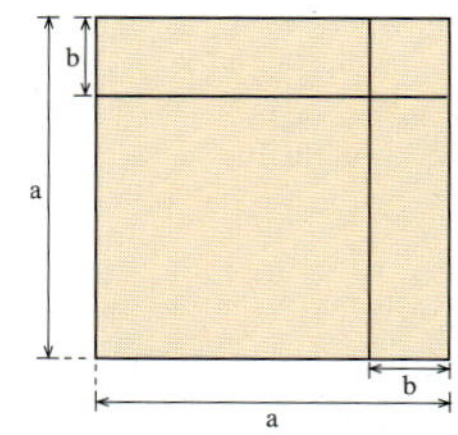


**7.** Sage die binomischen Formeln auch mit anderen Variablen als a und b auf.

**a)** $(x + y)^2 = \dots$
$(x - y)^2 = \dots$
$(x + y)(x - y) = \dots$

**b)** $(p + q)^2 = \dots$
$(p - q)^2 = \dots$
$(p - q)(p - q) = \dots$

**c)** $(\text{klim} + \text{bim})^2 = \dots$
$(\text{klim} - \text{bim})^2 = \dots$
$(\text{klim} + \text{bim})(\text{klim} - \text{bim}) = \dots$

**8.** Wende die binomischen Formeln an.

**a)** $(x + 5)^2$; $(7 + x)^2$; $(u + v)^2$; $(p + q)^2$

**b)** $(x - 6)^2$; $(9 - x)^2$; $(v - w)^2$; $(r - s)^2$

**c)** $(x + 8)(x - 8)$; $(u + 5)(u - 5)$; $(3 - r)(3 + r)$; $(x - y)(x + y)$

**d)** $(3 + p)^2$; $(7 - u)^2$; $(5 - v)(5 + v)$; $(c - d)(c + d)$

**9.** Sind die linke und die rechte Seite wertgleich? Überprüfe die Formel. Korrigiere, falls nötig.

a) $(a - b)^2 = a^2 - b^2$
b) $(a - b)^2 = a^2 - ab + b^2$
c) $(a + b)(a - b) = a^2 - b^2$
d) $(q - p)^2 = p^2 - 2pq + q^2$
e) $(q + p)^2 = q^2 + p^2 + 2pq$
f) $(p + q)(p - q) = q^2 - p^2$
g) $(r + s)^2 = r + 2rs + s$
h) $(r - s)^2 = r^2 - s^2 + 2rs$
i) $(r + s)(r - s) = -s^2 + r^2$
j) $(u + v)(v - u) = u^2 - v^2$

**10.** **a)** $(2x + 3)^2$; $(3x + 2y)^2$; $(0{,}5x - 3)^2$

**b)** $(1{,}5 + x)^2$; $(x - 0{,}8)^2$; $(a + 3{,}2)(a - 3{,}2)$

**c)** $(0{,}2x - y)^2$; $(x + 2{,}5y)^2$; $(x - 0{,}1y)(x + 0{,}1y)$

**d)** $(\frac{4}{5} - y)^2$; $(\frac{1}{2}x + \frac{2}{3}y)^2$; $(\frac{1}{3}x + y)(\frac{1}{3}x - y)$

**11.** **a)** $(-4 + x)^2$; $(x + (-3))^2$; $(-2 - x)^2$; $(1 - (-x))^2$

**b)** $(-r + s)^2$; $(-r - s)^2$; $(r + (-s))^2$; $(-r + (-s))^2$

**c)** $(-6x + y)^2$; $(+4x + (-3y))^2$; $(-5x - 7y)^2$; $(-3x - (-4y))^2$

**d)** $(-3a + 2b)^2$; $(-a + 4b)(-a - 4b)$; $(8u - 7v)(8u + 7v)$; $(6u + 5v)(-6u + 5v)$

**12.** Eigentlich ist die zweite binomische Formel überflüssig.
Erkläre die nebenstehende Rechnung.

$$(a - b)^2 = (a + (-b))^2 = a^2 + 2a \cdot (-b) + (-b)^2 = a^2 - 2ab + b^2$$

**13.** Löse die Klammern auf und fasse dann zusammen. Wende dazu eine binomische Formel an, wenn es möglich ist.

**a)** $(4a - 9)(4a + 9)$
**b)** $(4a - 9)(-4a - 9)$
**c)** $(4a - 9)(9a - 4)$
**d)** $(-4a + 9)(4a - 9)$
**e)** $(4a + 9)(9 + 4a)$
**f)** $(4a - 9)(-9 + 4a)$

**14.** Die linke Fläche wird zerschnitten und neu zusammengelegt. Damit lässt sich eine binomische Formel veranschaulichen. Begründe, welche.

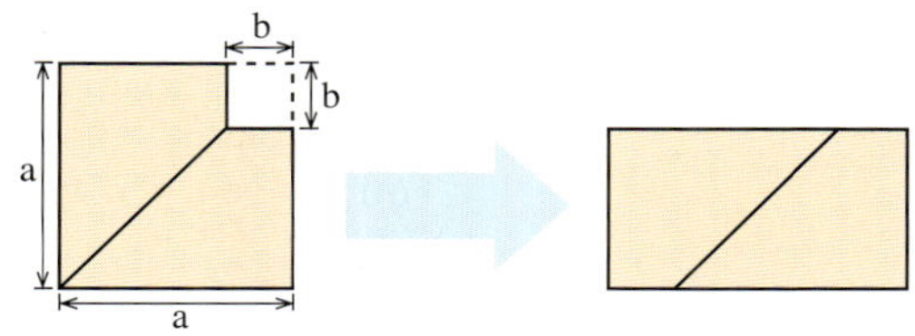

**15.** Berechne mithilfe der binomischen Formeln.

**a)** $81^2$; $79^2$; $81 \cdot 79$
**b)** $102^2$; $98^2$; $102 \cdot 98$
**c)** $1{,}01^2$; $0{,}99^2$; $1{,}01 \cdot 0{,}99$

$$71^2 = (70 + 1)^2 = 70^2 + 2 \cdot 1 \cdot 70 + 1^2$$
$$= 4\,900 + 140 + 1$$
$$= 5\,041$$

**16.** Vereinfache.

**a)** $(a + 3b)^2 + (a + b)(4a + b)$
**b)** $(a + 4b)^2 + (7a + b)(7a - b)$
**c)** $(3{,}5a + b)^2 + (a + 1{,}5b)^2$
**d)** $(4x + y)^2 - (x + y)(3x + y)$
**e)** $(2x - y)(2x + y) - (x + 3y)^2$
**f)** $(0{,}5x + 0{,}3y)^2 - (0{,}2x - 0{,}4y)^2$
**g)** $(5a - b)^2 + (3a + b)(a - 3b)$
**h)** $\left(\frac{a}{2} - 2b\right)^2 + \left(6a - \frac{b}{3}\right)^2$

**17.** Bestimme die Lösungsmenge.

**a)** $(x + 5)^2 = (x - 4)^2$
**b)** $(x - 7)(x + 7) = (x + 8)^2 - 1$
**c)** $(x - 11)^2 - (x + 9)^2 = 0$
**d)** $(x + 1)^2 = (x - 2)(x + 7)$
**e)** $(2a - 4)^2 - 36 = (6 - 2a)^2$
**f)** $4x^2 - 9x + 1 = (2x - 7)^2 + 9$
**g)** $(4 - y)^2 + 6y = -(24 - y^2)$
**h)** $\left(x + \frac{1}{3}\right)^2 - \left(x - \frac{1}{2}\right)\left(x + \frac{1}{2}\right) + \frac{5}{36} = 0$
**i)** $(4x - 1)^2 = (2x + 5)(8x - 3) - 5$
**j)** $\left(\frac{x}{4} + 1\right)\left(\frac{x}{4} - 1\right) - \left(\frac{x}{2} - 2\right)\left(\frac{x}{8} + 5\right) + 9 = 0$

**18.** **a)** Wenn ich zu einer Zahl 5 addiere und das Ergebnis mit sich selbst multipliziere, erhalte ich dasselbe, wie wenn ich die Zahl mit sich selbst multipliziere und zu dem Ergebnis 135 addiere. Wie heißt die Zahl?

**b)** Wenn ich von einer Zahl 4 subtrahiere, das Ergebnis mit sich selbst multipliziere und dazu 13 addiere, erhalte ich dasselbe, wie wenn ich 5 zu der Zahl addiere und das Ergebnis mit sich selbst multipliziere. Wie heißt die Zahl?

**c)** Wenn ich zu einer Zahl 7 addiere, das Ergebnis mit sich selbst multipliziere und 209 subtrahiere, erhalte ich dasselbe, wie wenn ich 4 von der Zahl subtrahiere und das Ergebnis mit sich selbst multipliziere. Wie heißt die Zahl?

**19.** Müllers Baugrundstück hat die Form eines Quadrates. Durch eine Änderung des Bebauungsplanes muss an den beiden an die Straße grenzenden Seiten ein 2 m breiter Streifen abgegeben werden. Dadurch wird das Grundstück um 120 m² kleiner.
Stelle eine Frage und beantworte diese.

### 1.7.3 Faktorisieren einer Summe

**Aufgabe 1**

Beim Ausklammern entsteht aus einer Summe ein Produkt. Das Umformen einer Summe in ein Produkt nennt man auch **Faktorisieren**. Nicht nur durch einfaches Ausklammern kann man eine Summe in ein Produkt umwandeln. Ausklammern ist nur ein Spezialfall von Faktorisieren.

Faktorisiere: **a)** $4x^2 - 9y^2$ **b)** $49r^2 - 126rs + 81s^2$

**Lösung**

**a)** Wende die 3. binomische Formel von rechts nach links an.

$$a^2 - b^2 = (a + b) \cdot (a - b)$$
$$4x^2 - 9y^2 = (2x)^2 - (3y)^2 = (2x + 3y) \cdot (2x - 3y)$$

**b)** Wende die 2. binomische Formel von rechts nach links an.

$$a^2 - 2 \cdot a \cdot b + b^2 = (a - b)^2$$
$$49r^2 - 126rs + 81s^2 = (7r)^2 - 2 \cdot 7r \cdot 9s + (9s)^2 = (7r - 9s)^2$$

**Weiterführende Aufgaben**

**2.** *Quadratisches Ergänzen*

**a)** Ersetze □ durch einen Term, so dass sich der entstehende Term als Ergebnis einer binomischen Formel schreiben lässt.

(1) $x^2 + 2xy + \square$

(2) $u^2 + 10u + \square$

(3) $4a^2 - 12ab + \square$

(4) $m^2 - 2mn + \square$

(5) $p^2 + 4p + \square$

(6) $9u^2 - 24uv + \square$

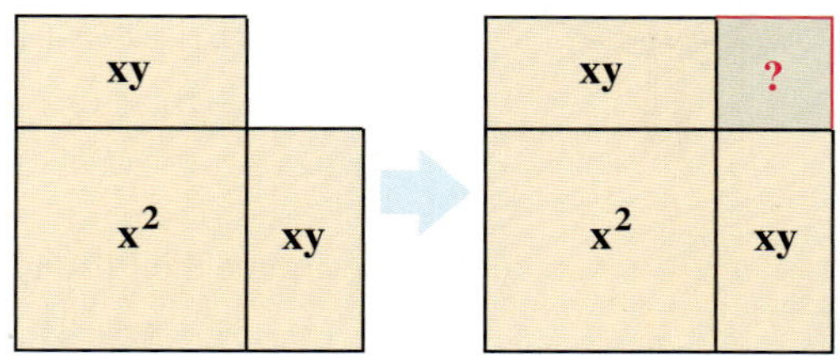


**b)** Erläutere das Bild rechts.

CAS **3.** *Faktorisieren einer Summe mit einem Computer-Algebra-System*

**a)** Bei einem CAS dient der Befehl **factor** zum Faktorisieren. Kontrolliere das Beispiel rechts.
Wähle dann eigene Beispiele.

**b)** Ein CAS faktorisiert auch Terme:

(1) $x^2 + 9x + 18$

(2) $3x + ax + 3y + ay$

(3) $28xy - 4x + 21y - 3$

Probiere das aus und begründe.

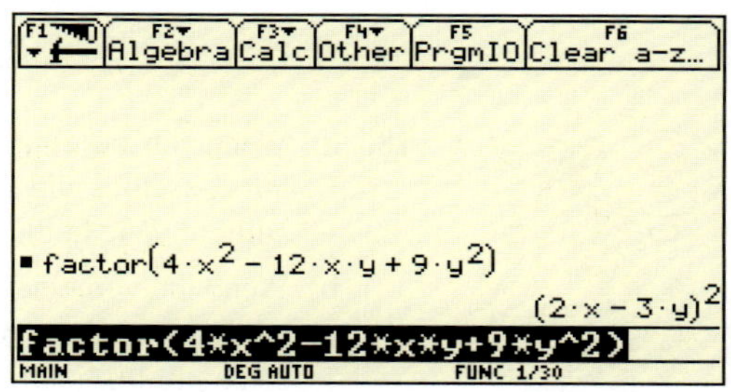


**Übungsaufgaben**

**4.** Robert hat seine Hausaufgaben zu den binomischen Formeln erledigt. Er hat aber nur die Ergebnisse notiert.
Wie könnten die Aufgaben geheißen haben?

a) $c^2 + 2cd + d^2$ c) $g^2 - h^2$ e) $9z^2 - 24z + 16$

b) $e^2 - 4ef + 4f^2$ d) $4u^2 - 12uv + 9v^2$ f) $\frac{1}{4}x^2 - \frac{1}{9}y^2$

**5.** Faktorisiere mithilfe der binomischen Formeln.

**a)** $u^2 - v^2$; $r^2 - 121s^2$; $1 - 16a^2$; $4k^2 - 625$

**b)** $u^2 - 2uv + v^2$; $a^2 + 20a + 100$; $x^2 - 14x + 49$; $25 - 10b + b^2$

**c)** $16x^2 + 80xy + 100y^2$; $9a^2 - 48ab + 64b^2$; $49r^2 + 126rs + 81s^2$; $u^2 - 22uv + 121v^2$

**d)** $16a^2 + b^2 - 8ab$; $400x^2 - 81y^2$; $12uv + 36u^2 + v^2$; $36h^2 - 121k^2$

**6.** Kontrolliere Rebeccas Hausaufgaben.

a) $x^2 - a^2 = (x-a)^2$

b) $4a^2 - 12ab + 9b^2 = (2a-3b)^2$

c) $4u^2 + 16uv + 16v^2 = (2u+8v)^2$

d) $\left(\frac{1}{4}p^2 - 2pq + 4q^2\right)^2 = \left(\frac{1}{2}p+q\right)^2$

**7.** Fülle die Lücken aus.

**a)** $x^2 + \square + y^2 = (x+y)^2$; $a^2 + 12a + \square = (a+6)^2$; $\square - 2r + r^2 = (1-r)^2$

**b)** $a^2 + \square + b^2 = (a + \square)^2$; $x^2 - 8x + \square = (x + \square)^2$; $\square + 36b + b^2 = (\square + b)^2$

**c)** $a^2 + 6ab + \square = (a + \square)^2$; $x^2 + 5xy + \square = (x + \square)^2$; $r^2 - 2{,}4rs + \square = (r - \square)^2$

**d)** $4x^2 + \square + 9y^2 = (2x + 3y)^2$; $25a^2 - \square + 49b^2 = (\square - 7b)^2$; $100r^2 + \square + 81s^2 = (\square + 9s)^2$

**e)** $64k^2 - \square + t^2 = (\square - t)^2$; $1 + r + \square = (1 + \square)^2$; $p^2 - p + \square = (\square + \square)^2$

**f)** $x^2 + 4x + \square = (\square + \square)^2$; $\square - 8x + \square = (\square - \square)^2$; $x^2 + \square + \square = (\square + 3)^2$

**8.** Führe das quadratische Ergänzen durch. Orientiere dich an Aufgabe 2 von Seite 46.

**a)** $z^2 - 2zw + \square$; $x^2 - 8x + \square$; $16p^2 + 8pq + \square$

**b)** $x^2 + 10x + \square$; $x^2 - 14x + \square$; $x^2 + 12x + \square$

**c)** $4a^2 + 24a + \square$; $25a^2 + 80ab + \square$; $49w^2 - 42vw + \square$

**d)** $x^2 + x + \square$; $y^2 + \frac{1}{2}y + \square$; $\frac{1}{4}c^2 - cd + \square$

**9.** Ergänze $\square + 64x + \square = (\square + \square)^2$. Gib mindestens fünf verschiedene Möglichkeiten an.

CAS **10.** Moritz hat mit einem CAS den Befehl **factor** ausprobiert.

a) Kontrolliere die Beispiele rechts. Was ist beim letzten Beispiel los? Wähle eigene Beispiele. Erkennst du Zusammenhänge?

b) Faktorisiere ohne CAS. Kontrolliere.
(1) $x^2 + 3x + 2$ (3) $x^2 + 7x + 12$
(2) $x^2 + 11x + 24$ (4) $x^2 + 4x - 5$

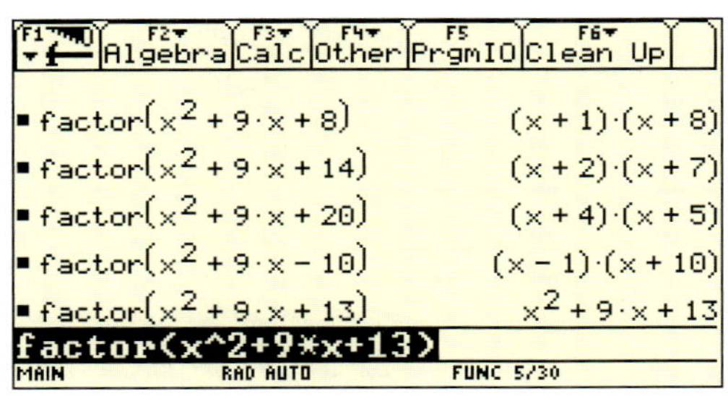

**11.** Nina hat ihre Hausaufgaben zum Auflösen von zwei Klammern in einem Produkt erledigt und nur die Ergebnisse notiert. Kannst du herausfinden, wie die Aufgaben gelautet haben könnten?

a) $pr + ps + qr + qs$ b) $ab + ac - 2b - 2c$ c) $de + 3d + 2e + 6$ d) $2uv - u + 4v - 2$

## 1.7.4 Gleichungen vom Typ $T_1 \cdot T_2 = 0$

**Einführung**

Bestimme die Lösungsmenge der Gleichung $(x - 5) \cdot (x + 3) = 0$. Bei dieser Gleichung führt das Ausmultiplizieren *nicht* auf eine einfach lösbare Gleichung. Zeige das.

Einfacher ist folgender Weg: Überlege, wann das Ergebnis einer Multiplikation null sein kann. Wenn beide Faktoren verschieden von null sind, ist auch das Ergebnis nicht null. Also:

$(x - 5) \cdot (x + 3) = 0$ kann nur erfüllt sein, wenn

$(x - 5) = 0$ *oder* $(x + 3) = 0$, sonst nicht. Also:

$x = 5$ *oder* $x = -3$

*Probe für die Zahl 5:*

| $(5 - 5) \cdot (5 + 3) = 0$ (wahr?) | |
|---|---|
| LS: $(5 - 5) \cdot (5 + 3)$ <br> $= 0 \cdot 8$ <br> $= 0$ | RS: 0 |

*Probe für die Zahl –3:*

| $(-3 - 5) \cdot (-3 + 3) = 0$ (wahr?) | |
|---|---|
| LS: $(-3 - 5) \cdot (-3 + 3)$ <br> $= -8 \cdot 0$ <br> $= 0$ | RS: 0 |

*Ergebnis:* Die Gleichung $(x - 5) \cdot (x + 3) = 0$ hat die Lösungsmenge $L = \{5; -3\}$.

**Information**

### (1) Null als Ergebnis einer Multiplikation

Die Lösung der obigen Gleichung gelang durch Anwendung des folgenden Satzes:

> Ein Produkt ist gleich 0, wenn mindestens ein Faktor 0 ist, sonst nicht.

### (2) Lösen einer Gleichung vom Typ $T_1 \cdot T_2 = 0$

Jn der lateinischen Sprache wird zwischen dem ausschließenden *oder* (aut) und dem einschließenden (vel) unterschieden.

Zum Lösen einer Gleichung von der Form, dass das Produkt zweier Terme $T_1$ und $T_2$ den Wert null haben soll, geht man so vor:

$T_1 \cdot T_2 = 0$

$T_1 = 0$ *oder* $T_2 = 0$

Das *oder* hier ist kein ausschließendes *entweder … oder …*
Es kann auch vorkommen, dass beide Terme zugleich null sind.

$(x - 3) \cdot (6 - 2x) = 0$
$x - 3 = 0$ *oder* $6 - 2x = 0$
$x = 3$ *oder* $6 = 2x$
$x = 3$ *oder* $3 = x$
$L = \{3\}$

**Übungsaufgaben**

**1.** Bestimme die Lösungsmenge.

**a)** $(x - 4)(x - 9) = 0$
$(x - 5)(x + 3) = 0$
$(x + 7)(x + 6) = 0$
$(x - 8)(3 - x) = 0$

**b)** $(x - 1{,}5)(x - 2) = 0$
$(x + 4)(x - 3{,}7) = 0$
$(x + 1{,}1)(x + 6{,}6) = 0$
$(4{,}5 - x)(0{,}2 + x) = 0$

**c)** $y(y - 10) = 0$
$y(y + 25) = 0$
$(z - 3{,}5)z = 0$
$(0{,}1 - z)z = 0$

**2.** **a)** $(3x - 6)(x + 4) = 0$
$(x - 11)(5x - 20) = 0$
$x(7x + 35) = 0$
$(9x - 99)(8 - x) = 0$
$(5 - 10x)(9 + 3x) = 0$

**b)** $(6x + 18)(2x - 14) = 0$
$(24 - 8x)(30 - 6x) = 0$
$(9x + 9)(7x + 21) = 0$
$(12x - 36)(33 - 11x) = 0$
$(14 + 2x)(14 - 2x) = 0$

**c)** $y(2y - 5) = 0$
$3z(12 + 5z) = 0$
$(8x - 12)x = 0$
$(16 + 10y)7y = 0$
$-z(35 - 7z) = 0$

**3.** Gib eine Gleichung an, die folgende Lösungsmenge hat.

**a)** $\{4; 8\}$ **b)** $\{-7; 3\}$ **c)** $\{-2; -5\}$ **d)** $\{0; 6\}$ **e)** $\{\frac{3}{4}; -\frac{1}{2}\}$

**4.** Kontrolliere die Hausaufgaben von Tom, Tina, Tobias und Urs.

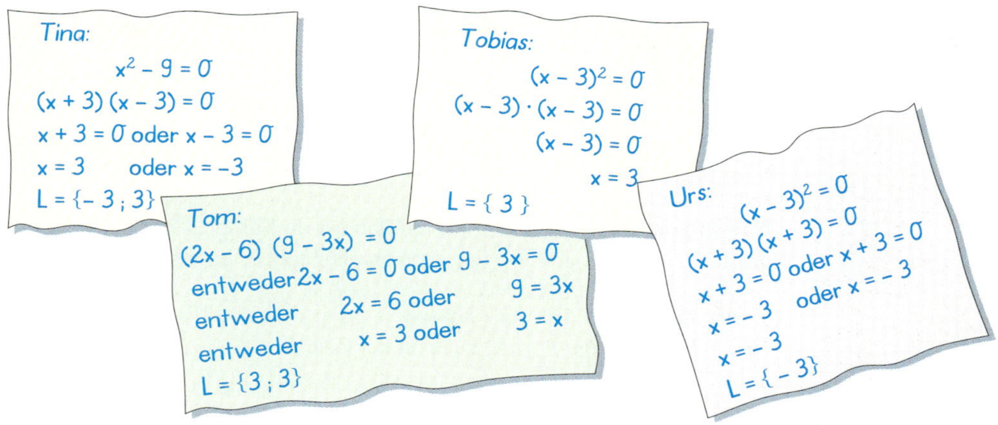


**5.**
**a)** $x^2 - 7x = 0$; $x^2 + 5x = 0$; $4x - x^2 = 0$; $11x + x^2 = 0$
**c)** $5x^2 - 10x = 0$; $2x^2 + 26x = 0$; $18x - 3x^2 = 0$; $35x + 7x^2 = 0$
**e)** $5x^2 - 4x = 0$; $10x^2 + 3x = 0$; $18x^2 + 8x = 0$; $2x^2 - 20x = 0$
**g)** $3x^2 + 5x = 0$; $7x^2 - x = 0$; $4x - 11x^2 = 0$; $-3x - 2x^2 = 0$
**b)** $x^2 - 9 = 0$; $y^2 - 64 = 0$; $25 - x^2 = 0$; $49 - x^2 = 0$
**d)** $6x^2 - 24 = 0$; $11z^2 - 11 = 0$; $40 - 10x^2 = 0$; $135 - 15x^2 = 0$
**f)** $x^2 - 0{,}04 = 0$; $x^2 - 1{,}96 = 0$; $y^2 - \frac{9}{16} = 0$; $\frac{25}{64} - x^2 = 0$
**h)** $\frac{1}{2}z^2 - 8 = 0$; $\frac{1}{10}x^2 - 2{,}5 = 0$; $\frac{1}{10}x^2 - 0{,}009 = 0$; $\frac{1}{3}x^2 - 3 = 0$

**6.** Bestimme die Lösungsmenge; Lösungsvariable ist x.
**a)** $(x - a)(x - 7) = 0$ **c)** $(x + r)(x + s) = 0$ **e)** $(2x - r)(x - 5) = 0$
**b)** $(x + s)(x - p) = 0$ **d)** $x(x - a) = 0$ **f)** $(3x - c)(4x + c) = 0$

**7.** Bestimme die Lösungsmenge. Beachte dabei: Du musst zunächst eine Termumformung wie Ausklammern oder Anwenden einer binomischen Formel durchführen.
**a)** $x^2 - 4x + 4 = 0$; $x^2 + 10x + 25 = 0$; $x^2 - 3x + \frac{9}{4} = 0$
**c)** $x^2 + 24x + 144 = 0$; $x^2 - 0{,}2x + 0{,}01 = 0$; $x^2 + \frac{1}{3}x + \frac{1}{36} = 0$
**e)** $(3x + 5)(4x - 2) = -10$; $(5x - 2)(7x + 50) = -100$; $(8y + 2)(9y + 3) = 6$
**b)** $x^2 + 5x + 6{,}25 = 0$; $x^2 + x + 0{,}25 = 0$; $x^2 + 0{,}2x + 0{,}01 = 0$
**d)** $(x - 3)(x - 4) = 12$; $(x - 2)(x + 4) + 8 = 0$; $(x - 1)(x + 1) + 1 = 0$
**f)** $6x(3x - 1) = 2x(4 - x)$; $2n(5n + 1) = 3n(1 - 2n)$; $2x(4x + 1) = 7x(2x + 1)$

**8.** Ergänze, sodass die Gleichung die angegebene Lösungsmenge hat.
**a)** $(3x - 21)(5x - \square) = 0$; $\{7; 5\}$
**b)** $(2x + \square)(4x - 12) = 0$; $\{3; 8\}$
**c)** $(7x - \square)(3x + 9) = 0$; $\{-3; 0\}$
**d)** $(\square \cdot x + 7)\,8x = 0$; $\{1; 0\}$
**e)** $(\square \cdot x - 1)(x + 6) = 0$; $\{-6; 0{,}1\}$
**f)** $(\square \cdot x + 8)(x + 4) = 0$; $\{-4\}$

**9.** Bestimme die Lösungsmenge.
**a)** $4z^2 - 4z + 1 = 0$ **b)** $2x^2 - x + 0{,}125 = 0$ **c)** $\frac{x^2}{16} + \frac{x}{6} + \frac{1}{9} = 0$ **d)** $\frac{x^2}{3} - 4x + 12 = 0$

# Im Blickpunkt

Im Blickpunkt

## Pascal'sches Dreieck – Potenzieren von Summen

Mithilfe der 1. binomischen Formel kannst du Summen mit dem Exponenten 2 potenzieren (quadrieren). Auch für größere Exponenten als 2 gibt es entsprechende Formeln.

Subtrahieren durch Addieren der Gegenzahl.
$a - b = a + (-b)$

**1. a)** Zeige, dass gilt: $(a+b)^3 = a^3 + 3a^2b + 3ab^2 + b^3$
Erläutere die Formel auch an der Zeichnung.

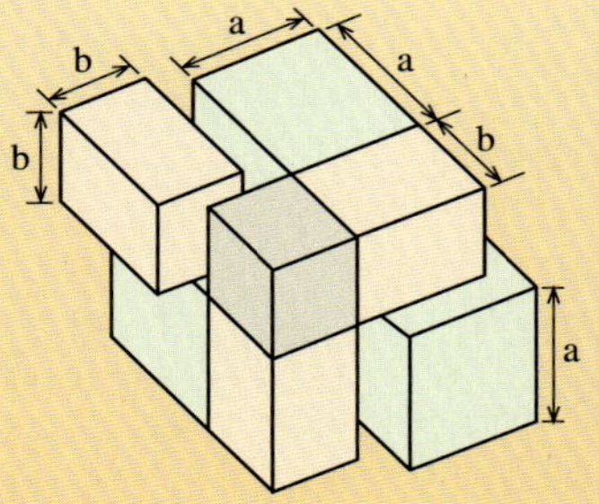


**b)** Berechne mithilfe der Formel von Teilaufgabe a).

(1) $(p+q)^3$ (4) $(2m+3n)^3$ (7) $(u-3)^3$
(2) $(a+2)^3$ (5) $(3x^2+5z)^3$ (8) $(2a-4)^3$
(3) $(u+2v)^3$ (6) $(a-b)^3$ (9) $(4p-3q)^3$

**2.** Das Zahlendreieck rechts heißt Pascal'sches Dreieck. Obwohl dieses Dreieck schon vor mehr als 1000 Jahren indischen Mathematikern bekannt war, wird es besonders in Europa nach dem französischen Mathematiker und Philosophen Blaise PASCAL (1623–1662) benannt. Pascal hat dieses Zahlendreieck eingehend untersucht.

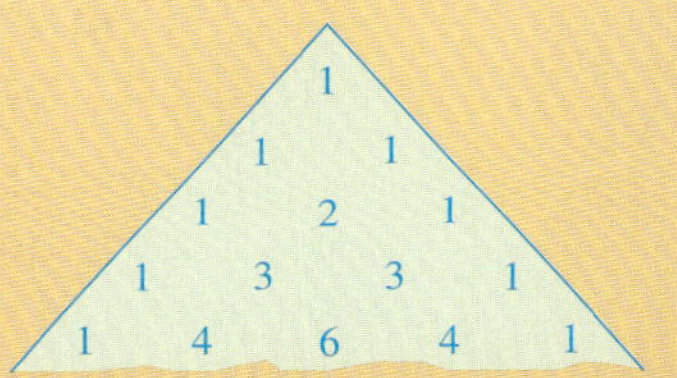


Blaise Pascal war ein mathematisches Wunderkind. Er entdeckte in jungen Jahren, völlig auf sich gestellt, große Teile der Geometrie neu und fand mit 16 Jahren einen Satz, der nach ihm benannt wurde. Auch grundlegende Arbeiten zu Problemen der Wahrscheinlichkeitsrechnung stammen von ihm. Später widmete er sich religiösen und philosophischen Studien und Meditationen.

**a)** Im Pascal'schen Dreieck findest du die Vorfaktoren der Summanden in den Formeln für $(a+b)^3$, $(a+b)^2$ und auch $(a+b)^1$.

(1) Gib an, wo.
(2) Welchen Wert müsste nach dem Pascal'schen Dreieck $(a+b)^0$ haben?
(3) Welche Vorfaktoren vermutest du aus dem Pascal'schen Dreieck für die Summanden in der Formel für $(a+b)^4$, $(a+b)^5$, $(a+b)^6$?

Kontrolliere durch Rechnung.

**b)** Welche Gesetzmäßigkeiten erkennst du an dem Pascal'schen Dreieck? Formuliere sie. Setze dann damit das Zahlendreieck um 6 Zeilen fort.

**c)** Das Pascal'sche Dreieck liefert die Zahlfaktoren der einzelnen Summanden, wenn man $(a+b)^n$ ausmultipliziert.
Das muss natürlich begründet werden. Betrachte dazu die Rechnung rechts. Erläutere den Zusammenhang mit der Entstehung des Pascal'schen Dreiecks.

$$\begin{aligned}(a+b)^3 &= (a+b)^2 \cdot (a+b)\\ &= (a^2+2ab+b^2)\cdot(a+b)\\ &= a^3 + a^2b + 2a^2b + 2ab^2 + ab^2 + b^3\\ &= a^3 + 3a^2b + 3ab^2 + b^3\end{aligned}$$

**d)** Rechne entsprechend wie in Teilaufgabe c) und erläutere den Zusammenhang mit der Entstehung des Pascal'schen Dreiecks:

(1) $(a+b)^4$ (2) $(a+b)^5$ (3) $(a+b)^6$

**3.** Berechne mithilfe des Pascal'schen Dreiecks.

| | | | | |
|---|---|---|---|---|
| **a)** $(a + b)^6$ | **b)** $(a - b)^5$ | **c)** $(3a + 1)^3$ | **d)** $(x - 3y)^4$ | **e)** $(a + b^2)^3$ |
| $(x + y)^7$ | $(x - y)^6$ | $(4x + 2)^3$ | $(4z - w)^5$ | $(a^2 - b^2)^4$ |
| $(p + q)^9$ | $(p - q)^9$ | $(2c + 3d)^5$ | $(2x - 3y)^6$ | $(2p - 3q^2)^5$ |

## Besonderheiten des Pascal'schen Dreiecks

**4.** In der dritten Zeile des Pascal'schen Dreiecks stehen die Zahlen 1, 2, 1; ihre Summe ist 4. In der vierten Zeile stehen die Zahlen 1, 3, 3, 1 mit der Summe 8. Begründe, dass die Summe aller Zahlen sich von Zeile zu Zeile verdoppelt. Wie groß ist die Summe der Zahlen in der elften Zeile? Kann man ein allgemeines Bildungsgesetz angeben?

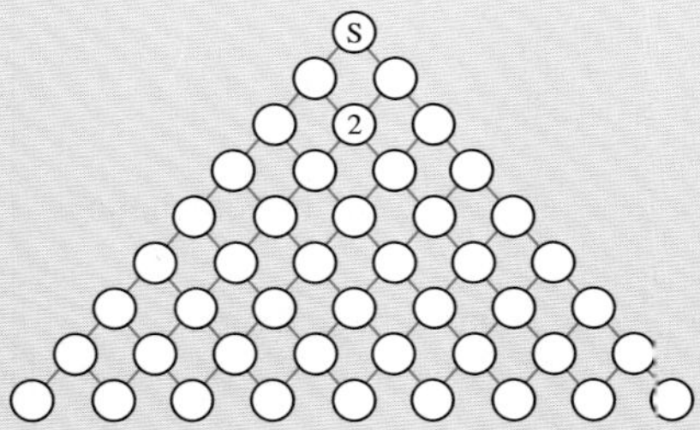


**5.** Man kann die Struktur des Pascal'schen Dreiecks auch als ein Netz von Wegen auffassen, die von dem Startpunkt S von „oben nach unten" zu den einzelnen Plätzen führen. Zu der Stelle 2 kann man von S aus auf zwei „kürzesten" Wegen kommen. Solche Probleme untersuchte Pascal bei Betrachtungen zu Wahrscheinlichkeiten. Bestimme jeweils die Anzahl der „kürzesten" Wege, die zu den einzelnen Plätzen führen.

**6.** Wenn man die Kreise als Eckpunkte auffasst, so bilden vier Nachbarpunkte einem Rhombus. Bis zur dritten Zeile entsteht so ein Rhombus, bis zur fünften Zeile sind es 6 Rhomben. Erstaunlicherweise findet man diese Anzahlen als angeordnete Zahlen im Pascal'schen Dreieck.
Wie kann man das zugehörige Bildungsgesetz ausdrücken? Wie viele solcher Rhomben würden in den ersten 102 Zeilen des Pascal'schen Dreiecks erkennbar sein?

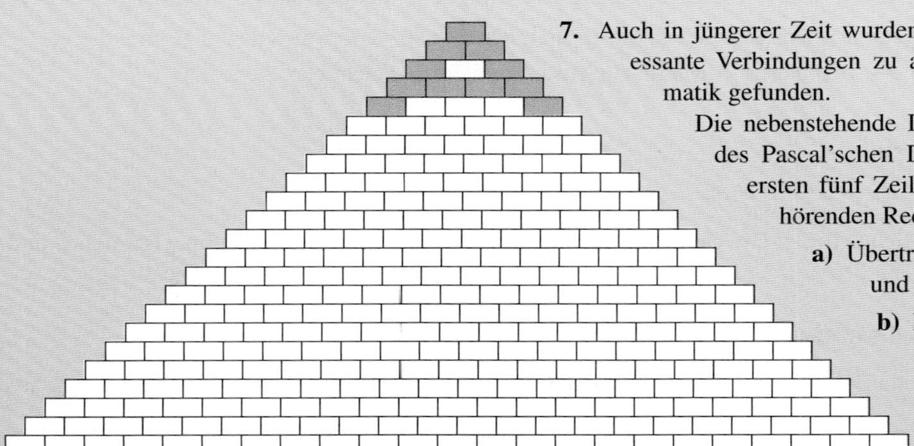

**7.** Auch in jüngerer Zeit wurden am Pascal'schen Dreieck interessante Verbindungen zu anderen Teilgebieten der Mathematik gefunden.
Die nebenstehende Dreiecksmauer stellt den Aufbau des Pascal'schen Dreiecks dar. Dabei sind in den ersten fünf Zeilen die zu ungeraden Zahlen gehörenden Rechtecke gefärbt.

**a)** Übertrage das Muster auf Karopapier und setze es bis zur 23. Zeile fort.

**b)** Dabei kann man gewisse „Färberegeln" erkennen. Formuliere einige dieser Regeln. Versuche auch, sie zu begründen.

**c)** Gibt es Zeilen, bei denen alle Steine gefärbt bzw. nicht gefärbt sind?

**d)** Was entsteht aus fünf nebeneinander liegenden Steinen, bei denen die inneren drei ungefärbt und die anderen beiden gefärbt sind?

## 1.8 Bruchterme und Bruchgleichungen

### 1.8.1 Bruchterme

**Aufgabe 1**

Beim Aufstellen einer Gleichung können auch Terme entstehen, die in Zähler und Nenner eine Variable enthalten. Solche *Bruchterme* sollen nun genauer betrachtet werden.

**a)** Berechne den Wert des Terms $\frac{4(x+1)}{2(x+1)x}$ für folgende Einsetzungen. Was stellst du fest?

(1) $x = -2$ (2) $x = -1$ (3) $x = 0$ (4) $x = \frac{1}{2}$ (5) $x = 13$

**b)** Erkennst du aus den Berechnungen in Teilaufgabe a) einen einfacheren, wertgleichen Term?

**Lösung**

**a)** Wir stellen die Ergebnisse in einer Tabelle zusammen. Der Term $\frac{4(x+1)}{2(x+1)x}$ kann für $-1$ und für $0$ nicht berechnet werden, weil sich durch Einsetzen im Nenner der Wert 0 ergibt und man nicht durch 0 dividieren kann.

| x | $\frac{4(x+1)}{2(x+1)x}$ |
|---|---|
| $-2$ | $\frac{4\cdot(-2+1)}{2\cdot(-2+1)\cdot(-2)} = \frac{4\cdot(-1)}{2\cdot(-1)\cdot(-2)} = \frac{-4}{4} = -1$ |
| $-1$ | $\frac{4\cdot(-1+1)}{2\cdot(-1+1)\cdot(-1)} = \frac{4\cdot 0}{2\cdot 0\cdot(-1)} = \frac{0}{0}$ nicht berechenbar |
| $0$ | $\frac{4\cdot(0+1)}{2\cdot(0+1)\cdot 0} = \frac{4\cdot 1}{2\cdot 1\cdot 0} = \frac{4}{0}$ nicht berechenbar |
| $\frac{1}{2}$ | $\frac{4\cdot(\frac{1}{2}+1)}{2\cdot(\frac{1}{2}+1)\cdot\frac{1}{2}} = \frac{4\cdot\frac{3}{2}}{2\cdot\frac{3}{2}\cdot\frac{1}{2}} = \frac{6}{\frac{3}{2}} = 6\cdot\frac{2}{3} = 4$ |
| $13$ | $\frac{4\cdot(13+1)}{2\cdot(13+1)\cdot 13} = \frac{4\cdot 14}{2\cdot 14\cdot 13} = \frac{\not{4}^{2}\cdot \not{14}^{1}}{\not{8}_{1}\cdot\not{14}_{1}\cdot 13} = \frac{2}{13}$ |

Kürzen vor dem Ausrechnen

**b)** Beim Einsetzen von 13 haben wir zum Schluss vor dem Ausrechnen gekürzt, und zwar mit der Kürzungszahl 2 bei den Faktoren 4 und 2 sowie mit der Kürzungszahl 14 (Wert der Klammer). Hieraus erkennt man den einfacheren Term $\frac{2}{x}$, der für $x \neq -1$ wertgleich zum Term $\frac{4\cdot(x+1)}{2\cdot(x+1)\cdot x}$ ist. Für $x \neq -1$ ist dieser jedoch im Gegensatz zum Term $\frac{2}{x}$ nicht berechenbar.

**Information**

$\frac{x+2}{x-3} = (x+2) : (x-3)$

**(1) Bruchterme**

Terme wie $\frac{5}{x-2}$, $\frac{x+2}{x\cdot(x+1)}$, $\frac{x+y}{2x-3y}$ und $\frac{3+2}{3\cdot(3+1)}$ heißen **Bruchterme**.

Ein Bruchstrich bedeutet Division. Den Quotienten a : b kann man als Bruchterm $\frac{a}{b}$ schreiben und umgekehrt. Ein Bruchstrich wirkt wie Klammern um den Zähler und um den Nenner.

**(2) Definitionsmenge eines Termes mit nur einer Variablen**

Wir fassen alle Zahlen x, für die der Term $\frac{4(x+1)}{2(x+1)\cdot x}$ berechnet werden kann, zu einer Menge zusammen: $D = \{x \in \mathbb{Q} \mid x \neq 0 \text{ und } x \neq -1\}$. Die Menge D heißt **Definitionsmenge** des Terms.
Für die Angabe der Definitionsmenge eines Terms ist der Begriff **Restmenge** günstig. Nimmt man aus der Menge $\mathbb{Q}$ beispielsweise die Menge $\{0; -1\}$ heraus, so bleibt als Rest die Menge $\mathbb{Q} \setminus \{0; -1\}$ (gelesen: $\mathbb{Q}$ *ohne Menge mit 0 und −1*) übrig.

> Die **Definitionsmenge** eines Terms ist die Menge aller Zahlen, für die der Term definiert ist.

**(3) Regel über das Erweitern und Kürzen**

Bruchterme kannst du auf die gleiche Weise kürzen und erweitern wie Brüche.

> **Regel über das Erweitern und Kürzen**
>
> *Erweitern* bedeutet, Zähler und Nenner eines Bruchterms mit demselben von 0 verschiedenen Term zu multiplizieren.
> *Kürzen* bedeutet, Zähler und Nenner eines Bruchterms durch denselben von 0 verschiedenen Term zu dividieren.
> Beim Erweitern und Kürzen ändert sich der Wert des Bruchterms nicht; der gekürzte bzw. erweiterte Bruchterm kann jedoch eine andere Definitionsmenge haben.
>
> *Beipiel:* Für $x \neq 7$:
>
> kürzen
>
> $\frac{3 \cdot (x-7)}{2 \cdot (x-7)} = \frac{3}{2}$
>
> erweitern

**Weiterführende Aufgabe**

**2.** *Multiplizieren einesBruchtermsmit einem Term*

Vereinfache folgende Terme.

**a)** $\frac{2}{x} \cdot 3$ **b)** $\frac{(x+1)}{3} \cdot x$ **c)** $\frac{2}{x} \cdot x$ **d)** $\frac{7}{(x+1) \cdot x} \cdot (x+1)$ **e)** $\frac{5}{x \cdot (x+1)} \cdot x^2$

> Ein Bruchterm wird mit einem Term multipliziert, indem man den Zähler des Bruchterms mit dem Term multipliziert.
>
> *Beipiel:* Für $x \neq 0$ gilt:
>
> $\frac{(x+1)}{x} \cdot 3x = \frac{(x+1) \cdot 3x}{x} = 3(x+1)$

**Übungsaufgaben**

TAB

**3.** André hat sich den Wert des Terms $\frac{2x-4}{2x-5}$ für einige Einsetzungen von einem Tabellenkalkulationsprogramm berechnen lassen. Er erhält die nebenstehenden Ergebnisse. Was fällt dir auf?

B2 = =(2*A2-4)/(2*A2-5)

| | A | B | C |
|---|---|---|---|
| 1 | x | (2*x-4)/(2*x-5) | |
| 2 | 0 | 0,8 | |
| 3 | 0,5 | 0,75 | |
| 4 | 1 | 0,66666667 | |
| 5 | 1,5 | 0,5 | |
| 6 | 2 | 0 | |
| 7 | 2,5 | #DIV/0! | |
| 8 | 3 | 2 | |
| 9 | 3,5 | 1,5 | |
| 10 | 4 | 1,33333333 | |

*So erhältst du bequem die Werte in der 2. Spalte.*

**4.** Gegeben sind die Terme $\frac{x}{x-2}$ und $\frac{x+2}{x \cdot (x+1)}$.
Setze für x ein: 3; 2; 1,5; 1; 0; −1; −2
Berechne, wenn möglich, den Wert der Bruchterme. Welche Bedingung für x muss erfüllt sein, damit der Term definiert ist?

**5.** Bestimme die Definitionsmenge des Bruchterms.

**a)** $\frac{x+5}{x-7}$ **b)** $\frac{3x}{x+6}$ **c)** $\frac{x+5}{x}$ **d)** $\frac{3a}{a+5}$ **e)** $\frac{4x}{3x-12}$ **f)** $\frac{x+4}{7x+35}$ **g)** $\frac{2}{a \cdot (a+4)}$

**6.** Bringe den Bruchterm durch Kürzen auf die einfachste Form.

**a)** $\frac{12x}{4x^2}$ **b)** $\frac{7(x+1)}{x(x+1)}$ **c)** $\frac{2(x-7)(x+1)}{6(x-7)}$ **d)** $\frac{15x^2(x+7)^3}{9x(x+7)^2}$ **e)** $\frac{26x(x-4)(x+1)}{39(x-4)(x+4)}$

**7.** Hier musst du vor dem Kürzen ausklammern.

**a)** $\frac{x^2-2x}{x^3}$ **b)** $\frac{x}{x^3-x^2}$ **c)** $\frac{2x^4-x}{x^3+2x^2}$ **d)** $\frac{2x^4-4x^2}{6x^2}$ **e)** $\frac{6x^4+3x^3}{6x^5-12x^4}$

**8.** Multipliziere.

**a)** $\frac{4}{x} \cdot 3$ **b)** $\frac{3}{7(x+1)} \cdot x^2$ **c)** $\frac{3}{x} \cdot x^2$ **d)** $\frac{7}{x+1} \cdot 3(x+1)$ **e)** $\frac{x}{x+7} \cdot x(x+7)$

## 1.8.2 Lösen von Bruchgleichungen

**Einführung**

Bestimme die Lösungsmenge der Gleichung $\frac{3}{x+4} = \frac{1}{x}$. In dieser Gleichung tritt die Variable x im Nenner auf. Die Gleichung enthält also Bruchterme. Solche Gleichungen heißen **Bruchgleichungen**.

Für die Bruchterme gilt die einschränkende Bedingung: $x \neq 0$ und $x \neq -4$.

Wir versuchen nach der Strategie zu verfahren: *Zunächst Brüche beseitigen*. Dazu multiplizieren wir beide Seiten mit dem Produkt der Nennerterme $x \cdot (x+4)$.

$\frac{3}{x+4} = \frac{1}{x} \quad | \cdot x(x+4)$ — *Zunächst Brüche beseitigen.*

Das ist aber nur dann eine Äquivalenzumformung, wenn $x \cdot (x+4) \neq 0$ ist.

Nun wird $x \cdot (x+4) = 0$, wenn $x = 0$ oder wenn $x = -4$. Das sind aber genau die Zahlen, für die jeweils einer der Nenner der Bruchgleichung 0 wird. Diese Zahlen 0 und –4 scheiden von vornherein als Lösungen aus, weil nach Einsetzen nicht definierte Brüche entstehen. 0 und –4 können die Bruchgleichungen nicht erfüllen.

Es ist daher günstig, die Äquivalenzumformung unter der Voraussetzung durchzuführen, dass $x \neq 0$ und $x \neq -4$ ist.

$\frac{3}{x+4} = \frac{1}{x}$

Wir formen um für $x \neq 0$ und $x \neq -4$.

*Einschränkende Bedingungen, unter denen die Äquivalenzumformungen vorzunehmen sind.*

$$\frac{3}{x+4} = \frac{1}{x} \quad | \cdot x(x+4)$$

*Multipliziere mit einem gemeinsamen Nenner der Bruchterme.*

$$\frac{3 \cdot x \cdot (x+4)}{(x+4)} = \frac{1 \cdot x \cdot (x+4)}{x}$$

*Kürze so, dass überall der Nenner 1 entsteht, der dann fortgelassen werden kann.*

$$3x = x + 4 \quad | -x$$
$$2x = 4 \quad | :2$$
$$x = 2$$
$$L = \{2\}$$

*Probe:*

| $\frac{3}{2+4} = \frac{1}{2}$ (w?) | |
|---|---|
| $\frac{3}{2+4} = \frac{3}{6} = \frac{1}{2}$ | $\frac{1}{2}$ |

Auch beim Kürzen kann der Kürzungsfaktor wegen der allgemeinen Voraussetzung, unter der die Äquivalenzumformung durchgeführt wurde, nicht 0 sein.

**Information**

**Definitionsbereich einer Bruchgleichung**

In der Bruchgleichung $\frac{3}{x+4} = \frac{1}{x}$ hat der Term links den *Definitionsbereich* $\mathbb{Q} \setminus \{-4\}$, der Term rechts den Definitionsbereich $\mathbb{Q} \setminus \{0\}$.

Beide Terme zusammen sind in der Menge $\mathbb{Q} \setminus \{-4; 0\}$ definiert. Diese Menge heißt der *Definitionsbereich* der Bruchgleichung.

Der **Definitionsbereich** einer Bruchgleichung ist die Menge, in der alle Terme der Bruchgleichung zugleich definiert sind.
Die Lösungsmenge einer Bruchgleichung ist eine Teilmenge ihres Definitionsbereichs.

**Weiterführende Aufgaben**

**1.** *Besonderheiten bei der Lösung einer Bruchgleichung*

**a)** Erkläre das Bestimmen der Lösungsmenge der Bruchgleichungen.

(1) $\frac{4}{x-2} = \frac{2x}{x-2}$  (2) $\frac{x}{x-1} + \frac{2}{x-2} = \frac{1}{x-1} + \frac{x}{x-2}$

Wir formen um für $x \neq 2$.

$\frac{4}{x-2} = \frac{2x}{x-2} \quad | \cdot (x-2)$

$\frac{4(x-2)}{x-2} = \frac{2x(x-2)}{x-2}$

$4 = 2x$

$x = 2$

Die Zahl 2 scheidet aber als Lösung von vornherein aus. Also ist keine Zahl Lösung der Gleichung.

$L = \{\ \}$

Wir formen um für $x \neq 1,\ x \neq 2$.

$\frac{x}{x-1} + \frac{2}{x-2} = \frac{1}{x-1} + \frac{x}{x-2} \quad | \cdot (x-1)(x-2)$

$\frac{x(x-1)(x-2)}{x-1} + \frac{2(x-1)(x-2)}{x-2} = \frac{(x-1)(x-2)}{x-1} + \frac{x(x-1)(x-2)}{x-2}$

$x(x-2) + 2(x-1) = x-2 + x(x-1)$

$x^2 - 2x + 2x - 2 = x - 2 + x^2 - x$

$-2 = -2$

Zur Lösungsmenge der vorletzten Gleichung gehören alle rationalen Zahlen. Die Zahlen 1 und 2 scheiden aber als Lösung aus.

Daher gilt:

$L = \mathbb{Q} \setminus \{1; 2\}$

Statt { } schreibt man auch ∅ für die leere Menge.

**b)** Bestimme die Lösungsmenge.

(1) $\frac{3 \cdot (x-4)}{x-4} = 3$  (2) $\frac{1}{x} = \frac{1}{x}$  (3) $\frac{x^2-1}{x-1} = x + 1$  (4) $\frac{2x-4}{3x-6} = \frac{2}{3}$

**Schritte beim Bestimmen der Lösungsmenge einer Bruchgleichung**

*1. Schritt:* Gib die einschränkenden Bedingungen für die Äquivalenzumformungen bzw. den Definitionsbereich der Bruchgleichung an.

*2. Schritt:* Multipliziere beide Seiten der Gleichung mit einem gemeinsamen Nenner.

*3. Schritt:* Kürze so, dass die Nenner entfallen.

*4. Schritt:* Führe die Rechnung in der üblichen Weise zu Ende.

*5. Schritt:* Prüfe, ob die Zahlen zum Definitionsbereich gehören und gib die Lösungsmenge an.

CAS

**2.** *Lösen von Bruchgleichungen mit einem CAS*

**a)** Marvin hat die Bruchgleichung

$\frac{1}{x} + \frac{1}{3x} = \frac{2}{3}$

zweimal mit einem CAS gelöst und erhält zwei verschiedene Lösungsmengen. Wo steckt der Fehler? Kontrolliere per Hand.

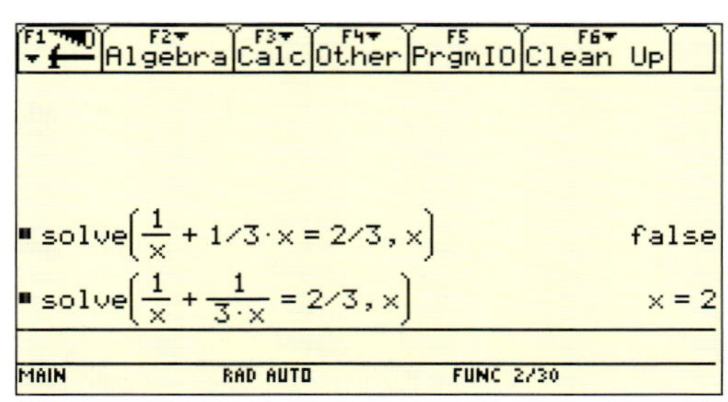


**b)** Löse die Bruchgleichungen der Aufgabe 1 mit einem CAS. Vergleiche mit der Rechnung per Hand.

**Übungsaufgaben**

**3.** Am Heinrich-Böll-Gymnasium entleeren Schülerinnen und Schüler im Rahmen ihres Umweltdienstes alle Abfalleimer in den Müllcontainer. Nimm an, die beide Schüler rechts arbeiten gemeinsam und behindern sich gegenseitig nicht dabei sondern ergänzen sich.
Wie lange benötigen sie dann?

**4.** Gib die Zahlen an, die von vornherein *nicht* Lösung der Bruchgleichung sein können. Bestimme dann die Lösungsmenge.

**a)** $\frac{7}{x} = 5$ **b)** $\frac{8}{x-1} = 4$ **c)** $\frac{15}{x+10} = 5$ **d)** $\frac{12}{5-3x} = 6$ **e)** $\frac{-12}{2+6x} = 6$

**5.** **a)** $\frac{3}{x-1} = \frac{4}{x+1}$ **b)** $\frac{2}{x} = \frac{7}{x-5}$ **c)** $\frac{5}{2x+6} = \frac{3}{x}$ **d)** $\frac{2}{x^2+1} = \frac{4}{2x^2+x}$

**6.** Warum scheiden bei der Bruchgleichung $\frac{3x}{x^2+1} = \frac{4x+1}{2x^2+2}$ keine Zahlen von vornherein als Lösung aus? Bestimme auch die Lösungsmenge.

**7.** Gib eine Bruchgleichung an, bei der die angegebenen Zahlen nicht Lösung sein können.

**a)** 3 **b)** 7,5 **c)** – 3; – 2 **d)** – 3; 2

**8.** **a)** $\frac{x-8}{x+16} = \frac{x+16}{x-8}$ **b)** $\frac{x-7}{3-x} = \frac{7-x}{3+x}$ **c)** $\frac{2x+4}{x} = \frac{2x+20}{x+6}$ **d)** $\frac{2x-1}{x+1} = \frac{2x+1}{x-1}$

**9.** **a)** Erkläre, wie Jan und Julia vorgegangen sind. Beende ihre Lösungswege. Bestimme die Lösungsmenge.

**b)** Führe die Rechnung nach den Schritten durch, die auf Seite 55 angegeben sind.

Jan

$$\frac{3}{x(x-2)} = \frac{4}{x} + \frac{7}{x-2}$$
$$\frac{3}{x\cdot(x-2)} = \frac{4(x-2)}{x(x-2)} + \frac{7x}{x\cdot(x-2)}$$
$$\frac{3}{x\cdot(x-2)} = \frac{4(x-2)+7x}{x\cdot(x-2)}$$
$$3 = 4(x-2) + 7x$$

Julia

$$\frac{2x+2}{x-3} = \frac{x+1}{x+4}$$
$$\frac{2(x+1)}{x-3} = \frac{2(x+1)}{2(x+4)}$$
$$x - 3 = 2(x+4)$$

**10.** **a)** $\frac{1}{x} + \frac{1}{3x} = \frac{2}{3}$ **c)** $\frac{2}{z+1} = \frac{6}{2-z}$ **e)** $\frac{6}{y-8} = \frac{22}{y}$ **g)** $\frac{15}{x} - 4 = \frac{3}{x}$

**b)** $\frac{7}{x-4} = 2$ **d)** $\frac{3}{x-2} = \frac{12}{x+7}$ **f)** $\frac{7}{x+1} = \frac{5}{x-1}$ **h)** $\frac{2x+4}{3x-5} = \frac{5}{2}$

**11.** Beschreibe und vergleiche die Lösungswege. Führe einen der beiden zu Ende.

Michel

$$\frac{6(x+1)}{x+1} = \frac{3x(x+5)}{2(x+5)} \quad \Big| \cdot 2(x+1)(x+5)$$
$$12(x+1)(x+5) = 3x(x+5)(x+1)$$

Rebecca

$$\frac{6x(x+1)}{x+1} = \frac{3x(x+5)}{2(x+5)}$$
$$6 = \frac{3x}{2}$$

**12.** a) $\frac{4x-4}{x-1} = 3$ c) $\frac{x^2-4}{x+2} = x-2$ e) $\frac{4-x^2}{2-x} = \frac{x}{3}$ g) $\frac{7x^2-14x}{2x-4} = \frac{2x}{5}$

b) $\frac{1}{x-1} = \frac{1}{x-1}$ d) $\frac{3(x+2)}{x+2} = \frac{1}{x}$ f) $\frac{x^2+2x+1}{x+1} = \frac{3x}{4}$ h) $\frac{x-5}{3x-15} = \frac{2}{x}$

**13.** a) $\frac{16}{3x-4} = \frac{22}{2x+3}$ c) $\frac{2-2x}{x+10} + 2 = \frac{4}{3-x}$ e) $\frac{x^2-1}{x+6} = \frac{(x-1)(x+1)}{x+6}$ g) $\frac{2}{x} + \frac{x^2+x+1}{x(x+1)} = 1$

b) $\frac{5-x}{x+1} = \frac{8-x}{x-2}$ d) $\frac{7x}{x-3} = \frac{21}{x-3}$ f) $\frac{2}{x+1} = \frac{2(2x+1)}{x(x+1)} - \frac{2}{x}$ h) $\frac{1}{x-2} = \frac{2}{x(x-2)}$

**Vermischte Übungen**

**14.** a) $\frac{10x}{3} - \frac{8}{5}x = 34 - \frac{10x}{6}$ d) $\frac{2z+10}{z-7} = 4 - \frac{2z-12}{z+2}$ g) $\frac{14x+36}{x+4} = \frac{5x}{x+4}$

b) $\frac{18}{x} + 1 = \frac{20}{x} + \frac{8}{9}$ e) $\frac{y+9}{y-3} = \frac{y+5}{y-5}$ h) $2x + \frac{3x+1}{12x-1} = \frac{14x+2}{7}$

c) $\frac{2}{2x+3} + 1 = \frac{x+7}{x+3}$ f) $\frac{8}{x-1} + \frac{10}{x+1} = \frac{18}{x}$ i) $\frac{2x+6}{x+3} = 1$

**15.** a) $\frac{x+1}{x+2} = \frac{7-x}{8-x}$ b) $\frac{24+6x}{5} - 6 = \frac{14-2x}{3} - 4$ c) $\frac{11x+7}{4} - (9x-7) = -10$

**16.** Bestimme die Lösungsmenge.

a) $\frac{1}{(x-1)\cdot x} - \frac{1}{(x-1)\cdot x} = \frac{2}{(x-1)\cdot(x+1)}$ d) $\frac{1}{x} - \frac{1}{x+2} - \frac{1}{x-2} = \frac{-x^2}{x\cdot(x^2-4)}$

b) $\frac{x+1}{(x-1)\cdot(x+4)} - \frac{x-1}{(x+4)\cdot(x+1)} = \frac{4x}{(x^2-1)\cdot(x+4)}$ e) $\frac{2}{x} + \frac{1}{x-1} - \frac{1}{x+1} = \frac{2x^2+2}{x\cdot(x^2-1)}$

c) $\frac{x-4}{x\cdot(x-1)} + \frac{x+2}{(x-1)\cdot(x+1)} = \frac{2x^2}{x\cdot(x+1)\cdot(x-1)}$ f) $\frac{2}{x^2-3x} + \frac{3}{x^2+3x} = \frac{5x^2}{x^4-9x^2}$

**17.** Löse das Zahlenrätsel.

a) Dividiert man 24 durch die Zahl, so erhält man dieselbe Zahl, wie wenn man 18 durch die um 2 verminderte Zahl dividiert.

b) Dividiert man 4 durch die Zahl, so erhält man dasselbe, wie wenn man 5 durch die Zahl dividiert und anschließend noch 2 addiert.

**18.** Ein Schwimmbecken kann durch zwei Rohre gefüllt werden. Wenn nur das eine Rohr in Betrieb ist, dauert das Füllen 6 Tage, wenn nur das andere in Betrieb ist, dauert es 7 Tage. Wie viele Tage dauert es, wenn das Becken durch beide Rohre gefüllt wird?
*Anleitung:* x soll die Anzahl der Tage sein, die zum Füllen durch beide Rohre benötigt werden. Dann wird an einem Tag $\frac{1}{x}$ des Beckens gefüllt. An einem Tag wird durch das 1. Rohr $\frac{1}{6}$ und durch das 2. Rohr $\frac{1}{7}$ des Beckens gefüllt, durch beide zusammen also $\frac{1}{6} + \frac{1}{7}$ des Beckens.

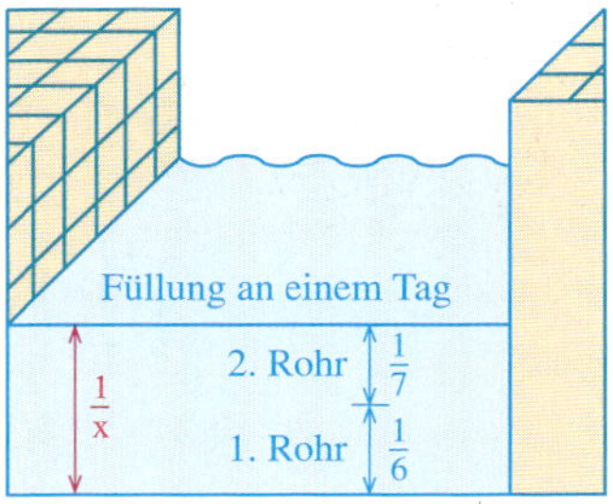

**19.** Zum Entladen eines Getreideschiffes benötigen zwei Fördergebläse 3 Stunden. Das eine Gebläse arbeitet doppelt so schnell wie das andere. Wie viele Stunden benötigt jedes Gebläse allein? Welche Annahmen muss man zum Lösen der Aufgabe machen?

**20.** Eine Rotationsmaschine benötigt zum Drucken einer Zeitung mit einer Auflage von 24 000 Exemplaren 40 Minuten. Eine andere Maschine benötigt für diese Auflage 24 Minuten.

a) Wie viele Minuten werden benötigt, wenn beide Maschinen zusammen eingesetzt werden?

b) Wie viele Zeitungsexemplare hat dann jede Rotationsmaschine gedruckt?

## 1.9 Umstellen von Formeln

**Aufgabe 1**

Für den Flächeninhalt eines Trapezes gilt: $A = \frac{(a+c) \cdot h}{2}$
Isoliere (1) die Variable h; (2) die Variable a.
Warum liegt eine Äquivalenzumformung vor?

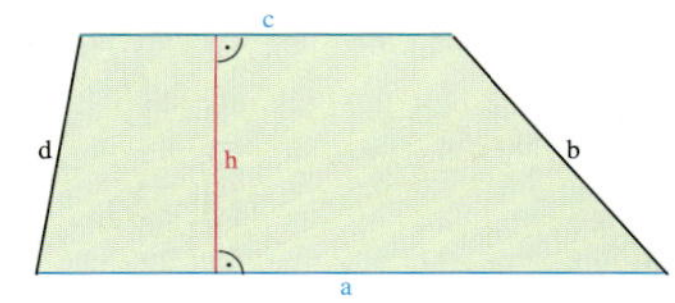


**Lösung**

Durch Anwenden der Umformungsregeln für Gleichungen isolieren wir in der Formel $A = \frac{g \cdot h}{2}$ die Variable h bzw. a (z.B. auf der linken Seite).

Beachte:
Die Multiplikations- und Divisionsregel für Gleichungen gilt nur, falls mit einer Zahl ungleich 0 multipliziert (durch eine Zahl ungleich 0 dividiert) wird.

(1)

$$\frac{(a+c) \cdot h}{2} = A \quad | \cdot 2$$
$$(a+c) \cdot h = 2A \quad | : (a+c)$$
$$\frac{(a+c) \cdot h}{a+c} = \frac{2A}{a+c}$$
$$h = \frac{2A}{a+c}$$

(2)

$$\frac{(a+c) \cdot h}{2} = A \quad | \cdot 2$$
$$(a+c) \cdot h = 2A \quad | : h$$
$$a + c = \frac{2A}{h} \quad | - c$$
$$a = \frac{2A}{h} - c$$

Es liegt jeweils bei der Division auf beiden Seiten der Gleichung eine Äquivalenzumformung vor, weil die Längen positive Maßzahlen haben.

**Weiterführende Aufgabe** CAS

**2.** *Umformen von Formeln mit einem Computer-Algebra-System*

Da beim Lösen von Gleichungen mit CAS die Variable angegeben werden muss, nach der aufgelöst werden soll, kann dieser Befehl auch zum Umformen von Formeln verwendet werden. Erläutere das Beispiel.

*i statt A, da die meisten CAS nicht zwischen Groß- und Kleinbuchstaben unterscheiden.*

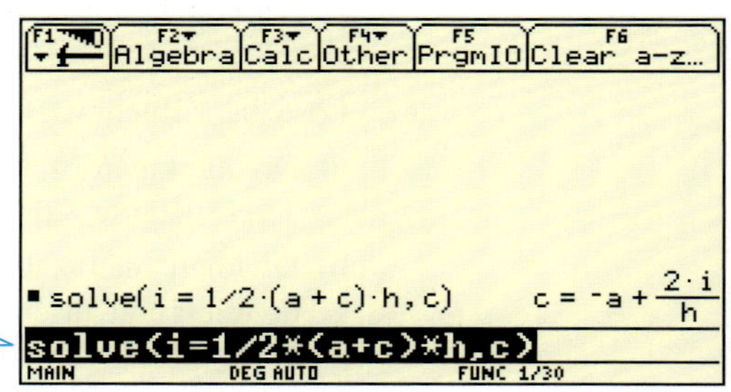


**Übungsaufgaben**

**3.** Die Formel für den Flächeninhalt des Dreiecks lässt sich so schreiben:
$A = \frac{g \cdot h}{2}$ und $A = \frac{1}{2} gh$ und $A = g \cdot \frac{h}{2}$ und $A = \frac{g}{2} \cdot h$.

**a)** Begründe diese Schreibweisen.

**b)** Isoliere in jeder der Formeln die Variable g [die Variable h].

**c)** Übertrage die Tabelle ins Heft und fülle sie aus. Verwende bei der Rechnung die Formeln.

| | | | | |
|---|---|---|---|---|
| g | 3,7 cm | 5,9 cm | 7,1 m | |
| h | 8,2 cm | | | 4,7 m |
| A | | 18,29 cm² | 21,3 m² | 28,5 m² |

**4.** Übertrage die Tabelle ins Heft und fülle sie aus. Verwende die Formeln aus Aufgabe 1.

| | | | | | | | |
|---|---|---|---|---|---|---|---|
| a | 6,4 cm | 3,8 m | 6,7 cm | | | 28 mm | 15,17 cm |
| c | 3,1 cm | 5,2 m | 4,5 cm | 4,8 m | 7,2 m | | |
| h | 9,2 cm | | | 4,2 m | 11,6 m | 25 mm | 5,45 cm |
| A | | 18,9 m² | 25,2 cm² | 19,7 m² | 53,4 m² | 1150 mm² | 68,8 cm² |

**Übungsaufgaben**

**5.** Von drei Rechtecken sind jeweils der Umfang u und die Seitenlänge b gegeben (Maße in cm):
(1) $u = 17{,}4;\; b = 4{,}6$ (2) $u = 20{,}3;\; b = 5{,}2$ (3) $u = 37{,}8;\; b = 9{,}5$
Berechne die Seitenlänge a. Wie kann man dabei vorgehen?

**6.** Die Formel für die Größe der Oberfläche eines Quaders lautet: $A_O = 2ab + 2ac + 2bc$.
Isoliere die Variable a [die Variable b; die Variable c] auf einer Seite der Gleichung.
Berechne den Wert für die fehlende Variable (Maße bei $A_O$ in $cm^2$, bei a, b und c in cm).

**a)** $A_O = 69{,}98;\; a = 2{,}9;\; b = 3{,}3$ **b)** $A_O = 80;\; a = 6{,}0;\; c = 2{,}5$ **c)** $A_O = 90;\; a = 2{,}5;\; b = 3{,}5$

**7.** Betrachtet die Formeln aus der Physik.

(1) $v = \frac{s}{t}$ (3) $\frac{B}{G} = \frac{b}{g}$ (5) $F_E = D \cdot s$ (7) $F_l = \varrho \cdot V \cdot g$

(2) $\varrho = \frac{m}{V}$ (4) $p = \frac{F}{A}$ (6) $F_G = m \cdot g$ (8) $\frac{F_1}{A_1} = \frac{F_2}{A_2}$

**a)** Gebt die Bedeutung der Variablen an.

**b)** Stellt die Formeln nach jeder auftretenden Variablen um. Kontrolliere mit einem CAS.

**c)** Sucht weitere Formeln. Löst nach jeder vorkommenden Variablen auf und erklärt ihre Bedeutung.

CAS

**8.** Rechts wurde mit einem Computer-Algebra-System eine Gleichung nach jeder vorkommenden Variablen aufgelöst. Das CAS hat notwendige einschränkende Bedingungen für die Variablen nicht angegeben. Untersuche, welche.

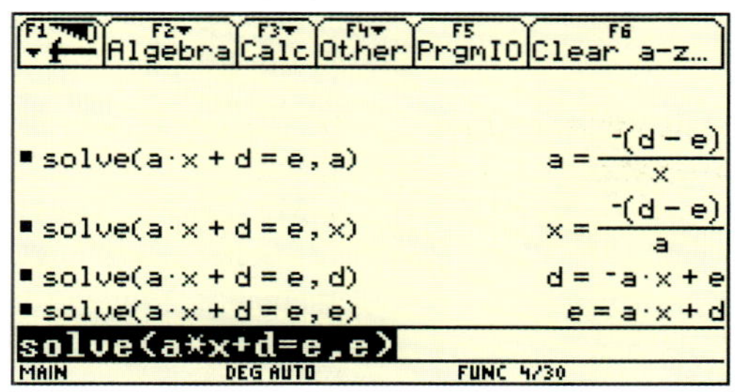


**9.** Zum Firmenjubiläum schreibt ein Kaufhaus seinen Kunden in einem Monat für jeden Einkauf 7,5 % der Einkaufssumme als Bonuspunkte gut. Dabei wird auf ganze Bonuspunkte abgerundet.

**a)** Berechne, wie viele Bonuspunkte es für folgende Einkäufe gibt:
19,95 €, 37,35 €, 259,00 €, 79,53 €.

**b)** Zur schnellen Berechnung der Anzahl der Bonuspunkte kann eine Tabellenkalkulation verwendet werden. Erstelle zunächst eine Formel, mit der man die (ungerundete) Zahl der Bonuspunkte aus der Einkaufssumme berechnen kann.

TAB

**c)** Berechne mithilfe eines Tabellenkalkulations-Programmes die Anzahl der Bonuspunkte für die Einkäufe: 32,56 €, 49,87 €, 197,45 €, 299,00 €, 275,89 €.

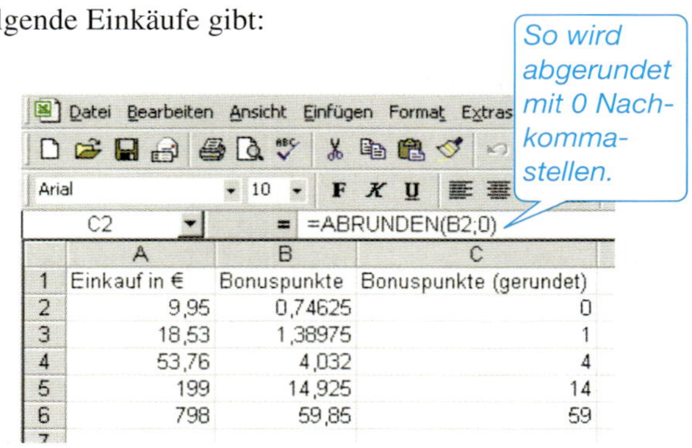


| | A | B | C |
|---|---|---|---|
| 1 | Einkauf in € | Bonuspunkte | Bonuspunkte (gerundet) |
| 2 | 9,95 | 0,74625 | 0 |
| 3 | 18,53 | 1,38975 | 1 |
| 4 | 53,76 | 4,032 | 4 |
| 5 | 199 | 14,925 | 14 |
| 6 | 798 | 59,85 | 59 |
| 7 | | | |

**d)** Um an der Verlosung des Hauptgewinnes teilnehmen zu können, benötigt Frau Bode noch 13 Bonuspunkte. Für wie viel Euro muss sie noch einkaufen, um diese zu erhalten?

**e)** Forme die Formel aus Teilaufgabe b) so um, dass man sie zur Berechnung der nötigen Einkaufssumme zu vorgegebener Anzahl von Bonuspunkten verwenden kann.

## 1.10 Nichtlineare Ungleichungen

### 1.10.1 Einfache nichtlineare Ungleichungen

**Wiederholung**

**(1) Umformungsregeln für Ungleichungen**

Ähnlich wie bei Gleichungen erhalten wir Umformungsregeln.

**Additions- und Subtraktionsregel**

Addiert oder subtrahiert man auf beiden Seiten einer Ungleichung dieselbe Zahl, so ändert sich die Lösungsmenge nicht. Die Ungleichungen sind äquivalent zueinander.

$$\begin{aligned} x - 4 &< 17 \quad \vert +4 \\ x - 4 + 4 &< 17 + 4 \\ x &< 21 \end{aligned}$$

(Umkehrung: $-4$)

**Multiplikations- und Divisionsregel**

(a) Multipliziert (dividiert) man beide Seiten einer Ungleichung mit derselben *positiven* Zahl (durch dieselbe *positive* Zahl), so ändert sich die Lösungsmenge nicht. Die Ungleichungen sind äquivalent zueinander.

$$\begin{aligned} 3x &> 47 \quad \vert :3 \\ 3x : 3 &> 47 : 3 \\ 1 \cdot x &> \tfrac{47}{3} \\ x &> \tfrac{47}{3} \end{aligned}$$

(Umkehrung: $\cdot 3$)

(b) Multipliziert (dividiert) man beide Seiten einer Ungleichung mit derselben *negativen* (durch dieselbe *negative)* Zahl, so muss man das Zeichen < bzw. > umdrehen.

$$\begin{aligned} -4x &< 20 \quad \vert :(-4) \\ -4x : (-4) &> 20 : (-4) \\ x &> -5 \end{aligned}$$

(Umkehrung: $\cdot(-4)$)

**(2) Strategie beim Bestimmen der Lösungsmenge einer Ungleichung**

Wie bei Gleichungen bestimmt man die Lösungsmenge einer Ungleichung, indem man die Variable auf einer Seite isoliert. Dazu verwendet man Termumformungen und Umformungsregeln für Ungleichungen.
Steht die Variable isoliert auf einer Seite, so kann man die Lösungsmenge unmittelbar ablesen.

$$\begin{aligned} x + 3 + 3x &> 7 - 2x + 8 & \\ 4x + 3 &> 15 - 2x & \vert +2x \\ 6x + 3 &> 15 & \vert -3 \\ 6x &> 12 & \vert :6 \\ x &> 2 & \\ L = \{x \in \mathbb{Q} \mid x > 2\} & & \end{aligned}$$

**(3) Darstellungen der Lösungsmenge auf der Zahlengeraden**

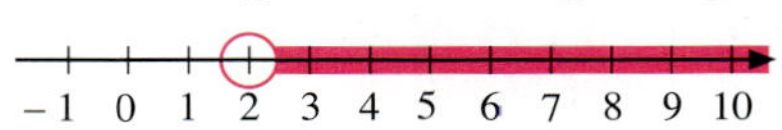


(2) bedeutet: 2 gehört nicht zur Lösungsmenge.

**(4) Ungleichungen mit dem Zeichen ≤ bzw. ≥**

$a \le b$ bedeutet $a < b$ oder $a = b$; $a \ge b$ bedeutet $a > b$ oder $a = b$.

Ungleichungen mit dem Zeichen ≤ (bzw. ≥) sind also Kombinationen von Ungleichungen mit dem Zeichen < (bzw. >) und von Gleichungen. Daher gelten dieselben Umformungsregeln wie für Ungleichungen mit dem Zeichen < (bzw. >).

**Aufgabe 1** *Einfache Betragsungleichungen*

Bestimme die Lösungsmenge der Betragsungleichung:

**a)** $|x| + 3 < 7$ **b)** $|x + 2| < 5$

Stelle die Lösungsmenge auf einer Zahlengeraden dar.

**Lösung**

**a)** $|x| + 3 < 7 \quad | -3$

$|x| < 4$

Diese Ungleichung wird für alle Zahlen x erfüllt, die von 0 einen kleineren Abstand als 4 haben:

$-4 < x < 4$

Also: $L = \{x \in \mathbb{Q} \mid -4 < x < 4\}$

**b)** $|x + 2| < 5$

Diese Ungleichung wird für alle Zahlen x + 2 erfüllt, die von 0 einen kleineren Abstand als 5 haben:

$-5 < x + 2 < 5$

Also: $L = \{x \in \mathbb{Q} \mid -7 < x < 3\}$

**Aufgabe 2** *Einfache Bruchungleichungen*

Bestimme die Lösungsmenge der Ungleichung $\frac{6}{x} < 2$.

**Lösung**

Da der Bruchterm $\frac{6}{x}$ für $x = 0$ nicht definiert ist, besitzt die Bruchungleichung $\frac{6}{x} < 2$ die Definitionsmenge $\mathbb{Q} \setminus \{0\}$. Um x zu isolieren, multiplizieren wir beide Seiten der Ungleichung mit x. Dazu müssen wir zwei Fälle unterscheiden:

*Fall 1:* $x > 0$

$\frac{6}{x} < 2 \quad | \cdot x$

$6 < 2x$

$3 < x$

$x > 0$ *und* zugleich $x > 3$ ist erfüllt, wenn $x > 3$.

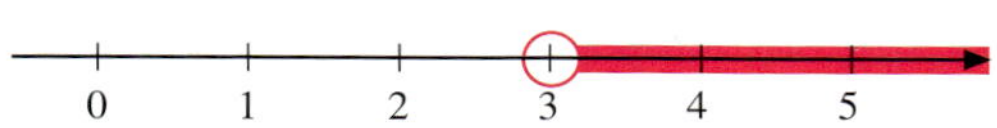


*Fall 2:* $x < 0$

$\frac{6}{x} < 2 \quad | \cdot x$

$6 > 2x$

$3 > x$

*Da x negativ, dreht sich das Ungleichheitszeichen um.*

$x < 0$ *und* zugleich $x < 3$ ist erfüllt, wenn $x < 0$.

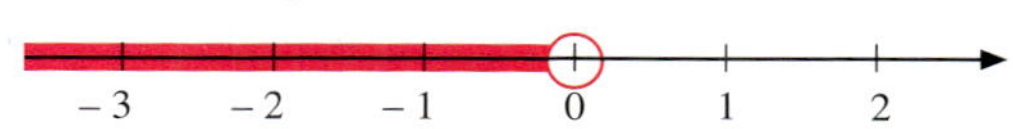


Die Lösungsmenge von $\frac{6}{x} < 2$ ist die Vereinigungsmenge der Lösungsmengen beider Fälle:

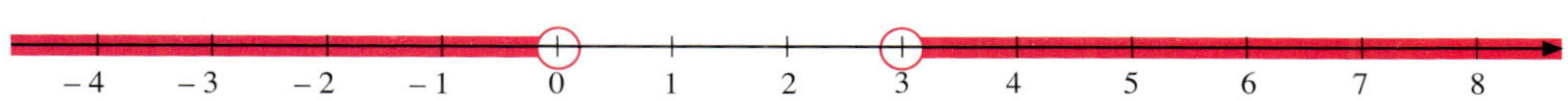


$L = \{x \in \mathbb{Q} \mid x < 0 \text{ oder } x > 3\}$

**Übungsaufgaben**

**3.** Bestimme die Lösungsmenge; stelle sie auf der Zahlengeraden dar.

**a)** $|x| + 2 < 5$ **c)** $|z| + 4 > 6$ **e)** $|x| - 4 < 1$ **g)** $|x| + 1 \le 4$

**b)** $|x| + 5 < 2$ **d)** $|y| + 5 > 2$ **f)** $|y| - 2 < -3$ **h)** $|z| + 2 \ge 7$

**4.** Bestimme die Lösungsmenge; stelle sie auf der Zahlengeraden dar.

**a)** $\frac{9}{x} < 3$ **c)** $\frac{10}{x} > 2$ **e)** $\frac{8}{x} > 16$ **g)** $\frac{6}{y} \le 3$

**b)** $\frac{4}{y} < 8$ **d)** $\frac{12}{z} > 4$ **f)** $\frac{25}{y} < 10$ **h)** $\frac{4}{x} \ge 2$

CAS **5.** Auch Ungleichungen können mit CAS gelöst werden.

**a)** Das CAS hat notwendige einschränkende Bedingungen für die Variablen nicht angegeben. Untersuche, welche.

**b)** Löse die Ungleichungen von Hand. Vergleiche mit den CAS-Lösungen.

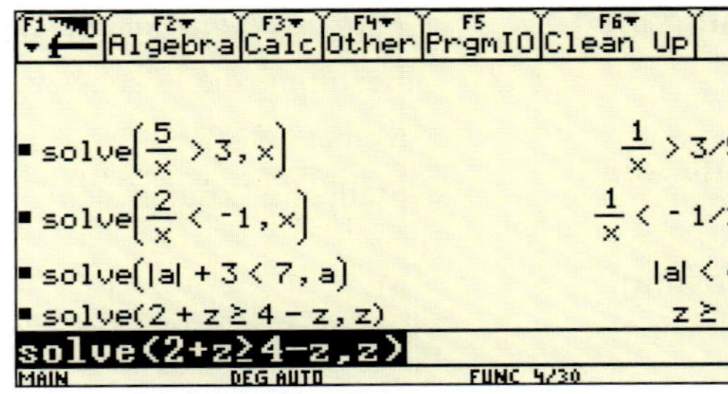


## 1.10.2 Bruchungleichungen

**Aufgabe 1**

Bestimme die Lösungsmenge der Ungleichung $\frac{x-1}{x+4} > 0$. Veranschauliche die Lösungsmenge auf der Zahlengeraden.

**Lösung**

Der Term $\frac{x-1}{x+4}$ ist für $x = -4$ nicht definiert. Die Definitionsmenge der Bruchungleichung ist somit $D = \mathbb{Q} \setminus \{-4\}$.

Wir multiplizieren beide Seiten der Ungleichung mit x + 4. Dabei muss man beachten: Bei Multiplikation mit einer negativen Zahl dreht sich das Ungleichungszeichen um.

Nun gilt: $x + 4 > 0$ genau dann, wenn $x > -4$;
$x + 4 < 0$ genau dann, wenn $x < -4$.

*Fall 1:* $x > -4$

Bei Multiplikation mit x + 4 dreht sich das Ungleichungszeichen nicht um.

$$\frac{x-1}{x+4} > 0 \quad | \cdot (x+4)$$
$$\frac{(x-1)\cdot(x+4)}{x+4} > 0$$
$$x - 1 > 0$$
$$x > 1$$

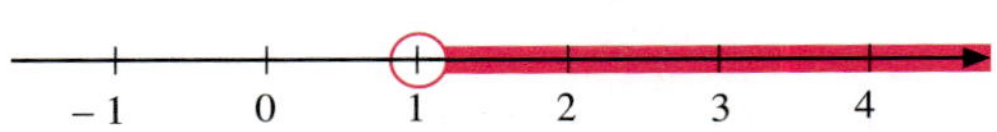


*Fall 2:* $x < -4$

Bei Multiplikation mit x + 4 dreht sich das Ungleichungszeichen um.

$$\frac{x-1}{x+4} > 0 \quad | \cdot (x+4)$$
$$\frac{(x-1)\cdot(x+4)}{x+4} < 0$$
$$x - 1 < 0$$
$$x < 1$$

Wegen der Voraussetzung ist also $x < -4$.

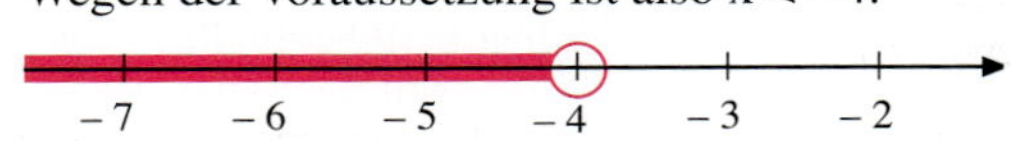


Die Lösungsmenge von $\frac{x-1}{x+4} > 0$ ist die Vereinigung der Lösungsmengen beider Fälle.

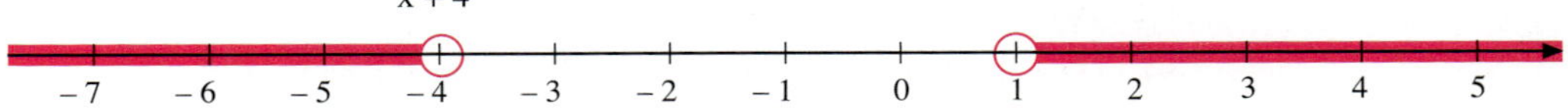


$L = \{x \in \mathbb{Q} \mid x > 1$ *oder* $x < -4\}$

**Übungsaufgaben**

**2.** Bestimme die Lösungsmenge.

**a)** $\frac{x-4}{x-6} > 0$ **b)** $0 < \frac{2-x}{8+x}$ **c)** $0 < \frac{x-3}{4-2x}$ **d)** $\frac{2}{x-5} > 2$ **e)** $10 > \frac{4}{x+6}$ **f)** $\frac{6x^2}{2x-3} > 3x$ **g)** $\frac{8x^2}{4x-1} < 2x$ **h)** $\frac{-7}{3x+12} > 0$

**3.** **a)** $\frac{2x}{3+x} > \frac{8}{3+x}$ **b)** $\frac{4}{x} > \frac{3}{x-3}$ **c)** $\frac{x+2}{x} > \frac{x}{x-2}$ **d)** $\frac{x}{4+x} > \frac{4+x}{x}$ **e)** $\frac{x-1}{x+2} < \frac{x-2}{x+1}$

## 1.11 Arithmetische Beweise

**Aufgabe 1**

**a)** Notiere die Quadratzahlen der natürlichen Zahlen von 0 bis 9. Bilde die Differenz aufeinander folgender Quadratzahlen. Was stellst du fest? Überprüfe deine Vermutung an zwei weiteren aufeinander folgenden Quadratzahlen.

**b)** Beweise deine Vermutung.

**Lösung**

**a)** *Quadratzahlen* → 0 1 4 9 16 25 36 49 64 81 …

*Differenz* → 1 3 5 7 9 11 13 15 17 …

Oben sind die Quadratzahlen notiert und darunter die Differenz benachbarter Quadratzahlen. Man erkennt: Als Differenz erscheint die Folge der ungeraden Zahlen: 1, 3, 5, 7, 9, 11, 13 usw. Wir vermuten daher:

> Wenn man zwei benachbarte Quadratzahlen subtrahiert, dann erhält man als Ergebnis eine ungerade Zahl.

144 und 169 sind aufeinander folgende Quadratzahlen; ihre Differenz beträgt 25, also eine ungerade Zahl.

**b)** Um die Vermutung für *alle* natürlichen Zahlen zu beweisen, stellen wir die Quadratzahlen für jede natürliche Zahl durch einen Term dar:
Ist $n \in \mathbb{N}$, so ist $n^2$ die zugehörige Quadratzahl. Die auf n folgende natürliche Zahl ist $n + 1$, die zugehörige Quadratzahl also $(n + 1)^2$.
Nun können wir unsere Vermutung wie folgt formulieren:
Für jede natürliche Zahl n gilt: Die Differenz $(n + 1)^2 - n^2$ ist eine ungerade Zahl.

*Beweis:*
$$(n + 1)^2 - n^2$$
$$= n^2 + 2n + 1 - n^2$$
$$= 2n - 1$$

Ist n eine natürliche Zahl, so ist 2n eine gerade und somit $2n + 1$ eine ungerade Zahl.

**Weiterführende Aufgabe**

**2.** *Darstellung besonderer Zahlenmengen durch einen Term*

Gib einen Term an, sodass sich jede Zahl aus der angegebenen Menge durch diesen Term darstellen lässt. Grundbereich für die Variable soll $\mathbb{N}$ sein. Stelle zuvor eine Tabelle auf wie im Beispiel rechts für gerade Zahlen.

| n | 2n |
|---|---|
| 0 | 0 |
| 1 | 2 |
| 2 | 4 |
| 3 | 6 |

**a)** Quadratzahlen: {0, 1, 4, 9, 16, …}

**b)** Kubikzahlen: {0, 1, 8, 27, 64, 125, …}

**c)** Der Nachfolger einer Quadratzahl: {1, 2, 5, 10, 17, …}

**d)** Das Doppelte einer Kubikzahl: {0, 2, 16, 54, 128, 250, …}

**e)** Zahlen, die durch 3 teilbar sind: {0, 3, 6, 9, 12, …}

**f)** Zahlen, die bei Division durch 3 den Rest 1 ergeben: {1, 4, 7, 10, 13, …}

**g)** Zahlen, die bei Division durch 3 den Rest 2 ergeben: {2, 5, 8, 11, 14, …}

Suche jeweils ein Element der Menge zwischen 500 und 1 000 heraus und gib an, für welchen Wert der Variablen diese Zahl durch den Term dargestellt wird.

**Information**

### Verwenden von Variablen in arithmetischen Beweisen

Der Beweis in Aufgabe 1 zeigt, dass man Variable auch verwenden kann, um einen mathematischen Satz über Zahlen zu beweisen. Dabei muss man Folgendes wissen und beachten:

(1) Der Nachfolger der natürlichen Zahl n ($n \in \mathbb{N}^*$) ist $n + 1$, der Vorgänger $n - 1$.
(2) Eine natürliche Zahl x ist gerade, wenn sie sich in der Form $x = 2 \cdot n$ mit $n \in \mathbb{N}$ darstellen lässt, d. h. wenn es ein $n \in \mathbb{N}$ gibt, sodass gilt: $x = 2 \cdot n$.
(3) Eine natürliche Zahl x ist ungerade, wenn sie sich in der Form $x = 2n + 1$ mit $n \in \mathbb{N}$ darstellen lässt, d. h. wenn es ein $n \in \mathbb{N}$ gibt, sodass gilt: $x = 2 \cdot n + 1$.
(4) Eine natürliche Zahl y ist eine Quadratzahl, wenn sie sich in der Form $y = n^2$ mit $n \in \mathbb{N}$ darstellen lässt, d. h. wenn es ein $n \in \mathbb{N}$ gibt, sodass gilt: $y = n^2$.
(5) Eine Zahl z ist durch 4 teilbar, wenn sie sich in der Form $z = 4 \cdot n$ mit $n \in \mathbb{N}$ darstellen lässt.
(6) Eine Zahl z ist durch 5 teilbar, wenn sie sich in der Form $z = 5 \cdot n$ mit $n \in \mathbb{N}$ darstellen lässt.

**Übungsaufgaben**

**3.** **a)** Rechts ist der Beweis für den folgenden Satz angegeben:

> Wenn man zwei beliebige Quadratzahlen subtrahiert, dann ist das Ergebnis die Summe aus einer geraden Zahl und einer Quadratzahl.

$(n + k)^2 - n^2$
$n^2 + 2nk + k^2 - n^2$
$= 2 \cdot (n \cdot k) + k^2$

gerade Zahl — Quadratzahl

Erläutere den Beweis.

**b)** Gegeben sind die Quadratzahlen 100 und 225.
Bestätige an diesem Beispiel den Satz.

**c)** Bestätige den Satz an weiteren selbst gewählten Beispielen.

**4.** **a)** Rechts ist der Beweis für den folgenden Satz angegeben:

> Wenn man eine Quadratzahl mit 4 multipliziert, erhält man wieder eine Quadratzahl.

$4 \cdot n^2$
$2 \cdot 2 \cdot n \cdot n$
$= 2 \cdot n \cdot 2 \cdot n$
$= (2 \cdot n)^2$

Erläutere den Beweis.

**b)** Bestätige den Satz an selbst gewählten Quadratzahlen.

**5.** Beweise.

**a)** Wenn man zwei beliebige Quadratzahlen miteinander multipliziert, so erhält man wieder eine Quadratzahl.

**b)** Wenn man zwei gerade Zahlen miteinander multipliziert, so erhält man eine gerade Zahl.

**c)** Wenn man eine ungerade Zahl quadriert, so erhält man eine ungerade Zahl.

**d)** Addiert man zwei gerade Zahlen, so erhält man eine gerade Zahl.

**6.** Beweise.

**a)** Addiert man eine gerade Zahl und eine ungerade Zahl, so erhält man eine ungerade Zahl.

**b)** Addiert man zwei aufeinanderfolgende natürliche Zahlen, so erhält man eine ungerade Zahl.

**c)** Addiert man drei aufeinanderfolgende natürliche Zahlen, so erhält man eine durch 3 teilbare Zahl.

**d)** Addiert man fünf aufeinanderfolgende natürliche Zahlen, so erhält man eine durch 5 teilbare Zahl.

**e)** Quadriert man eine ungerade Zahl und dividiert das Ergebnis durch 4, so erhält man den Rest 1.

## 1.12 Vermischte und komplexe Übungen

**1.** **a)** Vereinfache den Term $0{,}7x - 6{,}2 + 2{,}1x + 9{,}1 - 8{,}3x - 10{,}9 + \frac{x}{2}$.

**b)** Berechne den Wert des Terms für $x = 1$ [$x = -7{,}8$; $x = \frac{3}{11}$].

**c)** Für welches x hat der Term den Wert 2 [$-16$; 0; $\frac{3}{4}$]?

**2.** **a)** Das nebenstehende Bild veranschaulicht für positive Werte der Variablen die Termumformung
$x^2y + x^2y = (2x)xy$
Erläutere, warum.

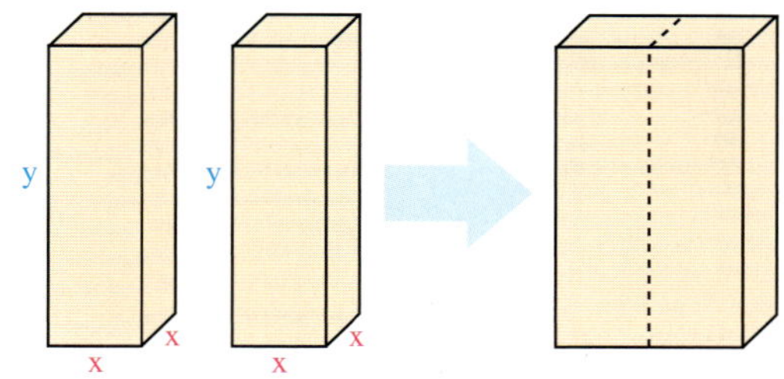

**b)** Welche Termumformungen gehören zu folgenden Bildern?

(1)

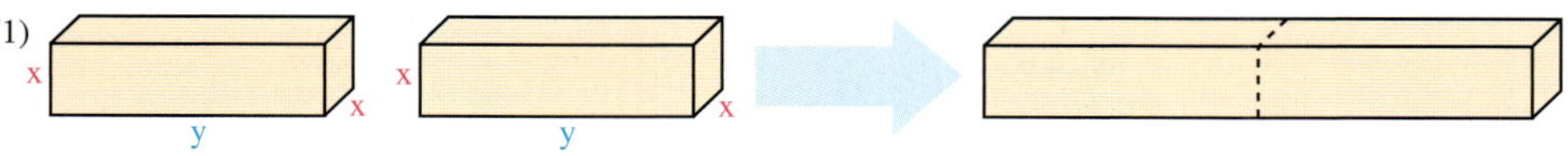

(2)

**3.** Löse die Klammern auf und vereinfache so weit wie möglich.

**a)** $(7x - 3y) - (5x - y)$
$7x(2x - 1 + y)$
$-(a - 2b) - 3(b - 2a)$

**b)** $(9a - 11)(3 - 4b)$
$(2x + 7)(5y - 1)$
$(4u + v)(v + 9u)$

**c)** $(4x - 3y)^2 + 8x^2$
$(7r - 2s)^2 - (2s - 7r)^2$
$3(4 - x)^2 + (x + 3)(x - 2)$

**4.** Klammere so aus, dass der Term in den Klammern möglichst einfach wird. Denke auch an negative Faktoren.

**a)** $-abc - 15a$
$-u^2v + v^3$
$-7a - 35b$

**b)** $8x^2 + 24x^3$
$6r^2 - 9rs$
$55r - 11s$

**c)** $80r^3s^4 - 64r^2s^5 + 56r^4s^3$
$28a^3b + 7ab - 49ab^3$
$39a + 13x^2$

**d)** $3 \cdot \frac{a}{b} - \frac{a^2}{b} - \frac{ax}{b}$
$\frac{20}{s} + \frac{8a}{s} - \frac{40b}{s}$

**5.** Faktorisiere, wenn möglich.

**a)** $9x^2 - 64y^2$
$36u^2 - 121v^2$
$a^2 + b^2$
$z^2 - 1$

**b)** $9x^2 + 30ax + 25a^2$
$4u^2 + 4u + 1$
$k^2 + 1 - 2k$
$36 + x^2 - 6x$

**c)** $64u^2v^2 - 64$
$4 - z^2$
$49a^2 + 4b^2 - 28ab$
$20xy - 4x^2 - 25y^2$

**6.** Erstelle verschiedene Terme, die mit einer binomischen Formel faktorisiert werden können. Stelle die Aufgaben einem Partner und halte einen Lösungsbogen bereit.

**7.** Milchpackungen gibt es in verschiedenen Größen. Zu der links abgebildeten Packung gehört das nebenstehende Netz.

**a)** Stelle einen Term für das benötigte Verpackungsmaterial auf.

**b)** Berechne die Menge für:
(1) 1-Liter-Packungen: a = 7,5 cm; h = 19,5 cm
(2) 0,5-Liter-Packungen: a = 7,5 cm; h = 10 cm

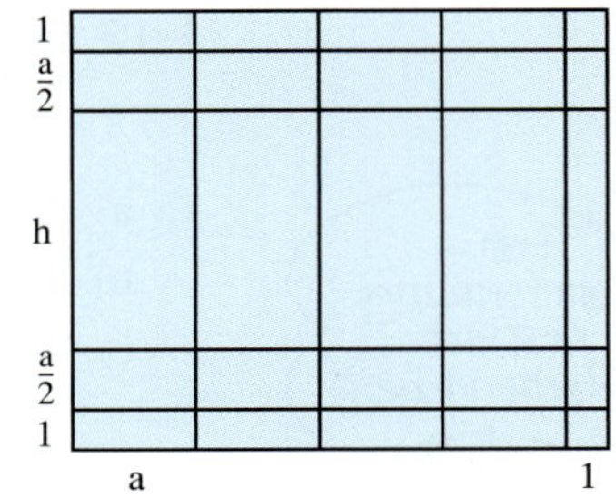


**8.** Die Abbildung veranschaulicht eine Termumformung für positive Zahlen a, b mit a > b. Zeichne sie ab und beschrifte auch rechts. Um welche Termumformung handelt es sich?

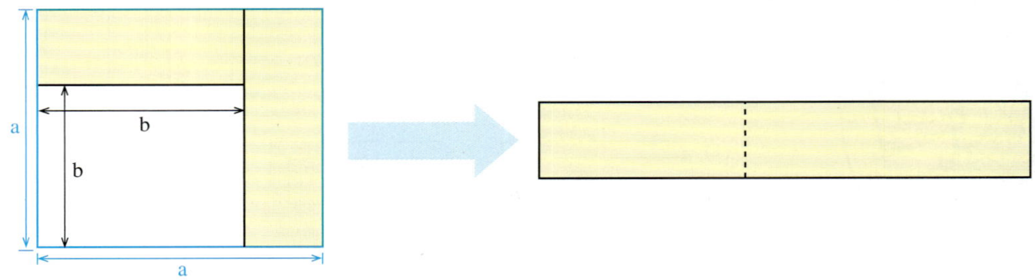


**9.** Bestimme die Lösungsmenge.

**a)** $x + 8 - 3x = 4 + 2x$

**b)** $3a - 12 + 6a = -25 + 13 + 9a$

**c)** $20 - (3y + 6) = 2(y - 4)$

**d)** $(z - 4)(z + 5) = z^2 - 17$

**e)** $(9 - x)(4 + x) = 45 - x^2$

**f)** $(x + 11)(x - 11) = (x + 11)^2$

**g)** $x^2 - 8x + 16 = 0$

**h)** $\frac{4}{x+1} = \frac{5}{x-1}$

**i)** $\frac{x}{x-2} = \frac{x+2}{x+4}$

**10.** Stelle eine Formel für den Flächeninhalt der Figur auf. Isoliere anschließend jede Variable.

**a)**
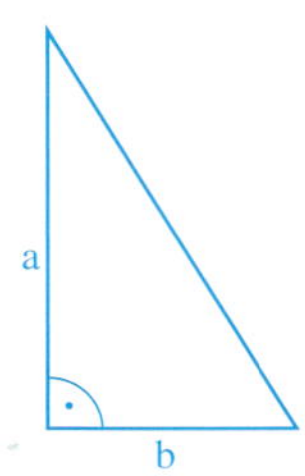


**b)**
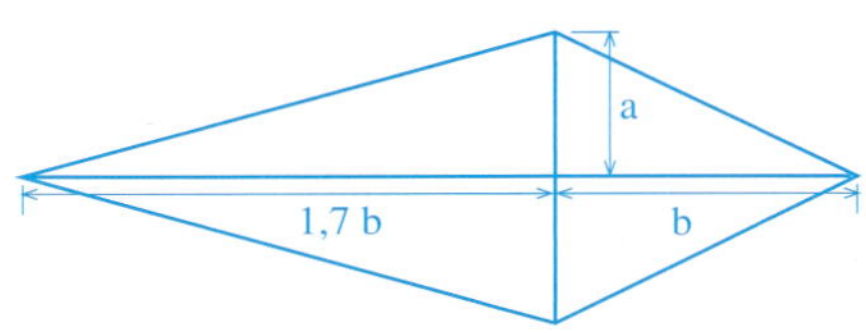


**c)**
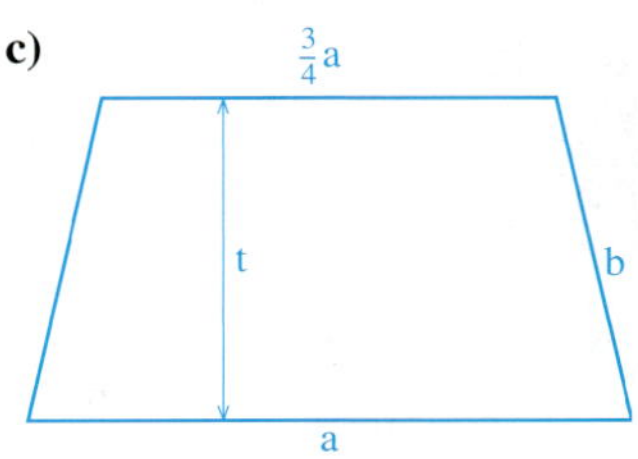


**11.** Stelle eine Formel auf für
(1) das Volumen V des Körpers; (2) den Oberflächeninhalt $A_O$ des Körpers.
Isoliere anschließend jede Variable.

**a)**
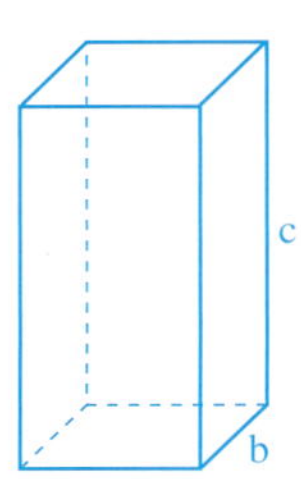


**b)**
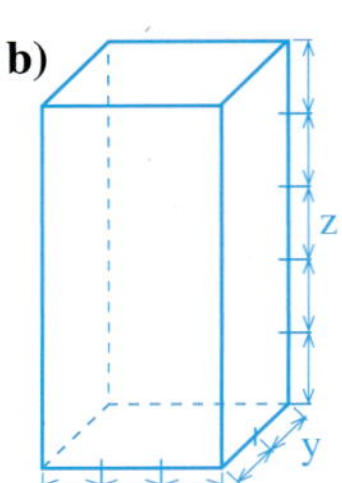


**c)**
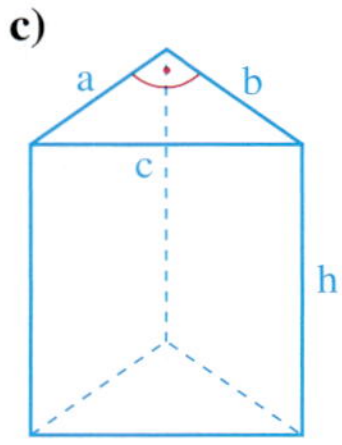


**d)**
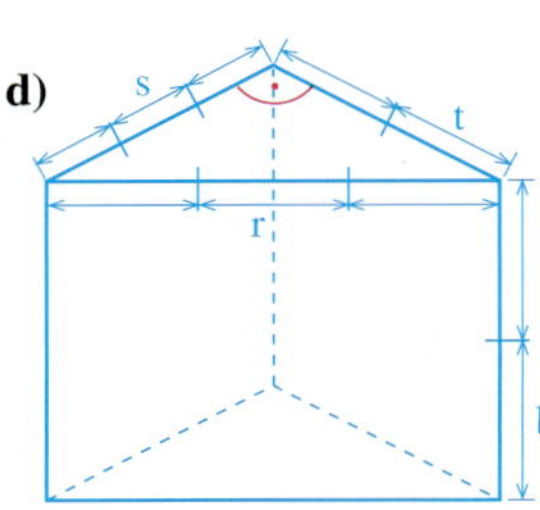

**12.** **a)** Setze die nebenstehende Folge von Quadraten fort.
(1) Welche Gesetzmäßigkeiten erkennst du über die Anzahl der Punkte?
(2) Das Quadrat soll n Punkte auf einer Seite haben. Wie viele Punkte hat es dann insgesamt?
Erstelle einen Term und begründe damit die in Teilaufgabe (1) gefundene Gesetzmäßigkeit.

zu **a)**

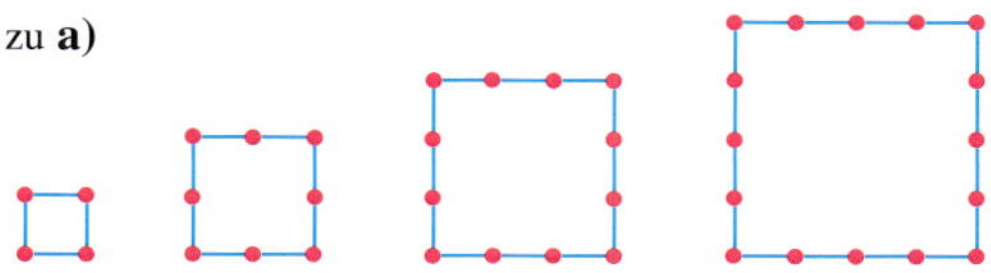

zu **b)**

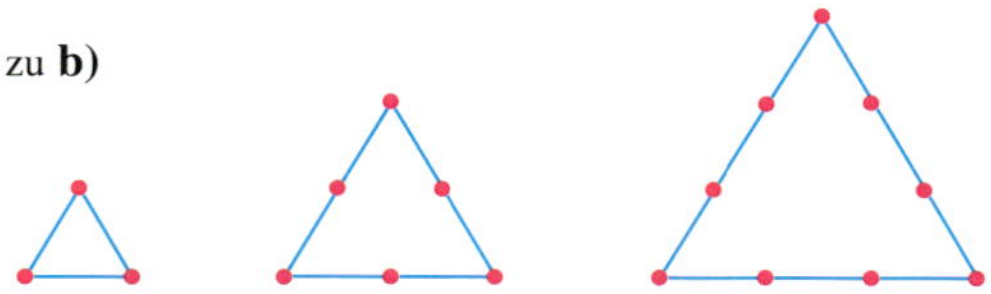

**b)** Führe ähnliche Überlegungen wie in der Teilaufgabe a) mit der Folge von Dreiecken durch.

**13.** **a)** Bilde das Produkt aus einer natürlichen Zahl und der übernächsten natürlichen Zahl. Berechne mehrere Beispiele. Was fällt auf? Begründe.
**b)** Zeige: Die Summe der Quadrate zweier aufeinander folgenden natürlichen Zahlen ist um 1 größer als das doppelte Produkt dieser Zahlen.

**14.** **a)** Zeige an der Figur rechts, dass für a, b, c > 0 gilt:
$(a + b + c)^2 = a^2 + b^2 + c^2 + 2ab + 2ac + 2bc$
**b)** Weise nach, dass die Formel aus Teilaufgabe a) auch für negative Zahlen gilt.
**c)** Berechne mithilfe der Formel von Teilaufgabe a).

| | |
|---|---|
| (1) $(a - b + c)^2$ | (4) $(7a - 2b - 8c)^2$ |
| (2) $(a + b - c)^2$ | (5) $(p^2 - 3p + 1)^2$ |
| (3) $(4a + 2b + 3c)^2$ | (6) $(2a^2 + b^2 + 3c)^2$ |

CAS **d)** Stelle selbst Aufgaben, die du mithilfe der Formel aus Teilaufgabe a) bearbeiten kannst. Kontrolliere mit einem CAS.

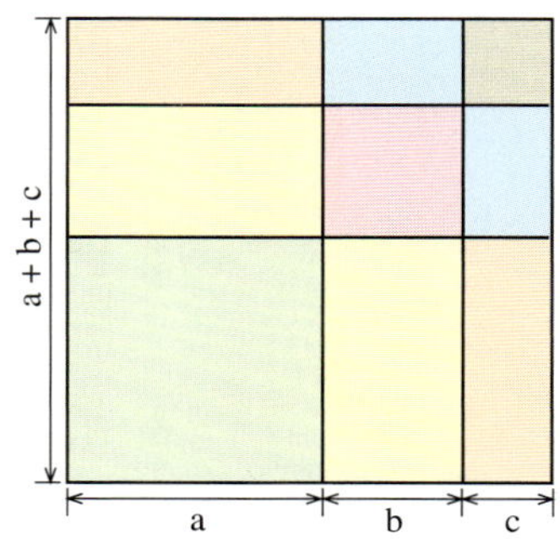

**15.** Der Entwurf für das Firmen-Logo einer Fluggesellschaft soll in verschiedenen Größen aufgedruckt werden.
**a)** Erstelle einen Term für die Größe der blauen [silbernen] Fläche.
**b)** Wie groß sind die Flächen für a = 2 cm [5 cm; 30 cm]?

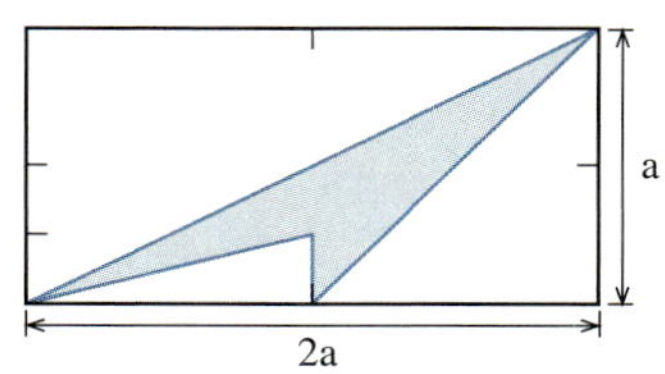


**16.** In einem Wasserbehälter steht das Wasser zu Beginn 2,45 m hoch. In einer Minute wird so viel Wasser abgepumpt, dass der Wasserspiegel um 0,04 m absinkt.
**a)** Wie hoch steht das Wasser nach 3 Minuten [7 Minuten; 58 Minuten]?
**b)** Stelle einen Term auf, mit welchem der Wasserstand nach t Minuten berechnet werden kann. Berechne mithilfe des Terms den Wasserstand nach $3\frac{1}{2}$ Minuten [$5\frac{1}{2}$ Minuten].

**17.** Essigessenz enthält 20 % Essigsäure, gewöhnlicher Essig 5 %. Essigessenz soll mit so viel gewöhnlichem Essig vermischt werden, dass 10 %iger Essig für Reinigungszwecke entsteht. In welchem Mengenverhältnis muss man Essigessenz und Essig mischen?
*Tipp:* Beginne mit einem selbst gewählten Beispiel.

## Bist du fit?

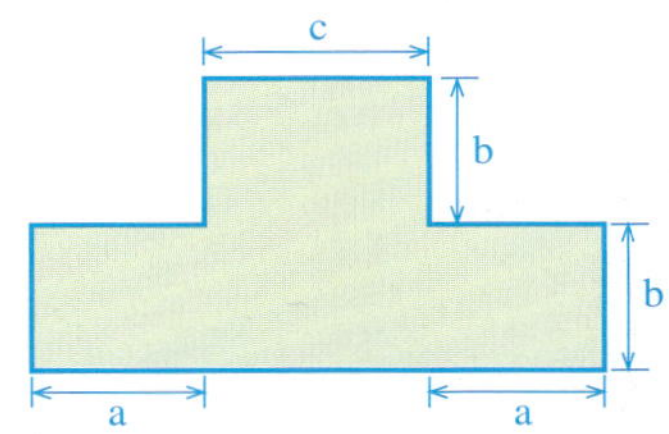


**1.** **a)** Stelle auf zwei verschiedene Weisen einen Term auf, der den Flächeninhalt der stark umrandeten Figur angibt.

**b)** Berechne den Wert beider Terme: 6 für a, 3 für b und 8 für c [2,4 für a; 3,5 für b; 7,2 für c]; Maße in cm.

**c)** Wie groß muss die Länge c sein, wenn a = 5, b = 4 (Maße in cm) und der Flächeninhalt 104 $cm^2$ beträgt?

**d)** Stelle einen Term für den Umfang der Figur auf; berechne ihn für die Maße aus b).

**2.** Vereinfache so weit wie möglich. Kontrolliere mit einem CAS.

**a)** $7x^2 + 5y - 8x^2 - y + 11x^2$ **c)** $4{,}2ax - 3{,}8x - 2{,}4ax + 8{,}3x + ax$

**b)** $12pq - 5qp + 7pq + qp - 15pq$ **d)** $\frac{3}{8}vw - \frac{3}{4}v^2 + \frac{5}{6}w^2 - vw + \frac{6}{8}v^2 - \frac{1}{2}w^2$

**3.** Löse die Klammern auf und vereinfache, wenn möglich.

**a)** $3a(7b + c)$ **d)** $-r(2r - s)$ **g)** $(9a + 2)(3 + b)$ **j)** $(2x + 3)^2$

**b)** $8x(9y - 12z)$ **e)** $x - (2x - 3)$ **h)** $(7p - q)(2 + q)$ **k)** $(4a - 2b)^2$

**c)** $2x(x^2 + 1)$ **f)** $7a^2 - a(5 + a)$ **i)** $(3u - 2v)(u - 4v)$ **l)** $(p + 2q)(p - 2q)$

**4.** **a)** $6(a - 24b) + 3(5b - 2a)$ **c)** $-u(v - 7) - (1 - u)$ **e)** $(4a - 3b)(a + 5b) - (2a + b)^2$

**b)** $r(4 - 12s) - 4s(3r + 1)$ **d)** $(7x - 5y)^2 - (5y - 7x)^2$ **f)** $9(3x - 5y) + (8x - 3)(5y + 1)$

**5.** Bestimme die Lösungsmenge.

**a)** $14 + (3 - 7x) - 2x = 17 - 9x$ **c)** $4(7x - 8) = 10 + 5(2x - 6)$ **e)** $(2 - x)^2 = (2 + x)^2$

**b)** $6z - (2z - 1) = 2z + 17$ **d)** $(8x - 6)(4x - 2) = 32x^2 + 52$ **f)** $(4 + x)^2 - (x - 3)^2 = 0$

**6.** Stelle die Lösungsmenge auf der Zahlengeraden dar.

**a)** $|x| + 5 < 9$ **b)** $|z| - 3 > 2$ **c)** $\frac{15}{x} < 3$ **d)** $\frac{6}{y} > 12$

**7.** Klammere so aus, dass der Term in der Klammer möglichst einfach wird.

**a)** $12ab + 7bc$ **b)** $-40xy - 25xz$ **c)** $45 - 27ab + 36x^2$ **d)** $0{,}9u - 0{,}9u^2 + 0{,}9u^3$

$3xy - 5x^2$ $9a^2b + 21b^2c$ $44r^4 + 33r^3 + 22r^2$ $\frac{r}{2} + \frac{r^2}{2} - \frac{3}{2}rs$

**8.** Faktorisiere.

**a)** $16x^2 - 25y^2$ **b)** $64x^2 - 192xy + 144y^2$ **c)** $16 - 40x + 25x^2$ **d)** $4xy + 4x^2 + y^2$

**9.** Marcs Tante ist heute siebenmal so alt wie er. In 6 Jahren wird sie nur noch dreimal so alt sein wie er dann sein wird. Wie alt sind beide heute?

**10.** Ein quadratisches Eckgrundstück muss an zwei benachbarten Seiten einen 1 m breiten Streifen für die Anlage eines neuen Fahrradweges abgeben. Dadurch verringert sich seine Größe um 57 $m^2$. Berechne die neue Grundstücksgröße.

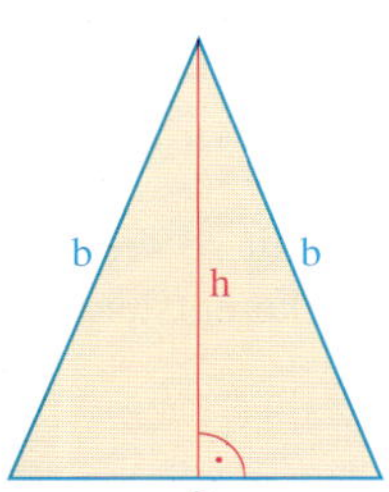


**11.** Die Formel $u = g + 2b$ gehört zu dem Dreieck links. Erläutere sie.
Löse dann nach jeder vorkommenden Variablen auf.

# Bleib fit im ... Umgang mit dem Dreisatz

**Zum Aufwärmen**

**1.** Zuckerrüben werden zur Herstellung von Zucker verwendet. Aus 100 kg Zuckerrüben erhält man 18 kg Zucker.

**a)** Wie viel kg Zucker kann man aus 200 kg, 300 kg, 150 kg, 650 kg Zuckerrüben erzeugen?

**b)** Es sollen 180 kg, 90 kg, 900 kg, 45 kg Zucker hergestellt werden. Wie viel kg Zuckerrüben werden dafür benötigt?

**2.** Ein Rechteck ist 72 mm lang und 36 mm breit. Wie breit ist ein Rechteck mit gleichem Flächeninhalt, wenn es 36 mm, 24 mm, 18 mm, 144 mm, 108 mm lang ist?

**Zum Erinnern**

Eine Größe heißt **direkt proportional** zu einer zweiten Größe, wenn die folgende Regel gilt:
*Verdoppelt* (verdreifacht, vervierfacht, ...) man einen Wert der ersten Größe, so *verdoppelt* (verdreifacht, vervierfacht, ...) sich auch der zugehörige Wert der zweiten Größe.

Eine Größe heißt **indirekt proportional** zu einer zweiten Größe, wenn die folgende Regel gilt:
*Verdoppelt* (verdreifacht, vervierfacht, ...) man einen Wert der ersten Größe, so *halbiert* (drittelt, viertelt, ...) sich auch der zugehörige Wert der zweiten Größe.

**Lösungsverfahren für Dreisatzaufgaben**

Prüfe zunächst, ob die Größen direkt proportional oder indirekt proportional zueinander sind.

Löse die Aufgabe dann mithilfe einer Tabelle:

(1) Trage das gegebene Wertepaar und den dritten bekannten Wert ein.
(2) Finde einen geeigneten Hilfswert.
(3) Fülle die Lücken entsprechend den Regeln für direkt proportionale oder indirekt proportionale Zuordnungen aus.

Ist die Zuordnung der ersten Größe zur zweiten weder direkt proportional, noch indirekt proportional, so kann man die Aufgabe nicht mit dem Dreisatz lösen.

*Beispiele:*

Benzinkauf an einer Tankstelle

| | Benzin-Volumen (in *l*) | Preis (in €) | |
|---|---|---|---|
| | 40 | 52,96 | |
| : 8 | 5 | □ | : 8 |
| · 9 | 45 | □ | · 9 |

Frühjahrspflege eines Parks

| | Anzahl der Gärtner | Benötigte Arbeitstage | |
|---|---|---|---|
| | 18 | 12 | |
| : 18 | 1 | □ | · 18 |
| · 24 | 24 | □ | : 24 |

Zum Trainieren

**3.** Bei einer Tankstelle betrug die Rechnung für 10 Liter Superbenzin 13,99 €. Fülle die Tabelle aus.

| Volumen (in *l*) | 10 | 50 | 40 | 26 | 36 |
|---|---|---|---|---|---|
| Preis (in €) | 13,99 | | | | |

**4.** In einem alten Rezept für eine Fleischfüllung werden neben anderen Zutaten 150 g Fleisch, 30 g Speck und 2 geriebene Kartoffeln empfohlen. Wie viel Speck und Kartoffeln sollte man zu 250 g Fleisch hinzu fügen?

**5.** Eine überschwemmte Tiefgarage könnte durch vier gleich starke Pumpen in 10 Stunden leergepumpt werden.

**a)** Wie lange dauert der Vorgang, wenn nur zwei solcher Pumpen zur Verfügung stehen?

**b)** Wie viele solcher Pumpen benötigt man, um die Tiefgarage in 8 Stunden leerzupumpen?

**6.** Bei der Montage von Deckenbrettern rechnet man, dass ein Paket mit 100 Schraubkrallen für eine Fläche von 5,5 $m^2$ reicht.

**a)** Wie viele Schraubkrallen sollte man für das Montieren bei einer Deckenfläche von 22 $m^2$ bereitstellen?

**b)** Für welche Fläche reichen 3 Pakete mit je 250 Krallen?

**7.** Beim Füllen eines Öltanks sind nach 6 min erst 1 500 *l* Heizöl in den Tank gepumpt worden. Wie lange dauert es noch, bis die restlichen 3 500 *l* Heizöl im Tank sind?

**8.** Erik und Jan besteigen einen Aussichtsturm. Vom Eingang führen 50 gleich hohe Stufen bis zum ersten Aussichtspunkt. Beim Hinaufsteigen stellt Jan fest, dass der 1,62 m große Erik so hoch wie 9 Stufen ist.

**a)** Wie hoch liegt der erste Aussichtspunkt über dem Eingang?

**b)** Der zweite Aussichtspunkt liegt 35 Stufen über dem ersten Aussichtspunkt. Wie hoch liegt der zweite Aussichtspunkt über dem Eingang?

**PET**
Abkürzung für Polyethylenterephthalat hochbeständiger, fester Kunststoff

**9.** Ein Getränkebetrieb füllte bisher Mineralwasser in Glasflaschen mit 0,7 *l* Inhalt ab. In jedem Kasten waren 12 Flaschen. Die Produktion wird jetzt auf PET-Flaschen mit 1,25 *l* Inhalt umgestellt. Die neuen Kästen enthalten jeweils 8 Flaschen.

**a)** Wie viele Glasflaschen bzw. alte Kästen benötigte man bisher für 21 000 *l* Mineralwasser?

**b)** Wie viele PET-Flaschen bzw. neue Kästen benötigt man jetzt für 21 000 *l* Mineralwasser?

**c)** Welche Menge (in Liter) an Mineralwasser enthalten 1 000 alte bzw. 1 000 neue Kästen?

**10.** Bei einer durchschnittlichen Geschwindigkeit von 80 $\frac{km}{h}$ legt Frau Berger mit dem Auto in 3 h 15 min eine Strecke von 260 km zurück.

**a)** Wie weit fährt sie bei 80 $\frac{km}{h}$ in 4 Stunden?

**b)** Wie lange würde Frau Berger für 260 km mit einer Geschwindigkeit von 90 $\frac{km}{h}$ brauchen?

**11.** Norman benötigte für einen 42 km langen Lauf 2 h 20 min. Warum kann man nicht mit einem Dreisatz-Verfahren berechnen, wie lange Norman für einen Halbmarathon-Lauf von 21 km brauchen wird? Schätze ab. Beschreibe deine Überlegung.

# 2. LINEARE FUNKTIONEN

**E·O·F**
ermöglicht Ihnen günstige Möglichkeiten
**3 €**
Grundgebühr
einschließlich 3 Stunden
**0,02 €**
je weitere Minute

**i-online**
Internet-Tarif für Viel-Surfer
**4 €**
Grundgebühr einschließlich 2 Stunden
0,01 € je weitere Minute

**INTER-CHAT**
Ohne Grundgebühr! Sie zahlen nur für Ihre Zeit im Netz
**0,03 € pro Minute**

**COMPUTER-TIPP vergleicht Internet-Tarife**
Der günstigste Anbieter für Sie auf einen Blick

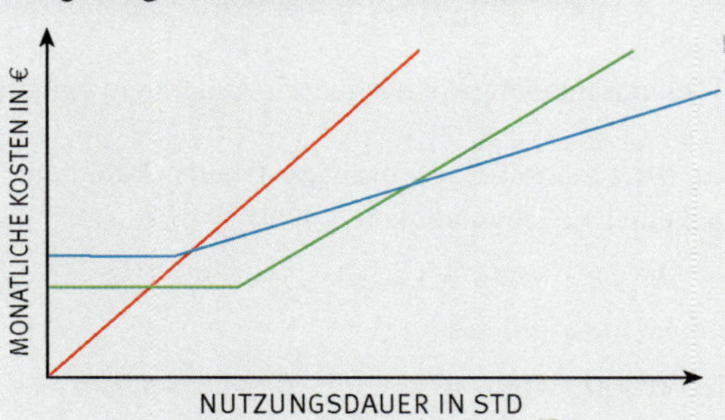


- Überprüfe die Angaben von Computer-Tipp und Net-Praxis für einige Beispiele.

***NET-PRAXIS*** vergleicht

| Dauer \ Provider | E·O·F | i-online | INTER-CHAT |
|---|---|---|---|
| 2h | 3,00 | 4,00 | 3,60 |
| 5h | 5,40 | 5,80 | 9,00 |
| 10h | 11,40 | 8,80 | 18,00 |
| 20h | 23,40 | 14,80 | 36,00 |
| 50h | 59,40 | 32,80 | 90,00 |

In den obigen Beispielen werden die Internet-Gebühren als Tarifangaben in Diagrammen und in Tabellen verglichen. Dies sind zwei Darstellungen für die Zuordnung
*Nutzungsdauer (in h) → Monatliche Kosten (in €).*
In Klasse 6 hast du bereits Zuordnungen betrachtet.
In diesem Kapitel wirst du spezielle Zuordnungen genauer untersuchen. Mit ihnen lassen sich viele Sachprobleme lösen.

# 2.1 Funktionen

## 2.1.1 Funktionen als eindeutige Zuordnungen

**Aufgabe 1**

*Wertetabelle, Graph, Funktionsgleichung*

Frau Siede beabsichtigt ein neues Auto zu kaufen. Drei Modelle sind in der engeren Wahl. Für die Kaufentscheidung ist ihr der Benzinverbrauch dieser Modelle besonders wichtig.

(1) Für das Modell *Rasanti* gibt eine Automobilzeitschrift folgende Tabelle an:

| Geschwindigkeit (in $\frac{\text{km}}{\text{h}}$) | 50 | 70 | 90 | 100 | 120 | 130 | 150 | 170 |
|---|---|---|---|---|---|---|---|---|
| Benzinverbrauch (in *l* pro 100 km) | 6,1 | 6,4 | 7,0 | 7,3 | 8,0 | 8,5 | 10,0 | 12,2 |

(2) Für das Modell *Luna* ist im Prospekt das unten links stehende Diagramm abgebildet.

(3) Für das neue Modell *Cargo* gibt es nur eine Information aus der technischen Anleitung des Autohändlers (siehe unten rechts).

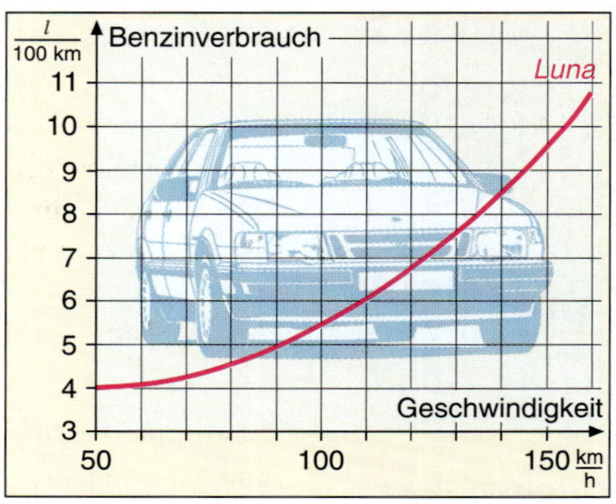


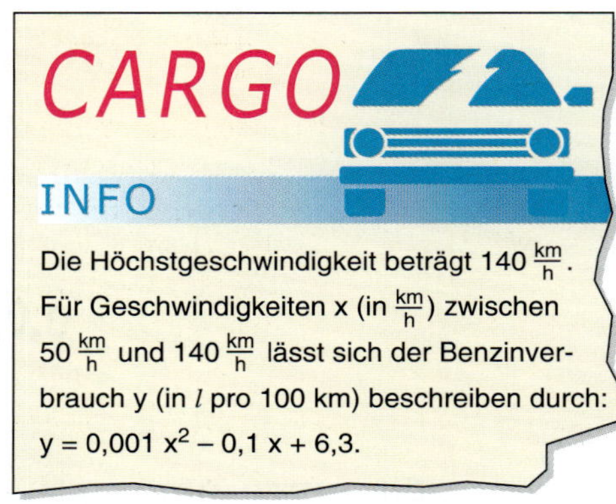


**a)** Stelle den Benzinverbrauch aller drei Modelle in Abhängigkeit von der Geschwindigkeit in einem gemeinsamen Diagramm dar.

**b)** Welche Informationen für die Kaufentscheidung können diesem Diagramm entnommen werden?

**Lösung**

**a)** Für das Modell *Cargo* erstellen wir zunächst eine Zordnungstabelle. Man berechnet den Benzinverbrauch in *l* pro 100 km bei einer Geschwindigkeit von 50 $\frac{\text{km}}{\text{h}}$ bzw. 60 $\frac{\text{km}}{\text{h}}$ wie folgt:

Für 50 $\frac{\text{km}}{\text{h}}$ erhält man: $0{,}001 \cdot 50^2 - 0{,}1 \cdot 50 + 6{,}3 = 2{,}5 - 5 + 6{,}3 = 3{,}8$,
also einen Benzinverbrauch von 3,8 *l* pro 100 km.

Für 60 $\frac{\text{km}}{\text{h}}$ erhält man: $0{,}001 \cdot 60^2 - 0{,}1 \cdot 60 + 6{,}3 = 3{,}6 - 6 + 6{,}3 = 3{,}9$,
also einen Benzinverbrauch von 3,9 *l* pro 100 km.

Ebenso berechnet man den Benzinverbrauch auch bei den anderen Geschwindigkeiten:

| Geschwindigkeit (in $\frac{\text{km}}{\text{h}}$) | 50 | 60 | 70 | 80 | 90 | 100 | 110 | 120 | 130 | 140 |
|---|---|---|---|---|---|---|---|---|---|---|
| Benzinverbrauch (in *l* pro 100 km) | 3,8 | 3,9 | 4,2 | 4,7 | 5,4 | 6,3 | 7,4 | 8,7 | 10,2 | 11,9 |

Größere Zahlen als 140 dürfen in die angegebene Formel nicht eingesetzt werden, da die Höchstgeschwindigkeit des *Cargo* 140 $\frac{\text{km}}{\text{h}}$ beträgt.

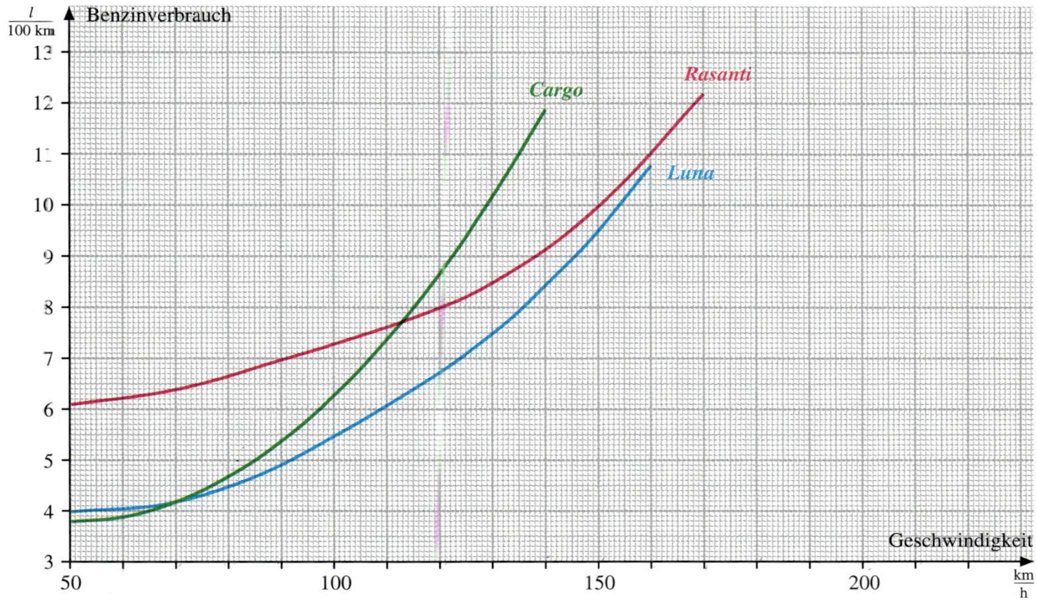


**b)** Den Benzinverbrauch der drei Modelle kann man am Diagramm besonders gut vergleichen. Für kleinere Geschwindigkeiten hat das Modell *Cargo* einen besonders günstigen Benzinverbrauch, der aber mit zunehmender Geschwindigkeit steil ansteigt und ungünstig wird.
Das Modell *Rasanti* hat schon bei kleinen Geschwindigkeiten einen recht hohen Benzinverbrauch, der aber bei hohen Geschwindigkeiten kleiner ist als der des *Cargo*.
Das Modell *Luna* hat bei fast allen Geschwindigkeiten den niedrigsten Benzinverbrauch.

**Aufgabe 2**

*Nicht eindeutige Zuordnung*

Zur Planung von Überholvorgängen von Zügen und um Auswirkungen von Verspätungen abschätzen zu können, hat die Deutsche Bahn einen *grafischen Fahrplan*. Er ordnet jedem Punkt der Fahrstrecke den Zeitpunkt zu, zu dem sich ein bestimmter Zug dort befindet.

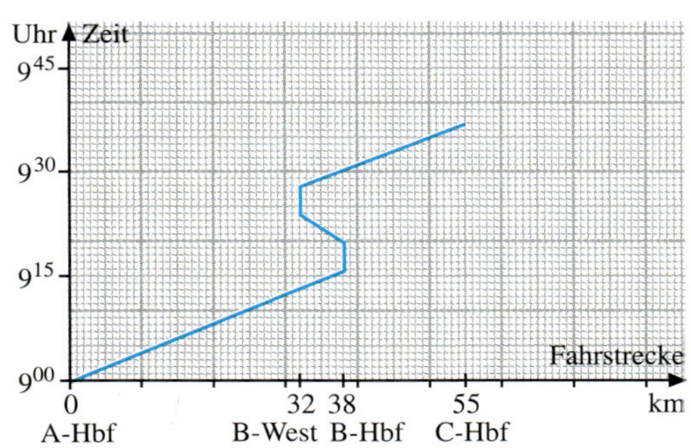


**a)** Entnimm aus dem nebenstehenden grafischen Fahrplan, wie dieser Zug fährt.

**b)** Auf dieser Strecke finden Arbeiten am Gleisunterbau statt. Für die Sicherheit der Arbeiter ist zu bestimmen:
(1) Wann ist der Zug 19 km von A-Hbf entfernt?
(2) Wann ist der Zug 35 km von A-Hbf entfernt?

**Lösung**

**a)** Der Zug fährt um 9.00 Uhr in A-Hbf ab, durchquert B-West ohne dort zu halten und kommt dann um 9.16 Uhr in B-Hbf an. Dort fährt er um 9.20 Uhr ab, zurück nach B-West, wo er um 9.24 Uhr ankommt. Um 9.28 Uhr fährt er weiter nach C-Hbf, wo er um 9.37 Uhr ankommt.

**b)** (1) Der Zug ist um 9.08 Uhr 19 km von A-Hbf entfernt.
(2) Diese Frage lässt sich nicht eindeutig beantworten. Sowohl um 9.15 Uhr als auch um 9.22 Uhr und 9.29 Uhr befindet sich der Zug in 35 km Entfernung von A-Hbf.

**Information**

### (1) Begriff der Funktion – Definitionsbereich – Wertebereich

In Aufgabe 1 wird bei einem Automodell *jeder* Geschwindigkeit *ein ganz bestimmter* Benzinverbrauch zugeordnet, d. h. die Zuordnung *Geschwindigkeit → Benzinverbrauch* ist eindeutig.
Dagegen ist in Aufgabe 2 die Zuordnung *Streckenpunkt → Uhrzeit* nicht eindeutig.
*Eindeutige Zuordnungen* nennen wir in der Mathematik **Funktionen.**
Die Automodelle aus Aufgabe 1 haben unterschiedliche Höchstgeschwindigkeiten: Beim Modell *Cargo* kann nur Geschwindigkeiten bis zu 140 $\frac{km}{h}$ ein Benzinverbrauch zugeordnet werden, beim Modell *Rasanti* dagegen Geschwindigkeiten bis zu 178 $\frac{km}{h}$.
Die Menge der möglichen Ausgangsgrößen bezeichnet man als den *Definitionsbereich* der Funktion. Die Menge aller Funktionswerte nennt man den *Wertebereich.*

**Definition**

Bei einer *eindeutigen Zuordnung* wird *jeder* Zahl (Größe) x aus ihrem **Definitionsbereich** *eine ganz bestimmte* Zahl (Größe) aus ihrem **Wertebereich** zugeordnet. Eine solche Zuordnung heißt **Funktion.** Die einer Zahl x aus dem Definitionsbereich eindeutig zugeordnete Zahl y heißt **Funktionswert** von x oder Funktionswert an der **Stelle** x.

### (2) Mehrere Möglichkeiten zur Angabe einer Funktion

Wenn ein Zuordnungspfeil zwischen der Funktionsvariablen und dem Funktionsterm steht, verwenden wir den Pfeil in der Form $\longmapsto$, z.B.: $x \longmapsto x^2$.

Die Funktionen in Aufgabe 1, die den Benzinverbrauch angeben, haben wir durch ihren *Graphen* bzw. durch ihre *Wertetabelle* beschrieben. Für das Modell *Cargo* gibt es sogar eine *Formel*, mit der sich der Benzinverbrauch y (in *l* pro 100 km) aus der Geschwindigkeit x (in $\frac{km}{h}$) berechnen lässt:

$y = 0{,}001\,x^2 - 0{,}1\,x + 6{,}3$ für x aus dem Definitionsbereich $D = \{x \mid 50 \le x \le 140\}$.

Diese Funktion lässt sich auch angeben durch ihre *Zuordnungsvorschrift:*

$x \mapsto y$ mit $y = 0{,}001\,x^2 - 0{,}1\,x + 6{,}3$; kurz: $x \mapsto 0{,}001\,x^2 - 0{,}1\,x + 6{,}3$.

Der Term $0{,}001\,x^2 - 0{,}1\,x + 6{,}3$, mit dem man die Funktionswerte berechnet, heißt *Funktionsterm.*

Wertetabellen sind hilfreich für das Zeichnen von Graphen.

Statt „Stelle" sagt man auch „Argument".

Eine Funktion kann auf verschiedene Weisen angegeben werden:

- **algebraisch**
  Hierbei wird festgelegt, wie die Funktionswerte berechnet werden. Dies kann erfolgen mithilfe
  (1) einer **Zuordnungsvorschrift** oder
  (2) einer **Funktionsgleichung** oder
  (3) eines **Funktionsterms** oder auch
  (4) **verbal**.

  In jedem Fall muss der Definitionsbereich vereinbart sein, damit bekannt ist, welchen Stellen Funktionswerte zugeordnet werden.
- **tabellarisch**
  In einer **Wertetabelle** werden die Funktionswerte zu bestimmten Stellen notiert.
- **grafisch**
  Die Zuordnung zwischen den Stellen und den Funktionswerten wird durch einen **Graphen** dargestellt.

*Beispiel:* Quadratfunktion
*Definitionsbereich:* $D = \mathbb{Q}$

*Zuordnungsvorschrift:* $x \mapsto x^2$
*Funktionsgleichung:* $y = x^2$
*Funktionsterm:* $x^2$

*verbal:* Jeder Zahl ist ihr Quadrat zugeordnet.

*Wertetabelle:*

| x | y |
|---|---|
| – 2 | 4 |
| – 1 | 1 |
| 0 | 0 |
| 1 | 1 |
| 2 | 4 |

*Graph:*

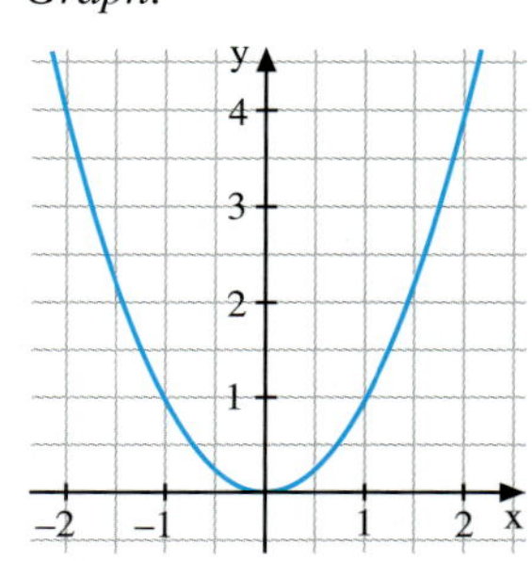


*Wertebereich:* $W = \mathbb{Q}_+$

Division durch null ist nicht definiert!

**(3) Weitere Beispiele für Funktionen**

(1) $y = 2x$
Definitionsbereich $\mathbb{Q}$

(2) $x \mapsto \frac{1}{x}$
Definitionsbereich $\mathbb{Q}\setminus\{0\}$, da für 0 der Nenner 0 wird

(3) $y = \sqrt{x}$
Definitionsbereich $\mathbb{Q}_+$, da $\sqrt{x}$ für $x < 0$ nicht definiert

*Vereinbarung:* Wenn der Definitionsbereich einer Funktion nicht angegeben ist, soll der größtmögliche in $\mathbb{Q}$ genommen werden.

**Weiterführende Aufgaben**

**3.** *Kurzbezeichnungen für Funktionen und Funktionswerte*

**a)** Durch die Zuordnungsvorschrift $x \mapsto x \cdot (4 - x)$ mit dem Definitionsbereich $\mathbb{Q}$ ist eine Funktion angegeben. Wir wollen diese Funktion kurz mit einem Buchstaben, z. B. f, bezeichnen. f ist also der Name der gegebenen Funktion. Die Funktion f hat an der Stelle 1 den Funktionswert 3. Dafür schreibt man kurz:
$f(1) = 3$, gelesen: *f von 1 gleich 3.*

> Funktion f: $x \mapsto x \cdot (4 - x)$
> *Funktionsterm:*
> $f(x) = x \cdot (4 - x)$
> Es gilt:
> $f(1) = 1 \cdot (4 - 1) = 1 \cdot 3 = 3$
> $f(2) = 2 \cdot (4 - 2) = 2 \cdot 2 = 4$

f(x) ist eine Abkürzung für den Funktionsterm.

Entsprechend schreibt man auch für den Funktionsterm einer Funktion f kurz: f(x), gelesen: *f von x.*
Hier ist $x \cdot (4 - x)$ der Funktionsterm, d. h.: $f(x) = x \cdot (4 - x)$
Bestimme die Funktionswerte $f(0)$, $f(3)$, $f(4)$, $f\left(\frac{2}{5}\right)$, $f(4{,}5)$, $f(-7)$, $f(-0{,}5)$, $f\left(-\frac{3}{7}\right)$.

**b)** g soll der Name der Funktion mit der Zuordnungsvorschrift $z \mapsto \frac{z}{z-1}$ und dem Definitionsbereich $\mathbb{Q}\setminus\{1\}$ sein. Gib die Kurzbezeichnung für den Funktionsterm $\frac{z}{z-1}$ an.
Bestimme dann die Funktionswerte $g(2)$, $g(-1)$, $g(0)$, $g\left(\frac{1}{2}\right)$, $g\left(-\frac{1}{2}\right)$, $g(1{,}1)$, $g(-99)$.

**4.** *Nicht jede Gleichung mit zwei Variablen ist eine Funktionsgleichung*

Gegeben ist die Gleichung (1) $y = |x|$; (2) $y = x^2(2 - x)$; (3) $|y| = x$.

**a)** Setze für x rationale Zahlen ein. Welchen Wert bzw. welche Werte musst du dann jeweils für y einsetzen, damit eine wahre Aussage entsteht?
Bei welcher dieser Gleichungen mit zwei Variablen erhält man zu jedem x genau einen Wert für y?
Eine solche Gleichung heißt dann auch *Funktionsgleichung.*

*Funktionsgleichung:* $y = |x|$

| x | y | |
|---|---|---|
| $-1$ | 1 | denn $y = \lvert -1 \rvert = 1$ |
| $-\frac{1}{2}$ | $\frac{1}{2}$ | denn $y = \lvert -\frac{1}{2} \rvert = \frac{1}{2}$ |
| 0 | 0 | denn $y = \lvert 0 \rvert = 0$ |
| $\frac{1}{2}$ | $\frac{1}{2}$ | denn $y = \lvert \frac{1}{2} \rvert = \frac{1}{2}$ |

**b)** Zeichne den Graphen zu den Gleichungen. Wie kann man an den Graphen feststellen, ob die Zuordnung $x \mapsto y$ eindeutig ist? Gib gegebenenfalls den Definitions- und Wertebereich an.

**5.** *Punktprobe*

Eine Funktion f ist gegeben durch ihre Funktionsgleichung:

**a)** $y = 1 + \frac{x}{2}$ **b)** $y = \frac{1}{2}x^2$ **c)** $y = \frac{4}{x}$

Stelle fest, welche der Punkte $P_1(-2|0)$, $P_2(-1|0{,}5)$, $P_3(1|3)$, $P_4(2|2)$, $P_5(4|1)$ und $P_6(4|3)$ zum Graphen der Funktion gehören. Verfahre wie im Beispiel.

> *Funktionsgleichung:* $y = 2x + 1$
> $P_1(4|9)$ gehört zum Graphen von f, denn seine Koordinaten erfüllen die Gleichung $y = 2x + 1$, d. h. die Aussage $9 = 2 \cdot 4 + 1$ ist wahr.
> $P_2(3|8)$ gehört *nicht* zum Graphen von f, denn seine Koordinaten erfüllen *nicht* die Funktionsgleichung $y = 2x + 1$, d. h. die Aussage $8 = 2 \cdot 3 + 1$ ist falsch.

**Übungsaufgaben**

**6.** Beim Aufstieg eines Wetterballons wird mit zunehmender Höhe jeweils die Temperatur gemessen.
Die Abbildung rechts zeigt den Zusammenhang zwischen der Höhe über dem Erdboden und der durchschnittlichen Temperatur.

**a)** Welche Auskunft gibt dir die Abbildung?

**b)** Wie verändert sich die Temperatur mit zunehmender Höhe?

**c)** Lies für verschiedene Höhen die Temperaturen ab. Notiere deine Ergebnisse in einer Wertetabelle.

**d)** Lies für verschiedene Temperaturen die Höhen ab. Erstelle eine Wertetabelle.

**e)** Vergleiche die beiden Zuordnungen *Temperatur → Höhe* und *Höhe → Temperatur*.

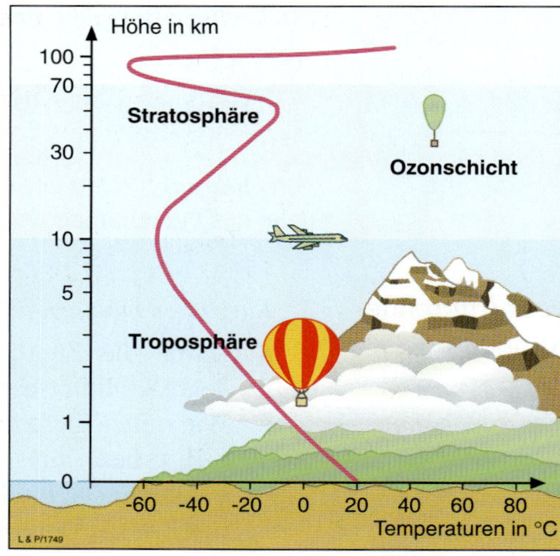

**7.** Es gibt verschiedene Meinungen darüber, wie schwer man bei einer bestimmten Körpergröße sein sollte. Die folgenden Vorschläge beziehen sich auf einen erwachsenen Mann. Vergleiche die Vorschläge.

## Ihr Idealgewicht

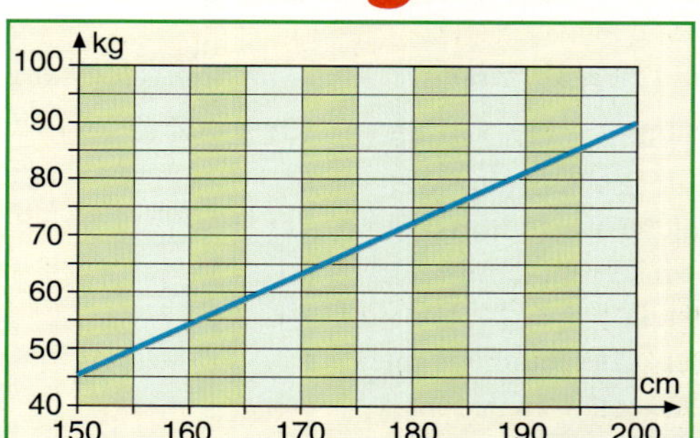


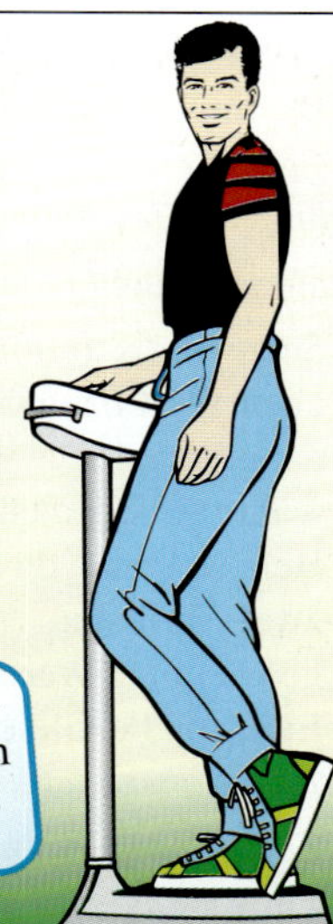

Den **Body-Mass-Index** ermittelt man, indem man das Körpergewicht (in kg) durch das Quadrat der Körpergröße (in m) teilt. Er sollte ungefähr 23 betragen.

L & P / 0862

**Normalgewicht** nach dem Broca-Index

| Größe (in cm) | Gewicht (in kg) |
|---|---|
| 150 | 50 |
| 155 | 55 |
| 160 | 60 |
| 165 | 65 |
| 170 | 70 |
| 175 | 75 |
| 180 | 80 |
| 185 | 85 |
| 190 | 90 |
| 195 | 95 |
| 200 | 100 |

**8.** Ist der Graph ein Funktionsgraph? Begründe.

a) 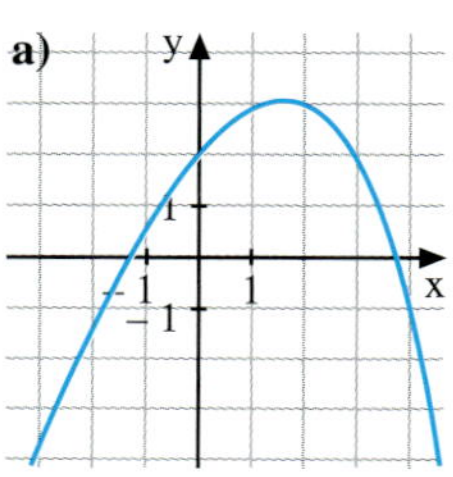

b) 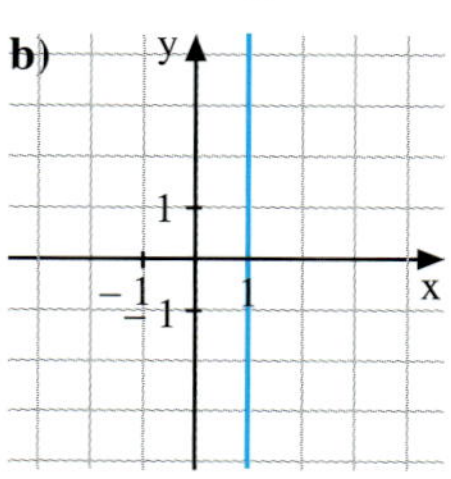

c) 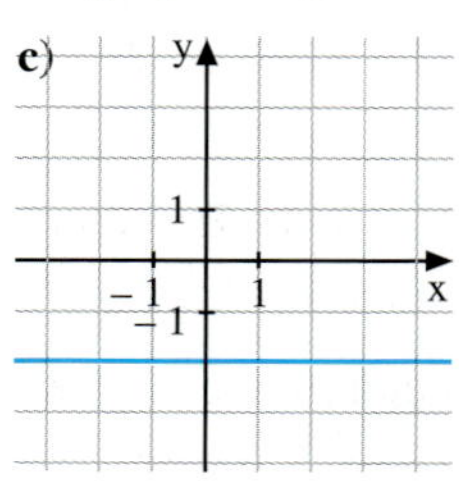

d) 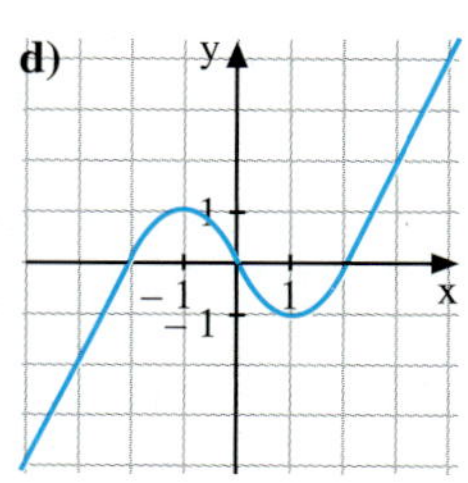

e) 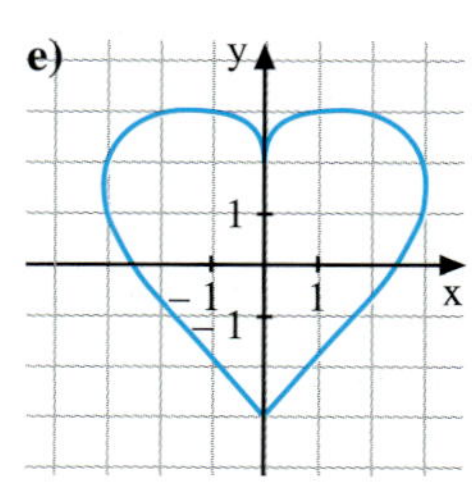

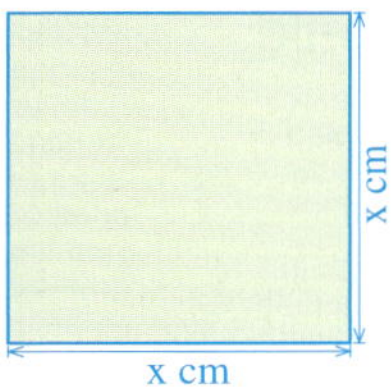


**9.** **a)** Welchen Flächeninhalt hat ein Quadrat mit der Seitenlänge 0,5 cm; 1 cm; 1,5 cm; 2 cm; x cm?
Stelle die Ergebnisse in einer Wertetabelle zusammen. Zeichne den Graphen der Zuordnung *Seitenlänge x (in cm) → Flächeninhalt y (in cm²)*. Wähle dazu auch weitere Seitenlängen.
Was für Zahlen darfst du hier für x einsetzen? Liegt eine Funktion vor?

**b)** Ordne jeder Zahl x ihre Quadratzahl $x^2$ zu. Setze dabei in den Term $x^2$ für x auch negative Zahlen ein. Stelle die Ergebnisse in einer Wertetabelle zusammen und veranschauliche die Zuordnung *Zahl → Quadrat der Zahl* durch einen Graphen im Koordinatensystem.
Ist auch diese Zuordnung eine Funktion?

**10.** Die Flasche eines ätzenden Spezialreinigungsmittels soll einen deutlichen Hinweis auf die Gefährlichkeit tragen. Dieser soll in einem 6 cm² großen Rechteck stehen.
Betrachte die Zuordnung *Rechtecklänge (in cm) → Rechteckbreite (in cm)*.

**a)** Erstelle eine Formel, mit der man die Werte für die Breite unmittelbar aus denen für die Länge berechnen kann. Liegt eine Funktion vor?

**b)** Lege mithilfe dieser Formel eine Wertetabelle an und zeichne den Graphen.

**11.** Liegt eine Funktion mit dem Definitionsbereich $\mathbb{N}^*$ vor? Zeichne auch den Graphen.

**a)** *Zahl → Quersumme der Zahl*

**b)** *Zahl → Teiler der Zahl*

**c)** *Zahl → Anzahl der Teiler der Zahl*

**d)** *Zahl → Vielfaches der Zahl*

| x | y |
|---|---|
| –3 | |
| –2 | |

**12.** Setze in die Funktionsgleichung **a)** $y = 2x - 1$, **b)** $y = x^2 - 2$, **c)** $y = x \cdot (2 + x)$ für x der Reihe nach $-3, -2, -1, 0, 1, \ldots, 8$ ein. Bestimme die zugehörigen Werte für y. Stelle die Wertepaare zu einer Wertetabelle zusammen und zeichne den Graphen.

**13.** Zeichne den Graphen der Funktion. Für welche Argumente hat die Funktion den Wert 0?
Gib auch den Wertebereich der Funktion an.

**a)** $y = |x|$ **b)** $y = 2 \cdot |x|$ **c)** $y = |x| - 2$ **d)** $y = |x - 2|$ **e)** $y = x \cdot |x|$

**14.** Eine Funktion f ist gegeben durch den Funktionsterm:

**a)** $f(x) = 4x$ **b)** $f(x) = 1 + \frac{1}{2}x$ **c)** $f(x) = -x^2$ **d)** $f(z) = (1 - z)^2$

(1) Zeichne den Graphen von f mithilfe einer Wertetabelle.

(2) Lies aus dem Graphen ab: $f(0{,}4)$; $f\left(-\frac{4}{5}\right)$; $f(1{,}5)$; $f(-1{,}5)$. Kontrolliere rechnerisch.

**15.** Welche der Punkte $P_1\,(8|0)$, $P_2\,(0|0)$, $P_3\,(-5|2)$, $P_4\,(-2|5)$, $P_5\,(0|5)$, $P_6\,(2|3)$ und $P_7\,(-1|4)$ liegen auf dem Graphen zu $y = -\frac{2}{5}x$ $[y = 5 - x^2]$?

**16.** Erstelle eine Wertetabelle für die Funktion. Gib den Definitionsbereich und den Wertebereich an.

**a)** Beim Wurf eines Würfels wird jedem Ergebnis die Wahrscheinlichkeit zugeordnet.

**b)** Beim doppelten Wurf eines Würfels wird jeder möglichen Augensumme ihre Wahrscheinlichkeit zugeordnet.

Die Variable muss nicht immer x heißen.

**17.** Eine Funktion ist gegeben durch die Zuordnungsvorschrift:

**a)** $x \mapsto x^2$ **b)** $z \mapsto 100z^2$ **c)** $r \mapsto \frac{r^2}{4}$ **d)** $x \mapsto (x - 1)^2$

Welchen Wert hat die Funktion für die Argumente 0,5; 1,2; –1,2; 3; –3; 3,5; –3,5?
Für welche Argumente nimmt die Funktion den Wert 4 [2,25; 0,64; 1,96] an?

## 2.1.2 Beschreiben des Verlaufs eines Funktionsgraphen – Monotonie

**Aufgabe 1**

*Beschreibung einer grafischen Darstellung*

In einer Wetterwarte wurde für den Verlauf eines Tages die Lufttemperatur in Form des abgebildeten Graphen aufgezeichnet.
Beschreibe anhand der Aufzeichnung die Temperaturänderungen. Lies auch die höchste und die tiefste Temperatur ab.

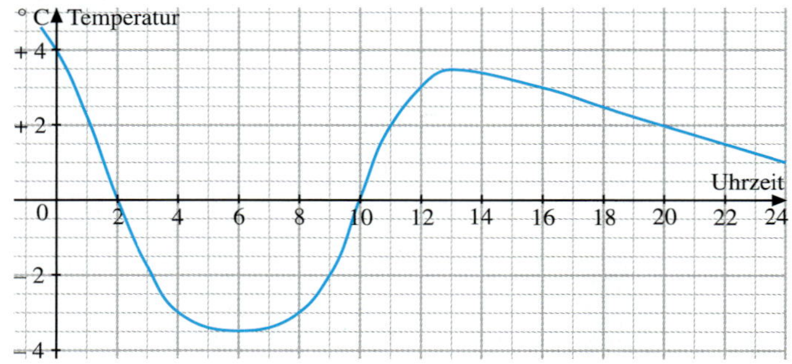


**Lösung**

Um 0 Uhr beträgt die Temperatur + 4° C. Die Temperatur sinkt bis 2 Uhr auf 0° C ab. Bis 4 Uhr fällt die Temperatur weiter stark ab bis auf – 3° C. Bis 6 Uhr sinkt die Temperatur langsam weiter auf den Tagestiefstwert von – 3,5° C.
Ab 6 Uhr steigt die Temperatur zunächst langsam, dann stärker an. Um 10 Uhr beträgt die Temperatur wieder 0° C. Bis 12 Uhr steigt die Temperatur weiter bis auf + 3° C an.
Von 12 Uhr bis 13 Uhr steigt die Temperatur nochmals langsam auf den Höchstwert + 3,5° C. Von 13 Uhr an sinkt die Temperatur gleichmäßig bis 24 Uhr auf + 1° C.

**Information**

**Eigenschaften von Funktionsgraphen**

In der Mathematik ist es üblich, den Verlauf von Funktionsgraphen zu beschreiben.
Wie bei der Temperaturkurve oben betrachten wir den Graphen *von links nach rechts*, also in Richtung wachsender x-Werte, und sagen: Der **Graph steigt** oder **fällt**.
Bei den Höchst- und Tiefstwerten sprechen wir von Extrempunkten und unterscheiden **Hochpunkte** und **Tiefpunkte**. Ein Graph kann auch mehrere Hochpunkte oder Tiefpunkte haben.

**Weiterführende Aufgabe**

**2.** *Verhalten der Funktionswerte bei wachsenden x-Werten*

Gegeben ist die Funktionsgleichung (1) $y = x^2 - 4x + 3$; (2) $y = x^3 + 2$.

**a)** Erstelle eine Wertetabelle und zeichne den Graphen der Funktion.

**b)** Untersuche, in welchem Bereich der Graph steigt, in welchem er fällt. Beschreibe, wie sich im jeweiligen Bereich die Funktionswerte bei wachsenden x-Werten verhalten.

**c)** Liegt ein Hochpunkt, ein Tiefpunkt vor? Gib gegebenenfalls die Koordinaten an. Notiere auch die Schnittpunkte mit den Achsen.

**Information**

**(1) Monotonie**

Eine Funktion heißt **monoton steigend**, wenn mit wachsenden x-Werten auch die Funktionswerte wachsen.
Eine Funktion heißt **monoton fallend**, wenn mit wachsenden x-Werten die Funktionswerte fallen.

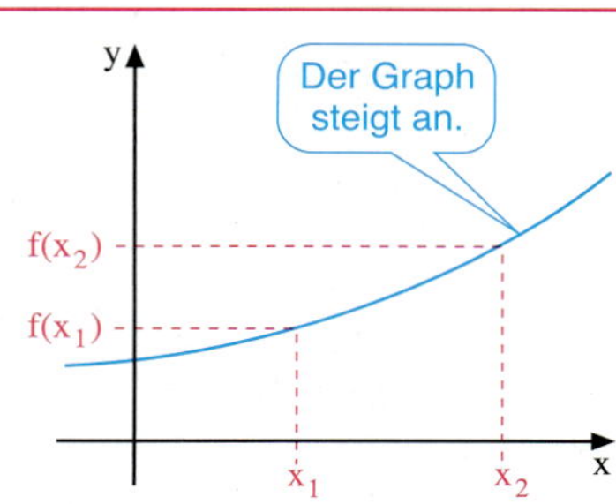


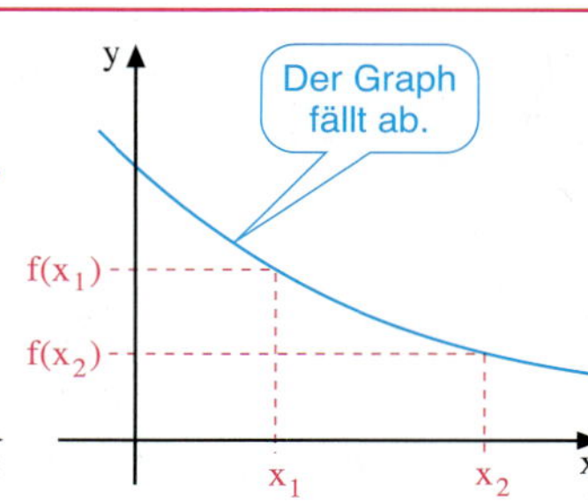

### (2) Eigenschaften einer Funktion

Die **Eigenschaften einer Funktion** können anhand des Graphen beschrieben werden durch

- die Angabe, ob der Graph steigt oder fällt;
- Hochpunkte und Tiefpunkte (Extrempunkte);
- Schnittpunkte mit den Koordinatenachsen.

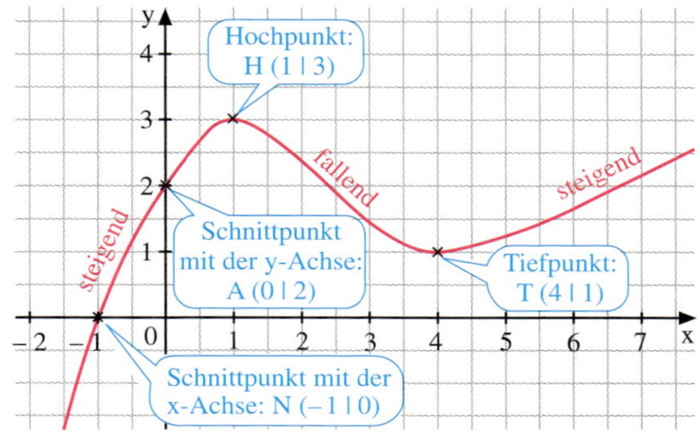


**Übungsaufgaben**

**3.** Lies aus dem Graphen die Eigenschaften der Funktion ab.

**a)** $y = x^3 - 3x^2$

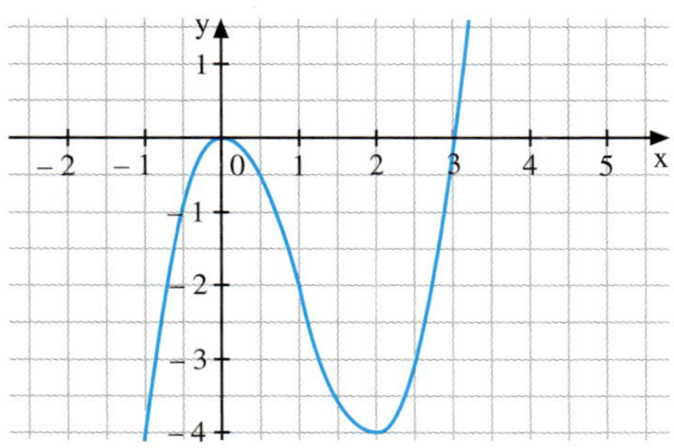

**b)** $y = \frac{x^2 - 9}{x^2 + 3}$

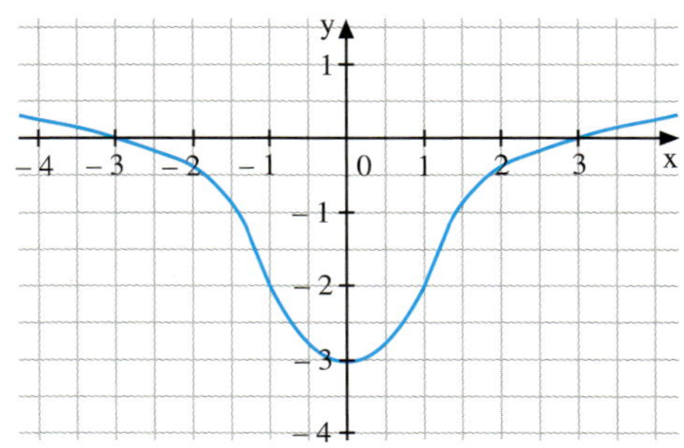

**4.** Skizziere den Graphen einer Funktion mit folgenden Eigenschaften:

**a)** Für $x < 0$ und $x > 3$ steigt, für $0 < x < 3$ fällt der Graph. Der Hochpunkt ist $H(0|4)$, der Tiefpunkt $T(3|2)$. Der Graph schneidet die x-Achse bei – 3.

**b)** Der Graph besitzt zwei Tiefpunkte $T_1(-3|1)$ und $T_2(1|1)$. $H(-1|4)$ ist ein Hochpunkt.

**5.** Während eines Fluges wurden die Daten eines Höhenmessers aufgezeichnet. Die Abbildung zeigt einen Ausschnitt. Beschreibe den Verlauf des Fluges.

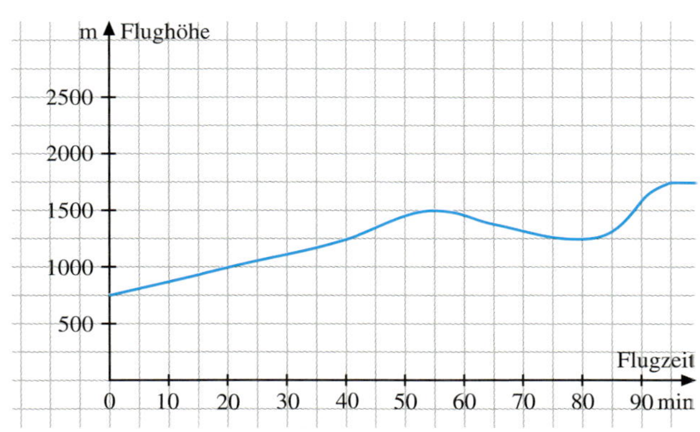


**6.** Untersuche die Funktion. Gib den größtmöglichsten Definitionsbereich an. Erstelle eine Wertetabelle und zeichne den Graphen. Notiere die Eigenschaften der Funktion. Beschreibe den Verlauf des Graphen in der Nähe der Definitionslücke.

**a)** $y = \frac{x}{2 - x}$  **b)** $f(x) = \frac{4 - x^2}{2 + x}$  **c)** $f(x) = \frac{x - 3}{x - 2}$

Die Funktion $f(x) = \frac{x}{2-x}$ ist für $x = 2$ nicht definiert, da der Nenner Null wird. Die Funktion f hat an der Stelle $x = 2$ eine Definitionslücke.

# Im Blickpunkt

## Graphen zeichnen mit Computer und GTR

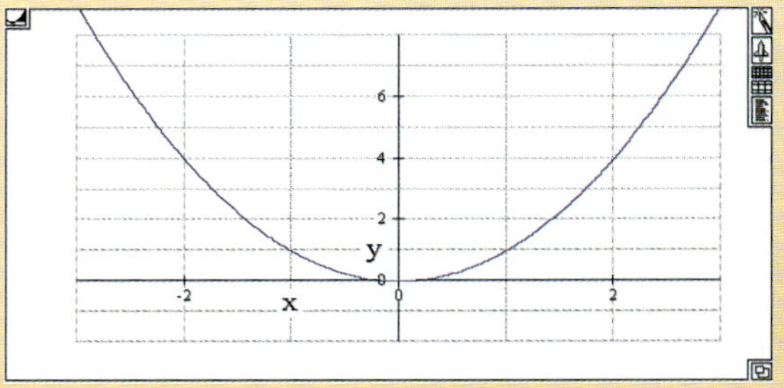

**plot** ⟨engl.⟩
math.: (Kurve) aufzeichnen

Das Zeichnen von Graphen mithilfe von Wertetabellen kann mühsam und zeitaufwändig sein. Spezielle Computerprogramme und grafikfähige Taschenrechner (GTR) erledigen dies sehr schnell. Man bezeichnet den so angefertigten Graphen auch als **Plot**, den Vorgang als Plotten. Ein solches Programm befindet sich auch auf der CD „Mathematik interaktiv", die Band 7 beigefügt war.

**window** ⟨engl.⟩
Fenster

**1.** Der Bereich, in dem der Graph gezeichnet werden soll, kann beim GTR mithilfe des Befehls **WINDOW** festgelegt werden.
Am einfachsten ist es, zu einer gegebenen Gleichung den Graphen zu zeichnen. Die Eingabe der Gleichung erfolgt beim GTR über die Taste **Y =**, das Zeichnen mit dem Befehl **Graph**. Probiere das bei einem Computerprogramm oder GTR .

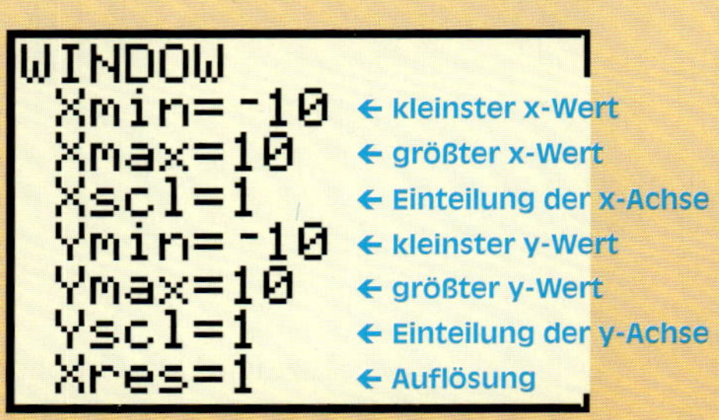


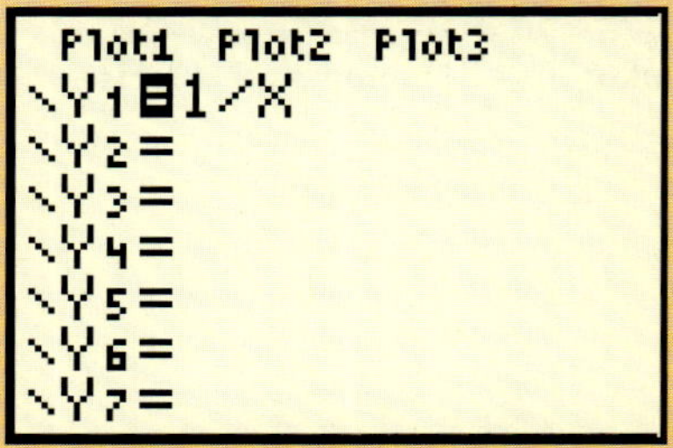


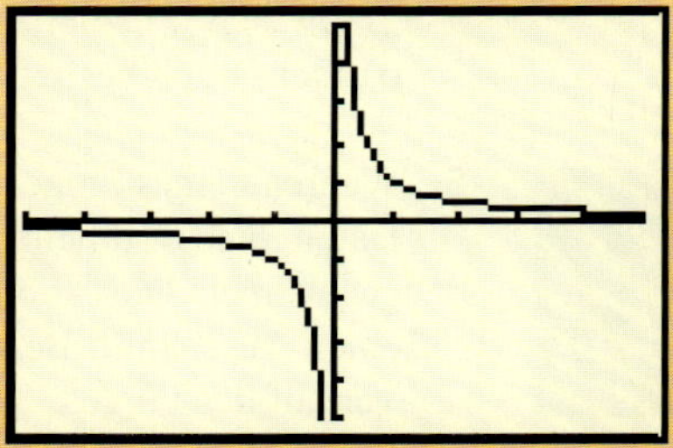

**trace** ⟨engl.⟩
1. Spur
2. ausfindig machen, aufspüren

**2.** Mithilfe des Befehls **TRACE** kannst du einzelne Wertepaare ablesen.

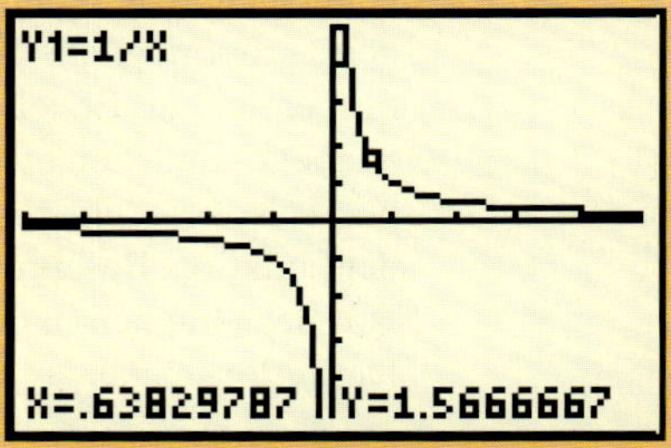

**3.** Der Verlauf des Graphen mit der Funktionsgleichung $y = \frac{1}{x}$ lässt sich in der Nähe der y-Achse nicht so gut erkennen. Du kannst ein anderes Fenster mithilfe des Befehls **WINDOW** eingeben.
Eine andere Möglichkeit ist das Verwenden des Befehls **ZOOM**.
Probiere diese Möglichkeit bei einem GTR aus.

**zoom** ⟨**engl.**⟩ nah herangehen, heranholen

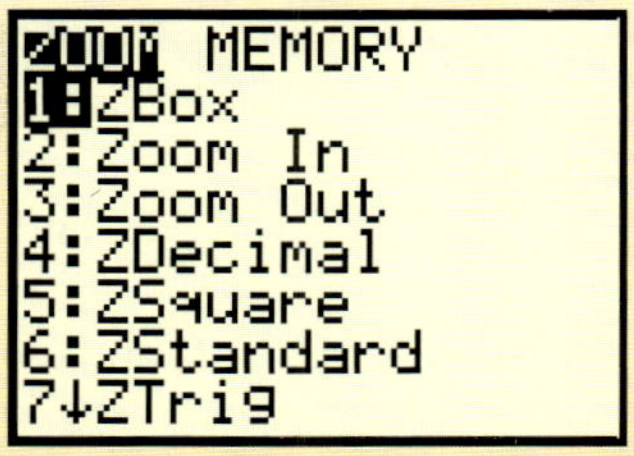


**4.** Auch GTR und Computerprogramme erstellen eine Wertetabelle. Du kannst sie mithilfe des Befehls **TABLE** ablesen. Mit dem Befehl **TBLSET** kannst du Vorgaben für das Anlegen der Wertetabelle machen. Probiere das aus.

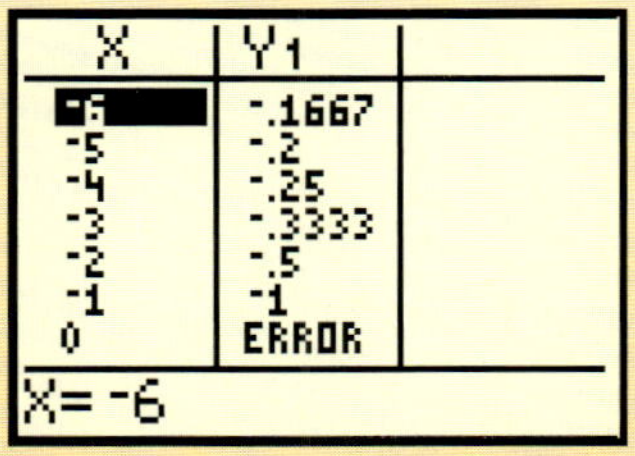


**5.** Du kannst auch mehrere Graphen in ein gemeinsames Koordinatensystem zeichnen, wenn du nicht nur bei $Y_1$ im **Y =** -Menü Gleichungen angibst, sondern auch bei $Y_2$, …
Probiere das aus.

**6.** Auch wenn du keine Gleichung zur Verfügung hast, sondern nur einzelne Punkte kennst, kannst du mithilfe des Befehls **STAT** den dazugehörigen Graphen plotten lassen.

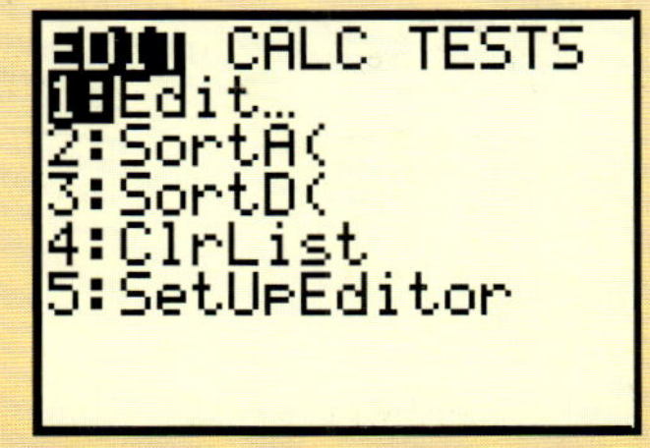


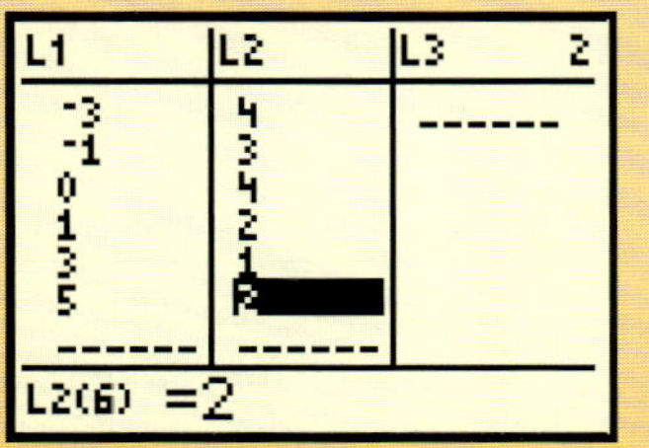


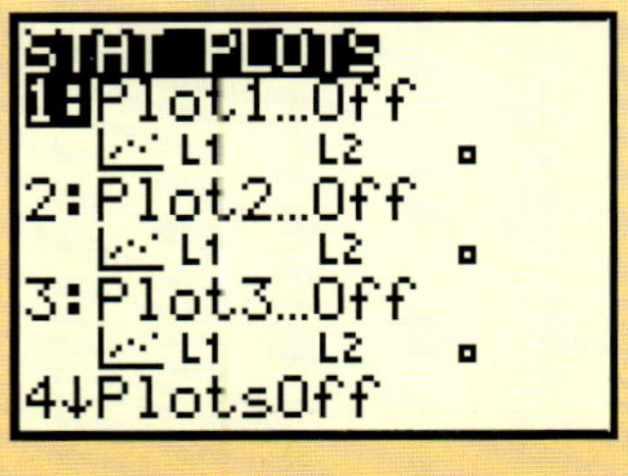


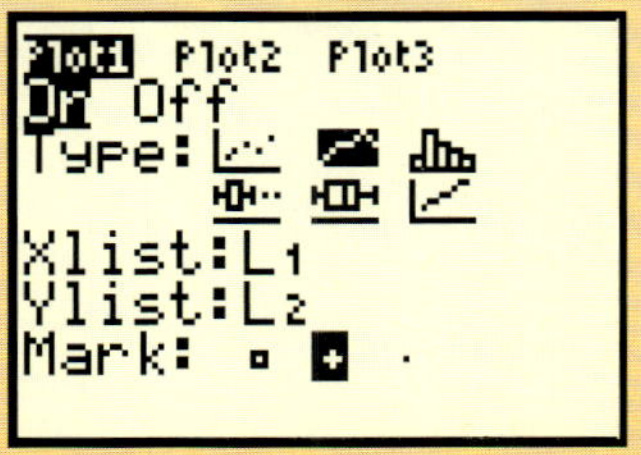


Beim Typ des Graphen kannst du z. B. auswählen, ob einzelne Punkte gezeichnet werden sollen und mit welchem Symbol. Du kannst die Punkte auch verbinden lassen oder ein Säulendiagramm zeichnen. Probiere die verschiedenen Möglichkeiten aus.

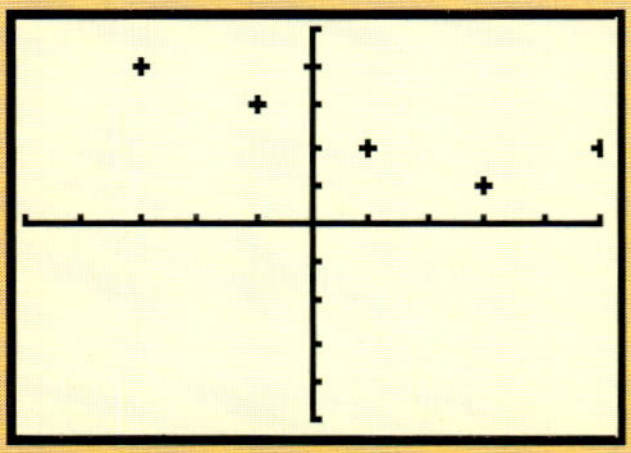

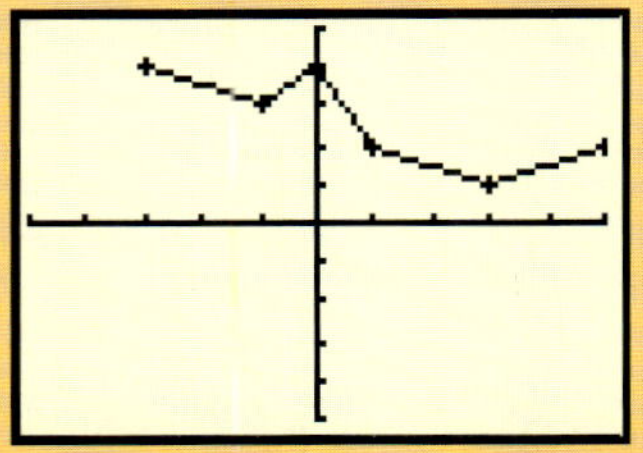

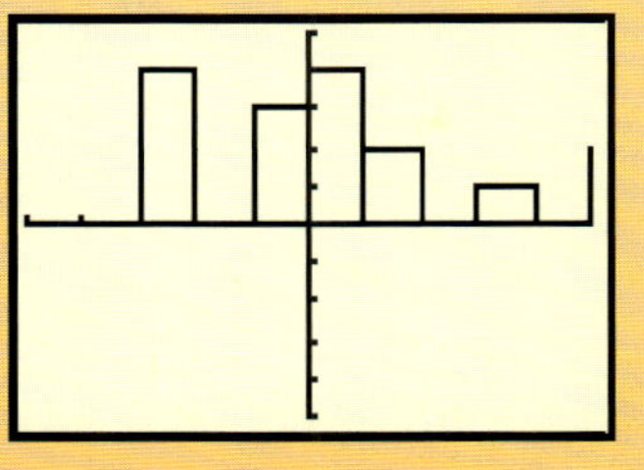

**Spiel für 2 Personen**

**7.** *Partnerarbeit:* Ein Spieler denkt sich eine einfache Gleichung für einen Graphen aus und erstellt dazu im Kopf eine kleine Wertetabelle. Diese gibt er mit **STAT** in den GTR ein und lässt den Graphen zeichnen. Der Partner gibt im **Y =** -Menü die von ihm vermutete Gleichung ein und lässt den Graphen zeichnen. Es wird die Anzahl der Versuche gezählt, bis er die richtige Gleichung findet. Danach wird gewechselt.

## 2.2 Lineare Funktionen

### 2.2.1 Lineare Funktionen der Form y = m · x

**Aufgabe 1**

**a)** Notiere den Preis für 2 kg, 3 kg, 4 kg, 12 kg, x kg Äpfel in einer Wertetabelle für die Funktion *Masse x (in kg) → Preis y (in €)*. Erstelle die Funktionsgleichung. Zeichne den Graphen und beschreibe ihn. Wie ändert sich der Preis, wenn man die Masse verdoppelt [verdreifacht]? Wie verhalten sich Masse und Preis zueinander?

**b)** Verwende nun die gleiche Funktionsvorschrift wie in Teilaufgabe a). Wähle aber als Definitionsbereich $\mathbb{Q}$, d. h. auch negative Ausgangswerte sind möglich. Vergleiche den Graph mit dem aus Teil a). Wie ändert sich der Wert für y, wenn man den Wert für x verdoppelt [verdreifacht]?

**Lösung**

**a)** Das Preisschild „1,25 € pro kg" gibt eine Funktion *verbal* an.

*Wertetabelle:*

| Masse (in kg) | Preis (in €) |
|---|---|
| 1 | 1,25 |
| 2 | 2,50 |
| 3 | 3,75 |
| 4 | 5,00 |
| ⋮ | ⋮ |
| 12 | 15,00 |
| ⋮ | ⋮ |
| x | 1,25 · x |

*Graph:*

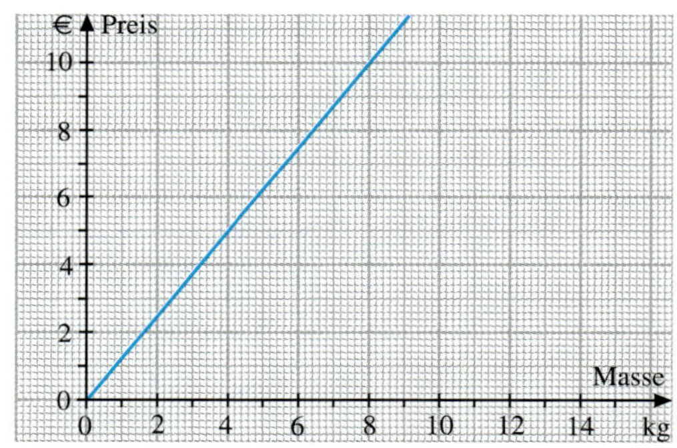


*Funktionsgleichung:*
$y = 1{,}25 \cdot x$

Der Graph ist *geradlinig*. Er ist ein Strahl, der im Koordinatenursprung beginnt.

Wenn man die Masse verdoppelt [verdreifacht], wird auch der Preis verdoppelt [verdreifacht]. Der Preis ist also proportional zur Masse.

**b)**

| x | 1,25 · x |
|---|---|
| 3 | 3,75 |
| 2 | 2,5 |
| 1 | 1,25 |
| 0 | 0 |
| – 1 | – 1,25 |
| – 2 | – 2,5 |
| – 3 | – 3,75 |

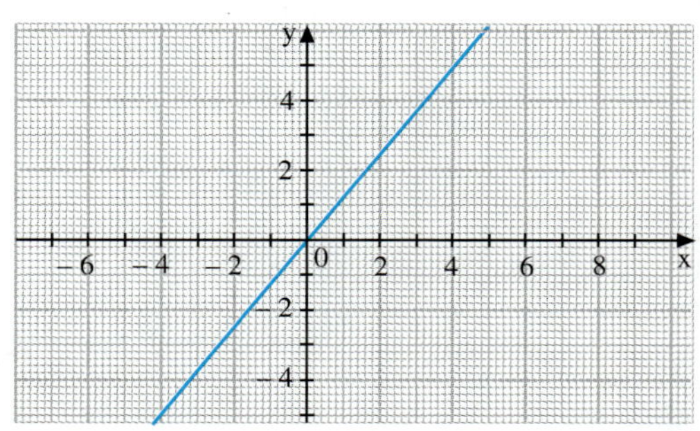


Der Graph ist eine Gerade *durch den Koordinatenursprung.*

Wenn man den Wert für x verdoppelt [verdreifacht], wird auch der Funktionswert y verdoppelt [verdreifacht]. Funktionen mit dieser Eigenschaft nennt man auch (direkt) *proportionale Funktionen.*

## Information

Direkt proportionale Zuordnungen sind spezielle lineare Funktionen.

### (1) Lineare Funktionen

Funktionen mit der Gleichung $y = m \cdot x$ sind Beispiele für **lineare Funktionen.**
Ihr größtmöglicher Definitionsbereich ist $\mathbb{Q}$.
Die Graphen linearer Funktionen sind Geraden.

### (2) Proportionalität von Argumenten und Funktionswerten bei Funktionen der Form $y = m \cdot x$

An dem Beispiel aus der Aufgabe 1 haben wir gesehen:

Bei Funktionen der Form $y = m \cdot x$ gilt:
Verdoppelt, verdreifacht, vervierfacht, … man einen x-Wert, so verdoppelt, verdreifacht, vervierfacht, … sich auch der zugehörige y-Wert.
Die x- und y-Werte sind direkt proportional zueinander.

*Beweis:* Setzt man in den Funktionsterm $f(x) = m \cdot x$ statt x als Ausgangswert 2x ein, so erhält man den Funktionswert f(2x). Es gilt:

$f(2x) = m \cdot (2x) = 2 \cdot (mx) = 2 \cdot f(x)$.
f(2x) ist also doppelt so groß wie f(x).

Entsprechendes gilt für andere Vielfache.

### (3) Graph einer Funktion der Form $y = m \cdot x$

In Aufgabe 1b) haben wir den Graphen zu der Funktion f mit dem Term $f(x) = 1{,}25 \cdot x$ und dem Definitionsbereich $\mathbb{Q}$ betrachtet.
Vergrößert man hier einen Ausgangswert x um 1, so nimmt der Funktionswert um 1,25 zu, denn:

$$\begin{aligned} f(x+1) &= 1{,}25\,(x+1) \\ &= 1{,}25x + 1{,}25 \\ &= f(x) + 1{,}25 \end{aligned}$$

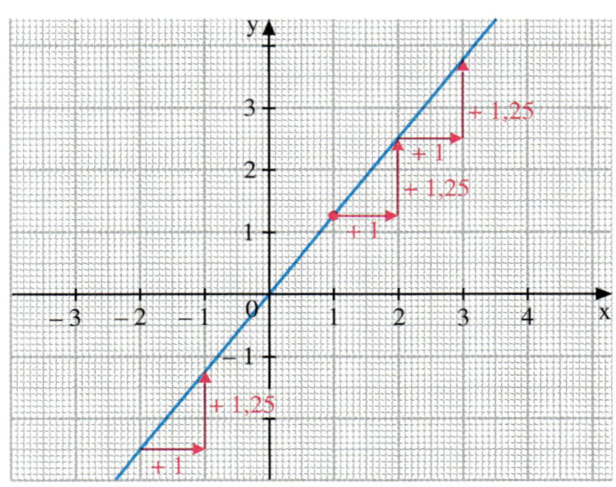


Malpunkte darf man weglassen, wenn keine Missverständnisse möglich sind:
$5x = 5 \cdot x$

Das bedeutet: Wenn man von einem Punkt des Graphen um 1 nach rechts und dann um 1,25 nach oben geht, erreicht man wieder einen Punkt des Graphen.
Auf dem Graph geht man dabei stets in der gleichen Richtung. Der Graph ist geradlinig.

Der Graph einer linearen Funktion der Form $y = m \cdot x$ ist eine Gerade durch den Koordinatenursprung.

*Beispiel:* $y = \frac{1}{2}x$

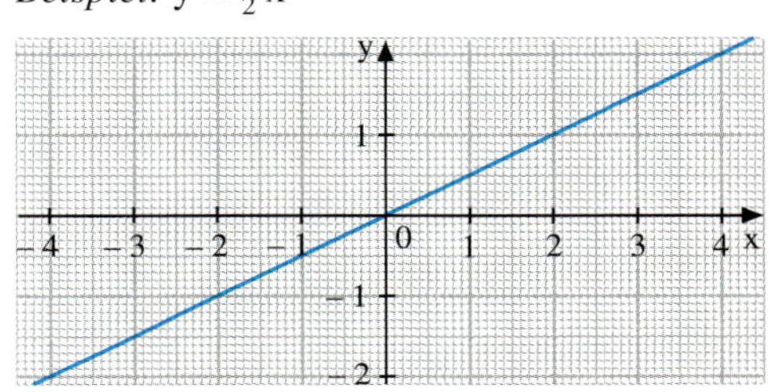

**Weiterführende Aufgaben**

**2.** *Lineare Funktionen mit der Funktionsgleichung y = mx und negativen Werten für m*

Die Funktion f hat $\mathbb{Q}$ als Definitionsbereich und die Funktionsgleichung:

**a)** $y = -1{,}25\,x$  **b)** $y = -3x$  **c)** $y = -x$  **d)** $y = mx$ mit $m = -\frac{3}{4}$

Zeichne den Graphen. Überlege, wie viele Punkte du dazu mindestens benötigst.
Untersuche, ob auch hier gilt:
Wenn man das Argument x verdoppelt, so verdoppelt sich auch der Funktionswert von x.

**3.** *Quotientengleichheit*

**a)** Annettes Mutter hat in der letzten Zeit ihre Ausgaben für Benzin in einer Tabelle notiert.

(1) Hat sich der Benzinpreis geändert?

(2) Was folgt aus dem Ergebnis von (1) für die Funktion *Benzinvolumen (in l) → Preis (in €)*?

| Benzinmenge (in l) | Preis (in €) |
|---|---|
| 20 | 22,00 |
| 27 | 29,70 |
| 41 | 45,10 |
| 26 | 28,60 |

**b)** Die Funktion hat die Funktionsgleichung:

(1) $y = 1{,}8\,x$

| x | y | y : x |
|---|---|---|
| 2 | 3,6 | 1,8 |
| – 5 | – 9 | |

(2) $y = -0{,}4\,x$

| x | y | y : x |
|---|---|---|
| 5 | – 2 | – 0,4 |
| – 4 | 1,6 | |

Ergänze die Tabelle durch weitere Zahlenpaare für x und y. Was stellst du fest? Begründe.
Für welches Zahlenpaar kannst du die dritte Spalte nicht ausfüllen? Woran liegt das?

**Quotientengleichheit**

Bei einer Funktion mit der Gleichung $y = mx$ gilt:

Der Quotient y : x ist immer der gleiche, denn $\frac{y}{x} = \frac{mx}{x} = m$. Dabei muss man $x = 0$ ausschließen, da man durch 0 nicht dividieren kann.

**Übungsaufgaben**

**4.** Auf einem Markt werden Erdnüsse lose verkauft.

**a)** Stelle die Funktion *Masse (in kg) → Preis (in €)* durch einen Graphen dar. Stelle dazu eine Wertetabelle auf. Notiere auch die Funktionsgleichung.

**b)** Verwende die gleiche Funktionsgleichung wie bei Teilaufgabe a) und zeichne den Graphen.
Vergleiche ihn mit dem Graphen aus Teilaufgabe a).

**5.** Ein leeres Gefäß wird mit Wasser gefüllt. In jeder Minute fließen 3 Liter [1,2 Liter] Wasser in das Gefäß.

**a)** Zeichne den Graphen der Funktion *Zeit (in min) → Wasservolumen (in l)*. Lege eine Wertetabelle an; notiere auch die Funktionsgleichung.

**b)** Das Gefäß ist quaderförmig, 3 dm lang, 2 dm breit. Gib Wertetabelle, Graph und Funktionsgleichung für die Funktion *Zeit (in min) → Wasserhöhe (in dm)* an.

**6.** Beim Schlussverkauf setzt ein Händler alle Preise um 20 % herab. Stelle mithilfe einer Wertetabelle die Funktion grafisch dar. Notiere die Funktionsgleichung und den Funktionsterm.

**a)** *alter Preis → Preisnachlass* **b)** *alter Preis → neuer Preis*

**7.** Die Funktion f hat den Funktionsterm:

**a)** $f(x) = 2{,}5x$ **b)** $f(x) = -4x$ **c)** $f(x) = -0{,}6x$ **d)** $g(z) = \frac{z}{10}$ **e)** $h(t) = \frac{5}{2}t$

(1) Notiere die Funktionsgleichung und zeichne den Graphen.

(2) Welcher der Punkte $P_1(-1|\frac{3}{5})$, $P_2(10|4)$, $P_3(-2|-5)$, $P_4(10|1)$, $P_5(\frac{1}{2}|-2)$ liegt auf dem Graphen?

(3) Die folgenden Punkte liegen auf dem Graphen. Bestimme die fehlende Koordinate.
$P_1(2|\square)$; $P_2(-1|\square)$; $P_3(\square|6)$; $P_4(\square|-3)$

(4) Für welche Argumente nimmt die Funktion den Wert 100 [−10; 0,1; $-\frac{1}{2}$] an?

**8.** In einem Lehrbuch für Fahrschüler sind Faustregeln für die beiden Funktionen *Geschwindigkeit → Reaktionsweg* und *Geschwindigkeit → Bremsweg* angegeben.

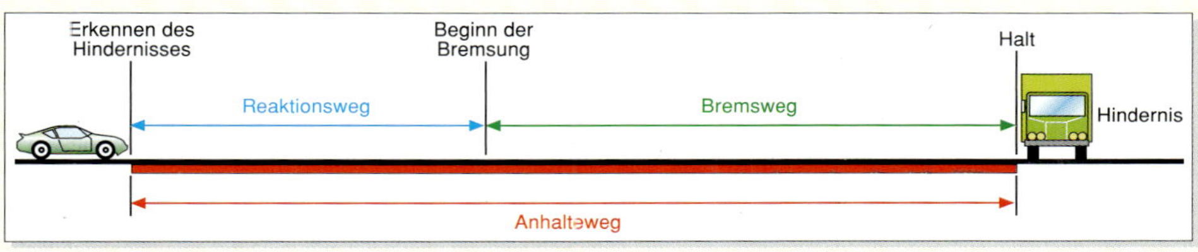


**Der Reaktionsweg**
Vom Sehen eines Hindernisses bis zum Niedertreten des Bremspedals legt das Fahrzeug einen bestimmten Weg zurück. Dieser Weg wird Reaktionsweg genannt. Für seine Länge gilt die Faustregel:

Reaktionsweg in m = (Geschwindigkeit in $\frac{km}{h}$ : 10) mal 3

**Der Bremsweg**
Vom Niedertreten des Bremspedals bis zum Stillstand des Fahrzeugs legt das Fahrzeug einen bestimmten Weg zurück. Dieser Weg wird Bremsweg genannt. Für seine Länge gilt die Faustregel:

Bremsweg in m = (Geschwindigkeit in $\frac{km}{h}$ : 10) mal (Geschwindigkeit in $\frac{km}{h}$ : 10)

Betrachte die Geschwindigkeiten $10\,\frac{km}{h}$, $20\,\frac{km}{h}$, …, $100\,\frac{km}{h}$.
Untersuche beide Funktionen auf Proportionalität.

**9.** Erstelle für den Reaktionsweg und den Bremsweg aus Aufgabe 8 jeweils eine Funktionsgleichung.

**a)** Gib die Funktionsgleichung in einen GTR ein. Stelle den Graphen der Funktion dar.

**b)** Vergleiche beide Graphen.

**10.** Ergänze die Tabelle so, dass diese zu einer Funktion der Form $y = mx$ gehört. Gib auch die Funktionsgleichung an.

**a)**

| x | y |
|---|---|
| – 2 | 6 |
| 1 | |
| 4 | |

**b)**

| x | y |
|---|---|
| 0,5 | |
| | – 6 |
| – 2 | – 1 |

**c)**

| x | y |
|---|---|
| 2,4 | 3,6 |
| 0 | |
| | – 2 |

**d)**

| x | y |
|---|---|
| – 0,1 | |
| | 0 |
| 1 | – 0,1 |

**e)**

| x | y |
|---|---|
| | – 10 |
| | – 0,5 |
| – 3 | – 7,5 |

**11.** Erstelle eine Wertetabelle für eine Funktion der Form $y = mx$. Erstelle auch eine Wertetabelle, die nicht zu einer Funktion mit der Gleichung $y = mx$ gehören kann.
Beschreibe, worauf du geachtet hast.

**12.** Beim Darstellen eines Graphen mit dem GTR ergab sich das nebenstehende Bild.
Beschreibe zwei Möglichkeiten, wie du mit dem GTR nachprüfen kannst, ob eine Funktion der Form $y = mx$ vorliegt oder nicht.

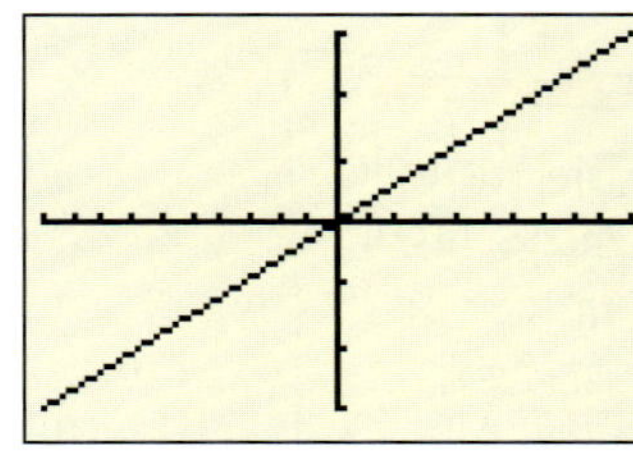

**13.** Du kannst von Hand oder mit dem GTR arbeiten.

**a)** Berechne 5 % von 10 €; 20 €; 30 €; …; 100 €.
Lege eine Tabelle an.

**b)** Wie verändert sich der Prozentwert W (bei festem Prozentsatz p % = 5 %), wenn man den Grundwert verdoppelt, verdreifacht, …?
Gib auch die Funktionsgleichung an; benenne die Variablen sinnvoll.

**c)** Zeichne den Graphen der Funktion *Grundwert → Prozentwert* (bei festem Prozentsatz p % = 5 %).
Um was für eine Funktion handelt es sich? Begründe.

## 2.2.2 Anstieg, Anstiegsdreieck

**Einführung**

(1)

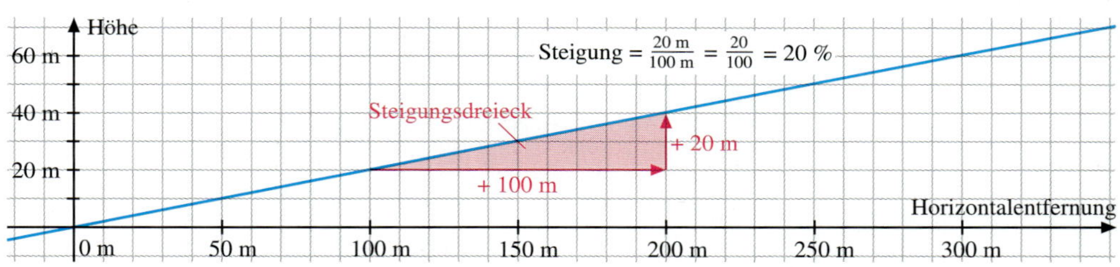


Das Verkehrsschild informiert über den Anstieg (die Steigung) einer Straße. Was bedeutet hier 20 %? 20 % Steigung bedeutet: Auf je 100 m Horizontalentfernung nimmt die Höhe um jeweils 20 m zu (siehe auch das Steigungsdreieck im Bild oben rechts).
Im Koordinatensystem ist die Straße als steigende Gerade dargestellt. Sie ist der Graph der Zuordnung *Horizontalentfernung x (in m) → Höhe y (in m).*
Diese hat die Funktionsgleichung $y = \frac{20}{100}x$.
Es handelt sich hier also um eine lineare Funktion mit der Gleichung $y = mx$ mit positivem m, nämlich $m = 0{,}2$. Der Faktor m gibt hier den (positiven) Anstieg der Geraden (der Straße) an.

(2)

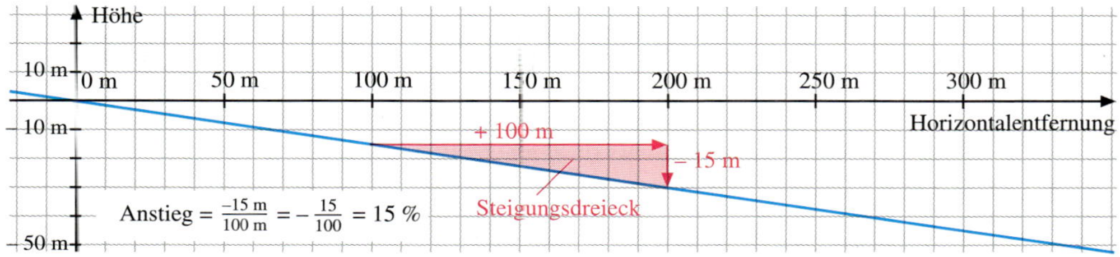


Dieses Verkehrsschild zeigt das Gefälle einer Straße an.

15 % Gefälle bedeutet: Auf je 100 m Horizontalentfernung nimmt die Höhe um jeweils 15 m ab (siehe auch das Steigungsdreieck im Bild oben).

Im Koordinatensystem ist die Straße als fallende Gerade dargestellt. Sie ist Graph der Funktion *Horizontalentfernung x (in m) ⟶ Höhe y (in m).* Diese hat die Funktionsgleichung $y = -\frac{15}{100}x$.

Es handelt sich also um eine lineare Funktion mit der Gleichung $y = mx$ mit negativem m, nämlich $m = -0{,}15$. Der Faktor m gibt auch hier den (negativen) Anstieg der Geraden (Straße) an.

## Information

Δ ist der griechische Buchstabe Delta und soll an Differenz erinnern

Die Gerade zu einer linearen Funktion der Form $y = mx$

- steigt, wenn m positiv ist; die lineare Funktion ist monoton steigend;
- fällt, wenn m negativ ist; die lineare Funktion ist monoton fallend.

Man nennt m den **Anstieg** der Geraden.

Der Anstieg m lässt sich mithilfe eines *Anstiegsdreiecks* berechnen:

$$m = \frac{\Delta y}{\Delta x} = \frac{y_2 - y_1}{x_2 - x_1}$$

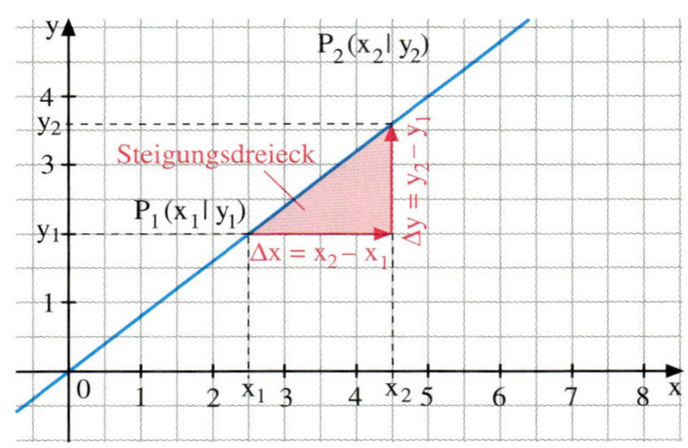


Der Anstieg m ist ein Quotient aus zwei Differenzen. Man spricht daher von einem **Differenzenquotienten**.

## Weiterführende Aufgaben

**1.** *Unterschiedlich große Anstiegsdreiecke bei gleichem Anstieg*

Zeichne den Graphen der Funktion f mit

**a)** $f(x) = 1{,}2x$ **c)** $f(x) = -1{,}5x$

**b)** $f(x) = 0{,}6x$ **d)** $f(x) = -\frac{3}{4}x$

Wie ändert sich der Funktionswert, wenn man den Wert für x

(1) um 1 vergrößert, (3) um 5 vergrößert,

(2) um 2 vergrößert, (4) um 1 vermindert?

Zeichne auch entsprechende Anstiegsdreiecke.

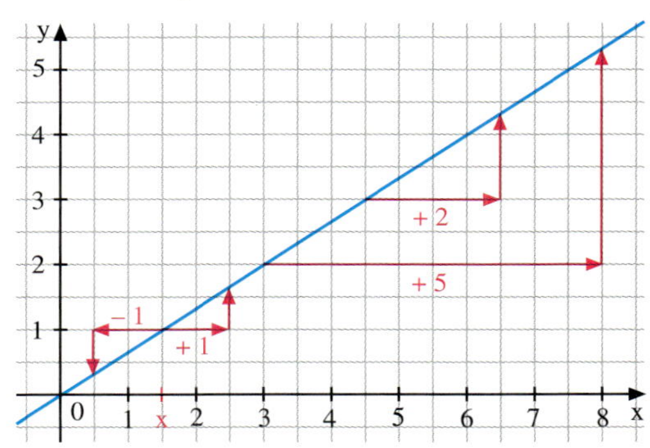


**2.** *Geeignete Anstiegsdreiecke für das Zeichnen des Graphen*

Zeichne (ohne Wertetabellen anzulegen) in dasselbe Koordinatensystem die Graphen der Funktionen mit dem Anstieg $m = 5$; $m = -0{,}2$; $m = 1$; $m = -1{,}3$; $m = \frac{2}{3}$.

Gehe jeweils vom Ursprung O(0|0) aus. Überlege, ob es günstiger ist, nur einen Schritt oder mehrere Schritte nach rechts oder sogar nach links zu gehen.

**Zeichnen des Graphen der linearen Funktion mit der Gleichung y = m x**

*1. Fall:* $m > 0$ (z. B. $m = 1{,}5$)
Gehe vom Ursprung $O(0|0)$ aus
1 Schritt nach rechts und m Schritte nach oben
*oder*
2 Schritte nach rechts und $2 \cdot m$ Schritte nach oben
*oder …*

*oder auch*
1 Schritt nach links und m Schritte nach unten
*oder …*

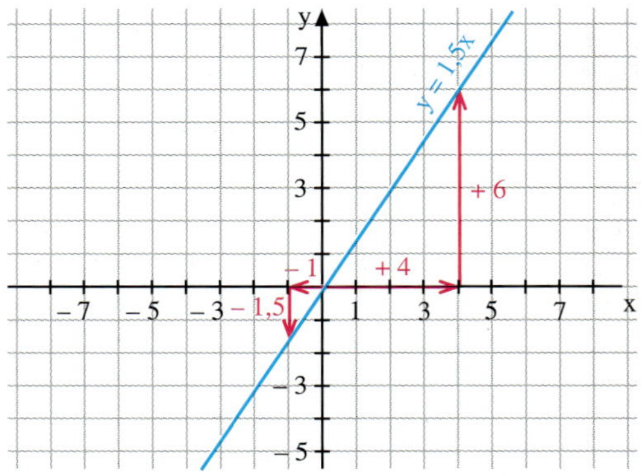


*2. Fall:* $m < 0$ $\left(\text{z. B. } m = -\frac{2}{3}\right)$
Gehe vom Ursprung $O(0|0)$ aus
1 Schritt nach rechts und m Schritte nach unten
*oder*
2 Schritte nach rechts und $2 \cdot m$ Schritte nach unten
*oder …*

*oder auch*
1 Schritt nach links und m Schritte nach oben
*oder …*

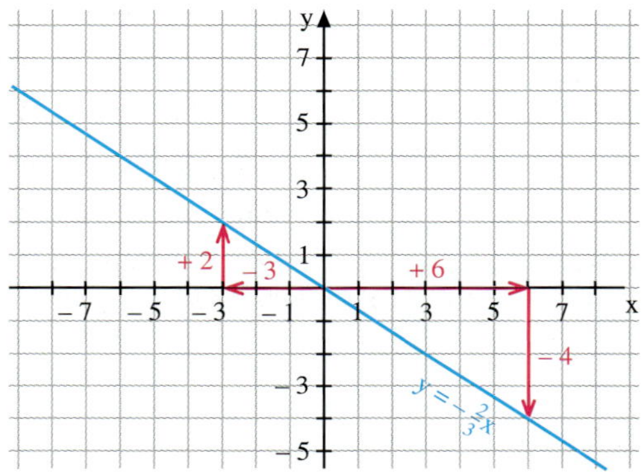


**Übungsaufgaben**

**3.** Zeichne mit einem GTR für verschiedene Anstiege m die Graphen linearer Funktionen mit der Gleichung $y = mx$ in ein gemeinsames Koordinatensystem.
Wähle für m auch negative Werte.
Untersuche den Zusammenhang zwischen dem Anstieg m und dem Verlauf des Graphen.

**4.** Zeichne mithilfe eines geeigneten Anstiegsdreiecks den Graphen der Funktion mit der Gleichung:

**a)** $y = 3x$ **b)** $y = -2x$ **c)** $y = 1{,}4x$ **d)** $y = -0{,}5x$ **e)** $y = -1{,}2x$

Steigt die Gerade oder fällt die Gerade? Welchen Anstieg hat die Gerade?

**5.** Lies am Graphen ab, wie sich der Funktionswert ändert, wenn man x um 1 [um 2; um 3] erhöht? Welchen Wert hat der Anstieg m der Geraden?

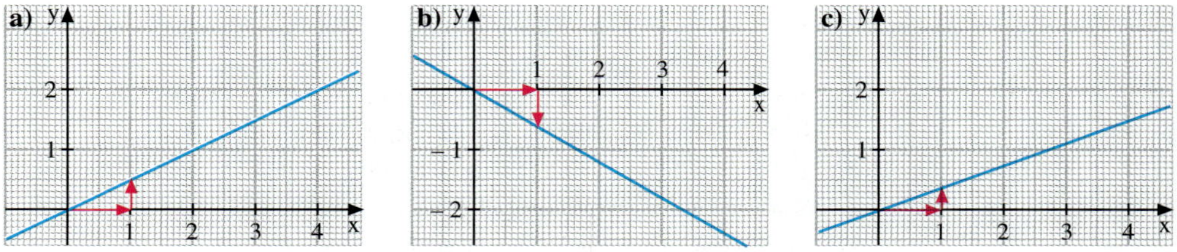

**6.** Zeichne mithilfe eines Anstiegsdreiecks den Graphen der linearen Funktion, ohne eine Wertetabelle anzulegen. Überlege, ob es dabei günstiger ist, nur einen Schritt oder mehrere nach rechts oder sogar nach links zu gehen.

**a)** $f(x) = 2{,}4x$ **c)** $f(x) = 0{,}3x$ **e)** $f(x) = -\frac{4}{5}x$ **g)** $g(x) = -0{,}4x$ **i)** $g(x) = -x$

**b)** $f(x) = 1{,}4x$ **d)** $f(x) = -\frac{x}{4}$ **f)** $f(x) = \frac{x}{7}$ **h)** $g(x) = -\frac{x}{10}$ **j)** $f(t) = \frac{7}{2}t$

Wie ändert sich der Funktionswert, wenn man x um 4 erhöht [um 5 erhöht; um 5 vermindert]?

**7.** Rechts siehst du Fabians Hausaufgaben. Kontrolliere sie.

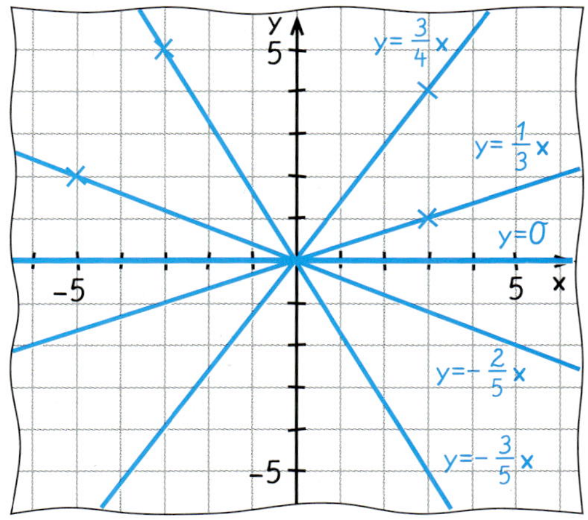


**8.** Zeichne den Graphen der linearen Funktion. Gehe dabei vom Ursprung

**a)** um 1 nach rechts, um 1,6 nach oben;

**b)** um 1 nach rechts, um 1,8 nach unten;

**c)** um 2 nach rechts, um 5,4 nach oben;

**d)** um 5 nach links, um 6 nach unten;

**e)** um 3 nach rechts, um 5,4 nach oben;

**f)** um 4 nach links, um 7,2 nach oben.

Notiere den Anstieg m und die Funktionsgleichung.

**9.** Notiere zu jeder Geraden den Anstieg. Gib auch die Funktionsgleichung und den Funktionsterm an.

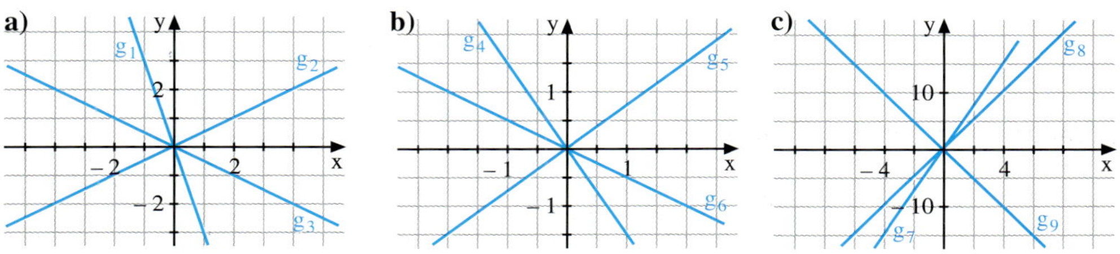


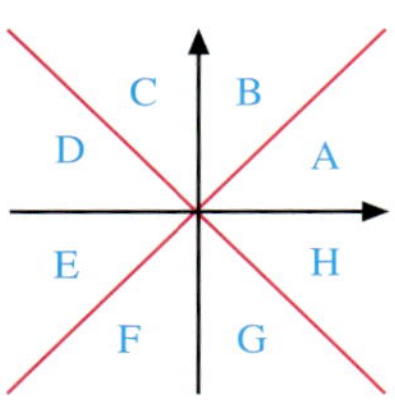


**10.** Links wurde das Koordinatensystem in 8 Bereiche unterteilt. Die Achsen haben beide gleiche Einteilung. In welchen Bereichen verläuft der Graph zu

**a)** $y = \frac{1}{2}x$; **b)** $y = -2x$; **c)** $y = 2x$; **d)** $y = -\frac{3}{4}x$?

**11.** Der Graph einer Funktion der Form $y = mx$ geht durch den Punkt P:

**a)** P(1|5) **c)** P(1|3,8) **e)** $P(1|-\frac{3}{2})$ **g)** P(2|6) **i)** P(5|−2) **k)** P(3|−2)

**b)** P(1|−3) **d)** P(1|−0,8) **f)** $P(1|-\frac{9}{5})$ **h)** P(2|8,4) **j)** P(3|5,1) **l)** P(−1|−4)

Notiere den Anstieg m, die Funktionsgleichung und den Funktionsterm.

**Spiel für 2 Personen**

**12.** Ein Spieler zeichnet mit dem GTR einen Punkt. Der Partner muss dann den Graphen einer Funktion der Form $y = mx$ durch diesen Punkt zeichnen lassen. Für jeden Fehlversuch bekommt er einen Minuspunkt.
Hat er es geschafft, wird gewechselt.

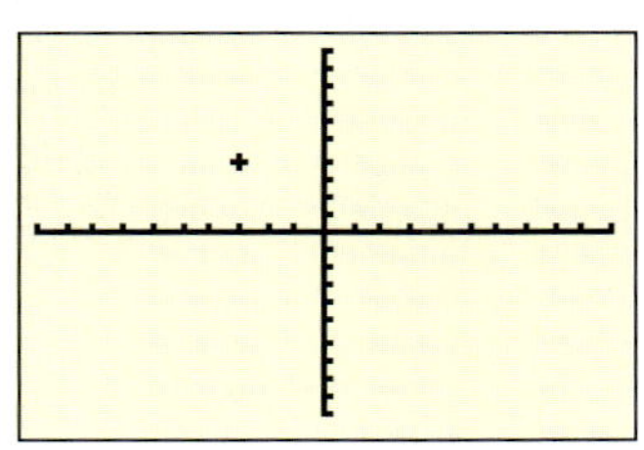

### 2.2.3 Lineare Funktionen der Form $y = m \cdot x + n$

**Aufgabe 1**

**a)** 1 $m^3$ Kies wiegt 2 Tonnen. Im Folgenden ist das Kiesvolumen jeweils in $m^3$ angegeben, das Kiesgewicht in t.

(1) Notiere für die Funktion
*Kiesvolumen x → Kiesgewicht y*
die Funktionsgleichung. Zeichne den Graphen.

(2) Ein Lastwagenanhänger wiegt leer 3 Tonnen und wird mit Kies beladen. Zeichne in dasselbe Koordinatensystem den Graphen für die Funktion
*Kiesvolumen x → Gesamtgewicht des Anhängers y.*
Notiere die Funktionsgleichung.

**b)** Wähle als Definitionsbereich ℚ und als Funktionsterm: (1) $2x$; (2) $2x + 3$; (3) $2x - 6$.
Zeichne alle drei Graphen in dasselbe Koordinatensystem.
Wie kommt man von dem ersten Graphen zu den beiden anderen?
Wie kann man das an dem Term erkennen?

**Lösung**

**a)** (1) 1 $m^3$ Kies wiegt 2 Tonnen.
x $m^3$ Kies wiegen 2x Tonnen.
*Funktionsgleichung:* $y = 2x$

(2) Das Gesamtgewicht setzt sich zusammen aus dem Gewicht der Kiesladung, 2x Tonnen, und dem Gewicht des leeren Anhängers, 3 Tonnen.

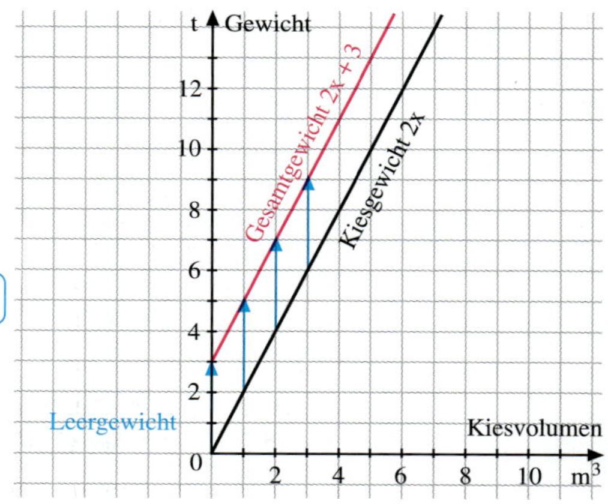


Kiesgewicht | Hängergewicht

*Funktionsgleichung:* $y = 2x + 3$

Das Gesamtgewicht ist immer um 3 Tonnen größer als das Kiesgewicht. Du kommst also vom ersten Graphen (Kiesgewicht) zum zweiten Graphen (Gesamtgewicht), indem du überall um 3 Einheiten nach oben gehst. Das bedeutet: Wenn du den ersten Graphen *um 3 Einheiten nach oben verschiebst*, erhältst du den zweiten.

**b)** Jetzt dürfen auch negative Zahlen für x eingesetzt werden, da die gesamte Menge ℚ der rationalen Zahlen Definitionsbereich ist. Die Graphen sind daher nach beiden Seiten unbegrenzt.

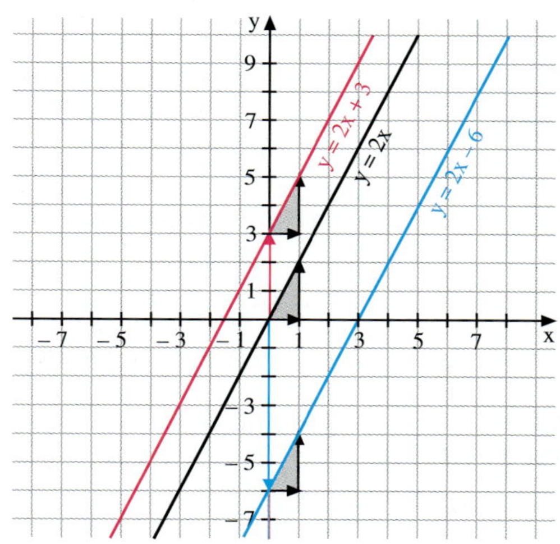


Wenn man den Graphen zu $y = 2x$

- *um 3 Einheiten nach oben verschiebt*, erhält man den Graphen zu $y = 2x + 3$;
- *um 6 Einheiten nach unten verschiebt*, erhält man den Graphen zu $y = 2x - 6$.

**Information**

Eine Funktion mit der Funktionsgleichung $y = mx + n$ heißt **lineare Funktion**.
Der Graph einer linearen Funktion ist *geradlinig.*
m ist der *Anstieg* des Graphen.
Die Gerade schneidet die y-Achse im Punkt $P(0|n)$.
Das absolute Glied n nennt man daher *y-Achsenabschnitt* oder auch Weite der Verschiebung.

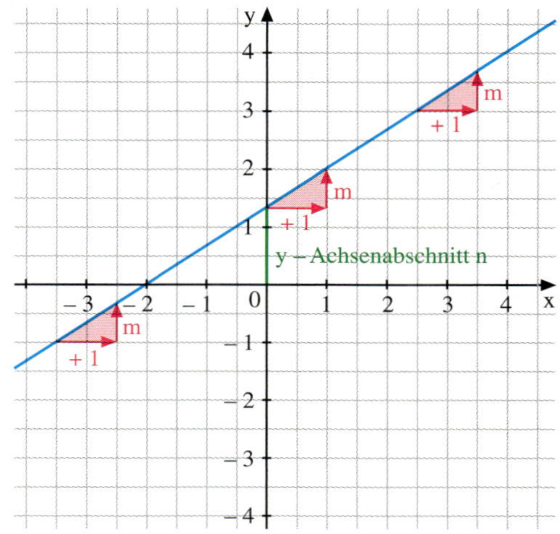


*Anmerkung:* Der Definitionsbereich einer linearen Funktion ist die Menge $\mathbb{Q}$ aller rationalen Zahlen (falls nichts anderes vereinbart wird).

**Weiterführende Aufgaben**

**2.** *Zeichnen des Graphen einer linearen Funktion mithilfe von m und n*

Gegeben ist die Funktionsgleichung einer linearen Funktion. Notiere den Anstieg m und den y-Achsenabschnitt n. Zeichne den Graphen.

**a)** $y = \frac{3}{4}x - 2$ **b)** $y = -\frac{1}{3}x + 1$ **c)** $y = -x + 4{,}5$ **d)** $y = x$ **e)** $y = -3$ **f)** $y = 0$

*Anmerkung:* Die Gleichung $y = x$ ist eine kurze Schreibweise für $y = 1 \cdot x + 0$.
Die Gleichung $y = -3$ ist eine kurze Schreibweise für $y = 0 \cdot x - 3$.

**Anleitung zum Zeichnen des Graphen einer linearen Funktion mithilfe des Anstiegs m und des y-Achsenabschnitts n**

Gegeben ist die Funktionsgleichung $y = mx + n$.

*Beispiel:* $m = \frac{2}{3}$ und $n = 2$

Der Graph der linearen Funktion ist eine Gerade und daher durch zwei Punkte eindeutig festgelegt.

(1) Ein Punkt der Geraden ist durch den y-Achsenabschnitt n schon gegeben: $P(0|n)$.

(2) Einen weiteren Punkt kann man mithilfe des Anstiegs finden:
Gehe von P aus um 1 nach rechts und um m nach oben.
Im Beispiel rechts ist es besser, z. B. um 3 nach rechts und um 2 nach oben zu gehen.

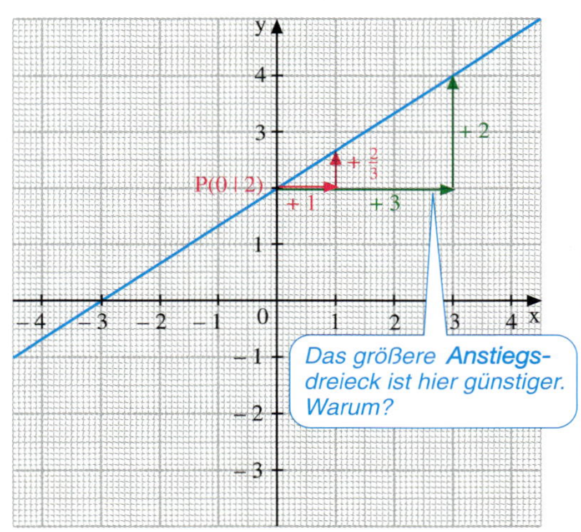

**3.** *Lage zweier Geraden zueinander*

Zeichne die Graphen der beiden linearen Funktionen in dasselbe Koordinatensystem. Beschreibe ihre Lage zueinander.

(1) $y = 1{,}5x - 3$
$y = \frac{1}{4}x + 4$

(2) $y = \frac{1}{2}x + 4$
$y = \frac{1}{2}x - 2$

(3) $y = -4 - 4x$
$2y + 8x = -8$

*zuerst nach y auflösen*

*Stimmen auch die y-Achsenabschnitte noch überein, so fallen die Geraden zusammen.*

**Lage zweier Geraden zueinander**

(1) Haben zwei Geraden übereinstimmende Anstiege, so sind sie parallel zueinander.

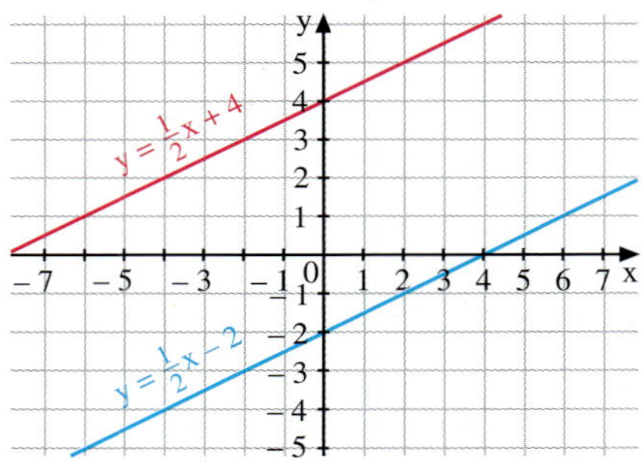


(2) Haben zwei Geraden verschiedene Anstiege, so schneiden sie sich in einem Punkt.

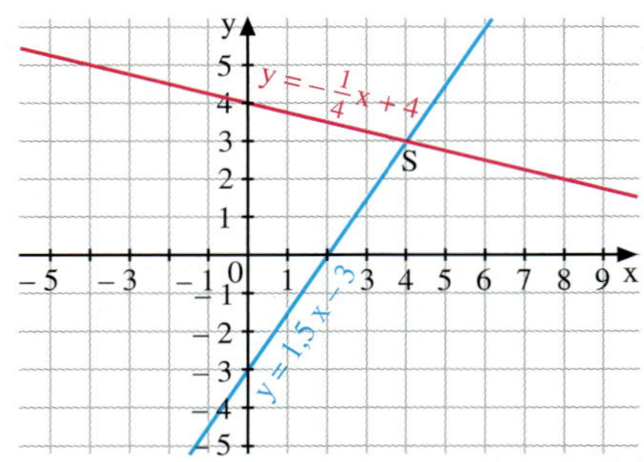


**Übungsaufgaben** **4.** Zeichne mit einem GTR den Graphen der Funktion $y = \frac{3}{4}x$.
Gib anschließend Funktionsgleichungen der Form $y = \frac{3}{4}x + n$ mit verschiedenen Werten für n ein. Lass alle Graphen in ein gemeinsames Koordinatensystem zeichnen.
Beschreibe den Einfluss des Summanden n auf den Graphen.

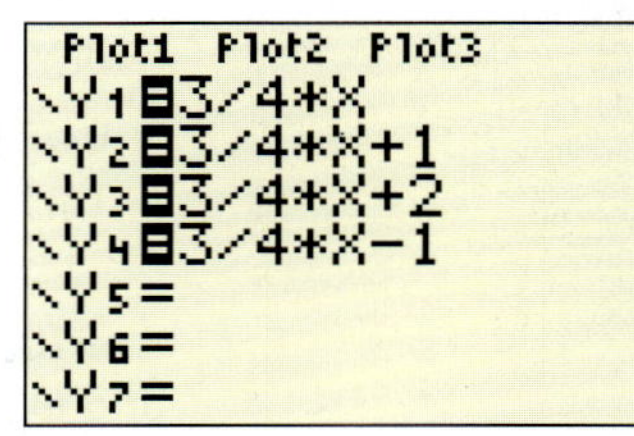


**5.** Eine Schraubenfeder hat (unbelastet) eine Länge von 6 cm. Die Länge ändert sich, wenn man die Feder mit Massestücken belastet, und zwar um 0,5 cm je kg Belastung.

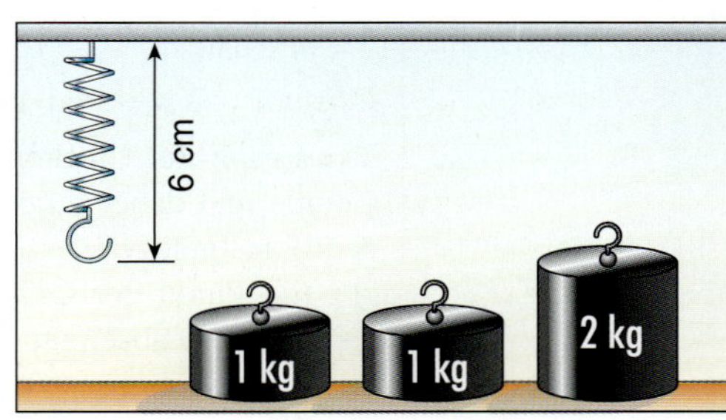


**a)** Lege für die folgenden Funktionen jeweils eine Wertetabelle an.
Zeichne damit ihre Graphen und vergleiche sie.
(1) *Belastung (in kg) → Verlängerung der Feder (in cm)*
(2) *Belastung (in kg) → Federlänge (in cm)*

**b)** Notiere die Funktionsgleichung.

**c)** Wie ändert sich die Länge der Feder, wenn man die Belastung um 2,4 kg erhöht [um 1,8 kg verringert]?

**d)** Bei welcher Belastung hat die Feder die Länge 8 cm [9,5 cm; 10,2 cm]?

**e)** Die Feder darf, ohne Schaden zu nehmen, nur bis zu einer Länge von 20 cm ausgezogen werden. Mit wie viel kg darf man die Feder höchstens belasten?

**6.** Eine Kerze ist anfangs 21 cm lang. Beim Brennen wird sie stündlich um 1,2 cm kürzer.

**a)** Zeichne den Graphen der Funktion *Brenndauer x (in Stunden) → Länge y (in cm).*

**b)** Notiere die Funktionsgleichung.

**c)** Wie lang ist die Kerze nach 5 [7,5; 12,5] Stunden?

**d)** Nach wie vielen Stunden ist die Kerze nur noch 3,8 cm lang?

**e)** Nach wie vielen Stunden ist die Kerze abgebrannt?

$\vartheta$ (Theta) griechischer Buchstabe

**7.** Eisen dehnt sich bei Erwärmung aus. Daher müssen bei Stahlbrücken Dehnungsfugen eingebaut werden. Die Funktion *Temperatur → Breite der Dehnungsfuge* ist eine lineare Funktion.
An einer Stahlbrücke wurde die Dehnungsfuge bei unterschiedlichen Temperaturen ausgemessen (Tabelle rechts).

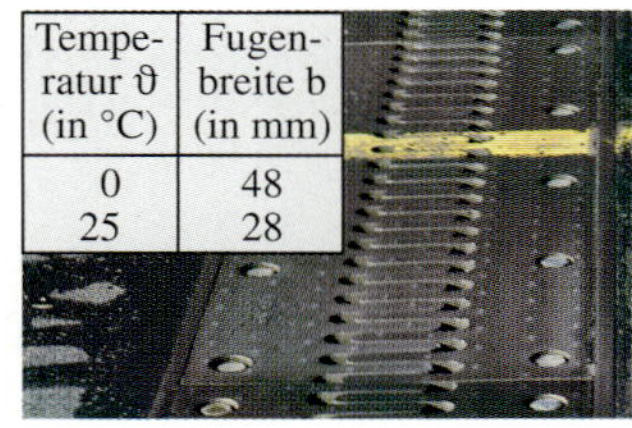

| Temperatur $\vartheta$ (in °C) | Fugenbreite b (in mm) |
|---|---|
| 0 | 48 |
| 25 | 28 |

**a)** Bestimme den Funktionsterm, zeichne den Graphen.

**b)** Berechne jeweils die Breite b der Dehnungsfuge für die Temperatur $\vartheta$:
30 °C; 10 °C; −10 °C; −15 °C.

**c)** Bei welcher Temperatur ist die Dehnungsfuge 54 mm breit?

**d)** Welche Höchsttemperatur hat man bei der Konstruktion der Brücke angenommen?

**8.** Beim Tauchen in großer Tiefe ist man einem hohen Wasserdruck ausgesetzt. Das Auftauchen an die Wasseroberfläche darf nur langsam geschehen, damit ein Druckausgleich im Körper des Tauchers stattfinden kann.
Ein Taucher befindet sich in 22 m Tiefe. Pro Minute darf er um 5 m auftauchen.

**a)** Zeichne den Graphen der Funktion *Auftauchdauer (in min) → Tauchtiefe (in m).*

**b)** Notiere die Funktionsgleichung.

**c)** In welcher Tiefe befindet sich der Taucher nach $2\frac{1}{2}$ Minuten Auftauchdauer?

**d)** Nach welcher Zeit befindet er sich in 3 m Tiefe?

**e)** Wie lange dauert das Auftauchen?

**f)** Stelle selbst geeignete Fragen und beantworte sie.

**9.** Zeichne den Graphen der Funktion. Verschiebe dann den Graphen um 4 Einheiten nach oben [um 1 Einheit nach unten] und gib für den neuen Graphen die entsprechende Funktionsgleichung an.

**a)** $y = 1{,}5\,x$ **b)** $y = -4\,x$ **c)** $y = -\frac{2}{3}x$ **d)** $s = \frac{5}{4}r$ **e)** $v = -\frac{u}{5}$

**10.** Zeichne den Graphen der linearen Funktion f. In welchem Punkt schneidet der Graph die y-Achse? Zeichne den Graphen derjenigen linearen Funktion g, deren Graph den gleichen Anstieg m hat und durch den Urspung verläuft. Notiere den zugehörigen Funktionsterm g(x).

**a)** $f(x) = 0{,}4\,x + 1$ **b)** $f(x) = -\frac{1}{2}x + 3{,}5$ **c)** $f(x) = x - \frac{4}{5}$ **d)** $f(x) = -\frac{3}{4}x - \frac{5}{2}$

**11.** Zeichne in dasselbe Koordinatensystem die Graphen der linearen Funktionen f, g und h. Welcher der drei Graphen verläuft durch den Ursprung?
Wie kommt man von diesem Graphen zu den Graphen der beiden anderen?

**a)** $f(x) = 0{,}5\,x + 4$; $g(x) = 0{,}5\,x$; $h(x) = 0{,}5\,x - 2$

**b)** $f(x) = -1{,}5\,x + 5$; $g(x) = -1{,}5\,x - 4$; $h(x) = -1{,}5\,x$

**12.** Wie lautet die Funktionsgleichung zu jeder der fünf Geraden? Vergleiche die Funktionsterme. Was haben diese gemeinsam?

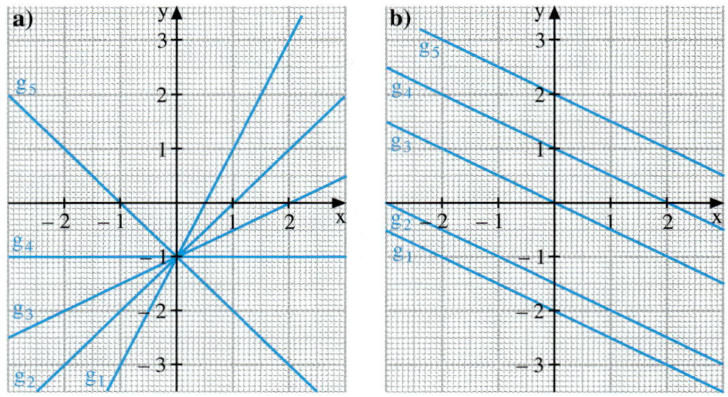


**13.** Zeichne den Graphen der linearen Funktion mit:

**a)** $y = 2{,}5x + 1$

**b)** $y = -3x + 7$

**c)** $y = -x - 2{,}4$

**d)** $s = \frac{1}{4}t - \frac{7}{5}$

Welchen Anstieg hat der Graph? In welchen Punkten schneidet er die Koordinatenachsen?

**14.** **a)** $f(x) = 0 \cdot x + 4$ **b)** $f(x) = 0 \cdot x - 1$ **c)** $f(x) = 3$ **d)** $f(x) = -3$ **e)** $f(x) = 0$

Zeichne den Graphen der linearen Funktion f. Wie ändert sich der Funktionswert, wenn man den Wert für x um 1 vergrößert? Welchen Anstieg und welchen y-Achsenabschnitt hat die Gerade? Notiere die Funktionsgleichung.

**15.** Zeichne den Graphen der linearen Funktion f mithilfe von Anstieg und y-Achsenabschnitt.

| | | | |
|---|---|---|---|
| **a)** $f(x) = 2x + 1$ | **f)** $y = 0{,}5x + 3$ | **k)** $f(x) = 3{,}2x - 2$ | **p)** $f(x) = \frac{3}{4}x + \frac{1}{4}$ |
| **b)** $y = 2x - 1$ | **g)** $f(x) = 0{,}8x - 3$ | **l)** $y = 1{,}8x + 4$ | **q)** $f(x) = -\frac{x}{3} - 2$ |
| **c)** $f(x) = -2x + 1$ | **h)** $f(x) = 1{,}6x - 1$ | **m)** $y = 2{,}2x - 3{,}6$ | **r)** $f(x) = -\frac{5}{6}x + \frac{1}{2}$ |
| **d)** $f(x) = 2x - 4$ | **i)** $y = 4 - 0{,}5x$ | **n)** $f(x) = x - 3{,}8$ | **s)** $y = \frac{7}{4}x - \frac{3}{2}$ |
| **e)** $y = -2x - 1$ | **j)** $f(x) = 0{,}2x + 3{,}5$ | **o)** $f(x) = 5 - x$ | **t)** $f(t) = -\frac{1}{8}$ |

**16.** Rechts siehst du Sophies Hausaufgaben. Kontrolliere sie.

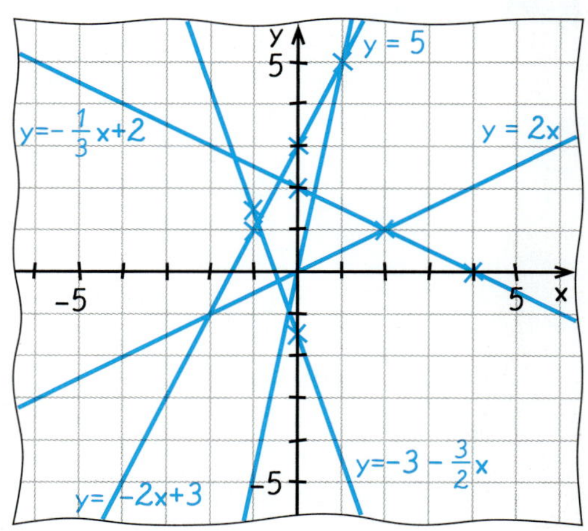


**17.** Zeichne den Graphen zu $f(x) = mx + n$ mithilfe von Anstieg und y-Achsenabschnitt.

**a)** $m = 1;\ n = -4$ **e)** $m = \frac{1}{3};\ n = 0$

**b)** $m = -1;\ n = 3$ **f)** $m = -\frac{7}{3};\ n = -\frac{1}{2}$

**c)** $m = 0{,}2;\ n = -1{,}4$ **g)** $m = \frac{2}{7};\ n = -1$

**d)** $m = -1{,}2;\ n = 5$ **h)** $m = \frac{3}{8};\ n = 0$

**18.** Die lineare Funktion hat die Gleichung:

**a)** $y = 6x - 3{,}5$ **c)** $y = -\frac{4}{5}x - \frac{3}{2}$

**b)** $y = -2{,}6x + 5{,}2$ **d)** $v = 1 - \frac{u}{2}$

In welchen Punkten schneidet der Graph die Koordinatenachsen?
Welchen Anstieg hat die Gerade? Geht der Graph durch den Punkt P(2|0)?
Löse die Aufgabe, ohne den Graphen zu zeichnen. Du kannst zur Kontrolle einen grafikfähigen Taschenrechner verwenden.

**19.** Bestimme zu jedem Graphen die Funktionsgleichung.

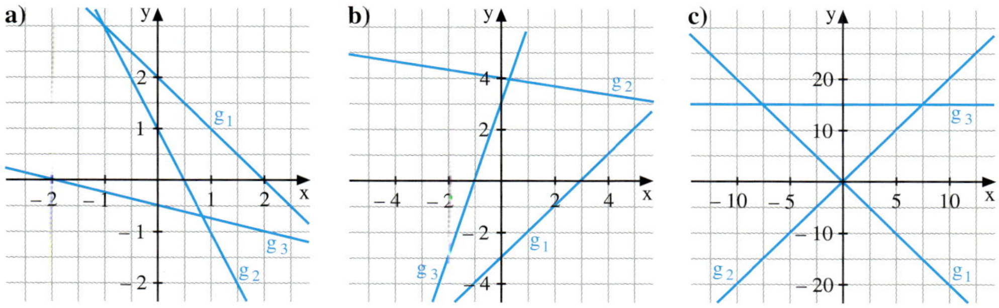


**20.** Untersuche den Verlauf des Graphen einer linearen Funktion.

**a)** Eine Funktion hat die Gleichung $y = mx$.
Wähle für m Werte mit (1) $m < 0$, (2) $m = 0$, (3) $m > 0$.
Beschreibe die Lage der Geraden. Welche gemeinsamen Eigenschaften haben sie?

**b)** Eine Funktion ist durch die Gleichung $y = 2x + n$ gegeben.
Wähle für n Werte mit (1) $n < 0$, (2) $n = 0$, (3) $n > 0$.
Welche gemeinsamen und unterschiedlichen Eigenschaften besitzen die Graphen?

**c)** Wie verändern sich bei linearen Funktionen mit der Gleichung $y = mx - 2$ in Abhängigkeit von m die Graphen?
Notiere die möglichen Fälle für m und skizziere die Graphen.

**21.** **a)** Stelle die beiden Graphen der Funktionen $y = -1{,}6x + 32$ und $y = 0{,}4x + 10$ mit einem GTR dar.

**b)** Wähle die Window-Werte so, dass du die Schnittpunkte der Graphen mit den Koordinatenachsen gut erkennen kannst. Notiere die Window-Werte und lies die Schnittpunkte mit den Koordinatenachsen ab.

**c)** Bestimme mithilfe des **TRACE**-Befehls den Schnittpunkt der beiden Geraden. Kontrolliere anhand der Wertabelle.

**22.** Gib die Gleichung einer Geraden an, für die Folgendes gilt:
(1) Sie verläuft nur durch den 1. und 3. Quadranten.
(2) Sie verläuft durch die ersten drei Quadranten.
(3) Sie verläuft nur durch zwei Quadranten.
Du kannst zur Kontrolle den Graphen mit einem GTR zeichnen.

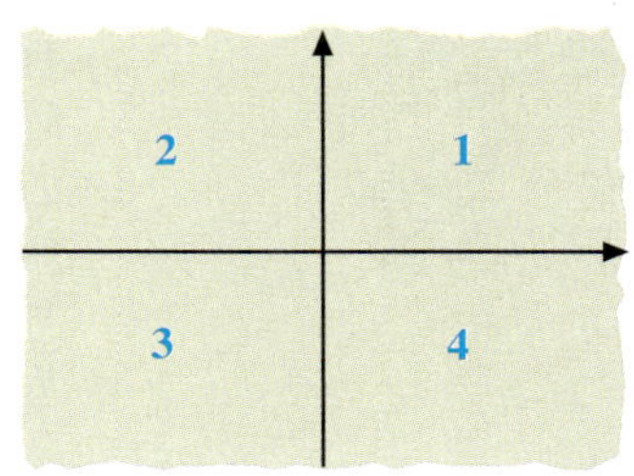

**23.** Beschreibe den Verlauf der Geraden zu $y = mx + n$ im Koordinatensystem in Abhängigkeit von der Steigung m und dem y-Achsenabschnitt n.

**24.** Zeichne den Graphen der Funktion zu $y = -\frac{1}{2}x + 3$ mit dem GTR. Wähle die Window-Werte so, dass der Graph
(1) sehr flach, (2) etwas steil, (3) sehr steil wirkt.
Notiere deine im Window-Menü eingestellten Werte.

**25.** Mehrere Schüler und Schülerinnen haben mithilfe eines GTR den Graphen der linearen Funktion mit der Funktionsgleichung $y = 4x + 1$ gezeichnet. Vergleiche die Bilder.

*Anne:*

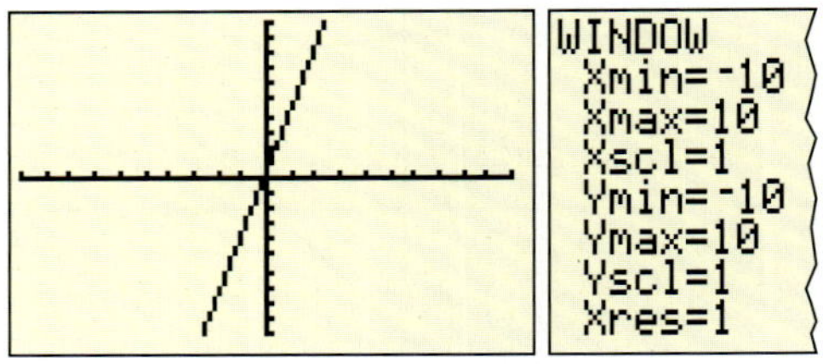


*Bastian:*

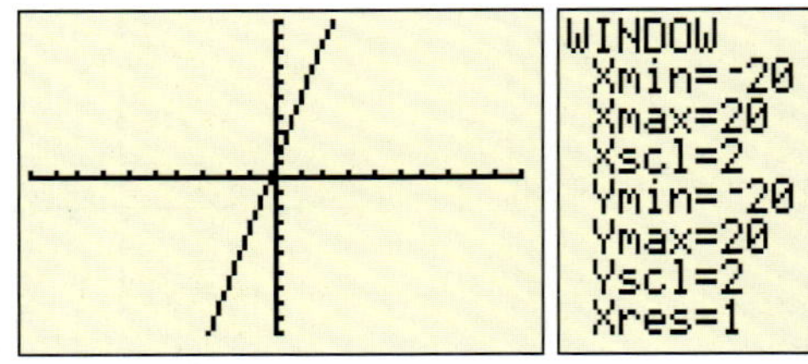


*Caroline:*

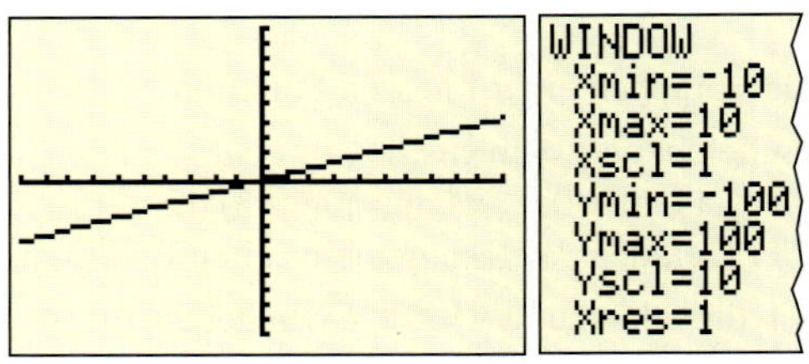


*David:*

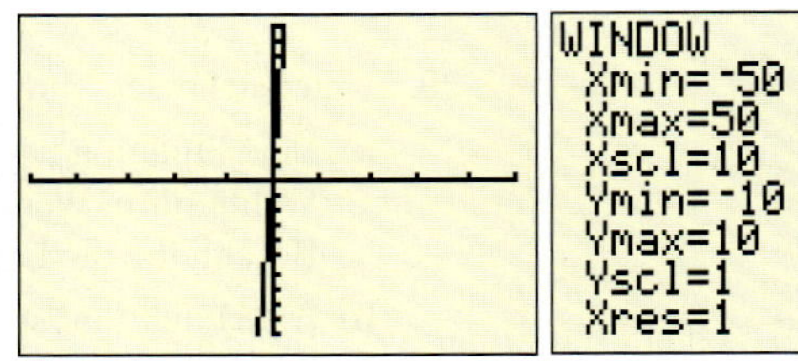


**26.** Ermittle die auf den Koordinatenachsen gewählte Einteilung.

a) $y = 0{,}1x + 10$,

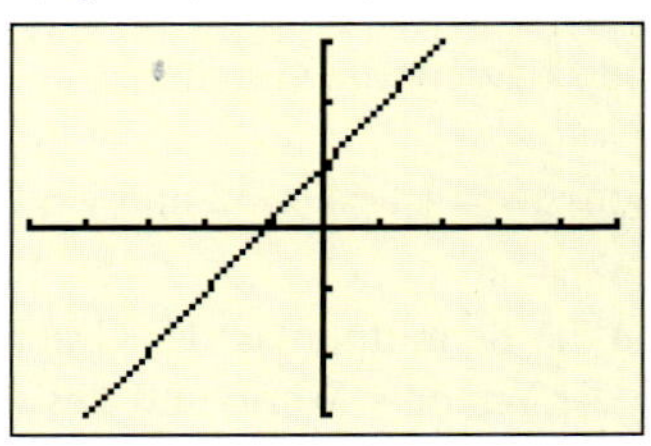

b) $y = -2x + 10$,

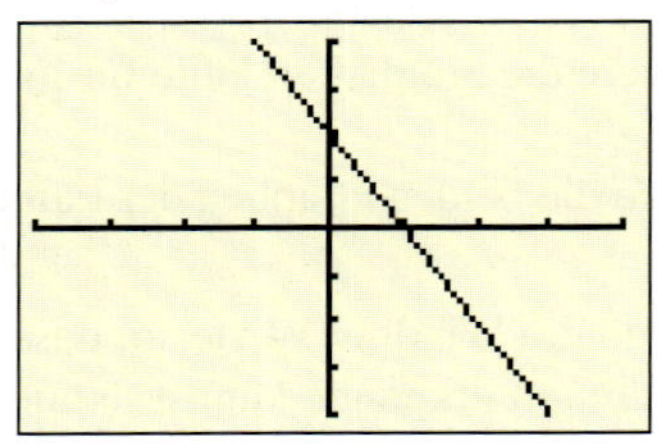

c) $y = 30$

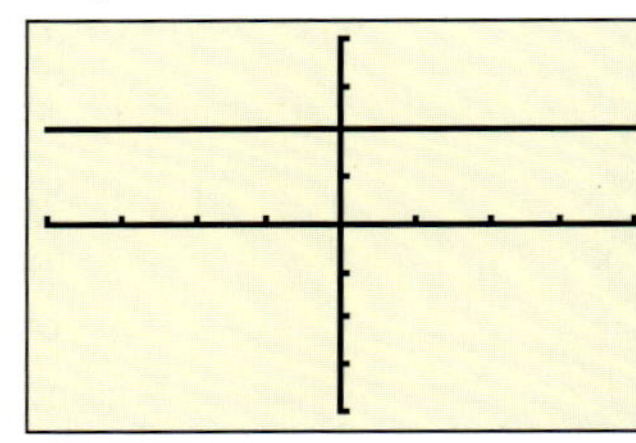

**27.** Ein quaderförmiges Schwimmbecken ist mit Wasser gefüllt, die Wasserhöhe beträgt 2,5 m. Das Schwimmbecken soll leer gepumpt werden. Dabei sinkt der Wasserspiegel in jeder Stunde um 0,4 m.

a) Notiere die Gleichung der Funktion *Zeit (in Stunden) → Wasserhöhe (in m)*. Zeichne den Graphen der Funktion.

b) Zeichne den Graphen der Funktion mit einem GTR und bestimme mithilfe des **TRACE**-Befehls, nach wie vielen Stunden das Wasser noch 1 m hoch im Becken steht. Nach wie vielen Stunden ist das Becken leer gepumpt?

c) Wie groß ist die Grundfläche des Beckens, wenn pro Stunde 6 $m^3$ Wasser abgepumpt werden?

**28.** Bei gleichschenkligen Dreiecken ergibt sich aus der Größe der Basiswinkel eindeutig die Größe des dritten Winkels. Bestimme die Funktionsgleichung für die Funktion *Größe des Basiswinkels → Größe des dritten Winkels.* Beachte auch, welche Werte für die Größe eines Basiswinkels möglich sind. Zeichne den Graphen.

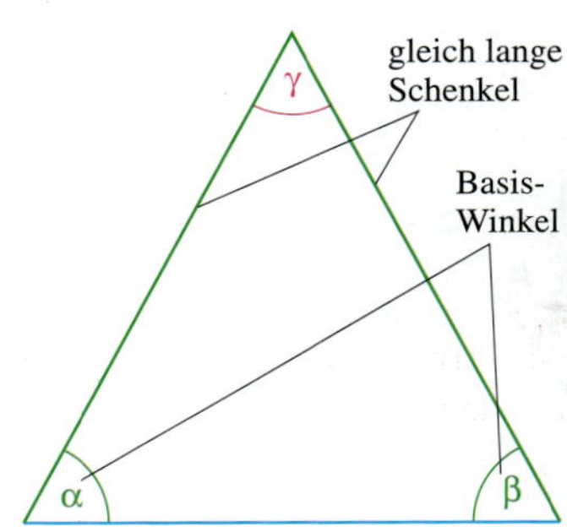


**29.** Untersuche rechtwinklige Dreiecke auf die Abhängigkeit der beiden übrigen Winkel voneinander. Erstelle eine Funktionsgleichung und zeichne den Graphen.

**30.** Zeichne die Graphen der beiden linearen Funktionen in ein Koordinatensystem. Beschreibe die Lage der Geraden zueinander.

**a)** $y = x - 3$ und $y = -3x - 11$

**b)** $y = -x + 1$ und $x + y = -1$

**c)** $x + 3y = 6$ und $6y = 12 - 2x$

**d)** $x - \frac{3}{2}y - 3 = 0$ und $\frac{3}{2}x - y - 3 = 0$

**31.** Beschreibe die Lage der Geraden zueinander – ohne die Geraden zu zeichnen.

**a)** $y = 0{,}5x$ und $y = -x + 6$

**b)** $2y + 3x = -4$ und $3y + 4{,}5x = 21$

**c)** $y - x = -19$ und $y - \frac{1}{3}x = 15$

**d)** $1{,}5y + x = 0{,}5$ und $3y = 1 - 2x$

**32.** Gegeben ist die Gerade g mit der Gleichung $y = 3x - 6$. Gib die Gleichung einer Geraden an, die

**a)** parallel zu g ist und durch den Punkt $P(0|2)$ verläuft;

**b)** denselben y-Achsenabschnitt wie g hat, aber fällt;

**c)** die x-Achse an derselben Stelle schneidet wie g.

**33.** **a)** Zeichne die Graphen der linearen Funktionen zu $y = -2x + 1$ und $y = \frac{1}{2}x + 1$ in ein gemeinsames Koordinatensystem.
Untersuche die gegenseitige Lage der Graphen. Stelle eine Vermutung auf.

**b)** Überprüfe deine Vermutung aus Teilaufgabe a) an einem weiteren Beispiel. Wähle $y = \frac{3}{4}x - 1$.

**c)** Bestimme die Gleichung der Funktion g, deren Graph senkrecht zum Graphen der Funktion zu $y = -\frac{2}{3}x + 3{,}5$ verläuft und diesen Graphen im Punkt $P(3|1{,}5)$ schneidet.
Zeichne beide Graphen in ein gemeinsames Koordinatensystem.

**34.** Notiere die Gleichungen verschiedener linearer Funktionen, deren Graph jeweils durch den Punkt $R(1|3)$ verläuft.
Beschreibe den Zusammenhang zwischen dem Anstieg m und dem y-Achsenabschnitt n.
Überprüfe mit einem GTR.

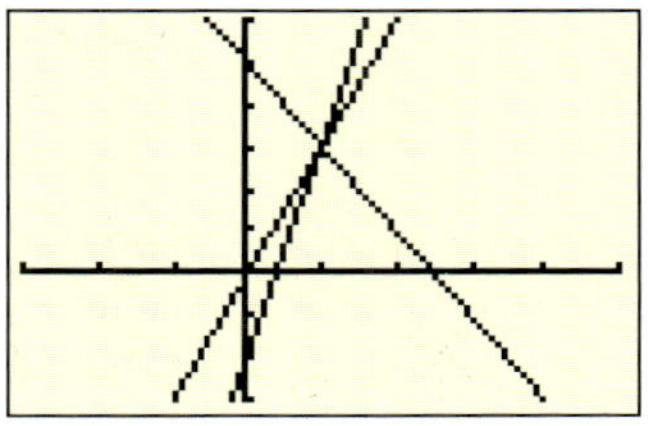

**35.** Zeichne den Graphen der Funktion zu $f(x) = 1{,}2x + 6$ mit einem GTR.
Bestimme die Gleichung einer Funktion g und überprüfe mit dem GTR.

**a)** Der Graph von g ist parallel zum Graphen von f und verläuft durch den Ursprung.

**b)** Der Graph von g ist fallend und schneidet die y-Achse in demselben Punkt wie der Graph von f.

**c)** Der Graph von g ist steiler als der Graph von f und verläuft durch den Punkt $P(0|4)$.

**d)** Der Graph von g schneidet den Graphen von f im Punkt $S(2|8{,}4)$.

**e)** Bestimme die Gleichung der Funktion g, deren Graph durch Spiegelung des Graphen von f an der y-Achse entsteht.

**f)** Bestimme die Gleichung der Funktion h, deren Graph durch Spiegelung des Graphen von f an der x-Achse entsteht.

**36.** Zeichne die Graphen der linearen Funktionen zu $y = -\frac{2}{3}x + 1$ und $y = \frac{2}{3}x + 1$ in ein gemeinsames Koordinatensystem.
Beschreibe die Lage der beiden Graphen zueinander.

## 2.3 Nullstellen linearer Funktionen *Zum Selbstlernen*

**Ziel**

Du kannst schon die Graphen linearer Funktionen der Form $y = mx + n$ zeichnen, ohne eine Wertetabelle anzulegen. Du weißt, dass der Graph der Funktion die y-Achse im Punkt A $(0|n)$ schneidet. Hier lernst du, den Schnittpunkt des Graphen mit der x-Achse grafisch und rechnerisch zu bestimmen.

**Zum Erarbeiten**

### Nullstelle einer linearen Funktion

A

*Heutzutage kann man mit einem Flugzeug fast um die halbe Welt fliegen. Dazu benötigt es große Mengen an Kerosin als Treibstoff. Haben die Flugzeuge erst einmal ihre Flughöhe (ca. 12 000 m) erreicht, so fliegen sie gleichmäßig über weite Strecken. Langstreckenflugzeuge können bis 11 000 km am Stück fliegen.*

*Ein Flugzeug startet mit 21,6 t Kerosin im Tank. Nach 500 km Flug sind noch 20 t im Tank.*

*Betrachte die Funktion* ***Flugstrecke x (in km) → Kerosinmenge y (in t)****; erstelle ihre Funktionsgleichung und zeichne ihren Graphen. Welche Vereinfachungen musst du dazu vornehmen?*

*Wie weit kann dieses Flugzeug höchstens fliegen?*

Zur Vereinfachung nehmen wir an, dass das Flugzeug bei seinem Flug stets gleichmäßig viel Kerosin verbraucht. Nach 500 km Flug hat sich die Kerosinmenge von 21,6 t auf 20 t verringert, das entspricht einen Verbrauch von 1,6 t auf 500 km, also $\frac{1{,}6}{500} = 0{,}0032$ t pro km.

Damit ergibt sich: Kerosinverbrauch (in t) für x km: $0{,}0032 \cdot x$

Kerosinmenge (in t) nach x km: $21{,}6 - 0{,}0032 \cdot x$

Somit lautet die Funktionsgleichung: $y = 21{,}6 - 0{,}0032\,x$

Dieses ist die Gleichung einer Geraden. Der y-Achsenabschnitt ist 21,6, die Steigung –0,0032. Das Flugzeug kann höchstens so lange fliegen, bis der Kerosinvorrat verbraucht ist, also den Wert 0 hat. Die zugehörige Flugstrecke kann man auf verschiedene Weise ermitteln:

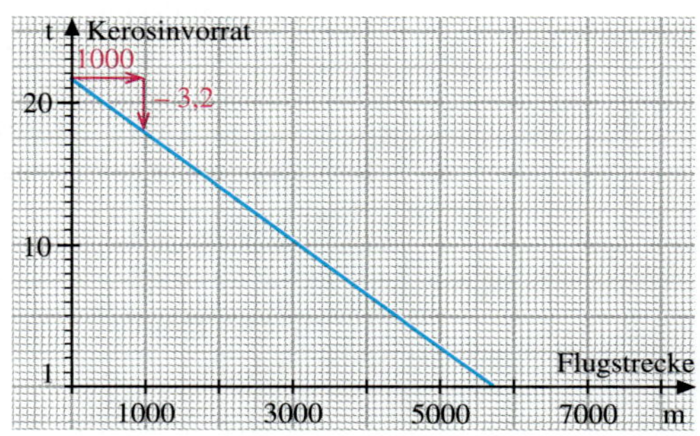


- Am Graphen kannst du sie am Schnittpunkt des Graphen mit der x-Achse ablesen, da hier $y = 0$ gilt. Du erhältst als Flugstrecke ungefähr 6 700 km.
- Du kannst auch mit einer Wertetabelle arbeiten.

| x (in km) | 0 | 500 | 1000 | 2000 | 3000 | 4000 | 5000 | 6000 | 6500 |
|---|---|---|---|---|---|---|---|---|---|
| y (in t) | 21,6 | 20 | 18,4 | 15,2 | 12 | 8,8 | 5,6 | 2,2 | 0,6 |

  Einen genaueren Wert erhältst du mit noch kleineren Abständen in der Tabelle.

- Einen genauen Wert kannst du durch Lösen einer Gleichung erhalten:
  Gesucht ist die Flugstrecke x (in km), für die der Kerosinvorrat y (in t) den Wert 0 hat, also

$$
\begin{aligned}
21{,}6 - 0{,}0032 \cdot x &= 0 \quad &&|-21{,}6\\
-0{,}0032 \cdot x &= -21{,}6 \quad &&|:(-0{,}0032)\\
x &= 6750
\end{aligned}
$$

*Ergebnis:* Nach 6750 km Flugstrecke ist der Kerosinvorrat aufgebraucht.

Zum Selbstlernen

**Information**

In der obigen Aufgabe hast du die Flugdauer gesucht, zu der die Kerosinmenge 0 gehört. Diese Flugdauer ist im Graphen der Funktion *Flugdauer x (in km) → Kerosinmenge y (in t)* die Stelle, an der die x-Achse geschnitten wird.

**Definition**

Ein Argument $x_0$ des Definitionsbereichs, für das eine Funktion f den Wert 0 annimmt, heißt **Nullstelle** der Funktion.
Für eine Nullstelle gilt also $f(x_0) = 0$.

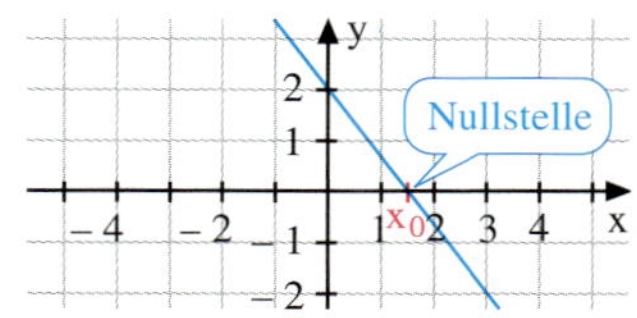


**Zum Erarbeiten**

## Berechnen von Nullstellen mit GTR und CAS

CAS

*Ein quaderförmiges Wasserbecken soll leer gepumpt werden. Das Wasser steht anfangs 1,80 m hoch. Nach 30 Minuten beträgt der Wasserstand nur noch 1,40 m.*
*Erstelle die Gleichung der Funktion Zeitdauer (in Stunden) → Wasserstand (in m). Wie lange dauert es, bis das Becken leer gepumpt ist ?*
*Gib die Funktionsgleichung in einen GTR ein und berechne die Nullstelle mit dem Befehl* ***Zero*** *im* ***CALC****-Menü. Berechne die Nullstelle auch mit einem* ***C****omputer* ***A****lgebra* ***S****ystem (CAS).*

Wir nehmen an, dass der Wasserstand gleichmäßig fällt. In einer Stunde ist der Wasserstand um 0,8 gesunken. Somit erhalten wir die Funktionsgleichung $y = 1{,}80 - 0{,}8x$.
Die Nullstelle der Funktion gibt an, nach wie vielen Stunden das Becken leer gepumpt ist.

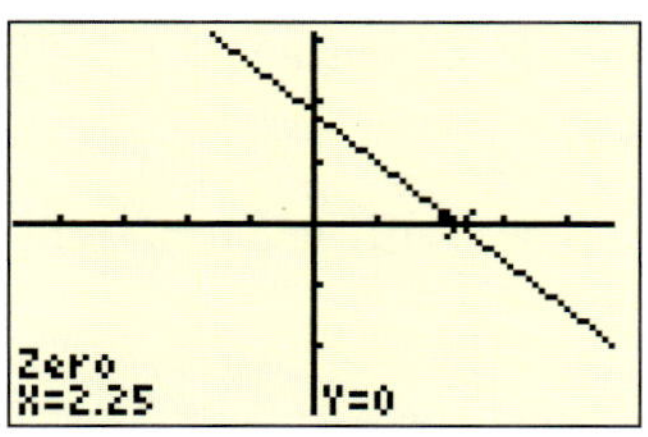


Wir wählen im Menü **CALC** den Befehl **zero**. Der GTR berechnet die Nullstelle $x_0 = 2{,}25$.

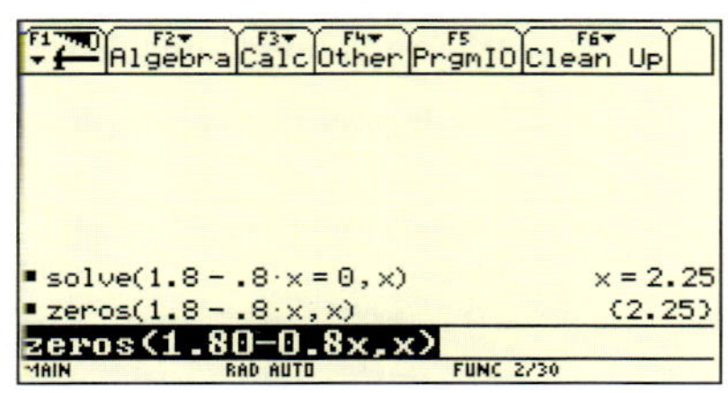


Die Nullstelle der Funktion können wir auch mit einem CAS und dem Befehl **solve()** oder **zeros()** bestimmen.

*Ergebnis:* Nach 2,25 Stunden ist das Becken geleert.

**Zum Üben**

**1.** Zeichne den Graphen der Funktion mit der angegebenen Gleichung. Lies die Nullstelle am Graphen ab. Überprüfe rechnerisch.

**a)** $y = -3x + 7$ **b)** $y = 0{,}3x + 6$ **c)** $y = -1{,}2x - 9$ **d)** $y = 0{,}6x - 7$

**2.** Ein Heißluftballon befindet sich in 200 m Höhe. Zum Landen verringert er seine Höhe mit der Sinkgeschwindigkeit $1{,}5\,\frac{m}{s}$.

**a)** Zeichne den Graphen der Funktion *Zeit → Höhe*.

**b)** Bestimme, wann der Ballon landet.

**c)** Ab wann unterschreitet der Ballon eine Mindesthöhe von 10 m?

**d)** Zum sicheren Landen darf die Sinkgeschwindigkeit bis auf höchstens $2\,\frac{m}{s}$ erhöht werden. Wie viel früher landet der Ballon dann?

**3.** Gib drei lineare Funktionen mit der Nullstelle 3,5 an.

Zum Selbstlernen

## 2.4 Bestimmen von Gleichungen linearer Funktionen – Anwendungen

**Aufgabe 1**

Robert hat sein Aquarium gereinigt und es dafür teilweise geleert. Mithilfe einer kleinen Pumpe füllt er es wieder auf.
Nach 4 Minuten steht das Wasser 13 cm hoch. 7 Minuten nach dem Einschalten der Pumpe beträgt der Wasserstand bereits 19 cm.

**a)** Beschreibe den Füllvorgang mithilfe einer Funktion. Gib die Funktionsgleichung an.

**b)** Lies aus der Funktionsgleichung den Wasserstand beim Einschalten der Pumpe ab.

**c)** Die maximale Füllhöhe beträgt 38 cm.
Nach wie vielen Minuten ist das Aquarium vollständig gefüllt?

**Lösung**

**a)** Wir veranschaulichen den Füllvorgang grafisch. Dabei gehen wir davon aus, dass das Aquarium gleichmäßig gefüllt wird.
Der Graph der Funktion *Zeit x (in min)* → *Wasserhöhe y (in cm)* ist eine Gerade durch die Punkte $P_1(4|13)$ und $P_2(7|19)$.
Die zugehörige lineare Funktion hat die Form $y = m \cdot x + n$.
Wir berechnen zunächst den Anstieg m mithilfe des Differenzenquotienten: $m = \frac{y_2 - y_1}{x_2 - x_1} = \frac{19 - 13}{7 - 4} = \frac{6}{3} = 2$

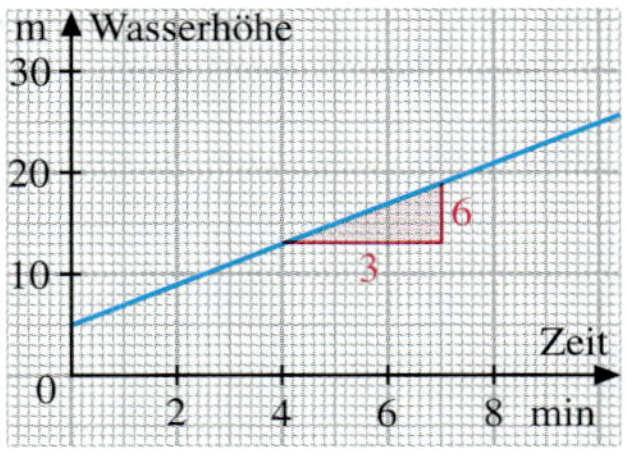


Wir setzen die Koordinaten eines Punktes, z. B. $P_2(7|19)$, und den Anstieg m in die Funktionsgleichung ein und berechnen den y-Achsenabschnitt n:
$19 = 2 \cdot 7 + n$, also $n = 5$
*Ergebnis*: Die gesuchte Funktionsgleichung lautet: $y = 2x + 5$.

**b)** Die Füllhöhe beim Einschalten der Pumpe ergibt sich aus dem y-Achsenabschnitt n.
*Ergebnis:* Beim Einschalten der Pumpe stand das Wasser im Aquarium 5 cm hoch.

**c)** Das Aquarium ist vollständig gefüllt, wenn die Wasserhöhe y = 38 cm beträgt:
$38 = 2 \cdot x + 5$, also $x = 16{,}5$
*Ergebnis:* Nach $16\frac{1}{2}$ Minuten ist das Aquarium vollständig gefüllt.

**Information**

**Bestimmen der Gleichung einer linearen Funktion, deren Graph durch zwei gegebene Punkte verläuft**

(1) Berechne den Anstieg m mithilfe des Differenzenquotienten $m = \frac{y_2 - y_1}{x_2 - x_1}$.

(2) Setze den Wert für den Anstieg m und die Koordinaten eines Punktes in die Funktionsgleichung ein und berechne dann den y-Achsenabschnitt n.

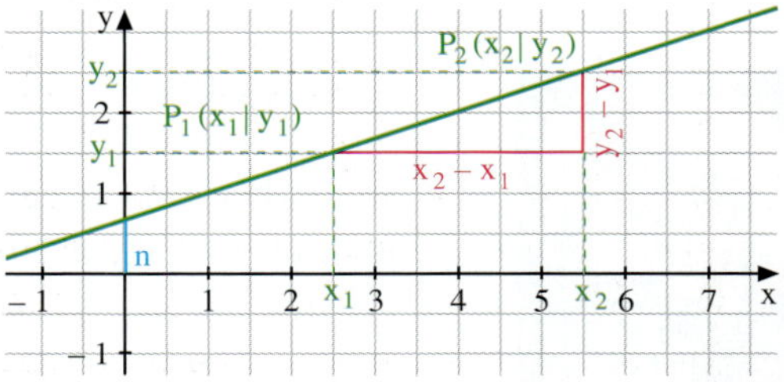


y = mx + n

**Übungsaufgaben**

**2.** Die monatlichen Kosten für einen Internetzugang setzen sich zusammen aus einer Grundgebühr und den Gebühren für jede Nutzungsminute. Jonas muss für 234 Minuten 6,91 € zahlen. Im Monat zuvor musste er 8,08 € für 312 Onlineminuten zahlen.
Die monatlichen Kosten lassen sich mithilfe einer linearen Funktion beschreiben. Bestimme die Gleichung dieser Funktion. Welche Bedeutung haben Anstieg m und y-Achsenabschnitt n?

**3.** Die Gerade g verläuft durch die Punkte $P_1$ und $P_2$. Berechne die Gleichung der Geraden.

**a)** $P_1(1|2)$, $P_2(2|4)$ **b)** $P_1(2|4)$, $P_2(7|4)$ **c)** $P_1(-2|3)$, $P_2(8|8)$ **d)** $P_1(3|2)$, $P_2(-6|3)$

**4.** Eine Gerade verläuft durch die Punkte P und Q. Bestimme die Funktionsgleichung durch systematisches Probieren. Beschreibe dein Vorgehen. Kontrolliere auch mit einem GTR.

**a)** $P(0|4)$, $Q(1|2)$ **b)** $P(0|2{,}5)$, $Q(-1|5{,}5)$ **c)** $P(0|3)$, $Q(-2|0)$ **d)** $P(-3|0)$, $Q(1|2)$

**5.** Herr Sabowski und Frau Neumann unterhalten sich über die Kosten für ihren Wasserverbrauch. Herr Sabowski hat im vergangenen Monat 14 $m^3$ Wasser verbraucht und musste dafür 63,30 € zahlen. Frau Neumann hat im gleichen Zeitraum 11 $m^3$ verbraucht und dafür 50,70 € gezahlt.

**a)** Bestimme aus den Angaben die Grundgebühr pro Monat und die Kosten für 1 $m^3$ Wasser.

**b)** Bestimme die lineare Funktion, die die monatlichen Kosten beschreibt.

**c)** Welche Bedeutung haben y-Achsenabschnitt n und Anstieg m?

**6.** Links siehst du die Skizze eines Schwimmbeckens. In das Becken wird gleichmäßig Wasser eingelassen und der Wasserstand regelmäßig notiert. Der Graph veranschaulicht das Ansteigen des Wassers.

Der Graph setzt sich aus zwei geradlinigen Stücken zusammen.

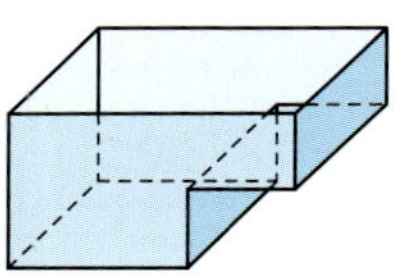

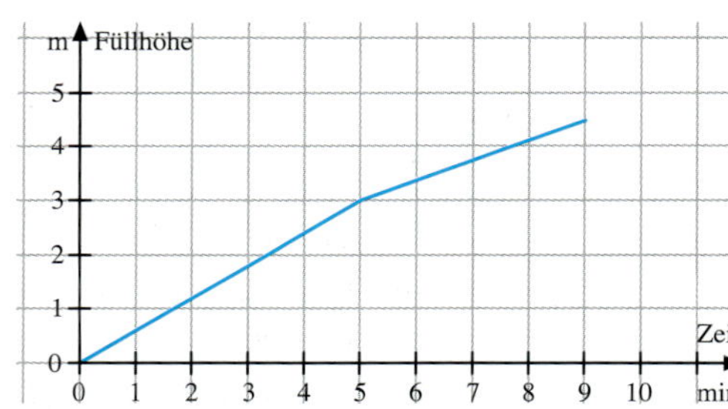


**a)** Bestimme anhand des Graphen die Funktionsgleichungen der beiden linearen Funktionen, die das Ansteigen des Wassers beschreiben.

**b)** Notiere zu jeder Funktion die Zeitspannen, in denen sie den Füllvorgang beschreiben.

**7.** Eine Brennstoff-Firma bietet Heizöl zu nebenstehenden Preisen an.

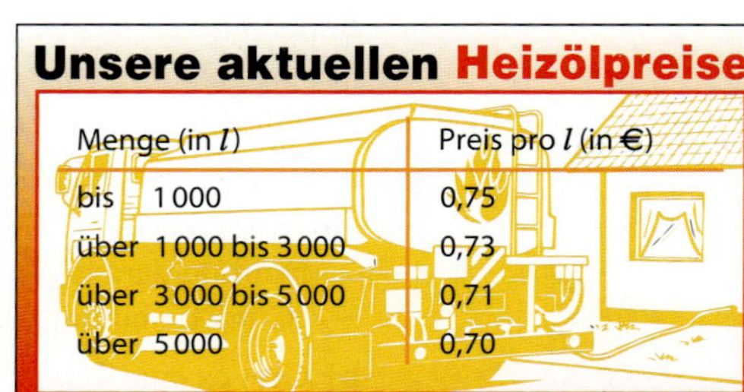

**Unsere aktuellen Heizölpreise**

| Menge (in *l*) | Preis pro *l* (in €) |
|---|---|
| bis 1 000 | 0,75 |
| über 1 000 bis 3 000 | 0,73 |
| über 3 000 bis 5 000 | 0,71 |
| über 5 000 | 0,70 |

**a)** Zeichne den Graphen der Funktion in ein Koordinatensystem.

**b)** Erstelle die Funktionsgleichungen für die Funktion *Menge (in l) → Preis (in €)*.

**8.** Aus dem Graphen einer linearen Funktion f wurden Werte abgelesen:

$f(101) = 271{,}1$; $f(102{,}4) = 275{,}6$; $f(104{,}6) = 280{,}1$; $f(106) = -283{,}6$.

Aufgrund eines Abschreibfehlers ist ein Wert falsch angegeben.

**a)** Stelle grafisch fest, welcher Wert falsch ist.

**b)** Bestimme eine Funktionsgleichung der Funktion f und korrigiere den falschen Wert.

## 2.5 Vermischte und komplexe Übungen

**1.** Mithilfe eines Messbechers kann man für Zucker aus der Einfüllhöhe die Masse bestimmen.

| Höhe (in cm) | Masse (in g) |
|---|---|
| 4 | 16 |
| 6 | 54 |
| 8 | 128 |
| 10 | 250 |
| 12 | 432 |
| 14 | 686 |

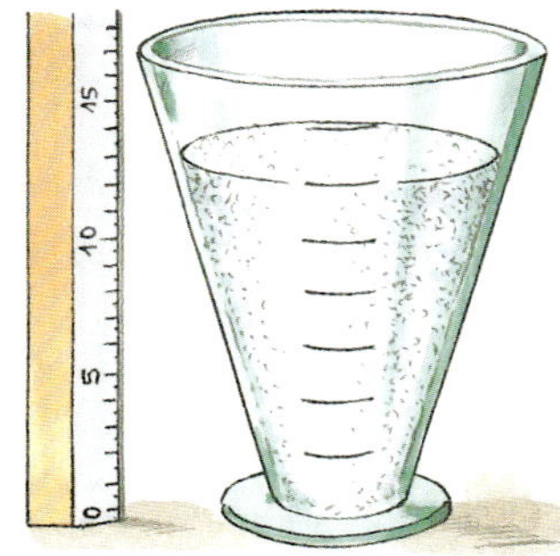

**a)** Veranschauliche die Funktion *Höhe x (in cm) → Masse y (in g)* durch einen Graphen.

**b)** Stelle mithilfe des Graphen fest: Welche Höhen haben die Skalenstriche für 50 g, 100 g, 200 g und 500 g?

**c)** Welche der Funktionsgleichungen $y = x^2$; $y = \frac{5}{2}x^2 - 6x$; $y = \frac{1}{4}x^3$ passt zu dieser Funktion?

**d)** Berechne mithilfe der passenden Funktionsgleichung die Masse des Zuckers für eine Einfüllhöhe von 15 cm.
Prüfe mithilfe der Funktionsgleichung die Ergebnisse von Teilaufgabe b).

**2.** Die lineare Funktion hat die Gleichung $y = mx + 3$ [$y = \frac{2}{3}x + n$].
Welche Zahl muss man für m [für n] einsetzen, damit der Graph durch den Punkt

**a)** $P(4|7)$, **b)** $P(-1|0)$, **c)** $P(\frac{1}{6}|2)$, **d)** $P(2|3)$ geht?

**3.** Berechne den Funktionswert an der Stelle 10 [−10; 0; 1; −0,5; $\frac{1}{3}$; $-\frac{2}{5}$].

**a)** $y = 6x$ **b)** $y = -x + \frac{1}{2}$ **c)** $y = \frac{3}{4}x - 0{,}1$ **d)** $s = 1 - \frac{r}{5}$ **e)** $y = 4{,}5$

**4.** Für welches Argument nimmt die Funktion für y den Wert 1 [−1; 0; 2; −2; 2,5; $-\frac{3}{4}$] an?

**a)** $y = 2x - 5$ **b)** $y = -2x + 5$ **c)** $y = 8x + 1{,}2$ **d)** $y = \frac{5}{6}x - 1$ **e)** $y = 0{,}8t + 0{,}2$

**5.** Bestimme das Argument, für das beide lineare Funktionen den gleichen Wert haben.

**a)** $f(x) = x + 20$
$g(x) = 6x$

**b)** $f(x) = 1 - x$
$g(x) = \frac{x}{3} + 5$

**c)** $f(x) = x$
$g(x) = 12 - 2x$

**d)** $f(x) = 3$
$g(x) = \frac{x}{2} + 1$

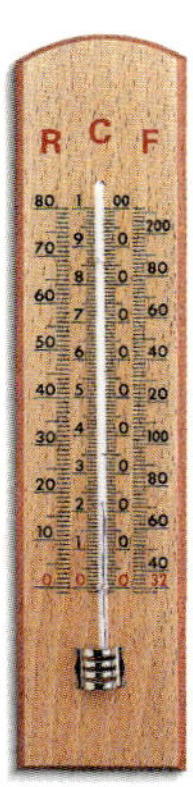


**6.** In den USA wird die Temperatur nicht in °C, sondern in °F (gesprochen: Grad Fahrenheit) gemessen. Der Physiker Daniel Gabriel Fahrenheit (Danzig 1686 – Den Haag 1736) legte die Temperatur des Gefrierpunktes von Wasser mit 32 °F fest, den Siedepunkt mit 212 °F.

**a)** Zeichne einen Graphen für die Funktion *Temperatur (in °C) → Temperatur (in °F)*.
Ermittle daraus die Gleichungen für die Umwandlung von °C in °F und umgekehrt.

**b)** Gibt es eine Temperatur, die auf der Celsius- und der Fahrenheit-Skala dieselbe Gradzahl hat?

**c)** Moritz ist im Urlaub in den USA. Er verwendet zur Umrechnung der Temperatur in °F in die Temperatur °C eine Faustformel. Was hältst du von dieser Faustformel?

**7.** Auf manchen Thermometern findest du Temperaturskalen in Celsius-Graden und in Réaumur-Graden. Auf jeder der beiden Skalen haben die Skalenstriche gleichmäßige Abstände. 0 °C sind auch 0 °R (Réaumur), aber 100 °C sind 80 °R. Veranschauliche die Umrechnung von Celsius-Graden in Réaumur-Grade mithilfe einer Tabelle und durch einen Graphen. Welchen Anstieg hat diese Gerade? Notiere auch die Funktionsgleichung.

**8.** Eine Autovermietung bietet als Tagestarife für einen Transporter an:

**AUTOVERMIETUNG**

**Transporter**

**Tarif 1**
Grundpreis: 51 €
zusätzlich 0,42 € für jeden gefahrenen Kilometer

**Tarif 2**
Grundpreis: 78 €
zusätzlich 0,28 € für die Mehrkilometer
50 km frei

**a)** Notiere jeweils für die Funktion *Länge der Fahrstrecke (in km) → Mietkosten (in €)* die entsprechende Funktionsgleichung.

**b)** Zeichne beide Graphen in dasselbe Koordinatensystem.

**c)** Für welche Länge der Fahrstrecke sind die Mietkosten bei Tarif 1 günstiger als bei Tarif 2?

**9.** In der Tabelle ist in jeder Spalte eine lineare Funktion angegeben. Ergänzt die freien Felder im Heft.

| | | | | |
|---|---|---|---|---|
| Sachverhalt | Eine anfangs 8 cm hohe Kerze wird beim Brennen stündlich 1,5 cm kürzer. | | | |
| Wertetabelle | | x: 0, 2, 4, 6<br>y: 4, 5, 6, 7 | | |
| Funktionsgleichung | | | $y = 2x - 1$ | |
| Graph | | | | 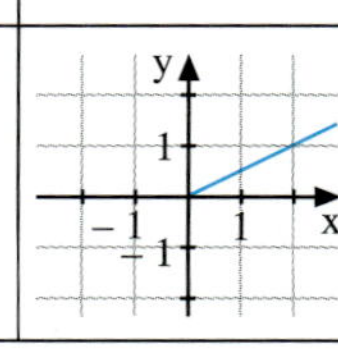 |

**10.** Zeichne zunächst die Gerade zu $y = -\frac{3}{4}x + 2$. Spiegle die Gerade an der angegebenen Achse und ermittle die Gleichung der gespiegelten Geraden.

**a)** y-Achse **b)** x-Achse **c)** Winkelhalbierende $y = x$

**11.** Erzeuge die Muster aus Geraden auf einem GTR. Finde auch eigene Muster.

(1)
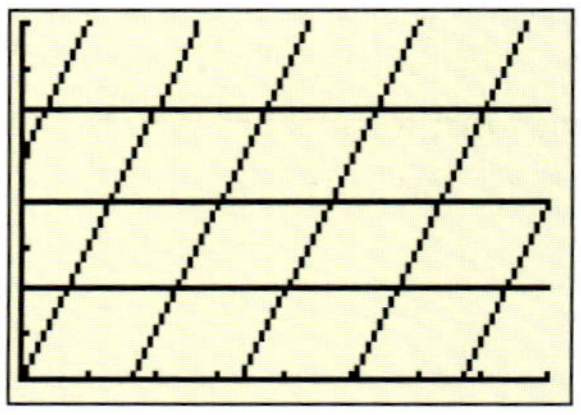

(2)
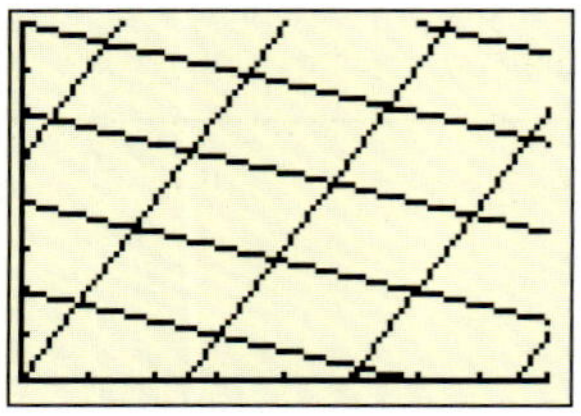

(3)
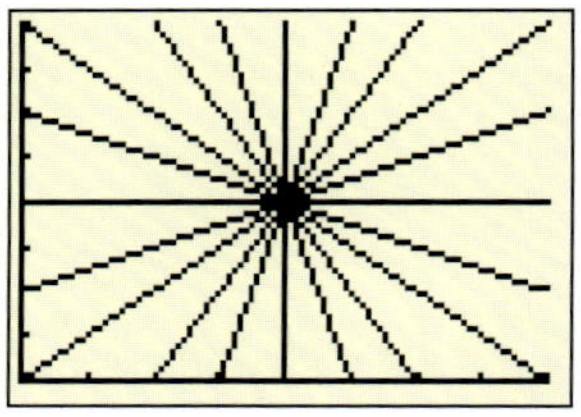

**12.** Eine Autovermietung verleiht Motorräder. Für ein neues Modell wird dem Abrechnungscomputer folgender Tarif für die eintägige Miete M (in €) in Abhängigkeit von der gefahrenen Strecke s (in km) eingegeben:

$$M(s) = \begin{cases} 29 & \text{falls } 0 \leq s \leq 50 \\ 29 + (s - 50) \cdot 0{,}2 & \text{falls } s > 50 \end{cases}$$

**a)** Zeichne den Graphen auf Millimeterpapier; vereinfache dazu zunächst den Funktionsterm, der für $s > 50$ gilt. Beschreibe den Graphen.

**b)** Gib den Tarif für ein Werbeplakat in einer leicht verständlichen Formulierung an.

**13.** **a)** Zeichne zunächst den Graphen der Funktion mit $f(x) = 2x - 4$. Erzeuge daraus (ohne Wertetabelle) den Graphen der Funktion mit $g(x) = |2x - 4|$.

**b)** Zeichne die Graphen zu $h(x) = |2x| - 4$ und $i(x) = 2 \cdot |x| - 4$.

**14.** Jonas behauptet: „Der Graph jeder linearen Funktion ist eine Gerade. Also gibt es zu jeder Geraden im Koordinatensystem eine lineare Funktion, die diese Gerade als Graphen hat.“
Nimm Stellung zu dieser Aussage.

**15.** Die verschiedenen Gefäße werden von einem gleichmäßig laufenden Wasserhahn gefüllt. Dabei wird jeweils der Graph der Funktion *Zeitpunkt* → *Wasserstand* betrachtet.

**a)** Entscheide, welcher Graph zu welchem Gefäß gehört.

(A)
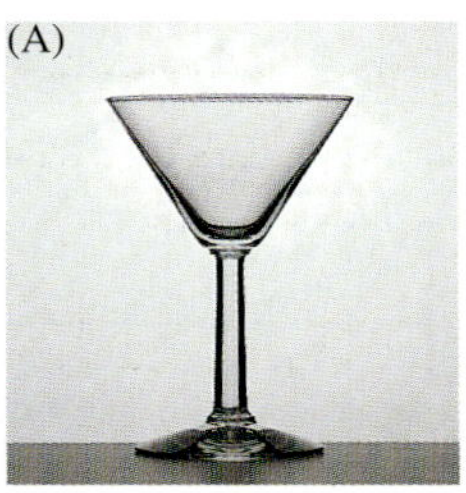

(B)
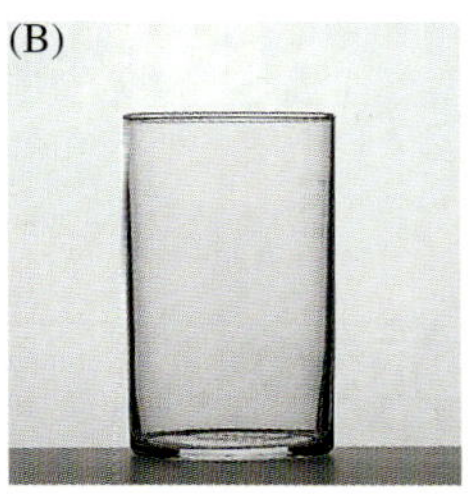

(C)
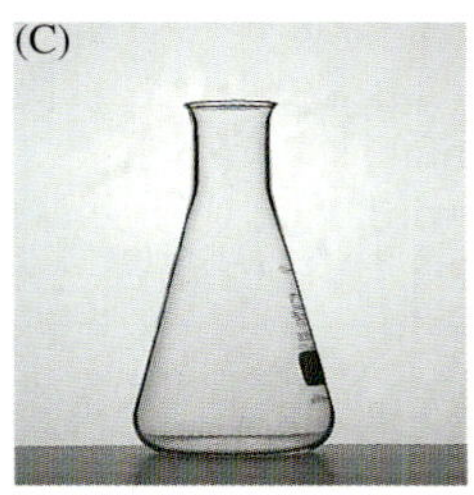

(D)
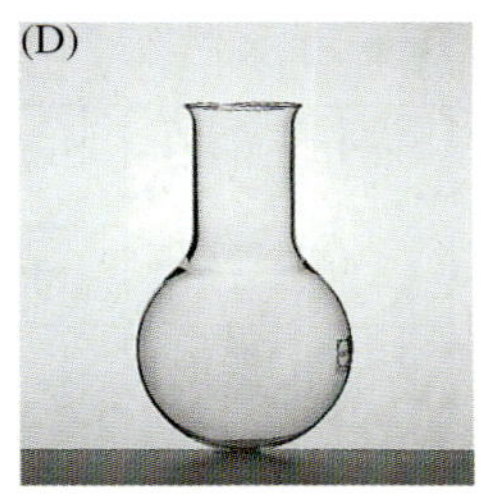

(E)
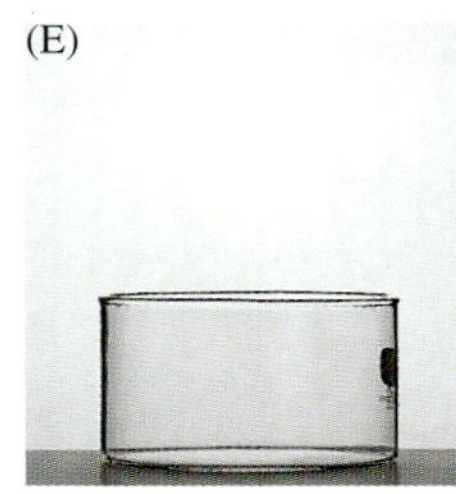

(1)
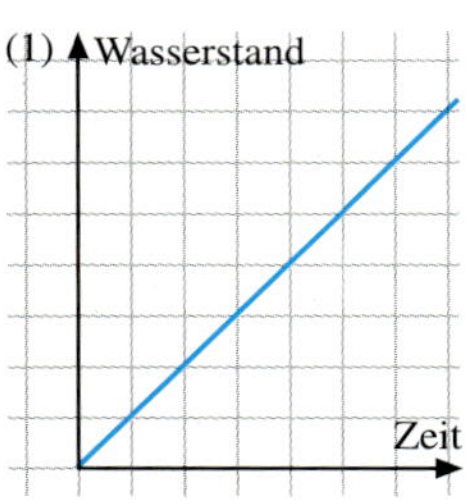


(2)
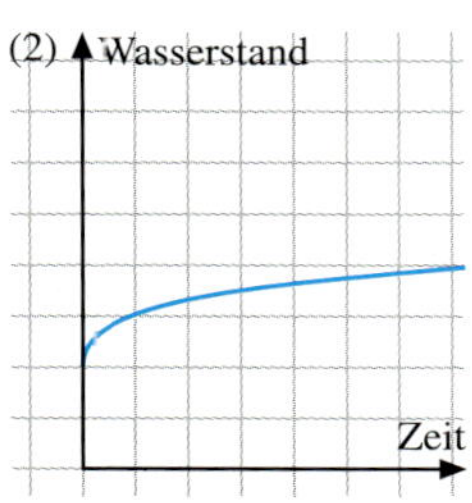


(3)
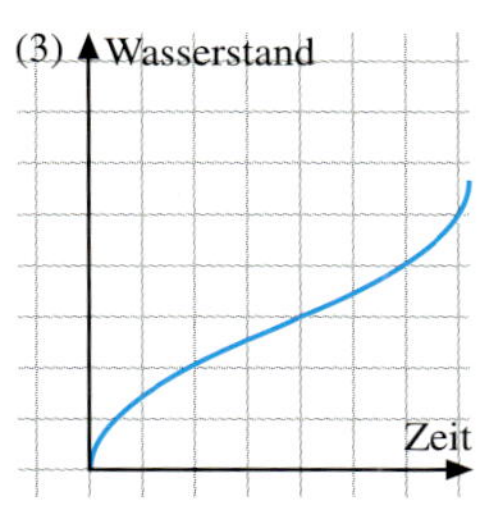


(4)

(5)
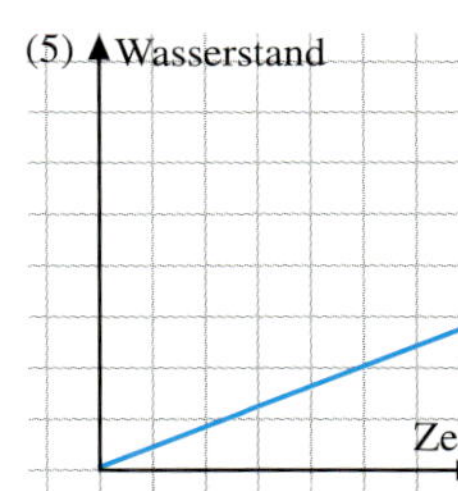


**b)** Skizziere ein Gefäß, das zu dem Graphen gehören könnte.

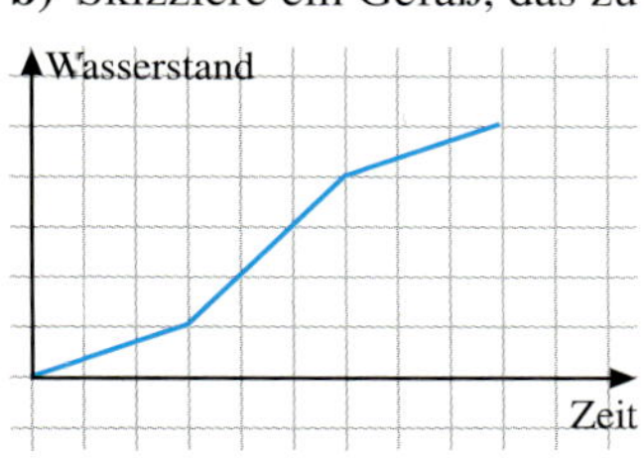


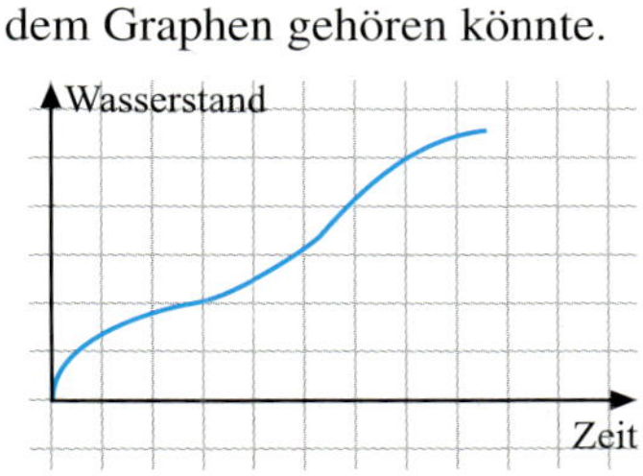


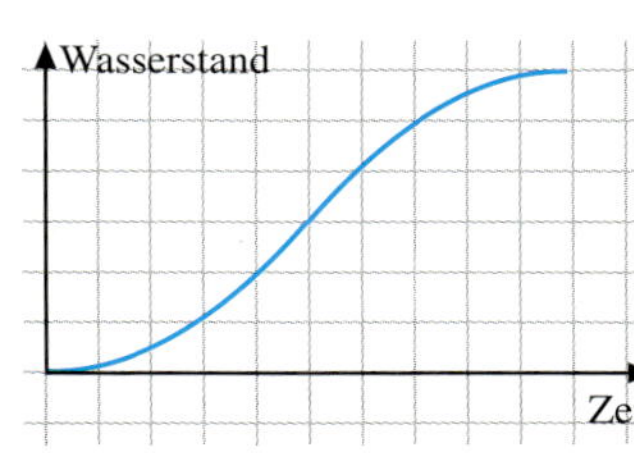

**16.** Liegen die folgenden Punkte auf dem Graphen einer linearen Funktion?
Falls ja, gib die Funktionsgleichung an. Falls nein, begründe die Antwort.

**a)** $P_1(0|4)$; $P_2(-1|3)$; $P_3(3|1)$
**b)** $P_1(0|-2)$; $P_2(2|0)$; $P_3(4|4)$
**c)** $P_1(0|5)$; $P_2(3|3)$; $P_3(-3|7)$
**d)** $P_1(0|0)$; $P_2(4|2)$; $P_3(-6|-3)$

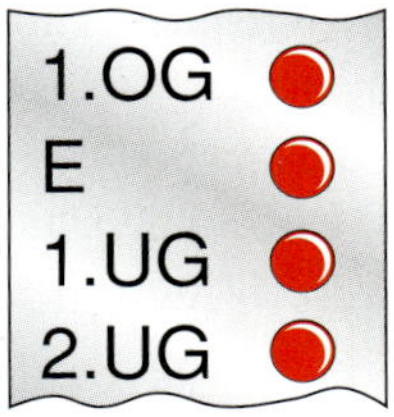


**17.** In einem Hochhaus befindet sich ein Fahrstuhl 80 m über der Erdoberfläche. In 2 Sekunden kann er über 2 Geschosse, also 6 m hinabfahren. Nimm an, dass er unterwegs in keinem Stockwerk hält.

**a)** Erstelle die Funktionsgleichung für die Funktion *Fahrdauer (in s) ⟶ Höhe (in m)* und zeichne deren Graphen.

**b)** Wie lange dauert es, bis er im Erdgeschoss ankommt?

**c)** Wie lange dauert es, bis er im 3. Untergeschoss ankommt?

**18.** Gesucht ist die Gleichung der linearen Funktion, deren Graph durch die Punkte $P(0{,}7|1{,}64)$ und $Q(4{,}8|7{,}52)$ verläuft.
Berechne den Anstieg m und den Achsenabschnitt n. Notiere die Funktionsgleichung.

**19.** Stelle die Funktion mit einem GTR dar. Notiere die Eigenschaften der Funktion.

a) $f(x) = x^4 - 2x^3$  b) $f(x) = \frac{4x}{x^2+1}$  c) $f(x) = \frac{4x}{x^2-1}$

**20.** Zeichne den Graphen der Funktion zu $f(x) = -1{,}5x + 3$ mit einem GTR.
Ergänze drei weitere Geraden so, dass die Geraden ein

a) Trapez,
b) Parallelogramm,
c) Rechteck,
d) Quadrat

einschließen.
Notiere die Geradengleichungen und die Koordinaten der Eckpunkte.

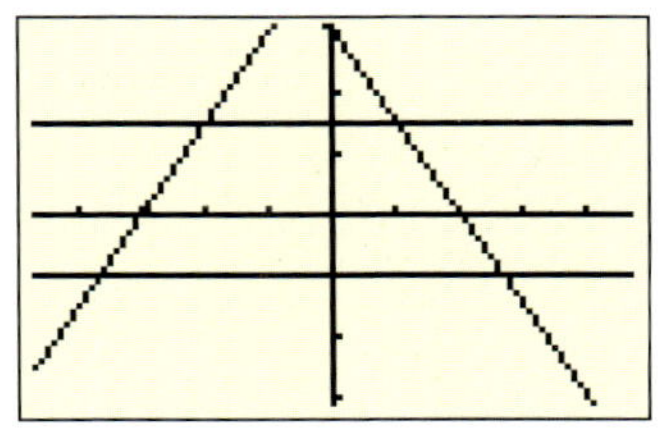

**21.** *Stückweise lineare Funktionen*

Manche Firmen verschicken Werbematerial als Postwurfsendungen an alle Haushalte. Diese Sendungen werden nicht mit Briefmarken versehen und von Postunternehmen zu einem besonderen Preis befördert.

**a)** Zeichne den Graphen. Beachte dabei:
○ markiert einen Punkt, der nicht zum Graphen gehört.
● markiert einen Punkt des Graphen.

**b)** Notiere den Funktionsterm für diese Funktion *Masse ⟶ Preis*.

**Postwurfsendung an alle Haushalte in Ballungszentren**

| Masse (in g) | Tarif A pro 1000 Stück (in €) |
|---|---|
| bis 20 | 86,00 |
| über 20 bis 30 | 104,00 |
| über 30 bis 40 | 113,00 |
| über 40 bis 50 | 121,00 |
| über 50 bis 60 | 134,00 |
| über 60 bis 70 | 142,00 |

**22.** Erkundigt euch nach aktuellen Handy- und Internet-Tarifen. Fertigt zum Vergleich grafische Darstellungen an, die ihr im Klassenraum aushängt.

## Bist du fit?

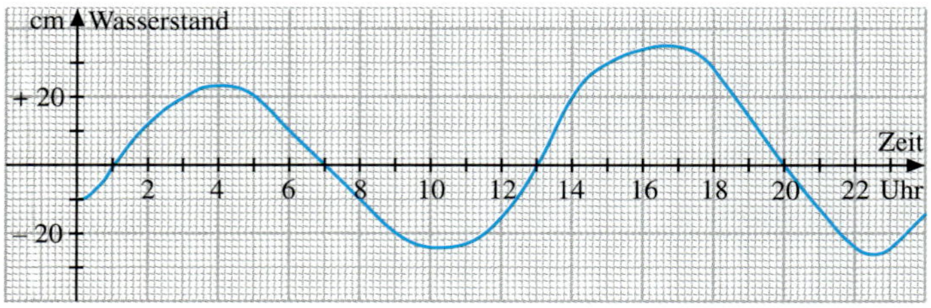


**1.** Das Diagramm zeigt den Wasserstand in einem Seehafen in Abhängigkeit von der Zeit.

**a)** Beschreibe den Verlauf des Graphen. Gib die Eigenschaften des Graphen an.

**b)** Wie hoch ist der Wasserstand um 3.00 Uhr, 5.00 Uhr, 8.00 Uhr, 10.00 Uhr, 14.00 Uhr, 18.00 Uhr, 20.00 Uhr, 24.00 Uhr?

**c)** Zu welchem Zeitpunkt beträgt der Wasserstand + 20 cm [0 cm; – 20 cm]?

**d)** Welche der Zuordnungen *Zeit → Wasserstand*, *Wasserstand → Zeit* ist eine Funktion?

**2.** Zeichne den Graphen der Funktion, ohne eine Wertetabelle anzulegen. Gib die Koordinaten der Schnittpunkte mit den Koordinatenachsen an.

**a)** $y = 5x$ **c)** $y = 2{,}8x$ **e)** $y = -x + 1$ **g)** $y = 1{,}4x - 2$ **i)** $y = 2 - \frac{1}{2}x$

**b)** $y = -4x$ **d)** $y = -0{,}9x$ **f)** $y = x + 2{,}5$ **h)** $y = 3 - 3x$ **j)** $y = 2$

**3.** Gegeben ist die Funktion mit der Gleichung $y = \frac{3}{4}x + 1{,}5$. Gib eine lineare Funktion an, deren Graph

**a)** steiler verläuft; **b)** flacher verläuft; **c)** parallel verläuft; **d)** denselben y-Achsenabschnitt hat.

**4.** Welche der Punkte $P_1(1\,|\,1)$, $P_2(9\,|\,-3)$, $P_3(-3\,|\,-7)$, $P_4(2{,}5\,|\,4)$ gehören zum Graphen der Funktion?

**a)** $y = 2x - 1$ **b)** $y = \frac{1}{3}x - 6$

**5.** Der Graph einer linearen Funktion geht durch die Punkte $P_1$ und $P_2$. Bestimme die Funktionsgleichung. Berechne die Nullstelle.

**a)** $P_1(0\,|\,-2)$, $P_2(1\,|\,1)$ **b)** $P_1(0\,|\,-1)$, $P_2(-1\,|\,-4)$ **c)** $P_1(-6\,|\,0)$, $P_2(-3\,|\,1)$

**6.** Gib zu jeder Geraden die Funktionsgleichung an.

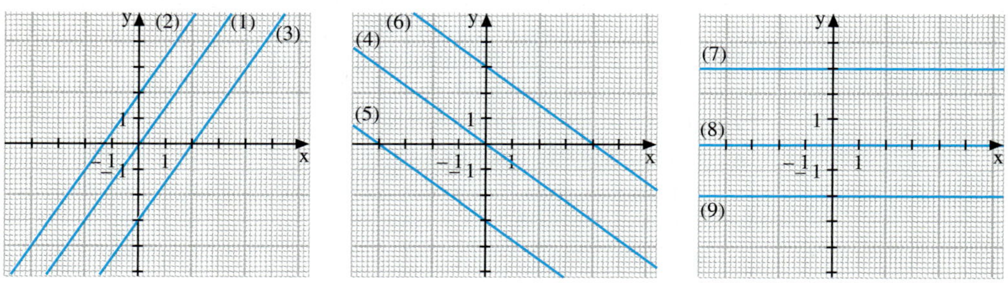

**7.** Ein Fallschirmspringer hat 20 Sekunden nach dem Öffnen des Fallschirms noch eine Höhe von 250 m über dem Boden. Er sinkt in jeder Sekunde um 5 m.

**a)** In welcher Höhe wurde der Fallschirm geöffnet?

**b)** Stelle die Funktionsgleichung auf für die Funktion *Fallzeit bei geöffnetem Fallschirm (in s) → Höhe über dem Boden (in m).* Wie lange dauert das Absinken bei geöffnetem Fallschirm?

# Bleib fit im ... Umgang mit Zufallsversuchen

Zum Aufwärmen

**1.** Krischan und Sophie würfeln mit einem Oktaeder, dessen Seitenflächen mit den Zahlen von 1 bis 8 beschriftet sind.

**a)** Bestimme die Wahrscheinlichkeit dafür, bei *einem* Wurf
(1) eine 3 zu werfen,
(2) keine 3 zu werfen,
(3) mindestens 3 zu werfen,
(4) eine durch 3 teilbare Zahl zu werfen.

**b)** Krischan erhält beim Werfen 1, 7, 6, 2, 4, 5, 8.
Wie groß ist die Wahrscheinlichkeit, beim nächsten Wurf eine 3 zu erhalten?

**c)** Sophie ist nicht sicher, ob dieser Würfel wirklich alle Zahlen mit gleicher Wahrscheinlichkeit liefert.
Wie kann sie das überprüfen?

Zum Erinnern

**(1) Wahrscheinlichkeiten von Ergebnissen bei einstufigen Zufallsversuchen**

Man kann zwei Typen von Zufallsversuchen unterscheiden:

- Bei **LAPLACE-Versuchen** wird ein Zufallsgerät benutzt, bei dem kein Grund ersichtlich ist, warum eines der möglichen Ergebnisse eine größere Chance als ein anderes hat aufzutreten. Besitzt ein solcher Zufallsversuch n mögliche Ergebnisse, so beträgt die Wahrscheinlichkeit für das Auftreten eines bestimmten Ergebnisses $\frac{1}{n}$.

  *Beispiele:* Werfen einer Münze, Werfen eines Würfels, Drehen eines Glücksrades mit gleich großen Sektoren, Ziehen von gleichartigen Kugeln aus einer Urne.

- Bei **Nicht-LAPLACE-Versuchen** lassen sich die Wahrscheinlichkeiten für die einzelnen möglichen Ergebnisse nicht durch Symmetrieüberlegungen (oder Ähnliches) bestimmen.

  *Beispiel:* Reißnägel unterscheiden sich durch unterschiedliche Druckflächen und unterschiedliche Längen der Nägel; man kann nicht vorhersagen, wie oft ein Reißnagel beim Werfen auf der Seite liegen bleibt oder mit der Spitze nach oben zeigt.

  *Weitere Beispiele:* Werfen eines LEGO-Würfels oder eines Kronkorkens.

  Aufgrund von langen Versuchsreihen kann man jedoch Schätzwerte für die zugrunde liegenden Wahrscheinlichkeiten bestimmen.

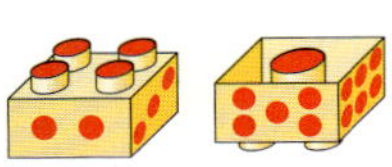

*Beispiel:* Lego-Vierer

| Ergebnis | 1 | 2 | 3 | 4 | 5 | 6 |
|---|---|---|---|---|---|---|
| Wahrscheinlichkeit | 0,48 | 0,06 | 0,06 | 0,28 | 0,06 | 0,06 |

Das **empirische Gesetz der Großen Zahlen** besagt, dass bei wiederholten Durchführungen die *relativen Häufigkeiten,* mit denen das betrachtete Ergebnis eines Zufallsversuchs auftritt, mit zunehmender Versuchsanzahl in der Regel immer weniger um die Wahrscheinlichkeit schwanken.

**(2) Wahrscheinlichkeiten von Ereignissen bei einstufigen Zufallsversuchen**

Ergebnisse eines Zufallsversuchs kann man zu *Ereignissen* zusammenfassen.

*Beispiel:* Beim Werfen eines Würfels gehören zum Ereignis *gerade Augenzahl* die Ergebnisse 2, 4 und 6. Dieses Ereignis wird durch die Menge {2; 4; 6} angegeben.

> Die *Wahrscheinlichkeit eines Ereignisses* erhält man als Summe der Wahrscheinlichkeiten der zugehörigen Ergebnisse (*Summenregel*).

Bei LAPLACE-Versuchen verwendet man speziell die **LAPLACE-Regel**:

**Wahrscheinlichkeit,**
engl.: probability
franz.: probabilité
lat.: probabilitas

> Für die Wahrscheinlichkeit eines Ereignisses E bei einem LAPLACE-Versuch gilt:
>
> $$P(E) = \frac{\text{Anzahl der zu E gehörenden Ergebnisse}}{\text{Anzahl aller möglichen Ergebnisse}}$$
>
> *Beispiel:* Werfen eines Würfels P(gerade Augenzahl) $= \frac{3}{6} = \frac{1}{2}$

Zum Trainieren

**2.** Bei einem Geburtstag werden kleine Gewinne mit einem Würfelspiel verteilt. Worauf würdest du setzen?
(1) Erscheinen einer Primzahl beim Werfen des Oktaeders
(2) Erscheinen einer geraden Zahl beim Werfen eines gewöhnlichen Würfels

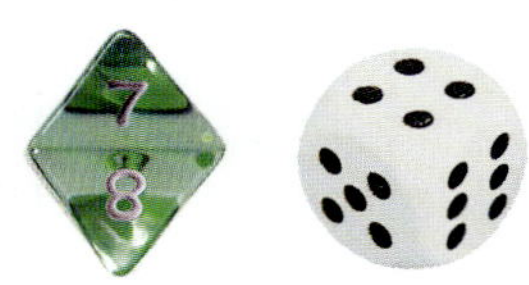

**3.** Marc spielt mit seinen Großeltern Skat. Er denkt, dass die erste Karte, die er erhält, ein Glücks- oder Unglückszeichen ist.
Bestimme die Wahrscheinlichkeit dafür, dass die erste Karte

**a)** der Kreuz-Bube ist;
**b)** ein Bube ist;
**c)** eine Kreuz-Karte ist;
**d)** eine rote Karte ist;
**e)** eine Karte ohne Punkte (also 7, 8 oder 9) ist.

**4.** Bestimme für einen Lego-Vierer mithilfe der auf Seite 107 angegebenen Wahrscheinlichkeitsverteilung die Wahrscheinlichkeit für das Werfen

**a)** einer geraden Augenzahl;
**b)** einer ungeraden Augenzahl;
**c)** einer Augenzahl von höchstens 3;
**d)** einer Augenzahl von mindestens 2;
**e)** einer durch 7 teilbaren Augenzahl;
**f)** einer kleineren Augenzahl als 7.

**5.** *Super 6* ist eine Zusatzlotterie zum gewöhnlichen Lottospiel. Bei jeder Ziehung wird eine sechsstellige Gewinnzahl von 000000 bis 999999 gezogen, die mit der Spielschein-Nummer verglichen wird. Bestimme für jede Gewinnhöhe die Wahrscheinlichkeit.

| Gewinnzahl | Gewinn |
|---|---|
| **6 richtige** Endziffern: | 100.000,00 € |
| **5 richtige** Endziffern: | 6.666,00 € |
| **4 richtige** Endziffern: | 666,00 € |
| **3 richtige** Endziffern: | 66,00 € |
| **2 richtige** Endziffern: | 2,50 € |

# 3. WAHRSCHEINLICHKEITEN

Maximilian muss auf seinem Weg zur Schule zwei Straßen überqueren und dabei das Ampelsignal beachten.

Manchmal, wenn er es besonders eilig hat, zeigen beide Ampeln Rot. An anderen Tagen lässt er sich Zeit, weil es unterwegs viel zu sehen gibt, und trotzdem zeigen beide Ampeln Grün. Es scheint also vom Zufall abzuhängen, ob Maximilian bei Grün oder bei Rot an einer Ampel ankommt.

- Was kommt öfter vor:
  *Beide Ampeln zeigen Rot*
  oder
  *Beide Ampeln zeigen Grün*?
- Schätze, wie oft es vorkommt, dass er zweimal hintereinander Rot hat.
- Wie kann man den Vorgang mit den unterschiedlich eingestellten Ampeln simulieren?

Maximilian muss zweimal nacheinander die Ampel beachten; dabei hängt es vom Zufall ab, ob sie Rot oder Grün für ihn zeigt. Hier liegt also ein zweistufiges Zufallsexperiment vor.

In diesem Kapitel beschäftigen wir uns mit der Frage, wie man Wahrscheinlichkeiten für mehrstufige Zufallsversuche berechnet.

## 3.1 Gegenereignis – Unmögliches und sicheres Ereignis *Zum Selbstlernen*

**Ziel**

In diesem Abschnitt beschäftigen wir uns mit besonderen Ereignissen, die ihrer Bedeutung wegen eigene Bezeichnungen erhalten.

**Zum Erarbeiten**

### Gegenereignis

A *Rainer und René werfen einen Lego-Vierer mit folgender Wahrscheinlichkeitsverteilung.*

| *Ergebnis* | *1* | *2* | *3* | *4* | *5* | *6* |
|---|---|---|---|---|---|---|
| *Wahrscheinlichkeit* | *0,48* | *0,06* | *0,06* | *0,28* | *0,06* | *0,06* |

*Rainer gewinnt, wenn die Augenzahl mehr als 1 und weniger als 6 beträgt; René gewinnt, wenn die Augenzahl 1 oder 6 ist. Bestimme für jeden Spieler die Wahrscheinlichkeit zu gewinnen. Vergleiche.*

Der Zufallsversuch hat 6 mögliche Ergebnisse; die Ergebnismenge Ω lautet: $\Omega = \{1; 2; 3; 4; 5; 6\}$.
Die Ergebnisse wurden auf zwei Ereignisse verteilt:

„mehr als 1 und weniger als 6": Rainer gewinnt

2 3 4 5 → $A = \{2; 3; 4; 5\}$

$$P(\text{Rainer gewinnt}) = P(2) + P(3) + P(4) + P(5) = 0{,}06 + 0{,}06 + 0{,}28 + 0{,}06 = 0{,}46$$

„1 oder 6": René gewinnt

1 6 → $B = \{1; 6\}$

$$P(\text{René gewinnt}) = P(1) + P(6) = 0{,}48 + 0{,}06 = 0{,}54$$

Die Mengen zu den beiden Ereignissen ergänzen sich zur Ergebnismenge Ω; die Summe beider Wahrscheinlichkeiten beträgt 1.

**Information**

Entweder ist eine Augenzahl höchstens 4 oder größer als 4. Ein Ergebnis gehört also entweder zum Ereignis A oder zum Ereignis B. Eine andere Möglichkeit gibt es nicht. Man sagt: Jedes der Ereignisse ist *Gegenereignis* des anderen. Die beiden Ereignisse umfassen die ganze Ergebnismenge Ω. Daher gilt: $P(A) + P(B) = P(\Omega) = 1$. Kennt man die Wahrscheinlichkeit des einen Ereignisses, so kann man die Wahrscheinlichkeit des anderen direkt durch Ergänzen zu 1 berechnen.

Verwende die Komplementärregel, wenn es leichter ist, die Wahrscheinlichkeit des Gegenereignisses zu bestimmen.

Gegeben ist ein Ereignis E bei einem Zufallsversuch. Das **Gegenereignis $\overline{E}$** zum Ereignis E enthält alle Ergebnisse der Ergebnismenge Ω, die *nicht zum Ereignis E* gehören.

**Komplementärregel**

Die Wahrscheinlichkeit P(E) eines Ereignisses E und die Wahrscheinlichkeit $P(\overline{E})$ des Gegenereignisses $(\overline{E})$ ergänzen sich zu 1: $\mathbf{P(E) + P(\overline{E}) = 1}$

*Beispiel:* $P(E) = 0{,}54$
$P(\overline{E}) = 1 - P(E) = 1 - 0{,}54 = 0{,}46$

**Zum Erarbeiten**

### Anwenden der Komplementärregel

A *Bestimme für den obigen Lego-Vierer-Würfel die Wahrscheinlichkeit dafür, keine 6 zu werfen.*

Es ist „keine 6" das Gegenereignis zum Ereignis „6". Daher berechnet man einfach
$P(\text{keine } 6) = 1 - P(6) = 1 - 0{,}06 = 0{,}94$.

Zum Selbstlernen

Zum Erarbeiten

### Sicheres und unmögliches Ereignis

A *Rainer und René würfeln mit einem Tetraeder. Rainer gewinnt, wenn die Augenzahl höchstens 4 ist; René gewinnt, wenn die Augenzahl mehr als 4 beträgt. Bestimme für jeden Spieler die Wahrscheinlichkeit zu gewinnen.*

Bei einem Tetraeder treten als mögliche Ergebnisse die Zahlen 1, 2, 3, 4 auf. Rainer gewinnt daher bei *jedem* Wurf, René bei *keinem* Wurf. Rainer gewinnt also *sicher*; es ist *unmöglich*, dass René gewinnt.

Information

- Erfüllen *alle* möglichen Ergebnisse eines Zufallsversuchs die Bedingung, durch die ein Ereignis beschrieben ist, so nennt man dieses Ereignis ein **sicheres Ereignis**; die zugehörige Menge ist $\Omega$.
  Die Wahrscheinlichkeit des sicheren Ereignisses ist 1: $P(\Omega) = 1$.
- Erfüllt *keines* der möglichen Ergebnisse eines Zufallsversuchs die Bedingung, durch die ein Ereignis beschrieben ist, so nennt man dieses Ereignis ein **unmögliches Ereignis**; die zugehörige Menge ist die leere Menge $\emptyset$.
  Die Wahrscheinlichkeit des unmöglichen Ereignisses ist 0: $P(\emptyset) = 0$.

Zum Üben

**1.** Für das Werfen eines Lego-Vierers gehen wir von der auf Seite 110 angegebenen Wahrscheinlichkeitsverteilung aus. Bestimme jeweils die Wahrscheinlichkeit

**a)** (1) eine ungerade Zahl zu werfen; (2) eine gerade Zahl zu werfen;
**b)** (1) mindestens 1 zu werfen; (2) höchstens 1 zu werfen;
**c)** (1) weniger als 6 zu werfen; (2) mehr als 6 zu werfen.

**2.** Bei einer Lkw-Kontrolle werden 86 Autos angehalten. Dabei weisen 8 Lkw Mängel auf.

**a)** Gib eine Prognose für die Verkehrskontrolle am nächsten Tag.
(1) Wie groß ist die Wahrscheinlichkeit, dass ein zufällig ausgewählter Lkw Mängel aufweist? Runde sinnvoll.
(2) Gib auch das Gegenereignis und die zugehörige Wahrscheinlichkeit an.

**b)** Am nächsten Tag sollen 200 Lkws kontrolliert werden. Schätze: Wie viele dieser Lkws werden Mängel aufweisen?

**3.** Ein (regelmäßiger) Ikosaeder ist ein Körper, dessen Oberfläche aus 20 gleich großen gleichseitigen Dreiecken besteht. Auch damit kann man würfeln. Die 20 Flächen sollen mit den Zahlen 1 bis 20 beschriftet sein. Wie groß ist die Wahrscheinlichkeit,

**a)** keine durch 3 teilbare Zahl; **b)** keine Primzahl zu werfen?

**4.** Anne zieht zufällig zwei der Zahlkärtchen links.
Sie betrachtet die Summe der beiden Zahlen als Versuchsergebnis.
Beschreibe ein Ereignis mit Worten, das
(1) die Wahrscheinlichkeit 0 besitzt; (2) die Wahrscheinlichkeit 1 besitzt.

**5.** In einer Serie von Roulette-Spielen traten 9-mal hintereinander rote Zahlen auf. Betrachte das Ereignis „Im nächsten Spiel kommt eine rote Zahl".
Ist dieses Ereignis (1) möglich; (2) wenig wahrscheinlich; (3) sicher; (4) unmöglich? Begründe deine Ansichten.

Zum Selbstlernen

## 3.2 Wahrscheinlichkeiten bei mehrstufigen Zufallsversuchen

### 3.2.1 Mehrstufige Zufallsversuche und Baumdiagramme

**Aufgabe 1**

Bei einem Schulfest kann man an einem Stand mit zwei Glücksrädern spielen. Gewinner ist, wer für beide Glücksräder richtig vorhersagt, auf welchen Feldern die Zeiger stehen bleiben werden.
Beim linken Glücksrad gibt es ein rotes und ein blaues Feld.
Beim linken Glücksrad ist $\frac{1}{4}$ der Fläche rot und $\frac{3}{4}$ blau gefärbt.
Beim rechten Glücksrad gibt es gleich große Felder, die die Nummern 1, 2 oder 3 tragen.
Im Bild rechts ist der Zeiger des linken Glücksrades auf „Rot“, der Zeiger des rechten Glücksrades ist auf „1“ stehen geblieben. Wir notieren dieses Ergebnis als Paar (Rot|1) oder kurz auch als (R|1).

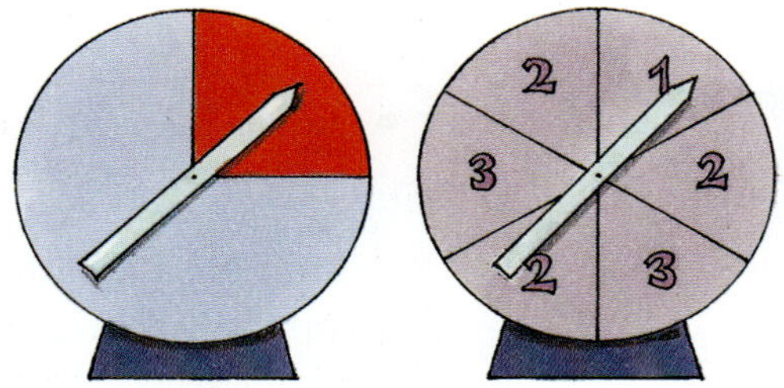


**a)** Welche anderen Ergebnisse sind möglich?

**b)** Die möglichen Ergebnisse beim Drehen der beiden Glücksräder kann man in einem **Baumdiagramm** darstellen. Dem Ergebnis (R|1) entspricht der rote Pfad im Baumdiagramm.
Ergänze das Diagramm. Schreibe an die einzelnen Teile des Pfades die zugehörigen Wahrscheinlichkeiten und notiere am Ende eines jeden Pfades das Ergebnis des Zufallsversuchs.

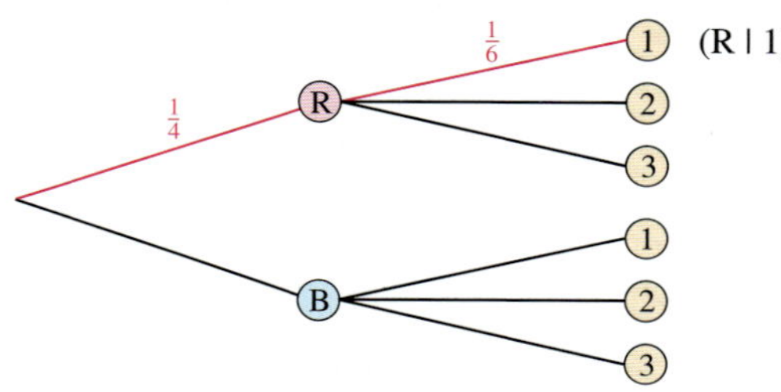


**Lösung**

**a)** Bleibt das linke Glücksrad auf dem roten Feld stehen, so sind beim rechten Glücksrad noch drei Ergebnisse möglich. Ebenso sind beim rechten Glücksrad drei Ergebnisse möglich, wenn das linke Glücksrad auf dem blauen Feld stoppt. Insgesamt sind dies zwei mal drei mögliche Ergebnisse, also sechs Ergebnisse des zweistufigen Zufallsversuchs:
(R|1), (R|2), (R|3), (B|1), (B|2), (B|3).

**b)** Die 6 möglichen Ergebnisse des Zufallsversuchs sind durch die 6 Pfade im Baumdiagramm dargestellt.

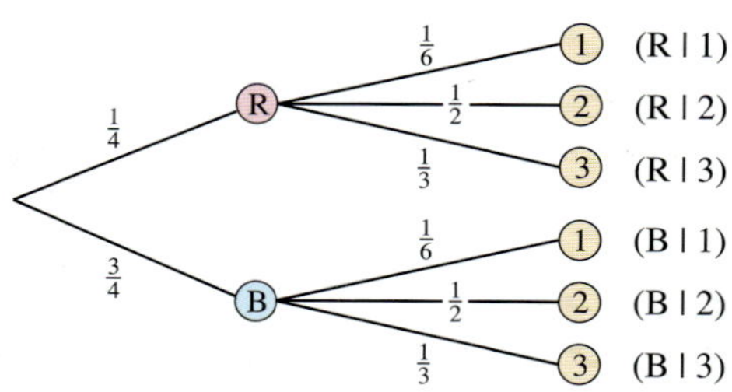


Da beim linken Glücksrad $\frac{1}{4}$ der Fläche rot und $\frac{3}{4}$ blau gefärbt ist, gehen wir davon aus, dass die Wahrscheinlichkeit für das Stoppen des Zeigers auf „Rot“ $\frac{1}{4}$ und auf „Blau“ $\frac{3}{4}$ beträgt.
Das rechte Glücksrad hat 6 gleich große Felder, davon trägt ein Feld die Nummer „1“.
Die Wahrscheinlichkeit, dass der Zeiger auf „1“ stehen bleibt, ist somit $\frac{1}{6}$.
Drei von 6 Feldern tragen die Nummer „2“; die Wahrscheinlichkeit für „2“ beträgt also $\frac{3}{6} = \frac{1}{2}$.
Für „3“ beträgt die Wahrscheinlichkeit entsprechend $\frac{2}{6} = \frac{1}{3}$.

**Information**

**(1) Mehrstufige Zufallsversuche**

Manche Zufallsversuche werden in zwei oder mehr Schritten *nacheinander* durchgeführt.

*Beispiele:*

- Jemand wirft zweimal nacheinander eine Münze.
- Eine siebenstellige Glückszahl wird so bestimmt, dass ein Glücksrad mit den Sektoren 0, 1, 2, …, 9 siebenmal nacheinander gedreht wird.
- Jemand würfelt dreimal nacheinander.
- Nacheinander werden 6 Kugeln aus einer Lottotrommel mit 49 Kugeln gezogen.

Man nennt solche Zufallsversuche **mehrstufig**; die Ergebnisse werden bei zweistufigen Zufallsversuchen als Paare (2|3), bei dreistufigen als Tripel (2|5|3) usw. notiert.

**(2) Baumdiagramme – Pfad in einem Baumdiagramm**

Mehrstufige Zufallsversuche lassen sich in der Form von Baumdiagrammen darstellen. Zu jedem der möglichen Ergebnisse des Zufallsversuchs gehört ein so genannter **Pfad** im Baumdiagramm. Er beginnt an der Wurzel des Baums, verläuft über die verschiedenen Verzweigungen und endet mit der letzten Stufe.

Bei vollständigen (d. h. vollständig gezeichneten) **Baumdiagrammen** ist *immer* eine Kontrolle möglich:

Die Summe der Wahrscheinlichkeiten nach jeder Verzweigung bis zur nächsten Stufe ist gleich 1 (*Summenprobe*).

*Beispiel:* Dreifacher Münzwurf

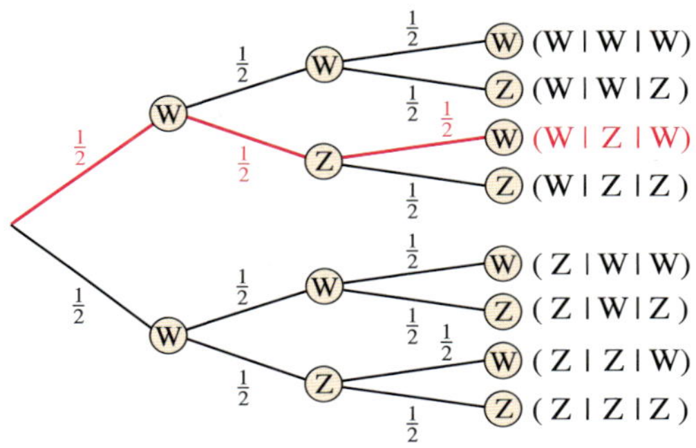


Der rote Pfad gehört zum Ergebnis (W|Z|W).

**Weiterführende Aufgaben**

**2.** *Veränderte Anordnung der Stufen eines Baumdiagramms*

Bei der Aufgabe 1 (Seite 112) ist nicht beschrieben, ob zunächst das linke und dann das rechte Glücksrad gedreht wird. Deshalb ist es auch möglich, den Zufallsversuch durch ein Baumdiagramm zu beschreiben, bei dem zunächst die möglichen Ergebnisse des rechten Glücksrades und dann die des linken Glücksrades erfasst werden. Zeichne ein solches Baumdiagramm.

**3.** *Doppelter Münzwurf – nacheinander bzw. gleichzeitig*

**a)** Eine Münze wird zweimal nacheinander geworfen. Stelle die möglichen Ergebnisse des Zufallsversuchs in einem Baumdiagramm dar.

**b)** Eine 5-Cent- und eine 10-Cent-Münze werden gleichzeitig geworfen. Überlege, wie sich auch dieser Zufallsversuch in einem Baumdiagramm darstellen lässt.

**c)** Zwei gleichartige Münzen werden (1) gleichzeitig, (2) nacheinander geworfen. Zeichne Baumdiagramme. Vergleiche mit den Baumdiagrammen aus den Teilaufgaben a) und b).

**Information**

**Deutung gleichzeitig durchgeführter Zufallsversuche als mehrstufige Zufallsversuche**

Oft kann man Zufallsversuche, bei denen Vorgänge *gleichzeitig* erfolgen, als mehrstufig auffassen. Hier spielt es dann keine Rolle, welchen Teilvorgang man als 1. oder 2. (oder 3.) Stufe ansieht.

*Beispiele:*
- Ein roter und ein blauer Würfel werden gleichzeitig geworfen.
- Drei unterschiedliche Münzen werden gleichzeitig geworfen.
- Mehrere Lose werden gleichzeitig aus einer Lostrommel gezogen.

## Übungsaufgaben

**4.** In einer Fabrik werden neu hergestellte Porzellanbecher nacheinander auf Form, Farbe und Oberfläche geprüft. Bei der Form unterscheidet man nach gut, mittelmäßig und schlecht, bei der Farbe nach gleichmäßig und ungleichmäßig. Bei der Oberflächenbeschaffenheit unterscheidet man nach glatt und uneben.
Jeder Becher durchläuft alle drei Kontrollen. Stelle übersichtlich dar, welche Kombinationsmöglichkeiten auftreten können.

**5.** In einem Gefäß sind 1 rote, 2 blaue und 3 grüne Kugeln. Nacheinander werden zwei Kugeln gezogen (und nicht wieder zurückgelegt).
Stelle den Zufallsversuch in einem Baumdiagramm dar.

**6.** Ein Tetraeder wird zweimal geworfen. Welche Ergebnisse gehören zu den Ereignissen?

$E_1$: Mindestens einmal Augenzahl 1.
$E_2$: Beim zweiten Wurf Augenzahl 1.
$E_3$: Nur beim zweiten Wurf Augenzahl 1.
$E_4$: Nur ungerade Augenzahlen.
$E_5$: Eine gerade, eine ungerade Augenzahl.
$E_6$: Augensumme drei.

**7.** Eine Münze und ein Würfel werden nacheinander geworfen.

**a)** Stelle den Zufallsversuch in einem Baumdiagramm dar. Welche Ergebnisse sind möglich?

**b)** Welche Baumdiagramme kann man zeichnen, wenn Münze und Würfel gleichzeitig geworfen werden?

**8.** Drei verschiedene Münzen werden gleichzeitig geworfen. Welche Ergebnisse sind möglich? Stelle den Zufallsversuch in einem Baumdiagramm dar.

**9.** **a)** Zwei Glücksräder werden gedreht. Stelle den Zufallsversuch in einem Baumdiagramm dar. Welche der Pfade gehören zum Ereignis *Zweimal dieselbe Farbe*?

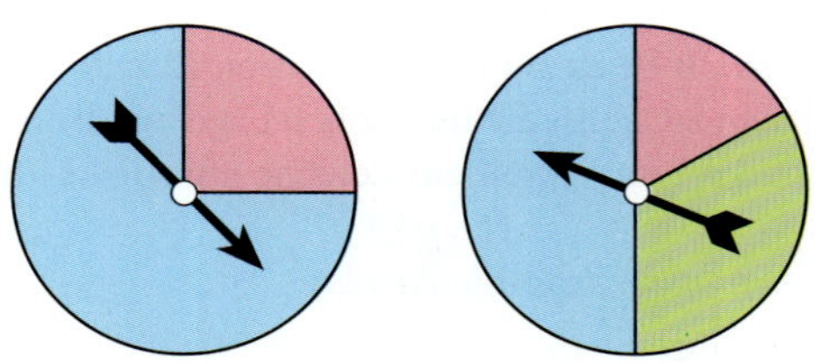

Glücksrad A  Glücksrad B

**b)** Zwei Glücksräder werden gedreht. Ergänze die Eintragungen am Baumdiagramm. Gib an, wie groß die verschiedenen Sektoren des Glücksrades sind.

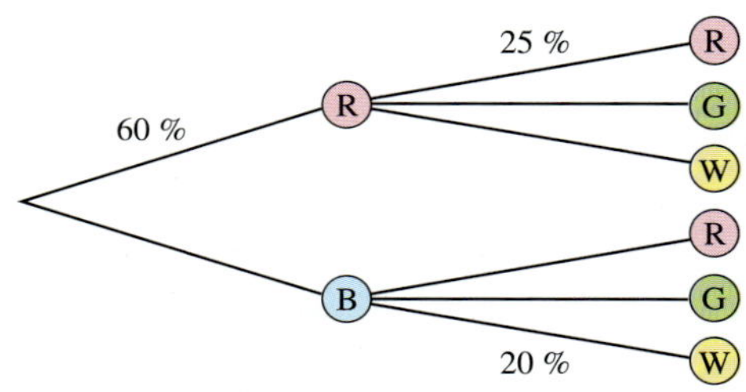


**10.** Eine Münze wird zweimal geworfen. Beschreibe die Ereignisse mit Worten.
$E_1 = \{(W|W); (W|Z); (Z|W)\}$  $E_2 = \{(W|W); (Z|Z)\}$  $E_3 = \{(W|Z); (Z|W)\}$

**11.** In einer Klasse mit 30 Schülerinnen und Schülern wird eine Erhebung durchgeführt. Die Ergebnisse der Erhebung sind durch das nebenstehende Baumdiagramm dargestellt. Ergänze die fehlenden Wahrscheinlichkeiten. Gib eine Erhebung an, die zu dem Baumdiagramm passen könnte.

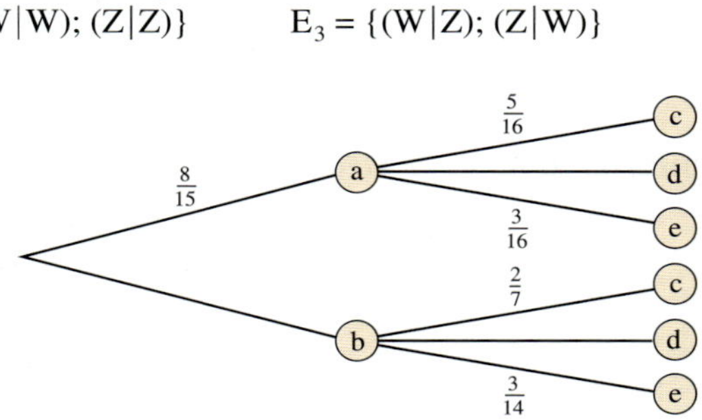

## 3.2.2 Pfadregeln zum Berechnen von Wahrscheinlichkeiten bei mehrstufigen Zufallsversuchen

**Aufgabe 1**

*Pfadmultiplikationsregel – Pfadadditionsregel*

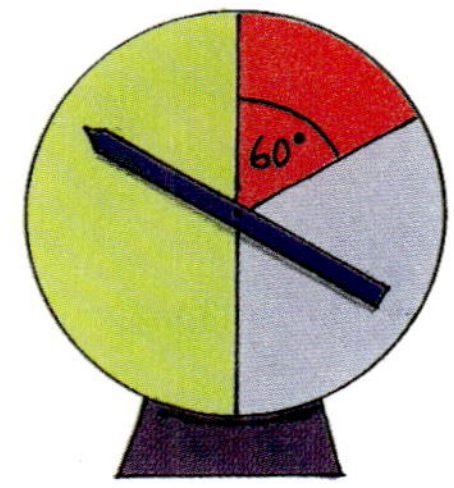


**a)** (1) Das abgebildete Glücksrad wird zweimal gedreht. Stelle den Zufallsversuch in einem Baumdiagramm dar.

(2) Angenommen, der Zufallsversuch (zweifaches Drehen des Glücksrades) wird 360-mal durchgeführt.
Wie oft kann man dabei das Ergebnis (*Rot*|*Grün*) erwarten?

(3) Welche Wahrscheinlichkeit hat daher das Ergebnis (*Rot*|*Grün*)? Wie kann man diese Wahrscheinlichkeit direkt aus den Wahrscheinlichkeiten für *Rot* und für *Grün* berechnen?

**b)** (1) Welche Wahrscheinlichkeit hat das Ereignis *Dreimal dieselbe Farbe?*

(2) Ist es günstiger, auf das Ereignis *Dreimal dieselbe Farbe* oder auf das Ereignis *Drei verschiedene Farben* zu wetten?

**Lösung**

**a)** (1)

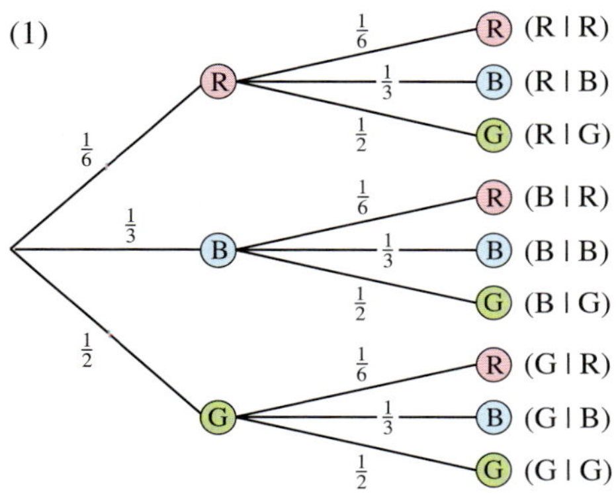


(2) Bei ungefähr $\frac{1}{6}$ aller Drehungen des Glücksrades bleibt der Zeiger auf *Rot* stehen, d. h. bei ungefähr 60 der 360 Versuchsdurchführungen. Bei ungefähr der Hälfte aller Drehungen des Glücksrades hält der Zeiger auf dem *grünen* Feld an; also auch bei der Hälfte der 60 Zufallsversuche, bei denen er zuvor auf *Rot* stehen blieb.
Das Ergebnis (*Rot*|*Grün*) wird also bei ungefähr 30 der 360 Doppeldrehungen vorkommen.

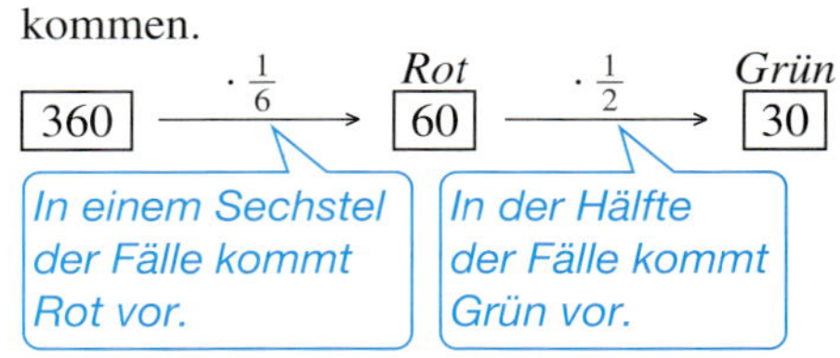


(3) Die Wahrscheinlichkeit für das Ergebnis (*Rot*|*Grün*) ist $\frac{30}{360}$, also $\frac{1}{12}$.
Die Wahrscheinlichkeit für das Ergebnis (*Rot*|*Grün*) kann man auch als Produkt aus den Wahrscheinlichkeiten für Rot $\left(\frac{1}{6}\right)$ und für Grün $\left(\frac{1}{2}\right)$ berechnen, denn bei einem Sechstel der Versuchsdurchführungen erscheint Rot, bei der Hälfte davon Grün. Die Hälfte von einem Sechstel ist ein Zwölftel: $\frac{1}{6} \cdot \frac{1}{2} = \frac{1}{12}$.

**b)** (1) Von den 27 Pfaden des dreistufigen Zufallsversuchs interessieren uns nur die 3 Pfade, die zum Ereignis *Dreimal dieselbe Farbe* gehören. Die Wahrscheinlichkeiten für die einzelnen Ergebnisse (Pfade) berechnen wir jeweils als Produkt der Wahrscheinlichkeiten an dem betreffenden Pfad.

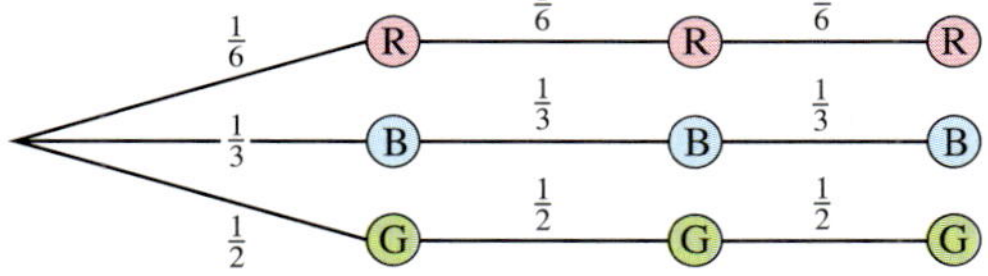


| *Ergebnis* | *Wahrscheinlichkeit* |
|---|---|
| (R \| R \| R) | $\frac{1}{6} \cdot \frac{1}{6} \cdot \frac{1}{6} = \frac{1}{216}$ |
| (B \| B \| B) | $\frac{1}{3} \cdot \frac{1}{3} \cdot \frac{1}{3} = \frac{1}{27} = \frac{8}{216}$ |
| (G \| G \| G) | $\frac{1}{2} \cdot \frac{1}{2} \cdot \frac{1}{2} = \frac{1}{8} = \frac{27}{216}$ |

Die Wahrscheinlichkeit dafür, dass das Ereignis *Dreimal dieselbe Farbe* auftreten wird, beträgt nach der Summenregel: $\frac{1}{216} + \frac{8}{216} + \frac{27}{216} = \frac{36}{216} = \frac{1}{6}$.

(2) Zum Ereignis *Drei verschiedene Farben* gehören sechs Pfade:

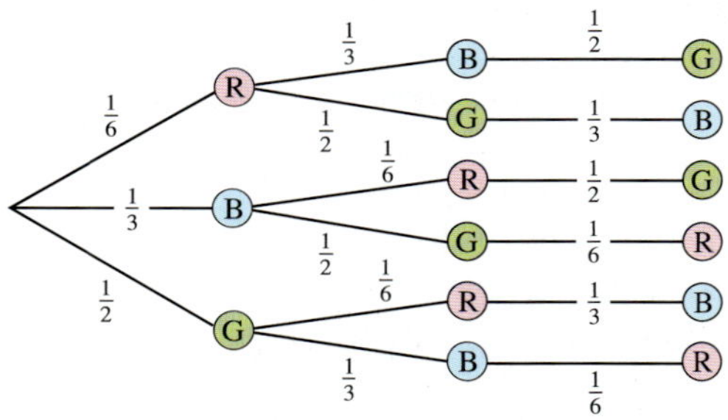

| *Ergebnis* | *Wahrscheinlichkeit* |
|---|---|
| (R I B I G) | $\frac{1}{6} \cdot \frac{1}{3} \cdot \frac{1}{2} = \frac{1}{36}$ |
| (R I G I B) | $\frac{1}{6} \cdot \frac{1}{2} \cdot \frac{1}{3} = \frac{1}{36}$ |
| (B I R I G) | $\frac{1}{3} \cdot \frac{1}{6} \cdot \frac{1}{2} = \frac{1}{36}$ |
| (B I G I R) | $\frac{1}{3} \cdot \frac{1}{2} \cdot \frac{1}{6} = \frac{1}{36}$ |
| (G I R I B) | $\frac{1}{2} \cdot \frac{1}{6} \cdot \frac{1}{3} = \frac{1}{36}$ |
| (G I B I R) | $\frac{1}{2} \cdot \frac{1}{3} \cdot \frac{1}{6} = \frac{1}{36}$ |

Die Ergebnisse (Pfade) haben jeweils die Wahrscheinlichkeit $\frac{1}{36}$. Die Wahrscheinlichkeit dafür, dass das Ereignis *Drei verschiedene Farben* auftreten wird, beträgt:

$\frac{1}{36} + \frac{1}{36} + \frac{1}{36} + \frac{1}{36} + \frac{1}{36} + \frac{1}{36} = 6 \cdot \frac{1}{36} = \frac{1}{6}$

Die beiden Ereignisse *Dreimal dieselbe Farbe* und *Drei verschiedene Farben* haben die gleiche Wahrscheinlichkeit, also hat man beim Wetten bei beiden Ereignissen die gleiche Chance zu gewinnen.

**Information**

**(1) Pfadmultiplikationsregel**

Man erhält die Wahrscheinlichkeit eines Ergebnisses, das durch einen Pfad in einem Baumdiagramm dargestellt ist, indem man die Wahrscheinlichkeiten längs dieses Pfades miteinander multipliziert.

**Pfadmultiplikationsregel**

Die Wahrscheinlichkeit eines Pfades ist gleich dem Produkt der Wahrscheinlichkeiten längs des Pfades.

*Beispiel:*

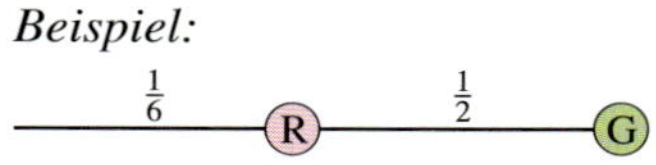

*Ergebnis:* (R|G)

*Wahrscheinlichkeit:* $\frac{1}{6} \cdot \frac{1}{2}$, also $\frac{1}{12}$

**(2) Pfadadditionsregel**

Ereignisse können sich aus mehreren Ergebnissen zusammensetzen, z. B. das Ereignis *Dreimal dieselbe Farbe* aus den Ergebnissen (R|R|R), (B|B|B) und (G|G|G).
Die Wahrscheinlichkeit eines Ereignisses berechnet sich als Summe der Wahrscheinlichkeiten der zugehörigen Ergebnisse (*Summenregel*). Da jedes Ergebnis eines mehrstufigen Zufallsversuchs mithilfe eines Pfades in einem Baumdiagramm dargestellt werden kann, lässt sich diese Regel auch wie folgt formulieren:

**Pfadadditionsregel**

Gehören zu einem Ereignis mehrere Pfade in einem Baumdiagramm, dann erhält man die Wahrscheinlichkeit des Ereignisses, indem man die Pfadwahrscheinlichkeiten der einzelnen zum Ereignis gehörenden Ergebnisse addiert.

**(3) Vereinfachtes Baumdiagramm**

Will man bei einem mehrstufigen Zufallsversuch nur die Wahrscheinlichkeit *eines* Ereignisses bestimmen, dann genügt es, ein *vereinfachtes* Baumdiagramm zu zeichnen, das nur die interessierenden Pfade enthält. Es entfällt dann aber die Möglichkeit der Summenprobe (vergleiche Information (2) auf Seite 113).

**Weiterführende Aufgabe**

**2.** *Anwendung der Komplementärregel bei mehrstufigen Zufallsversuchen*

Ein Glücksrad wird dreimal gedreht.
Wie groß ist die Wahrscheinlichkeit für das Ereignis
E: *Der Zeiger bleibt mindestens einmal auf dem roten Feld stehen?*

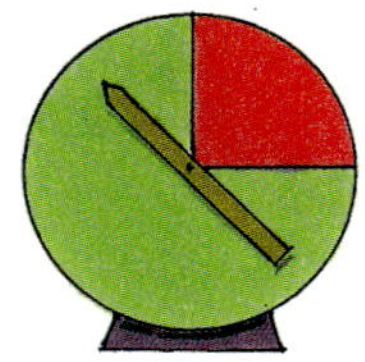

**Übungsaufgaben**

**3.** Das Kreisdiagramm rechts zeigt die Verteilung der Blutgruppen bei Menschen in Mitteleuropa. Zwei Personen kommen zur Blutspende.
Wie groß ist die Wahrscheinlichkeit, dass
(1) die erste Person Blutgruppe A, die zweite Blutgruppe B hat;
(2) die erste Person Blutgruppe 0 hat, die zweite eine andere;
(3) die beiden Personen verschiedene Blutgruppen haben?

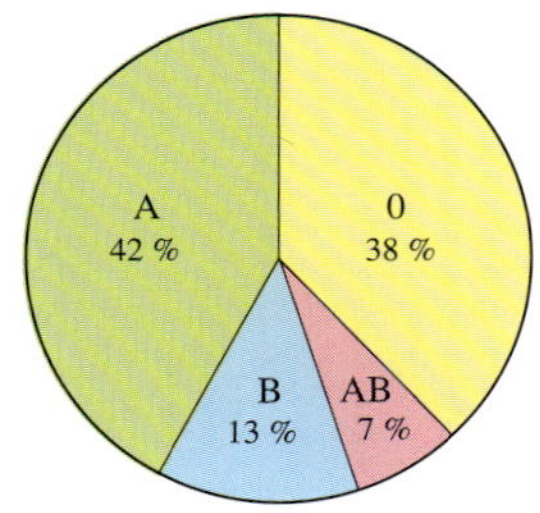


**4.** Ein Glücksrad wird zweimal gedreht. Bei welchem Glücksrad ist es günstig, auf das Ereignis *Zweimal dieselbe Farbe* zu setzen?

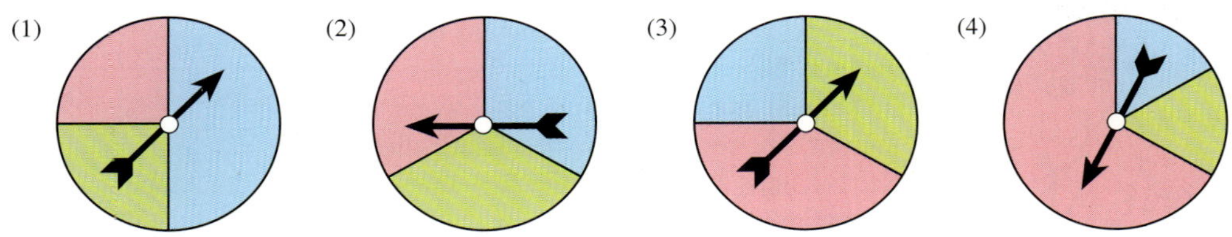


**5.** Ein Glücksrad wird dreimal nacheinander gedreht. Stelle den Zufallsversuch in einem Baumdiagramm dar.
Welche Wahrscheinlichkeit hat das Ereignis
(1) dreimal Rot;
(2) dreimal dieselbe Farbe;
(3) zweimal Rot;
(4) öfter Rot als Blau?

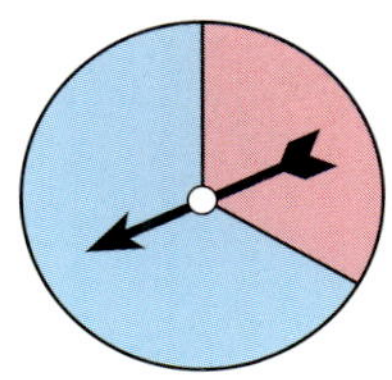

**6.** Eine Münze wird dreimal nacheinander geworfen. Stelle den Zufallsversuch in einem Baumdiagramm dar. Bestimme für das angegebene Ereignis die Wahrscheinlichkeit seines Eintretens.
(1) zuerst Wappen, dann zweimal Zahl
(2) nicht dreimal Wappen
(3) der letzte Wurf ist Zahl
(4) mindestens einmal Wappen
(5) mehr Wappen als Zahl
(6) gleich oft Wappen und Zahl
(7) Pasch (3 gleiche Ergebnisse)
(8) höchstens zweimal Zahl
(9) der erste Wurf ist Wappen
(10) der zweite Wurf ist Zahl

**7.** **a)** Die Wahrscheinlichkeit für Wappen beim Münzwurf ist $\frac{1}{2}$, d. h. durchschnittlich kommt auf 2 Würfe einmal Wappen. Wie groß ist die Wahrscheinlichkeit für das Ereignis *(Genau) einmal Wappen* beim zweifachen Münzwurf?

**b)** Die Wahrscheinlichkeit für *Augenzahl 1 oder 2* beim Würfeln ist $\frac{1}{3}$. Wie groß ist die Wahrscheinlichkeit für das Ereignis *(Genau) einmal Augenzahl 1 oder 2* beim dreifachen Würfeln?

**c)** Die Wahrscheinlichkeit für *Zweimal Wappen* beim Werfen zweier Münzen beträgt $\frac{1}{4}$. Wie groß ist die Wahrscheinlichkeit, dass bei einem vierfachen Doppelwurf von Münzen das Ergebnis *Zweimal Wappen* (genau) einmal auftritt?

**8.** Wirft man Reißnägel einer bestimmten Sorte, dann tritt „Kopf" mit der Wahrscheinlichkeit 0,4 und „Seite" mit der Wahrscheinlichkeit 0,6 auf. Ein Reißnagel wird dreimal geworfen.

**a)** Zeichne das zugehörige Baumdiagramm.

**b)** Mit welcher Wahrscheinlichkeit tritt das Ergebnis (Kopf | Kopf | Seite) auf?

**c)** Welche Wahrscheinlichkeit hat das Ereignis *Lage Kopf kommt öfter als Lage Seite*?

**d)** Welche Wahrscheinlichkeit hat das Ereignis *Nur Lage Kopf oder nur Lage Seite*?

**9.** Bevor ein Buch gedruckt wird, werden die probeweise gedruckten Seiten auf Fehler durchgesehen. Der erste Kontrolleur findet erfahrungsgemäß 70 % der Fehler und korrigiert sie. Bei den nächsten beiden Kontrollen werden (von übrig bleibenden Fehlern) 50 % bzw. 30 % entdeckt.
Mit welcher Wahrscheinlichkeit ist ein Fehler, der ursprünglich in einem Drucktext vorhanden war, auch nach diesen drei Kontrollen noch nicht entdeckt?

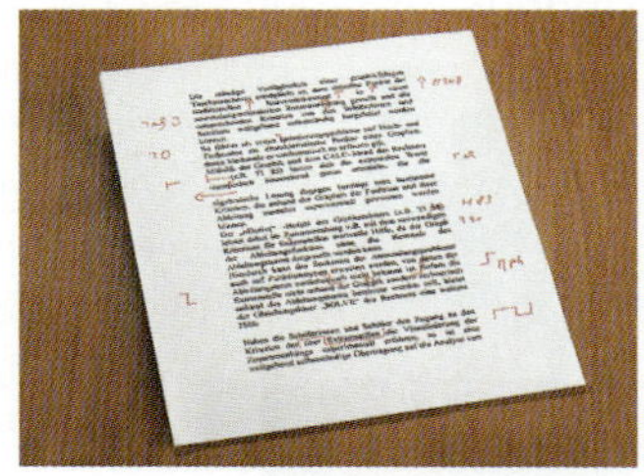

**10.** Zu Annas Schulweg gehören 3 Kreuzungen mit Fußgängerampeln. Häufig, wenn sie es eilig hat, zeigen alle drei Ampeln Rot. An anderen Tagen kommt es auch vor, dass alle 3 Ampeln gerade Grün zeigen, wenn sie kommt. Zur genaueren Untersuchung dieses Sachverhalts stoppt Anna die Rot- und Grünzeiten der Ampeln.

| | Ampel 1 | Ampel 2 | Ampel 3 |
|---|---|---|---|
| Rotzeit | 60 s | 60 s | 40 s |
| Grünzeit | 30 s | 20 s | 60 s |

Nimm an, dass die Ampeln nicht auf „Grüne Welle" geschaltet sind, d. h. es ist an jeder Ampel zufällig, ob man sie bei Rot oder Grün antrifft.

**a)** Berechne zunächst für jede Ampel einzeln die Wahrscheinlichkeit dafür, dass sie bei Annas Ankunft Rot bzw. Grün zeigt. Zeichne dann ein Baumdiagramm.

**b)** Wie groß ist die Wahrscheinlichkeit, dass alle 3 Ampeln bei Annas Ankunft Rot zeigen?

**c)** Wie groß ist die Wahrscheinlichkeit dafür, dass alle 3 Ampeln Grün zeigen?

**d)** Wie groß ist die Wahrscheinlichkeit dafür, dass mindestens eine Ampel Rot zeigt?

**e)** Wie groß ist die Wahrscheinlichkeit dafür, dass genau eine Ampel Rot zeigt?

**11.** In Deutschland haben 42 % der Einwohner Blutgruppe A. Fünf Personen kommen zur Blutspende in ein Krankenhaus.
Wie groß ist die Wahrscheinlichkeit, dass (genau) zwei Personen Blutgruppe A haben?
Zeichne ein vereinfachtes Baumdiagramm, das nur die 10 Pfade enthält, die zum Ereignis *Zweimal Blutgruppe A* gehören.

**12.** Welche der folgenden Schlussfolgerungen ist richtig?

(1) 42 % der Deutschen haben Blutgruppe A; 30 % der Blutspender beim Deutschen Roten Kreuz sind unter 20 Jahre alt. Ein Blutspender beim DRK wird ausgelost. Der Leiter der Blutspendeaktion vermutet, dass die Wahrscheinlichkeit, dass diese Person unter 20 Jahre alt ist *und* Blutgruppe A hat, ungefähr 12 % beträgt.

(2) 40 % der Schülerinnen und Schüler einer Klasse haben im Fach Deutsch eine gute Note (1 oder 2); im Fach Englisch sind es 30 %. Hieraus folgt, dass der Anteil derer, die in beiden Fächern eine gute Note haben, ungefähr 12 % beträgt.

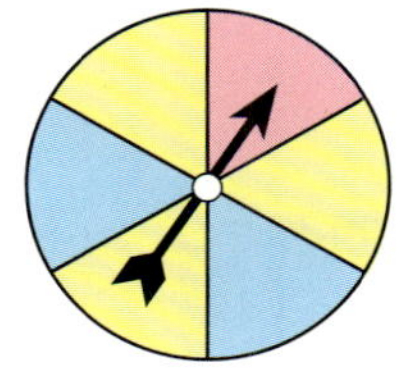

**13.** Das Glücksrad rechts wird zweimal gedreht.

**a)** Welche Wahrscheinlichkeit hat das Ereignis E: *Zwei verschiedene Farben*?

**b)** Das Glücksrad wird jetzt dreimal gedreht. Welche Wahrscheinlichkeit hat das Ereignis F: *Mindestens zwei Farben sind gleich*?

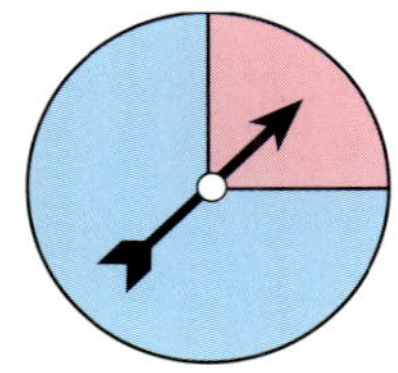

**14.** Das Glücksrad rechts wird mehrfach gedreht. Mit welcher Wahrscheinlichkeit wird der Zeiger spätestens beim 3. Mal auf *Rot* stehen bleiben?

*Anleitung:* Welche Ergebnisse schließt dieses Ereignis ein?

Welches ist das Gegenereignis zum gesuchten Ereignis?

**15. a)** Ein Würfel wird dreimal geworfen. Welche Wahrscheinlichkeit hat das Ereignis *Höchstens zweimal Augenzahl 6*?

**b)** Das Glücksrad aus Aufgabe 1 auf Seite 115 wird fünfmal gedreht. Welche Wahrscheinlichkeit hat das Ereignis *Weniger als fünfmal Rot*?

**c)** Eine Münze wird viermal geworfen. Welche Wahrscheinlichkeit hat das Ereignis *Mindestens einmal Zahl*?

**16.** Laura und Katharina würfeln abwechselnd solange, bis die Augenzahl 1 gefallen ist; jeder wirft jedoch höchstens dreimal. Laura beginnt. Gewinnt Laura auf lange Sicht öfter als Katharina oder haben beide gleiche Gewinnchancen?

**a)** Stelle Vermutungen auf; du kannst das Spiel auch selbst einige Male durchführen, bevor du eine Vermutung aufstellst.

**b)** Berechne die Wahrscheinlichkeit dafür, dass Laura gewinnt.

**c)** Wie groß ist die Wahrscheinlichkeit, dass es bei einer Spielrunde keinen Gewinner gibt? Wie viele von 100 Spielen müssen wiederholt werden, weil es keinen Gewinner gibt?

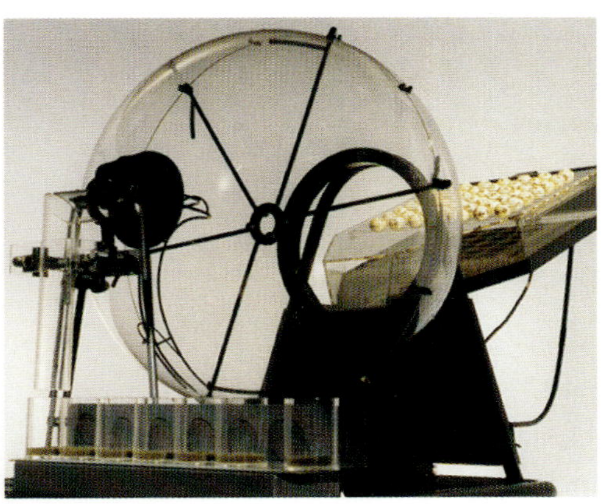

**17.** Bei der Lottoziehung *6 aus 49* werden nacheinander 6 Kugeln aus einer Urne mit 49 nummerierten Kugeln ohne Zurücklegen gezogen.

**a)** Begründe: Die Wahrscheinlichkeit, alle 6 Zahlen richtig vorherzusagen, beträgt:

$$\frac{6}{49} \cdot \frac{5}{48} \cdot \frac{4}{47} \cdot \frac{3}{46} \cdot \frac{2}{45} \cdot \frac{1}{44} = \frac{1}{13983816}$$

**b)** Begründe: Die Wahrscheinlichkeit, keine der 6 Zahlen richtig vorherzusagen, beträgt:

$$\frac{43}{49} \cdot \frac{42}{48} \cdot \frac{41}{47} \cdot \frac{40}{46} \cdot \frac{39}{45} \cdot \frac{38}{44}$$

**c)** Jede Woche werden ungefähr 100 Millionen Tipps abgegeben. Wie viele Tipps mit *6 Richtigen* [*0 Richtigen*] werden etwa dabei sein?

## 3.3 Ziehen mit und ohne Zurücklegen

**Aufgabe 1**

*Zählregel der Kombinatorik*

Ein Autoproduzent bietet Pkw der Mittelklasse in mehreren Ausführungen an und zwar
- mit einem Hubraum von 1,5 *l*, von 1,6 *l* oder von 1,7 *l*;
- in Standardausstattung oder in Luxusausstattung;
- in den Lackierungen rot, blau, grün oder anthrazit.

In wie vielen verschiedenen Ausführungen kann ein Auto dieses Fabrikates geliefert werden?

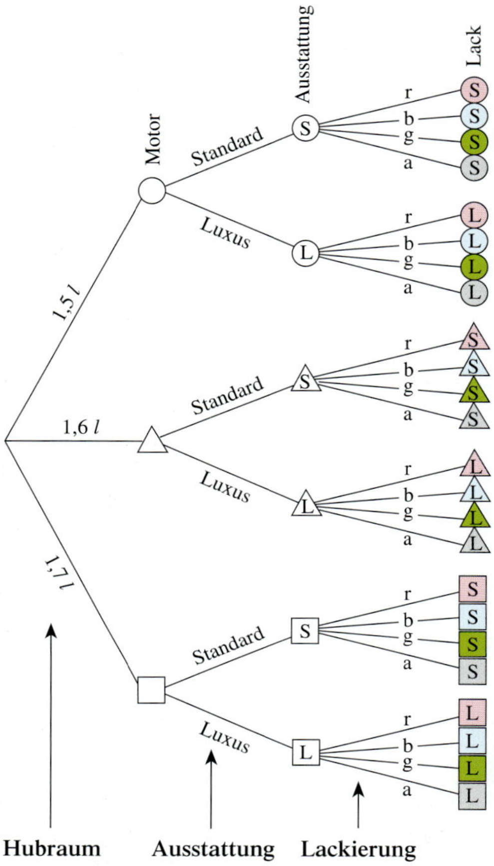


**Lösung**

Für den Hubraum gibt es 3 Möglichkeiten.
Für die Ausstattung gibt es jeweils 2 Möglichkeiten. Für die Lackierung gibt es jeweils 4 Möglichkeiten.
An dem Baumdiagramm erkennst du:
Es gibt insgesamt $3 \cdot 2 \cdot 4$, das sind 24 Möglichkeiten.

*Ergebnis:* Das Auto kann in 24 verschiedenen Ausführungen geliefert werden.

**Information**

Wir verallgemeinern die in Aufgabe 1 gefundene Regel:

**Zählregel der Kombinatorik**

Nacheinander sollen k Entscheidungen getroffen werden.
Angenommen:

Auf der 1. Stufe gibt es $n_1$ Möglichkeiten.
Auf der 2. Stufe gibt es dann jeweils $n_2$ Möglichkeiten.
Auf der 3. Stufe gibt es dann jeweils $n_3$ Möglichkeiten.
…
…
Auf der k. Stufe gibt es dann jeweils $n_k$ Möglichkeiten.

Dann gibt es insgesamt $n_1 \cdot n_2 \cdot n_3 \cdot \ldots \cdot n_k$ Möglichkeiten.

Man erhält also die Gesamtzahl aller Möglichkeiten, indem man die Anzahl der Möglichkeiten auf den einzelnen Stufen miteinander multipliziert.

**Aufgabe 2** *Anzahl der Anordnungen mit und ohne Wiederholung*

Rechts siehst du Zahlkärtchen mit den Ziffern 1, 2, 3, 4, 5, 6.
Tom und Tanja ziehen blindlings je vier Kärtchen.
Jeder legt mit seinen vier gezogenen Kärtchen eine vierstellige Zahl. Die zuerst gezogene Ziffer ist die Tausenderziffer, die beim zweiten Mal gezogene Ziffer die Hunderterziffer usw.

**a)** Tom zieht nacheinander vier Kärtchen *ohne* Zurücklegen.
Wie viele vierstellige Zahlen kann man aus den sechs Ziffern zusammenstellen?
*Beachte:* Beim Ziehen ohne Zurücklegen kommt keine Ziffer mehrfach vor.

**b)** Tanja zieht nacheinander vier Kärtchen *mit* Zurücklegen.
Wie viele vierstellige Zahlen kann man aus den sechs Ziffern bilden, wenn sich Ziffern wiederholen dürfen? Vergleiche zunächst die Versuche von Tom und Tanja.

**Lösung**

**a)** In Toms Versuch haben alle Zahlen verschiedene Ziffern, denn Tom zieht *ohne Zurücklegen,* er kann also jede Ziffer *nur einmal* ziehen.

| | |
|---|---|
| Für die Tausenderziffer gibt es | 6 Möglichkeiten, |
| für die Hunderterziffer gibt es dann jeweils noch | 5 Möglichkeiten, |
| für die Zehnerziffer gibt es dann jeweils noch | 4 Möglichkeiten, |
| für die Einerziffer gibt es dann jeweils noch | 3 Möglichkeiten. |

Nach der Zählregel erhältst du insgesamt $6 \cdot 5 \cdot 4 \cdot 3$, das sind insgesamt 360 Möglichkeiten.

**b)** In Tanjas Versuch können im Gegensatz zu Toms Versuch auch Zahlen vorkommen, bei denen sich Ziffern wiederholen, z. B. die Zahl 5224, denn Tanja *legt* die gezogene Ziffer wieder *zurück.* Sie zieht *mit Zurücklegen;* sie kann dieselbe Ziffer also noch einmal ziehen.
Für jede Ziffer (Tausender, Hunderter, Zehner, Einer) gibt es hier jeweils 6 Möglichkeiten. Nach der Zählregel erhältst du insgesamt $6 \cdot 6 \cdot 6 \cdot 6$, das sind 1 296 Möglichkeiten.

**Weiterführende Aufgaben**

**3.** *Vollständiges Anordnen einer Menge*

Bei einem Schulsportfest werden für den 100-m-Lauf die Bahnen 1 bis 6 an die Schüler Andreas, Ben, Eric, Fabian, Henri und Julian verlost. Wie viele Anordnungen sind möglich? Verallgemeinere das Ergebnis.

**4.** *Wahrscheinlichkeitsberechnungen beim Ziehen mit und ohne Zurücklegen*

In einem Gefäß sind drei rote Kugeln und zwei gelbe Kugeln.

**a)** Tim zieht mit geschlossenen Augen *nacheinander* zwei Kugeln; er legt vor dem zweiten Zug die erste Kugel *wieder zurück.*
Wie groß ist die Wahrscheinlichkeit, dass Tim zwei gleichfarbige Kugeln zieht?

**b)** Sarah zieht ebenfalls mit geschlossenen Augen *nacheinander* zwei Kugeln, aber *ohne* die erste Kugel wieder zurückzulegen.
Wie groß ist die Wahrscheinlichkeit, dass Sarah zwei gleichfarbige Kugeln zieht?

Verwende jeweils ein Baumdiagramm.

**5.** *Wahrscheinlichkeitsberechnungen bei Anordnungen mit und ohne Wiederholung*

**a)** In einem Gefäß sind neun Kugeln, nummeriert von 1 bis 9.
Lukas zieht nacheinander drei Kugeln *mit* Zurücklegen und bildet mit den Ziffern in der Reihenfolge des Ziehens ein dreistelliges Ziffernwort.
Wie viele solche Ziffernwörter sind möglich?
Wie viele dieser Ziffernwörter enthalten die Ziffer 3?
Wie groß ist die Wahrscheinlichkeit, dass in dem Ziffernwort die Ziffer 3 vorkommt?

**b)** Lisa zieht aus dem gleichen Gefäß nacheinander drei Kugeln *ohne* Zurücklegen.
Beantworte die gleichen Fragen wie in Teilaufgabe a). Vergleiche.

**Information**

**(1) Ziehen mit und ohne Zurücklegen**

Das Anordnen bzw. das geordnete Auswählen von Dingen, z. B. von Ziffern, Buchstaben und Vornamen, mit und ohne Wiederholung, kann man einheitlich als Ziehvorgang beschreiben:
Aus einem Gefäß, der so genannten Ziehungsurne (oder kurz: Urne), werden gleichartige, aber z. B. durch Färbung oder Nummerierung unterscheidbare Kugeln gezogen.
Beim **Ziehen mit Zurücklegen** legt man die gezogene Kugel wieder zurück; damit stellt man den ursprünglichen Zustand (die ursprüngliche Zusammensetzung) der Urne wieder her. Da dann Kugeln wegen des Zurücklegens auch mehrfach gezogen werden können, spricht man auch vom *Ziehen mit Wiederholung*.
Wenn die gezogene Kugel nicht wieder zurückgelegt wird, ändern sich bei der nächsten Ziehung die Wahrscheinlichkeiten für die verschiedenen möglichen Ergebnisse. Diese Wahrscheinlichkeiten sind *abhängig* vom Versuchsergebnis des (vorherigen) Ziehungsversuchs.
Man spricht auch statt vom **Ziehen ohne Zurücklegen** vom *Ziehen ohne Wiederholung*, da dieselbe Kugel nicht wiederholt (mehrfach) gezogen werden kann.

**(2) Sonderfall: Vollständiges Ziehen ohne Zurücklegen – n Fakultät**

Zieht man z. B. Lose mit Namen aus einer Urne ohne Zurücklegen so lange, bis die Urne leer ist, dann hat man die Namen in eine *Reihenfolge* gebracht; die Namen sind jetzt *angeordnet.*
Bei 5 Losen gibt es dafür $5 \cdot 4 \cdot 3 \cdot 2 \cdot 1$ Möglichkeiten. Zur Abkürzung schreiben wir für dieses Produkt $5!$ (gelesen 5 *Fakultät*).

**Definition**
Für $n \geq 2$ ist **n Fakultät:** $\mathbf{n! = n \cdot (n-1) \cdot (n-2) \cdot \ldots \cdot 3 \cdot 2 \cdot 1}$
Zusätzlich soll gelten: $\mathbf{1! = 1}$ und $\mathbf{0! = 1}$

Damit lässt sich das obige Ergebnis folgendermaßen formulieren:

**Satz** (*Vollständiges Anordnen von Dingen*)
Für n verschiedene Dinge gibt es n! verschiedene Anordnungen auf n Plätzen.

**Übungsaufgaben**

**6.** Alexander steht mit seiner Mutter vor dem Getränkeautomaten. Alexander wählt Tee mit Zucker, seine Mutter Kaffee pur.
Alexander denkt: Es gibt wohl viele Möglichkeiten der Getränkewahl, aber wie viele?
Finde durch systematisches Zählen alle Möglichkeiten heraus.

**7.** In einer Großküche werden nebenstehende Gerichte hergestellt.
Wie viele verschiedene Menüs aus Vorspeise, Hauptgericht und Nachspeise sind möglich?

*Vorspeisen*
Rinderkraftbrühe, Zwiebelsuppe, Spargelsuppe, Fischsuppe, Lauchsuppe
◆
*Hauptgerichte*
Kalbsbraten, Schnitzel, Gulasch, Lammkoteletts, Fischplatte, Schweinefilet
◆
*Nachspeisen*
Vanillepudding, Himbeereis, Quarkspeise

**8.** In Florians Bücherregal stehen 12 Kriminalromane, 7 Reisebücher und 4 Tierbücher. Maren möchte von jeder Sorte ein Buch ausleihen.
Wie viele Möglichkeiten der Zusammenstellung hat sie?

**9.** Die Klassen 8 a (mit 10 Mädchen und 9 Jungen), 8 b (mit 14 Mädchen und 8 Jungen) und 8 c (mit 9 Mädchen und 11 Jungen) sind zu einem Umwelt-Hearing eingeladen.
Je ein Schüler aus jeder Klasse soll an der Podiumsdiskussion teilnehmen.

**a)** Wie viele Möglichkeiten der Auswahl dreier Mädchen gibt es?

**b)** Wie viele Möglichkeiten der Auswahl dreier Jungen gibt es?

**c)** Wie viele Möglichkeiten der Auswahl insgesamt gibt es?

**10.** Für eine Tombola wurden 1 000 Lose verkauft, welche die Nummern 000, 001, …, 999 tragen.
Die Gewinnzahl für die Tombola wird so bestimmt:
In einer Urne sind 10 Kugeln mit den Nummern 0, 1, 2, …, 9. Nacheinander werden drei Kugeln herausgenommen. Diese bestimmen (in der Reihenfolge der Ziehung) die Hunderter-, Zehner- und Einerziffer der Gewinnzahl.
Unter welcher Bedingung ist dieses Verfahren geeignet?

**11.** Anna, Bert, Christina, David und Emma sitzen bei einer Klassenfahrt in einem Abteil mit fünf Plätzen. Sie wechseln oftmals ihre Plätze und überlegen, wie oft es möglich ist, stets eine neue Verteilung (Anordnung) zu erhalten.
Berechne, auf wie viele Weisen man 5 Schüler auf 5 Plätzen verteilen kann.

**12.** In einem Gefäß sind eine blaue, eine rote und eine schwarze Kugel. In einem zweiten Gefäß sind ebenfalls eine blaue, eine rote, eine schwarze und außerdem eine gelbe und eine weiße Kugel. Aus beiden Gefäßen wird je eine Kugel gezogen.

**a)** Wie viele Möglichkeiten der Ziehung gibt es?

**b)** Wie groß ist die Wahrscheinlichkeit, dass

(1) beide Kugeln blau sind;

(2) die erste Kugel rot, die zweite Kugel nicht rot ist;

(3) beide Kugeln nicht schwarz sind;

(4) beide Kugeln gleichfarbig sind?

**13.** Julia schlägt Maria das folgende Spiel vor:
„Du darfst aus dem Becher 2 Kugeln nacheinander ziehen, ohne die erste zurückzulegen. Du gewinnst, wenn sie die gleichen Farben haben, sonst gewinne ich."

**a)** Sollte Maria sich auf das Spiel einlassen,

(1) wenn 3 rote und 4 blaue Kugeln in dem Becher sind;

(2) wenn 3 rote und 3 blaue Kugeln in dem Becher sind;

(3) wenn 6 rote und 3 blaue Kugeln in dem Becher sind?

**b)** Jetzt soll die erste gezogene Kugel nach dem Ziehen zurückgelegt werden. Welche der Spielregeln (1) bis (3) sind nun günstig für Maria, welche für Julia?

**14.** Maria zieht aus dem Gefäß in Aufgabe 1 zwei Kugeln *auf einen Griff*.
Wie groß ist die Wahrscheinlichkeit, dass sie zwei gleichfarbige Kugeln zieht?

**15.** In einem Gefäß sind 4 schwarze, 3 rote und 2 gelbe Kugeln.
Nacheinander werden 3 Kugeln

(1) mit Zurücklegen,

(2) ohne Zurücklegen gezogen.

**a)** Zeichne ein Baumdiagramm.

**b)** Berechne die Wahrscheinlichkeiten für folgende Ereignisse:

- Alle drei Kugeln sind rot.
- Die erste Kugel ist rot.
- Alle drei Kugeln sind schwarz.
- Die zweite Kugel ist gelb.
- Alle drei Kugeln sind verschiedenfarbig.
- Die erste und zweite Kugel sind gleichfarbig.

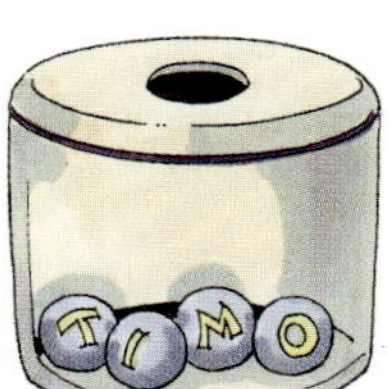


**16.** Aus dem Gefäß links werden Kugeln gezogen und es wird jeweils der Buchstabe notiert.

**a)** Es soll dreimal nacheinander gezogen und wieder zurückgelegt werden. Zeichne ein Baumdiagramm.
Wie groß ist die Wahrscheinlichkeit, dass TOM gezogen wird?
Wie groß ist die Wahrscheinlichkeit, dass TIM oder MIT gezogen wird?

**b)** Es soll dreimal ohne Zurücklegen gezogen werden. Zeichne ein Baumdiagramm.
Wie groß sind dann die Wahrscheinlichkeiten für TOM bzw. für TIM oder MIT?

**17.** Aus einer Urne mit drei Kugeln wird dreimal nacheinander eine Kugel gezogen.
Nimm Stellung zu folgenden Erläuterungen von Lisa.

> Es gibt 6 Möglichkeiten:
> Bei der ersten Ziehung gibt es drei Möglichkeiten, bei der zweiten zwei und bei der dritten Ziehung eine Möglichkeit.
> Insgesamt sind dies 3+2−1, also 6 Möglichkeiten.

**18.** Bei einem Grenzübergang versehen 4 Beamte die Passkontrolle und 5 Beamte die Zollkontrolle. Zwei der Passkontrolleure lassen die Reisenden ohne Formalitäten einreisen, drei der Zöllner verzichten auf eine Kontrolle.
Mit welcher Wahrscheinlichkeit muss ein Reisender
(1) keine Kontrolle, (2) genau zwei Kontrollen, (3) genau eine Kontrolle
über sich ergehen lassen?

**19.** Eine Jugendabteilung eines Sportvereins besteht aus 32 Jugendlichen. Sie hat 4 verschiedene Restkarten für ein Fußballländerspiel geschenkt bekommen. Diese sollen gerecht verteilt werden. Dafür sind zwei Möglichkeiten im Gespräch:

(1) Es werden 32 Lose mit den Namen hergestellt und daraus gezogen.
(2) Es wird ein Rouletterad gedreht, das gleich große, von 0 bis 36 beschriftete Felder hat.

Beschreibe wie man bei beiden Verfahren vorgeht und vergleiche sie.

**20. a)** Bei einer Sparkasse haben alle Konten eine 10-stellige Nummer. Die erste Ziffer zeigt an, um welche Art von Konto es sich handelt. Alle Girokonten beginnen mit der Ziffer 6.
Wie viele verschiedene Girokonten mit einer zehnstelligen Nummer können vergeben werden?

**b)** Wie viele siebenstellige Telefonnummern kann man aus den Ziffern 0, 1, 2, 3, …, 9 bilden?
*Beachte:* Eine Telefonnummer ohne Vorwahl beginnt nicht mit der Ziffer 0.

**21.** Tim möchte die Daten auf seinem Computer vor unberechtigtem Zugriff schützen. Er wählt ein Codewort, das aus vier aneinandergereihten Buchstaben besteht.

**a)** Wie viele Möglichkeiten hat Tim, aus den 26 Buchstaben des Alphabetes ein solches Codewort, z. B. HUND, DXTR, AHHR, auszuwählen?

**b)** Wie groß ist die Wahrscheinlichkeit, dass ein Unberechtigter gleich auf „Anhieb" das richtige Codewort trifft?

**22. a)** Die Angestellte einer Versicherung muss nacheinander 6 Kunden aufsuchen.
Auf wie viele Arten ist dies möglich?

**b)** Auf wie viele Weisen können 8 Autos in einer Reihe auf einem Parkplatz aufgestellt werden?

**c)** Ein Hotel hat 7 Einbettzimmer. Es kommen am Abend 7 Personen an.
Auf wie viele Weisen können diese auf die Zimmer verteilt werden?

**d)** Bei den Schülern der 10. Klasse wird eine Umfrage gemacht: 5 Popgruppen sollen nach ihrer Beliebtheit angeordnet werden. Wie viele Reihenfolgen sind möglich?

**23.** Das Alphabet besteht aus 26 Buchstaben (21 Konsonanten und 5 Vokalen).

**a)** Wie viele „Wörter" mit 4 [mit 6] Buchstaben können (theoretisch) gebildet werden?

**b)** Wie viele „Wörter" könnte es mit 4 [mit 6] verschiedenen Buchstaben geben?

**c)** Wie viele „Wörter" mit 4 Buchstaben sind denkbar, bei denen Konsonanten und Vokale in der Reihenfolge Konsonant-Vokal-Konsonant-Vokal vorkommen (z. B. Bodo, Tina, Xiru)?

**24.** Klassenarbeiten lässt der Mathematiklehrer der Klasse 10 a immer in einem Raum mit Einzeltischen schreiben. Im Raum sind 32 Einzeltische [28 Einzeltische].
Auf wie viele Arten kann er den 28 Schülerinnen und Schülern der Klasse Plätze zuweisen?

**25.** Nacheinander kommen 5 Patienten in das Wartezimmer eines Arztes, in dem 12 Stühle stehen. Wie viele Möglichkeiten haben die Patienten, Platz zu nehmen?

**26.** Anne, Maria, Lisa, Julia und Sarah nehmen an einem Schwimmwettkampf teil.
In wie vielen verschiedenen Reihenfolgen können sie am Ziel eintreffen?

**27.** Anna, Laura, Lea, Julia und Michelle stellen sich in zufälliger Reihenfolge nebeneinander zu einem Gruppenfoto auf.

**a)** Wie viele Möglichkeiten der Aufstellung gibt es?

**b)** Wie groß ist bei zufälliger Reihenfolge die Wahrscheinlichkeit, dass Anna ganz links steht?

**c)** Lea möchte genau in der Mitte stehen. Wie viele Möglichkeiten der Aufstellung gibt es unter dieser Bedingung?

**28.** An einem 1 000-m-Lauf nehmen 10 Läufer teil, darunter auch Daniel.

**a)** In wie vielen verschiedenen Reihenfolgen können die Läufer das Ziel erreichen?

**b)** Wie viele Möglichkeiten gibt es, dass Daniel als erster durch das Ziel läuft?

**29.** Elias hat an seinem Koffer ein Zahlenschloss. Er kann den Koffer nur öffnen, wenn er drei bestimmte Ziffern in der richtigen Reihenfolge wählt.

**a)** Wie viele Ziffernkombinationen mit drei Ziffern gibt es?

**b)** Leider hat Elias die richtige Zahlenkombination vergessen. Er weiß nur noch, dass die Zehnerziffer eine 5 ist.
Wie viele Zahlenkombinationen muss er durchprobieren, um mit Sicherheit die richtige Kombination zu finden?

**c)** Wie groß ist die Wahrscheinlichkeit, dass er gleich beim ersten Probieren die richtige Kombination findet?

**30.** Unter den 60 Schülerinnen und 60 Schülern einer Jahrgangsstufe werden insgesamt 8 Jugendliche für ein Interview ausgelost.

**a)** Wie groß ist die Wahrscheinlichkeit, dass zufällig genau 4 Mädchen und 4 Jungen ausgewählt werden?

**b)** Bei der Auswahl der Interviewpartner wird man darauf achten, dass eine Person nicht zweimal ausgelost wird. Gib den prozentualen Fehler an, den man begeht, wenn man die Wahrscheinlichkeit in Teilaufgabe a) für den Fall eines Ziehens mit Wiederholung berechnet.

## 3.4 Ziehen auf einen Griff

**Aufgabe 1**

In einer Urne sind Kugeln, die die Nummern von 1 bis 5 tragen. Man greift in die Urne und zieht 3 Kugeln auf einmal heraus. Wie viele Möglichkeiten gibt es hierfür?

**Lösung**

Man kann sich den Vorgang auch so vorstellen: Die drei Kugeln werden nacheinander ohne Zurücklegen gezogen; anschließend aber beachtet man nicht mehr, in welcher Reihenfolge die Kugeln gezogen wurden.
Für das 3fache Ziehen ohne Zurücklegen gibt es $5 \cdot 4 \cdot 3$, also 60 Möglichkeiten:

*Mögliche Anordnungen der Zahlen 1, 2, 3*

| | | | | | | | | | |
|---|---|---|---|---|---|---|---|---|---|
| 1; 2; 3 | 1; 2; 4 | 1; 2; 5 | 1; 3; 4 | 1; 3; 5 | 1; 4; 5 | 2; 3; 4 | 2; 3; 5 | 2; 4; 5 | 3; 4; 5 |
| 1; 3; 2 | 1; 4; 2 | 1; 5; 2 | 1; 4; 3 | 1; 5; 3 | 1; 5; 4 | 2; 4; 3 | 2; 5; 3 | 2; 5; 4 | 3; 5; 4 |
| 2; 1; 3 | 2; 1; 4 | 2; 1; 5 | 3; 1; 4 | 3; 1; 5 | 4; 1; 5 | 3; 2; 4 | 3; 2; 5 | 4; 2; 5 | 4; 3; 5 |
| 2; 3; 1 | 2; 4; 1 | 2; 5; 1 | 3; 4; 1 | 3; 5; 1 | 4; 5; 1 | 3; 4; 2 | 3; 5; 2 | 4; 5; 2 | 4; 5; 3 |
| 3; 1; 2 | 4; 1; 2 | 5; 1; 2 | 4; 1; 3 | 5; 1; 3 | 5; 1; 4 | 4; 2; 3 | 5; 2; 3 | 5; 2; 4 | 5; 3; 4 |
| 3; 2; 1 | 4; 2; 1 | 5; 2; 1 | 4; 3; 1 | 5; 3; 1 | 5; 4; 1 | 4; 3; 2 | 5; 3; 2 | 5; 4; 2 | 5; 4; 3 |

In jeder Spalte stehen dieselben Zahlen, nur jeweils in anderer Reihenfolge. Es gibt $3 \cdot 2 \cdot 1$, also 6 Reihenfolgen von 3 Zahlen.
Somit gibt es (nur) $\frac{5 \cdot 4 \cdot 3}{3 \cdot 2 \cdot 1} = \frac{60}{6} = 10$ Möglichkeiten, drei Kugeln auf einen Griff aus einer Urne mit 5 Kugeln zu entnehmen:

| | |
|---|---|
| Ziehen nacheinander ohne Zurücklegen: | $5 \cdot 4 \cdot 3 = 60$ Möglichkeiten |
| Anordnung der 3 gezogenen Zahlen: | $3 \cdot 2 \cdot 1 = 6$ Möglichkeiten |
| Ziehungen auf einen Griff: | $\frac{5 \cdot 4 \cdot 3}{3 \cdot 2 \cdot 1} = 10$ Möglichkeiten |

**Weiterführende Aufgabe**

**2.** *Berechnen von Wahrscheinlichkeiten beim Ziehen mit einem Griff*

Bei den Lottoziehungen am Mittwoch und am Samstag, die im Fernsehen zu sehen sind, werden nacheinander 6 Kugeln aus einer Lostrommel mit 49 nummerierten Kugeln gezogen; anschließend werden die Gewinnzahlen der Größe nach geordnet. Diese Reihenfolge wird auch in der Zeitung abgedruckt.

**a)** An einem Samstag wurden die Zahlen 11 – 14 – 24 – 32 – 36 – 42 gezogen. Auf wie viele Arten hätte dieses Ergebnis zustande kommen können?

**b)** Wie viele mögliche Tipps gibt es beim Lottospiel *6 aus 49?*

**c)** Man könnte die Lottoziehungen spannender machen: Statt die 6 Gewinnzahlen auszulosen, könnte man nacheinander die 43 Zahlen herausgreifen, die *nicht* gewonnen haben.
Wie viele Möglichkeiten gibt es hierbei?
Vergleiche mit Teilaufgabe b). Was fällt dir auf? Begründe.

**d)** Wie groß ist die Wahrscheinlichkeit für 6 Richtige?

**Information** Das **Ziehen auf einen Griff** ist in diesem Sinne ein Ziehen *ohne* Wiederholung – der Unterschied besteht darin, dass man auf die *Reihenfolge* der Ziehung nicht achtet. Bei der Berechnung von Wahrscheinlichkeiten von Ereignissen muss man jedoch die im Ziehen auf einen Griff enthaltenen möglichen Reihenfolgen der Einzelziehungen berücksichtigen.

**Übungsaufgaben**

**3.** Pauls Klasse möchte ein Klassenfest feiern. Zur Vorbereitung soll ein Festausschuss aus 3 Schülern gebildet werden.
Die Schüler rechts haben sich für den Festausschuss gemeldet. Da die Klasse sich nicht entscheiden kann, wen sie auswählen möchte, werden 3 dieser 6 Schüler durch das Los bestimmt.
Wie viele Möglichkeiten für die Zusammensetzung des Festausschusses gibt es?

**4.** Jan will für sich und 5 seiner Freunde Theaterkarten kaufen. In Reihe 17 sind noch 8 Plätze frei.
Wie viele Möglichkeiten der Platzbelegung gibt es?

**5.** Im Viertelfinale eines Fußballturniers sind noch acht Mannschaften.
Wie viele verschiedene Endspielpaarungen sind zu diesem Zeitpunkt möglich?

**6.** In der Klasse 8 a sind 24 Schüler. Davon sollen 3 Schüler an einer Meinungsumfrage teilnehmen. Sie werden durch das Los bestimmt.

**a)** Wie viele Möglichkeiten der Auswahl dreier Schüler gibt es in dieser Klasse?

**b)** Wie groß ist die Wahrscheinlichkeit, dass das Los auf Maria, Anne und Katharina fällt?

**7.** Michelle hat sich zu ihrer Geburtstagsparty ein Lottospiel ausgedacht. In einer Schale sind sieben Kugeln (von 1 bis 7 nummeriert). Bei dem Spiel werden mit verbundenen Augen drei Kugeln (ohne Zurücklegen) gezogen. Wer die Kugeln 4, 5 und 7 (nicht unbedingt in dieser Reihenfolge) gezogen hat, erhält den Hauptgewinn.

**a)** Wie viele Möglichkeiten gibt es, 3 von 7 Kugeln zu ziehen?

Verwende ein Baumdiagramm.

**b)** Wie groß ist die Wahrscheinlichkeit, dass man die Kugeln 4, 5, 7 zieht?

**c)** Wie groß ist die Wahrscheinlichkeit, dass sich unter den gezogenen Kugeln die 4 befindet?

**8.** Beim Kegeln sind 9 Kegel aufgestellt.
Wie viele Möglichkeiten gibt es, dass

**a)** 3 Kegel, **d)** 6 Kegel,

**b)** 4 Kegel, **e)** 7 Kegel,

**c)** 5 Kegel, **f)** 8 Kegel

umfallen?

## 3.5 Simulation von Zufallsversuchen

### 3.5.1 Nachahmen eines Zufallsversuchs

**Aufgabe 1**

Bei dem Spiel „Mensch-ärgere-dich-nicht“ und vielen anderen Zufallsspielen werden Würfel benutzt. Ein Würfel liefert eine der Zahlen von 1 bis 6 nach dem Zufall; jede Augenzahl hat die gleiche Wahrscheinlichkeit.
Man kann solche Würfelspiele allerdings auch ohne Würfel ausführen.

a) Wie kann man die Zahlen von 1 bis 6 nach dem Zufall auswählen
   (1) mit Zahlkärtchen;
   (2) mit einem geeigneten Zahlenkreisel;
   (3) mit einem geeigneten Glücksrad?

b) Hier siehst du drei verschiedene Glücksräder mit mehr als sechs Zahlen. Wie kann man die Zahlen von 1 bis 6 mit diesen Glücksrädern auswählen?

(1)

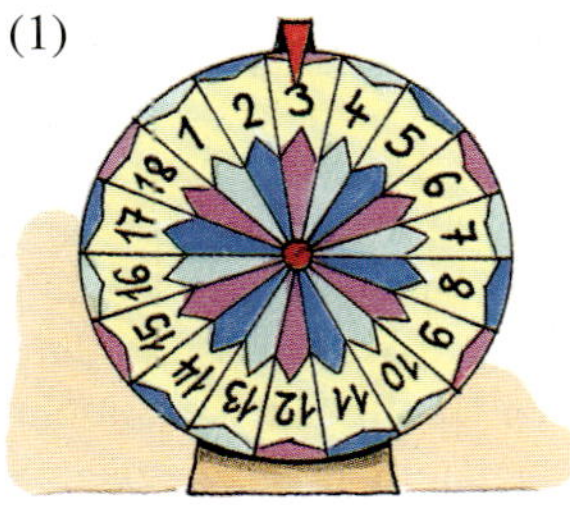

(2)

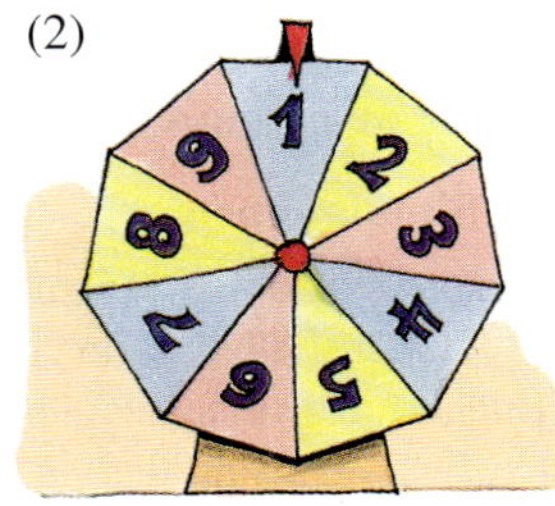

(3)

**Lösung**

a) Die Zahlen auf den folgenden Zufallsgeräten passen genau zu den Augenzahlen am Würfel.

(1) *Zahlkärtchen mit den Zahlen von 1 bis 6*

*Ziehe mit verbundenen Augen ein Zahlkärtchen. Wie beim Würfeln hat hier jede Zahl die gleiche Chance.*

(2) *Zahlenkreisel mit den Zahlen von 1 bis 6*

*Drehe den Kreisel. Die Zahl, die unten liegt, wenn der Kreisel zur Ruhe gekommen ist, ist ausgewählt.*

(3) *Glücksrad mit den Zahlen von 1 bis 6*

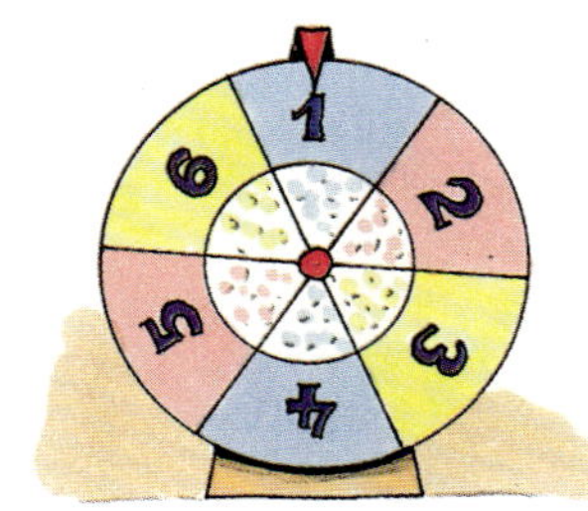

*Drehe das Glücksrad. Die Zahl, auf die der Zeiger beim Stillstand des Glücksrades zeigt, ist ausgewählt.*

b) Die Zahlen auf diesen Zufallsgeräten passen nicht genau zu den Augenzahlen des Würfels. Trotzdem kann man auch diese Geräte zum „Würfeln“ benutzen.
(1) *Glücksrad mit den Zahlen von 1 bis 18*
Denke dir die 18 Zahlen auf dem Glücksrad an die sechs Augenzahlen gleichmäßig verteilt. Du findest: 18 : 6 = 3
Je 3 Zahlen auf dem Glücksrad werden einer Augenzahl des Würfels zugeordnet, z. B.:

| **Zahlen auf dem Glücksrad** | 1 bis 3 | 4 bis 6 | 7 bis 9 | 10 bis 12 | 13 bis 15 | 16 bis 18 |
|---|---|---|---|---|---|---|
| **Augenzahl am Würfel** | 1 | 2 | 3 | 4 | 5 | 6 |

(2) *Glücksrad mit den Zahlen von 1 bis 9*

Die Zahlen 7, 8, 9 auf diesem Glücksrad braucht man nicht. Wenn das Glücksrad bei einer der Zahlen 7, 8, 9 stehenbleibt, lasse diese Zahl unberücksichtigt; drehe dann noch einmal, bis du eine der Zahlen von 1 bis 6 erhältst.

| **Zahlen auf dem Glücksrad** | 1 | 2 | 3 | 4 | 5 | 6 | 7 | 8 | 9 |
|---|---|---|---|---|---|---|---|---|---|
| **Augenzahl am Würfel** | 1 | 2 | 3 | 4 | 5 | 6 | unberücksichtigt | | |

(3) *Glücksrad mit den Zahlen von 1 bis 20*

Man kann die Zahlen wie bei (1) einteilen. Die Zahlen 19 und 20 werden nicht gebraucht und bleiben unberücksichtigt. Bleibt das Rad auf einer dieser Zahlen stehen, wird es erneut gedreht.

## Information

**Simulieren** ⟨**lat.** simulare⟩ nachahmen

**(1) Simulation eines Zufallsversuchs**

Jeder Zufallsversuch lässt sich durch geeignete andere Zufallsversuche *nachahmen.* Eine solche Nachahmung nennt man **Simulation.**

**(2) Zweck von Simulationen**

Bei vielen Zufallsversuchen ist es schwierig, die gesuchten Wahrscheinlichkeiten rechnerisch zu bestimmen. In solchen Fällen kann man eine lange Versuchsserie durchführen und die Wahrscheinlichkeit näherungsweise aus den relativen Häufigkeiten ermitteln. Eine solche Versuchsserie ist meist aufwändig. Statt dessen kann man häufig eine geeignete Simulation durchführen.

## Übungsaufgaben

**2.** Baue aus einem Stück Pappe und einem Streichholz einen Kreisel mit den Zahlen von 1 bis 8.

(1) Ahme das Werfen eines Würfels nach. Drehe dazu den Kreisel und lege eine Strichliste für die erhaltenen Ergebnisse 1 bis 6 an. Lass die Zahlen 7 und 8 unberücksichtigt. Drehe den Kreisel so oft, bis du 200 verwertbare Ergebnisse hast.

(2) Berechne die relativen Häufigkeiten der Zahlen 1, 2, …, 6. Vergleiche mit den Wahrscheinlichkeiten der Augenzahlen beim Würfeln.

Dodekaeder, begrenzt von 12 Fünfecken

**3. a)** Eine Münze wird einmal geworfen.
Dieser Zufallsversuch wird mit einem Würfel mit den Zahlen 1 bis 6 simuliert. Gib zu den Ergebnissen W bzw. Z des Münzwurfes geeignete Augenzahlen beim Simulationsversuch an. Es gibt verschiedene Möglichkeiten.

**b)** Der einfache Münzwurf wird simuliert
(1) mit einem Kreisel mit den Zahlen von 1 bis 8,
(2) mit einem Dodekaeder (Bild links),
(3) mit einem Glücksrad, darauf die Zahlen von 1 bis 25.
Gib jeweils verschiedene Möglichkeiten der Simulation an.

**c)** Kann man das Werfen eines Würfels mit einem einfachen Münzwurf simulieren?
Begründe deine Antwort.

**4.** Anne wirft eine 1-Cent-Münze, eine 2-Cent-Münze und eine 5-Cent-Münze.

a) Gib alle möglichen Ergebnisse an. Benutze die Schreibweise Z (für Zahl) und W (für Wappen).

b) Anne möchte mit der 1-Cent-Münze, der 2-Cent-Münze und der 5-Cent-Münze einen der 7 Wochentage zufällig auswählen. Erkläre, wie Anne dies tun kann.

**5.** Ein Jahr hat 12 Monate. Um einen Monat zufällig auszuwählen, kann man in einen Behälter 12 Zettel mit den Monatsnamen legen und einen Zettel ziehen.
Wie kannst du diesen Zufallsversuch simulieren

a) mit einem geeigneten Zahlenkreisel;

b) durch das gleichzeitige Werfen einer Münze und eines Würfels;

c) durch das Drehen eines Glücksrades (mit den Zahlen von 1 bis 100)?

## 3.5.2 Simulation mit Zufallszahlen

**Information**

### (1) Gewinnen von Zufallszahlen

Man kann alle Zufallsversuche mit n möglichen gleichwahrscheinlichen Ergebnissen durch das Ziehen von Zahlkärtchen aus einem Behälter mit den Zahlkärtchen von 1 bis n simulieren. Dabei erhält man Zahlen von 1 bis n in zufälliger Auswahl.

*Beispiel:* Zufallszahlen von 1 bis 6 (n = 6), experimentell durch wiederholtes Würfeln und Aufschreiben der erhaltenen Augenzahlen gewonnen:

5 3 3 1 6 5 5 2 4 4 1 5 3 3 4 2 6 ...

Man kann es nicht einer Person überlassen, spontan Zufallszahlen zu nennen und aufzuschreiben. Das „zufällige Hersagen" von Zahlen ist nämlich problematisch, da erfahrungsgemäß fast jede Person unbewusst gewisse Zahlen oder Zahlenkombinationen bevorzugt.

### (2) Gewinnen von Zufallszahlen mit dem grafikfähigen Taschenrechner (GTR)

Zufallszahlen kannst du auch mit dem GTR erzeugen, mithilfe der Befehle **rand** und **randInt(**.

Das entsprechende Menü öffnet sich nach dem Drücken der Taste MATH und Auswahl des Menüs **PRB** mithilfe des Cursors. Nun kannst du das gewünschte Element, hier z.B. **randInt(** auswählen.

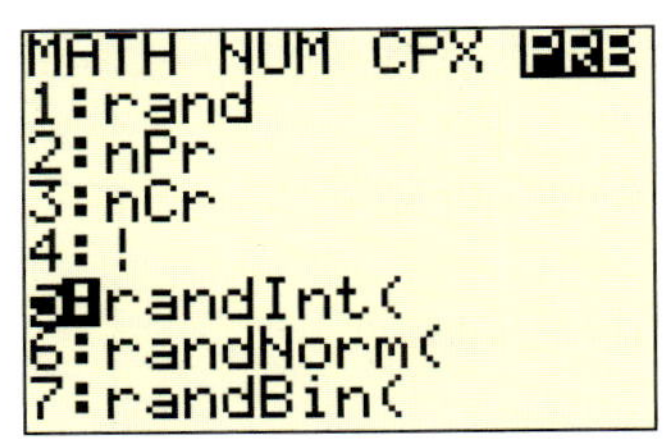


- **rand4:** erzeugt eine Zufallszahl zwischen 0 und 4
- **rand(4):** erzeugt eine Liste von vier Zufallszahlen zwischen 0 und 1
- **randInt(1,6):** erzeugt eine ganzzahlige Zufallszahl zwischen 1 und 6
- **randInt(1,6,20):** erzeugt eine Liste von zwanzig ganzzahligen Zufallszahlen zwischen 1 und 6

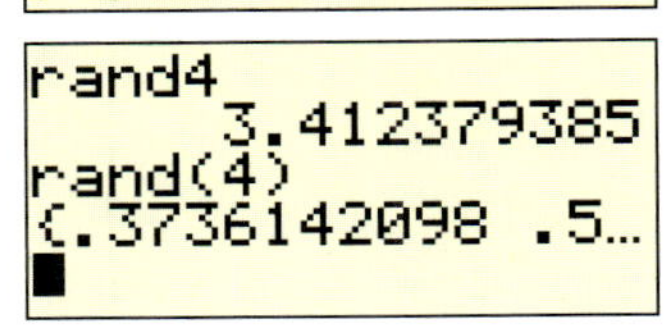


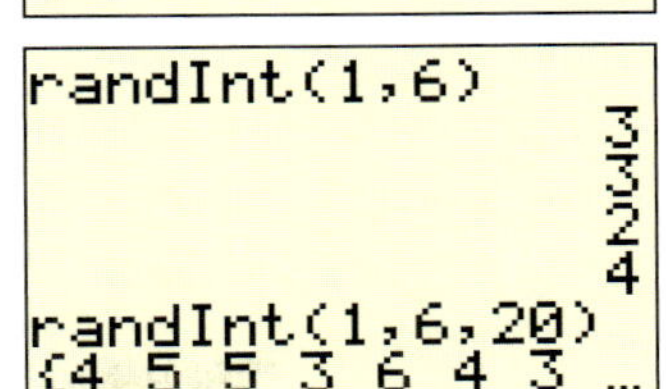

**Aufgabe 1**

Beim „Mensch-ärgere-dich-nicht"-Spiel darf man den ersten Stein setzen, wenn man eine Sechs gewürfelt hat. Dazu hat man drei Versuche.
Mit welcher Wahrscheinlichkeit erhält man bei drei Würfen eine Sechs?
Beantwortet die Frage auf folgenden zwei Wegen.

a) Zeichnet ein Baumdiagramm für den dreistufigen Versuch. Unterscheidet dabei nur zwei Ergebnisse:
Sechs gewürfelt, keine Sechs gewürfelt.
Berechnet die gesuchte Wahrscheinlichkeit mit der Pfad- und der Summenregel.

b) Bestimmt die Wahrscheinlichkeit näherungsweise durch Simulieren mithilfe des GTR. Führt 300 Simulationen durch. Vergleicht mit dem Ergebnis aus Teilaufgabe a).

**Lösung**

a) *Rechnerische Bestimmung*

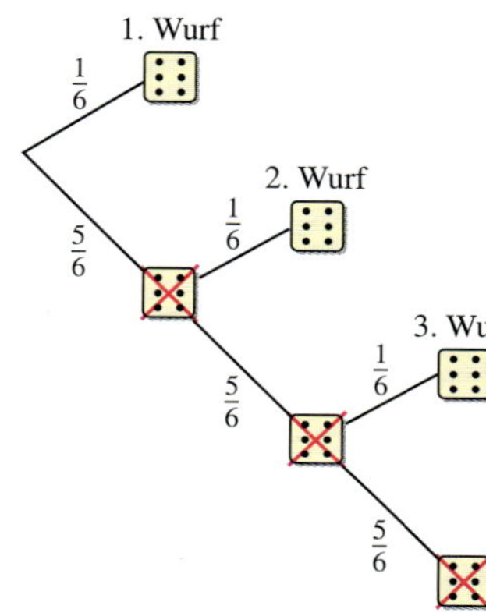


An dem Baumdiagramm findet ihr folgende Wahrscheinlichkeiten für eine Sechs.

Eine Sechs beim 1. Wurf: $\frac{1}{6}$

Eine Sechs *erst* beim 2. Wurf: $\frac{5}{6} \cdot \frac{1}{6} = \frac{5}{36}$

Eine Sechs *erst* beim 3. Wurf: $\frac{5}{6} \cdot \frac{5}{6} \cdot \frac{1}{6} = \frac{25}{216}$

Die Wahrscheinlichkeit, dass sich unter den drei Würfen eine Sechs befindet, erhaltet ihr nun nach der Summenregel:

$\frac{1}{6} + \frac{5}{36} + \frac{25}{216} = \frac{91}{216} \approx 0{,}421 = 42{,}1\,\%$

*Ergebnis:* Die Wahrscheinlichkeit, mit drei Würfen eine Sechs zu würfeln, ist 42,1 %.

b) *Experimentelle Bestimmung durch Simulation mit dem GTR*

Mit randInt(1,6,3) und Drücken der Enter-Taste werden drei ganzzahlige Zufallszahlen zwischen 1 bis 6 erzeugt. Durch wiederholtes Drücken der Enter-Taste erhält man weitere Listen von drei Zufallszahlen.
Die ersten Versuche liefern folgende Zahlen:

| | |
|---|---|
| 3 5 1 (keine Sechs gewürfelt); | 6 5 1 (Sechs gewürfelt); |
| 1 2 6 (Sechs gewürfelt); | 6 3 4 (Sechs gewürfelt); |
| 6 5 2 (Sechs gewürfelt); | 7 2 9 (keine Sechs gewürfelt); |
| 6 6 6 (Sechs gewürfelt); | 6 5 2 (Sechs gewürfelt); |
| 6 6 3 (Sechs gewürfelt); | 5 6 6 (Sechs gewürfelt); |
| 4 2 5 (keine Sechs gewürfelt); | 2 3 1 (keine Sechs gewürfelt); |
| 5 2 5 (keine Sechs gewürfelt); | 9 8 1 (keine Sechs gewürfelt); |
| 3 1 1 (keine Sechs gewürfelt); | 6 6 8 (Sechs gewürfelt). |

Unter den 300 Versuchen findet ihr z. B. 131 Versuche, bei denen eine Sechs gewürfelt wurde.
Relative Häufigkeit für das Würfeln einer Sechs: $\frac{131}{300} = 0{,}437 = 43{,}7\,\%$
Die relative Häufigkeit ist näherungsweise gleich der Wahrscheinlichkeit.

*Ergebnis:* Die Wahrscheinlichkeit, dass man beim dreimaligen Würfeln eine Sechs erhält, ist ungefähr 43,7 %. Dieses Ergebnis stimmt mit der theoretischen Berechnung der Wahrscheinlichkeit in Teilaufgabe a) recht gut überein.

**Übungsaufgaben**

**2.** Beim Werfen zweier Münzen sind die vier Ergebnisse ZZ, ZW, WZ und WW möglich (Z = Zahl, W = Wappen).

**a)** Simuliere das Werfen zweier Münzen 200-mal mit Zufallsziffern.
*Anleitung:*
Wähle für jeden Doppelmünzwurf ein Ziffernpaar. Deute eine gerade Ziffer als Zahl, eine ungerade Ziffer als Wappen, d. h. das Ziffernpaar „47“ bedeutet „ZW“.

**b)** Berechne die relativen Häufigkeiten für die Ergebnisse ZZ, ZW, WZ und WW.

**c)** Gib die Wahrscheinlichkeiten für ZZ, ZW, WZ und WW an. Vergleiche sie mit den relativen Häufigkeiten.

**3.** Betrachtet den fünfstufigen Zufallsversuch: Eine Münze wird fünfmal geworfen. Bestimmt mithilfe des GTR näherungsweise die Wahrscheinlichkeit für folgende Ereignisse:

**a)** fünfmal Zahl
**b)** viermal Zahl
**c)** dreimal Zahl
**d)** zweimal Zahl
**e)** einmal Zahl
**f)** keinmal Zahl

Führt in Gruppen 600 Simulationen durch.

**4.** Fünf Würfel werden gleichzeitig geworfen. Bestimmt durch 300 Simulationen mit Zufallszahlen die Wahrscheinlichkeit für folgende Ereignisse:

**a)** Genau einer der fünf Würfel zeigt die Augenzahl Sechs.
**b)** Genau drei der fünf Würfel zeigen die Augenzahl Sechs.
**c)** Mehr als drei der fünf Würfel zeigen die Augenzahl Sechs.
**d)** Alle fünf Würfel zeigen verschiedene Augenzahlen.
**e)** Mindestens einer der fünf Würfel zeigt die Augenzahl 1.
**f)** Keiner der fünf Würfel zeigt die Augenzahl 3.

**5.** Für ein Spiel soll mit einem Tetraeder (Vierflächner) gewürfelt werden. Du hast kein Tetraeder zur Hand, aber einen grafikfähigen Taschenrechner.
Wie kannst du dir helfen?

**6.** Zu einer Serie von Sammelbildern in Cornflakes-Packungen gehören 8 verschiedene Bilder. Jede Packung enthält ein Sammelbild. Anna will 12 Cornflakes-Packungen kaufen, um möglichst viele verschiedene Bilder zu haben.
Simuliere dieses Zufallsexperiment. Nimm dazu 12 Zufallszahlen und zähle, wie viele verschiedene Zahlen dabei sind.
Führe die Simulation insgesamt 10-mal durch.

**7.** Drei Würfel werden gleichzeitig geworfen. Bestimme durch 200 Simulationen mit Zufallsziffern, die du mit dem **randInt(**-Befehl deines GTR ermittelst, die Wahrscheinlichkeit für folgende Ereignisse:

**a)** Genau einer der drei Würfel zeigt die Augenzahl Sechs.
**b)** Alle drei Würfel zeigen verschiedene Augenzahlen.
**c)** Alle drei Würfel zeigen die Augenzahl Sechs.

# Im Blickpunkt

Im Blickpunkt

## Lotto – Ziehen ohne Zurücklegen

**1.** Paul hat beim Lotto-Spiel *6 aus 49* ein Spielfeld ausgefüllt, also 6 von 49 Kästchen angekreuzt. Während der Ziehung der Lottozahlen sitzt er vor dem Fernsehgerät und überprüft bei jeder gezogenen Zahl, ob er diese angekreuzt hat.
Überlege, ob man diesen Prüfvorgang als eine 6-stufige Bernoulli-Kette auffassen kann.

**2. a)** Begründe: Die Wahrscheinlichkeit, dass eine bestimmte Zahl, z. B. die Zahl 17, in einer Lottoziehung gezogen wird, beträgt $\frac{6}{49}$.

**b)** Im Laufe eines Jahres gibt es in der Regel 102 Lottoziehungen (manchmal 103). Wir betrachten die Zufallsvariable X: *Anzahl der Ziehungen der Zahl 17 in den 102 Lottoziehungen eines Jahres*. Begründe, dass dies eine binomialverteilte Zufallsvariable ist. Bestimme auch deren Erwartungswert und zeichne ein Histogramm.

**3. a)** Begründe: Es gibt $\binom{49}{6} = 13\,983\,816$ Möglichkeiten, ein Feld beim Lotto *6 aus 49* auszufüllen.

**b)** Man kann beim Lottospiel seinen Einsatz verlieren oder in verschiedenen Rängen einen Betrag gewinnen. Wenn man von den sechs Gewinnzahlen einer Ziehung beispielsweise nur zwei Zahlen angekreuzt hat und vier Zahlen, die nicht zu den Gewinnzahlen gehören, dann hat man „zwei Richtige“.
Berechne die Wahrscheinlichkeiten für „null Richtige“, für „einen Richtigen“ und für „zwei Richtige“. Wie groß ist die Wahrscheinlichkeit für „höchstens zwei Richtige“ (d. h. für den Fall, dass man nichts gewinnt, also seinen Einsatz verliert)?

**c)** Nachdem bei der Lottoziehung am Mittwoch oder am Samstag die sechste Gewinnzahl gezogen worden ist, wird noch eine weitere Zahl gezogen, die Zusatzzahl.
Man hat „3 Richtige mit Zusatzzahl“, wenn man 3 der 6 Gewinnzahlen, 2 der 42 Nicht-Gewinnzahlen und außerdem die Zusatzzahl angekreuzt hat.
Berechne die Wahrscheinlichkeit für „3 Richtige mit Zusatzzahl“. Wie groß ist die Wahrscheinlichkeit für „3 Richtige ohne Zusatzzahl“ (d. h. man hat nur drei Gewinnzahlen und drei Nicht-Gewinnzahlen angekreuzt).

**d)** Auch in den Gewinnrängen mit „4 Richtigen“ und „5 Richtigen“ unterscheidet man „mit Zusatzzahl“ bzw. „ohne Zusatzzahl“. Überprüfe die Tabelle rechts.

**So gewinnen Sie mit Zusatzzahl**

| Gewinnrang | Wahrscheinlichkeit |
|---|---|
| 4 Richtige ohne Zusatzzahl | $\frac{12915}{13983816}$ |
| 4 Richtige mit Zusatzzahl | $\frac{630}{13983816}$ |
| 5 Richtige ohne Zusatzzahl | $\frac{252}{13983816}$ |
| 5 Richtige mit Zusatzzahl | $\frac{6}{13983816}$ |
| 6 Richtige | $\frac{1}{13983816}$ |

**e)** Fasse für die folgende Rechnung die Wahrscheinlichkeiten für die Gewinnränge bei „3 Richtigen", „4 Richtigen" und „5 Richtigen" zusammen. Überlege dann, wie viele Richtige man im Mittel bei einem Lottotipp haben wird.

**f)** Den verschiedenen Gewinnrängen sind Quoten zugeordnet, nach denen berechnet wird, welcher Betrag an die Gewinner ausgezahlt wird. Die Höhe des Betrages ist abhängig von der Zahl der Gewinner und die wiederum ist sehr stark abhängig von den Gewinnzahlen, denn diese sind unterschiedlich „beliebt", werden also mit unterschiedlicher Häufigkeit getippt.
Im Mittel gab es im vergangenen Jahr die nebenstehenden Nettogewinn.
Welchen Nettogewinn konnte man im Mittel erwarten?

| Anzahl der Richtigen Gewinnrang | mittlere Nettogewinn |
|---|---|
| 0, 1 oder 2 Richtige | – 0,75 € |
| 3 Richtige ohne Zusatzzahl | 10 € |
| 3 Richtige mit Zusatzzahl | 25 € |
| 4 Richtige ohne Zusatzzahl | 42 € |
| 4 Richtige mit Zusatzzahl | 173 € |
| 5 Richtige ohne Zusatzzahl | 2 864 € |
| 5 Richtige mit Zusatzzahl | 47 085 € |
| 6 Richtige | 493 956 € |

**4.** Lukas möchte sich seinen Lottotipp nicht einfach „ausdenken", sondern vom Zufallszahlengenerator des Computers bzw. des GTR bestimmen lassen. Schnell bemerkt er, dass das nicht so ohne Weiteres geht. Woran liegt das?

```
randInt(49,1,6)
{27 42 48 14 14…
```

**a)** Simuliere 50-mal dieses Erzeugen eines Zufallszahlen-Tipps auf deinem GTR. Wie oft ist dieser Tipp „brauchbar"?

**b)** Berechne die Wahrscheinlichkeit, dass der Zufallszahlengenerator einen „brauchbaren" Tipp produziert.

**c)** Das heutige Zahlenlotto hat seinen Ursprung im „Lotto di Genova", der Wahl der fünf Mitglieder des Stadtrates in Genua. Seit dem 15. Jahrhundert wurden in jedem Jahr die Namen von 90 Kandidaten auf Lose geschrieben, von denen fünf gezogen wurden. Später kamen Wetten auf, bei denen man auf bestimmte Kandidaten setzen konnte.

Lässt sich ein Tipp beim damaligen Genueser Lotto *5 aus 90* eher mithilfe eines Zufallszahlengenerators produzieren als beim heutigen Lottospiel *6 aus 49*?

## 3.6 Vermischte und komplexe Übungen

**1.** Zwei Münzen werden gleichzeitig zweimal geworfen (zweifacher Doppelwurf).

**a)** Gib die Ergebnismenge $\Omega$ an.

**b)** Wie groß ist die Wahrscheinlichkeit, dass bei einem zweifachen Doppelwurf
(1) das Wurfergebnis *„zweimal Wappen"* genau einmal,
(2) das Wurfergebnis *„verschiedene Seiten"* höchstens einmal,
(3) das Wurfergebnis *„zweimal Zahl"* mindestens einmal
auftritt?

**2.** Gib einen Zufallsversuch an, der durch das folgende Baumdiagramm beschrieben wird. Ergänze die fehlenden Wahrscheinlichkeiten.

**a)**

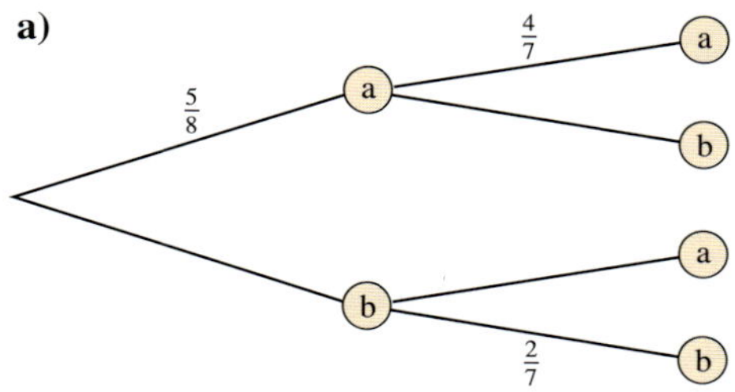


**b)**

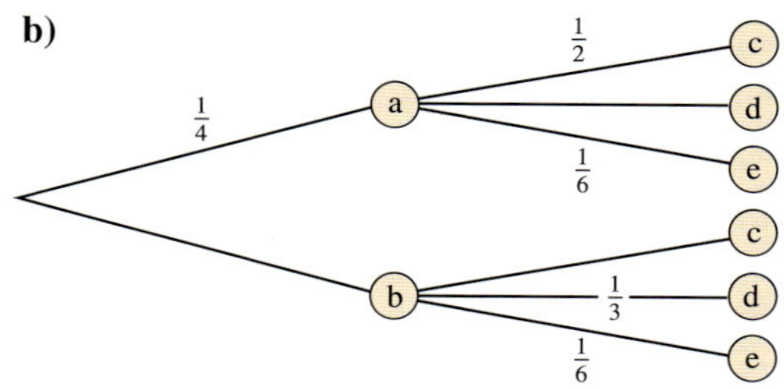


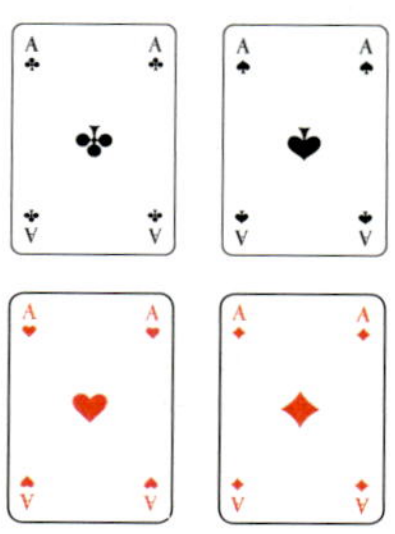

**3.** Ein Stapel von Skatkarten (französisches Blatt) besteht aus 32 Karten, je 8 Herz-Karten, Karo-Karten, Pik-Karten und Kreuz-Karten.

**a)** Aus dem ganzen Stapel wird zufällig eine Karte gezogen.
Mit welcher Wahrscheinlichkeit ist die Karte (1) rot; (2) schwarz?

**b)** Aus den Pik-Karten wird zufällig eine Karte gezogen.
Mit welcher Wahrscheinlichkeit ist die Karte (1) rot; (2) schwarz?

**4.** Bei einem Ferienkurs lernen die Teilnehmer das Werfen mit Wurfpfeilen auf eine Scheibe.

**a)** Bei den Anfängern geht man davon aus, dass sie jeden der Ringe mit der gleichen Wahrscheinlichkeit treffen. Genau so hoch ist die Wahrscheinlichkeit, dass sie die Scheibe verfehlen. Bestimme:
(1) P(Scheibe nicht getroffen) (3) P(roter Innenring) (5) P(einer der weißen Ringe)
(2) P(Scheibe getroffen) (4) P(einer der roten Ringe)

**b)** Bei den trainierten Teilnehmern nimmt man an, dass sie die Scheibe mit jedem Wurf treffen. Für die Ringtreffer setzt man folgende Verteilung an:

| Treffer im | weißen Außenring | roten Außenring | weißen Innenring | roten Innenring |
|---|---|---|---|---|
| Wahrscheinlichkeit | 10 % | 20 % | 30 % | 40 % |

Bestimme:
(1) P(Scheibe nicht getroffen) (3) P(roter Innenring) (5) P(weißer Ring)
(2) P(Scheibe getroffen) (4) P(roter Ring)

**5.** Beschreibe, wie man mithilfe eines GTR das Werfen eines Dodekaeders [Ikosaeders] simulieren kann.

**6.** Ein Spielwürfel und ein Tetraederwürfel werden gleichzeitig geworfen.

**a)** Wie stehen die Chancen, dass die Würfelzahl größer ist als die Tetraederzahl?

**b)** Stelle die Wahrscheinlichkeitstabelle für die Augensumme grafisch dar.

**c)** Stelle die Wahrscheinlichkeitstabelle für das Augenprodukt als Säulendiagramm dar.

**7.** Annes Zahlkärtchen liegen verdeckt auf dem Tisch. Zuerst zieht Anne ein Kärtchen, dann zieht Michael ein Kärtchen.

**a)** Mit welcher Wahrscheinlichkeit ist Annes Zahl größer als Michaels Zahl?

**b)** Anne und Michael bilden aus den beiden Werten die Summe. Welches Ergebnis hat die größte Wahrscheinlichkeit?

**c)** Anne und Michael bilden aus den beiden Werten das Produkt. Anne gewinnt bei einigen Werten, Michael bei den restlichen.
Kannst du eine Spielregel so entwerfen, dass es sich um ein faires Glücksspiel handelt?

**8.** Das Ergebnis des „Spiels 77“ wird mit jeder Lotto-Ziehung im Fernsehen bekannt gegeben. Dabei wird eine siebenstellige Zahl als Gewinnzahl zufällig ausgelost. Wenn die Endziffer des eigenen Lottoscheins mit der Endziffer der Gewinnzahl übereinstimmt, erhält man einen Gewinn der Klasse 7. Wenn beide Endziffern des eigenen Lottoscheins mit den beiden Endziffern der Gewinnzahl übereinstimmen, erhält man einen Gewinn der Klasse 6.

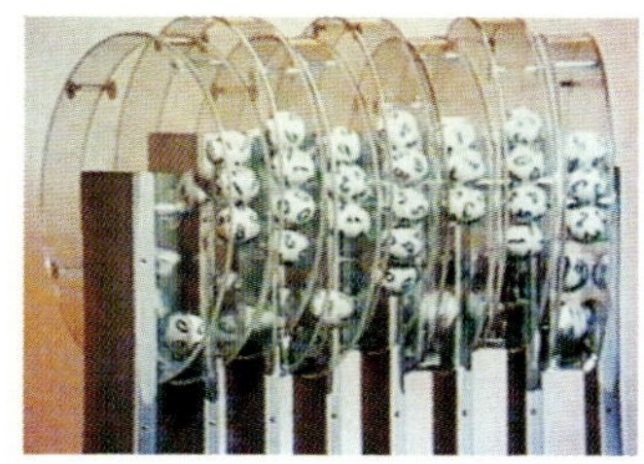

**a)** Bestimme die Wahrscheinlichkeit in der Klasse 7 zu gewinnen.

**b)** An einem bestimmten Samstag erreichten etwa 98 400 Teilnehmer die Gewinnklasse 7.
Gib einen Schätzwert an, wie viele Spieler insgesamt an diesem Samstag am „Spiel 77“ teilgenommen haben könnten.

**c)** An diesem Samstag gewannen etwa 8 500 Mitspieler in der Gewinnklasse 6. Erkläre.

**9.** Der Biologe Gregor Mendel untersuchte vor mehr als 140 Jahren, wie sich Eigenschaften von Pflanzen auf die nächsten Generationen vererben. Einige seiner Forschungen führte er an Erbsen durch.

**a)** Bei der Kreuzung von Erbsen mit gelben Samen und Erbsen mit grünen Samen traten in der ersten Nachwuchsgeneration (vergleichbar mit Töchtern und Söhnen) nur gelbe Samen auf, in der zweiten Nachwuchsgeneration (Enkelgeneration) zählte Mendel 6 022 gelbe und 2 001 grüne Samen.
Welche Wahrscheinlichkeiten (einfache Brüche) für die Samenfarben kann man aus diesen Ergebnissen vermuten?

**b)** Bei der Kreuzung von Erbsen mit runden Samen und Erbsen mit faltigen Samen traten in der ersten Nachwuchsgeneration nur runde Samen auf, in der zweiten Nachwuchsgeneration zählte Mendel 5 474 runde und 1 850 faltige Samen.
Welche Wahrscheinlichkeiten (einfache Brüche) für die Samenformen kann man aus diesen Ergebnissen vermuten?

**c)** Bei 15 Pflanzen der zweiten Nachwuchsgeneration mit insgesamt 556 Samen wurden Samenfarbe und -form zusammen beobachtet. Man zählte 315 rundgelbe, 101 faltiggelbe, 108 rundgrüne und 32 faltiggrüne Samen.
Wie könnte eine zugehörige Wahrscheinlichkeitstabelle aussehen?

## Bist du fit?

**1.** **a)** Ein Glücksrad wird dreimal gedreht. Bestimme die Wahrscheinlichkeit für das Ereignis:
$E_1$: Dreimal die gleiche Farbe
$E_2$: Drei verschiedene Farben
$E_3$: Mindestens einmal rot

**b)** In einer Urne befinden sich 12 gleichartige Kugeln, davon 5 rote, 4 blaue, 2 grüne und 1 gelbe. Drei Kugeln werden ohne Zurücklegen gezogen. Bestimme die Wahrscheinlichkeiten der Ereignisse $E_1$, $E_2$ und $E_3$.

**2.** Beim Torwandschießen darf jeder Teilnehmer dreimal auf eine Öffnung schießen, die sich oben links befindet, und dreimal auf eine Öffnung, die sich unten rechts in der Torwand befindet. Erfahrungsgemäß treffen die Teilnehmer die untere Toröffnung in 30 % der Fälle. Die obere Öffnung wird dagegen nur in 10 % aller Fälle getroffen. Daher erhält man für einen Treffer oben 3 € und unten 1 € ausgezahlt.
Der Einsatz beträgt 2 € für zweimal drei Torwandschüsse. Ist dies ein faires Spiel?

**3.** Marie und Alexander werfen bei einem Spiel eine Münze so lange, bis insgesamt dreimal Wappen oder dreimal Zahl gefallen ist.
Mit welcher Wahrscheinlichkeit ist das Spiel nach 3 bzw. 4 bzw. 5 Runden zu Ende?

**4.** In einer Urne sind 100 gleichartige Kugeln, die von 1 bis 100 nummeriert sind. Zwei Kugeln werden nacheinander gezogen (1) mit Zurücklegen; (2) ohne Zurücklegen.
Bestimme die Wahrscheinlichkeit des Ereignisses:

**a)** Die Summe der Nummern ist gerade. **b)** Jede der beiden Nummern ist kleiner als 30.

**5.** Aus einem Skatkartenspiel (deutsches Blatt) mit 32 Karten werden nacheinander drei Karten (ohne Zurücklegen) gezogen. Bestimme die Wahrscheinlichkeit für das angegebene Ereignis.
Die gezogenen Karten sind:
(1) Rot As, Eichel 9, Schellen 7 (in dieser Reihenfolge)
(2) Rot As, Eichel 9, Schellen 7 (nicht unbedingt in dieser Reihenfolge)
(3) drei Ober
(4) zwei Ober, ein König

**6.** **a)** Aus einer Urne mit 37 Kugeln, die von 0 bis 36 nummeriert sind, werden nacheinander 5 Kugeln gezogen und nicht zurückgelegt. Berechne die Anzahl der möglichen Ergebnisse.

**b)** Auf wie viele verschiedene Arten kann man die 5 gezogenen Zahlen anordnen?

**c)** Erläutere, wie man die Glückszahlen eines Lottospiels „5 aus 37“ mithilfe eines Roulettespiels bestimmen könnte. Erläutere, wie dies geschehen kann. Wie groß ist die Wahrscheinlichkeit, dass man bei 5 Drehungen des Rouletterads lauter verschiedene Zahlen erhält?

**7.** Beim „Spiel 77“ wird eine siebenstellige Zahl als Gewinnzahl zufällig ausgelost.

**a)** Wie groß ist die Wahrscheinlichkeit, dass die Gewinnzahl (1) auf 7 endet; (2) ungerade ist?

**b)** Welche der drei folgenden Zahlen hat die höchste Wahrscheinlichkeit als Gewinnzahl:
2 581 932 oder 1 234 567 oder 7 777 777?

# 4. ÄHNLICHKEIT

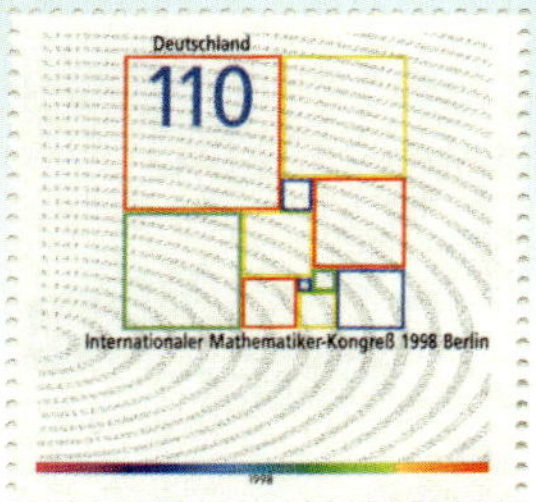


Nicole will im Unterricht ein Referat über Zerlegungen eines Quadrats in Quadrate halten. Als Vorlage dient ihr eine Briefmarke, die 1998 zum Internationalen Mathematikerkongress in Berlin von der Deutschen Post ausgegeben wurde.
Sie zeichnet die Zerlegung des Quadrats mit einem Geometrieprogramm ab.

Bei der Projektion der Zeichnung mithilfe eines Beamers erhält Nicole zunächst das linke Bild. Nachdem sie den Beamer anders aufgestellt hat, erhält sie das Bild rechts.

- Was hat Nicole bei der linken Projektion falsch gemacht?
- Vergleiche die Zerlegung des Quadrats in der Zeichnung rechts oben mit den Projektionen auf der Wand.

Das projizierte Bild rechts ist eine maßstäbliche Vergrößerung der Zeichnung oben rechts. Man sagt dann auch: Beide Bilder sind *ähnlich* zueinander.

Mehr über maßstäblich vergrößerte oder verkleinerte, also zueinander ähnliche Figuren, ihre Konstruktion und ihre Eigenschaften erfährst du in diesem Kapitel.

## 4.1 Zentrische Streckung – Eigenschaften

### 4.1.1 Maßstäbliches Vergrößern und Verkleinern – Maßstab

**Aufgabe 1**

Lauras Oma fotografiert noch mit einer herkömmlichen Kleinbildkamera. Sie liefert Bilder (so genannte Negative) der Größe 24 mm mal 36 mm. Bei vergrößerten Abzügen kann man z. B. die Formate 9 cm × 13 cm oder 10 cm × 15 cm (Postkartenformat) erhalten.
Prüfe, ob diese vergrößerten Abzüge das ganze Bild wiedergeben, das die Kamera aufgenommen hat, oder ob an einer Seite etwas abgeschnitten wird.

**Lösung**

Wenn ein Abzug das ganze Bild wiedergeben soll, dann muss sowohl die Länge der Seite $\overline{AB}$ als auch die Länge der Seite $\overline{BC}$ mit *demselben* Faktor k vergrößert werden. Es muss gelten:

$\overline{A'B'} = k \cdot \overline{AB}$ *und* $\overline{B'C'} = k \cdot \overline{BC}$,

also: $k = \frac{\overline{A'B'}}{\overline{AB}}$ *und* $k = \frac{\overline{B'C'}}{\overline{BC}}$.

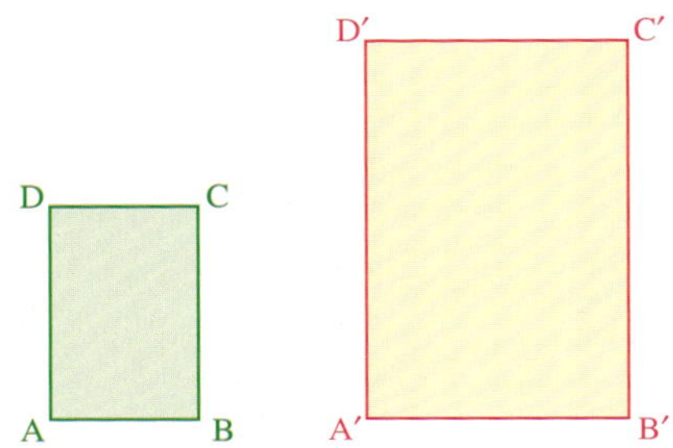


Wir prüfen dies nach.
Dazu berechnen wir die Vergrößerungsfaktoren $k_1$ und $k_2$ für die Breite bzw. die Höhe der Bilder.

(1) *Abzug der Größe 9 cm × 13 cm:*

$k_1 = \frac{90\text{ mm}}{24\text{ mm}} = \frac{90}{24} = \frac{15}{4} = 3\frac{3}{4}$; $k_2 = \frac{130\text{ mm}}{36\text{ mm}} = \frac{130}{36} = \frac{65}{18} = 3\frac{11}{18}$

Die Faktoren stimmen nicht überein.
Der vergrößerte Abzug 9 cm × 13 cm gibt nicht das gesamte Bild der Kamera wieder; an einer Seite ist etwas abgeschnitten.

(2) *Abzug der Größe 10 cm × 15 cm:*

$k_1 = \frac{100\text{ mm}}{24\text{ mm}} = \frac{100}{24} = \frac{25}{6} = 4\frac{1}{6}$; $k_2 = \frac{150\text{ mm}}{36\text{ mm}} = \frac{150}{36} = \frac{25}{6} = 4\frac{1}{6}$

Hier stimmen beide Faktoren überein.
Die Vergrößerung 10 cm × 15 cm gibt das gesamte Bild der Kamera wieder.

**Weiterführende Aufgaben**

Statt durch 4 zu dividieren, kann man auch mit $\frac{1}{4}$ multiplizieren.

**2.** *Verkleinern einer Figur*

Tanjas Eltern wollen eine neue Wohnung beziehen. Dort erhält Tanja ein Zimmer, das 4,20 m lang und 3,40 m breit ist. Um die Aufstellung ihrer Möbel zu planen, zeichnet sie ein Rechteck für den Grundriss des Zimmers. Für die Länge wählt sie 8,4 cm.
Zeichne den Grundriss maßstäblich verkleinert. Gib auch den Verkleinerungsfaktor an.

**3.** *Maßstab bei Zeichnungen und Karten*

Der **Maßstab** bei einer Bauzeichnung oder einer Landkarte gibt das Längenverhältnis einer Strecke in der Zeichnung zu der Strecke in der Wirklichkeit an.

**a)** Auf einer Landkarte (Maßstab 1 : 25 000) ist der Wanderweg zwischen zwei Burgen 32 cm lang. Wie lang ist der Wanderweg in der Wirklichkeit?

**b)** Auf einer Hinweistafel wird ein Rundwanderweg mit 12,5 km angegeben. Wie lang ist er auf der Wanderkarte (Maßstab 1 : 25 000)?

**c)** Welche Beziehung besteht zwischen dem Maßstab und dem Verkleinerungsfaktor?

**Information**

**(1) Maßstäbliche Vergrößerungen und Verkleinerungen**

Ein Beamer vergrößert; ebenso kann man mit einem Fotokopiergerät eine Vorlage vergrößern, aber auch verkleinern. Beim maßstäblichen Vergrößern ist der Faktor k größer als 1, beim maßstäblichen Verkleinern liegt der Faktor zwischen 0 und 1.
Das maßstäbliche Vergrößern bzw. Verkleinern (ohne Verzerren) bedeutet:

- Die Größen einander entsprechender Winkel bleiben erhalten.
- Die Längen aller Strecken werden mit *demselben* positiven Faktor multipliziert.

Man sagt: Originalfigur und die maßstäbliche Vergrößerung bzw. Verkleinerung sind *ähnlich* zueinander. So sind Vorlage (Original) und Bild (Kopie) ähnlich zueinander.

**(2) Verhältnis zweier Längen**

Bei der Lösung der Aufgaben 1 und 2 haben wir zur Bestimmung des Vergrößerungs- bzw. Verkleinerungsfaktors Längen miteinander verglichen und dann den Quotienten der Längen einander entsprechender Seiten gebildet.

**Definition**

Beim Vergleich zweier Längen a und b bezeichnet man den gemeinen Bruch $\frac{a}{b}$ bzw. den Quotienten a : b auch als **Längenverhältnis** oder kurz als *Verhältnis*.
Den Bruch $\frac{a}{b}$ bzw. den Quotienten a : b liest man dann auch: *a zu b.*

*Beispiel*

Gegeben: $\overline{AB} = 0{,}9$ cm und $\overline{CD} = 1{,}5$ cm. Dann gilt:

$$\frac{\overline{AB}}{\overline{CD}} = \frac{0{,}9\text{ cm}}{1{,}5\text{ cm}} = \frac{9}{15} = \frac{3}{5} = 0{,}6 \quad \text{bzw.} \quad \overline{AB} : \overline{CD} = 0{,}9 : 1{,}5 = 9 : 15 = 3 : 5 = 0{,}6$$

Eine Gleichung wie $\overline{AB} : \overline{CD} = 3 : 5$ liest man auch: *$\overline{AB}$ verhält sich zu $\overline{CD}$ wie 3 zu 5.*
Eine solche Gleichung nennt man *Verhältnisgleichung* oder auch *Proportion*.

*Beachte:* Das Verhältnis zweier Längen ist eine Zahl.

**Proportion** ⟨lat.⟩ entsprechendes Verhältnis

**Übungsaufgaben**

**4.** Das Bild des Künstlers ist eingerahmt worden. Das Bild allein ist ein Rechteck; ebenso das Bild zusammen mit dem Rahmen. Vergleiche beide Rechtecke.
Welche Bedingung muss erfüllt sein, damit das eine Rechteck eine maßstäbliche Vergrößerung des anderen Rechtecks ist?

**5. a)** Vergrößere die Figur maßstäblich mit dem Faktor 2.

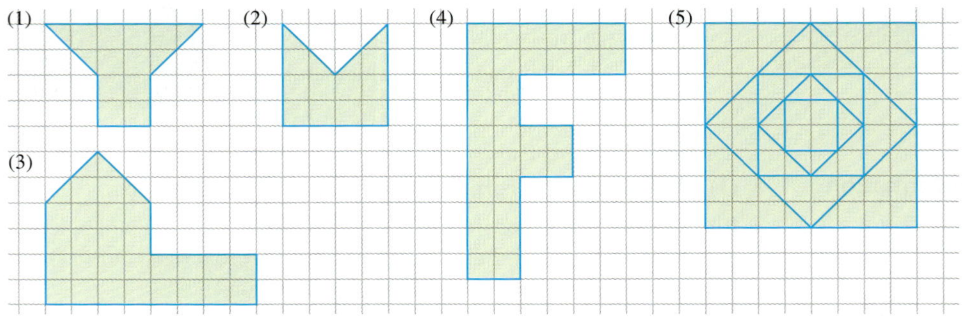


**b)** Wähle eine Figur aus Teilaufgabe a). Verkleinere sie maßstäblich mit dem Faktor $\frac{1}{2}$.

**6.** Entnimm der Zeichnung das Längenverhältnis $\frac{\overline{PQ}}{\overline{UV}}$, ohne mit dem Lineal zu messen.

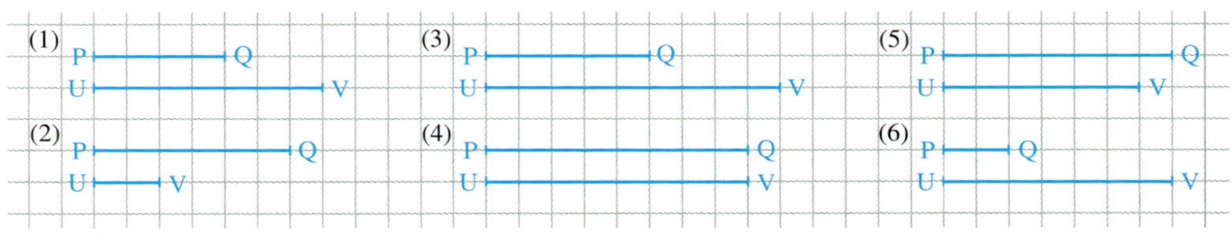


**7.** Bestimme das Längenverhältnis $\frac{\overline{AB}}{\overline{CD}}$ [$\overline{CD} : \overline{AB}$]. Kürze soweit wie möglich.

**a)** $\overline{AB} = 35$ m, $\overline{CD} = 49$ m
**b)** $\overline{AB} = 125$ dm, $\overline{CD} = 75$ dm
**c)** $\overline{AB} = 4$ cm, $\overline{CD} = 48$ cm
**d)** $\overline{AB} = 25{,}2$ dm, $\overline{CD} = 32{,}4$ cm

**8. a)** Zeichne zwei Strecken $\overline{AB}$ und $\overline{CD}$ mit dem Längenverhältnis:
(1) $\overline{AB} : \overline{CD} = 3 : 4$ (2) $\overline{AB} : \overline{CD} = 3$ (3) $\overline{AB} : \overline{CD} = 2 : 4$
Schreibe $\overline{AB}$ [$\overline{CD}$] als Vielfaches von $\overline{CD}$ [$\overline{AB}$].

**b)** Das Längenverhältnis von $\overline{PQ}$ zu $\overline{RS}$ beträgt 3 zu 4 [5 : 4]. Bestimme die fehlende Länge.
(1) $\overline{PQ} = 80$ cm (2) $\overline{RS} = 120$ cm (3) $\overline{RS} = 75$ cm (4) $\overline{PQ} = 48$ mm

**9.** Für ein Rechteck ABCD mit den Seitenlängen a und b gilt: a = 6 cm und $\frac{b}{a} = \frac{2}{3}$.
Zeichne das Rechteck.

**10.** Für ein Dreieck ABC mit dem Umfang 24 cm [18 cm] gilt: $\frac{c}{a} = \frac{5}{4}$ und $\frac{a}{b} = \frac{4}{3}$.
Wie lang sind die drei Seiten?

**11.** **a)** Hier siehst du verschiedene Figuren. Suche zwei Figuren heraus, von denen die eine Figur eine maßstäbliche Vergrößerung bzw. Verkleinerung der anderen ist. Notiere auch den Faktor. Zeichne die beiden Figuren ins Heft und markiere jeweils einander entsprechende Punkte, entsprechende Winkel und Seiten in derselben Farbe.

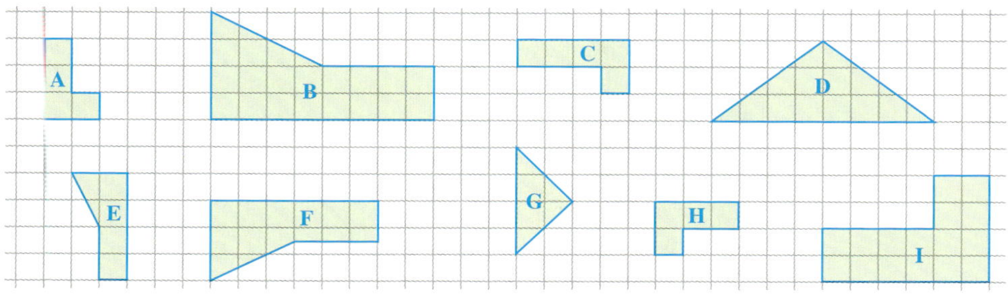


**b)** Suche weitere Paare von Figuren heraus und verfahre entsprechend.

**12.** Fülle die Tabelle aus.

| Maßstab | 1 : 5 | 5 : 1 | 1 : 40 000 | 1 : 40 000 | | |
|---|---|---|---|---|---|---|
| Länge in der Zeichnung | 80 mm | 80 mm | 5 cm | | 6 cm | 17 cm |
| Länge in der Wirklichkeit | | | | 12 km | 12 km | 4,25 km |

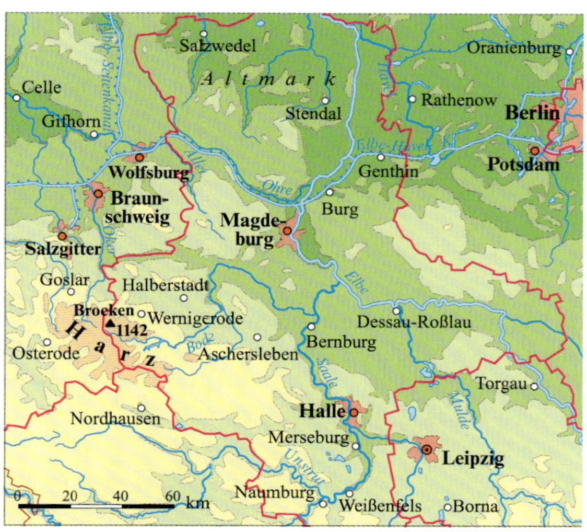


**13.** Der Kartenausschnitt ist im Maßstab 1 : 3 000 000 gezeichnet. Gib die Luftlinienentfernung der beiden Orte an.

**a)** Halle – Magdeburg

**b)** Halberstadt – Halle

**c)** Halberstadt – Magdeburg

**d)** Salzwedel – Stendal

**e)** Merseburg – Dessau-Rosslau

**f)** Naumburg – Wernigerode

**14.** Miss zu Hause die Maße des Fußbodens eines Zimmers. Zeichne im Maßstab 1 : 100 [1 : 50].

**15.** Die wiederaufgebaute Frauenkirche in Dresden ist 93 m hoch, der Eiffelturm in Paris ist 320 m hoch. Welchen Maßstab musst du wählen, damit du diese Gebäude in dein Heft (DIN A4) zeichnen kannst?

1 pm, gelesen 1 Pikometer, ist der billionsteTeil eines Meters.

**16.** Ein Eisenatom hat einen Radius von 125 pm. Mit welchem Faktor muss es vergrößert werden, damit es so groß ist wie ein

**a)** Stecknadelkopf (r = 1 mm); **b)** Ball (r = 8 cm)?

### 4.1.2 Begriff der zentrischen Streckung – Konstruktion der Bildfigur

**Einführung**

Um zu einer Figur ein kongruentes Bild zu erzeugen, kennen wir mehrere Konstruktionsverfahren: die Spiegelung an einer Achse oder an einem Punkt, die Verschiebung und die Drehung.
Wir suchen nun eine Abbildung, die zu einer Figur, z. B. einer Bauzeichnung, ein maßstäblich vergrößertes oder ein verkleinertes Bild erzeugt.
Um eine Konstruktionsvorschrift zu erarbeiten, wählen wir eine einfache geometrische Figur, nämlich ein Dreieck. Dabei kann uns ein Steckbrett helfen.

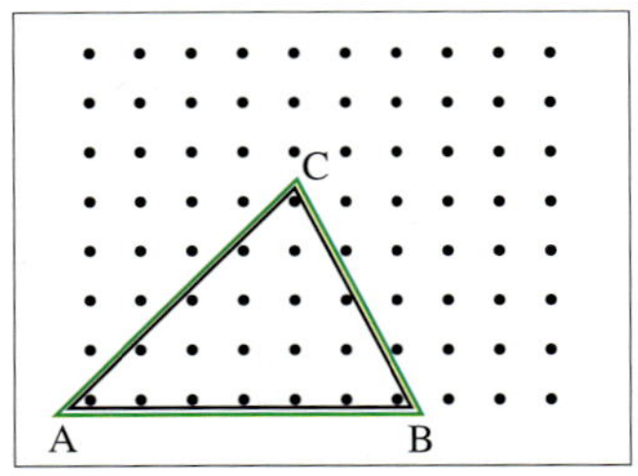


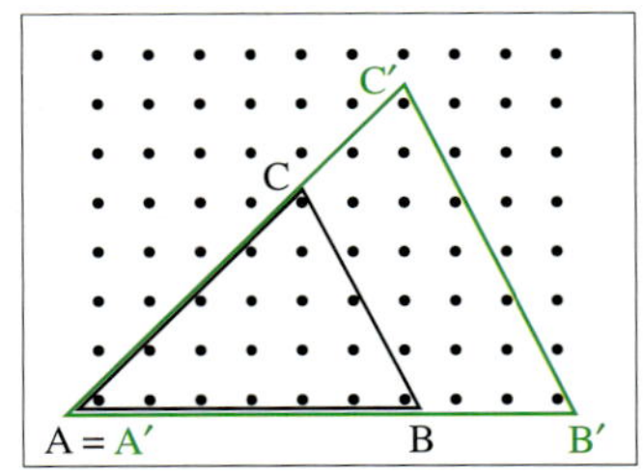


Mit einem schwarzen und einem grünen Gummiring ist ein Dreieck gespannt.
Wir halten das grüne Dreieck bei A fest und ziehen bei B und bei C so weit nach rechts bzw. nach schräg oben, bis die Seiten $\overline{A'B'}$ und $\overline{A'C'}$ des Dreiecks A'B'C' $1\frac{1}{2}$-mal so lang sind wie die Seiten $\overline{AB}$ und $\overline{AC}$ des schwarzen Dreiecks ABC.
Wir fassen das grüne Dreieck A'B'C' als Bild des schwarzen Dreiecks ABC bei einer *Streckung* auf; dabei ist der Punkt A das *Streckungszentrum* und $\frac{3}{2}$ der *Streckungsfaktor*.
Ob dabei die Seite $\overline{B'C'}$ auch $1\frac{1}{2}$-mal so lang ist wie die Seite $\overline{BC}$, werden wir später untersuchen.

**Aufgabe 1**

Gegeben ist ein Dreieck ABC. Konstruiere durch Streckung ein dazu vergrößertes Bilddreieck A'B'C' mit dem Streckungsfaktor (Vergrößerungsfaktor) $\frac{3}{2}$. Wähle als Streckungszentrum

**a)** den Eckpunkt A,

**b)** einen Punkt Z außerhalb des Dreiecks.

Verwende die Idee aus dem einführenden Text oben.
Beschreibe, wie du die Bildpunkte A', B', C' erhältst.

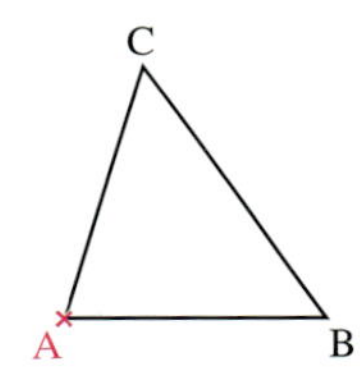


**Lösung**

**a)** *Konstruktionsbeschreibung:*

(1) Der Eckpunkt A ist das Zentrum der Streckung. A und A' stimmen also überein.

(2) Zeichne den Strahl $\overrightarrow{AB}$ und markiere auf diesem Strahl den Punkt B' so, dass die Strecke $\overline{A'B'}$ $\frac{3}{2}$-mal so lang ist wie die Strecke $\overline{AB}$.

(3) Konstruiere entsprechend den Punkt C'.

(4) Verbinde die Punkte B' und C'.

A'B'C' ist das gewünschte Dreieck.

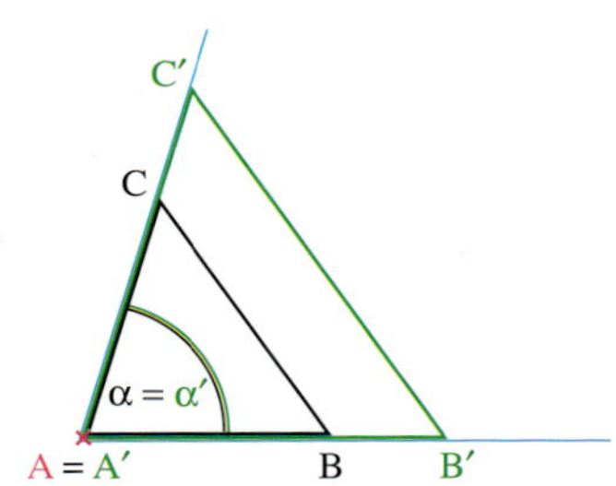


**b)** *Konstruktionsbeschreibung:*

(1) Zeichne den Strahl $\overrightarrow{ZA}$ und markiere auf diesem Strahl den Punkt A' so, dass die Strecke $\overline{Z'A'}$ $\frac{3}{2}$-mal so lang ist wie die Strecke $\overline{ZA}$.

(2) Konstruiere entsprechend die Punkte B' und C'.

(3) Verbinde die Punkte A' und B', B' und C' sowie A' und C'.

A'B'C' ist das gewünschte Dreieck.

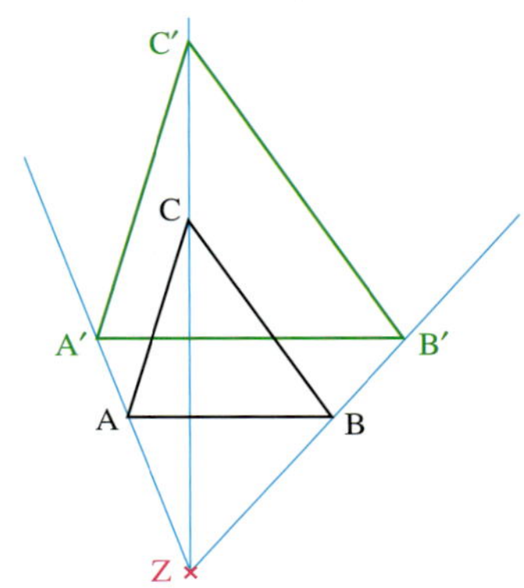

**Information**

Wir fassen die Punkte A′, B′, C′ als Bildpunkte von A, B, C bei einer neuen Abbildung auf. Diese Abbildung heißt *zentrische Streckung* mit dem *Streckungszentrum* A und dem *Streckungsfaktor* $\frac{3}{2}$.
Das Dreieck A′B′C′ ist das Bilddreieck von Dreieck ABC bei dieser zentrischen Streckung. Der Streckungsfaktor $\frac{3}{2}$ ist hier größer als 1; wir erhalten ein vergrößertes Bild.
Umgekehrt können wir das Dreieck ABC als verkleinertes Bild des Dreiecks A′B′C′ auffassen. Der Streckungsfaktor ist dann $\frac{2}{3}$, also kleiner als 1.
Wir lösen uns nun von speziellen Figuren wie dem Dreieck und definieren allgemein:

**Definition**

Eine **zentrische Streckung** wird festgelegt durch das **Streckungszentrum Z** und den positiven **Streckungsfaktor k**.
Zu einem Punkt erhältst du den Bildpunkt wie folgt:

(1) Wenn der Punkt P nicht mit dem Zentrum Z zusammenfällt, dann erhält man den Bildpunkt P′ wie folgt:
  (a) Zeichne den Strahl $\overrightarrow{ZP}$.
  (b) Zeichne den Punkt P′ auf dem Strahl $\overrightarrow{ZP}$ so, dass gilt: $\overline{ZP'} = k \cdot \overline{ZP}$

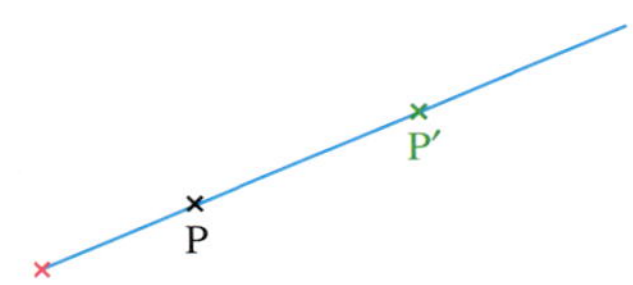


(2) Der Bildpunkt Z′ von Z fällt mit Z zusammen: Z′ = Z.

**Weiterführende Aufgabe**

**2.** *Fixelemente bei einer zentrischen Streckung*

**a)** Welche Punkte werden bei einer zentrischen Streckung auf sich abgebildet (*Fixpunkte*)?

**b)** Welche Geraden werden bei der zentrischen Streckung auf sich abgebildet (*Fixgeraden*)? Untersuche, ob jeder Punkt einer solchen Geraden selbst Fixpunkt ist.

**Satz**

Für jede *zentrische Streckung* gilt:
(a) Das Zentrum ist Fixpunkt.
(b) Jede Gerade durch das Zentrum ist eine Fixgerade.

**Übungsaufgaben**

**3.** Zeichne ein Rechteck ABCD mit a = 5,8 cm und b = 3,5 cm. Konstruiere ein dazu maßstäblich vergrößertes Bild A′B′C′D′ mit dem Vergrößerungsfaktor 2. Finde verschiedene Möglichkeiten. Beschreibe jeweils, wie du die Bildpunkte A′, B′, C′, und D′ erhältst.

**4.** Gegeben sind das Viereck ABCD und der Punkt Z.

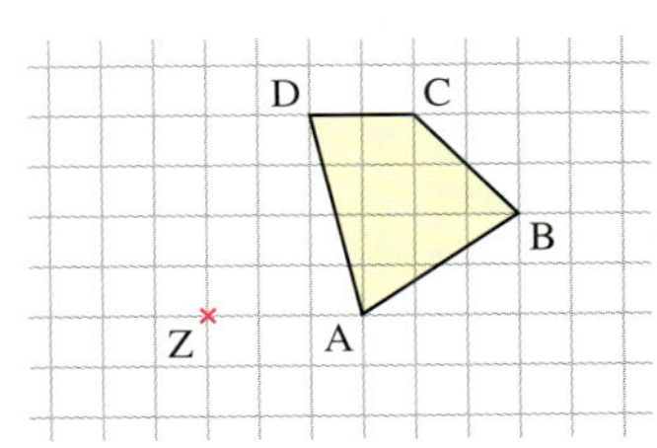


**a)** Konstruiere das Bild des Vierecks ABCD bei der zentrischen Streckung mit dem Streckungszentrum Z und dem Streckungsfaktor $\frac{3}{2}$.

**b)** Wähle weitere Punkte innerhalb und außerhalb des Vierecks ABCD und konstruiere auch ihre Bildpunkte bei der zentrischen Streckung aus Teilaufgabe a).

**c)** Wähle als Zentrum Z einen Punkt (1) innerhalb des Vierecks; (2) auf der Seite $\overline{AB}$.
Konstruiere nun das Bild des Vierecks ABCD bei der zentrischen Streckung mit dem Streckungszentrum Z und dem Streckungsfaktor 3.

DGS **5.** Zeichne mit einem dynamischen Geometrie-System ein Viereck und ein Streckungszentrum Z. Erzeuge zur Eingabe des Streckungsfaktors k im Menü *Messen und Rechnen* ein Zahlobjekt. Im Menü *Abbilden* kannst du dann das Viereck am Zentrum Z strecken.
Verändere den Streckungsfaktor.
Wie verändert sich das Bildviereck und seine Lage?

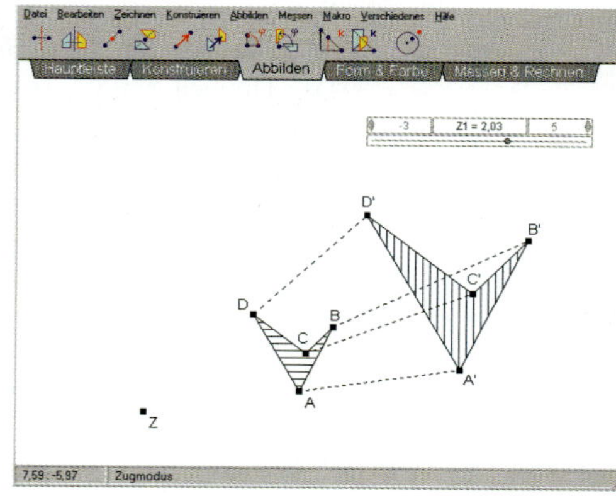


**6.** Zeichne die Figur ins Heft. Konstruiere dann die Bildfigur bei der zentrischen Streckung mit dem Streckungszentrum Z und dem Streckungsfaktor $k = 2$ [$k = \frac{1}{2}$]. Beschreibe die Konstruktion.

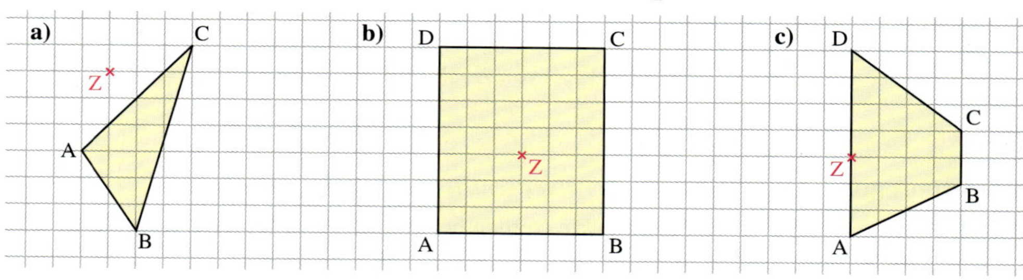


**7.** Bestimme den Streckungsfaktor.

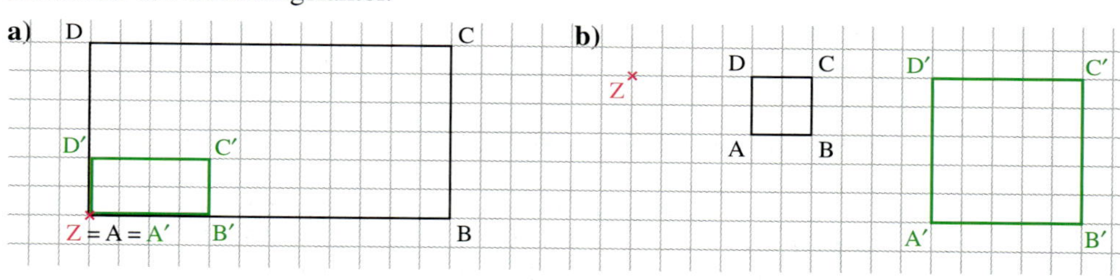


**8.** Untersuche, ob das Dreieck PQR das Bilddreieck des Dreiecks ABC bei einer zentrischen Streckung ist. Falls ja, gib Streckungszentrum und Streckungsfaktor an.

(1) A(– 6|0), B(6|0), C(–2|8), P(5|–3), Q(0|1), R(– 2|– 3)
(2) A(0|0), B(8|0), C(4|8), P(2|1), Q(4|5), R(6|1)

**9.** Q ist der Bildpunkt von P bei der zentrischen Streckung mit dem Streckungszentrum Z und dem Streckungsfaktor k.

**a)** Was kannst du über den Streckungsfaktor k aussagen?

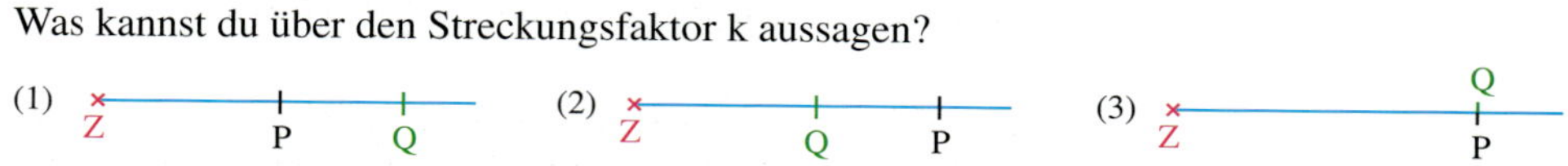


**b)** Wie ändert sich k, wenn der Punkt Q auf P zuwandert [von P wegwandert]?

**c)** Welche zentrische Streckung mit dem Zentrum Z bildet umgekehrt Q auf P ab?

### 4.1.3 Eigenschaften der zentrischen Streckung

Wir haben die zentrische Streckung eingeführt, um zu einem Vieleck ein dazu maßstäblich vergrößertes oder verkleinertes Vieleck zu konstruieren. Wir wollen nun zeigen, dass die im vorigen Abschnitt 4.1.2 erklärte Abbildung dies tatsächlich leistet. Dazu beschäftigen wir uns zunächst mit Eigenschaften der zentrischen Streckung.

**Aufgabe 1**

Entscheide, ob die grüne Figur die Bildfigur der schwarzen Figur bei einer zentrischen Streckung sein kann. Begründe.

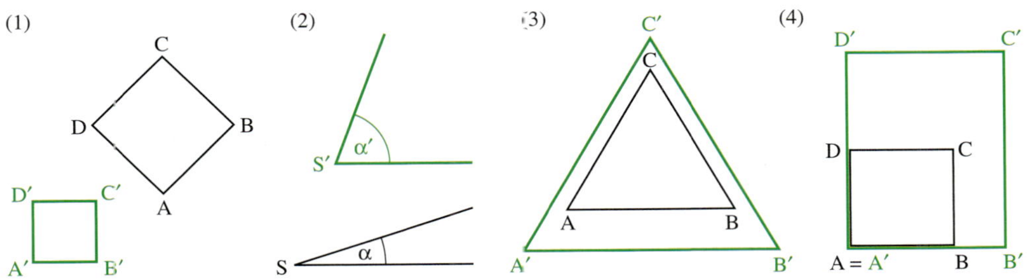


**Lösung**

Bei (1) handelt es sich *nicht* um eine zentrische Streckung, da z. B. die Seite $\overline{AB}$ und die Seite $\overline{A'B'}$ nicht parallel zueinander sind. Bei den bisherigen Konstruktionen im Abschnitt 4.1.2 haben wir die Erfahrung gemacht, dass bei einer zentrischen Streckung eine Strecke und ihre Bildstrecke bzw. eine Gerade und ihre Bildgerade stets parallel zueinander sind.
Ebenso liegt bei (2) *keine* zentrische Streckung vor, da z. B. $\alpha$ und $\alpha'$ verschieden groß sind. Bei den bisherigen Konstruktionen haben wir erfahren, dass bei einer zentrischen Streckung sich die Größe eines Winkels nicht ändert. Die Schenkel von $\alpha$ und $\alpha'$ müssen nämlich paarweise parallel zueinander sein.

Bei (3) liegt offenbar eine zentrische Streckung vor (siehe Bild rechts). Der gemeinsame Schnittpunkt Z der Geraden A′A, B′B und C′C ist das Streckungszentrum, der Streckungsfaktor beträgt etwa $\frac{3}{2}$.
Bei (4) liegt wiederum *keine* zentrische Streckung vor, denn: Die Strecke $\overline{A'B'}$ ist $\frac{3}{2}$-mal so lang wie die Strecke $\overline{AB}$, aber $\overline{A'D'}$ ist doppelt so lang wie $\overline{AD}$. Bei einer zentrischen Streckung mit dem Streckungsfaktor k ist erfahrungsgemäß das Bild einer Strecke stets k-mal so lang wie die Strecke selbst.

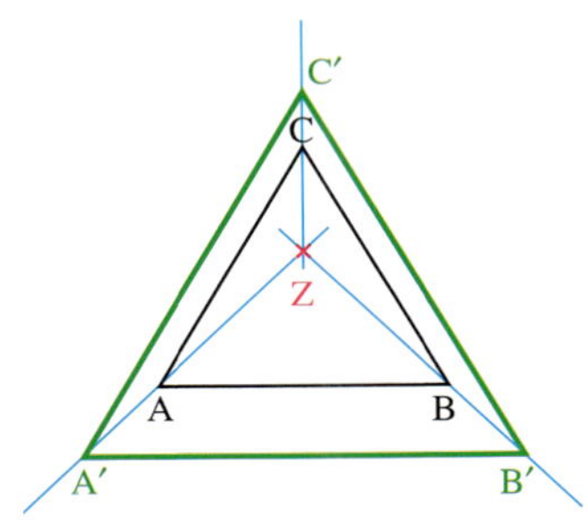


**Information**

**(1) Eigenschaften der zentrischen Streckung**

Bei Lösung der Aufgabe 1 haben wir mit Eigenschaften der zentrischen Streckung argumentiert.

**Satz**

Für jede *zentrische Streckung* mit einem positiven Streckungsfaktor k gilt:

(a) Gerade und Bildgerade sind zueinander parallel.
(b) Eine Bildstrecke ist k-mal so lang wie die Originalstrecke.
(c) Winkel und Bildwinkel sind gleich groß.

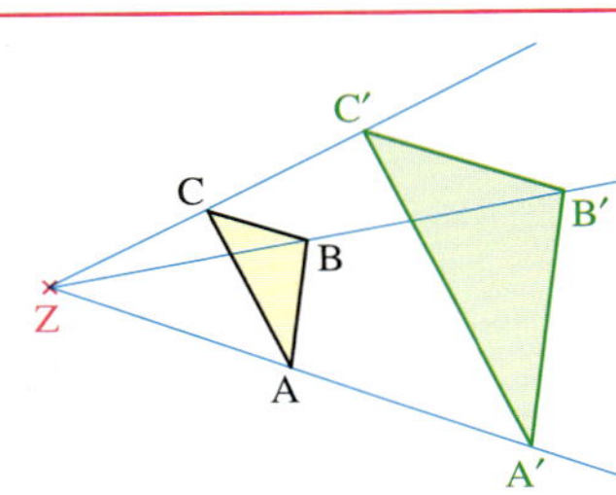

**(2) Beweis einer Eigenschaft der zentrischen Streckung**

Die obigen Eigenschaften (Satz von Seite 147) haben wir bisher an Beispielen erfahren. Wir verzichten auf einen Beweis der Eigenschaften (a) und (b) und zeigen nur:

(c) Winkel und Bildwinkel sind gleich groß.

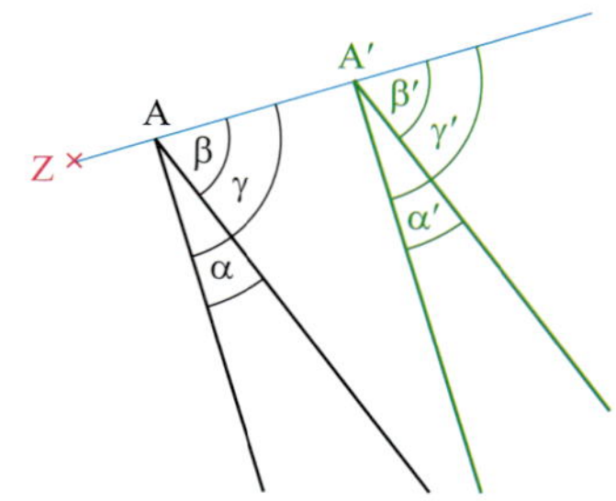


$\alpha'$ soll der Bildwinkel von Winkel $\alpha$ bei einer zentrischen Streckung mit dem Streckungsfaktor k und dem Streckungszentrum Z sein.
Dabei wird der Scheitel A auf den Scheitel A′ abgebildet.
Nach Satz (a) sind die Schenkel paarweise parallel zueinander.
Nach dem Stufenwinkelsatz gilt dann:

$\beta = \beta'$ und $\gamma = \gamma'$

Da nun $\alpha = \gamma - \beta$ und $\alpha' = \gamma' - \beta'$ folgt:

$\alpha' = \gamma' - \beta' = \gamma - \beta = \alpha$

**(3) Eine zentrische Streckung erzeugt maßstäbliche Vergrößerungen bzw. maßstäbliche Verkleinerungen**

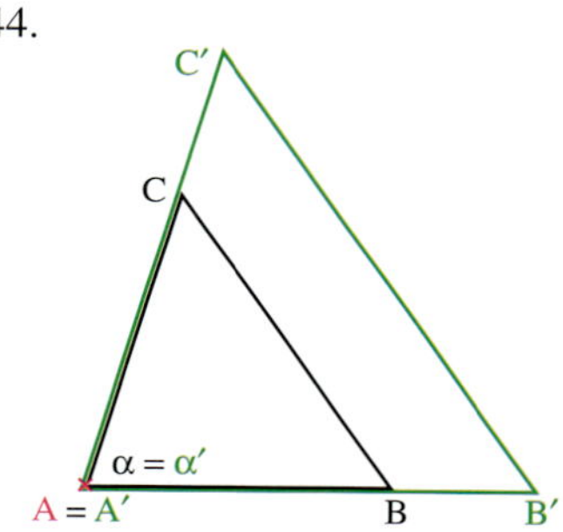


Wir betrachten noch einmal die Lösung von Aufgabe 1 auf Seite 144.
Nach Konstruktion ist $\alpha' = \alpha$.
Aufgrund des Satzes (c) ist auch: $\beta' = \beta$ und $\gamma' = \gamma$.
Ferner ist nach Konstruktion:

$\overline{A'B'} = \frac{3}{2} \cdot \overline{AB}$ und $\overline{A'C'} = \frac{3}{2} \cdot \overline{AC}$.

Nach dem Satz (b) ist auch:

$\overline{B'C'} = \frac{3}{2} \cdot \overline{BC}$.

Also ist das Dreieck A′B′C′ ein maßstäbliches vergrößertes Bild von Dreieck ABC.

**Weiterführende Aufgaben**

**2.** *Konstruktion des Bildpunktes mithilfe der Eigenschaften der zentrischen Streckung*

Gegeben ist eine zentrische Streckung mit dem Streckungszentrum Z, dem Punkt A und seinem Bildpunkt A′ sowie dem Punkt B.
Konstruiere den Bildpunkt B′ des Punktes B, ohne den Streckungsfaktor k zu bestimmen. Begründe die Konstruktion.

**3.** *Längenverhältnisse bei Vieleck und Bildvieleck*

Begründe folgende Behauptung:

Wenn das Vieleck F′ das Bild des Vielecks F bei einer zentrischen Streckung ist, dann sind die Längenverhältnisse einander entsprechender Seiten gleich.

*Beispiel* (Abbildung rechts):

$$\frac{\overline{A'B'}}{\overline{AB}} = \frac{\overline{B'C'}}{\overline{BC}} = \frac{\overline{A'C'}}{\overline{AC}}$$

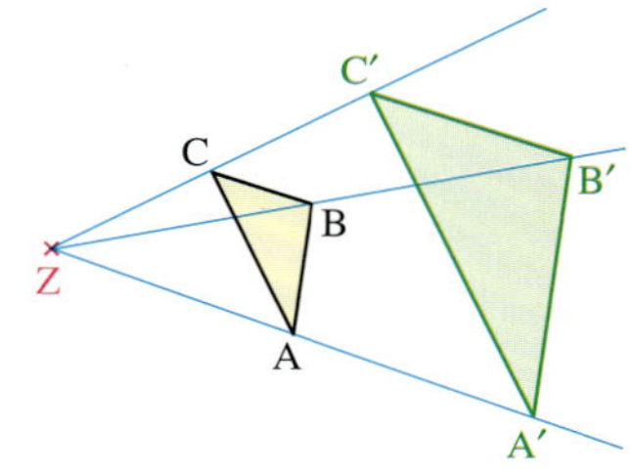

**4.** *Der Storchschnabel als zentrischer Strecker*

Das Gerät im linken Bild heißt *Storchschnabel* (oder *Pantograph*). Mit seiner Hilfe kann man zu einer Figur die Bildfigur bei einer zentrischen Streckung zeichnen. Der Streckungsfaktor lässt sich einstellen.

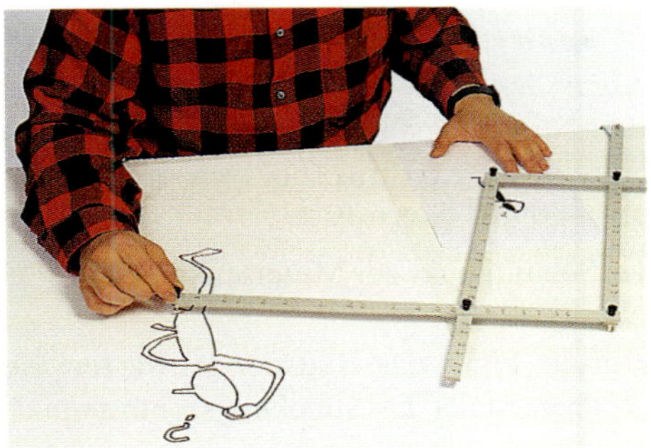

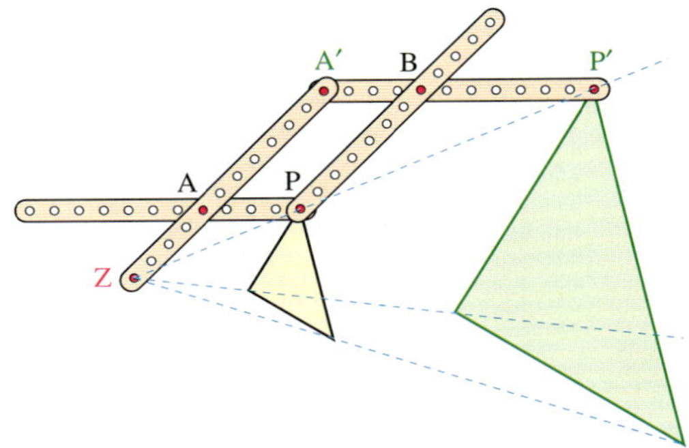


Das Bild rechts zeigt den prinzipiellen Aufbau eines Storchschnabels. Die beiden Latten $\overline{ZA'}$ und $\overline{A'P'}$ sind gleich lang. Beim Zusammenbau muss weiter darauf geachtet werden, dass gilt: $\overline{AP} = \overline{A'B} = \overline{AZ}$ sowie $\overline{AA'} = \overline{PB}$.

**a)** Begründe: Der Bildpunkt P′ liegt auf der Geraden ZP.
*Anleitung:* Betrachte die Dreiecke ZPA und ZP′A′.

**b)** Beweise, dass in jeder Stellung des Storchschnabels $\overline{ZP'} = k \cdot \overline{ZP}$ gilt. Bestimme den Streckungsfaktor der in der Abbildung dargestellten Einstellung.

**c)** Verbinde die Latten an anderen Stellen. Welche Streckungsfaktoren lassen sich einstellen?

**d)** Wie kann man mit diesem Gerät Verkleinerungen herstellen?

**Übungsaufgaben**

**5.** DGS

Zeichne ein Dreieck ABC und einen Punkt Z außerhalb des Dreiecks.

**a)** Strecke das Dreieck von Z aus mit dem Streckungsfaktor k = 2.
Tipp: Zeichne das Bilddreieck in einer anderen Farbe.

**b)** Miss die Seitenlängen und die Innenwinkel des Dreiecks ABC und die des Bilddreiecks. Vergleiche.

**c)** Wähle einen anderen Streckungsfaktor und bearbeite damit nochmals die Teilaufgaben a) und b).

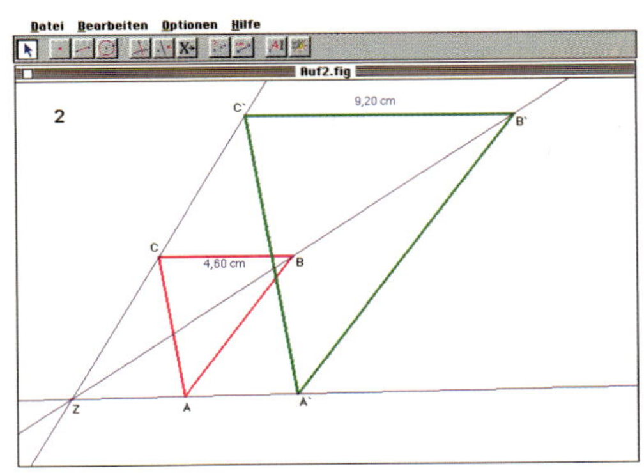


**6.** Gegeben sind das Streckungszentrum Z und ein Dreieck ABC. Konstruiere ohne mit Längen zu rechnen die Bildfigur von ABC bei der zentrischen Streckung mit dem Streckungsfaktor $k = \frac{7}{3}$.
*Anleitung:* Zeichne zunächst geeignet einen Punkt P und seinen Bildpunkt P′.

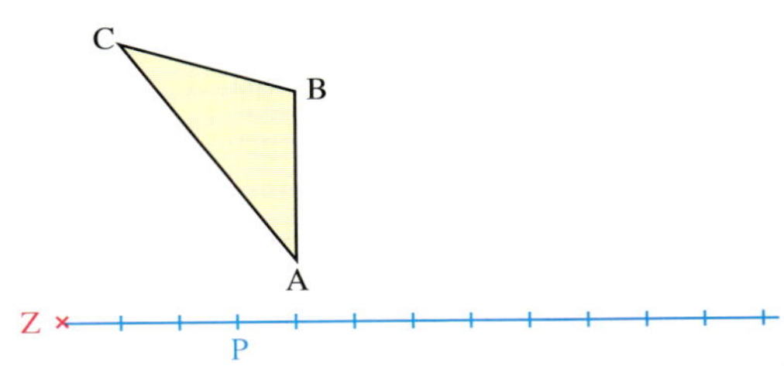

**7.** Gegeben ist im Koordinatensystem das Dreieck ABC mit $A(-3|-2)$, $B(2|-1)$, $C(-1|3)$.
Konstruiere mithilfe der Eigenschaften der zentrischen Streckung das Bilddreieck mit:

**a)** $Z(-1{,}5|-1)$ $A'(-6|-4)$ **b)** $Z(1|2)$ $B'(1{,}5|0{,}5)$ **c)** $Z(-3|1{,}5)$ $C'(3|6)$ **d)** $A'(-6|-4)$ $B'(4|-2)$ **e)** $B'(0|-2)$ $C'(-1{,}5|0)$

**8.** Konstruiere ein Dreieck ABC aus $c = 4{,}4$ cm; $\beta = 55°$; $a = 3{,}2$ cm.
Konstruiere dann die Bildfigur des Dreiecks ABC bei der zentrischen Streckung mit dem Streckungszentrum Z und dem Streckungsfaktor $k = 1{,}5$ [$k = 0{,}5$]. Nutze die Eigenschaften der zentrischen Streckung. Beschreibe die Konstruktion.
Das Zentrum Z soll sein

**a)** der Eckpunkt A; **b)** der Schnittpunkt der Mittelsenkrechten; **c)** die Mitte der Seite $\overline{BC}$.

**9.** Entscheide jeweils, ob die grüne Figur das Bild der schwarzen Figur bei einer zentrischen Streckung sein kann. Gib gegebenenfalls das Streckungszentrum und den Streckungsfaktor an. Begründe deine Aussage.

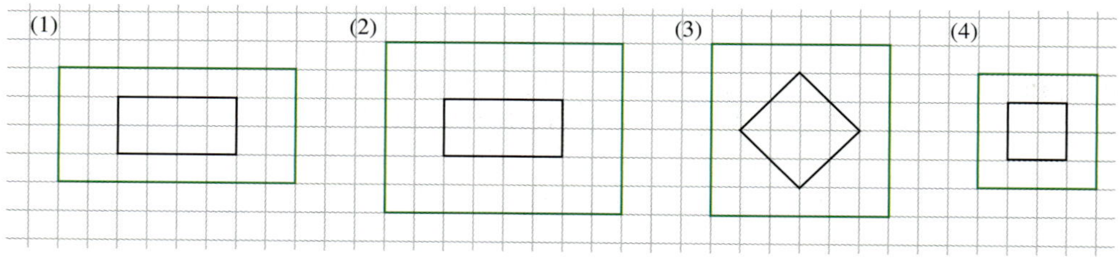


**10.** Es soll M der Mittelpunkt der Strecke $\overline{AB}$ sein.
Was kann man über den Mittelpunkt M′ von M bezüglich der Bildstrecke $\overline{A'B'}$ bei einer zentrischen Streckung aussagen? Begründe.

**11.** Das Dreieck A′B′C′ soll das Bild von Dreieck ABC bei einer zentrischen Streckung sein.
Was kann man aussagen über das Bild

**a)** der Winkelhalbierenden von ABC und deren Schnittpunkt;

**b)** der Mittelsenkrechten von ABC und deren Schnittpunkt?

Begründe.

**12.** Ein Dreieck ABC hat die Seitenlängen $a = 9$ cm, $b = 12$ cm und $c = 5$ cm. Berechne die Seitenlängen des Bilddreiecks bei einer zentrischen Streckung mit dem Streckungsfaktor k.

**a)** $k = 3$ **b)** $k = \frac{1}{2}$ **c)** $k = \frac{5}{3}$ **d)** $k = \sqrt{5}$

**13.** **a)** Gegeben sind im Koordinatensystem mit der Einheit 1 cm die Punkte $A(4|6)$, $B(2|5)$, $C(3|-4)$, $D(-3|-7)$, $E(-5|8)$ und die zentrische Streckung mit dem Streckungszentrum $O(0|0)$ und dem Streckungsfaktor $k = 2$ $\left[k = \frac{1}{2}\right]$.
Konstruiere die Bildpunkte und lies die Koordinaten ab.

**b)** Begründe: Bildet man den Punkt $P(x|y)$ bei der zentrischen Streckung mit dem Streckungszentrum $O(0|0)$ und dem Streckungsfaktor k ab, so erhält man als Bildpunkt $P(kx|ky)$.

**c)** Gegeben ist die zentrische Streckung mit dem Zentrum $O(0|0)$ und dem Streckungsfaktor

(1) $k = 3$; (2) $k = 2{,}5$; (3) $k = \frac{3}{4}$; (4) $k = \frac{6}{5}$.

Berechne die Koordinaten der Bildpunkte von $R(3|4)$, $S(-5|6)$ und $T\left(3{,}2\middle|-\frac{1}{2}\right)$.

## 4.2 Ähnliche Figuren – Eigenschaften

### 4.2.1 Ähnlichkeit – Streckenverhältnisse

Rechts siehst du die Vergrößerungen einer nicht geradlinig begrenzten Grundfigur. Wir haben erfahren, dass man mithilfe von zentrischen Streckungen maßstäbliche Vergrößerungen bzw. Verkleinerungen und damit zu einer Ausgangsfigur ähnliche Bilder erzeugen kann.

**Aufgabe 1**

Das Viereck A*B*C*D* ist offenbar eine maßstäbliche Vergrößerung des Vierecks ABCD, wobei alle Seiten von A*B*C*D* doppelt so lang sind wie die entsprechenden Seiten ABCD.
*Beispiel:* $\overline{A^*B^*} = 2 \cdot \overline{AB}$.

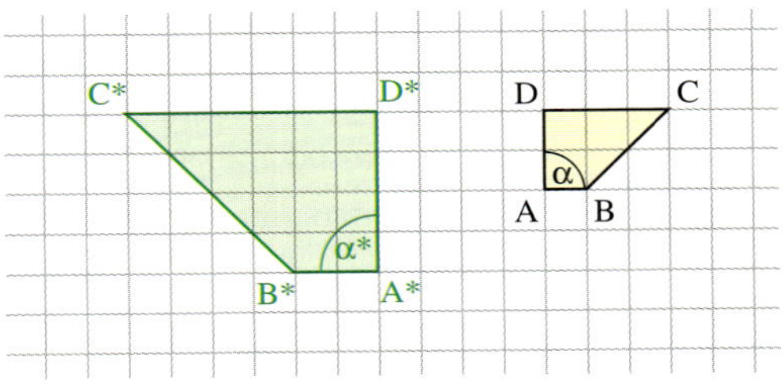


**a)** Konstruiere zum Viereck ABCD mithilfe einer zentrischen Streckung ein Bildviereck A′B′C′D′, das zum Viereck A*B*C*D* kongruent ist.

**b)** Man sagt auch, dass das Viereck ABCD ähnlich zum Viereck A*B*C*D* ist. Versuche, anhand der Lösung zu Teilaufgabe a) den Begriff „ähnlich“ zu erklären (definieren).

**c)** Vergleiche jeden Winkel des Vierecks ABCD mit dem entsprechenden Winkel des Vierecks A*B*C*D*. Vergleiche ebenso das Längenverhältnis zweier Seiten des Vierecks ABCD mit dem Längenverhältnis der entsprechenden Seiten des Vierecks A*B*C*D*.

**Lösung**

**a)** Eine mögliche zentrische Streckung besitzt das Streckungszentrum D und den Streckungsfaktor 2. Wir erhalten das Viereck A′B′C′D′ als Bildviereck von ABCD.
Aufgrund der Eigenschaften der zentrischen Streckung gilt:
Die Seiten des Bildvierecks A′B′C′D′ sind doppelt so lang wie die entsprechenden Seiten des Vierecks ABCD.

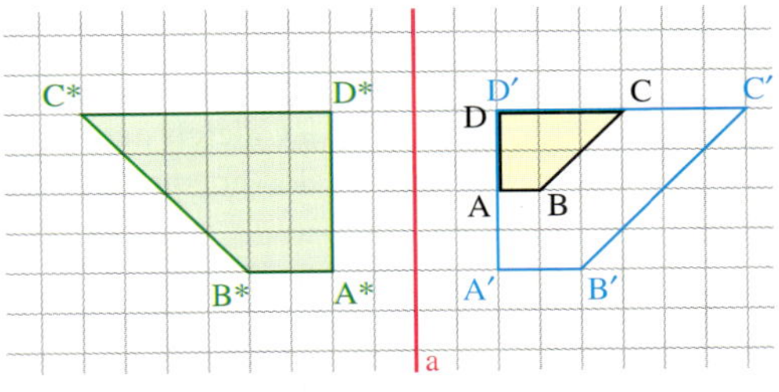


Einander entsprechende Winkel sind gleich groß.
Das Viereck A′B′C′D′ ist offenbar kongruent zum Viereck A*B*C*D*, denn A*B*C*D* ist das Bildviereck von A′B′C′D′ bei der Spiegelung an der Geraden a.

**b)** Aufgrund der Lösungen zu a) erscheint folgende Definition sinnvoll:
Viereck A*B*C*D* ist ähnlich zu Viereck ABCD, wenn man das Viereck ABCD mithilfe einer zentrischen Streckung so abbilden kann, dass das Bildviereck A′B′C′D′ zu dem Viereck A*B*C*D* kongruent ist.

**c)** Da bei einer zentrischen Streckung und bei einer Kongruenzabbildung sich die Größe von Winkeln nicht ändert, stimmen entsprechende Winkel der beiden Vierecke in der Größe überein. Wir vergleichen die Längenverhältnisse entsprechender Seiten:

$\frac{\overline{AD}}{\overline{DC}} = \frac{2}{3}$ und $\frac{\overline{A^*D^*}}{\overline{D^*C^*}} = \frac{4}{6} = \frac{2}{3}$; $\frac{\overline{AB}}{\overline{DC}} = \frac{1}{3}$ und $\frac{\overline{A^*B^*}}{\overline{D^*C^*}} = \frac{2}{6} = \frac{1}{3}$.

**Information**

**(1) Definition der Ähnlichkeit beliebiger Figuren**

In der Lösung der Aufgabe 1 haben wir die Ähnlichkeit bei Vierecken erklärt. Wir verallgemeinern auf beliebige, auch krummlinig begrenzte Figuren:

**Definition**

Eine Figur F heißt **ähnlich** zu einer Figur G, wenn man die Figur F mithilfe einer zentrischen Streckung so vergrößern oder verkleinern kann, dass die Bildfigur F′ zu der Figur G kongruent ist.

Wir schreiben F ~ G,
gelesen: *F ist ähnlich zu G.*

Der Streckungsfaktor k heißt *Ähnlichkeitsfaktor* oder auch *Maßstab*.

Man gibt ihn auch in der folgenden Form an:

$a : 1$ für $|k| > 1$ oder $1 : a$ für $|k| < 1$.

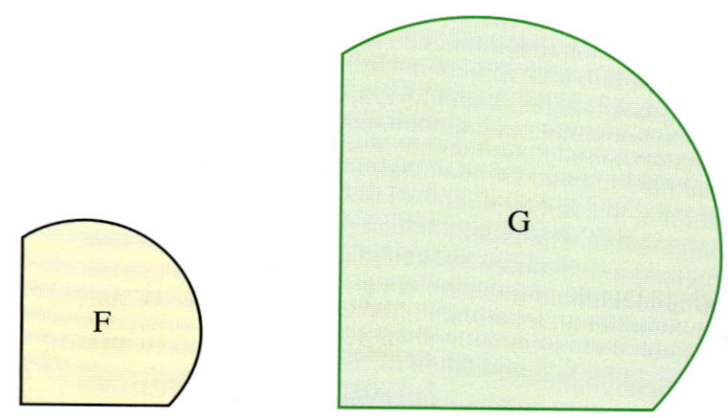


**(2) Längenverhältnisse zweier Seiten bei zueinander ähnlichen Vielecken**

Die Lösung der Aufgabe 1 c) lässt folgenden Satz vermuten, den wir anschließend beweisen.

**Satz**

Wenn zwei Vielecke F und G ähnlich zueinander sind, dann gilt:

(1) Einander entsprechende Winkel von F und G sind gleich groß und

(2) das Längenverhältnis zweier Seiten von F ist gleich dem Längenverhältnis der beiden entsprechenden Seiten von G.

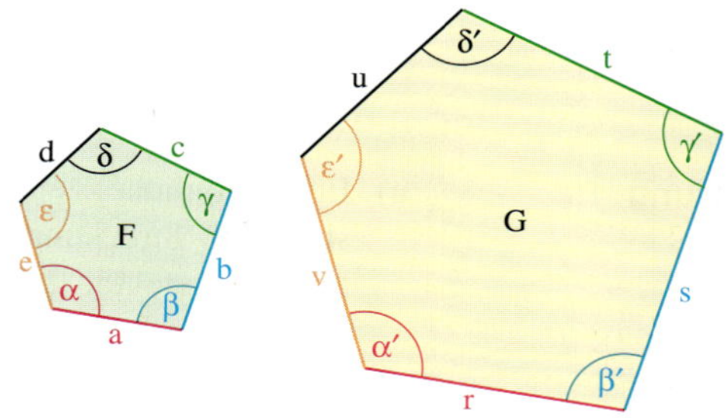


z. B.: $\alpha = \alpha'$; $\gamma = \gamma'$; $\frac{a}{b} = \frac{r}{s}$; $\frac{c}{d} = \frac{t}{u}$

*Beweis:*

Nach Voraussetzung ist F ähnlich zu G, d. h. nach Definition kann man das Vieleck F durch eine zentrische Streckung so zu einem Vieleck F′ vergrößern oder verkleinern, dass F′ kongruent zu G ist.

(1) Wir betrachten zunächst die Winkel:
Da sich sowohl bei einer zentrischen Streckung als auch bei einer Kongruenzabbildung die Größe eines Winkels nicht ändert, ist jeder Winkel von F genauso groß wie der entsprechende Winkel von G.

(2) Wir betrachten die Längenverhältnisse: Es seien $\overline{AB}$ und $\overline{CD}$ zwei beliebige Seiten des Vielecks F und $\overline{RS}$ bzw. $\overline{TU}$ die entsprechenden Seiten des Vielecks G.

Wir wollen zeigen: $\frac{\overline{AB}}{\overline{CD}} = \frac{\overline{RS}}{\overline{TU}}$

Es gilt: $\frac{\overline{RS}}{\overline{TU}} = \frac{\overline{A'B'}}{\overline{C'D'}}$ (F′ und G sind kongruent zueinander)

$= \frac{k \cdot \overline{AB}}{k \cdot \overline{CD}}$ ($\overline{A'B'}$ ist die Bildstrecke von $\overline{AB}$, $\overline{C'D'}$ Bildstrecke von $\overline{CD}$ bei der zentrischen Streckung mit Streckungszentrum Z und Streckungsfaktor k)

$= \frac{\overline{AB}}{\overline{CD}}$

*Anmerkung:* Man kann zeigen, dass auch die Umkehrung des obigen Satzes gilt.

**(3) Längenverhältnisse entsprechender Seiten und Winkel bei zueinander ähnlichen Vielecken**

Wir wissen (vgl. Seite 148): Bei einer zentrischen Streckung sind die Längenverhältnisse der Seiten von Vieleck und Bildvieleck gleich, also auch bei zueinander ähnlichen Vielecken. Auch die Umkehrung gilt.

**Satz**

Zwei Vielecke F und G sind *genau dann* ähnlich zueinander, wenn

(1) einander entsprechende Winkel von F und G gleich groß sind und

(2) die Längenverhältnisse einander entsprechender Seiten von F und von G gleich sind.

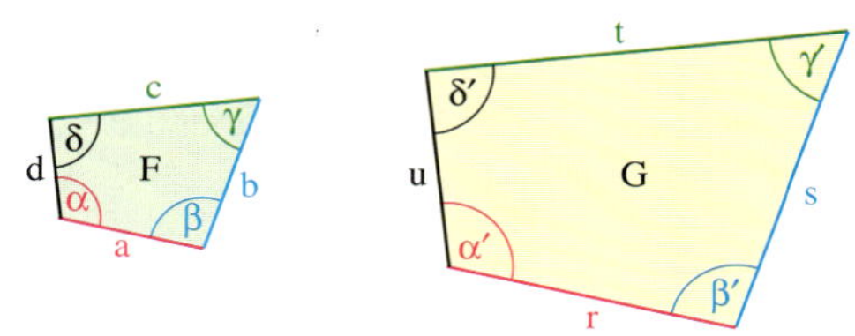


z.B.: $\frac{a}{r} = \frac{b}{s} = \frac{c}{t} = \frac{d}{u} = k$

**Weiterführende Aufgabe**

**2.** *Kongruenz als Sonderfall der Ähnlichkeit*

Begründe aufgrund der Definition:
Auch zueinander kongruente Figuren sind zueinander ähnlich.

**Übungsaufgaben**

**3.** **a)** Auf dem Foto links siehst du eine Mutter mit ihrer Tochter. Man sagt: Beide sehen sich ähnlich. Vergleiche diesen Begriff „ähnlich“ mit dem aus der Mathematik.

**b)** Ob zwei Vielecke ähnlich zueinander sind, kannst du leicht prüfen.
Die weißen Rochen in der Grafik rechts haben alle dieselbe Form, sind jedoch verschieden groß; sie sehen sich ähnlich. Wie könnte man das hier prüfen?

M.C. Escher's "Circle Limit I"

**4.** Zeichne ein Dreieck ABC aus:

**a)** a = 4 cm; b = 2 cm; c = 5 cm

**b)** a = 4,2 cm; $\beta = 35°$; $\gamma = 50°$

**c)** $\alpha = 43°$; c = 4,5 cm; b = 3 cm

**d)** c = 5,5 cm; $\gamma = 48°$; b = 3 cm

Konstruiere dazu ein ähnliches Dreieck A′B′C′ im Maßstab 2 : 1 [1 : 2; 3 : 2; 3: 4].

**5.** Prüfe, ob die beiden Vielecke ähnlich zueinander sind. Gib gegebenenfalls den Maßstab an.

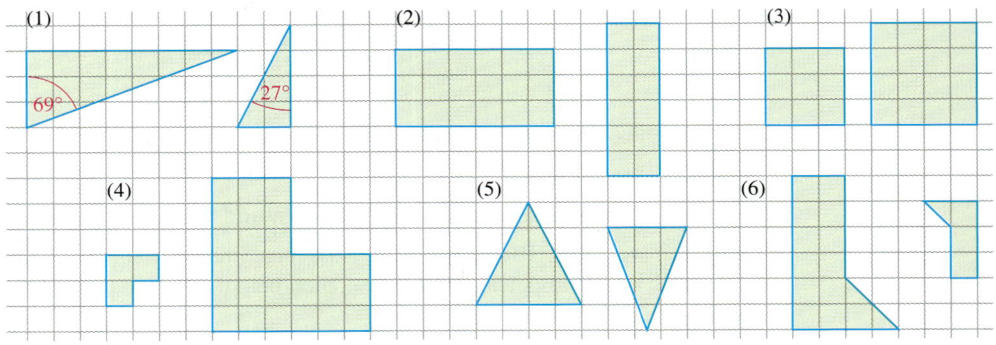


**6.** Die beiden Dreiecke sind zueinander ähnlich. Schreibe gleiche Längenverhältnisse auf. Beachte dabei die Sätze auf Seite 152 und Seite 153.

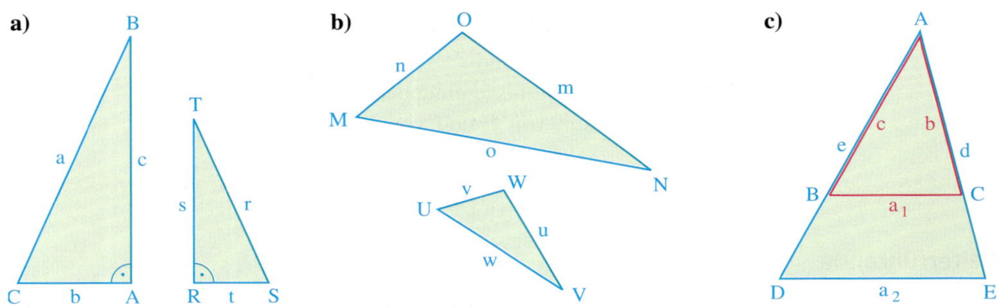


**7.** Berechne die übrigen Seitenlängen der zueinander ähnlichen Dreiecke ABC und A′B′C′.

**a)** a = 3 cm
b = 4 cm
c = 6 cm
a′ = 9 cm

**b)** a = 4 cm
b = 6 cm
c = 8 cm
c′ = 2 cm

**c)** a = 5 cm
b = 7 cm
c = 9 cm
a′ = 7,5 cm

**d)** a = 60 mm
a′ = 45 mm
b′ = 90 mm
c′ = 90 mm

**8.** Gegeben ist ein Rechteck mit den Seitenlängen 4 cm und 6 cm. Zeichne ein dazu ähnliches Rechteck, in dem eine Seite folgende Länge hat:

**a)** 12 cm **b)** 2 cm **c)** 5 cm **d)** 9 cm

**9.** Elias hat eine Aufgabe zu zwei zueinander ähnlichen Dreiecken ABC und DEF bearbeitet. Kontrolliere.

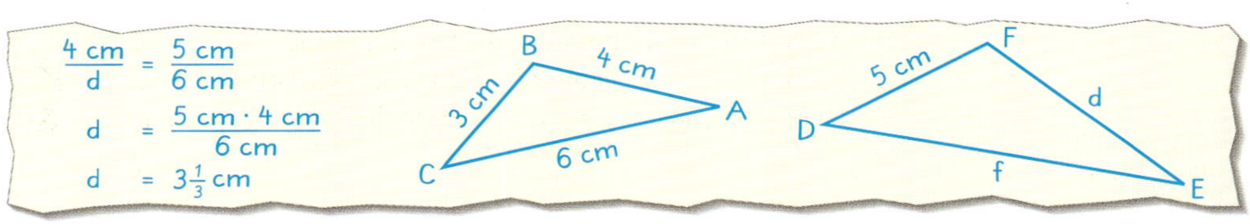

**10.** Gelegentlich wird noch mit herkömmlichen Kleinbildkameras fotografiert. Das Negativ eines Kleinbildfilmes hat das Format 24 mm × 36 mm.

**a)** Welche Formate sind ähnlich zum Negativ?

**b)** Vom Negativ soll ein Abzug der Größe 9 × 13 angefertigt werden, sodass die kurzen Seiten einander entsprechen. Welchen Vorschlag würdest du machen, damit das Bild vollständig auf den Abzug passt?

**11.** Die Vielecke V und V′ sollen ähnlich zueinander sein. Dabei sind a und a′ die Längen zweier entsprechender Seiten von V und V′ sowie u und u′ ihre Umfänge. Begründe: $u : u' = a : a'$.

**12.** ABC und A′B′C′ sind zwei zueinander ähnliche Dreiecke, u und u′ sind die Umfänge.

| a) | b) | c) | d) |
|---|---|---|---|
| a = 5,2 cm | b = 7 cm | a = 5 cm | a = 13 cm |
| b = 3,6 cm | b′ = 12,6 cm | c = 3,5 cm | a′ = 9,1 cm |
| u = 15,2 cm | c′ = 18 cm | c′ = 2,8 cm | c = 5 cm |
| u′ = 22,8 cm | u = 23 cm | u′ = 10 cm | u′ = 19,6 cm |

Berechne die übrigen Längen.

**13.** Zeichne zwei Parallelogramme [zwei Rhomben], die nicht zueinander ähnlich sind. Begründe.

**14.** Entscheide, ob die Aussage wahr oder falsch ist.
(1) Alle Quadrate sind zueinander ähnlich.
(2) Alle Rechtecke sind zueinander ähnlich.
(3) Alle gleichseitigen Dreiecke sind zueinander ähnlich.
(4) Alle gleichschenkligen Dreiecke sind zueinander ähnlich.
(5) Alle Kreise sind zueinander ähnlich.

**15.** **a)** Begründe: Wenn zwei zueinander ähnliche Vielecke bereits in der Länge zweier einander entsprechender Seiten übereinstimmen, dann sind sie kongruent zueinander.

**b)** Formuliere die Umkehrung zu dem Satz in Teilaufabe a). Prüfe ihn auf Richtigkeit.

### 4.2.2 Flächeninhalt bei zueinander ähnlichen Figuren

**Aufgabe 1**

**a)** Von einem Foto soll ein Poster hergestellt werden. Ein Drogeriemarkt hat nebenstehendes Angebot.
Ist der Preis für das größere Poster gegenüber dem kleineren Poster durch den erhöhten Materialverbrauch gerechtfertigt?

**b)** Gegeben sei ein Rechteck ABCD mit der Seitenlängen a und b. Das Rechteck A′B′C′D′ entsteht aus ABCD durch Vergrößerung bzw. Verkleinerung mit dem Faktor k.
Welche Beziehung besteht zwischen dem Flächeninhalt des Rechtecks ABCD und dem Flächeninhalt des Rechtecks A′B′C′D′?

**Lösung**

**a)** Der Preis für das größere Poster ist etwa dreimal so hoch.
Wir vergleichen nun den Materialverbrauch für das Fotopapier. Das 20 cm × 30 cm große Poster ist 600 $cm^2$ groß, das 40 cm × 60 cm große Poster 2 400 $cm^2$. Der Materialverbrauch beim größeren Poster ist viermal so groß und somit anteilmäßig höher als die Preiserhöhung.

*Ergebnis:* Der höhere Preis kann als gerechtfertigt angesehen werden.

**b)** Das Rechteck ABCD besitzt den Flächeninhalt $A_R = a \cdot b$. Es gilt: $a' = k \cdot a$ und $b' = k \cdot b$. Für den Flächeninhalt des Bildrechtecks A′B′C′D′ gilt dann:

$$\begin{aligned} A_{R'} &= a' \cdot b' \\ &= k \cdot a \cdot k \cdot b \\ &= k^2 \cdot a \cdot b \\ &= k^2 \cdot A_R \end{aligned}$$

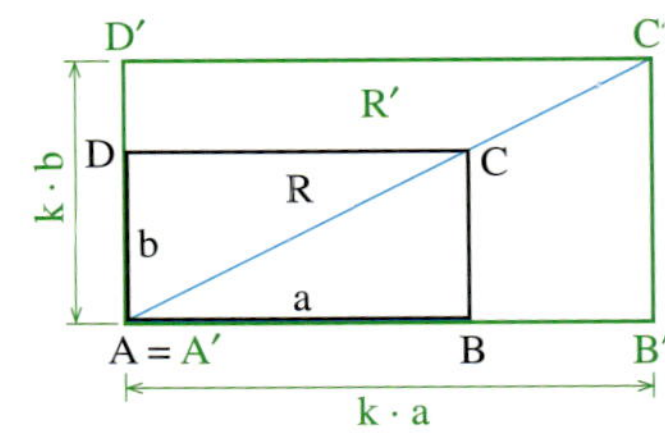


*Ergebnis:* Der Flächeninhalt des Rechtecks A′B′C′D′ ist $k^2$-mal so groß wie der Flächeninhalt des Rechtecks ABCD.

**Weiterführende Aufgaben**

**2.** *Beweis des Zusammenhangs zwischen den Flächeninhalten bei zueinander ähnlichen Vielecken*

**a)** Beweise: Ist das Dreieck D ähnlich zum Dreieck D* und entsteht D* aus D durch maßstäbliches Vergrößern bzw. Verkleinern mit dem Ähnlichkeitsfaktor k, so ist der Flächeninhalt von D* dann $k^2$-mal so groß wie der Flächeninhalt von D.

**b)** Beweise den folgenden Satz.

**Satz**

Ist das Vieleck F ähnlich zum Vieleck G und entsteht G aus F durch maßstäbliches Vergrößern bzw. Verkleinern mit dem Ähnlichkeitsfaktor k, so ist der Flächeninhalt des Vielecks G $k^2$-mal so groß wie der Flächeninhalt des Vielecks F:

$$\mathbf{A_G = k^2 \cdot A_F}$$

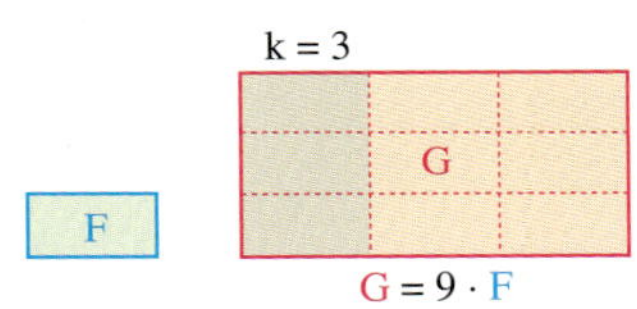


*Längenverhältnis k, jedoch Flächenverhältnis $k^2$*

**3.** *Verhältnis zweier Flächeninhalte*

Man kann auch das *Verhältnis zweier Flächeninhalte* bilden.

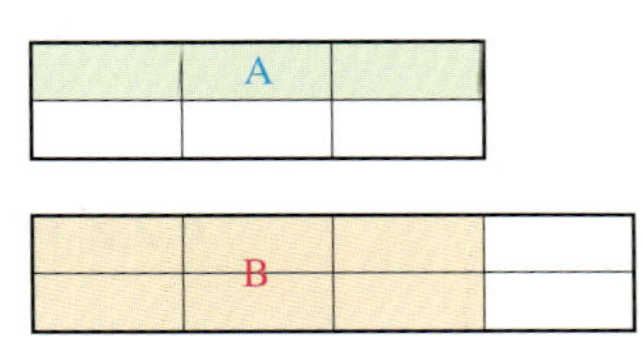


**a)** Bestimme das *Verhältnis* der Flächeninhalte A und B.

**b)** Zwei Quadrate haben die Seitenlängen a = 3 cm und b = 5 cm. Gib das Längenverhältnis der einander entsprechenden Seiten an. Bestimme dann das Verhältnis $Q_1 : Q_2$ der Flächeninhalte.

**c)** Begründe: Sind zwei Vielecke F und G ähnlich zueinander und beträgt das Längenverhältnis einander entsprechender Seiten k, so ist das Verhältnis der Flächeninhalte beider Vielecke $k^2$.

**Übungsaufgaben**

**4.** Im Oktober 2003 kostete 1 t Rohkaffee 1 250 US-Dollar, im Oktober 2005 doppelt so viel. Ein Grafiker hat diese Preisentwicklung durch nebenstehende Grafik veranschaulicht. Was meinst du dazu?

2003 2005

**5.** **a)** Für die beiden Poster in Aufgabe 1 (Seite 155) soll ein Rahmen hergestellt werden. Vergleiche auch die Gesamtlänge der Leiste für das größere Poster mit der Länge der Leiste für das kleinere Poster.

**b)** Begründe: Sind zwei Rechtecke ähnlich zueinander mit dem Ähnlichkeitsfaktor k, so ist das Verhältnis der Umfänge beider Rechtecke ebenfalls k.

**c)** Verallgemeinere den Satz in Teilaufgabe b) auf Vielecke und begründe ihn.

**6.** Ein Fotogeschäft bietet nebenstehende Vergrößerungen zu den angegebenen Preisen an.
Vergleiche die Preise.

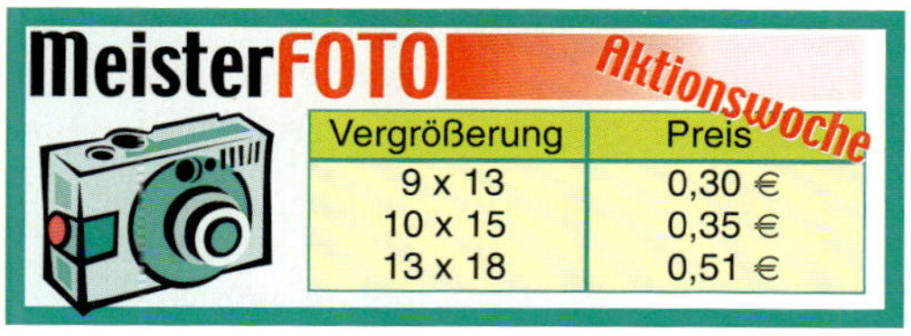


| Vergrößerung | Preis |
|---|---|
| 9 x 13 | 0,30 € |
| 10 x 15 | 0,35 € |
| 13 x 18 | 0,51 € |

**7.** Das Rechteck ABCD besitzt die Seitenlängen a = 6,6 cm und b = 3,9 cm. Das dazu ähnliche Rechteck A′B′C′D′ entsteht durch den Ähnlichkeitsfaktor

**a)** $k = 4$; **b)** $k = \frac{1}{2}$; **c)** $k = \frac{2}{3}$; **d)** $k = \frac{3}{2}$.

Berechne auf zwei verschiedenen Wegen den Flächeninhalt des Rechtecks A′B′C′D′.

**8.** In einem Dreieck ABC ist c = 6 cm und die zur Seite $\overline{AB}$ gehörende Höhe $h_c = 4$ cm.
Das dazu ähnliche Dreieck A′B′C′D′ entsteht aus ABC durch den Ähnlichkeitsfaktor k.
Berechne auf zwei verschiedenen Wegen den Flächeninhalt des Dreiecks A′B′C′.

**a)** $k = 2$ **b)** $k = \frac{3}{4}$ **c)** $k = 2,5$

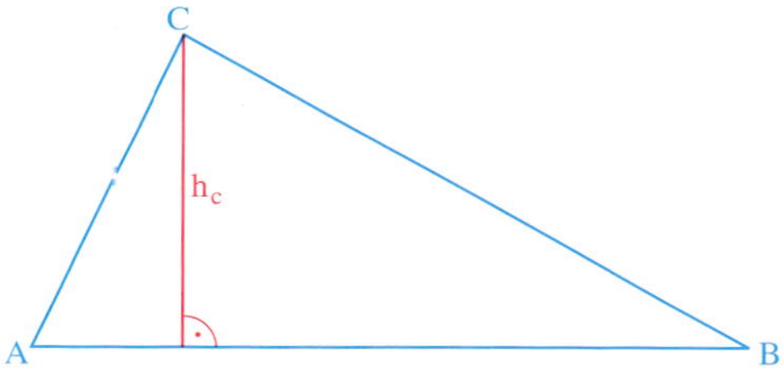


**9.** Von einem Dreieck ABC ist bekannt: a = 4,8 cm; $h_a = 2,5$ cm.
Das dazu ähnliche Dreieck A′B′C′ besitzt die Höhe $h'_a = 3,25$ cm.
Berechne den Flächeninhalt des Dreiecks A′B′C′ auf zwei verschiedenen Wegen.

**10.** Das rechtwinklige Dreieck ABC mit $\gamma = 90°$ besitzt die Seitenlängen a = 4,5 cm und b = 6 cm.
Von dem dazu ähnlichen Dreieck A′B′C′ kennt man a′ = 3,6 cm.
Berechne auf zweierlei Weise den Flächeninhalt und den Umfang des Dreiecks A′B′C′.

**11.** Die Dreiecke ABC und A′B′C′ sollen ähnlich zueinander sein.
Begründe: Dann stimmen die Längenverhältnisse zweier entsprechender Höhen mit den Längenverhältnissen zweier entsprechender Seiten überein.

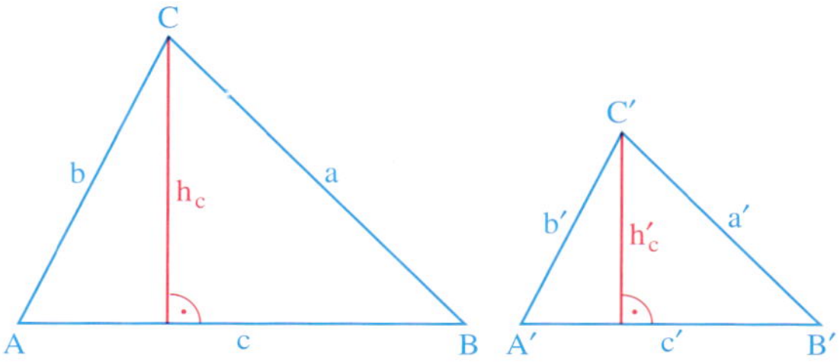


**12.** Ein Viereck ABCD hat den Flächeninhalt 60 cm². Berechne den Flächeninhalt des dazu ähnlichen Vierecks A′B′C′D′ bei dem Ähnlichkeitsfaktor k.

**a)** $k = 3$ **b)** $k = \frac{4}{5}$ **c)** $k = \frac{9}{4}$

**13.** Ein Vieleck ABCD besitzt den Flächeninhalt 144 $cm^2$. Das dazu ähnliche Vieleck hat den angegebenen Flächeninhalt. Berechne den Ähnlichkeitsfaktor.

**a)** 81 $cm^2$ **b)** 64 $cm^2$ **c)** 36 $cm^2$ **d)** 576 $cm^2$ **e)** 288 $cm^2$ **f)** 48 $cm^2$

**14.** Zwei zueinander ähnliche Rechtecke haben die Flächeninhalte 72 $cm^2$ und 64 $cm^2$. Bestimme das Längenverhältnis der Rechteckseiten sowie das Verhältnis der Flächeninhalte.

**15.** Stadtpläne sind in „Planquadrate" eingeteilt. Der Chemnitzer Stadtplan ist im Maßstab 1 : 20 000 gezeichnet. Auf dem Plan beträgt die Seitenlänge eines solchen Quadrats 4,1 cm.
Wie groß ist das Quadrat in der Wirklichkeit?

**16.** Die Flächeninhalte zweier zueinander ähnlicher Vielecke verhalten sich wie

**a)** 4 : 1; **b)** 16 : 9; **c)** 4 : 5.

In welchem Verhältnis stehen die Seiten zueinander?

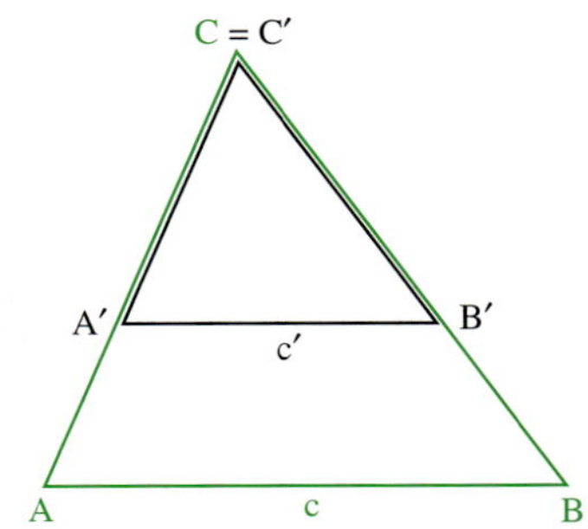


**17.** Die Seite $\overline{AB}$ des Dreiecks ABC ist 6 cm lang, die Seite $\overline{A'B'}$ von Dreieck A′B′C′ 4 cm. Der Flächeninhalt des Dreiecks A′B′C′ beträgt 12 $cm^2$.
Wie groß ist der Flächeninhalt des Dreiecks ABC?

**18.** In einer Bauzeichnung mit dem Maßstab 1 : 50 ist ein Zimmer 66 $cm^2$ groß. Wie groß ist es in der Wirklichkeit?

**19.** Beweise: Es sollen V und V′ zwei zueinander ähnliche Vielecke sein, a und a′ die Längen einander entsprechender Seiten von V bzw. V′. Dann gilt:
Das Verhältnis der Flächeninhalte ist gleich dem Quadrat der Längenverhältnisse entsprechender Seiten: $\frac{A_{V'}}{A_V} = \left(\frac{a'}{a}\right)^2$.

**20.** Mit einem Fotokopiergerät kann man von Bildvorlagen verschiedene Vergrößerungen und Verkleinerungen herstellen. Dazu gibt man den gewünschten Vergrößerungs- bzw. Verkleinerungsfaktor k für die Seitenlängen auf dem Tastenfeld ein. Ein Quadrat mit der Seitenlänge a = 8 cm wird mit dem Faktor 141 %, 64 %, 71 %, 200 % kopiert.

**a)** Berechnet die neue Seitenlänge des Quadrats.

**b)** Um welchen Faktor wird der Flächeninhalt des Quadrats vergrößert bzw. verkleinert?

**21.** **a)** Alle Längen eines Vielecks werden um 20 % verlängert [verkürzt].
Um wie viel Prozent vergrößert [verkleinert] sich sein Flächeninhalt?

**b)** Alle Längen eines Vielecks werden um 30 % verkürzt. Um wie viel Prozent verkleinert sich sein Flächeninhalt?

### 4.2.3 Volumen bei zueinander ähnlichen Körpern

**Information**

Nicht nur ebene Figuren, sondern auch Körper kann man vergrößern oder verkleinern, ohne dass sie dabei verzerrt werden.
Im Bild wird ein Würfel durch eine zentrische Streckung im Raum mit dem Streckungsfaktor $\frac{\overline{ZP'}}{\overline{ZP}}$ vergrößert.

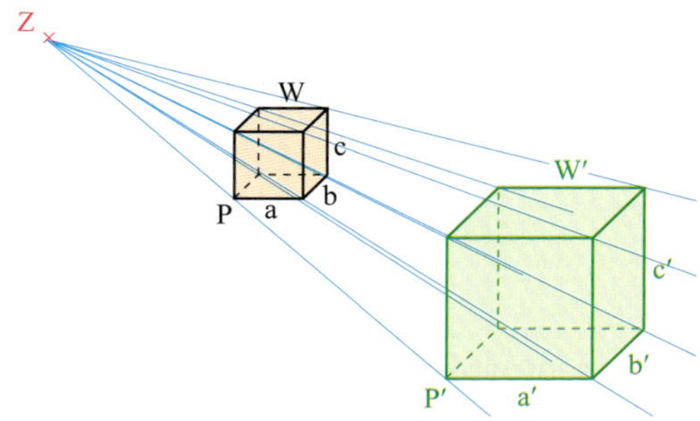


Dem Bild kannst du entnehmen:
- Die Größe der Winkel des Würfels bleibt erhalten.
- Für die Kantenlänge der Würfel gilt:
  $\frac{a'}{a} = \frac{b'}{b} = \frac{c'}{c} = k$

Alle Kantenlängen werden im gleichen Verhältnis k vergrößert.
Wir sagen: Die Würfel W und W′ sind zueinander ähnlich.
Wie auch bei ebenen Figuren gilt für Körper allgemein:

> Zwei Körper $K_1$ und $K_2$ sind genau dann ähnlich zueinander, wenn
> (1) einander entsprechende Winkel von $K_1$ und $K_2$ gleich groß sind und
> (2) das Längenverhältnis entsprechender Seiten (Kanten) von $K_1$ und $K_2$ gleich ist.
> Das Verhältnis heißt auch hier **Ähnlichkeitsfaktor.** Er stimmt mit dem Streckungsfaktor überein.
> Daraus ergibt sich auch:
> Entsprechende Flächen am Körper sind zueinander ähnlich.

**Aufgabe 1**

Zwei dreiseitige Prismen P und P′ sind zueinander ähnlich. Das Verhältnis entsprechender Streckenlängen, also der Ähnlichkeitsfaktor, ist $k = \frac{5}{2}$.
Zeige, dass für das Volumen der Prismen gilt:
$V_{P'} = k^3 \cdot V_P = \frac{125}{8} V_P$.

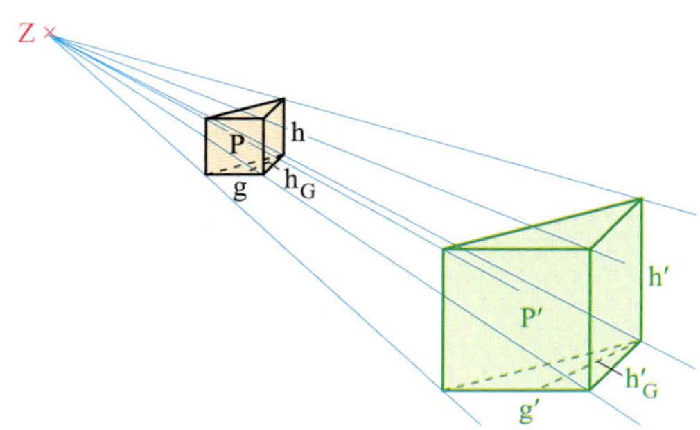


**Lösung**

Aus der Zeichnung entnehmen wir:

$\frac{g'}{g} = \frac{h'_G}{h_G} = \frac{h'}{h} = k = \frac{5}{2}$

Also gilt:

$g' = k \cdot g; \quad h'_G = k \cdot h_G; \quad h' = k \cdot h$

Für das Volumen der Prismen gilt dann:

$V_P = \frac{g \cdot h_G}{2} \cdot h$

$V_P = \frac{g' \cdot h'_G}{2} \cdot h' = \frac{k \cdot g \cdot k \cdot h_G}{2} \cdot k \cdot h = k^3 \cdot \frac{g \cdot h_G}{2} \cdot h = \frac{125}{8} \cdot \frac{g \cdot h_G}{2} \cdot h$

Daraus folgt:

$V_{P'} = k^3 \cdot V_P = \frac{125}{8} V_P$

**Information**

Wenn zwei Körper K und K′ ähnlich zueinander mit dem Ähnlichkeitsfaktor k sind, dann gilt:
Der Körper K′ hat das $k^3$-fache Volumen des Körpers K:
$\mathbf{V_{K'} = k^3 \cdot V_K}$

*Längenverhältnis k*
*jedoch Volumenverhältnis $k^3$*

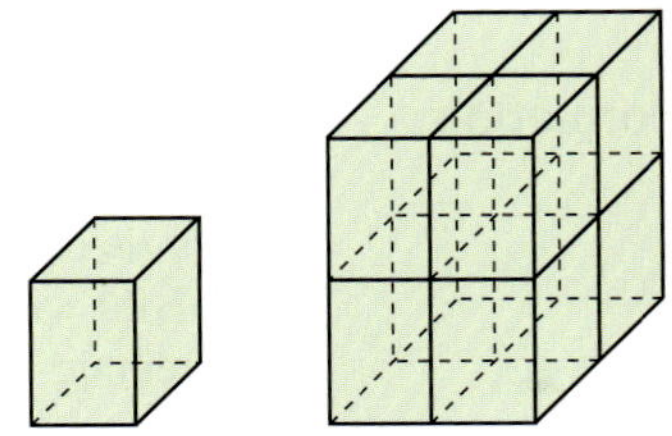

**Übungsaufgaben**

**2.** **a)** Zeichnet ein Schrägbild des angegebenen Körpers. Legt dann ein Zentrum Z außerhalb des Körpers fest und zeichnet das Bild des Körpers bei der zentrischen Streckung mit dem Zentrum Z und dem Streckungsfaktor $k = \frac{5}{2}$ [k = 3; k = 1,5].
(1) Quader (a = 3 cm; b = 3 cm; c = 2 cm)
(2) Prisma (dreiseitige Grundfläche: a = 3 cm; $h_a$ = 3 cm; Körperhöhe h = 2,5 cm)
(3) Würfel (a = 2,5 cm)

**b)** Berechnet das Volumen der Körper und der dazu ähnlichen Körper von Teilaufgabe a). Bildet jeweils das Verhältnis der Volumina von Bildkörper und Körper und vergleicht es mit dem Streckungsfaktor (Ähnlichkeitsfaktor).

**3.** Untersucht nun, wie sich die Oberfläche der Körper aus Aufgabe 2 durch maßstäbliches Vergrößern und Verkleinern verändert. Zeichnet dazu Netze der Körper.

**4.** Welche der Körper sind zueinander ähnlich? (Für jedes Schrägbild gilt: $q = \frac{1}{2}$.)

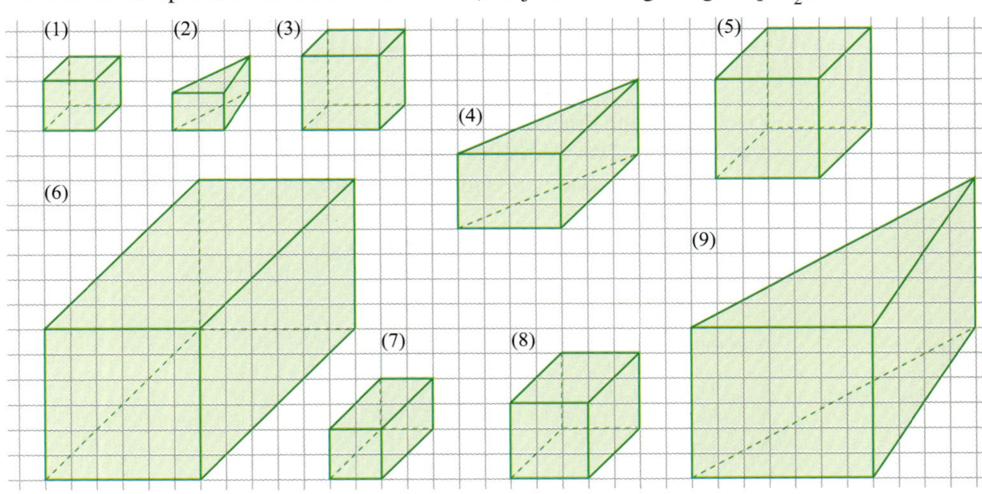


**5.** Entscheide, ob die Aussage wahr oder falsch ist.
(1) Alle Würfel sind ähnlich zueinander. (2) Alle Quader sind ähnlich zueinander.

**6.** Wie verändert sich (1) das Volumen, (2) der Oberflächeninhalt eines Quaders, wenn man jede Kantenlänge

**a)** verdoppelt;

**b)** verdreifacht;

**c)** auf das $3\frac{1}{2}$-fache verlängert?

**7.** Stelle im selben Koordinatensystem folgende Zuordnungen dar:
(1) *Vergrößerungsfaktor der Kantenlängen → Vergrößerungsfaktor des Volumens*
(2) *Vergrößerungsfaktor der Kantenlängen → Vergrößerungsfaktor des Oberflächeninhalts* beim maßstäblichen Vergrößern und Verkleinern.

Lies aus den Graphen ab:

**a)** Die Kantenlänge wird auf das 1,5fache vergrößert. Wie ändern sich Volumen und Oberflächeninhalt?

**b)** Die Kantenlänge wird auf das 0,7fache verkleinert. Wie verändern sich Volumen und Oberflächeninhalt?

**c)** Das Volumen soll sich verdoppeln. Wie müssen die Kantenlängen verändert werden?

**d)** Der Oberflächeninhalt soll um 20 % zunehmen. Wie müssen die Kantenlängen verändert werden?

**8.** Eine Firma hat den Absatz eines Waschmittels in einem Jahr verdoppelt. Sie stellt dieses Wachstum in einem Werbeprospekt wie im Bild dar.

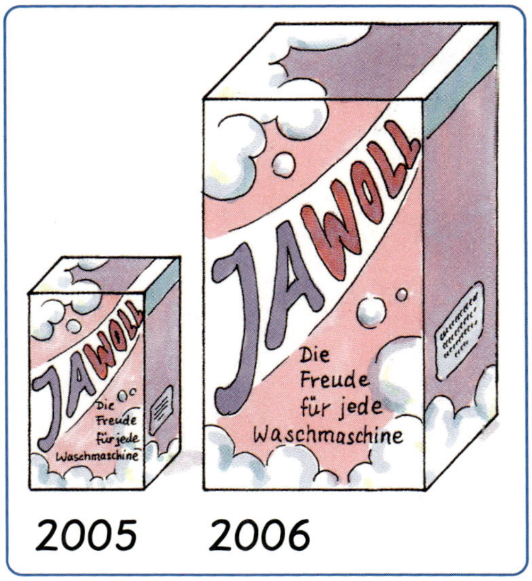


**a)** Wird der Absatzzuwachs durch die Größenverhältnisse im Bild richtig wiedergegeben? Zeichnet die beiden Quader gegebenenfalls im richtigen Verhältnis.

**b)** Für ein anderes Waschmittel wurde eine Absatzsteigerung von 64 % erzielt. Erstellt eine Werbeprospektseite, die die Steigerung richtig wiedergibt.

**c)** Sucht nach grafischen Darstellungen in Zeitungen oder Prospekten, in denen Größenverhältnisse durch ähnliche Körper dargestellt werden. Überprüft, ob die Größenverhältnisse „richtig“ sind.

**9.** Das Wahrzeichen der Hauptstadt Frankreichs ist der zur Pariser Weltausstellung 1889 erbaute Eiffelturm. Er hat eine Höhe von 304,80 m und wurde aus 9 700 t Stahl gebaut.

**a)** Wie hoch müsste ein maßstabsgerechtes Modell sein, das aus 1,0 kg Stahl erbaut werden soll?

**b)** Für Touristen werden originalgetreue Modelle mit 12 cm Höhe angefertigt. Stelle selbst geeignete Fragen und beantworte sie.

**10.** Ein Straußenei ist einem Hühnerei ähnlich. Maria, Sarah und Lina wollen Waffeln backen. Dazu benötigen sie 3 Hühnereier. Lina: „Statt der 3 Hühnereier könnten wir eigentlich auch ein Straußenei nehmen.“

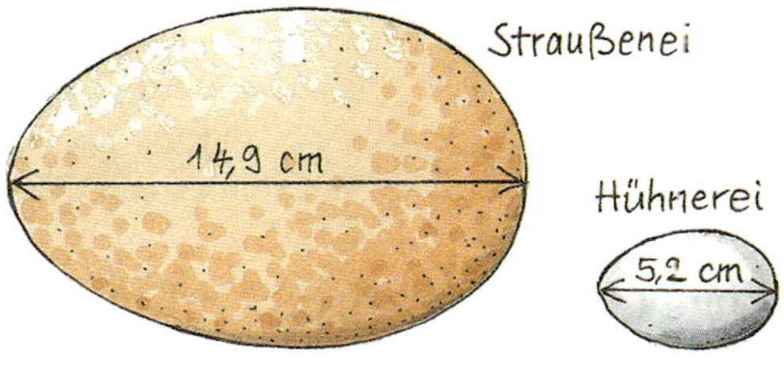

# Im Blickpunkt

Im Blickpunkt

## Selbstähnlichkeit

Rechts kannst du erkennen, dass ein Farnzweig ähnlich aufgebaut ist wie seine Verästelungen. Man spricht von einer *Selbstähnlichkeit* zwischen dem ganzen Farnzweig und seiner einzelnen Teile. Diese Selbstähnlichkeit kommt in der Natur öfter vor: Z. B. hat jede einzelne Rose eines Romanesco-Kohls die Form des ganzen Kohlkopfes.

**1.** Du kannst eine dem Farnblatt verwandte Figur mit etwas Geduld selbst herstellen. Arbeite dazu auf einem quer gelegten DIN A 4-Blatt.

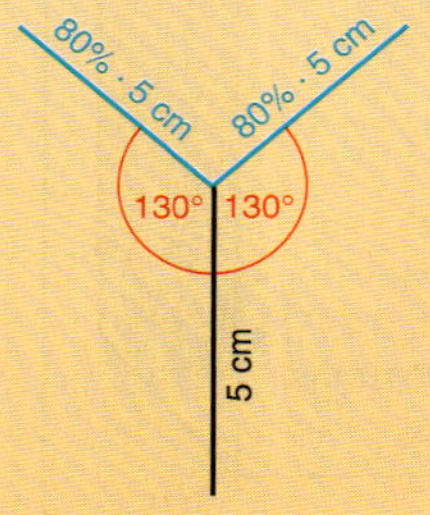


**a)** Zeichne eine 5 cm lange Strecke. Setze an ein Ende unter einem Winkel von 130° zwei Strecken an, die nur 80 % von 5 cm, also 4 cm, lang sind. Füge an das Ende jeder dieser Strecken unter einem Winkel von 130° zwei Strecken, die 80 % von 4 cm lang sind. Setze dieses Verfahren noch 4 weitere Schritte fort. Woran erinnert dich das entstandene Gebilde?

**b)** Die Figur rechts ist auf verwandte Weise durch Ansetzen von auf 80 % verkürzten Strecken entstanden. Es sind zwölf Schritte gezeichnet. Wie unterscheidet sich das Verfahren von dem aus Teilaufgabe a)?

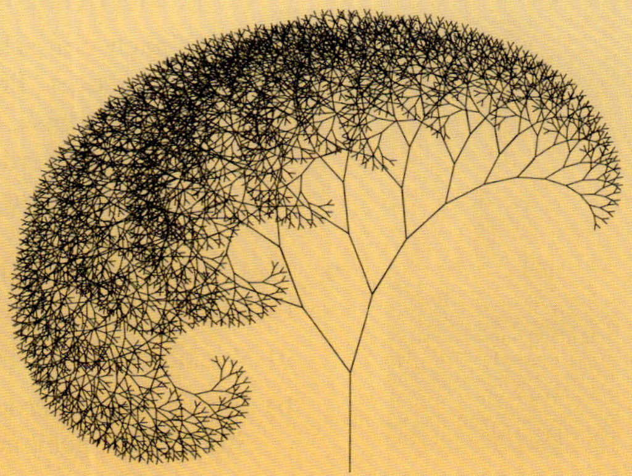

**2.** Denkt man sich das Verfahren zum Zeichnen der Figuren in Aufgabe 1 unendlich oft fortgesetzt, so hat die entstandene Figur eine besondere Eigenschaft: In Teilen der Figur gibt es verkleinerte Kopien der ganzen Figur. Man definiert:

> Eine Figur heißt **selbstähnlich**, wenn ein Teil von ihr ähnlich zur ganzen Figur ist.

Erläutere diese Definition an den Figuren aus Aufgabe 1.

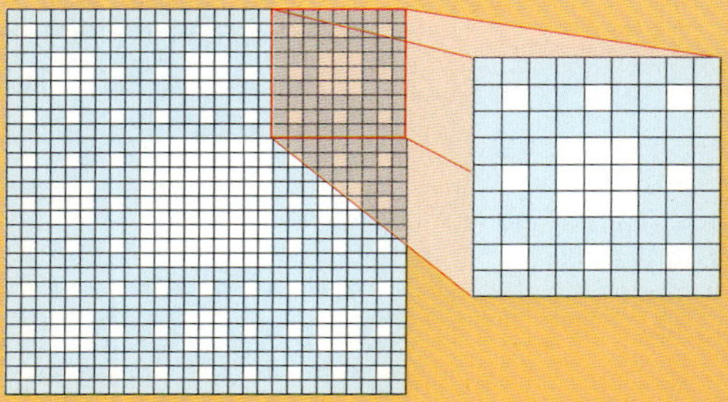

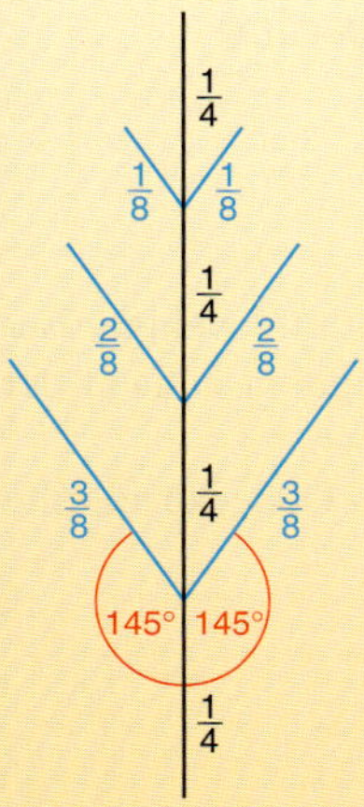


**3.** Gehe aus von einer 8 cm langen Strecke. Setze daran unter einem Winkel von jeweils 145° Strecken
- nach $\frac{1}{4}$ der Gesamtlänge zwei Strecken, die $\frac{3}{8}$ so lang sind wie die Gesamtstrecke
- nach $\frac{2}{4}$ der Gesamtstrecke zwei Strecken, die $\frac{1}{8}$ so lang sind wie die Gesamtstrecke
- nach $\frac{3}{4}$ der Gesamtstrecke zwei Strecken, die $\frac{1}{8}$ so lang sind wie die Gesamtstrecke

**a)** Führe das Verfahren für mehrere Schritte durch.

**b)** Erläutere, dass die nach unendlich vielen Schritten entstandene Figur selbstähnlich ist.

**c)** Denke dir selbst solche Figuren aus und zeichne sie. Es ist hilfreich, wenn du zum Zeichnen ein geeignetes Computerprogramm verwendest.

**4.** Die auf folgende Weise entstehende Figur wurde zuerst von dem polnischen Mathematiker W. SIERPINSKI (1882 – 1969) beschrieben:
- Zeichne ein gleichseitiges Dreieck mit 18 cm Seitenlänge.
- Verbinde die Mittelpunkte der drei Seiten. Färbe das mittlere Dreieck grün.
- Verfahre mit jedem der drei neu entstandenen weißen Dreiecke ebenso wie mit dem ersten Dreieck.
- Führe das Verfahren viermal durch.

Begründe, warum diese Figur selbstähnlich genannt wird.

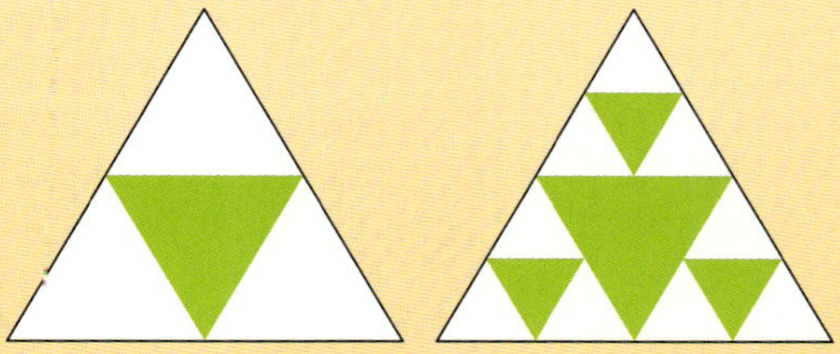

**5.** Die Kurve rechts hat der schwedische Mathematiker HELGE VON KOCH im Jahre 1904 vorgestellt. Beginne mit einem gleichseitigen Dreieck der Kantenlänge 9 cm. Nimm jeweils in der Mitte $\frac{1}{3}$ der Länge weg und setze dort ein weiteres gleichseitiges Dreieck mit $\frac{1}{3}$ der Ausgangsseitenlänge an.
Zeichne die Figurenfolge. Zeichne auch die nächsten zwei Schritte.

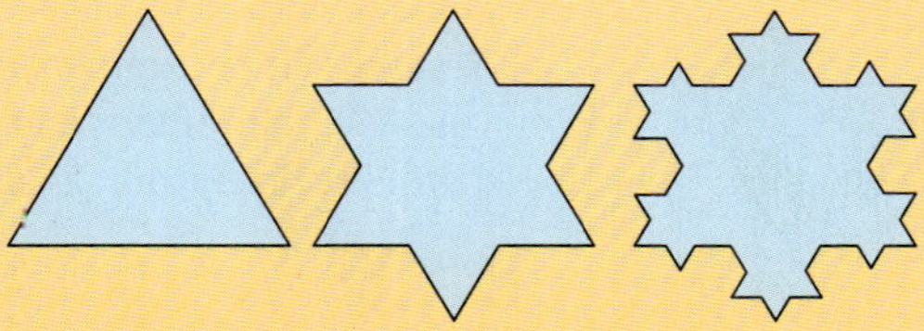

**6.** Auch Körper können selbstähnlich sein. Ein Beispiel ist der MENGERsche Schwamm, der 1943 von dem österreichischen Mathematiker R. MENGER entdeckt wurde.
Beschreibe, wie man diesen Schwamm erzeugen kann.

# 4.3 Ähnlichkeitssätze für Dreiecke – Konstruktionen – Beweise

## 4.3.1 Ähnlichkeitssätze für Dreiecke

Die Kongruenzsätze gestatten den Nachweis der Kongruenz zweier Dreiecke mithilfe weniger Bedingungen zu Seitenlängen und Winkeln. Will man die Ähnlichkeit zweier Figuren anhand der Definition (Seite 152) überprüfen, so muss man eine zentrische Streckung angeben.
Wir wollen nun untersuchen, ob man wie bei der Kongruenz die Ähnlichkeit zweier Dreiecke mithilfe weniger Stücke der beiden Dreiecke überprüfen kann.

**Aufgabe 1**

*Ähnlichkeitssatz für Dreiecke*

Gegeben sind die beiden Dreiecke ABC und A*B*C*, welche in der Größe einander entsprechender Winkel übereinstimmen:

$\alpha = \alpha^*$, $\beta = \beta^*$ und $\gamma = \gamma^*$.

Beweise:

Dreieck ABC ist ähnlich zu Dreieck A*B*C*.

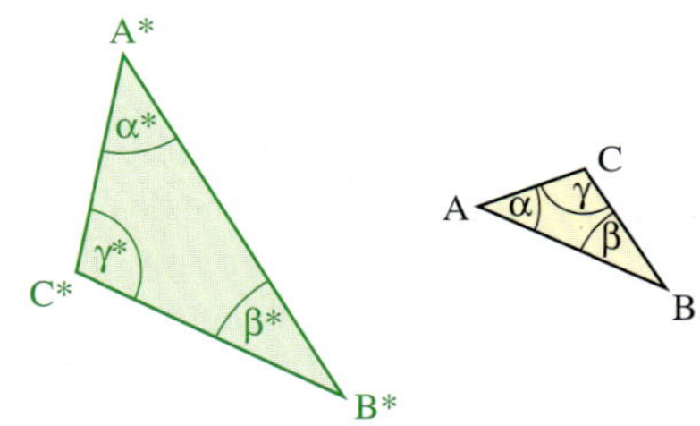


**Lösung**

*Beweisgedanke:*

Wir bilden Dreieck ABC durch eine zentrische Streckung in ein Dreieck A′B′C′ ab, welches zu Dreieck A*B*C* kongruent ist.

*Beweis:* Wir bestimmen das Bilddreieck A′B′C′ von ABC bei einer zentrischen Streckung mit dem Streckzentrum Z und dem Streckfaktor $k = \frac{\overline{A^*B^*}}{\overline{AB}}$.

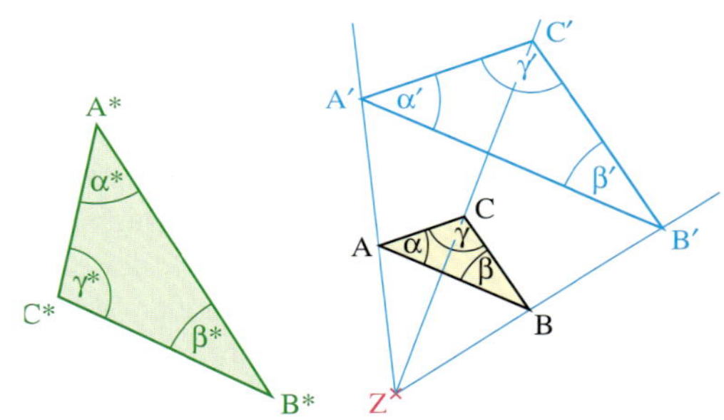


Der Vergleich von Dreieck A′B′C′ mit dem Dreieck A*B*C* zeigt:

(1) $\overline{A'B'} = \overline{A^*B^*}$ (wegen $\overline{A'B'} = k \cdot \overline{AB} = \frac{\overline{A^*B^*}}{\overline{AB}} \cdot \overline{AB} = \overline{A^*B^*}$)

(2) $\alpha' = \alpha^*$ (wegen $\alpha' = \alpha$ und $\alpha = \alpha^*$)

(3) $\beta' = \beta^*$ (wegen $\beta' = \beta$ und $\beta = \beta^*$)

*$\gamma' = \gamma^*$ folgt aus dem Winkelsummensatz; die Voraussetzung $\gamma = \gamma^*$ wurde nicht benötigt.*

Aus (1) bis (3) folgt nach dem Kongruenzsatz wsw, dass die beiden Dreiecke A′B′C′ und A*B*C* zueinander kongruent sind. Also gilt: Dreieck ABC ist ähnlich zu Dreieck A*B*C*.

**Information**

*Zwei übereinstimmende Winkel reichen schon!*

**Hauptähnlichkeitssatz**

Wenn zwei Dreiecke in der Größe von zwei Winkeln übereinstimmen, dann sind sie ähnlich zueinander.

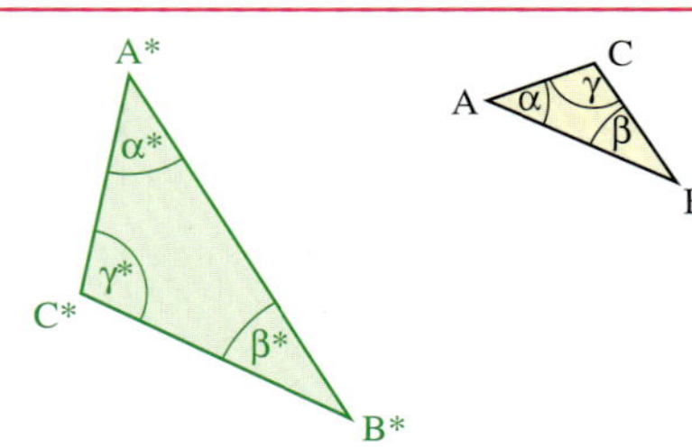

**Weiterführende Aufgabe**

**2.** *Weitere Ähnlichkeitssätze für Dreiecke*

**a)** Gegeben sind zwei Dreiecke ABC und A*B*C*, welche in den Längenverhältnissen je zweier Seiten übereinstimmen (zum Beispiel a = 3 cm, b = 5 cm, c = 6 cm und a* = 6 cm, b* = 10 cm, c* = 12 cm).
Beweise: Dreieck ABC ist ähnlich zu Dreieck A*B*C*.

**b)** Gegeben sind zwei Dreiecke ABC und A*B*C*, welche in dem Längenverhältnis von zwei Seiten und der Größe des eingeschlossenen Winkels übereinstimmen (zum Beispiel b = 4 cm, $\alpha = 55°$, c = 6 cm und b* = 2 cm, $\alpha^* = 55°$, c = 3 cm).
Beweise: Dreieck ABC ist ähnlich zu Dreieck A*B*C*.

**c)** Gegeben sind zwei Dreiecke ABC und A*B*C*, welche in dem Längenverhältnis von zwei Seiten und der Größe des der längeren Seite gegenüberliegenden Winkels übereinstimmen (zum Beispiel a = 5 cm, b = 3 cm, $\alpha = 75°$ und a* = 4 cm, b* = 2,4 cm, $\alpha^* = 75°$).
Beweise: Dreieck ABC ist ähnlich zu Dreieck A*B*C*.

In Aufgabe 2 haben wir weitere Ähnlichkeitssätze bewiesen. Diese weisen Parallelen zu den Kongruenzsätzen auf. Man sieht daran deutlich, dass die Kongruenz ein Sonderfall der Ähnlichkeit ist.

**Information**

**Ähnlichkeitssätze für Dreiecke**

**1.** Dreiecke sind ähnlich zueinander, wenn sie in der Größe von zwei Winkeln übereinstimmen (*Hauptähnlichkeitssatz*).

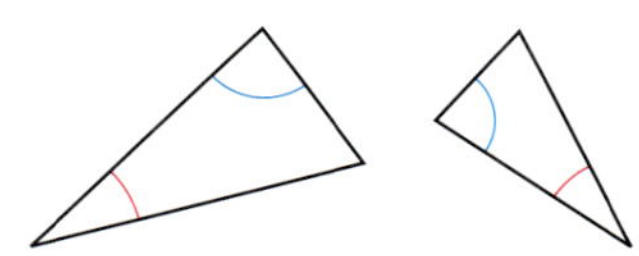

**2.** Dreiecke sind ähnlich zueinander, wenn sie in den Längenverhältnissen aller drei Seiten übereinstimmen.

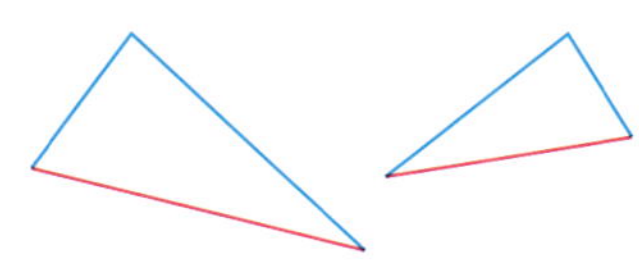

**3.** Dreiecke sind ähnlich zueinander, wenn sie im Längenverhältnis zweier Seiten und in der Größe des eingeschlossenen Winkels übereinstimmen.

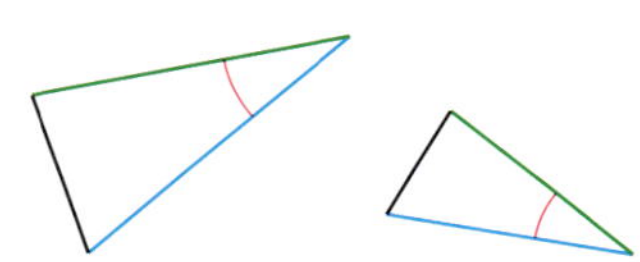

**4.** Dreiecke sind ähnlich zueinander, wenn sie im Längenverhältnis zweier Seiten und in der Größe des Winkels übereinstimmen, der der größeren Seite gegenüberliegt.

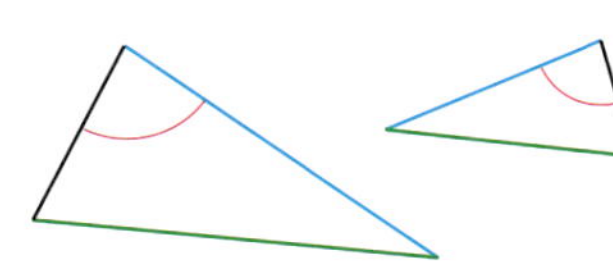

**Übungsaufgaben**

**3.** Um die Kongruenz von Dreiecken zu begründen, genügt es, die Übereinstimmung in *drei* geeigneten Stücken (Winkelgrößen, Seitenlängen) nachzuweisen. Gilt Entsprechendes auch bei der Ähnlichkeit?
Untersuche, in wie vielen Winkeln oder Verhältnissen einander entsprechender Seiten zwei Dreiecke übereinstimmen müssen, um auf die Ähnlichkeit schließen zu können.

**4.** Zeichne verschiedene Vierecke, die in der Größe einander entsprechender Winkel übereinstimmen. Prüfe, ob die Vierecke ähnlich zueinander sind.

**5.** Gegeben sind zwei Dreiecke ABC und A*B*C*. Entscheide aufgrund der angegebenen Winkelgrößen, ob die Dreiecke zueinander ähnlich sind. Falls das zutrifft, stelle die Gleichungen für die Längenverhältnisse einander entsprechender Seiten auf.

**a)** $\alpha = 48°$; $\beta = 35°$; $\alpha^* = 48°$; $\gamma^* = 97°$

**b)** $\alpha = 37°$; $\beta = 110°$; $\alpha^* = 110°$; $\beta^* = 33°$

**c)** $\alpha = 65°$; $\gamma = 39°$; $\beta^* = 41°$; $\gamma^* = 74°$

**d)** $\alpha = 19°$; $\beta = 107°$; $\beta^* = 54°$; $\gamma^* = 107°$

**e)** $\alpha = 91°$; $\gamma = 44°$; $\alpha^* = 91°$; $\beta^* = 46°$

**f)** $\beta = 103°$; $\gamma = 29°$; $\alpha^* = 29°$; $\gamma^* = 48°$

**6.** Ein 1,80 m großer Mann wirft einen 1,35 m langen Schatten. Zu gleicher Zeit wirft ein Baum einen 5,40 m langen Schatten.
Wie hoch ist der Baum?

**7.** Gegeben sind die Dreiecke ABC mit $c = b = 3{,}5$ cm und $\alpha = 50°$ sowie $A_1B_1C_1$ mit $b_1 = a_1 = 5{,}4$ cm und $\alpha_1 = 65°$.
Sind die beiden Dreiecke ähnlich zueinander? Begründe.

**8.** Gib zu jedem Ähnlichkeitssatz den entsprechenden Kongruenzsatz an.

## 4.3.2 Konstruieren mithilfe der Ähnlichkeit

Bei den bisherigen Dreieckskonstruktionen hast du die Kongruenzsätze und weitere Sätze wie z. B. den Satz von Thales verwendet. Hier lernst du, den Hauptähnlichkeitssatz bei Dreieckskonstruktionen anzuwenden.

**Aufgabe 1**

Konstruiere ein Dreieck ABC aus $\alpha = 100°$, $c = 4{,}6$ cm und $c : a = 2 : 3$.

**Lösung**

*Vorüberlegung:*

Wir konstruieren zunächst ein Dreieck $AB_1C_1$ aus $\alpha = 100°$, $c_1 = 2$ cm, $a_1 = 3$ cm (Kongruenzsatz SsW).
Für dieses Dreieck $AB_1C_1$ gilt: $c_1 : a_1 = 2 : 3$.
Wir konstruieren dann ein zu $AB_1C_1$ ähnliches Dreieck ABC mit $c = 4{,}6$ cm.

*Planfigur:*

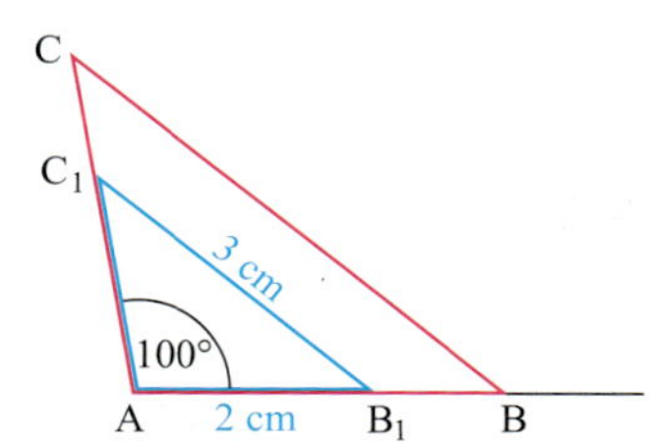


*Konstruktionsbeschreibung:*

(1) Wir konstruieren ein Dreieck $AB_1C_1$ aus $\alpha = 100°$, $c = 2$ cm, $a = 3$ cm (Kongruenzsatz SsW).
(2) Wir verlängern die Strecke $\overline{AB_1}$ über $B_1$ hinaus bis B, sodass $\overline{AB} = 4{,}6$ cm.
(3) Wir zeichnen die Parallele zu $B_1C_1$ durch B. Sie schneidet den Schenkel $\overline{AC_1}$ von $\alpha$ im Punkt C.

*Konstruktion:*

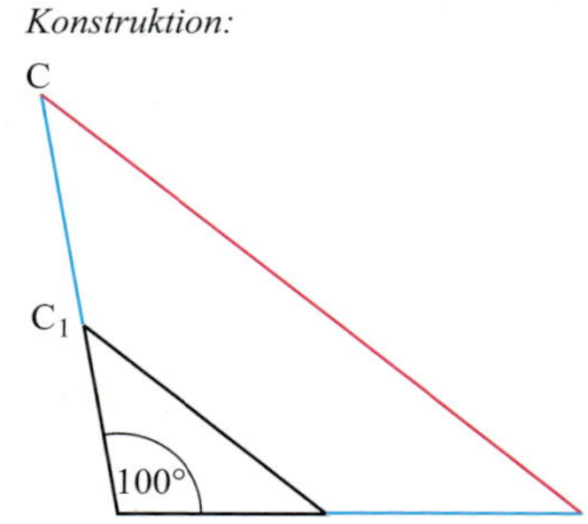


ABC ist das gesuchte Dreieck, denn es gilt:

$\left.\begin{array}{l}\beta = \beta_1 \\ \gamma = \gamma_1\end{array}\right\}$ Stufenwinkelsatz (an geschnittenen Parallelen)

$\alpha = \alpha_1$ nach Konstruktion.
Nach dem Hauptähnlichkeitssatz ist Dreieck ABC ähnlich zu Dreieck $A_1B_1C_1$ und somit $c : a = 2 : 3$.

**Übungsaufgaben**

**2.** Konstruiere ein Dreieck ABC aus $\alpha = 75°$, $\beta = 37°$ und $h_c = 4{,}3$ cm. Beschreibe dein Vorgehen.

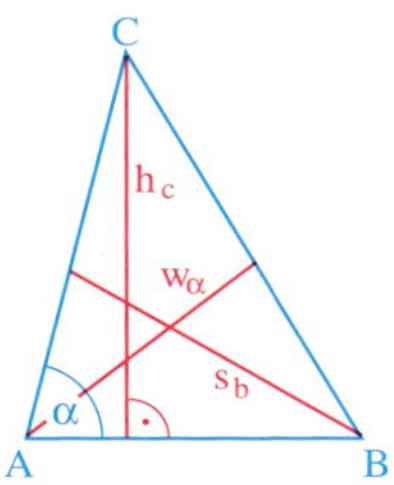


**3.** Konstruiere ein Dreieck ABC aus:

**a)** $b : c = 3 : 2$; $\alpha = 65°$; $a = 3$ cm

**b)** $b : c = 9 : 7$; $\beta = 128°$; $c = 6{,}4$ cm

**c)** $b : c = 9 : 7$; $\alpha = 128°$; $h_b = 3$ cm

**d)** $c : a = 2 : 3$; $\alpha = 100°$; $h_b = 5$ cm

**4. a)** Konstruiere ein rechtwinkliges Dreieck ABC ($\gamma = 90°$) mit $a : b = 2 : 3$; $h_c = 2{,}5$ cm.

**b)** Konstruiere ein gleichschenkliges Dreieck ABC ($a = b$) aus $a : c = 5 : 3$; $h_c = 3$ cm.

**5.** Aus einem dreieckigen Glasscheibenrest (siehe Bild) soll eine möglichst große quadratische Scheibe ausgeschnitten werden.
*Anleitung:* Konstruiere zunächst ein beliebiges nicht zu kleines Quadrat AD′E′F′, dessen Seiten AD′ auf $\overline{AB}$ und $\overline{AF'}$ auf $\overline{AC}$ liegen. Vergrößere es dann mit einer zentrischen Streckung so weit wie möglich.

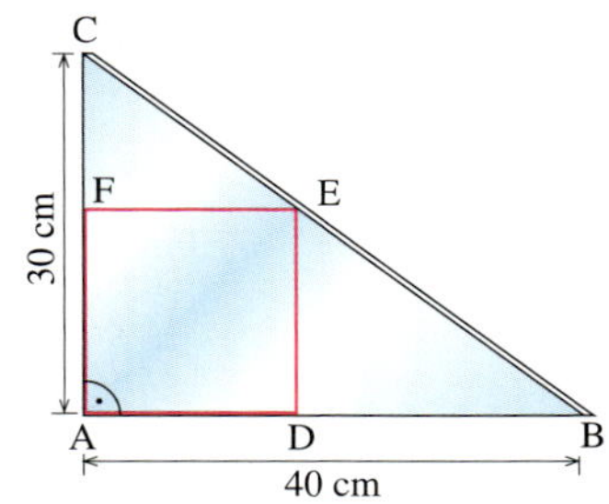


**6.** Gegeben ist ein rechtwinkliges Dreieck ABC mit dem rechten Winkel bei C. Schreibe dem Dreieck ein Quadrat PQRS ein, wobei P auf $\overline{AB}$, Q auf $\overline{BC}$ und R auf $\overline{CA}$ liegen.

**7.** Gegeben ist ein Rhombus. Konstruiere ein Quadrat, dessen Ecken auf den Seiten des Rhombus liegen.

**8.** Gegeben ist ein Rechteck ABCD (Bild rechts). Der Punkt M ist der Mittelpunkt der Seite $\overline{CA}$.
Zeige: $\overline{PQ} = \frac{1}{3}\overline{AB}$.

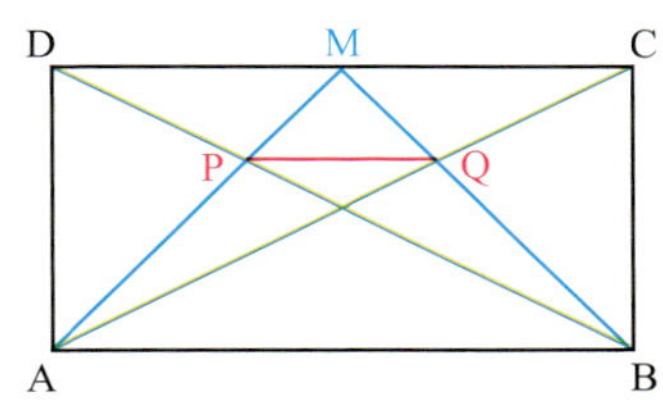


### 4.3.3 Beweisen mithilfe der Ähnlichkeitssätze für Dreiecke

**Aufgabe 1**

*Beweisen mithilfe der Ähnlichkeitssätze*

Die Diagonalen zerlegen das Trapez ABCD mit AB || CD in vier Dreiecke.
Suche in der Figur zueinander ähnliche Dreiecke. Begründe.

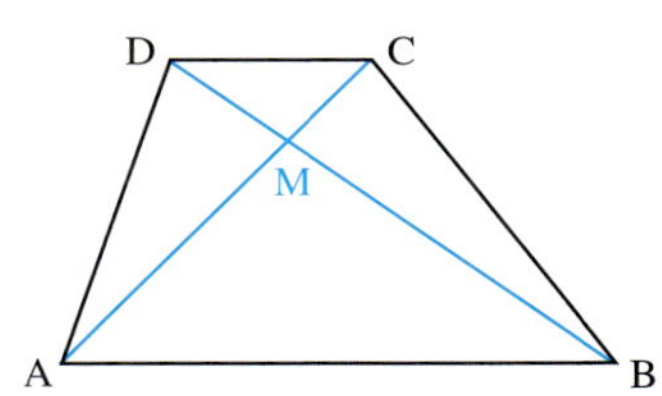


**Lösung**

*Wir vermuten:* Dreieck ABM ist ähnlich zum Dreieck CDM.
*Wir wissen (Voraussetzung):* ABCD ist ein Trapez mit AB || CD.
*Wir wollen zeigen (Behauptung):* ABM ~ CDM.
Zum Beweis ordnen wir die Ecken der Dreiecke ABM und CDM wie rechts angegeben einander zu. Es gilt:

| ABM | | CDM |
|---|---|---|
| A | ↔ | C |
| B | ↔ | D |
| M | ↔ | M |

(1) ∢AMB = ∢CMD (Scheitelwinkelsatz)
(2) ∢BAM = ∢DCM } (Wechselwinkelsatz)
(3) ∢MBA = ∢MDC }

Also stimmen beide Dreiecke in einander entsprechenden Winkeln überein. Nach dem Hauptähnlichkeitssatz folgt daraus die Ähnlichkeit beider Dreiecke.

Information

**Strategie beim Beweisen mithilfe der Ähnlichkeitssätze für Dreiecke**
Suche in der Figur zueinander ähnliche Dreiecke.
Zerlege gegebenenfalls die Figur durch Hilfslinien in Dreiecke oder ergänze sie geeignet.

Aufgabe 2

*Sehnensatz*

Zwei Kreissehnen schneiden sich in einem Punkt S.

Beweise: $a \cdot b = c \cdot d$

*Anleitung:* Suche in der Figur zwei zueinander ähnliche Dreiecke.

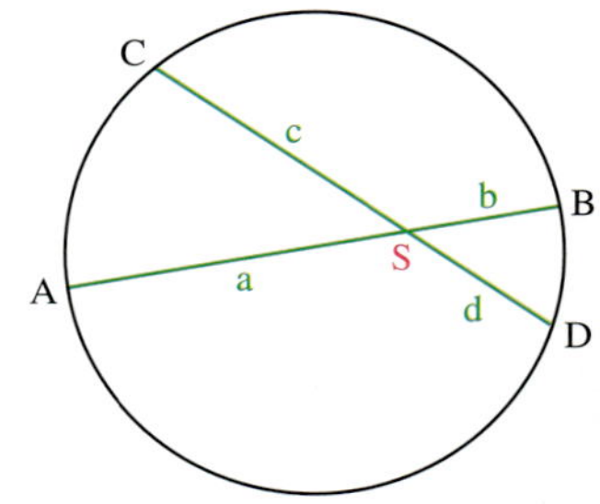


Lösung

Für die beiden Dreiecke ASC und DBS gilt:

(1) Die beiden Winkel bei S sind gleich groß (Scheitelwinkel).
(2) $\alpha = \delta$, denn die beiden Winkel sind Umfangswinkel, die zu derselben Sehne $\overline{CB}$ gehören.
(3) Wegen (1) und (2) stimmen beide Dreiecke in zwei Winkeln überein.
Somit folgt nach dem Hauptähnlichkeitssatz:
Dreieck ASC ist ähnlich zu Dreieck DBS.

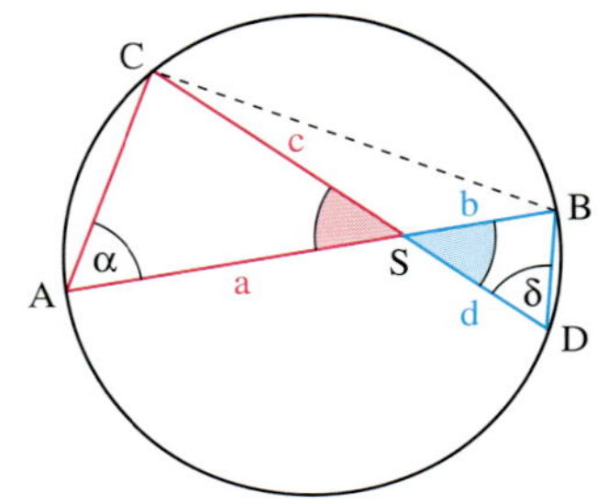


Also gilt nach dem Satz über ähnliche Figuren auf Seite 152:
$\frac{a}{c} = \frac{d}{b}$.

Durch Multiplikation beider Seiten der Gleichung mit c und mit b erhält man: $a \cdot b = c \cdot d$.

Information

**Sehnensatz**

Wenn sich zwei Sehnen innerhalb eines Kreises in einem Punkt schneiden, dann ist das Produkt der Längen der beiden Abschnitte auf der einen Sehne gleich dem Produkt der Längen der Abschnitte auf der anderen Sehne.

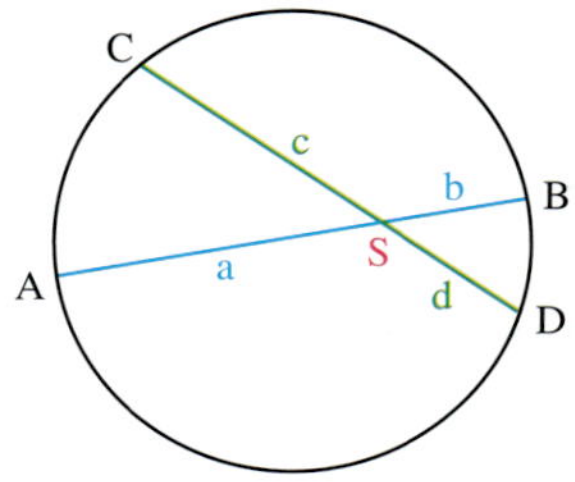


Weiterführende Aufgabe

**3.** *Sekantensatz*

Zwei Kreissekanten schneiden sich außerhalb des Kreises im Punkt S (Bild rechts).

**a)** Beweise: $a \cdot b = c \cdot d$.

**b)** Formuliere den Sekantensatz in Worten.

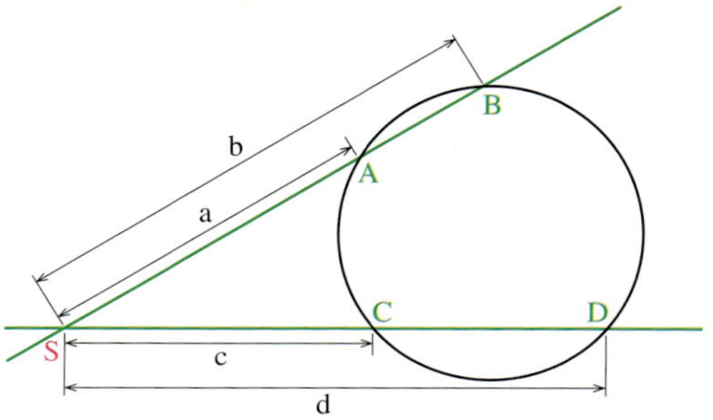

**Übungsaufgaben**

**4.** Zeichne ein Dreieck ABC und die Mittelpunkte P, Q und R der drei Seiten $\overline{AB}$, $\overline{BC}$ bzw. $\overline{CA}$.
Beweise: Dreieck ABC ist ähnlich zu Dreieck PQR.

**5.** Beweise die Ähnlichkeit der Dreiecke SAB und SCD rechts. Mache Aussagen über die Längenverhältnisse einander entsprechender Seiten.

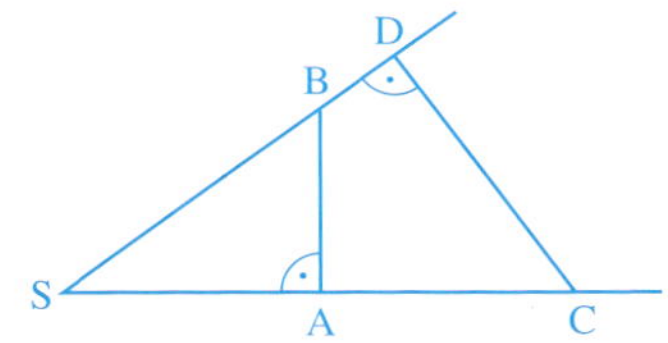


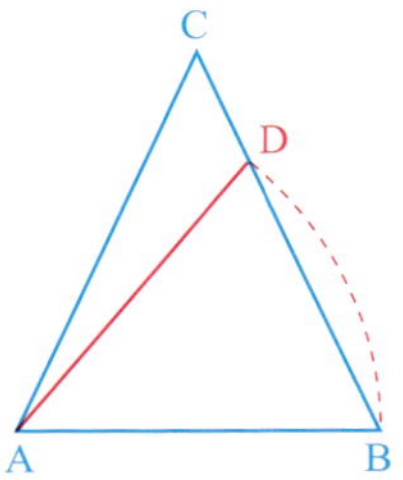


**6.** Das Dreieck ABC im Bild links soll gleichschenklig mit der Basis $\overline{AB}$ sein. Der Punkt D ist der Schnittpunkt des Kreises um A mit dem Radius $\overline{AB}$.
Welche Dreiecke in der Figur rechts sind ähnlich zueinander? Beweise deine Behauptung.

**7.** Gegeben ist ein Dreieck ABC. Zeichne zur Seite $\overline{AB}$ eine Parallele, die die beiden anderen Seiten in E bzw. F schneidet.

**a)** Welche Dreiecke sind ähnlich zueinander? Beweise.

**b)** Die Parallele EF zerlegt das Dreieck ABC in das Dreieck EFC und das Trapez ABFE.
In welchem Verhältnis muss EF die Strecke $\overline{AC}$ teilen, damit der Flächeninhalt von Dreieck EFC sich zu dem Flächeninhalt von Viereck ABFE wie 4 : 9 verhält?

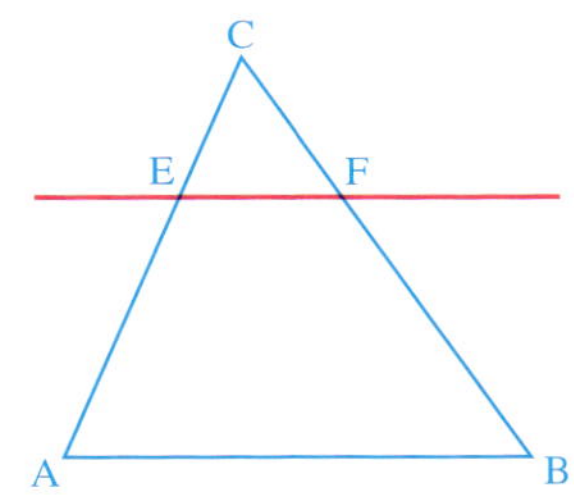


**8.** Zeichne ein Dreieck ABC und die Mittelpunkte P, Q und R der drei Seiten $\overline{AB}$, $\overline{BC}$ bzw. $\overline{CA}$.
Beweise: Dreieck ABC ist ähnlich zu Dreieck PQR.

**9.** In einem Kreis schneiden sich zwei Sehnen. Die Abschnitte auf der einen Sehne sind 5 cm und 12 cm [5 cm und 7 cm] lang. Ein Abschnitt auf der zweiten Sehne ist 4 cm lang.
Wie lang ist die zweite Seite?

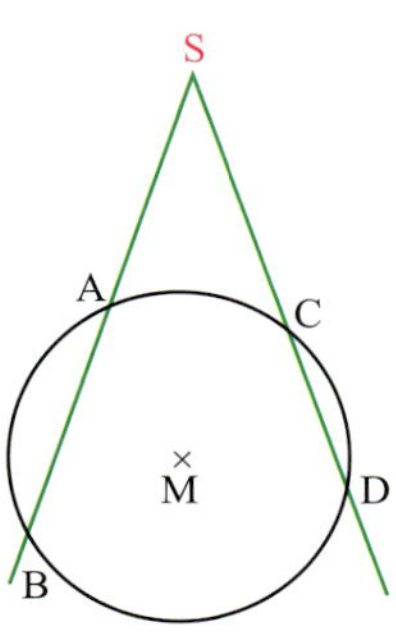


**10.** Von einem Punkt S aus sind zwei Kreissekanten gezeichnet. Für die Sekantenabschnitte außerhalb des Kreises gilt: $\overline{SA} = 8$ cm und $\overline{SC} = 12$ cm.
Die Sehne $\overline{AB}$ ist 6 cm lang. Wie lang ist die Sehne $\overline{CD}$?

**11.** Beweise den *Sekanten-Tangenten-Satz*:
Wenn sich beim Kreis eine Tangente und eine Sekante im Punkt S schneiden, dann ist das Produkt der Längen der beiden Sekantenabschnitte $\overline{SC}$ und $\overline{SD}$ gleich dem Quadrat der Länge des Tangentenabschnitts $\overline{SA}$.

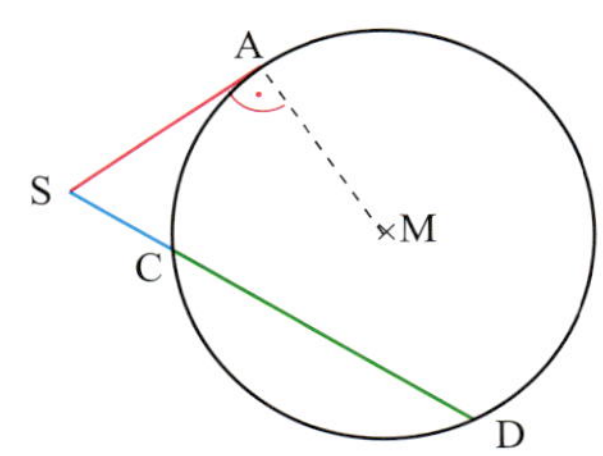


**12.** Eine 16 cm lange Kreissehne $\overline{AB}$ wird durch den Punkt T im Verhältnis 1 : 3 [3 : 5] zerlegt. Eine zweite Sehne $\overline{CD}$ wird durch den Punkt T halbiert. Wie lang ist die Sehne $\overline{CD}$?

**13.** Betrachte rechtwinklige Dreiecke, bei denen eine der beiden Seiten am rechten Winkel doppelt so lang ist wie die andere. Die Höhe durch den Eckpunkt am rechten Winkel teilt die längste Seite in die beiden Abschnitte $\overline{AH}$ und $\overline{HB}$.
Vergleiche an mehreren Dreiecken deren Länge miteinander.
Formuliere dann eine Vermutung und beweise diese.

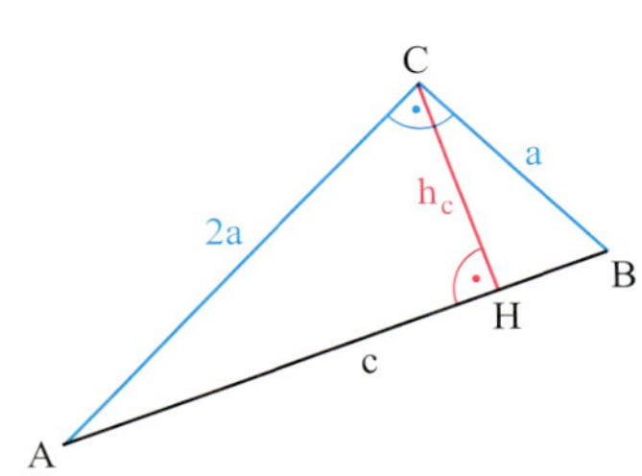

## 4.4 Strahlensätze

### 4.4.1 Erster Strahlensatz

**Aufgabe 1**

Zwischen zwei Balken auf einem Dachboden soll ein Ablagebrett an der Stelle $A_1$ im Abstand von 1,50 m von der Spitze S angebracht werden. Es steht keine Wasserwaage zur Verfügung.
An welcher Stelle des rechten Balkens muss das Brett befestigt werden?
Wie groß ist die Länge, die du abmessen musst?
Du kannst die Aufgabe zeichnerisch lösen. Löse sie jedoch rechnerisch; stelle dazu eine Gleichung auf.

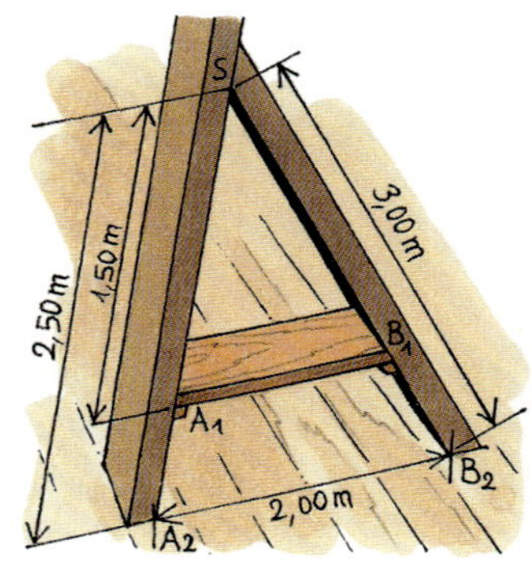


**Lösung**

Gesucht ist der Auflagepunkt $B_1$ auf dem rechten Balken.
In der Zeichnung rechts kannst du die Punkte $A_1$ und $B_1$ als Bildpunkte von $A_2$ bzw. $B_2$ bei einer zentrischen Streckung mit dem Streckzentrum S auffassen, denn
(1) die Punkte $A_1$ und $A_2$ liegen auf einer Halbgeraden mit dem Anfangspunkt S, ebenso $B_1$ und $B_2$;
(2) die Geraden $A_1B_1$ und $A_2B_2$ sollen parallel zueinander sein.
Der positive Streckfaktor ist hier kleiner als 1.

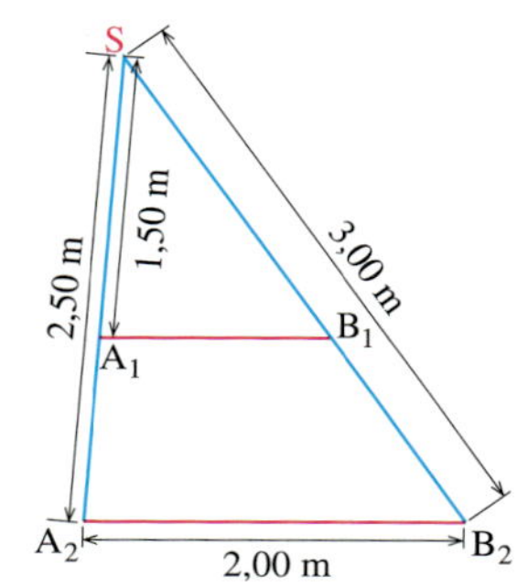


Zur Bestimmung des Auflagepunktes $B_1$ gibt es zwei Möglichkeiten.

*1. Möglichkeit:* Wir bestimmen die Länge von $\overline{SB_1}$.
Da $A_1$ der Bildpunkt von $A_2$ und $B_1$ der Bildpunkt von $B_2$ ist, gilt: $k = \frac{\overline{SA_1}}{\overline{SA_2}}$ und $k = \frac{\overline{SB_1}}{\overline{SB_2}}$.
Wir erhalten damit die Gleichung:

$$\frac{\overline{SB_1}}{\overline{SB_2}} = \frac{\overline{SA_1}}{\overline{SA_2}},$$

eingesetzt: $\frac{\overline{SB_1}}{3{,}00\text{ m}} = \frac{1{,}50\text{ m}}{2{,}50\text{ m}} = 0{,}6$, also: $\overline{SB_1} = 0{,}6 \cdot 3{,}00\text{ m} = 1{,}80\text{ m}$

*Ergebnis:* Der Auflagepunkt $B_1$ auf dem rechten Balken ist 1,80 m von der Spitze S entfernt.

*2. Möglichkeit:* Wir bestimmen die Länge von $\overline{B_1B_2}$. Es gilt offenbar:

(1) $\overline{B_1B_2} = \overline{SB_2} - \overline{SB_1}$ und damit $\frac{\overline{B_1B_2}}{\overline{SB_2}} = \frac{\overline{SB_2}}{\overline{SB_2}} - \frac{\overline{SB_1}}{\overline{SB_2}} = 1 - k.$

(2) $\overline{A_1A_2} = \overline{SA_2} - \overline{SA_1}$ und damit $\frac{\overline{A_1A_2}}{\overline{SA_2}} = \frac{\overline{SA_2}}{\overline{SA_2}} - \frac{\overline{SA_1}}{\overline{SA_2}} = 1 - k.$

Wir erhalten damit die Gleichung:

$$\frac{\overline{B_1B_2}}{\overline{SB_2}} = \frac{\overline{A_1A_2}}{\overline{SA_2}},$$

eingesetzt: $\frac{\overline{B_1B_2}}{3{,}00\text{ m}} = \frac{1{,}00\text{ m}}{2{,}50\text{ m}} = 0{,}4$, also: $\overline{B_1B_2} = 0{,}4 \cdot 3{,}00\text{ m} = 1{,}20\text{ m}$

*Ergebnis:* Der Auflagepunkt $B_1$ auf dem rechten Balken ist 1,20 m von $B_2$ entfernt.

**Information**

**(1) Strahlensatzfigur – Strahlensätze**

In Anwendungen findet man, wie in der Aufgabe 1, immer wieder geometrische Figuren, in denen zwei Strahlen a und b von zwei zueinander parallelen Geraden g und h in vier Punkten geschnitten werden. Eine solche Figur nennt man **Strahlensatzfigur**.
Aus gegebenen Längen werden dann andere berechnet.
Dazu haben wir in der Lösung der Aufgabe 1 (Seite 170) Verhältnisgleichungen aufgestellt. Wir vermuten:

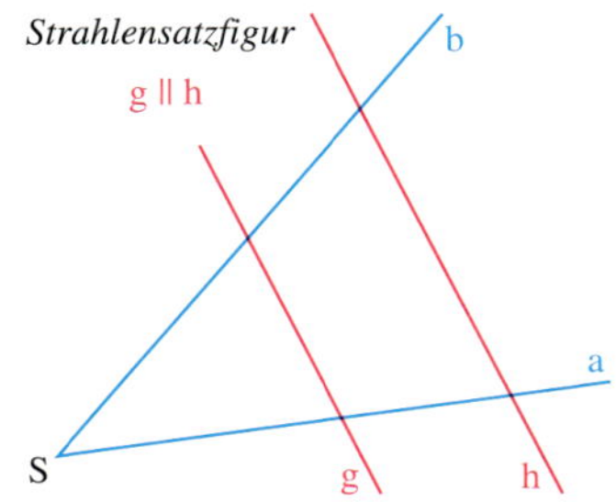


**Strahlensätze**

Gegeben sind zwei Strahlen a und b mit gemeinsamem Anfangspunkt S, ferner zwei Geraden g und h, welche die Strahlen a und b in vier Punkten $A_1$, $A_2$, $B_1$ und $B_2$ schneiden.

**Erster Strahlensatz:**

Wenn die Geraden g und h parallel zueinander sind, dann gilt:

$$\frac{\overline{SA_1}}{\overline{SA_2}} = \frac{\overline{SB_1}}{\overline{SB_2}}$$

Das Längenverhältnis der beiden von S zu den Parallelen führenden Strecken auf dem einen Strahl ist gleich dem Längenverhältnis der entsprechenden Strecken auf dem anderen Strahl.

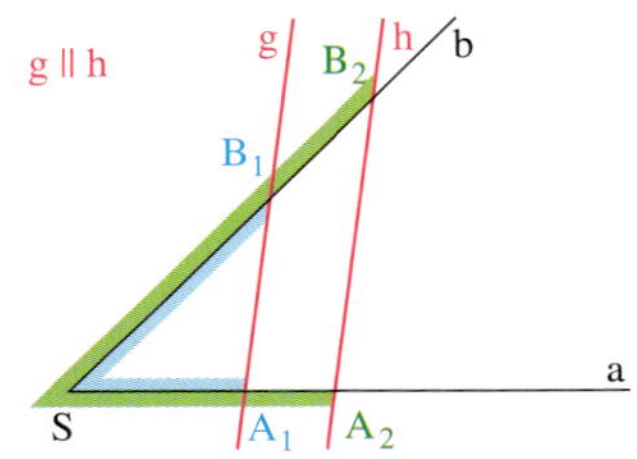


**Erweiterter erster Strahlensatz:**

Wenn die Geraden g und h parallel zueinander sind, dann gilt:

$$\frac{\overline{SA_1}}{\overline{A_1A_2}} = \frac{\overline{SB_1}}{\overline{B_1B_2}}; \quad \frac{\overline{SA_2}}{\overline{A_1A_2}} = \frac{\overline{SB_2}}{\overline{B_1B_2}}$$

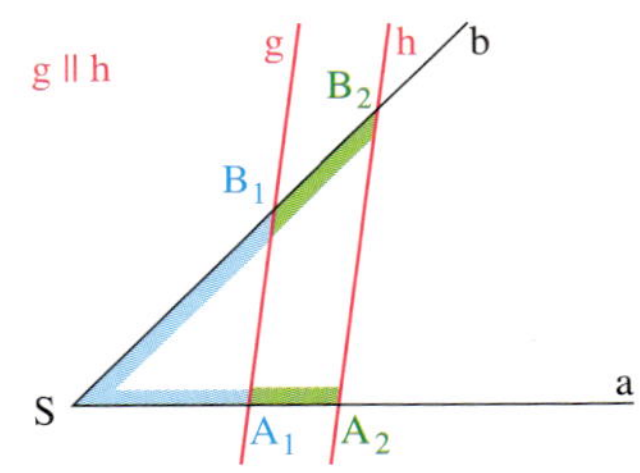


Diese Sätze erlauben es uns, sofort – also ohne Nachweis einer zentrischen Streckung – eine Gleichung für eine gesuchte Länge aufzustellen und diese dann zu berechnen.

**(2) Beweis des ersten Strahlensatzes**

*1. Schritt:* Nachweis einer zentrischen Streckung
Wir zeigen zunächst, dass es eine zentrische Streckung mit dem Streckungszentrum S gibt, die die Gerade h auf die Gerade g abbildet.
Da nach Voraussetzung die Punkte S, $A_1$, $A_2$ auf einer Geraden liegen, gibt es eine zentrische Streckung mit dem Streckungszentrum S, die den Punkt $A_2$ auf den Punkt $A_1$ abbildet.

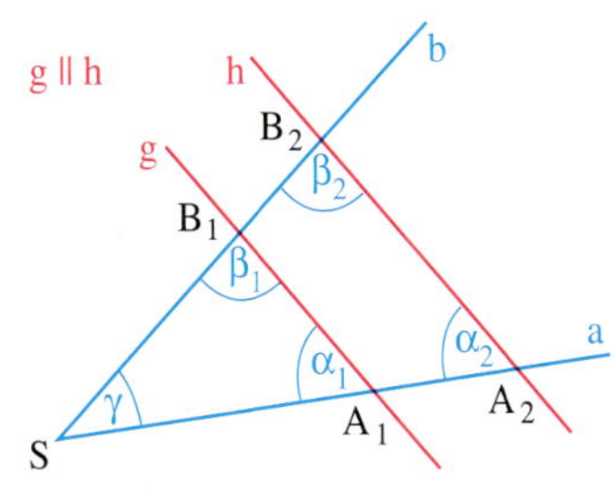


Der Streckungsfaktor hierfür lautet:

$$k = \frac{\overline{SA_1}}{\overline{SA_2}}$$

Diese zentrische Streckung bildet die Gerade h ($= A_2B_2$) auf eine dazu parallele Gerade durch $A_1$ ab. Da es nur eine solche Parallele gibt, stimmt sie mit der gegebenen Geraden g ($= A_1B_1$) überein. $B_1$ ist der Bildpunkt von $B_2$.

*2. Schritt:* Herleitung der Gleichungen über die Längenverhältnisse

*(a) Erster Strahlensatz*

Da $B_1$ der Bildpunkt von $B_2$ bei der zentrischen Streckung mit S als Streckungszentrum und dem Streckungsfaktor $k = \frac{\overline{SA_1}}{\overline{SA_2}}$ ist, gilt auch $k = \frac{\overline{SA_1}}{\overline{SA_2}} = \frac{\overline{SB_1}}{\overline{SB_2}}$.

*(b) Erweiterter erster Strahlensatz*

Wir berechnen die Verhältnisse $\frac{\overline{A_1A_2}}{\overline{SA_1}}$ und $\frac{\overline{B_1B_2}}{\overline{SB_1}}$. Es gilt:

$$\frac{\overline{A_1A_2}}{\overline{SA_1}} = \frac{\overline{SA_2} - \overline{SA_1}}{\overline{SA_1}} = \frac{\overline{SA_2}}{\overline{SA_1}} - 1 = \frac{1}{k} - 1 \quad \text{sowie} \quad \frac{\overline{B_1B_2}}{\overline{SB_1}} = \frac{\overline{SB_2} - \overline{SB_1}}{\overline{SB_1}} = \frac{\overline{SB_2}}{\overline{SB_1}} - 1 = \frac{1}{k} - 1$$

Daraus erhalten wir die Verhältnisgleichung: $\frac{\overline{A_1A_2}}{\overline{SA_1}} = \frac{\overline{B_1B_2}}{\overline{SB_1}}$

Durch Bilden des Kehrwertes auf beiden Seiten ergibt sich: $\frac{\overline{SA_1}}{\overline{A_1A_2}} = \frac{\overline{SB_1}}{\overline{B_1B_2}}$

Entsprechend kannst du die Verhältnisgleichung $\frac{\overline{SA_2}}{\overline{A_1A_2}} = \frac{\overline{SB_2}}{\overline{B_1B_2}}$ herleiten.

**Weiterführende Aufgaben**

**2.** *1. Strahlensatz für sich schneidende Geraden*

In der nebenstehenden Figur sind a und b zwei Geraden, die sich im Punkt S schneiden. Sie werden von den parallelen Geraden g und h auf verschiedenen Seiten von S geschnitten.

Beweise: $\frac{\overline{SA_1}}{\overline{SA_2}} = \frac{\overline{SB_1}}{\overline{SB_2}}$

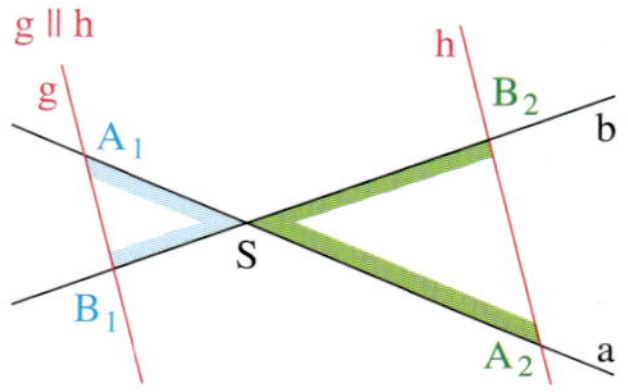


**3.** *Teilen einer Strecke*

Gegeben ist eine 7 cm lange Strecke $\overline{AB}$.

**a)** Zerlege die Strecke – ohne zu messen – in drei gleich lange Teilstrecken.
*Anleitung:* Ergänze die Strecke zu einer geeigneten Strahlensatzfigur.

**b)** Konstruiere auf der Strecke $\overline{AB}$ einen Punkt C so, dass gilt: $\overline{AC} : \overline{AB} = 3 : 5$. Begründe.

**Übungsaufgaben**

**4.** Tim steht unter einer freistehenden, hohen Tanne, deren Schatten 12,50 m lang ist. Tim weiß, er ist 1,55 m groß. Ferner hat er ausgemessen, dass bei diesem Sonnenstand sein Schatten 2,50 m lang ist.
Wie hoch ist die Tanne?
Löse die Aufgabe sowohl zeichnerisch als auch rechnerisch.
Vergleiche.

**5.** Leite aus den Verhältnisgleichungen des 1. Strahlensatzes her:

**a)** $\frac{\overline{SA_2}}{\overline{SA_1}} = \frac{\overline{SB_2}}{\overline{SB_1}}$

**b)** $\frac{\overline{SA_1}}{\overline{SB_1}} = \frac{\overline{SA_2}}{\overline{SB_2}}$

**c)** $\frac{\overline{A_1A_2}}{\overline{SA_1}} = \frac{\overline{B_1B_2}}{\overline{SB_1}}$

**d)** $\frac{\overline{SA_1}}{\overline{SB_1}} = \frac{\overline{A_1A_2}}{\overline{B_1B_2}}$

**e)** $\overline{SA_1} \cdot \overline{SB_2} = \overline{SB_2} \cdot \overline{SA_2}$

**f)** $\overline{SA_1} \cdot \overline{B_1B_2} = \overline{SB_1} \cdot \overline{A_1A_2}$

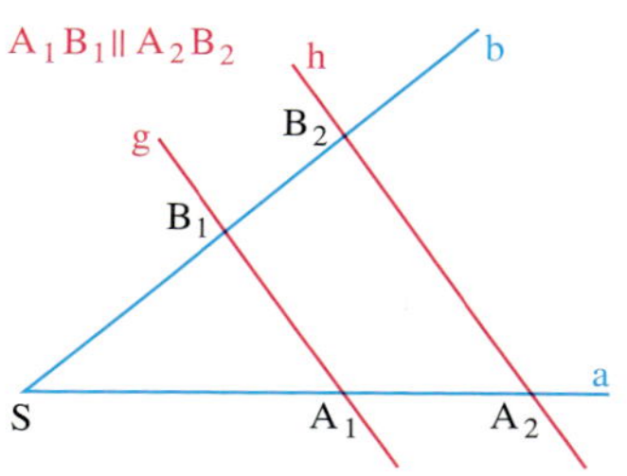

**6.** Berechne x (Maße in cm).

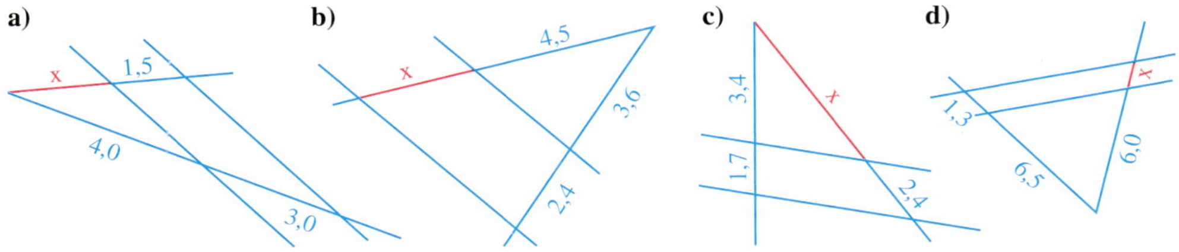


**7.** Von den vier Längen $s_1$, $s_2$, $t_1$ und $t_2$ sind drei gegeben. Berechne die vierte Länge.

**a)** $s_1 = 3{,}0$ cm; $s_2 = 7{,}0$ cm; $t_1 = 4{,}2$ cm

**b)** $s_1 = 2{,}5$ cm; $t_2 = 3{,}5$ cm; $s_2 = 4{,}0$ cm

**c)** $s_1 = 4{,}8$ cm; $t_1 = 5{,}4$ cm; $t_2 = 7{,}5$ cm

**d)** $t_1 = 5{,}2$ cm; $t_2 = 9{,}1$ cm; $s_2 = 6{,}3$ cm

Beginne die Gleichung mit der gesuchten Länge

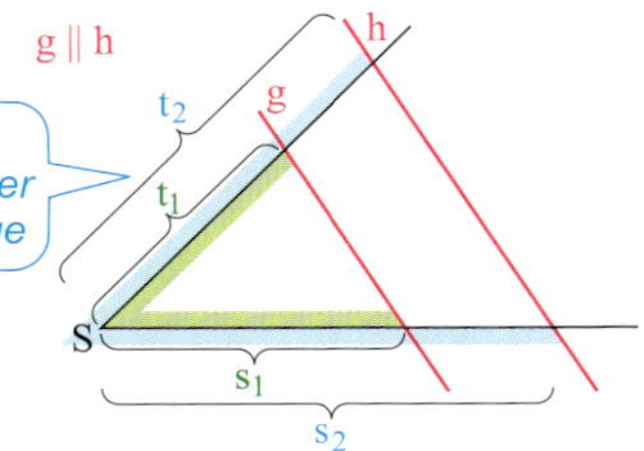

**8.** Kontrolliere Merles Hausaufgabe.

(1) $\frac{\overline{KL}}{\overline{KM}} = \frac{\overline{MO}}{\overline{MN}}$ (3) $\frac{\overline{ML}}{\overline{MK}} = \frac{\overline{MN}}{\overline{MO}}$

(2) $\frac{\overline{ML}}{\overline{MN}} = \frac{\overline{MO}}{\overline{MK}}$ (4) $\frac{\overline{LK}}{\overline{ML}} = \frac{\overline{ON}}{\overline{NM}}$

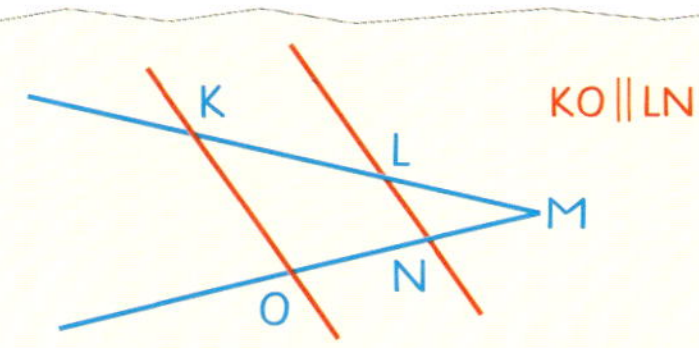


**9.** Ergänze aufgrund des 1. Strahlensatzes.

**a)** $\frac{\overline{SB}}{\overline{SA}} = \frac{\square}{\square}$ **d)** $\frac{\square}{\overline{SQ}} = \frac{\overline{SC}}{\square}$ **g)** $\frac{\overline{SP}}{\overline{PQ}} = \frac{\square}{\square}$

**b)** $\frac{\overline{SP}}{\overline{SR}} = \frac{\square}{\square}$ **e)** $\frac{\square}{\square} = \frac{\overline{SC}}{\overline{SB}}$ **h)** $\frac{\overline{SQ}}{\square} = \frac{\square}{\overline{BC}}$

**c)** $\frac{\overline{SC}}{\square} = \frac{\square}{\overline{SP}}$ **f)** $\frac{\square}{\square} = \frac{\overline{SQ}}{\overline{SP}}$ **i)** $\frac{\overline{AE}}{\square} = \frac{\square}{\overline{SQ}}$

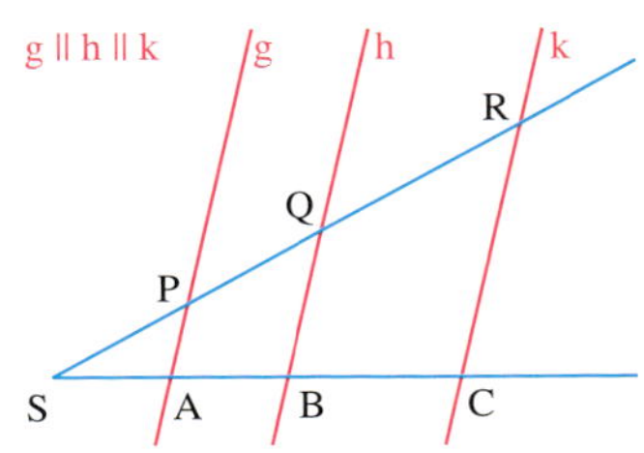


**10.** Die nebenstehende Figur enthält zwei Strahlensatzfiguren.

**a)** Versuche, die Strahlensatzfiguren zu entdecken. Zeichne die Figur zweimal in dein Heft und trage jeweils eine Strahlensatzfigur farbig ein.

**b)** Ergänze durch Anwenden des 1. Strahlensatzes:

$\frac{\overline{AB}}{\overline{AC}} = \frac{\square}{\square}$; $\frac{\overline{CD}}{\overline{CF}} = \frac{\square}{\square}$; $\frac{\overline{AF}}{\square} = \frac{\square}{\overline{AB}}$; $\frac{\overline{AC}}{\square} = \frac{\square}{\overline{CD}}$

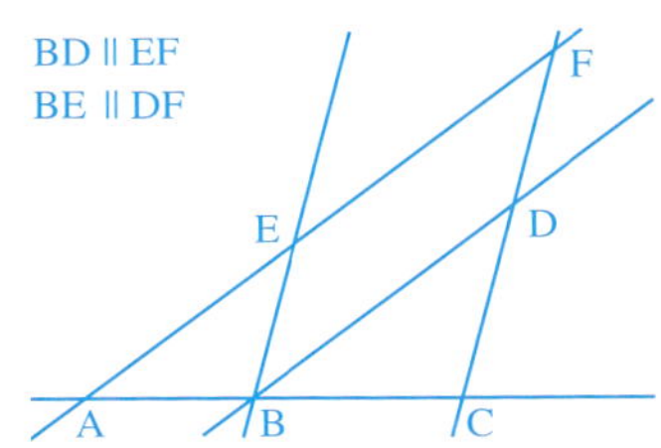


**11.** Berechne die Längenverhältnisse:

$\frac{\overline{SA}}{\overline{SB}}, \frac{\overline{SA}}{\overline{SC}}, \frac{\overline{SC}}{\overline{SB}}, \frac{\overline{SD}}{\overline{SE}}, \frac{\overline{SF}}{\overline{SE}}, \ldots$

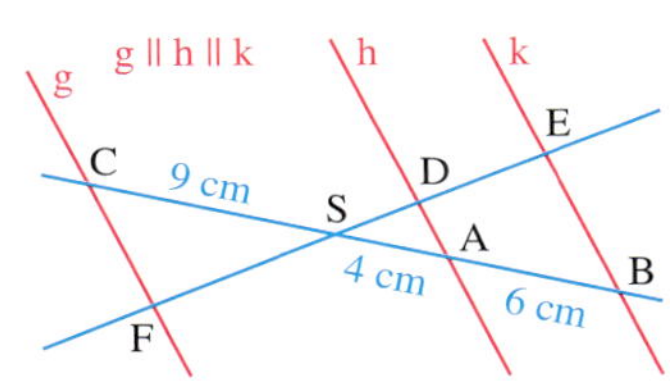


**12.** Zeichne eine Strecke von 10 cm [12,8 cm] Länge. Zerlege die Strecke – ohne zu messen – in

**a)** 3, **b)** 9, **c)** 11 gleich lange Teilstrecken.

### 4.4.2 Zweiter Strahlensatz

**Aufgabe 1**

Betrachte noch einmal das Bild der Nische in der Aufgabe 1 auf Seite 170.
Wie groß ist die Länge des Brettes?
Du kannst die Länge des Brettes zeichnerisch bestimmen. Berechne sie jedoch, stelle dazu eine Gleichung auf.

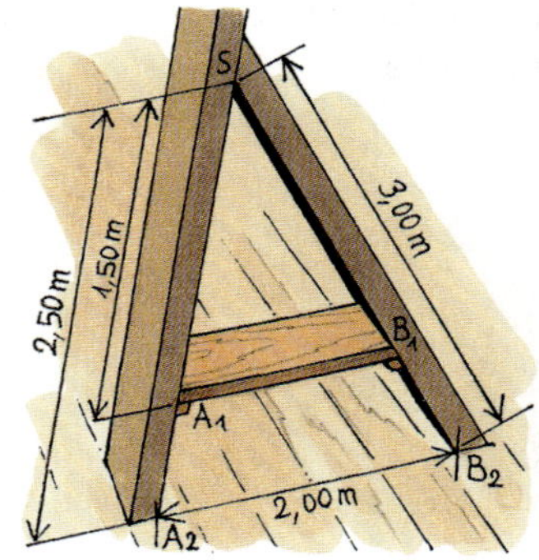


**Lösung**

Wir fassen die Strecke $\overline{A_1B_1}$ als Bild der Strecke $\overline{A_2B_2}$ bei einer zentrischen Streckung mit dem Streckungszentrum S auf. Für den Streckungsfaktor gilt:

$\overline{SA_1} = k \cdot \overline{SA_2}$, also: $k = \dfrac{\overline{SA_1}}{\overline{SA_2}}$

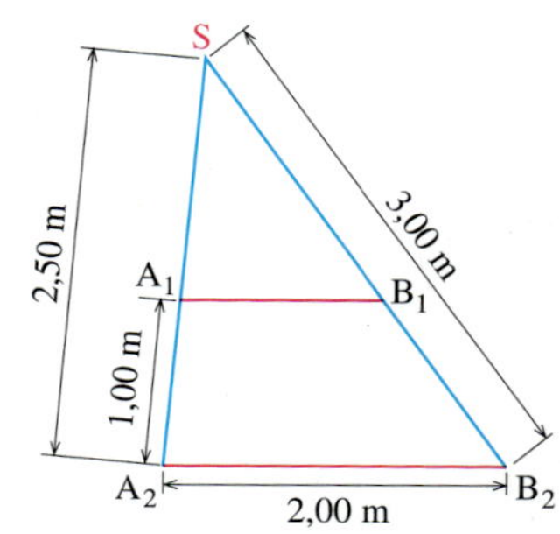


Nach der Eigenschaft (b) der zentrischen Streckung (Seite 147) gilt für die Längen von Strecke $\overline{A_2B_2}$ und Bildstrecke $\overline{A_1B_1}$:

$\overline{A_1B_1} = k \cdot \overline{A_2B_2}$, also: $k = \dfrac{\overline{A_1B_1}}{\overline{A_2B_2}}$

Folglich gilt: $\dfrac{\overline{A_1B_1}}{\overline{A_2B_2}} = \dfrac{\overline{SA_1}}{\overline{SA_2}}$

eingesetzt: $\dfrac{\overline{A_1B_1}}{2\text{ m}} = \dfrac{1{,}50\text{ m}}{2{,}50\text{ m}} = 0{,}6$, also: $\overline{A_1B_1} = 0{,}6 \cdot 2\text{ m} = 1{,}20\text{ m}$

*Ergebnis:* Das Brett ist 1,20 m lang.

**Information**

Die Lösung der Aufgabe 1 führt uns auf eine neue Gleichung für Längenverhältnisse an der Strahlensatzfigur.

Gegeben sind zwei Strahlen a und b mit gemeinsamem Anfangspunkt S, ferner zwei Geraden g und h, welche die Strahlen a und b in vier Punkten $A_1$, $A_2$, $B_1$ und $B_2$ schneiden.

**Zweiter Strahlensatz:**
Wenn die Geraden g und h parallel zueinander sind, dann gilt:

$$\frac{\overline{SA_1}}{\overline{SA_2}} = \frac{\overline{A_1B_1}}{\overline{A_2B_2}} \quad \text{und} \quad \frac{\overline{SB_1}}{\overline{SB_2}} = \frac{\overline{A_1B_1}}{\overline{A_2B_2}}$$

Das Längenverhältnis der beiden von S zu den Parallelen führenden Strecken auf den Strahlen ist jeweils gleich dem Längenverhältnis der beiden Strecken auf den zueinander parallelen Geraden.

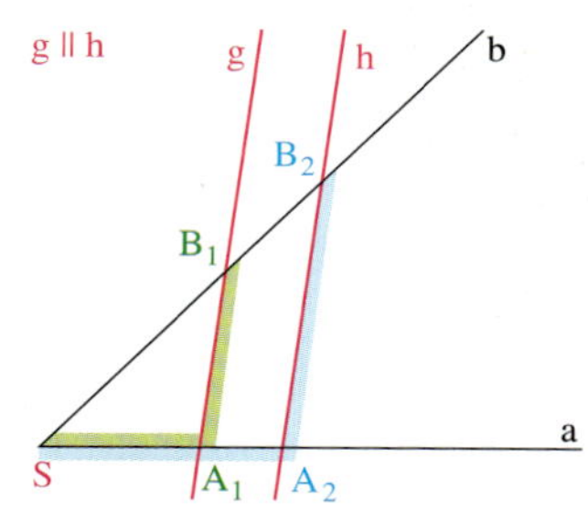


*Beweis:* Dass es eine zentrische Streckung gibt, haben wir bereits auf der Seite 171 gezeigt. Wir müssen nur noch die Gleichheit der Verhältnisse begründen.
Die Strecke $\overline{A_1B_1}$ ist die Bildstrecke von $\overline{A_2B_2}$.
Also gilt nach Satz (b), Seite 147: $\overline{A_1B_1} = k \cdot \overline{A_2B_2}$ und damit $k = \dfrac{\overline{A_1B_1}}{\overline{A_2B_2}}$.

Zusammen mit dem 1. Strahlensatz erhalten wir: $\dfrac{\overline{SA_1}}{\overline{SA_2}} = \dfrac{\overline{A_1B_1}}{\overline{A_2B_2}}$ und $\dfrac{\overline{SB_1}}{\overline{SB_2}} = \dfrac{\overline{A_1B_1}}{\overline{A_2B_2}}$

**Weiterführende Aufgabe**

**2.** *Strahlensatz für sich schneidende Geraden*

In der nebenstehenden Figur sind a und b zwei Geraden, die sich im Punkt S schneiden. Sie werden von den parallelen Geraden g und h auf verschiedenen Seiten von S geschnitten.

Beweise: $\frac{\overline{SA_1}}{\overline{SA_2}} = \frac{\overline{A_1B_1}}{\overline{A_2B_2}}$

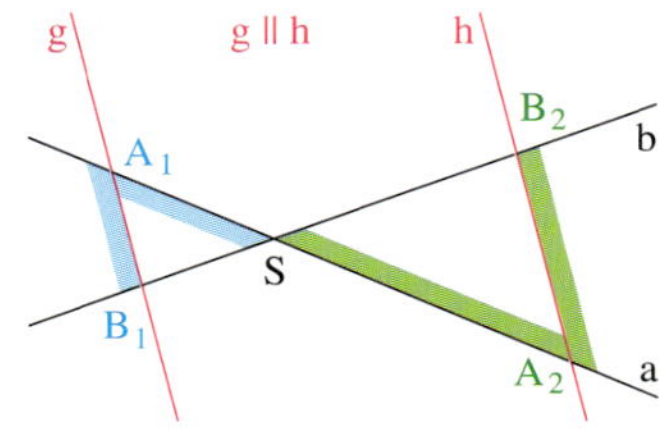


**Übungsaufgaben**

**3.** Anne will die Höhe einer Buche bestimmen. Sie stellt wie im Bild einen 1,80 m hohen Stab so auf, dass sich die Schatten der Spitzen vom Stab und Baum decken. Der Baum wirft einen 9,60 m, der Stab einen 2,45 m langen Schatten.
Wie hoch ist der Baum?
Löse die Aufgabe zeichnerisch und auch rechnerisch.
Vergleiche.

**4.** Leite aus den Verhältnisgleichungen des 2. Strahlensatzes her:

**a)** $\frac{\overline{SA_2}}{\overline{SA_1}} = \frac{\overline{A_2B_2}}{\overline{A_1B_1}}$ **c)** $\frac{\overline{SB_2}}{\overline{SB_1}} = \frac{\overline{A_2B_2}}{\overline{A_1B_1}}$

**b)** $\frac{\overline{SA_1}}{\overline{A_1B_1}} = \frac{\overline{SA_2}}{\overline{A_2B_2}}$ **d)** $\frac{\overline{SB_1}}{\overline{A_1B_1}} = \frac{\overline{SB_2}}{\overline{A_2B_2}}$

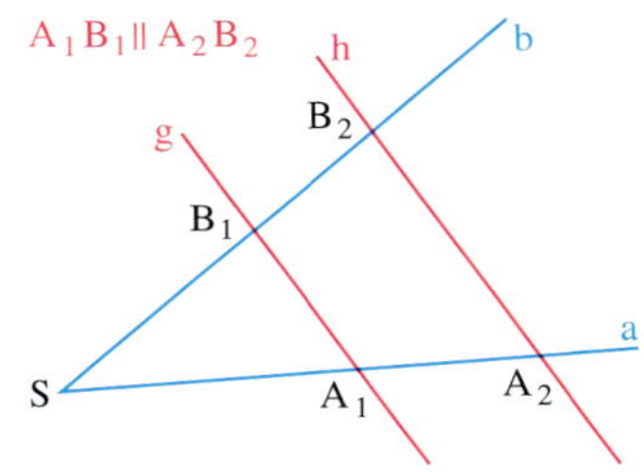


**5.** Betrachte die Strahlensatzfigur zu Aufgabe 4.
Zeige: Die Dreiecke $SA_1B_1$ und $SA_2B_2$ sind ähnlich zueinander.

**6.** Berechne x (Maße in cm).

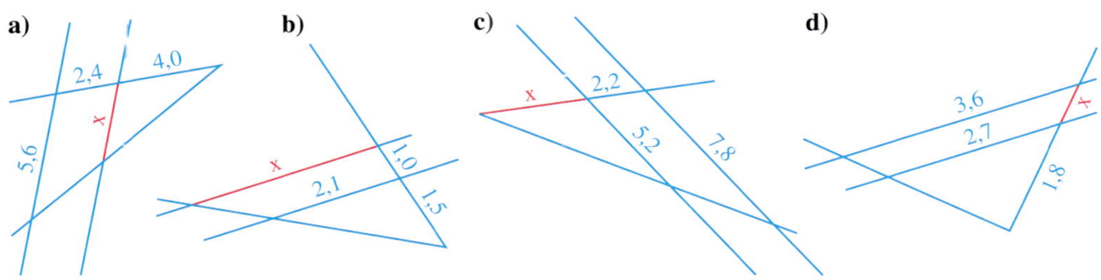


**7.** Berechne von den sechs Längen $s_1, s_2, t_1, t_2, p_1$ und $p_2$ die nicht gegebenen Längen.

**a)** $s_1 = 7{,}2$ cm, $t_1 = 6{,}8$ cm, $t_2 = 10{,}2$ cm, $p_1 = 5{,}4$ cm

**b)** $s_1 = 4{,}8$ cm, $t_2 = 11{,}0$ cm, $p_1 = 5{,}4$ cm, $p_2 = 9{,}9$ cm

**c)** $s_2 = 6{,}0$ cm, $t_2 = 7{,}2$ cm, $p_1 = 4{,}9$ cm, $p_2 = 8{,}4$ cm

**d)** $s_1 = 27$ mm, $s_2 = 4{,}5$ cm, $t_1 = 3{,}3$ cm, $p_2 = 40$ mm

**e)** $t_1 = 4{,}2$ m, $t_2 = 6{,}4$ m, $p_2 = 4{,}8$ m, $s_1 = 6{,}3$ m

**f)** $t_2 = 5{,}4$ km, $s_1 = 3{,}2$ km, $s_2 = 4{,}8$ km, $p_1 = 3{,}9$ km

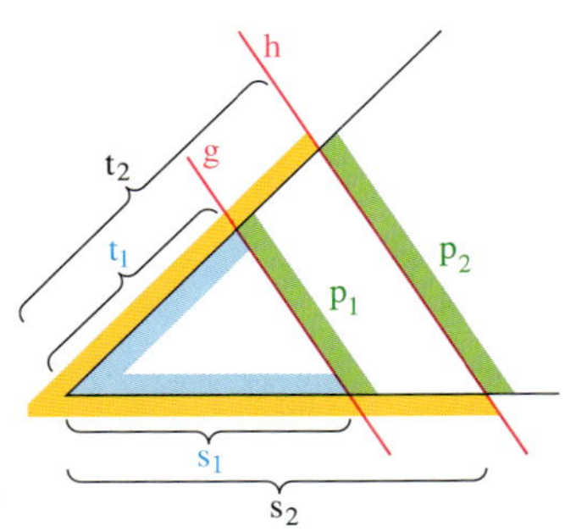

**8.** Ergänze aufgrund des 2. Strahlensatzes.

(1) $\frac{\overline{AP}}{\overline{BQ}} = \frac{\square}{\square}$ (3) $\frac{\overline{AP}}{\square} = \frac{\square}{\overline{SC}}$ (5) $\frac{\square}{\overline{SB}} = \frac{\overline{AP}}{\square}$

(2) $\frac{\overline{BQ}}{\overline{CR}} = \frac{\square}{\square}$ (4) $\frac{\overline{SP}}{\square} = \frac{\square}{\overline{RC}}$ (6) $\frac{\overline{SB}}{\square} = \frac{\square}{\overline{RC}}$

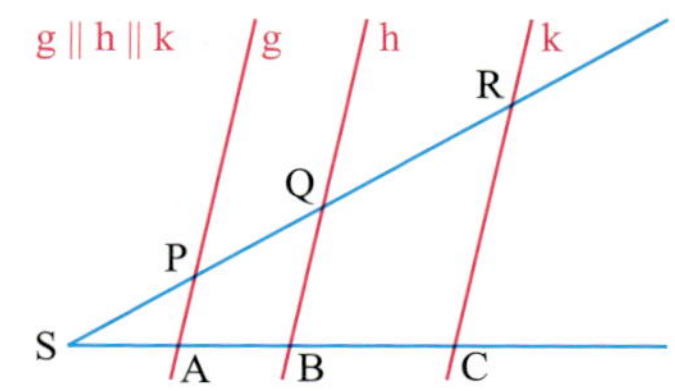


**9.** Für die Figur rechts gilt BD‖EF und BE‖DF.
Ergänze durch Anwendung des 2. Strahlensatzes:

$\frac{\overline{AB}}{\overline{AC}} = \frac{\square}{\square}$; $\frac{\overline{BD}}{\overline{AF}} = \frac{\square}{\square}$; $\frac{\overline{CD}}{\overline{CF}} = \frac{\square}{\square}$; $\frac{\overline{BE}}{\square} = \frac{\overline{AB}}{\square}$

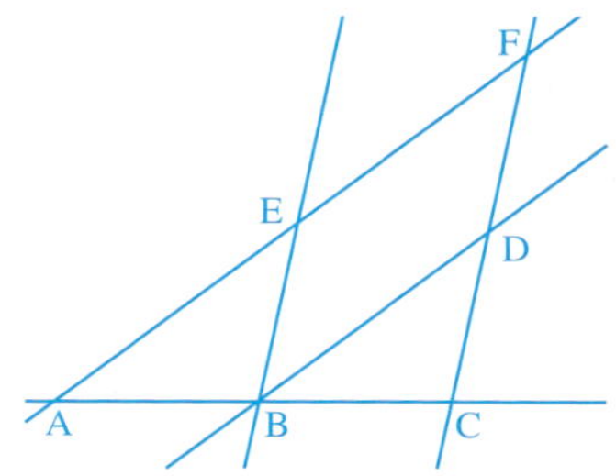


DGS **10.** Zeichne mit einem dynamischen Geometrie-System zwei Geraden, die sich in einem Punkt S schneiden.
Erzeuge auf einer Geraden auf einer Seite von S zwei Punkte A und B und auf der anderen Geraden einen Punkt C. Zeichne die Gerade AC. Zeichne dann die Parallele zu AC durch B. Nenne ihren Schnittpunkt mit der anderen Geraden D.

**a)** Lasse dir vom Programm die Streckenverhältnisse $\frac{\overline{SB}}{\overline{SA}}$ und $\frac{\overline{SD}}{\overline{SC}}$ berechnen.
Verändere die Lage des Punktes B auf der Geraden. Was stellst du fest? Formuliere eine Vermutung.

**b)** Versuche, deine Vermutung zu begründen.

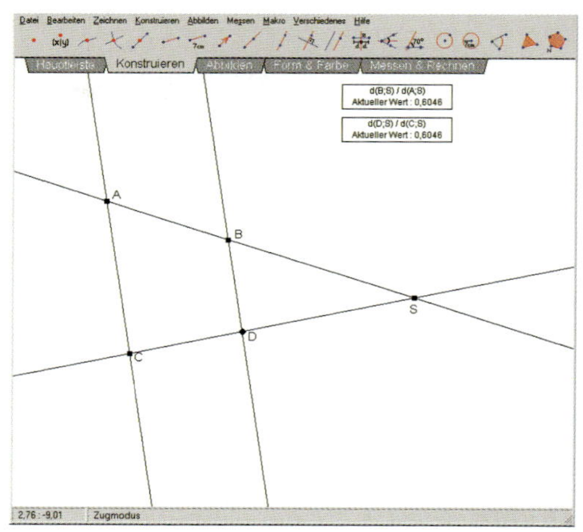


**11.** Für nebenstehende Figur gilt k ‖ *l*.
Berechne:

**a)** $\frac{a}{b}$ **b)** $\frac{c}{d}$ **c)** $\frac{a+b}{b}$ **d)** $\frac{f}{e}$ **e)** $\frac{h+g}{h}$

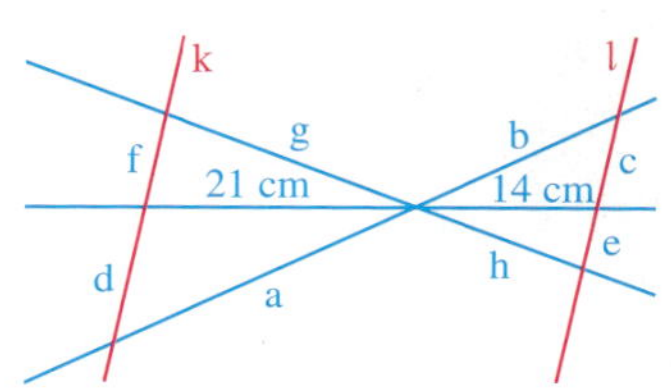

**12.** Kontrolliere Lennarts Hausaufgabe.

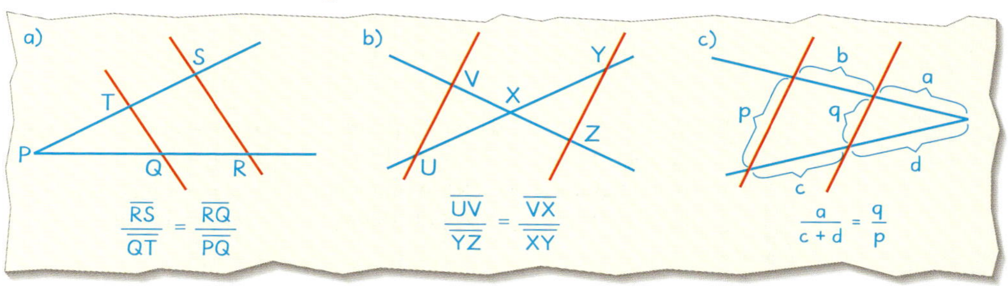

### 4.4.3 Vermischte Übungen zum 1. und 2. Strahlensatz

**1. a)** Beweise für die Figur rechts mithilfe der Strahlensätze:

(1) $\frac{\overline{AB}}{\overline{BC}} = \frac{\overline{DE}}{\overline{EF}}$ (2) $\frac{\overline{AB}}{\overline{AC}} = \frac{\overline{DE}}{\overline{DF}}$

**b)** Es sollen $\overline{SA} = 3$ cm, $\overline{SD} = 4{,}5$ cm, $\overline{SB} = 2{,}4$ cm, $\overline{BC} = 2$ cm, $\overline{DE} = 1{,}8$ cm und $\overline{SF} = 3{,}9$ cm sein.
Berechne die Längen von $\overline{AB}$, $\overline{SE}$, $\overline{EF}$, $\overline{SC}$.
Überlege eine günstige Reihenfolge für die Berechnung.

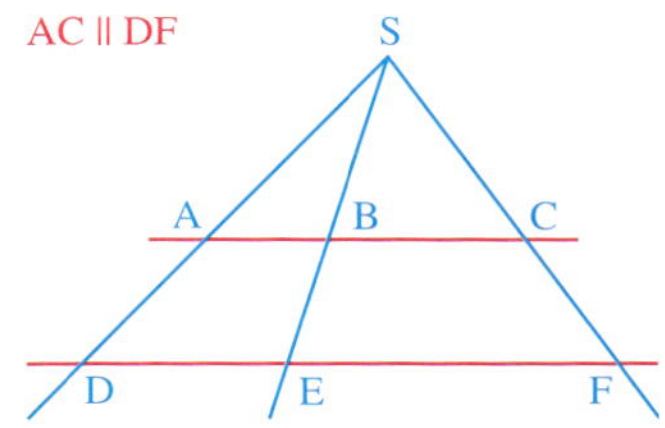


**2. a)** Beweise für die Figur rechts:

(1) $\frac{\overline{ZP}}{\overline{QR}} = \frac{\overline{ZA}}{\overline{BC}}$ (2) $\frac{\overline{PQ}}{\overline{QR}} = \frac{\overline{AB}}{\overline{BC}}$

**b)** Es sollen $\overline{ZP} = 2{,}7$ cm, $\overline{QR} = 1{,}9$ cm, $\overline{ZA} = 3{,}5$ cm, $\overline{PQ} = 2{,}3$ cm, $\overline{AP} = 1{,}8$ cm sein.
Berechne die Längen von $\overline{BC}$, $\overline{AB}$, $\overline{BQ}$, $\overline{RC}$.

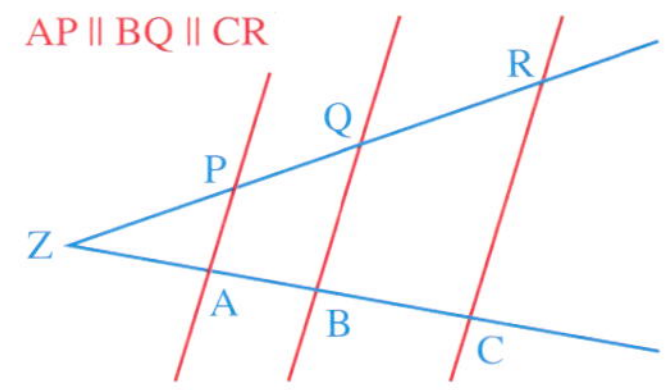


**3.** Ergänze aufgrund der Strahlensätze:

(1) $\frac{u}{v} = \frac{\square}{\square}$ (4) $\frac{u+v}{r+s} = \frac{\square}{\square}$

(2) $\frac{u}{u+v} = \frac{\square}{\square}$ (5) $\frac{r}{a} = \frac{\square}{\square}$

(3) $\frac{r+s}{r} = \frac{\square}{\square}$ (6) $\frac{u+v}{b} = \frac{\square}{\square}$

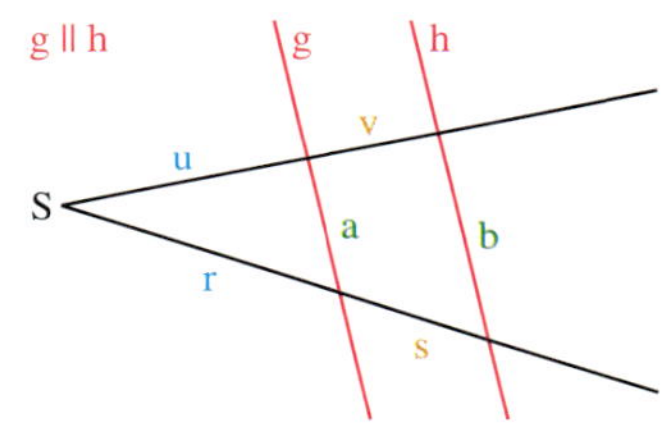


**4.** Für die nebenstehende Figur gilt g ∥ h. Berechne $\frac{x}{y}$, falls gilt:

**a)** $\frac{u}{v} = 1$; **b)** $\frac{u}{v} = \frac{1}{2}$; **c)** $\frac{u}{v} = \frac{2}{3}$.

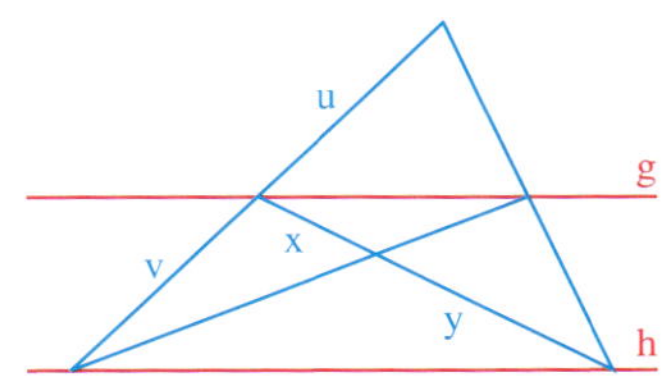


**5.** Beweise:
Im Parallelogramm halbieren die Diagonalen einander.

**6.** Kontrolliere Merles Hausaufgaben.

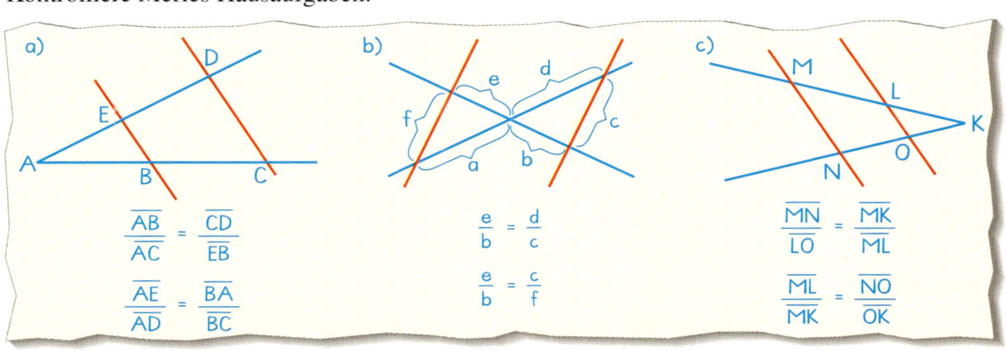


**7.** Konstruiere ein Trapez ABCD mit AB ∥ CD aus a = 5,1 cm, $\alpha = 64°$, d = 2,7 cm, c = 1,5 cm.
Ergänze das Trapez zu einem Dreieck. Wie lang sind die Seiten dieses Dreiecks?

**8.** Gegeben ist eine 10 cm lange Strecke $\overline{AB}$.
Konstruiere einen Punkt T auf der Strecke $\overline{AB}$ so, dass gilt: $\frac{\overline{TA}}{\overline{TB}} = \frac{2}{3}$.

**9.** Ergänze jeweils aufgrund eines Strahlensatzes:

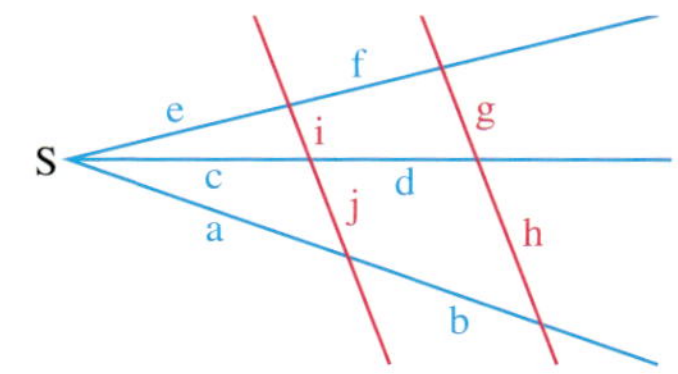


**a)** $\frac{a}{c} = \frac{\square}{\square}$ **c)** $\frac{g}{h} = \frac{\square}{\square}$ **e)** $\frac{e}{c} = \frac{\square}{\square}$ **g)** $\frac{j}{i} = \frac{\square}{\square}$

**b)** $\frac{d}{f} = \frac{\square}{\square}$ **d)** $\frac{e}{e+f} = \frac{\square}{\square}$ **f)** $\frac{a+b}{c+d} = \frac{\square}{\square}$ **h)** $\frac{c+d}{d} = \frac{\square}{\square}$

**10.** Berechne die Längen der rot markierten Strecken (Maße in cm).

**a)**

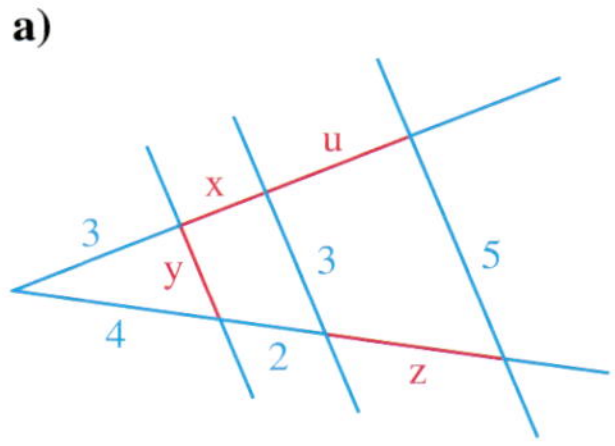


**b)**

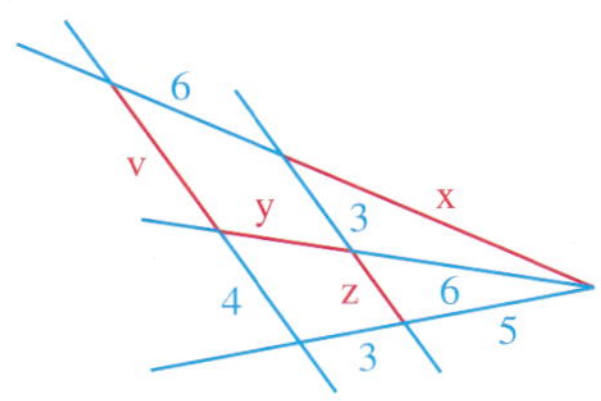


**c)**

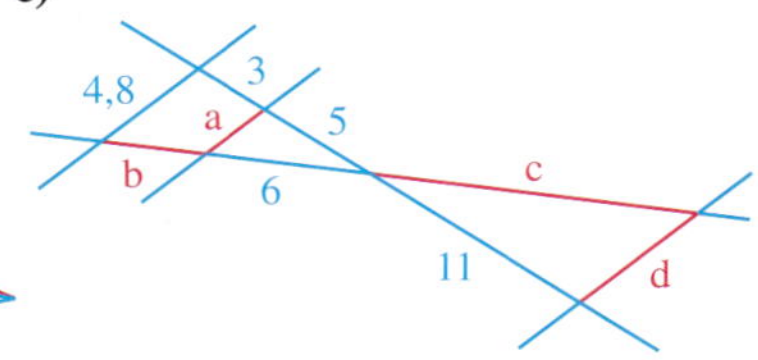


**11.** In der Zeichnung soll $A_1A_2 \| B_1B_2$ sowie $A_2A_3 \| B_2B_3$ gelten.

Beweise: **a)** $\frac{\overline{B_1B_2}}{\overline{A_1A_2}} = \frac{\overline{B_2B_3}}{\overline{A_2A_3}}$ **b)** $\frac{\overline{SB_1}}{\overline{SA_1}} = \frac{\overline{SB_3}}{\overline{SA_3}}$

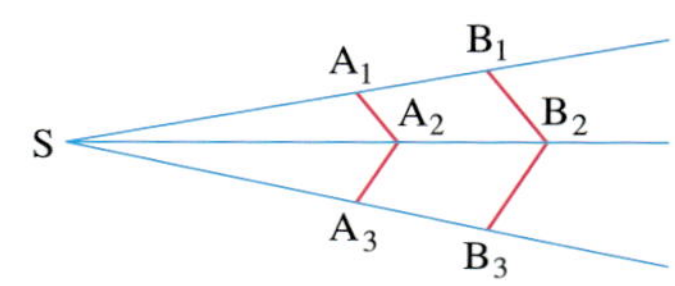


**12.** Betrachte die Strahlensatzfiguren auf den Seiten 171 und 172.

**a)** Beide Figuren enthalten jeweils zwei Dreiecke; nenne sie. Was kannst du über beide Dreiecke aussagen? Begründe.

**b)** Leite aus dem Ergebnis von Teilaufgabe a) die Strahlensätze her.

**13.** Gegeben ist ein Kegel mit dem Radius $r_1 = 5$ cm der Grundfläche und der Höhe $h_1 = 12$ cm.
In welcher Höhe $h_2$ (von der Grundfläche) muss der Kegel abgeschnitten werden, damit die Schnittfläche den Flächeninhalt $4\,\pi\ \text{cm}^2$ hat?

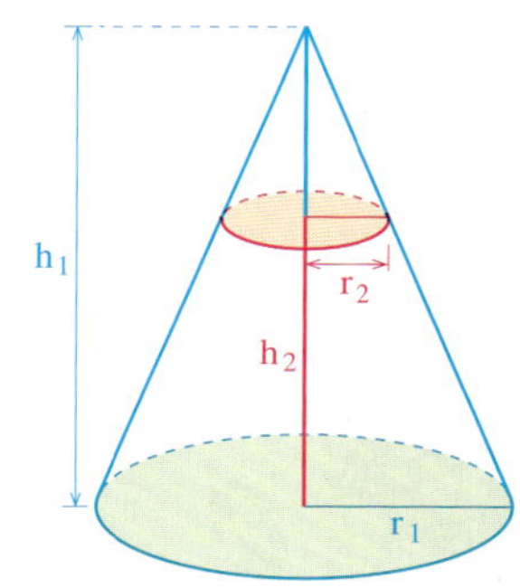


**14.** Tanjas Daumen ist 2 cm breit. Schließt sie ein Auge und hält sie den Daumen 45 cm vom anderen Auge entfernt, so ist gerade ein 7,32 m breites Fußballtor verdeckt.
Wie weit ist Tanja vom Tor entfernt? Zeichne auch.

**15.** Die Abbildung unten zeigt einen Proportionalzirkel. Er wird zum Verkleinern oder Vergrößern einer Strecke verwendet. Erläutere seine Wirkungsweise.

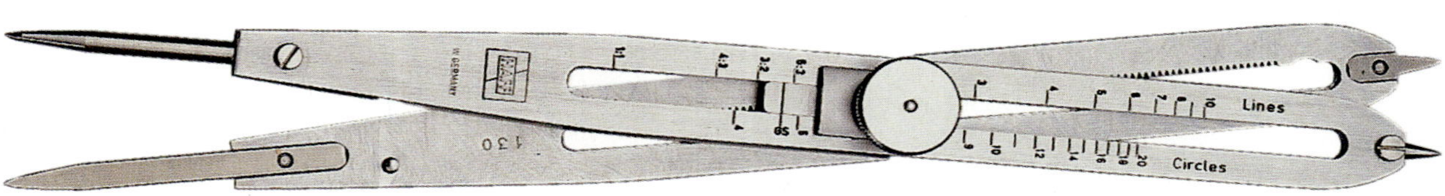

## 4.5 Berechnen von Längen mithilfe der Strahlensätze *Zum Selbstlernen*

**Ziel**

Hier lernst du, wie man in komplexen ebenen und räumlichen Figuren Streckenlängen durch Anwenden der Strahlensätze berechnen kann.

**Zum Erarbeiten**

### Anwenden des 2. Strahlensatzes

A Jules Verne schreibt in seinem Roman „Die geheimnisvolle Insel“, wie eine Gruppe von Männern, die auf eine einsame Insel verschlagen wurde, die Höhe einer senkrechten Granitwand bestimmt:

### Die geheimnisvolle Insel

Cyrus Smith hatte eine Stange von 4 m Länge vorbereitet, wobei er an seiner eigenen Körpergröße provisorisch Maß genommen hatte. Harbert machte währenddessen ein Senkblei zurecht, das heißt, er band einen Stein an eine Pflanzenfaserschnur. Die Stange rammte der Ingenieur 20 Schritte vom Ufer weg in den Sand und stellte sie mithilfe des Lots senkrecht zum Horizont. Dann legte er sich soweit von der Stange entfernt in den Sand, dass er die Stange sich mit dem Grat der Granitmauer decken sah, und trieb dort einen Pflock in den Boden ...
Die Stange, die 1 m tief im Sand steckte, wurde wieder herausgezogen und mit ihr der Abstand von dem Pflock zu dem Loch, in den die Stange gesteckt war, und die Entfernung vom Pflock zur Wand gemessen. Vom Pflock zur Stange waren es 5 m, vom Pflock zur Granitwand 160 m.

*Fertige eine Skizze an und trage die bekannten Längen ein. Berechne dann die Höhe der Granitwand.*

Da sowohl die Stange als auch die Granitwand senkrecht sind, sind beide parallel zueinander. Du erhältst also eine Strahlensatzfigur.
Mithilfe des 2. Strahlensatzes ergibt sich die Gleichung:

$\frac{x}{3\text{ m}} = \frac{160\text{ m}}{5\text{ m}}$,

also $5x = 480$ m und somit $x = 96$ m.

*Ergebnis:* Die Wand ist 96 m hoch.

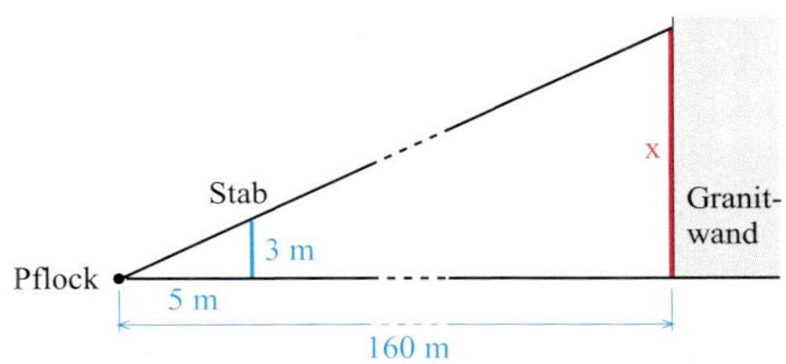


Zum Selbstlernen

### Anwenden des 1. Strahlensatzes

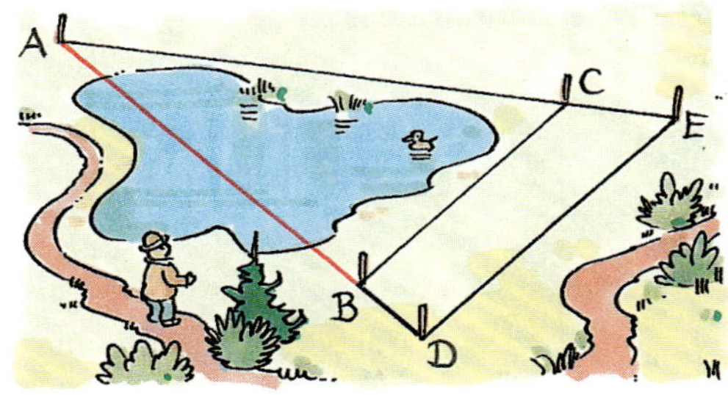


*Ein Teil eines Teiches soll durch ein Seil abgetrennt werden, das an den Stellen A und B am Ufer befestigt werden soll. Um die Entfernung zwischen A und B zu bestimmen, werden an den Stellen A, B, C, D und E so genannte Fluchtstäbe so aufgestellt, dass BC parallel zu DE ist.*
*Es wird gemessen:*
$\overline{AC} = 63\,m$, $\overline{CE} = 14\,m$, $\overline{BD} = 10\,m$.
*Kann man mit einem 50 m langen Seil A und B miteinander verbinden?*

Wegen BC ∥ DE liegt eine Strahlensatzfigur vor. Aufgrund des 1. Strahlensatzes gilt:

$\frac{\overline{AB}}{\overline{BD}} = \frac{\overline{AC}}{\overline{CE}}$, also $\frac{x}{10\,\text{m}} = \frac{63\,\text{m}}{14\,\text{m}}$

Daraus folgt: $x = \frac{10 \cdot 63}{14}\,\text{m} = 45\,\text{m} < 50\,\text{m}$

*Ergebnis:* Man kann also mit dem Seil A und B miteinander verbinden.

**Strategie zur Berechnung von Streckenlängen mithilfe der Strahlensätze**
- Zeichne eine Strahlensatzfigur ein, die die gesuchte Strecke enthält.
- Erstelle eine Verhältnisgleichung mithilfe des 1. oder 2. Strahlensatzes und löse sie.

*Tipp:* Die Gleichung lässt sich am einfachsten lösen, wenn die gesuchte Länge im Zähler des linken Bruches steht.

**Zum Üben**

**1.** An den Stellen A und B eines Sees befinden sich Anlegestellen für Tretboote. Um die Entfernung von A und B zu bestimmen, wurden die Längen $\overline{PE} = 96$ m, $\overline{EA} = 58$ m und $\overline{EF} = 66$ m gemessen.
Berechne die Entfernung der Anlegestellen A und B.

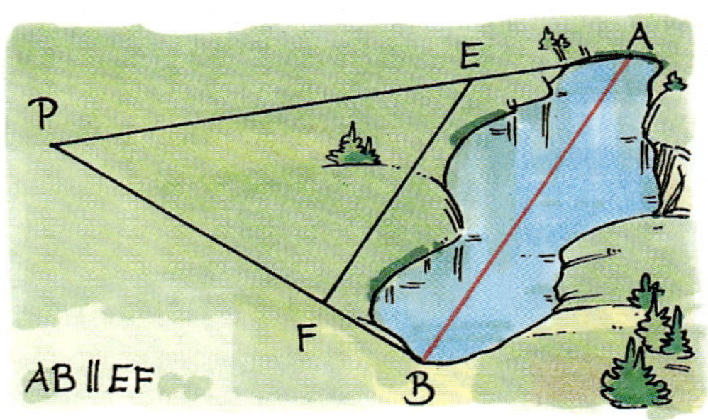


**2.** Ein in der Nähe eines Turms senkrecht aufgestellter Stab von 2 m Länge wirft einen 95 cm langen Schatten. Zur gleichen Zeit wirft der Turm einen Schatten von 10 m Länge.
Fertige zunächst eine Skizze an. Berechne dann die Höhe des Turms.

**3.** Ein Waldarbeiter bestimmt mithilfe eines *Försterdreiecks* die Höhe eines Baumes.

**a)** Erläutere die Funktion des Försterdreiecks.
Warum wurde ein Winkel von 45° gewählt?

**b)** Die Entfernung zum Baum beträgt 21 m.
Wie hoch ist der Baum ungefähr?

Zum Selbstlernen

**4.** Überlege dir Möglichkeiten, wie du die Breite eines Flusses bestimmen kannst.

**5.** Zur Messung einer kleinen Öffnung (z. B. einer Flasche) und zur Messung z. B. einer dünnen Holzplatte verwendet man einen *Messkeil* bzw. einen *Keilausschnitt*.
Berechne jeweils die Länge x. Erläutere die Arbeitsweise der Messinstrumente.

(1) Meßkeil

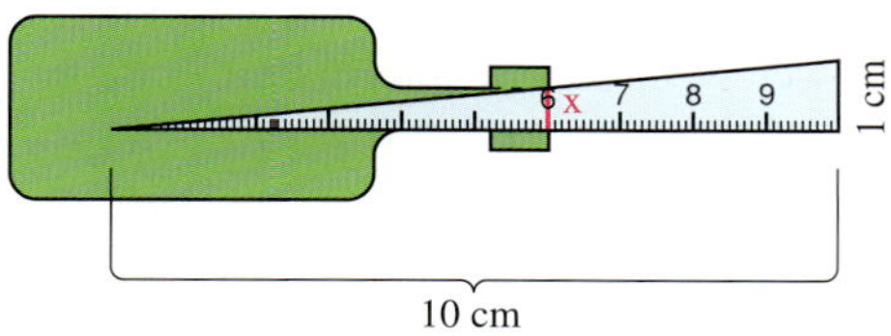


(2) Keilausschnitt

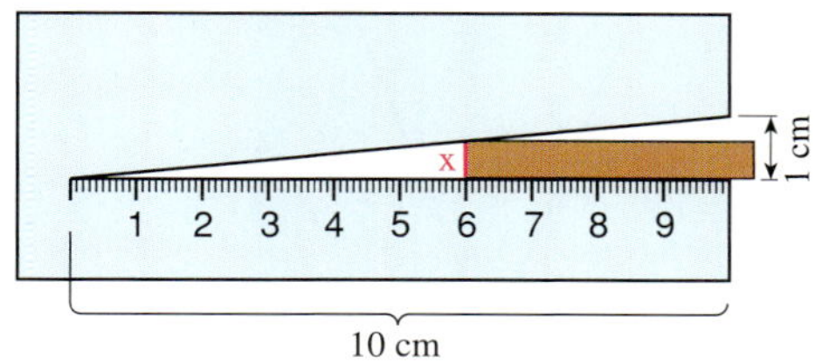


**6.** Eine einfache Lochkamera kann man sich aus einem Karton herstellen, bei dem auf der einen Seite in der Mitte ein kleines Loch gemacht wird und die gegenüberliegende Seite durch Pergamentpapier, dem „Schirm“, ersetzt wird. Du kannst dann auf dem Pergamentpapier ein Bild von Gegenständen erzeugen.
Es sollen G und B die Gegenstands- bzw. Bildgröße sowie g und b die Gegenstands- bzw. Bildweite sein.
Stelle eine Verhältnisgleichung für die Größen g, b und G, B auf.
Wie weit darf ein Gegenstand höchstens von der Kamera entfernt sein, damit sein Abbild noch vergrößert wird?

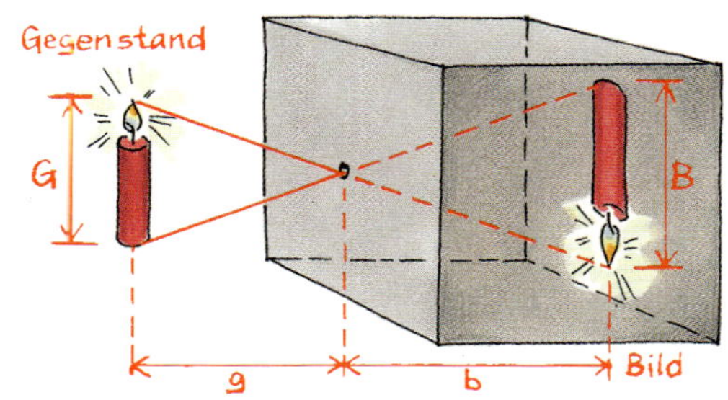


**7.** Ein Baum, der von der Lochkamera 30 m entfernt steht, wird 4 cm hoch auf dem Schirm der Kamera abgebildet. Die Kamera ist 12 cm tief. Wie hoch ist der Baum?
Ein gleich großer Baum erscheint 50 % höher auf dem Schirm. Wie weit ist er entfernt?

**8.** Der Mond ist etwa 60 Erdradien von der Erde entfernt.
Hält man einen 7 mm dicken Bleistift im Abstand von etwa 78 cm vor das Auge, so ist der Mond gerade verdeckt.
Welchen Durchmesser hat der Mond etwa? Fertige eine Skizze an.

**9.** **a)** Erläutere die Arbeitsweise der Messzange? Wozu kann man sie verwenden?

**b)** Mit welchem Faktor vergrößert die abgebildete Zange die abgegriffenen Größen?

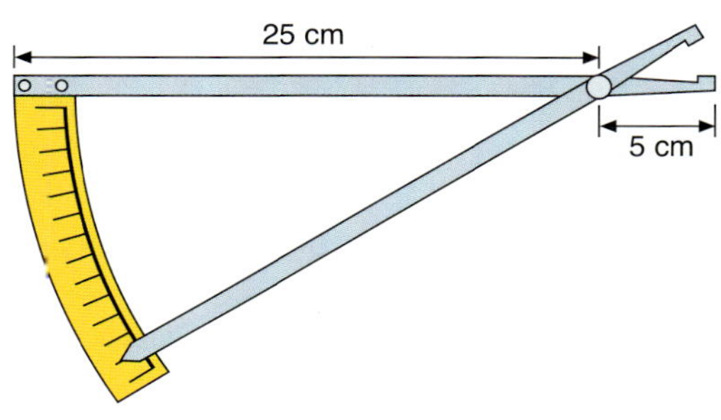


**10.** Von der Erde aus erscheinen der Mond und die Sonne unter fast dem gleichen Sehwinkel von 0,5°. In welchem Verhältnis stehen ihre Radien, wenn die Entfernung zur Erde $e_M = 1{,}5 \cdot 10^5$ km bzw. zur Sonne $e_S = 3{,}8 \cdot 10^8$ km beträgt?

Zum Selbstlernen

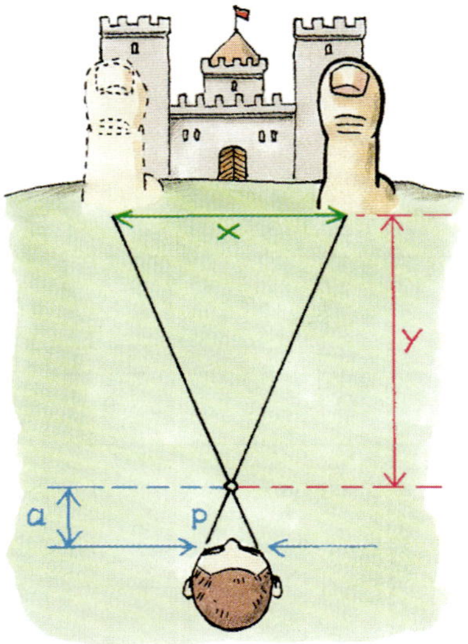


**11.** Strecke einen Arm aus und visiere den Daumen zunächst mit dem linken Auge, dann mit dem rechten Auge an. Du bemerkst, dass der Daumen einen „Sprung“ macht. Diese Tatsache benutzt man, um Entfernungen in der Landschaft zu schätzen (*Daumensprungmethode*).
Verwende in den folgenden Aufgaben als Armlänge a = 64 cm und als Pupillenabstand p = 6 cm.

**a)** Ein Wanderer sieht ein altes Schloss. Er weiß, das Schloss ist 65 m breit. Der Daumen springt gerade von einer zur anderen Seite.
Wie weit ist er vom Schloss entfernt?

**b)** Eine Wanderin sieht in der Ferne zwei Burgen. Sie ist von der einen Burg 15 km entfernt. Der Daumen springt gerade von der einen zur anderen Burg.
Wie weit liegen beide Burgen auseinander?

**12.** Berechne für das nebenstehende Parallelogramm die beiden Längenverhältnisse $\frac{x}{y}$ und $\frac{u}{v}$.

*Hinweis:* Ergänze die Figur im Heft so, dass eine Strahlensatzfigur entsteht. Zeichne sie rot ein.

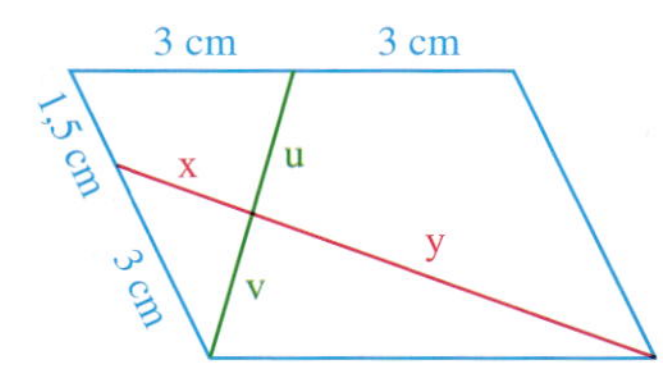


**13.**

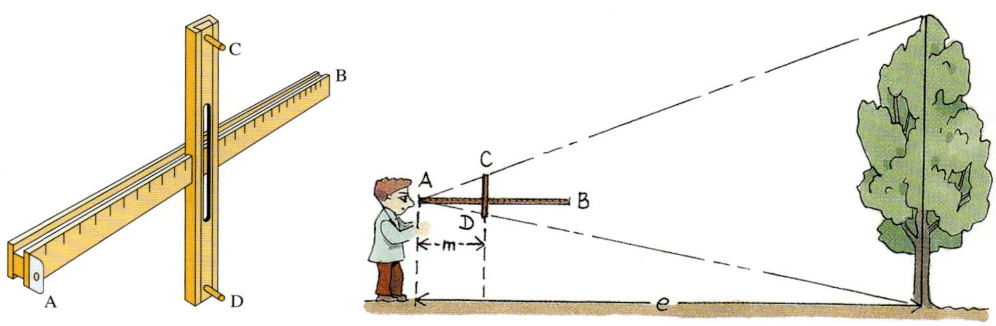


Das Gerät im Bild oben links ist ein *Jakobsstab.* Er besteht aus einem Stab $\overline{AB}$ mit Messskala und einem dazu senkrechten Stab $\overline{CD}$. Dieser Stab $\overline{CD}$ lässt sich längs der Skala und senkrecht dazu verschieben.
Mithilfe des Jakobsstabes kann man z. B. die Höhe x eines Baumes ermitteln (Bild oben rechts). In einer gemessenen Entfernung e vom Baum wird der Stab $\overline{CD}$ so verschoben, dass man von Punkt A aus über den Punkt C die Spitze des Baumes und zugleich über den Punkt D das Fußende des Baumes anpeilen kann. Die Länge m liest man auf der Skala ab.
Für die Höhe x des Baumes gilt dann: $x = \frac{\overline{CD}}{m} \cdot e$. Begründe dies.

**14.** In einem Trapez ABCD ist $DC \parallel FE \parallel AB$.
Ferner sind die Längen $\overline{AB} = 7$ cm, $\overline{DC} = 4$ cm, $\overline{BE} = 2$ cm und $\overline{EC} = 1$ cm gegeben.
Wie lang ist die Strecke $\overline{EF}$?

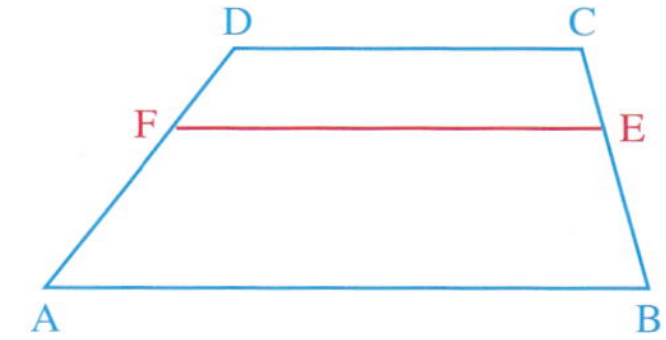


Zum Selbstlernen

## 4.6 Umkehren des 1. Strahlensatzes

**Einführung**

**(1) Zur Umkehrung des 1. Strahlensatzes**

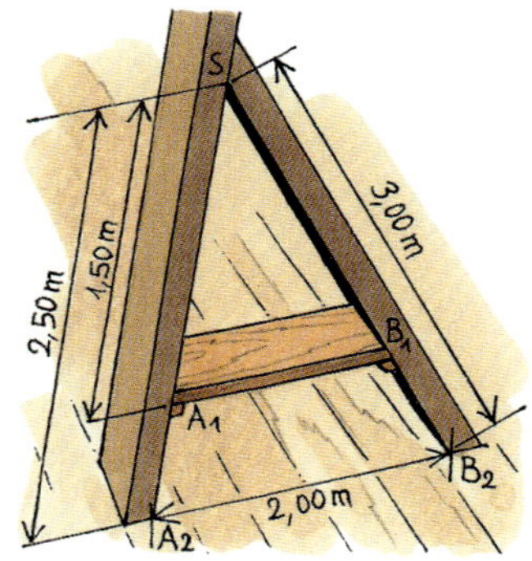


In Aufgabe 1 auf Seite 170 haben wir den Auflagepunkt $B_1$ mithilfe der Längenverhältnisse $\frac{\overline{SA_1}}{\overline{SA_2}} = \frac{\overline{SB_1}}{\overline{SB_2}} = 0{,}6$ unter der *Voraussetzung* bestimmt, dass das Brett parallel zum Boden ($A_1B_1 \| A_2B_2$) ist.

Wir konnten dann allgemein zeigen:

> Wenn $g \| h$, dann $\frac{\overline{SA_1}}{\overline{SA_2}} = \frac{\overline{SB_1}}{\overline{SB_2}}$ (1. Strahlensatz).

Wir fragen nun umgekehrt:
Wenn wir den Punkt $B_1$ mit $\frac{\overline{SA_1}}{\overline{SA_2}} = \frac{\overline{SB_1}}{\overline{SB_2}} = 0{,}6$ wählen, sind wir dann auch sicher, dass das Brett parallel zum Boden ist?

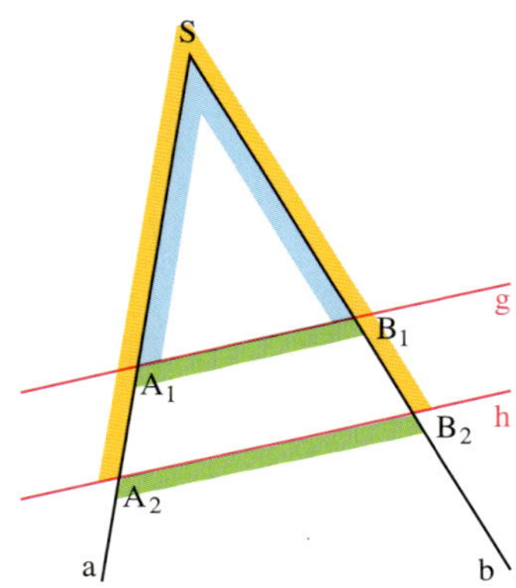


Versuche die vier Punkte $A_1$, $A_2$, $B_1$, $B_2$ mit dem angegebenen Verhältnis zu zeichnen, wobei aber $A_1B_1 \nparallel A_2B_2$ ist. Das gelingt dir offenbar nicht.
Wir vermuten daher die Gültigkeit der folgenden Umkehrung des 1. Strahlensatz:

> Wenn $\frac{\overline{SA_1}}{\overline{SA_2}} = \frac{\overline{SB_1}}{\overline{SB_2}}$, dann $g \| h$.

*Beweis der Umkehrung des 1. Strahlensatzes:*

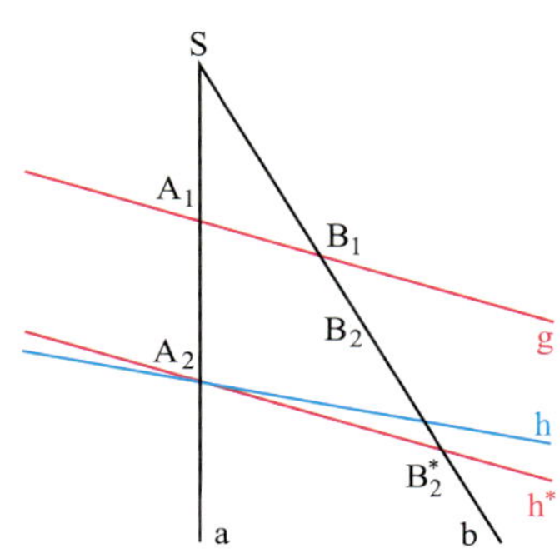


Wir setzen $\frac{\overline{SA_1}}{\overline{SA_2}} = \frac{\overline{SB_1}}{\overline{SB_2}}$ voraus und zeigen $g \| h$.

Wir zeichnen die Gerade h ohne besondere Lage zur Geraden g ein (siehe Bild rechts).
Zum Beweis zeichnen wir nun auch die Parallele zu g durch $A_2$ und nennen sie $h^*$. Ihren Schnittpunkt mit b nennen wir $B_2^*$.
Wegen $g \| h^*$ können wir den 1. Strahlensatz anwenden.

Wir erhalten $\frac{\overline{SA_1}}{\overline{SA_2}} = \frac{\overline{SB_1}}{\overline{SB_2^*}}$.

Andererseits hatten wir $\frac{\overline{SA_1}}{\overline{SA_2}} = \frac{\overline{SB_1}}{\overline{SB_2}}$ vorausgesetzt.

Also gilt $\frac{\overline{SB_1}}{\overline{SB_2^*}} = \frac{\overline{SB_1}}{\overline{SB_2}}$.

Daraus folgt $B_2^* = B_2$.
Das bedeutet aber $h = h^*$, da beide Geraden durch $A_2$ gehen. Da $h^*$ eine Parallele zu g ist, ist somit auch h parallel zu g.

**(2) Zur Umkehrung des 2. Strahlensatzes**

In Aufgabe 1 auf Seite 174 haben wir die Länge des Brettes $\overline{A_1B_1}$ mithilfe des Längenverhältnisses $\frac{\overline{A_1B_1}}{\overline{A_2B_2}} = \frac{\overline{SA_1}}{\overline{SA_2}} = 0{,}6$ unter der Voraussetzung bestimmt, dass das Brett parallel zum Boden ist.

Wir konnten dann allgemein zeigen:

Wenn $g \| h$, dann $\frac{\overline{SA_1}}{\overline{SA_2}} = \frac{\overline{A_1B_1}}{\overline{A_2B_2}}$ (2. Strahlensatz).

Wir fragen nun wieder umgekehrt:

Wenn wir ein Brett der Länge $\overline{A_1B_1}$ mit $\frac{\overline{SA_1}}{\overline{SA_2}} = \frac{\overline{A_1B_1}}{\overline{A_2B_2}}$ herstellen und bei $A_1$ zwischen die Balken einbauen, sind wir dann auch sicher, dass das Brett parallel zum Boden ist?

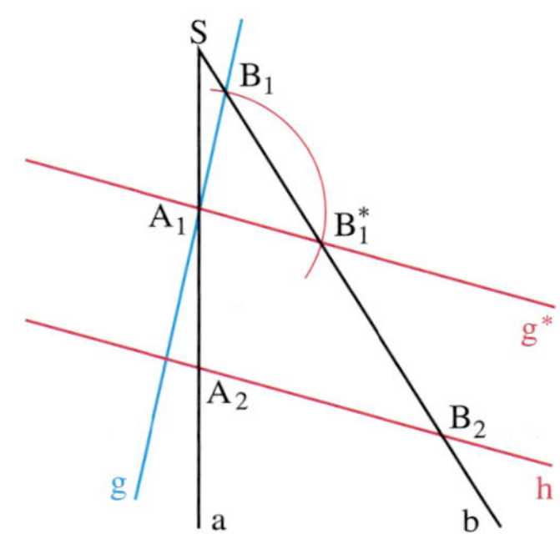


In dem Beispiel rechts ist $g^* \| h$, also gilt nach dem 2. Strahlensatz: $\frac{\overline{A_1B_1^*}}{\overline{A_2B_2}} = \frac{\overline{SA_1}}{\overline{SA_2}}$

Ferner ist im Beispiel $\overline{A_1B_1} = \overline{A_1B_1^*}$.

Deshalb gilt hier auch: $\frac{\overline{A_1B_1}}{\overline{A_2B_2}} = \frac{\overline{SA_1}}{\overline{SA_2}}$

Es gilt aber $g \nparallel h$.

Wir sehen: Für den Auflagepunkt gibt es zwei Möglichkeiten. In einem Fall ist das Brett nicht zum Boden parallel.

*Ergebnis:* Die Umkehrung des 2. Strahlensatzes ist falsch.

**Information**

**Umkehrung des 1. Strahlensatzes**

Gegeben sind zwei Strahlen a und b mit gemeinsamem Anfangspunkt S, ferner zwei Geraden g und h, welche die Strahlen a und b in den Punkten $A_1$ und $B_1$ bzw. $A_2$ und $B_2$ schneiden. Dann gilt:

Wenn $\frac{\overline{SA_1}}{\overline{SA_2}} = \frac{\overline{SB_1}}{\overline{SB_2}}$, dann $g \| h$.

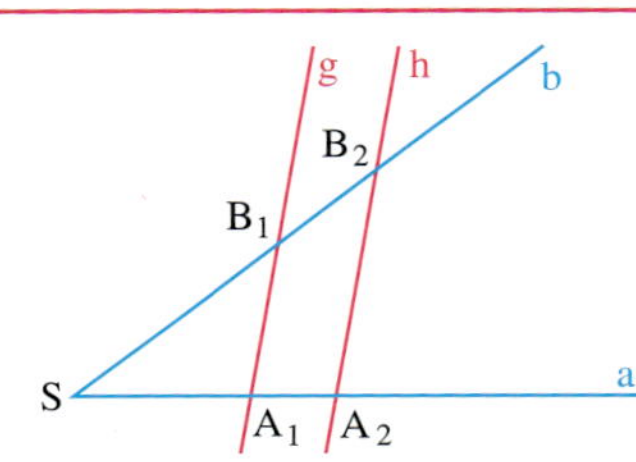


**Weiterführende Aufgaben**

**1.** *Eine falsche Umkehrung des erweiterten 1. Strahlensatzes*

Nach dem erweiterten 1. Strahlensatz gilt auch:

Wenn $g \| h$, dann gilt: $\frac{\overline{SA_1}}{\overline{A_1A_2}} = \frac{\overline{SB_1}}{\overline{B_1B_2}}$.

Formuliere die Umkehrung und widerlege sie.

**2.** *Mittellinie im Dreieck*

In dem Dreieck ABC sind $M_a$ und $M_b$ die Mittelpunkte der Seiten $\overline{BC}$ und $\overline{AC}$.

Beweise:

(1) $M_aM_b \| AB$

(2) $\overline{M_aM_b} = \frac{1}{2}\overline{AB}$

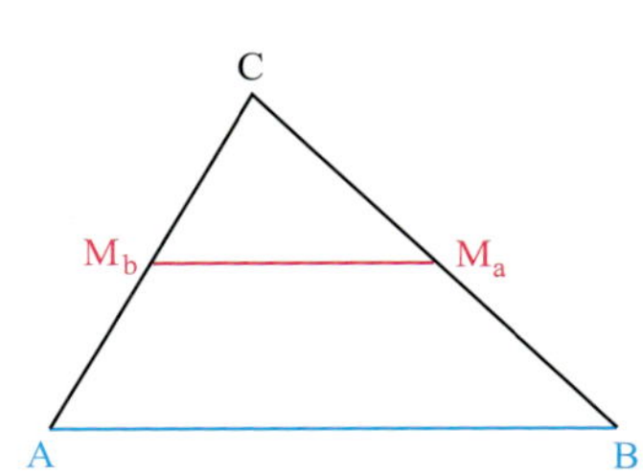

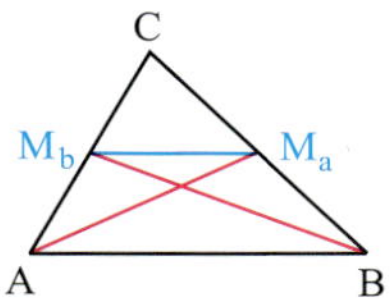


**3.** *Schwerpunktsatz für Dreiecke*

Gegeben ist ein Dreieck ABC. $M_a$ ist der Mittelpunkt der Seite a und $M_b$ der Mittelpunkt der Seite b, $M_c$ der Mittelpunkt der Seite c.

**a)** Zeige, dass $M_aM_b$ parallel zu AB ist.

**b)** $AM_a$ und $BM_b$ schneiden sich in S.
Begründe: $\overline{AS} : \overline{SM_a} = 2 : 1$.

**c)** Beweise, dass auch $CM_c$ durch S läuft.

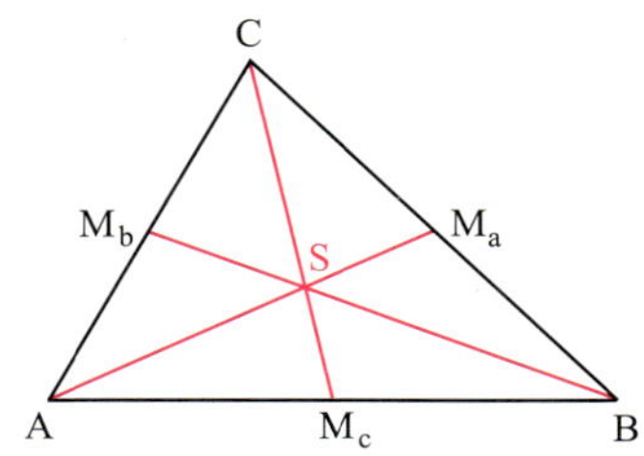


## Information

**Schwerpunktsatz für Dreiecke**

In jedem Dreieck schneiden sich die drei Seitenhalbierenden in *einem* Punkt S, dem **Schwerpunkt** des Dreiecks.
Der Schwerpunkt S teilt jede Seitenhalbierende in zwei Teilstrecken. Die am Eckpunkt liegende Teilstrecke ist doppelt so lang wie die andere.

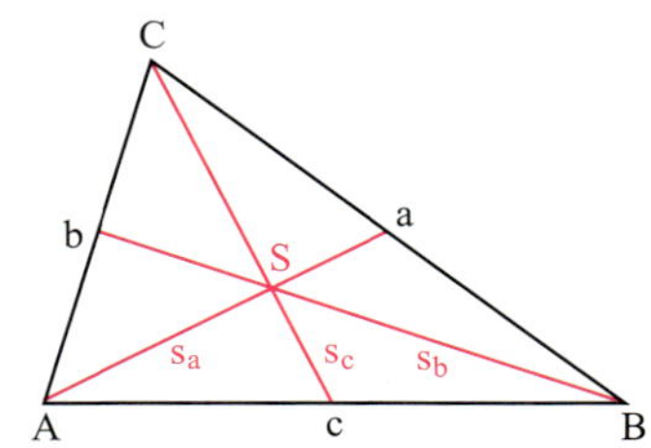


## Übungsaufgaben

**4.** Untersuche, ob auch die Umkehrung des 1. Strahlensatzes für Geraden gilt.

**5.** In der Figur sind die Längen der vier Strecken $\overline{SA}$, $\overline{SB}$, $\overline{SP}$ und $\overline{SQ}$ bekannt. Entscheide, ob AP || BQ gilt.

| | a) | | b) | | c) |
|---|---|---|---|---|---|
| $\overline{SA}$ | = 4,5 cm | $\overline{SA}$ | = 4,0 cm | $\overline{SA}$ | = 4,9 cm |
| $\overline{SB}$ | = 7,2 cm | $\overline{SB}$ | = 7,2 cm | $\overline{SB}$ | = 8,4 cm |
| $\overline{SP}$ | = 5,4 cm | $\overline{SP}$ | = 5,5 cm | $\overline{SP}$ | = 3,5 cm |
| $\overline{SQ}$ | = 8,1 cm | $\overline{SQ}$ | = 9,9 cm | $\overline{SQ}$ | = 6,0 cm |

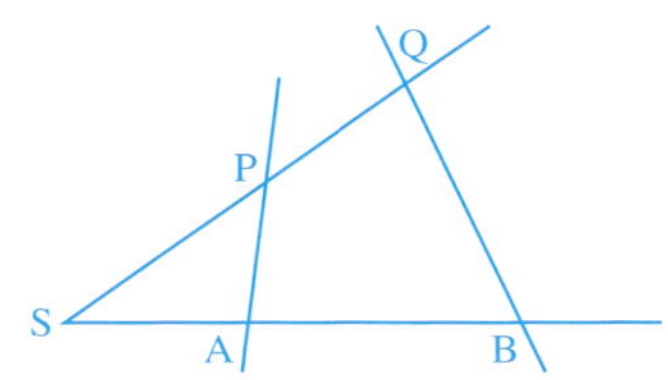


**6.** Konstruiere eine Figur wie in Aufgabe 5 mit den Maßen: $\overline{SB} = 6$ cm, $\overline{SQ} = 7{,}5$ cm, $\overline{BQ} = 3{,}6$ cm, $\overline{SA} = 4$ cm, $\overline{AP} = 2{,}4$ cm. Zeige, dass diese Aufgabe zwei Lösungen hat und dass nur für eine der beiden Lösungen AP || BQ gilt.

**7.** Es sollen R, S, T und U die Mittelpunkte der Seiten des Vierecks ABCD sein.
Beweise:
(1) Das Viereck RSTU ist ein Parallelogramm. Denke auch an konkave Vierecke.
(2) Der Flächeninhalt des Vierecks RSTU ist halb so groß wie der des Vierecks ABCD, falls es konvex ist.

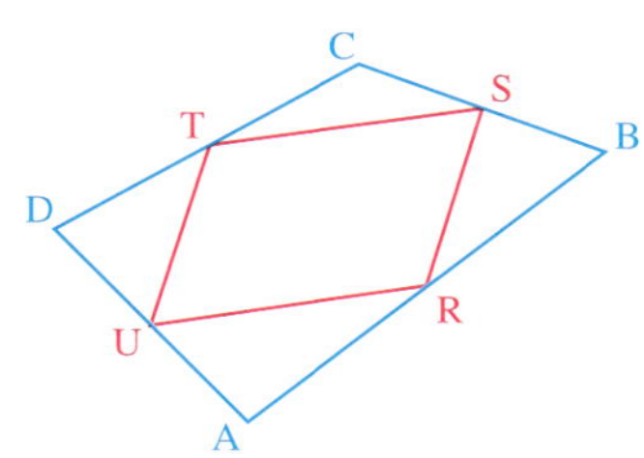


Vierecke mit einspringender Ecke nennt man **konkav**, andernfall **konvex**.

**8.** Gegeben ist ein Parallelogramm ABCD; es seien M und N die Mittelpunkte der Seiten $\overline{AB}$ und $\overline{CD}$.
Beweise:
(1) Die Geraden AM und CN sind parallel zueinander.
(2) Die Geraden AM und CN zerlegen die Diagonale $\overline{BD}$ in drei gleich große Teilstrecken.

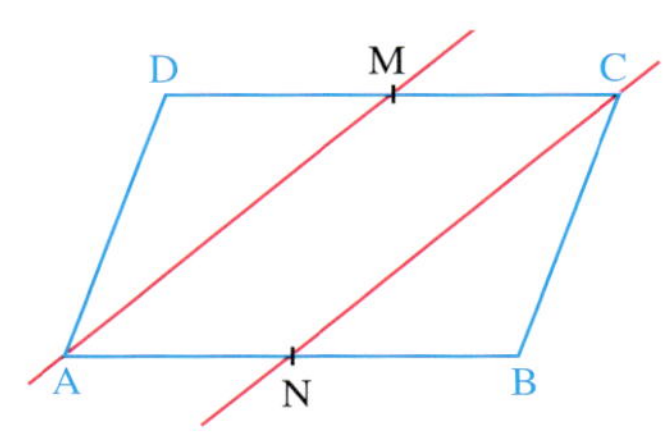

## 4.7 Vermischte und komplexe Übungen

**1.** **a)** Durch die Punkte A(–5|0) und A′(–8|–9) sowie B(1|3) und B′(4|–3) im Koordinatensystem ist eine zentrische Streckung festgelegt.
Konstruiere das Bild von C(–2|5); zeichne die beiden Dreiecke ABC und A′B′C′.

**b)** Das Viereck ABCD mit A(4|–6), B(6|–6), C(6|–4) und D(4|–4) wird durch eine zentrische Streckung abgebildet auf das Viereck A′B′C′D′ mit A′(1|–9) und D′(1|–1). Gib die Koordinaten von Z an. Ermittle den Streckungsfaktor k und konstruiere die Bildfigur.

**2.** Untersuche, ob es eine zentrische Streckung gibt, die die Figur F auf die Figur G abbildet. Falls ja, zeichne das Streckungszentrum ein und bestimme den Streckungsfaktor.

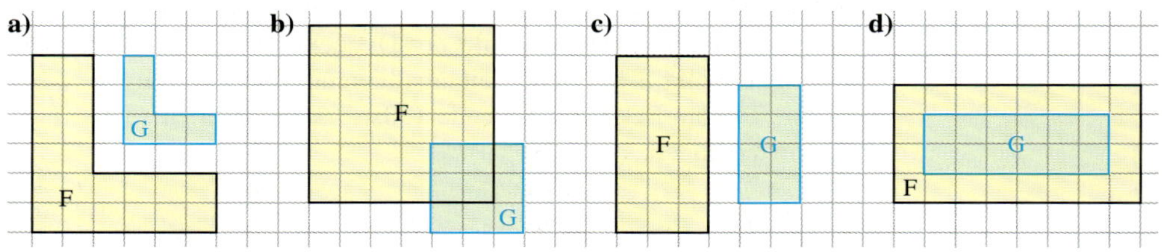


**3.** Zeichne in einem Koordinatensystem mit der Einheit 1 cm das Viereck ABCD mit A(– 2|0), B(4|0), C(4|2) und D(0|4). Ferner sei der Punkt Z(0|– 2) gegeben.
Konstruiere dann das Bild von ABCD bei der zentrischen Streckung mit A [mit Z] als Zentrum und k als Streckungsfaktor.

**a)** $k = 2$ **b)** $k = 3$ **c)** $k = \frac{1}{2}$

**4.** Gegeben ist im Koordinatensystem mit der Einheit 1 cm die Gerade PQ sowie die zentrische Streckung mit dem Zentrum Z und dem Streckungsfaktor k.

**a)** P(– 6|3), Q(3|9), Z(0|0), $k = \frac{1}{3}$ [$k = 2{,}5$]

**b)** P(– 4|– 2), Q(6|2), Z(– 2|3), $k = 1{,}5$ [$k = 0{,}5$]

Konstruiere mithilfe einer Eigenschaft der zentrischen Streckung die Bildgerade. Beschreibe die Konstruktion und begründe.

**5.** Die Rechtecke ABCD und A′B′C′D′ sind ähnlich zueinander, wobei A′B′C′D′ aus ABCD durch Anwendung des Ähnlichkeitsfaktors k = 2 entsteht. Das Rechteck A′B′C′D′ besitzt den Flächeninhalt 484 $cm^2$.
Welchen Flächeninhalt besitzt das Rechteck ABCD?

**6.** Von zwei zueinander ähnlichen Dreiecken ABC und A′B′C′ sind die Längen a = 7 cm und a′ = 5 cm einander entsprechender Seiten bekannt. Der Flächeninhalt des Dreiecks A′B′C′ beträgt 18 $cm^2$.
Wie groß ist der Flächeninhalt des Dreiecks ABC?

**7.** Gegeben ist ein Dreieck ABC mit a = 4 cm, b = 3 cm und c = 5,5 cm. Ein zu ABC ähnliches Dreieck A′B′C′ hat den Umfang u′ = 25 cm. Wie lang sind die Seiten von A′B′C′?
Gib das Verhältnis der Flächeninhalte der Dreiecke ABC und A′B′C′ an.

**8.** Je nach Verwendungszweck wählt man bei der Herstellung von Zeichnungen oder Karten einen geeigneten Maßstab.

**a)** Wie viel cm (bzw. m bzw. km) in der Wirklichkeit entsprechen 1 cm auf der Zeichnung bzw. Karte?

**b)** Wie viel $cm^2$ (bzw. $m^2$ bzw. $km^2$) in der Wirklichkeit entsprechen 1 $cm^2$ auf der Zeichnung bzw. Karte?

| Maßstab | Verwendung |
|---|---|
| 1 : 10 | Möbelzeichnung |
| 1 : 100 | Bauplan |
| 1 : 2500 | Flurkarte |
| 1 : 10000 | Stadtplan |
| 1 : 25000 | Wanderkarte |
| 1 : 50000 | Wanderkarte |
| 1 : 200000 | Fahrradkarte |
| 1 : 300000 | Autokarte |

**9.** Zeichne einen Kreis um einen Punkt $M_1$ mit einem Radius $r_1 = 2$ cm sowie einen Kreis um einen Punkt $M_2$ mit einem Radius $r_2 = 4$ cm. Beide Mittelpunkte sollen den Abstand 8 cm besitzen. Der eine Kreis soll der Bildkreis des anderen bei einer zentrischen Streckung sein. Konstruiere das Streckungszentrum Z.

**10.** Auf einer Insel in einem See steht ein Turm T. Es soll die Entfernung des Turmes von einem Punkt C des Ufers bestimmt werden. Dazu werden die Längen $\overline{RS} = 36$ m, $\overline{RC} = 40$ m und $\overline{CD} = 24$ m gemessen. Berechne die Entfernung von C und T.

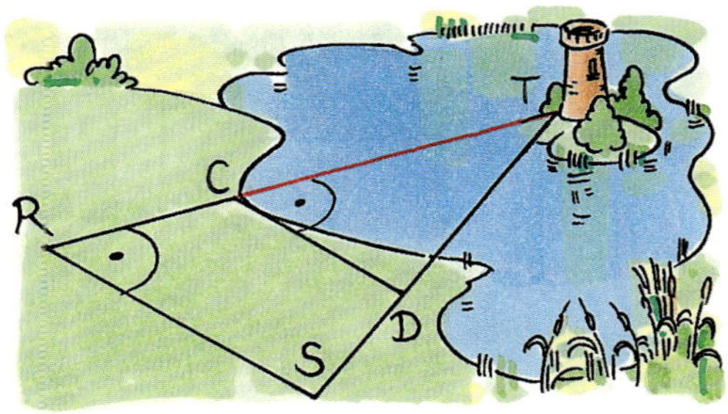


**11.** Eine Sammellinse erzeugt von einem Gegenstand ein Bild. Für die Größe G des Gegenstandes, die Größe B des Bildes, den Abstand g des Gegenstandes von der Linse, den Abstand b des Bildes von der Linse sowie die Brennweite f gilt:

(1) $\frac{G}{B} = \frac{g}{b}$ (2) $\frac{G}{B} = \frac{f}{b-f}$

Gib die Strahlensatzfiguren an. Leite dann die Linsenformel $\frac{1}{g} + \frac{1}{b} = \frac{1}{f}$ her.

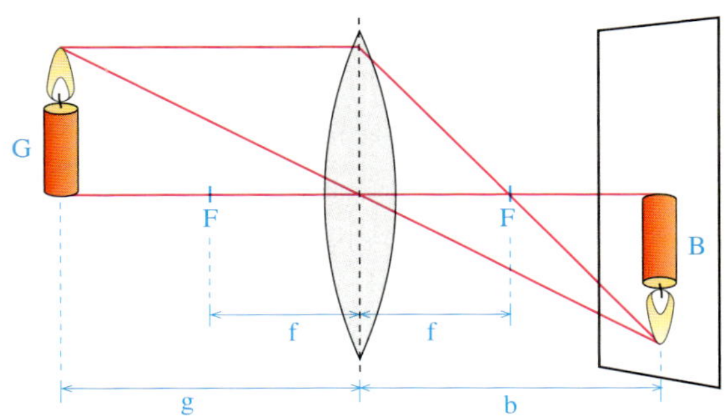


**12.** Gegeben ist ein Kegel mit dem Radius $r_1 = 5$ cm der Grundfläche und der Höhe $h_1 = 12$ cm.
In welcher Höhe $h_2$ (von der Grundfläche) muss der Kegel parallel zur Grundfläche abgeschnitten werden, damit die Schnittfläche den Radius $r_2 = 2$ cm hat?

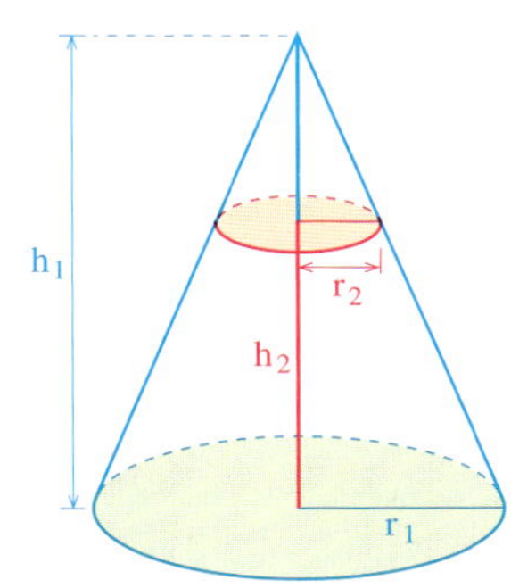


**13.** Maik steht auf der Straße des 17. Juni in Berlin. Maiks Daumen ist 2,5 cm breit. Hält er den Daumen 50 cm von einem Auge entfernt (das andere geschlossen), so ist das 65,5 m breite Brandenburger Tor gerade verdeckt. Fertige eine Skizze an. Berechne, wie weit Maik vom Brandenburger Tor entfernt ist.

**Theodolit**
Winkelmessgerät

**14.** Eine Schülergruppe soll während eines Landschulheim-Aufenthaltes die Breite eines Flusses bestimmen. Sie haben keinerlei Messinstrumente zur Verfügung.
Die Schüler(innen) stellen bei den Punkten A, B, C und D Stäbe auf (siehe Zeichnung). Dazu peilen sie einen Baum am Flussufer an; ferner visieren sie einen sehr weit entfernten, markanten Punkt im Gelände an, um $BC \parallel AD$ zu erreichen.

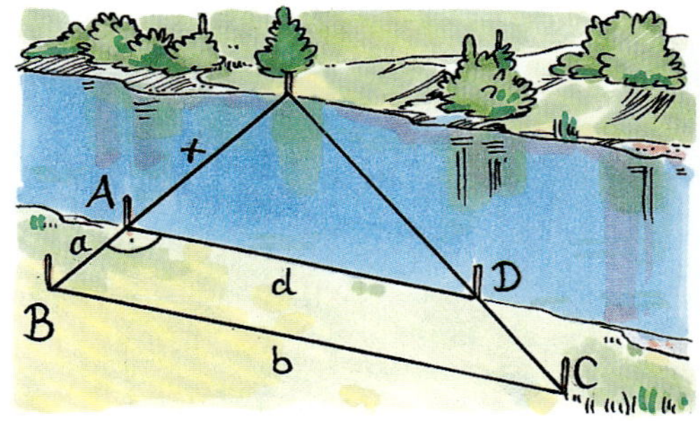


Die Entfernungen a, b, d ermitteln sie durch Abschreiten: $a = d = 20$ Schritte; $b = 28$ Schritte.
Bestimme die Breite des Flusses in Metern. Äußere dich zur Genauigkeit.

**15.** Konstruiere ein Dreieck ABC aus:

**a)** $a = 12$ cm; $a : b = 3$; $h_c = 3$ cm

**b)** $a : b = 2$; $a - b = 3$ cm; $h_b = 2{,}5$ cm

**c)** $b : c = 5 : 6$; $b + c = 16{,}5$ cm; $\gamma = 48°$

**d)** $b + c = 6$ cm; $b : c = \frac{4}{3}$; $\beta = 48°$

**e)** $b + c = 8$ cm; $a = 4{,}5$ cm; $b : c = 3 : 2$

**f)** $b = 5{,}4$ cm; $b : c = 4 : 3$; $s_c = 4{,}5$ cm

**16.** Konstruiere ein Trapez ABCD mit $AB \parallel CD$ aus:
(1) $a : b = 3 : 2$; $\alpha = 43°$; $\beta = 68°$; $h = 4{,}3$ cm
(2) $c : d = 8 : 3$; $\delta = 62°$; $\gamma = 55°$; $h = 7{,}3$ cm

**17. a)** Einem spitzwinkligen Dreieck ABC soll ein Quadrat PQRS so einbeschrieben werden, dass eine Quadratseite auf der Dreieckseite $\overline{AB}$ liegt.

**b)** Gelingt die Lösung von Teilaufgabe a) auch, wenn das Dreieck stumpfwinklig ist? Unterscheide drei Fälle.

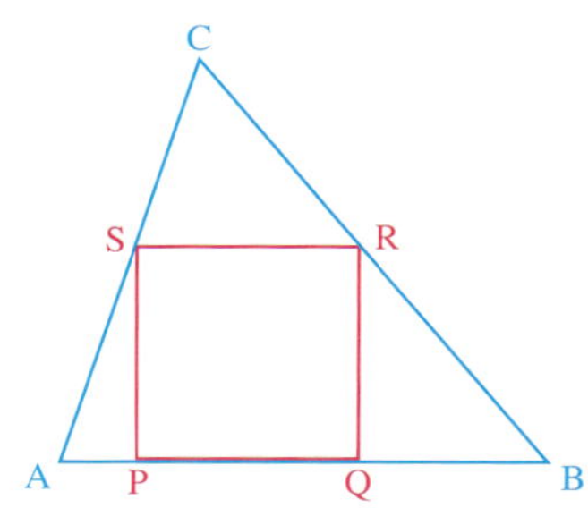


**18.** Gegeben sind ein Dreieck ABC und eine Gerade g.
Konstruiere ein gleichseitiges Dreieck PQR. Dabei soll P auf $\overline{AB}$, Q auf $\overline{BC}$ und R auf $\overline{AC}$ liegen. Ferner soll eine Seite des Dreiecks PQR parallel zu der Geraden g sein.

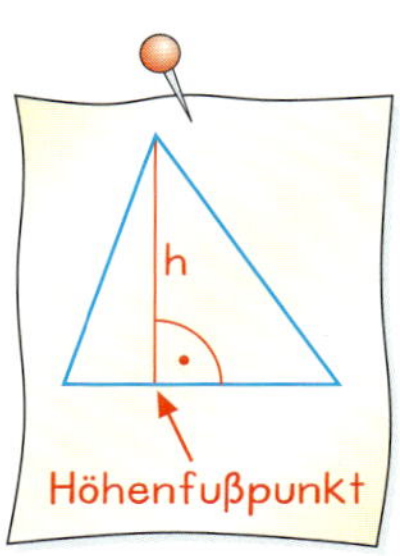


**19.**

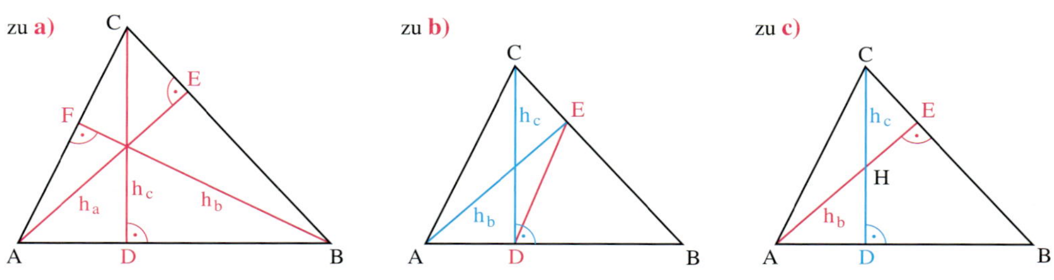


**a)** Beweise mithilfe der Ähnlichkeit von Teildreiecken:
$a : b = h_b : h_a$  $b : c = h_c : h_b$  $h_a : h_c = c : a$

**b)** Gegeben ist ein Dreieck ABC. Die Punkte E und D seien zwei Höhenfußpunkte.
Beweise: Das durch die Gerade ED vom Dreieck ABC abgeschnittene Dreieck DBE ist zum Dreieck ABC ähnlich.

**c)** Gegeben ist ein Dreieck ABC. Die Punkte E und D seien zwei Höhenfußpunkte.
Beweise: $\overline{AH} \cdot \overline{HE} = \overline{CH} \cdot \overline{HD}$

## Bist du fit?

**1.** Die Karte ist im Maßstab 1 : 17 500 000 gezeichnet. Gib die Luftlinienentfernung der beiden Orte an.

**a)** Hannover – Köln

**b)** Brüssel – Leipzig

**c)** Wien – Berlin

**d)** Frankfurt/Main – Straßburg

**e)** Bonn – Berlin

**f)** Dortmund – Stettin

**g)** Stuttgart – Dresden

**h)** München – Prag

**2.** Zeichne in ein Koordinatensystem mit der Einheit 1 cm ein Viereck ABCD mit A(–2|–2), B(4|–4), C(7|0) und D(2|6).
Konstruiere dann das Bildviereck A′B′C′D′ des Vierecks ABCD bei der zentrischen Streckung mit Z(–2|2) als Streckungszentrum und dem Streckungsfaktor $k = \frac{3}{2}$.

**3.** Die Punkte P′ und Q′ sind die Bilder von P bzw. Q bei einer zentrischen Streckung.
Bestimme das Streckungszentrum Z sowie den Streckungsfaktor k.

**a)** P(4|–1), P′(8|1), Q(1|–1), Q′(–1|1) **b)** P(3|0), P′(1|–1), Q(–3|2), Q′(–2|0)

**4.** Zeichne ein Parallelogramm ABCD aus a = 5 cm, b = 3 cm und $\alpha = 40°$.
Konstruiere dann das Bildparallelogramm von ABCD bei der zentrischen Streckung mit dem Eckpunkt A [Mittelpunkt M der Diagonalen] als Streckungszentrum und dem Streckungsfaktor k.

**a)** k = 1,5 **b)** k = 0,5 **c)** k = 2,5

**5.** Sind die beiden Figuren ähnlich zueinander? Begründe deine Antwort. Gib gegebenenfalls auch den Ähnlichkeitsfaktor an.

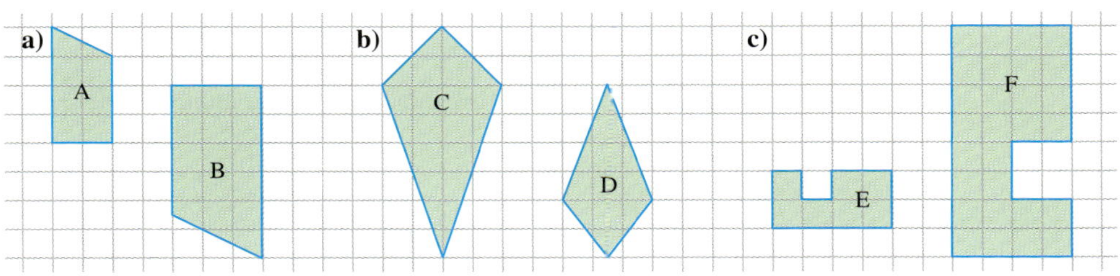


**6.** Ein Dreieck ABC hat die Seitenlängen $\overline{AB}$ = 3,6 cm, $\overline{BC}$ = 6 cm und $\overline{CA}$ = 4,2 cm. Entscheide, ob das Dreieck PQR das Bild von Dreieck ABC bei einer zentrischen Streckung sein kann. Falls ja, gib den Streckungsfaktor an.

**a)** $\overline{PQ}$ = 2,4 cm
$\overline{QR}$ = 4,0 cm
$\overline{RP}$ = 2,8 cm

**b)** $\overline{PQ}$ = 9 cm
$\overline{QR}$ = 15 cm
$\overline{RP}$ = 10 cm

**c)** $\overline{PQ}$ = 3,0 cm
$\overline{QR}$ = 2,1 cm
$\overline{RP}$ = 1,8 cm

**d)** $\overline{PQ}$ = 6,6 cm
$\overline{QR}$ = 11,0 cm
$\overline{RP}$ = 7,7 cm

**7.** Um die Breite $\overline{DE}$ eines Flusses zu bestimmen, werden die Punkte A, B, C, D und E wie im Bild abgesteckt und folgende Strecken gemessen:
$\overline{BC} = 48$ m; $\overline{AB} = 84$ m; $\overline{CD} = 43$ m.
Wie breit ist der Fluss?

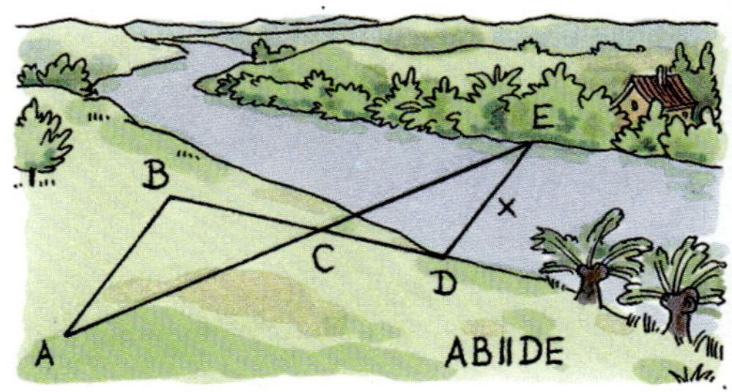


**8.** Gegeben ist ein Dreieck ABC mit den angegebenen Stücken. Konstruiere ein dazu ähnliches Dreieck A′B′C′ mit a′ = 6 cm. Gib auch den Ähnlichkeitsfaktor an.

**a)** $\beta = 25°$; $\gamma = 70°$; a = 5 cm
**b)** a = 10 cm; b = 8 cm; c = 5 cm
**c)** a = 4 cm; c = 6 cm; $\beta = 75°$
**d)** a = 7,5 cm; b = 4,5 cm; $\alpha = 39°$

**9.** Von zwei zueinander ähnlichen Dreiecken ABC und A′B′C′ sind die Seitenlängen c = 4 cm und c′ = 6 cm bekannt. Der Flächeninhalt von Dreieck A′B′C′ beträgt 36 $cm^2$.
Wie groß ist der Flächeninhalt des Dreiecks ABC?

**10.** ABC ist ein Dreieck mit $\alpha = 42°$ und $\gamma = 67°$. Welches der folgenden Dreiecke A*B*C* ist zu diesem Dreieck ABC ähnlich? Begründe.
(1) $\alpha^* = 67°$; $\beta^* = 61°$  (2) $\gamma^* = 42°$; $\beta^* = 71°$  (3) $\alpha^* = 67°$; $\gamma^* = 73°$.
Falls das zutrifft, stelle die Gleichungen für die Längenverhältnisse entsprechender Seiten auf.

**11.** Der Schatten eines 1,30 m hohen senkrecht aufgestellten Stabes ist 1,56 m lang. Ein naher Baum wirft zu derselben Zeit einen 12,75 m langen Schatten. Wie hoch ist der Baum?

**12.** Konstruiere ein Dreieck ABC aus: $\gamma = 69°$; b = 4,5 cm; b : c = 3 : 4

**13.** Von den sechs Längen $a_1$, $a_2$, $b_1$, $b_2$, $c_1$ und $c_2$ sind vier gegeben. Berechne die beiden nicht gegebenen Längen.

**a)** $a_1 = 7{,}2$ cm
$b_1 = 4{,}8$ cm
$b_2 = 6{,}4$ cm
$c_1 = 2{,}4$ cm

**b)** $a_2 = 10{,}5$ dm
$b_1 = 2{,}3$ dm
$c_2 = 5{,}4$ dm
$a_1 = 4{,}2$ dm

**c)** $a_2 = 8{,}8$ km
$b_2 = 3{,}9$ km
$c_1 = 6{,}3$ km
$c_2 = 4{,}5$ km

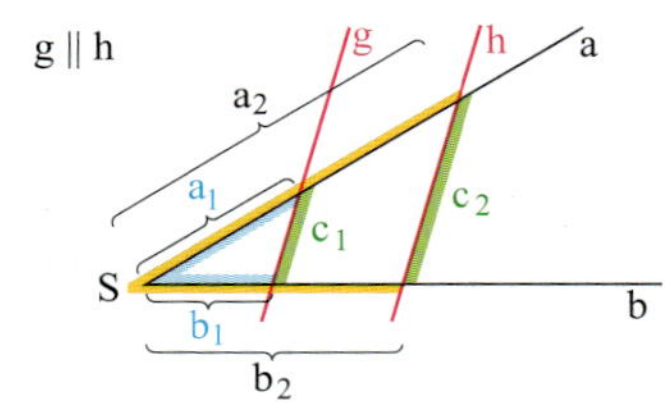


**14.** In welchen Fällen ist der grün eingezeichnete Körper ähnlich zum Gesamtkörper? Begründe.

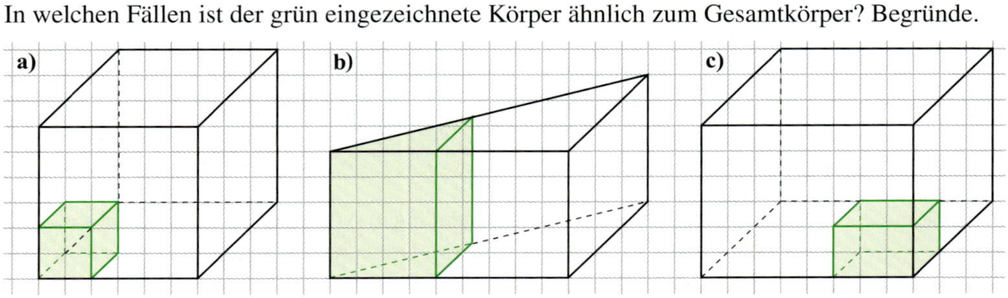


**15.** Ein Quader hat die Kantenlängen a = 8,5 cm, b = 3,0 cm und c = 4,1 cm.
Berechne das Volumen des dazu ähnlichen Quaders mit dem Ähnlichkeitsfaktor k = 2,5 cm.

# 5. SATZGRUPPE DES PYTHAGORAS

Rechte Winkel oder rechtwinklige Dreiecke im Heft zu zeichnen, ist nicht schwer, wenn man ein Geodreieck oder zumindest Zirkel und Lineal zur Verfügung hat. Aber auch überall in unserer Umgebung kommt es auf rechte Winkel an und dort ist es oft nicht so einfach, sie zu erzeugen.
Handwerker verwenden keine Geodreiecke. Wie erzeugen sie rechte Winkel?
Auf dem Bild siehst du einen Fliesenleger mit drei Leisten, die 30 cm, 40 cm und 50 cm lang sind.

- Zeichne ein solches Dreieck im Maßstab 1 : 10. Was stellst du fest?

Man nimmt an, dass auch schon im alten Ägypten eine Lösung für solche Aufgaben bekannt war: Seilspanner benutzten 12-Knoten-Seile, um rechtwinklige Dreiecke aufzuspannen. Diese wurden unter anderem bei der Ausrichtung von Altären und Bauwerken benutzt.

- Ihr könnt die Methode überprüfen. Markiert auf einem langen Seil 12 gleich große Abschnitte. Einer von euch hält Anfang und Ende zusammen, zwei andere versuchen, die Markierungen zu finden, mit denen sich ein rechtwinkliges Dreieck aufspannen lässt. Wie müssen sie auf die Dreieckseiten verteilt werden?

Das Erzeugen eines rechten Winkels hat etwas zu tun mit Sätzen über rechtwinklige Dreiecke, die du in diesem Kapitel kennen lernst. Einer dieser Sätze ist nach Pythagoras benannt, der ein bedeutender Philosoph, Mathematiker und Naturwissenschaftler im alten Griechenland war. Gefunden oder bewiesen hat Pythagoras ihn aber nicht.
Mehr über Pythagoras findest du z. B. im Internet.
Außerdem lernst du, wie man im rechtwinkligen Dreieck Längen und Winkelgrößen berechnen kann.

**Pythagoras von Samos,**
etwa 580 bis etwa 500 v. Chr.

# 5.1 Satz des Pythagoras und seine Umkehrung

## 5.1.1 Satz des Pythagoras

**Einführung**

Der Querschnitt des Daches rechts ist ein rechtwinkliges Dreieck. Das Haus soll 7,00 m breit sein. Ein Dachsparren ist 3,50 m lang.
Wie lang ist der andere Dachsparren?
Wir wollen diese Aufgabe zunächst wie bisher zeichnerisch lösen und dann nach einem rechnerischen Weg suchen.

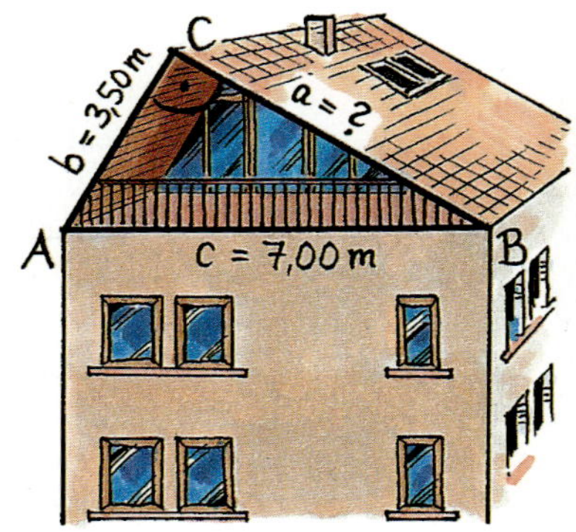


*(1) Zeichnerische Lösung*

Von dem Dreieck ABC sind der rechte Winkel und zwei Seiten gegeben, wobei die längere Seite dem rechten Winkel gegenüberliegt. Nach dem Kongruenzsatz SsW ist dieses Dreieck also eindeutig konstruierbar. Wir zeichnen es im Maßstab 1 : 200.
Durch Messen der Strecke $\overline{BC}$ erhalten wir: $a \approx 3$ cm.
Wir berechnen nun mithilfe des Maßstabs die Länge der Dachsparre.

*Ergebnis:* Der Dachsparren muss etwa 6 m lang sein.

*Maßstab 1 : 200*

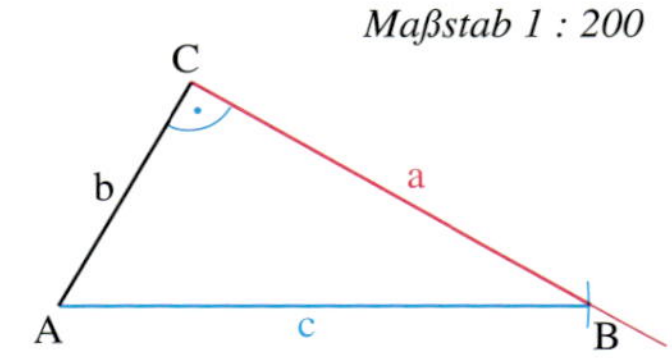


*(2) Rechnerische Lösung*

Wir wollen eine Formel aufstellen, mit der man aus den gegebenen Längen b und c des rechtwinkligen Dreiecks ABC mit $\gamma = 90°$ die gesuchte Seitenlänge a berechnen kann.
*1. Schritt: Zerlegen des Dreiecks ABC in Teildreiecke*
Wir zerlegen das Dreieck ABC durch die Höhe $h_c$ in zwei rechtwinklige Dreiecke, nämlich ADC und DBC.
*2. Schritt: Vergleich des Dreiecks ABC mit dem Teildreieck ADC*
Wir vermuten: Das Dreieck ABC ist ähnlich zum Dreieck ADC.
Zum Beweis ordnen wir die Eckpunkte der Dreiecke einander zu:

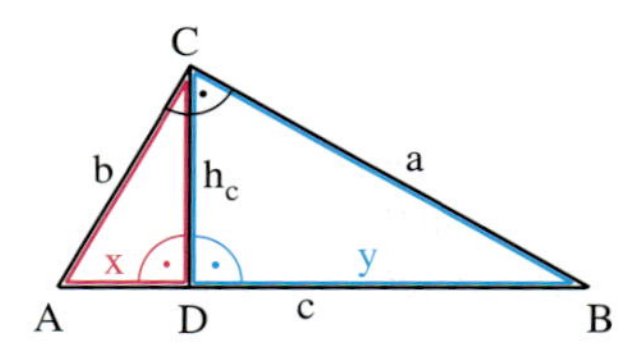


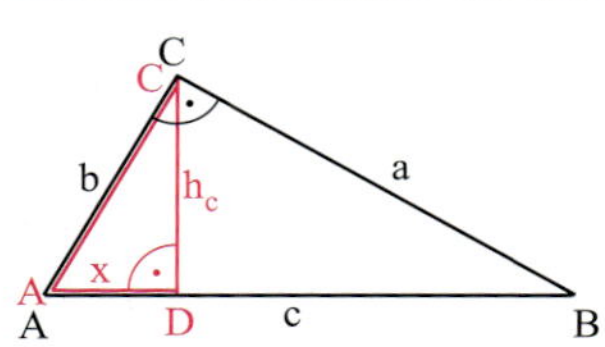


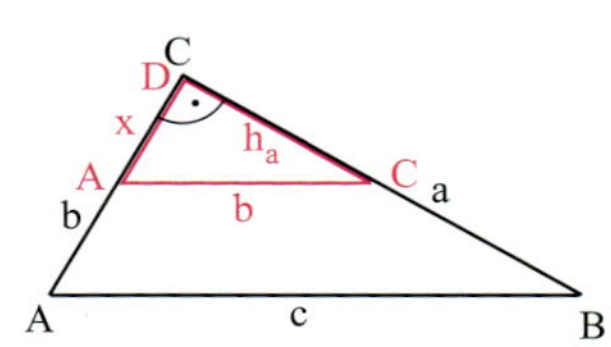


| Dreieck ABC | | Dreieck ACD |
|---|---|---|
| A | ↔ | A |
| B | ↔ | C |
| C | ↔ | D |

Es gilt dann:
$\sphericalangle$ CAB = $\sphericalangle$ DAC (derselbe Winkel) und $\sphericalangle$ BCA = $\sphericalangle$ CDA = 90° (nach Konstruktion).
Die beiden Dreiecke ABC und ACD stimmen also in der Größe von zwei Winkeln überein.
Nach dem Hauptähnlichkeitssatz für Dreiecke sind beide Dreiecke ähnlich zueinander. Somit gilt für die Längenverhältnisse:

$\frac{x}{b} = \frac{b}{c}$, also $x = \frac{b^2}{c}$

*3. Schritt: Vergleich des Dreiecks ABC mit dem Teildreieck DBC*
Wir vermuten weiterhin: Das Dreieck ABC ist ähnlich zum Dreieck DBC.
Zum Beweis ordnen wir die Ecken der beiden Dreiecke geeignet einander zu:

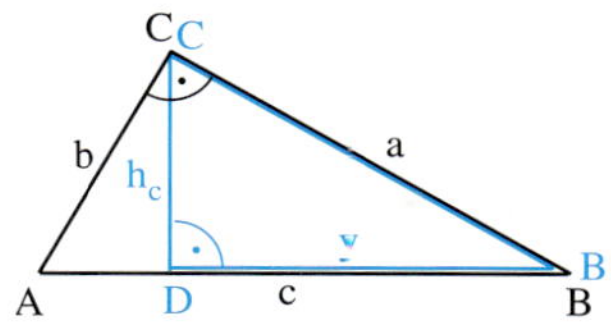


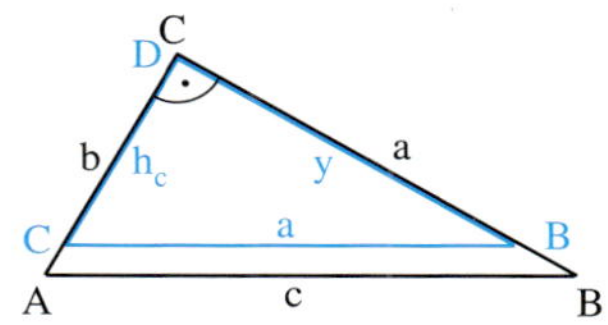


| Dreieck ABC | | Dreieck CBD |
|---|---|---|
| A | ↔ | C |
| B | ↔ | B |
| C | ↔ | D |

Es gilt dann:
∢ ABC = ∢ CBD (derselbe Winkel) und ∢ BCA = ∢ BDC = 90°. Die beiden Dreiecke ABC und CBD stimmen also in der Größe von zwei Winkeln überein.
Nach dem Hauptähnlichkeitssatz für Dreiecke sind dann beide Dreiecke ABC und DBC ähnlich zueinander. Also gilt für die Längenverhältnisse:

$\frac{y}{a} = \frac{a}{c}$, also $y = \frac{a^2}{c}$

*4. Schritt: Berechnen der Seitenlänge a im Dreieck ABC*
Da $c = x + y$, folgt: $c = \frac{b^2}{c} + \frac{a^2}{c}$ und somit:

$c^2 = a^2 + b^2$

Wir lösen diese Formel nach der Variablen a auf:
$a = \sqrt{c^2 - b^2}$

Durch Einsetzen erhalten wir:
$a = \sqrt{(7{,}00\ \text{m})^2 - (3{,}50\ \text{m})^2} = \sqrt{49{,}00\ \text{m}^2 - 12{,}25\ \text{m}^2} = \sqrt{36{,}75\ \text{m}^2} \approx 6{,}06\ \text{m}$

*Ergebnis:* Der Dachsparren ist ungefähr 6,06 m lang.

**Information**

**(1) Eine Formel für das rechtwinklige Dreieck – Geometrische Deutung**

Bei der obigen Berechnung der Länge der Dachsparren haben wir für das rechtwinklige Dreieck ABC mit $\gamma = 90°$ für die Seitenlängen a, b und c die Formel $a^2 + b^2 = c^2$ gewonnen.
Die Figur rechts zeigt uns eine geometrische Deutung dieser Formel.

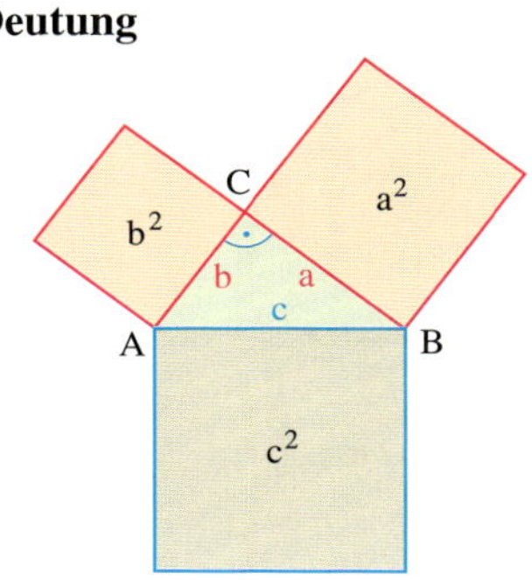


> Der Flächeninhalt des Quadrates über der Seite $\overline{AB}$ ist gleich der Summe der Flächeninhalte der beiden Quadrate über den Seiten $\overline{BC}$ und $\overline{AC}$.

**(2) Begriffe am rechtwinkligen Dreieck**

Bevor wir den gefundenen Satz endgültig formulieren, führen wir zwei Begriffe am rechtwinkligen Dreieck ein:

Die dem rechten Winkel gegenüberliegende Seite nennt man **Hypotenuse**, die dem rechten Winkel anliegenden Seiten heißen **Katheten**.
Die Hypotenuse ist stets die längste Seite (Warum?).

**Hypotenuse** ⟨griech.⟩
hypo – unten
teinein – spannen
**Kathete** ⟨griech.⟩
Kathetos – Senkblei

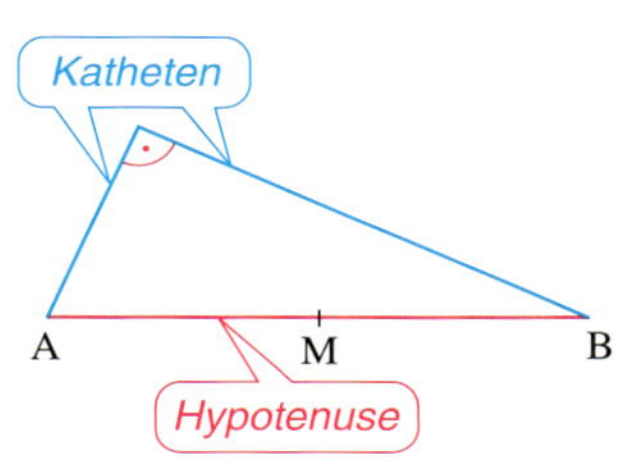

### (3) Satz des Pythagoras und seine Bedeutung

> **Satz des Pythagoras**
>
> Wenn das Dreieck ABC *rechtwinklig* ist, dann ist der Flächeninhalt des Hypotenusenquadrates gleich der Summe der Flächeninhalte der beiden Kathetenquadrate:
>
> $\mathbf{c^2 = a^2 + b^2}$ (für $\gamma = 90°$)

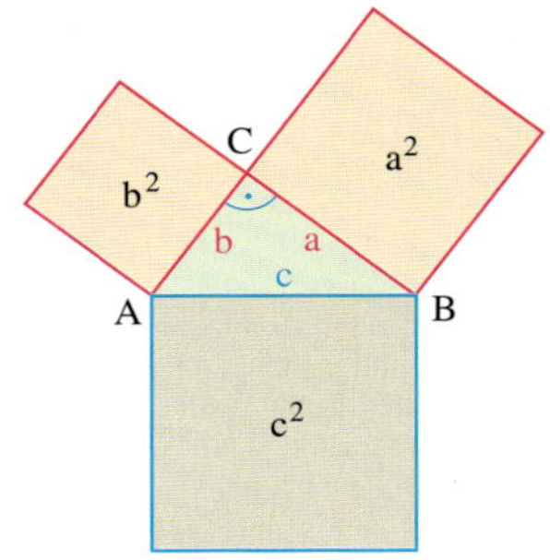


Der Satz des Pythagoras ermöglicht es, bei einem rechtwinkligen Dreieck aus zwei Seitenlängen die dritte Seitenlänge zu berechnen.

**Weiterführende Aufgabe**

**2.** *Konstruktion von Strecken mit irrationaler Länge*
Konstruiere eine Strecke der Länge $\sqrt{5}$ cm. *Anleitung:* Konstruiere ein geeignetes Dreieck.

**Übungsaufgaben**

**3.** **a)** Rechts siehst du eine Bordüre aus hellen und dunklen Granit-Platten.
Für welchen Streifen benötigt man mehr hellen Granit?

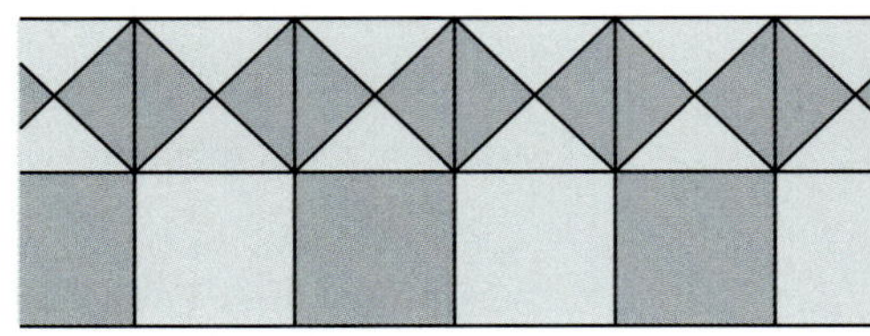

**b)** Formuliere dein Ergebnis aus Teilaufgabe a) als ein Ergebnis über Quadrate an den Seiten eines rechtwinklig-gleichschenkligen Dreiecks.

DGS

**c)** Untersuche, ob das Ergebnis von Teilaufgabe b) für beliebige rechtwinklige Dreiecke zutrifft. Lasse dazu von einem dynamischen Geometrie-System ein rechtwinkliges Dreieck zeichnen.
Konstruiere dann an jeder Dreieckseite ein Quadrat. Lasse auch den Flächeninhalt dieser Quadrate berechnen.
Verändere die Form des Dreiecks und beobachte dabei die Flächeninhalte.
Was stellst du fest?

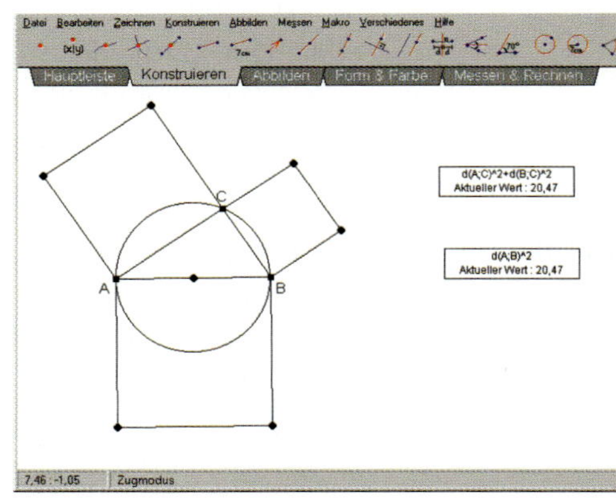


**4.** Gib für das rechtwinklige Dreieck jeweils die Gleichung nach dem Satz des Pythagoras an. Skizziere zunächst die Dreiecke; färbe die Katheten rot, die Hypotenuse blau.

(1)

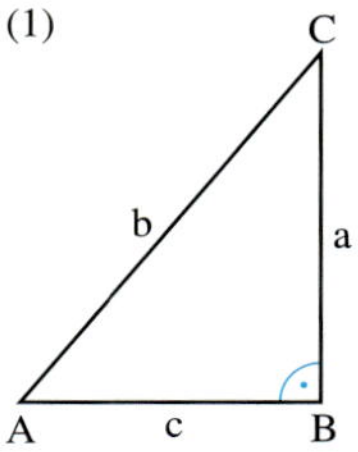


(2)

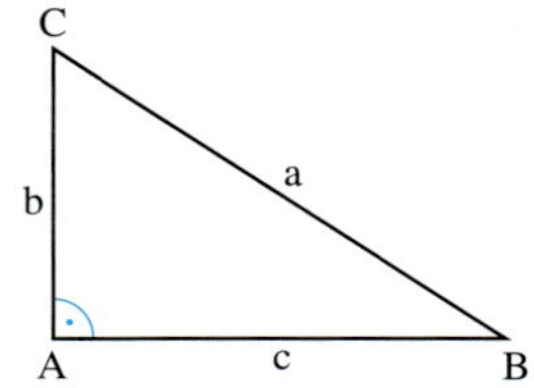


(3)

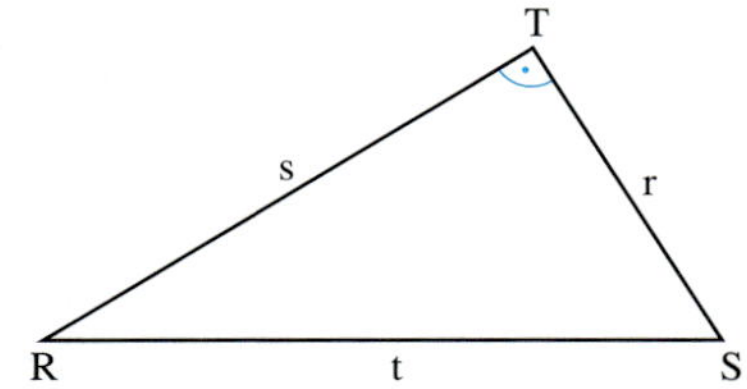


**5.** Notiere drei Formeln, mit denen man im rechtwinkligen Dreieck ABC aus zwei Seiten die dritte berechnen kann, falls **a)** $\gamma = 90°$; **b)** $\beta = 90°$; **c)** $\alpha = 90°$.

**6.** Kontrolliere die angegebenen Gleichungen. Berichtige gegebenenfalls.

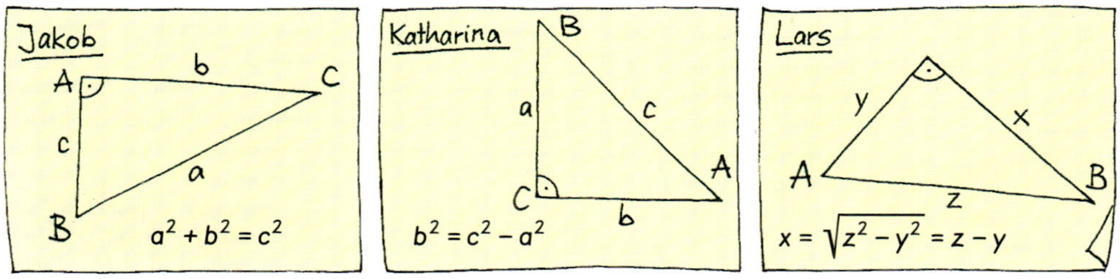


**7.** In der Figur findest du mehrere rechtwinklige Dreiecke. Notiere sie und gib jeweils nach dem Satz des Pythagoras den Zusammenhang zwischen den Seitenlängen an.

**a)**

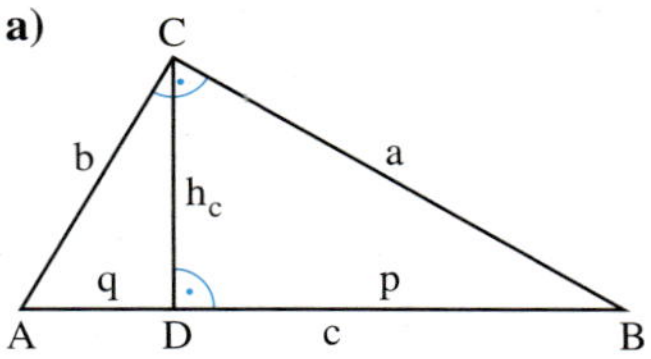


**b)**

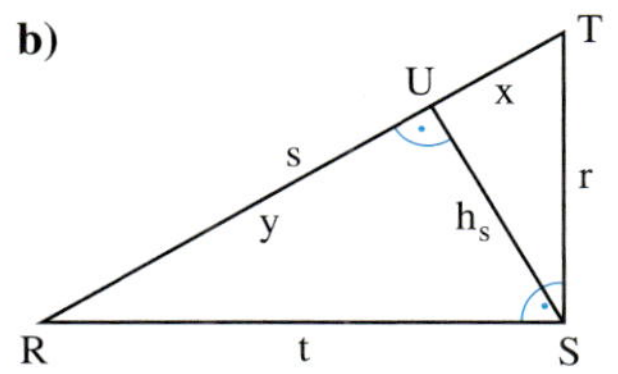


**c)**

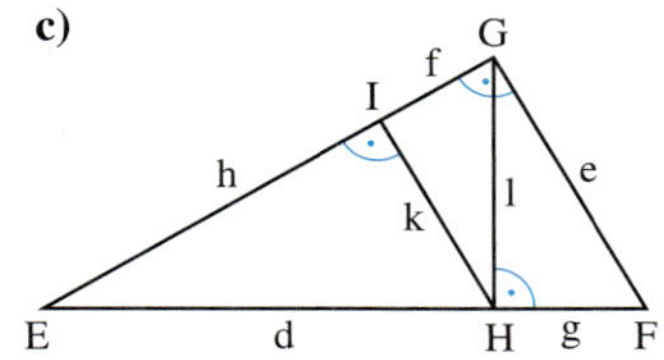


**8.** Berechne die Länge x der roten Strecke (Maße in cm).

**a)**

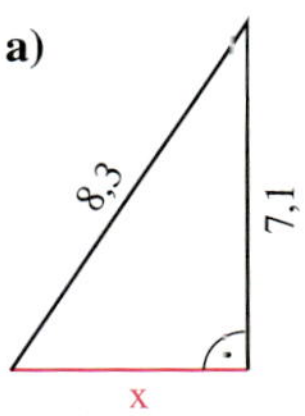


**b)**

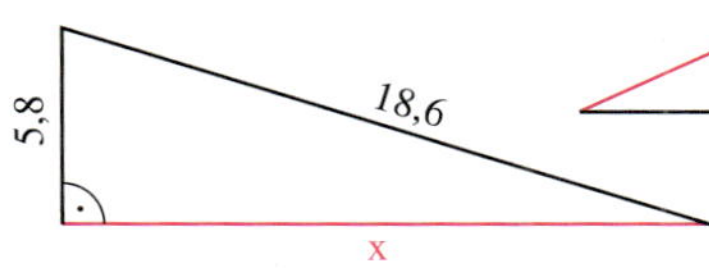


**c)**

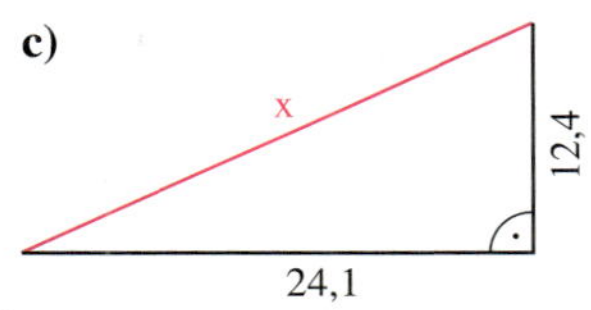


**d)**

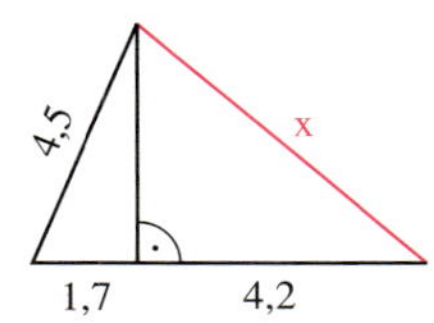


**9.** Berechne die dritte Seite sowie den Umfang und den Flächeninhalt des Dreiecks ABC.

**a)** $a = 12$ cm, $b = 16$ cm, $\gamma = 90°$
**b)** $a = 7$ cm, $b = 5$ cm, $\gamma = 90°$
**c)** $c = 10$ cm, $a = 6$ cm, $\gamma = 90°$
**d)** $c = 13$ cm, $b = 5$ cm, $\gamma = 90°$
**e)** $a = 10$ dm, $c = 6$ dm, $\alpha = 90°$
**f)** $a = 7$ cm, $b = 3$ cm, $\alpha = 90°$
**g)** $b = 4{,}1$ km, $c = 3{,}5$ km, $\alpha = 90°$
**h)** $a = 8$ m, $b = 12$ m, $\beta = 90°$
**i)** $a = 3{,}4$ cm, $c = 51$ mm, $\beta = 90°$
**j)** $b = 13{,}4$ dm, $c = 95$ cm, $\beta = 90°$

**10.** Im Koordinatensystem mit der Einheit 1 cm sind die beiden Punkte A und C gegeben. Berechne die Länge der Strecke $\overline{AC}$.
Gib auch den Umfang und den Flächeninhalt des Dreiecks ABC an.

**a)** A(−3|1), C(3|4)
**b)** A(2|7), C(7|4)
**c)** A(−6|3), C(2|−5)
**d)** A(−4|−6), C(7|4)
**e)** A(−7|−3), C(−2|−1)
**f)** $A(x_1|y_1)$, $C(x_2|y_2)$

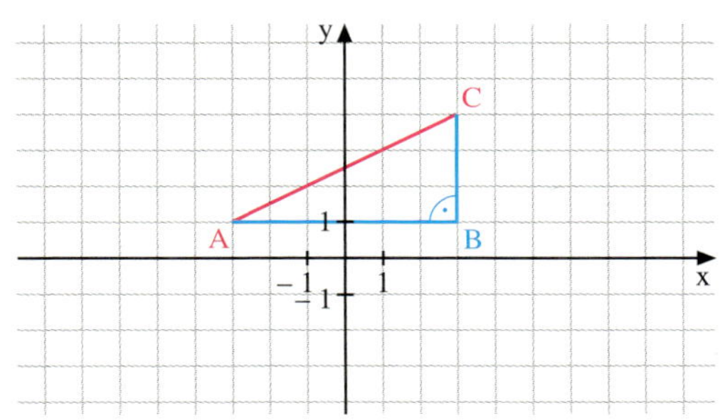


**11.** Welchen Abstand haben die Punkte A(3|4), B(7|9), C(−1|5), D(2|−4), E(−3|−1) jeweils vom Ursprung eines Koordinatensystems mit der Einheit 1 cm?

**12.** **a)** In einem Koordinatensystem mit der Einheit 1 cm sind die Punkte A, B und C gegeben. Berechne den Umfang des Dreiecks ABC.

(1) A(1|2); B(6|4); C(4|7) (2) A(−4|−2); B(5|−4); C(0|3)

**b)** Gegeben ist in einem Koordinatensystem mit der Einheit 1 cm ein Viereck ABCD mit A(1|4), B(9|6), C(8|8) und D(3|7). Berechne den Umfang des Vierecks.

**13.** Von A nach B führt eine schmale, meist stark befahrene Straße.
Um wie viel Prozent ist der Umweg auf den beiden Hauptstraßen $\overline{AC}$ und $\overline{CB}$ länger als die Abkürzung $\overline{AB}$?

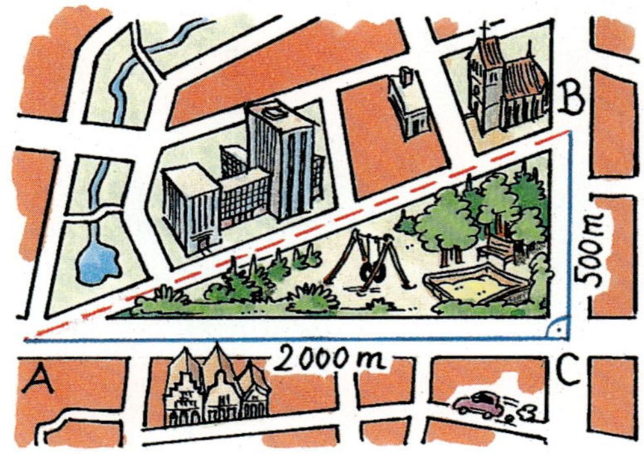

**14.** Durch einen Sturm ist eine 40 m hohe Fichte in 8,75 m Höhe abgeknickt.
Wie weit liegt die Spitze etwa vom Stamm entfernt?

**15.** Konstruiere mithilfe des Satzes des Pythagoras eine Strecke der Länge $\sqrt{10}$ $[\sqrt{20}; \sqrt{2}]$.

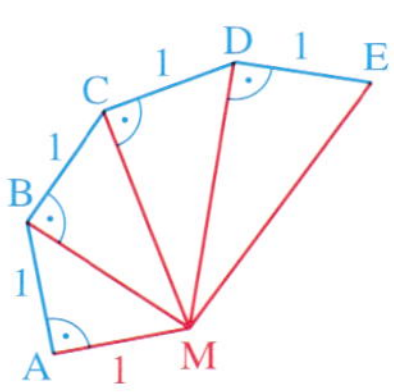


**16.** Berechne in der Figur links die Länge der Strecken $\overline{MB}$, $\overline{MC}$, $\overline{MD}$, $\overline{ME}$, usw. Setze die *Quadratwurzelspirale* fort. Was fällt auf?

**17.** **a)** Zeichne ein rechtwinklig-gleichschenkliges Dreieck mit der Basis c = 4 cm. Konstruiere das Hypotenusenquadrat und die beiden Kathetenquadrate. Ergänze die Figur wie im Bild rechts.

**b)** Setze die in Teilaufgabe a) erhaltene Figur um eine weitere Stufe fort. Wie groß sind alle Quadrate zusammen? Berechne auch den Umfang der Gesamtfigur.

**c)** Du kannst die Figur weiter fortsetzen. Was vermutest du über den Flächeninhalt und den Umfang der Gesamtfigur?

**18.** Begründe anhand der Bildfolge (a) bis (c) den Satz des Pythagoras.

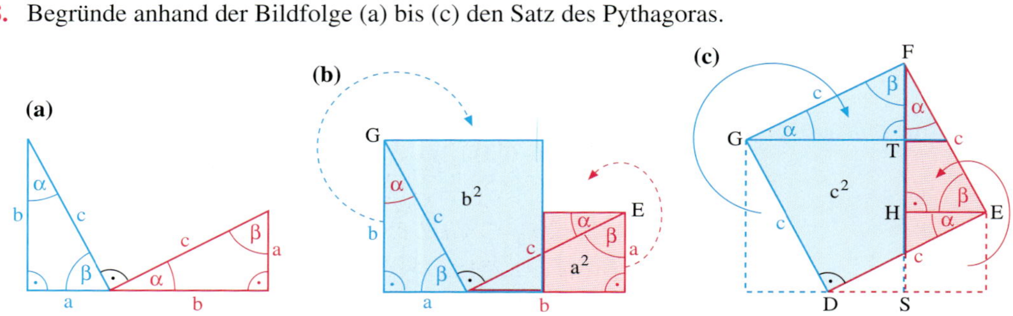


Dieser Beweis, der unter dem Namen „Stuhl der Braut" bekannt ist, verwendet nicht die Ähnlichkeit. Die Figur (b) findet man schon um 900 n. Chr. bei den Indern.

## 5.1.2 Umkehrung des Satzes des Pythagoras – Erzeugen rechter Winkel

**Einführung**

Beim Bau eines Hauses sollen die Grundmauern senkrecht aufeinander treffen. Auf dem Foto siehst du, wie zwei Auszubildende ein Dreieck abstecken:
Sie markieren mit 3 m, 4 m und 5 m langen Seilen ein Dreieck. Für das Dreieck gilt:
$(3\text{ m})^2 + (4\text{ m})^2 = (5\text{ m})^2$
Man behauptet: Das abgesteckte Dreieck ist rechtwinklig. Stimmt das?

**Information**

**(1) Umkehrung des Satzes des Pythagoras**

Bisher wissen wir nur:
Geht man nach dem Satz des Pythagoras von einem rechtwinkligen Dreieck ABC mit $\gamma = 90°$ aus, so gilt für die Seitenlängen $a^2 + b^2 = c^2$. Die Auszubildenden und auch der Fliesenleger (siehe Seite 191) gehen umgekehrt vor: Sie legen ein Dreieck ABC, für dessen Seitenlängen $a^2 + b^2 = c^2$ gilt. Sie erhalten dann ein rechtwinkliges Dreieck.
Maurer und Fliesenleger verwenden also die *Umkehrung* des Satzes des Pythagoras:

**Umkehrung des Satzes des Pythagoras**
Für jedes Dreieck ABC gilt: Wenn $c^2 = a^2 + b^2$, dann $\gamma = 90°$.

**(2) Beweis der Umkehrung des Satzes des Pythagoras**

Wir können ohne Winkelmessung begründen, dass diese Umkehrung gilt.
Zur Begründung gehen wir von einem rechtwinkligen Dreieck ABC aus (Bild Mitte).
Nach dem Satz des Pythagoras gilt dann:
$a^2 + b^2 = c^2$

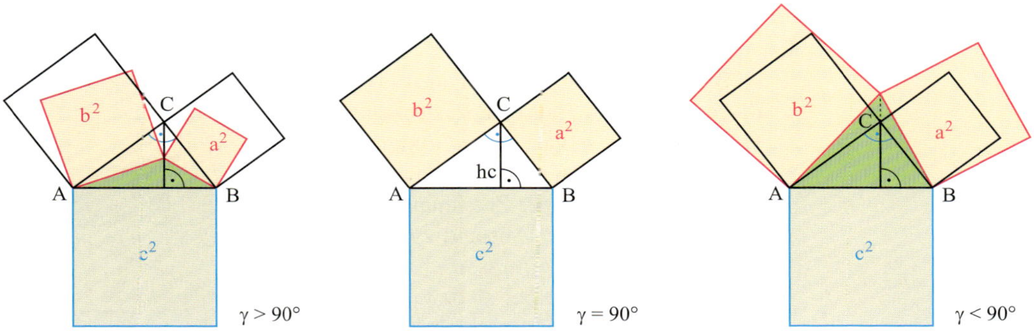


(1) Wir verschieben den Punkt C längs der Höhe $h_c$ nach *unten* (Bild links); es entsteht ein *stumpfwinkliges* Dreieck ($\gamma > 90°$). Die Seiten a und b werden *kürzer*, also $a^2 + b^2 < c^2$.
(2) Wir verschieben den Punkt C längs der Verlängerung der Höhe nach *oben* (Bild rechts); es entsteht ein *spitzwinkliges Dreieck* ($\gamma < 90°$). Die Seiten a und b werden *länger*, also $a^2 + b^2 > c^2$.

Aus beiden Überlegungen folgt: Wenn Winkel $\gamma \neq 90°$ ist, dann gilt $a^2 + b^2 \neq c^2$. Nur im Falle $\gamma = 90°$ gilt somit $c^2 = a^2 + b^2$.

Also: Wenn $c^2 = a^2 + b^2$ ist, dann ist $\gamma = 90°$.

Wir fassen den Satz des Pythagoras und seine Umkehrung zusammen:

> Ein Dreieck ist *genau dann* rechtwinklig, wenn der Flächeninhalt des Quadrates über der längsten Seite gleich der Summe der Flächeninhalte der Quadrate über den beiden anderen Seiten ist.

*Anmerkung:* Beim Beweis der Umkehrung sind wir *nicht* von der Voraussetzung ($a^2 + b^2 = c^2$) im Sinne des Vorwärtsarbeitens zur Behauptung ($\gamma = 90°$) gelangt. Vielmehr haben wir angenommen, dass die Behauptung falsch ist ($\gamma \neq 90°$). Wir haben dann gezeigt, dass die Voraussetzung ($a^2 + b^2 = c^2$) nicht gelten kann. Also muss die Annahme falsch gewesen sein und die Behauptung wahr. Diese Art des Beweisens nennt man **indirekt**.

## Übungsaufgaben

DGS

**1.** Zeichne mit einem dynamischen Geometrie-Programm ein Dreieck ABC.
Konstruiere dann über den Seiten Quadrate und lasse deren Flächeninhalte berechnen. Verändere die Form des Dreiecks und untersuche, für welche Dreiecke $a^2 + b^2 = c^2$ gilt.

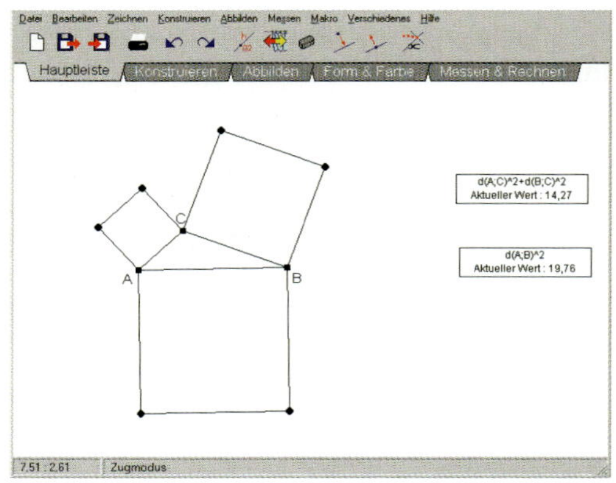

**2.** Auf Seite 191 hast du gesehen, dass man mit einem „12-Knotenseil" ein rechtwinkliges Dreieck aufspannen kann.

**a)** Kann man mit einem „30-Knotenseil" ein rechtwinkliges Dreieck abstecken? Begründe.

**b)** Findest du andere Knotenseile, um rechtwinklige Dreiecke abzustecken?

**3.** Entscheide, ob das Dreieck ABC rechtwinklig, stumpfwinklig oder spitzwinklig ist.

| a) | b) | c) | d) | e) |
|---|---|---|---|---|
| a = 8 cm | a = 7 m | a = 5 cm | a = 13 dm | a = 23 mm |
| b = 6 cm | b = 9 m | b = 4 cm | b = 5 dm | b = 17 mm |
| c = 10 cm | c = 11 m | c = 3 cm | c = 12 dm | c = 29 mm |

**4.** Auf einem Baugrundstück sind vier Pfähle A, B, C und D gesetzt worden, um die Ecken des zu bauenden Hauses abzustecken. Das Haus soll einen rechteckigen Grundriss mit den Seitenlängen 16 m und 12 m haben. Die Pfähle haben die in der Zeichnung angegebenen Abstände. Der Abstand zwischen C und D wurde nicht vermessen.
Welcher der Winkel bei A bzw. B ist ein rechter Winkel, welcher nicht? Welcher Pfahl steht falsch?

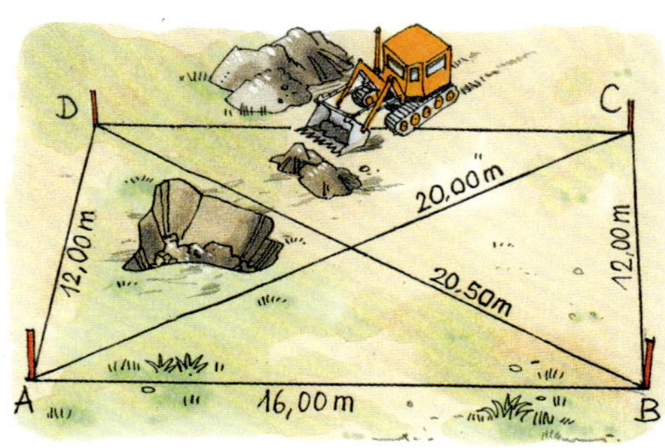


**5. a)** Prüfe, ob das Dreieck ABC mit a = 6 cm, b = 8 cm und c = 10 cm rechtwinklig ist. Begründe.

**b)** Man nennt das Zahlentripel (6|8|10) aus natürlichen Zahlen **pythagoreisches Zahlentripel**. Ebenso ist (3|4|5) ein solches Zahlentripel. Entscheide, ob pythagoreische Zahlentripel vorliegen: (1) (9|12|15); (2) (15|20|25); (3) (5|12|13); (4) (7|18|19).

**c)** Bilde pythagoreische Zahlentripel: (8|15|□), (□|30|34), (24|□|26), (14|48|□).

**d)** Finde selbst weitere pythagoreische Zahlentripel. Versuche, Gesetzmäßigkeiten zu entdecken.

## 5.2 Anwenden des Satzes des Pythagoras zum Berechnen von Längen

**Aufgabe 1**

In einer Feriensiedlung werden Häuser wie im Bild errichtet.

**a)** Wie hoch sind die Häuser?

**b)** Die Giebelflächen sollen mit Holz verkleidet werden. Wie viel $m^2$ Holz werden für eine Seite benötigt?

Löse die Aufgaben auch allgemein und leite somit jeweils eine Formel her.

**Lösung**

Die Giebelfläche ist ein gleichseitiges Dreieck, da die beiden Dachneigungen und damit auch der Winkel an der Spitze jeweils 60° betragen.

**a)** Die Höhe h zur Seite $\overline{AB}$ zerlegt das gleichseitige Dreieck ABC in zwei rechtwinklige Dreiecke ADC und DBC; außerdem halbiert sie die Seite $\overline{AB}$. Wir betrachten das rechtwinklige Dreieck ADC und wenden den Satz des Pythagoras an:

*(1) Berechnen von h*

$\left(\frac{a}{2}\right)^2 + h^2 = a^2$

$\left(\frac{7,6}{2}\,m\right)^2 + h^2 = (7,6\,m)^2$

$h^2 = 57,76\,m^2 - 14,44\,m^2$

$h^2 = 43,32\,m^2$

$h = \sqrt{43,32\,m^2}$

$h \approx 6,58\,m$

*(2) Formel für die Höhe h*

$\left(\frac{a}{2}\right)^2 + h^2 = a^2$

$h^2 = a^2 - \left(\frac{a}{2}\right)^2$

$h^2 = a^2 - \frac{a^2}{4}$

$h^2 = \frac{3}{4}\,a^2$

$h = \sqrt{\frac{3}{4}\,a^2}$

$h = \frac{a}{2}\sqrt{3}$

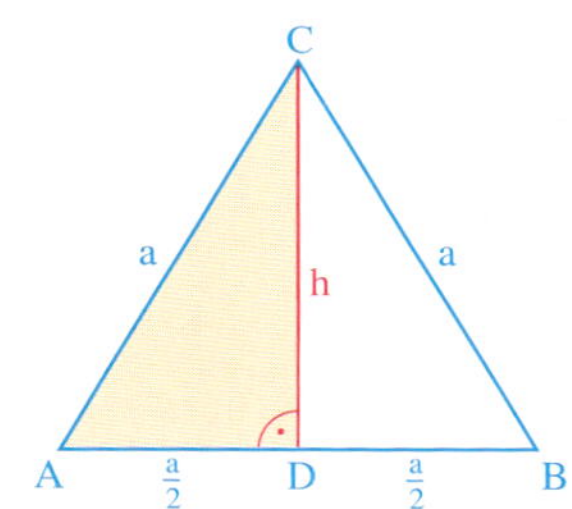


*Ergebnis:* Die Häuser sind 6,58 m hoch.

**b)** *(1) Berechnen des Flächeninhalts*

$A = \frac{1}{2} \cdot a \cdot h$

$A = \frac{1}{2} \cdot 7\,m \cdot \sqrt{36,75\,m^2}$

$A \approx 21,2\,m^2$

*(2) Formel für den Flächeninhalt*

$A = \frac{1}{2} \cdot a \cdot h$

$A = \frac{1}{2} \cdot a \cdot \frac{a}{2}\sqrt{3}$

$A = \frac{a^2}{4}\sqrt{3}$

*Ergebnis:* Es werden mindestens 21,2 $m^2$ Holz für eine Giebelfläche benötigt.

**Information**

**(1) Formel für Höhe und Flächeninhalt des gleichseitigen Dreiecks**

Die Lösung der Aufgabe 1 liefert folgende Formel zur Berechnung der Höhe und des Flächeninhalts eines gleichseitigen Dreiecks mit der Seitenlänge a.

**Satz**

Bei jedem *gleichseitigen* Dreieck mit der Seitenlänge a gilt

(1) für die Höhe: $\mathbf{h = \frac{a}{2}\sqrt{3}}$

(2) für den Flächeninhalt: $\mathbf{A = \frac{a^2}{4}\sqrt{3}}$

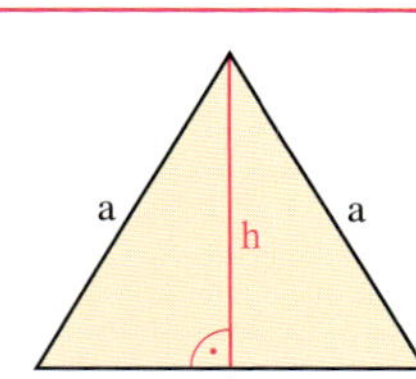

### (2) Strategie zum Berechnen von Längen in ebenen Figuren

Man kann mithilfe des Satzes des Pythagoras Seitenlängen in Vielecken (z. B. im gleichseitigen Dreieck, im Rechteck usw.) berechnen. Dazu muss man in der Figur rechtwinklige Dreiecke aufsuchen oder durch eine geeignete Hilfslinie ein rechtwinkliges Dreieck einzeichnen.

**Übungsaufgaben**

**2.** Eine Stehleiter ist zusammengeklappt 2,10 m lang. Wenn sie aufgestellt ist, sind die Fußenden 1,40 m weit voneinander entfernt.
Wie hoch reicht die Leiter?

**3.** Von den beiden Seitenlängen a und b eines Rechtecks sowie der Länge e einer Diagonalen sind zwei gegeben. Berechne die dritte Länge. Notiere zunächst eine Formel für die Länge der Diagonalen.

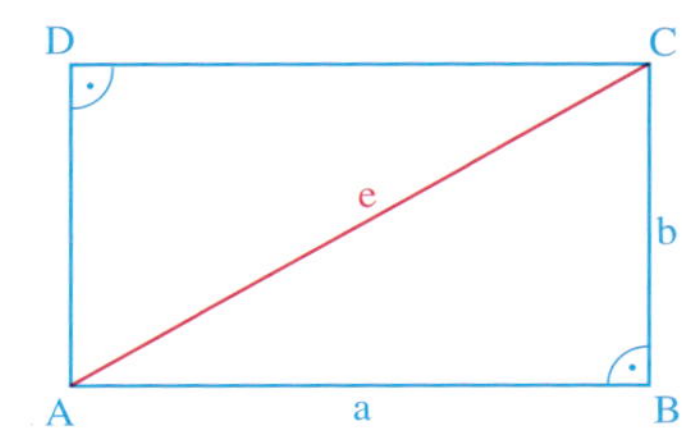


**a)** a = 8 cm; b = 5 cm
**b)** a = 1,4 dm; e = 3,8 dm
**c)** e = 5,9 dm; b = 4,7 dm
**d)** a = 12 cm; b = 20 cm

**4.** **a)** Von einem gleichseitigen Dreieck ist die Seitenlänge a = 8 cm [1,4 m] gegeben. Berechne die Höhe h und den Flächeninhalt A.

**b)** Von einem gleichseitigen Dreieck ist die Höhe h = 5 m [4,8 cm] gegeben. Berechne die Seitenlänge a, den Flächeninhalt A und den Umfang u.

**c)** Von einem gleichseitigen Dreieck ist der Flächeninhalt A = 35 $cm^2$ [0,50 $m^2$] gegeben. Berechne die Seitenlänge a, die Höhe h und den Umfang u.

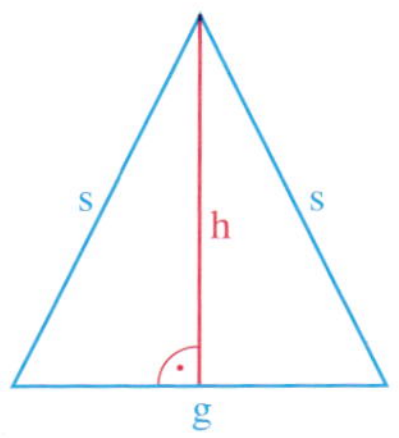


**5.** Von den drei Größen g, s und h eines gleichschenkligen Dreiecks sind zwei gegeben. Berechne die dritte Größe sowie den Flächeninhalt A und den Umfang u.

| | | | | | |
|---|---|---|---|---|---|
| **a)** g = 6 cm | **b)** s = 5 dm | **c)** h = 24 mm | **d)** g = 8,3 m | **e)** s = 3,6 km | **f)** g = 6,2 cm |
| s = 4 cm | h = 3 dm | g = 45 mm | s = 6,7 m | h = 2,7 km | h = 3,6 cm |

**6.** In der Mitte zwischen zwei gegenüberliegenden Masten einer Straße ist eine Straßenlaterne befestigt. Der Abstand der Masten beträgt 12 m. Das Befestigungsseil ist 12,10 m lang.
Wie viel cm hängt das Seil in der Mitte durch?

**7.** Ein gleichschenkliges Dreieck ist durch die Basislänge g und eine Schenkellänge s gegeben. Leite eine Formel für die Höhe h und den Flächeninhalt A her.

**8.** **a)** Gegeben ist ein Quadrat durch die Seitenlänge a. Begründe die nebenstehende Formel für die Länge d der Diagonalen.

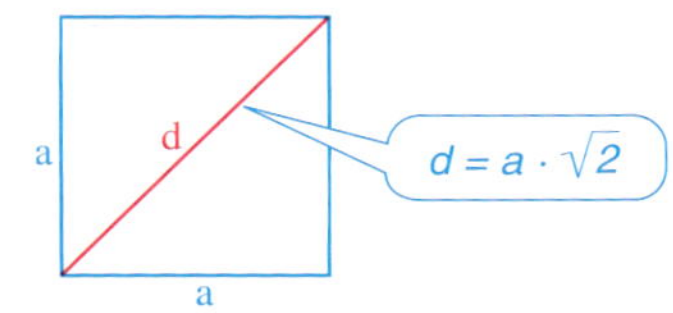


**b)** Gegeben ist ein Quadrat durch die Diagonale d. Leite eine Formel für den Flächeninhalt A her.

**9.** **a)** Berechne die Länge der Diagonalen in einem Quadrat mit der Seitenlänge a = 7 cm [0,8 m].

**b)** Von einem Quadrat ist die Länge der Diagonalen d = 12 cm [2 m] gegeben. Berechne die Seitenlänge a und den Flächeninhalt.

**10.** **a)** Ein regelmäßiges Sechseck ist durch die Seitenlänge a gegeben. Leite eine Formel für den Flächeninhalt des Sechsecks her.

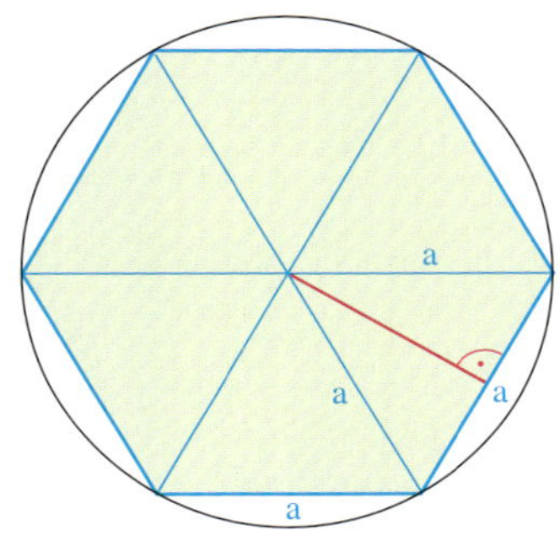


**b)** Die Seitenlänge eines regelmäßigen Sechsecks beträgt 4 cm [3 cm]. Berechne seinen Flächeninhalt.

**c)** Der Flächeninhalt eines regelmäßigen Sechsecks beträgt 90 $cm^2$.
Wie lang sind seine Seiten und der Umfang?

**11.** Die Pflanzfläche eines Blumenkübels ist ein regelmäßiges Sechseck. Die sechseckige Pflanzfläche hat eine Seitenlänge von 36 cm. Der Kübel soll im Herbst mit Stiefmütterchen bepflanzt werden. Man rechnet mit 45 Pflanzen pro $m^2$.
Wie viele Stiefmütterchen müssen gekauft werden?

**12.** zu **a)**

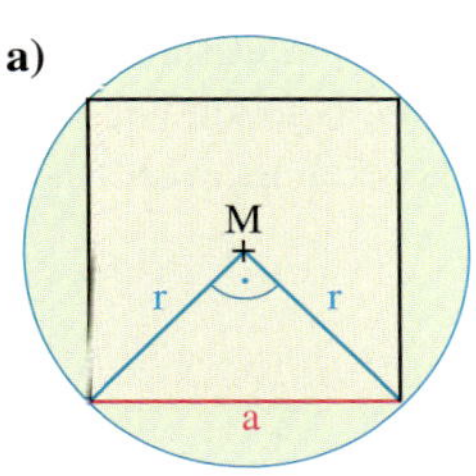


zu **b)**

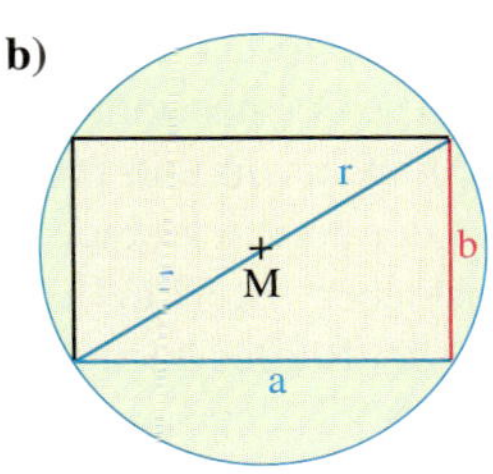


zu **c)**

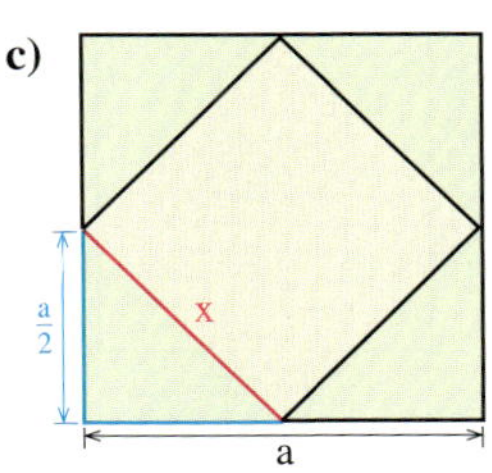


**a)** Aus einem runden Blech mit dem Radius r = 100 mm soll ein Quadrat geschnitten werden. Berechne die Seitenlänge a des Quadrates.

**b)** Aus einer runden Platte mit dem Radius r = 200 mm wird ein Rechteck geschnitten. Die Seitenlänge a des Rechtecks soll 320 mm sein.
Berechne die Seitenlänge b des Rechtecks.

**c)** Von einem Quadrat mit der Seitenlänge a = 20 cm werden vier Dreiecke abgetrennt. Es bleibt ein kleines Quadrat übrig.
Berechne seine Seitenlänge x. Um wie viel Prozent ist das kleinere Quadrat kleiner als das große?

# Im Blickpunkt

Im Blickpunkt

## Gotische Maßwerkfenster

Hier siehst du Bilder von zwei Fenstern, wie man sie oft an Kirchen oder Rathäusern im gotischen Stil findet. Eine Besonderheit der gotischen Bautechnik sind die Maßwerke, die als Unterteilung in die großen Fensteröffnungen eingepasst wurden. Dies war erforderlich, weil die Größe der Glasscheiben begrenzt war. Der Begriff Maßwerk ist auf das anspruchsvolle Ausmessen und Konstruieren der Formen zurückzuführen.

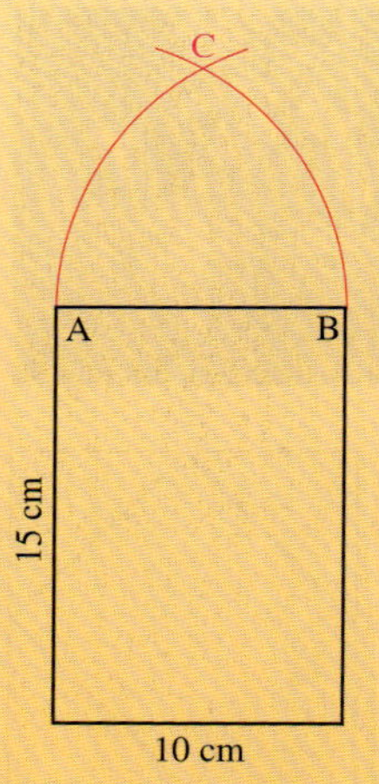


1. **a)** Beschreibe, welche geometrischen Figuren in den Fenstern verwendet wurden.
   **b)** Betrachte die äußere Form der Fenster, wie kommt sie zustande? Zeichne ein Fenster entsprechend der Skizze links.
   **c)** Verbinde die Punkte A, B und C. Welche Figur entsteht? Warum muss das so sein?
   **d)** Miss die Höhe des oberen Teils. Berechne auch die Höhe und vergleiche sie mit dem gemessenen Wert.

2. Betrachte noch einmal das linke Fenster oben. Schematisch ist es wie rechts abgebildet aufgebaut. Um diese Fenster vollständig nachzuzeichnen, gehen wir vom fertigen Bild aus. Das Fenster soll 1 m breit sein und im Maßstab 1:10 gezeichnet werden. Damit ergibt sich unmittelbar der Radius der beiden kleinen Halbkreise.
   Darüber ist aber ein Kreis eingefügt, von dem weder der Radius noch der Mittelpunkt bekannt ist. Mit Sicherheit liegt der Mittelpunkt M auf der Symmetrieachse des Fensters. Der obere Kreis berührt jeden der beiden Halbkreise, das heißt, ihre Tangenten stimmen dort überein. Die Tangente ist jeweils senkrecht zu den Radien. Deswegen liegt der Berührungspunkt auf der Verbindungsgeraden DM.

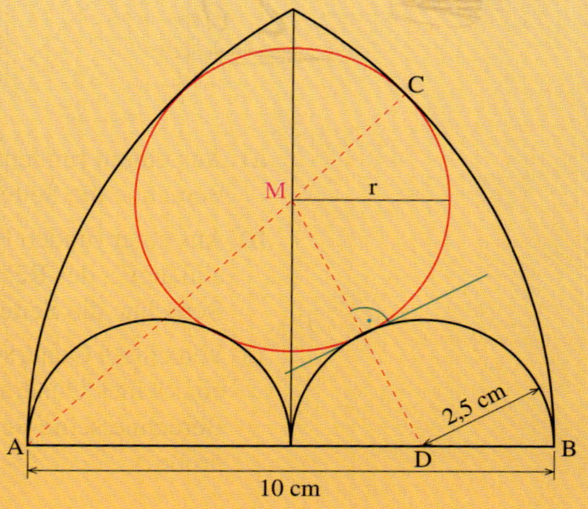

Der obere Kreis berührt ebenfalls den großen Kreisbogen. M liegt also auch auf der Verbindungsgeraden AC.
Rechts ist das Dreieck ADM herausgezeichnet. Die Höhe h ist unbekannt, es gilt aber:
$h^2 = (10 - r)^2 - 5^2$ und $h^2 = (r + 2{,}5)^2 - 2{,}5^2$
Durch Gleichsetzen und Umformen der Gleichung erhält man: $r = 3$ cm.
Ergänze deine Zeichnung aus Aufgabe 1 durch die beiden Halbkreise und den großen Kreis.

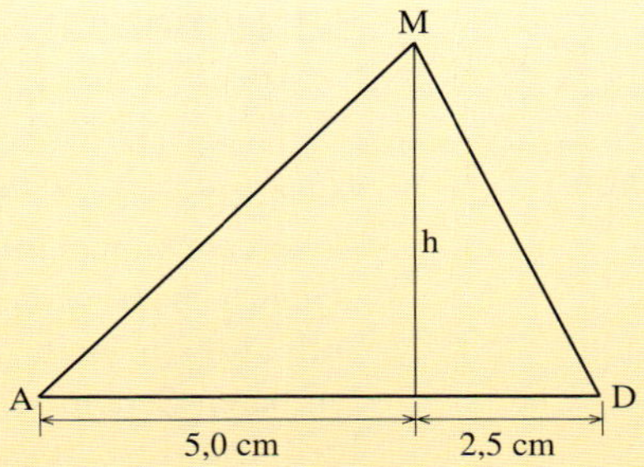

Dreipass

**3. a)** Im linken Fenster auf Seite 202 sind in den großen Kreis drei Kreisbögen eingepasst. Eine solche Figur heißt *Dreipass*. Konstruiere in einen Kreis einen Dreipass von außen nach innen. Dabei hilft dir die Abbildung rechts.
Konstruiere zuerst ein gleichseitiges Dreieck in den großen Kreis.
*Hinweis:* Das große Dreieck, das kleine Dreieck und der Umkreis haben den gleichen Mittelpunkt M.

**b)** Im rechten Fenster auf Seite 202 sind ebenfalls drei kleine Kreise in den großen Kreis eingepasst. Diese Figur heißt *Fischblase*. Das Grundprinzip der Konstruktion ist das gleiche wie beim Dreipass.
Welche Linien aus dem Bild rechts neben Teilaufgabe a) werden gebraucht? Zeichne die Fischblase.

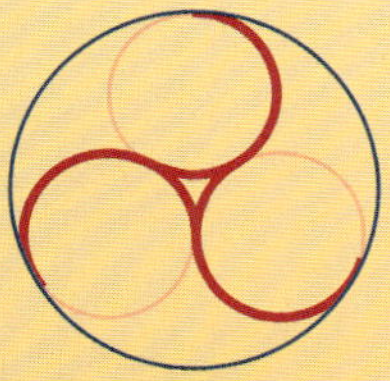
Fischblase

## 5.3 Höhensatz und Kathetensatz des Euklid

**Aufgabe 1**

*Höhensatz des Euklid*

Es soll ein Tunnel mit halbkreisförmigem Querschnitt gebaut werden. Die zweispurige Straße soll 11,00 m breit, die beidseitigen, nicht befahrbaren Seitenstreifen sollen jeweils 1,50 m breit sein. Für Lkws, die den Tunnel befahren dürfen, soll in der Höhe ein Sicherheitsabstand von 30 cm angenommen werden.
Wie muss die Höhenangabe auf dem Verkehrsschild zur Höhenbegrenzung am Tunnel lauten?
Entwickle auch eine Formel zur Berechnung der Höhe h.

**Lösung**

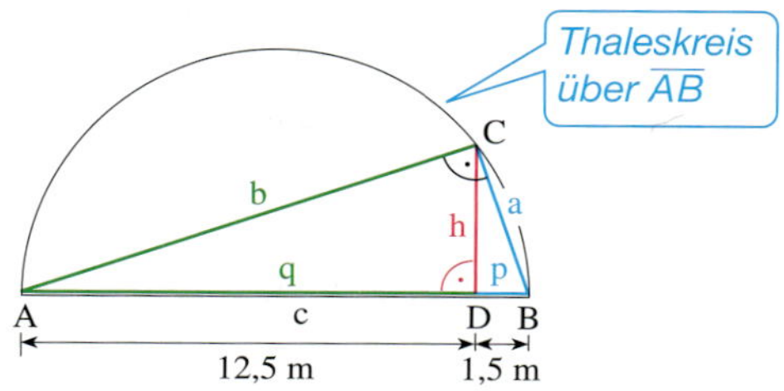


Die geringste Höhe über der Fahrbahn ist über dem Fahrbahnrand bei D. Das Dreieck ABC ist nach dem Satz des Thales rechtwinklig mit dem rechten Winkel bei C, da C auf dem Thaleskreis über der Seite $\overline{AB}$ liegt. Die Höhe zerlegt die Hypotenuse in zwei Hypotenusenabschnitte q und p.
Wir kennen im Dreieck ABC die Längen der beiden Hypotenusenabschnitte:

$p = 1{,}5\ \text{m}$ und
$q = 11\ \text{m} + 1{,}5\ \text{m} = 12{,}5\ \text{m}$

Wir wollen die Höhe h berechnen.

Nach dem Satz des Pythagoras gilt für das

| | | |
|---|---|---|
| (1) Dreieck ADC: | $h^2 + (12{,}5\ \text{m})^2 = b^2$ | $h^2 + q^2 = b^2$ |
| (2) Dreieck DBC: | $h^2 + (1{,}5\ \text{m})^2 = a^2$ | $h^2 + p^2 = a^2$ |
| (3) Dreieck ABC: | $a^2 + b^2 = (1{,}5\ \text{m} + 12{,}5\ \text{m})^2$ | $a^2 + b^2 = c^2$ |

Durch Einsetzen von $a^2$ und $b^2$ aus den Gleichungen (1) und (2) in die Gleichung (3) erhalten wir:

$$\begin{aligned}(h^2 + 2{,}25\ \text{m}^2) + (h^2 + 156{,}25\ \text{m}^2) &= 196\ \text{m}^2\\ 2h^2 + 158{,}5\ \text{m}^2 &= 196\ \text{m}^2\\ 2h^2 &= 37{,}5\ \text{m}^2\\ h^2 &= 18{,}75\ \text{m}^2\\ h &= \sqrt{18{,}75\ \text{m}^2}\\ h &\approx 4{,}33\ \text{m}\end{aligned}$$

$$\begin{aligned}(h^2 + p^2) + (h^2 + q^2) &= c^2\\ 2h^2 + p^2 + q^2 &= c^2\\ 2h^2 + p^2 + q^2 &= (p + q)^2\\ 2h^2 + p^2 + q^2 &= p^2 + 2pq + q^2\\ 2h^2 &= 2pq\\ h^2 &= p \cdot q\\ h &= \sqrt{pq}\end{aligned}$$

$c = p + q$

Wir runden sinnvoll.
*Ergebnis:* Bis zu 4 m hohe Lkws dürfen den Tunnel befahren.

**Information**

### (1) Weitere Bezeichnungen im rechtwinkligen Dreieck

Die Höhe zur Hypotenuse zerlegt die Hypotenuse in zwei **Hypotenusenabschnitte:**

p ist die Länge des Hypotenusenabschnitts, der zur Kathete a gehört.

q ist die Länge des Hypotenusenabschnitts, der zur Kathete b gehört.

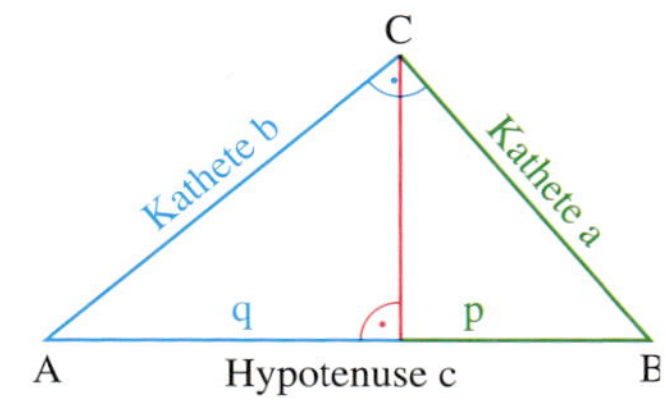


### (2) Höhensatz des Euklid

In der Lösung der Aufgabe 1 haben wir die Formel

$h^2 = p \cdot q$ erhalten.

Diese Gleichung können wir wieder geometrisch deuten:

$h^2$ gibt den Flächeninhalt eines Quadrates über der Höhe an, das Produkt $p \cdot q$ den Flächeninhalt eines Rechtecks aus den beiden Hypotenusenabschnitten.

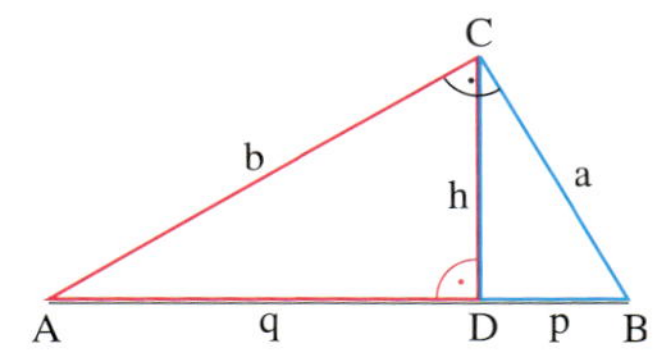


**Höhensatz des Euklid**

Wenn ein Dreieck *rechtwinklig* ist, dann hat das Höhenquadrat denselben Flächeninhalt wie das Rechteck aus den beiden Hypotenusenabschnitten.

$\mathbf{h^2 = p \cdot q}$

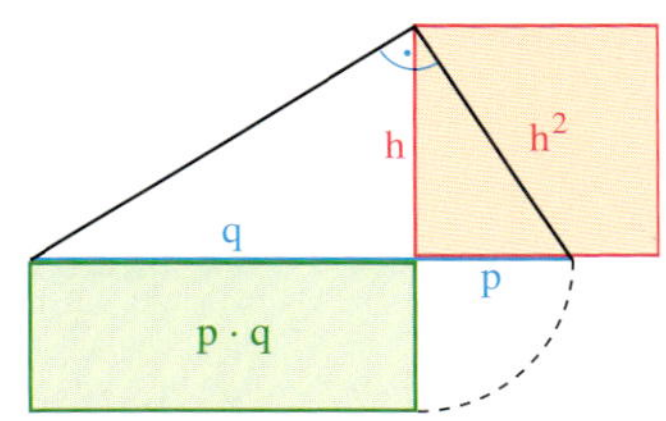


**Weiterführende Aufgabe**

**2.** *Kathetensatz des Euklid*

Rechts siehst du ein Sägedach, wie man es oft bei Fabrikhallen findet. Der Dachgiebel ist ein Dreieck. Diese Dächer sind oft teilweise verglast.
Für den Bau eines solchen Daches wird festgelegt:
Der Querschnitt soll aus rechtwinkligen Dreiecken mit den angegebenen Maßen bestehen.
Wie lang müssen die Dachsparren sein?
Entwickle auch eine Formel zur Berechnung einer Kathete.

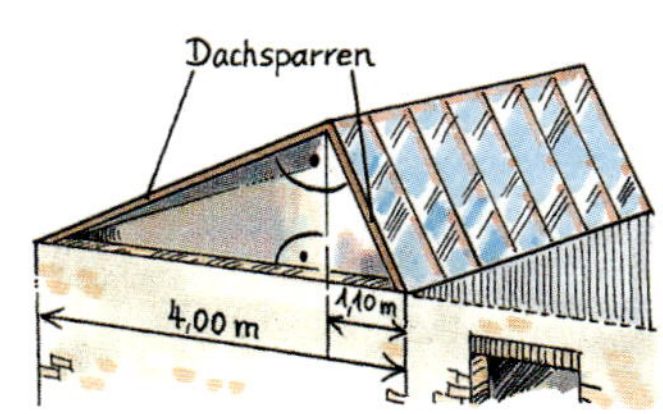


**Information**

**Kathetensatz des Euklid**

Wenn ein Dreieck *rechtwinklig* ist, dann hat das Quadrat über einer Kathete denselben Flächeninhalt wie das Rechteck aus der Hypotenuse und dem zur Kathete gehörenden Hypotenusenabschnitt.

$\mathbf{a^2 = c \cdot p}$ und $\mathbf{b^2 = c \cdot q}$ (für $\gamma = 90°$)

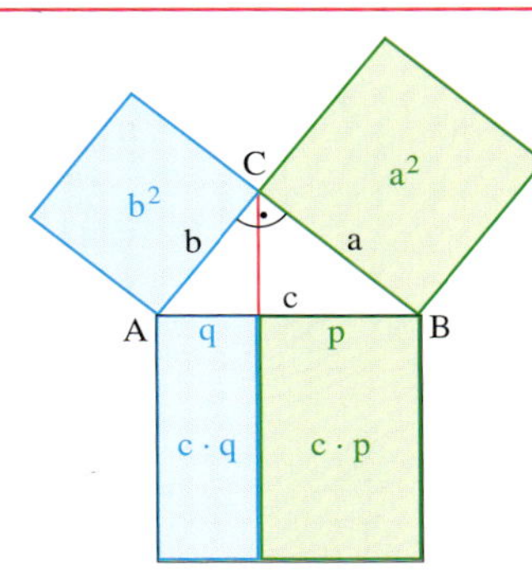

**Übungsaufgaben**

**3.** Aus einem 3 cm dicken Rundstab soll eine Leiste mit nebenstehender Querschnittsfläche hergestellt werden. Dazu werden seitlich jeweils 0,5 cm abgeschliffen.
Wie lang ist die Seitenkante $\overline{AB}$ der Leiste?

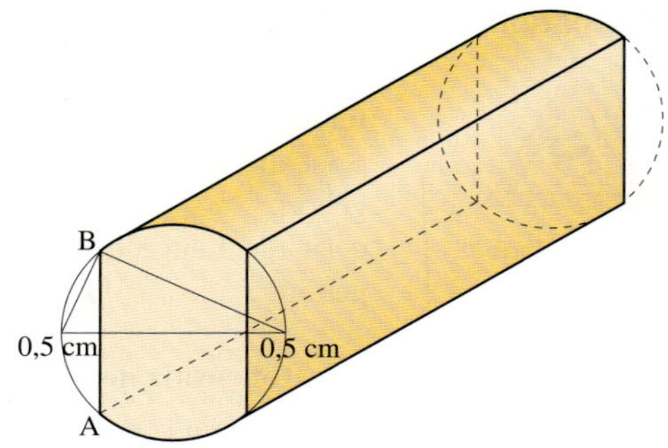


**4.** Gib für das rechtwinklige Dreieck ABC in den Figuren (1) bis (3) jeweils die Gleichung nach dem Höhensatz an, in Figur (3) auch für die Teildreiecke ADC und DBC.

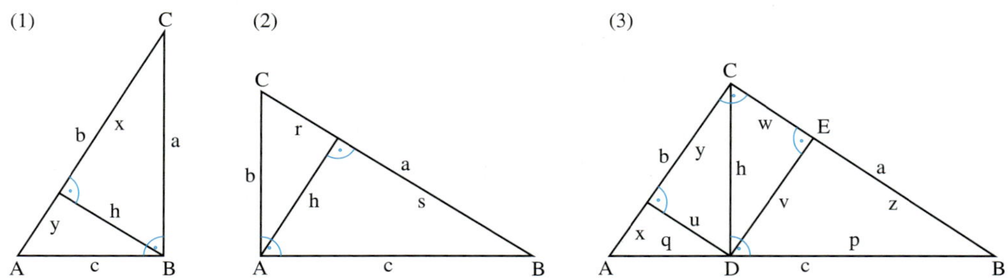

**5.** Berechne die Länge x der roten Strecke (Maße in cm).

**a)** **b)** **c)** **d)**

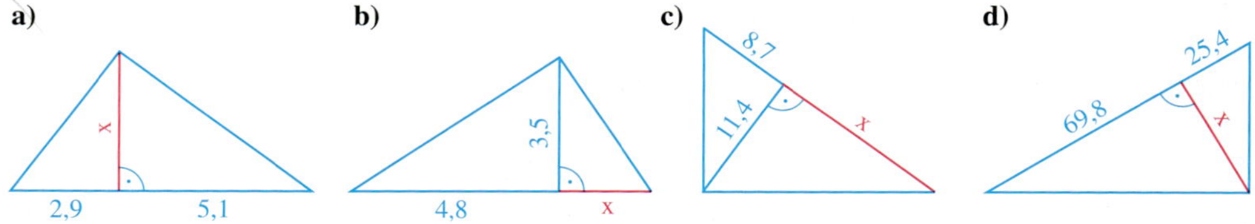


**6.** Berechne die dritte der drei Längen p, q und h in einem rechtwinkligen Dreieck.

**a)** p = 13 cm; q = 9 cm **b)** h = 7 cm; p = 5 cm **c)** h = 20 cm; q = 16 cm **d)** p = 8 cm; q = 1,8 dm **e)** h = 5,1 cm; p = 22 mm

Berechne auch den Flächeninhalt des Dreiecks.

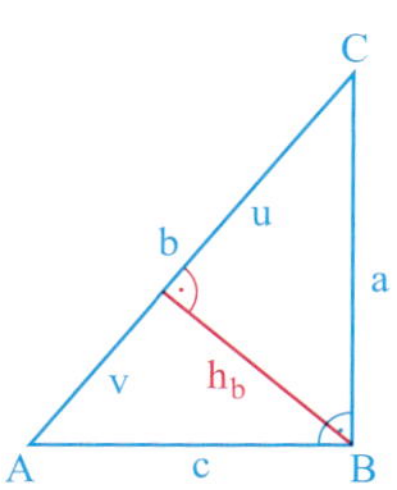


**7.** Gegeben ist ein Dreieck ABC mit $\beta = 90°$. Berechne von den drei Längen u, v und $h_b$ die jeweils nicht gegebene sowie den Flächeninhalt.

**a)** u = 12 cm; v = 7 cm **b)** $h_b$ = 22 mm; v = 15 mm; **c)** $h_b$ = 9,1 m; v = 6,6 m

**8.** Ein halbkreisförmiges Fenster soll vergittert werden.
Die senkrechten Stäbe sollen 5 cm in das Mauerwerk eingelassen werden.
Wie viel Material wird benötigt?

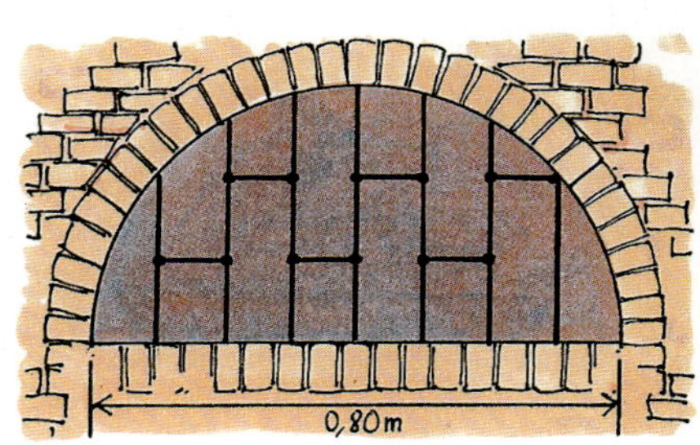

**9.**

Die Entfernung zweier Anlegestellen B und C eines Sees soll bestimmt werden. Dazu wird eine Strecke $\overline{AB}$ so abgesteckt, dass das Dreieck ABC rechtwinklig bei C ist. Es werden dann die Strecken $\overline{AD}$ und $\overline{DB}$ gemessen:

$\overline{AD} = 340$ m; $\overline{DB} = 130$ m.

Bestimme die Entfernung zwischen B und C.

**10.** Gib für das rechtwinklige Dreieck ABC in den Figuren (1) bis (3) jeweils die Gleichungen nach dem Kathetensatz an, in Figur (3) auch für die Dreiecke ADC und DBC. Zeichne zunächst das Dreieck ab, färbe die Katheten blau und die Hypotenuse rot.

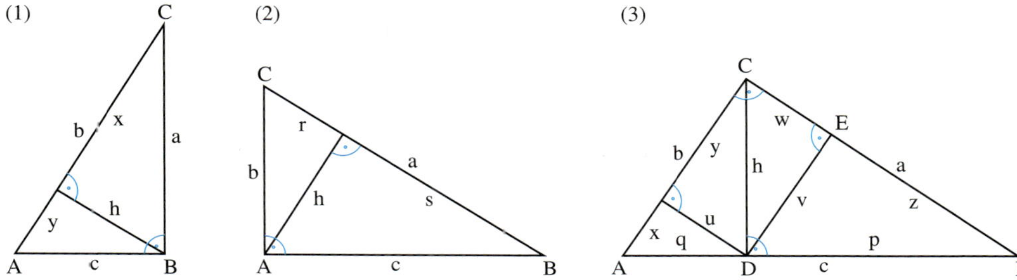

**11.** Kontrolliere die angegebenen Gleichungen. Berichtige gegebenenfalls.

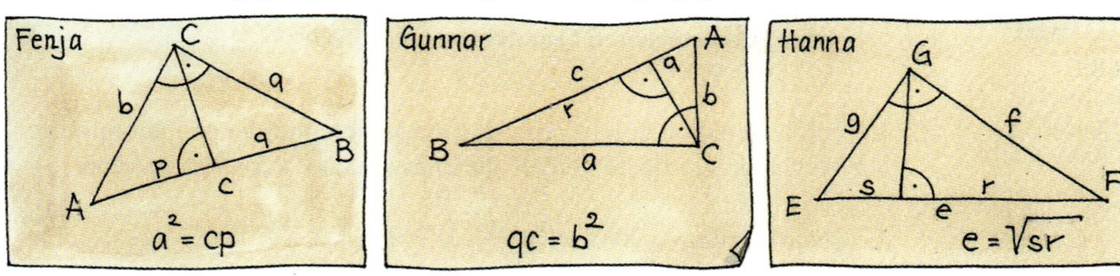

**12.** In einem Dreieck ABC mit $\gamma = 90°$ sind die Hypotenusenabschnitte p = 3 cm und q = 5 cm gegeben.

**a)** Berechne die drei Seitenlängen a, b und c.

**b)** Konstruiere das Dreieck. Kontrolliere das Ergebnis zu Teilaufgabe a) an der Zeichnung.

**c)** Berechne den Flächeninhalt des Dreiecks ABC.

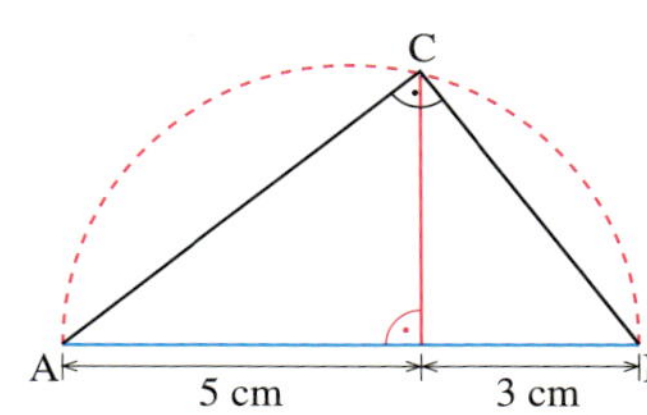


**13.** In einem rechtwinkligen Dreieck ABC mit $\alpha = 90°$ sind gegeben:

**a)** b = 5 cm, r = 3 cm  **b)** c = 36 mm, s = 7 mm  **c)** r = 6 km, a = 15 km

Berechne die übrigen der fünf Längen a, b, c, r, s und den Flächeninhalt des Dreiecks.

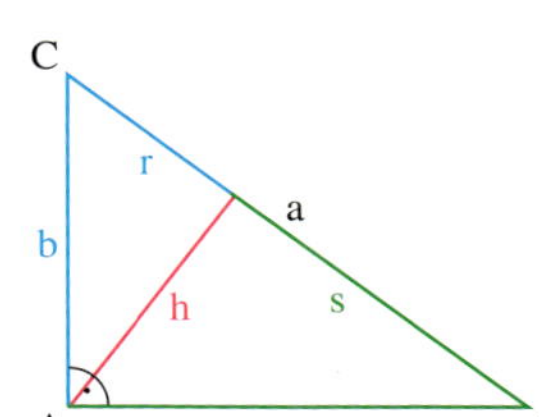


**14.** Formuliert die Umkehrung des Katheten- und des Höhensatzes. Überprüft an Beispielen, ob sie wahr sind.

# Im Blickpunkt

Im Blickpunkt

## Quadratur von Vielecken

**1.** Berechne zu dem angegebenen Vieleck die Seitenlänge eines flächeninhaltsgleichen Quadrates.

**a)** Dreieck ABC mit $c = 6{,}5$ cm und $h_c = 4{,}7$ cm

**b)** Rechteck mit den Seitenlängen $a = 5{,}5$ cm und $b = 3{,}5$ cm

**c)** Parallelogramm mit der Grundseitenlänge $g = 5{,}1$ cm und der zugehörigen Höhe $h = 3{,}8$ cm

**d)** Trapez ABCD ($AB \parallel CD$) mit $a = 6{,}2$ cm, $c = 4{,}3$ cm und $h = 3{,}6$ cm

**e)** regelmäßiges Sechseck mit der Seitenlänge $a = 4{,}4$ cm

**Euklid**
(griechischer Mathematiker um 300 v. Chr.)

Zu einem vorgegebenen Vieleck kann man durch *Rechnung* die Seitenlänge eines flächeninhaltgleichen Quadrates ermitteln. Man nennt dies die **arithmetische Quadratur** eines Vielecks.
Im Altertum war die dezimale Schreibweise von Zahlen noch nicht bekannt; die Griechen verwendeten nur natürliche Zahlen und Verhältnisse von natürlichen Zahlen. Eine arithmetische Quadratur war deshalb sehr schwierig. So löste man solche Probleme durch geometrische *Konstruktion* mit Zirkel und Lineal (ohne Messskala). Man spricht in diesem Fall von der **geometrischen Quadratur** eines Vielecks.

Im Folgenden wollen wir Verfahren erarbeiten, mit denen man mithilfe von Zirkel und Geodreieck ein Vieleck in ein flächeninhaltsgleiches Quadrat verwandeln kann.

**2.** *Quadratur eines Rechtecks*

Gegeben ist ein Rechteck ABCD mit den Seitenlängen $a = 5{,}5$ cm und $b = 3{,}5$ cm. Verwandle das Rechteck durch geometrische Konstruktion in ein flächeninhaltsgleiches Quadrat

**a)** mithilfe des Kathetensatzes; **b)** mithilfe des Höhensatzes.

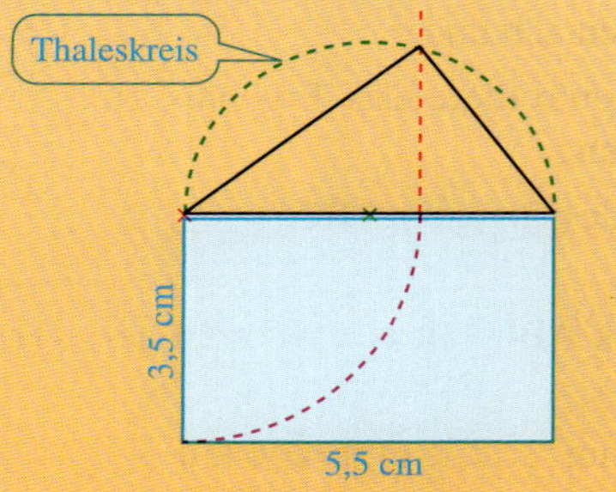


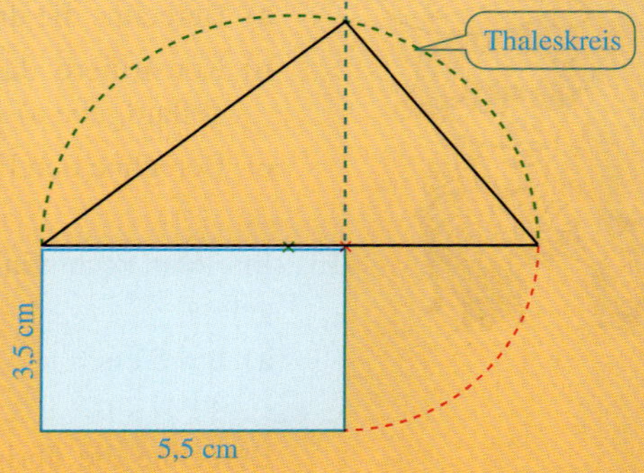


**3.** Gegeben ist ein Rechteck mit den Seitenlängen $a = 3$ cm; $b = 5$ cm [$a = 5{,}5$ cm; $b = 3{,}8$ cm]. Konstruiere zu diesem Rechteck ein flächeninhaltsgleiches Quadrat.

**4.** *Quadratur eines Dreiecks*

**a)** Betrachte die Figur rechts.
$M_a$ und $M_b$ sind die Mittelpunkte der Seiten $\overline{BC}$ bzw. $\overline{AC}$ des Dreiecks ABC.
*Begründe:* Das Dreieck ABC ist flächeninhaltsgleich zum Rechteck ABDE.

**b)** Zeichne ein Dreieck ABC; denke auch an verschiedene Typen von Dreiecken. Verwandle jeweils das Dreieck in ein flächeninhaltsgleiches Rechteck; verwandle dann das Rechteck in ein flächeninhaltsgleiches Quadrat.

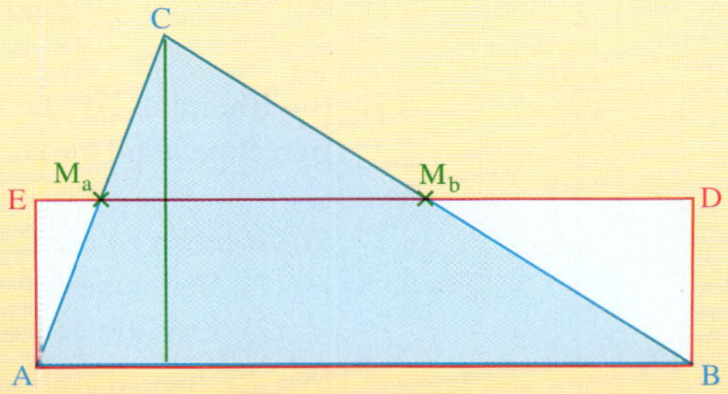


**5.** *Umwandlung eines Vierecks in ein flächeninhaltsgleiches Dreieck*

Gegeben ist ein Viereck ABCD. Durch die Diagonale AC ist das Viereck in zwei Teildreiecke ABC und ACD geteilt.
Begründe zunächst: Die Dreiecke ACD und ACD′ sind flächeninhaltsgleich.
Begründe dann: Das Viereck ABCD und das Dreieck ABD′ haben denselben Flächeninhalt.

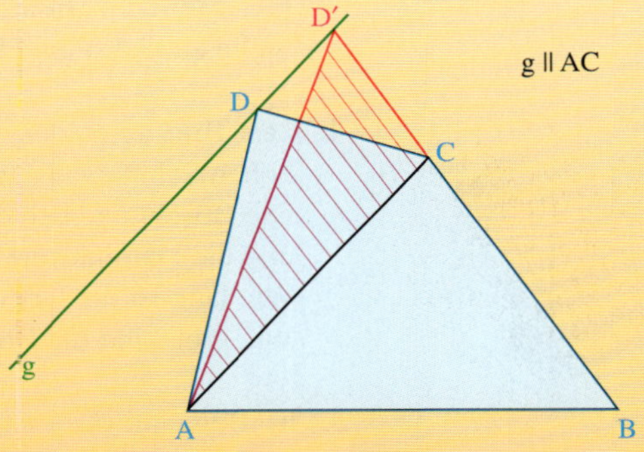


Bei der Lösung dieser Aufgabe wurde der folgende Satz benutzt:

Dreiecke mit gleich langer Grundseite und gleicher Höhe sind flächeninhaltsgleich.

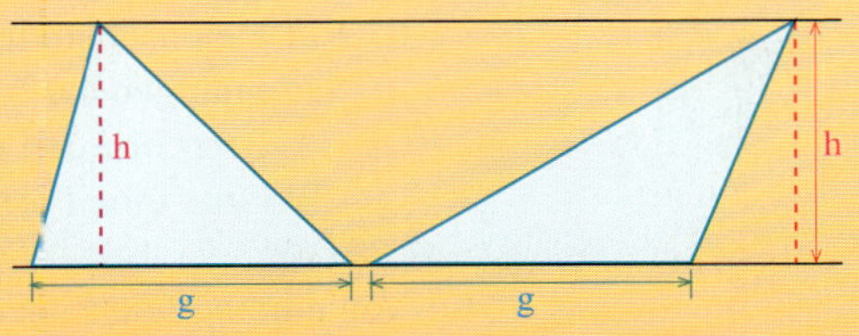


**6.** *Quadratur eines beliebigen Vierecks*

Konstruiere ein Viereck ABCD aus b = 5,4 cm; c = 3,2 cm; d = 4,4 cm; f = 6,5 cm; $\alpha = 65°$. Verwandle es dann schrittweise in ein flächeninhaltsgleiches Quadrat.

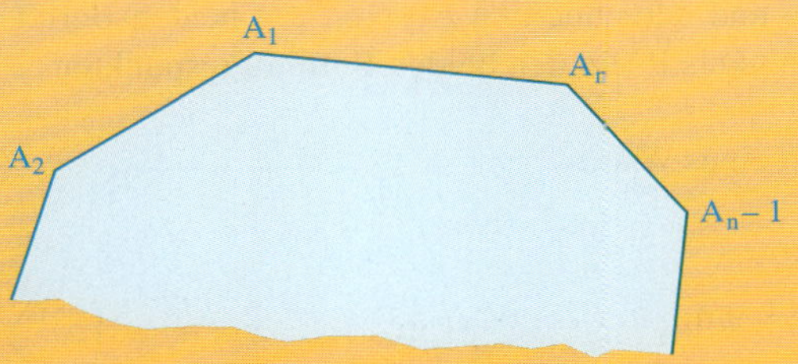


*Quadratur eines Vielecks*

**7. a)** Konstruiere ein regelmäßiges Sechseck mit der Seitenlänge a = 4,5 cm. Verwandle es dann schrittweise in ein flächeninhaltsgleiches Quadrat.

**b)** Begründe: Jedes n-Eck kann man in ein flächeninhaltgleiches (n − 1)-Eck verwandeln.

**c)** Begründe: Jedes n-Eck kann man in ein flächeninhaltgleiches Quadrat verwandeln.

## 5.4 Vermischte und komplexe Übungen

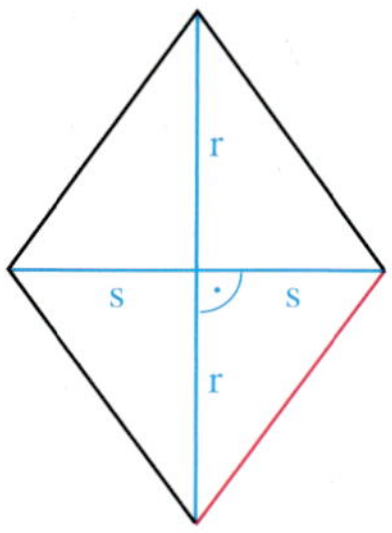


**1.** Ein Rhombus hat die Maße r = 12 cm und s = 9 cm.
Berechne den Umfang und den Flächeninhalt des Rhombus.

**2. a)** Gegeben ist ein Rechteck mit den Seitenlängen a = 8 cm und b = 5 cm.
(1) Berechne den Radius des Umkreises. Gib dafür auch eine Formel an.
(2) Ermittle den Abstand der Eckpunkte von einer Diagonalen.

**b)** Gegeben ist ein Quadrat mit der Seitenlänge a.
Gib eine Formel für den Umkreisradius an.

**3.** Ein gleichseitiges Dreieck hat den Umfang u = 18 cm. Berechne den Flächeninhalt des gleichseitigen Dreiecks.
Stelle zunächst eine Formel auf.

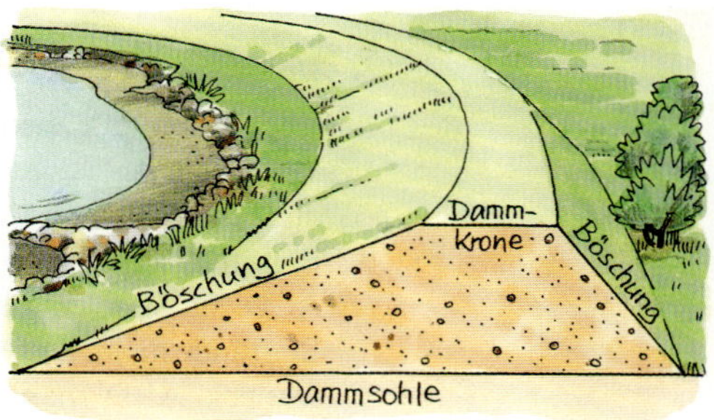


**4.** Das Bild zeigt den Querschnitt eines 3 m hohen Schutzwalls an einem Fluss.
Die Böschungen sind 4,0 m und 8,5 m lang und die Dammkrone 2,6 m.
Wie lang ist die Dammsohle?
Wie groß sind die Böschungswinkel?

**5. a)** Berechne die Länge der Grundseite a des nebenstehenden Trapezes ABCD sowie den Flächeninhalt des Trapezes.

**b)** Ein gleichschenkliges Trapez ABCD mit AB ∥ CD hat die Seitenlängen a = 6 cm, b = 2,5 cm und c = 4 cm.
(1) Berechne den Flächeninhalt.
(2) Leite eine Formel für den Flächeninhalt her.

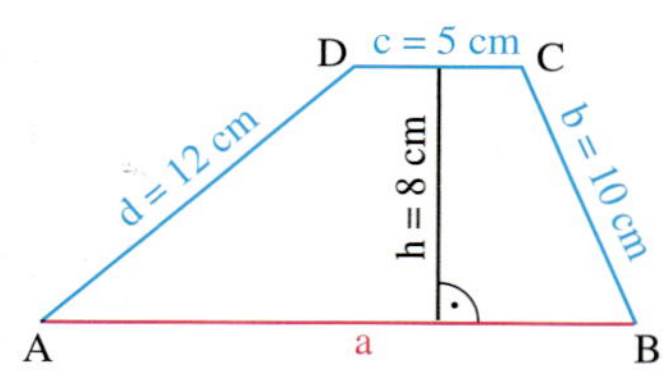


**6.** Von einem gleichschenkligen Trapez ABCD mit AB ∥ CD sind gegeben:

**a)** a = 85 cm, c = 63 cm, h = 55 cm. Berechne den Umfang u.

**b)** a = 37 cm, h = 5 cm, A = 125 $cm^2$. Berechne die Seitenlängen b und d.

**c)** a = 12 cm, b = d = 4,5 cm, c = 9 cm. Berechne die Länge der Diagonalen $\overline{AC}$.

**7.** Gegeben sind ein Kreis mit dem Radius r = 4 cm sowie ein Punkt P, der vom Kreismittelpunkt 7 cm entfernt ist.
Konstruiere die Tangenten von P an den Kreis und berechne den Abstand der beiden Berührungspunkte. Berechne auch den Abstand des Punktes P von den beiden Berührungspunkten.

**8.** Von den fünf Größen a, b, c, s und h eines Walmdaches sind vier gegeben.
Berechne die nicht gegebene Größe.

**a)** a = 13 m; b = 7 m; h = 8 m; c = 9 m

**b)** a = 10,5 m; b = 6,1 m; h = 5,2 m; s = 7,2 m

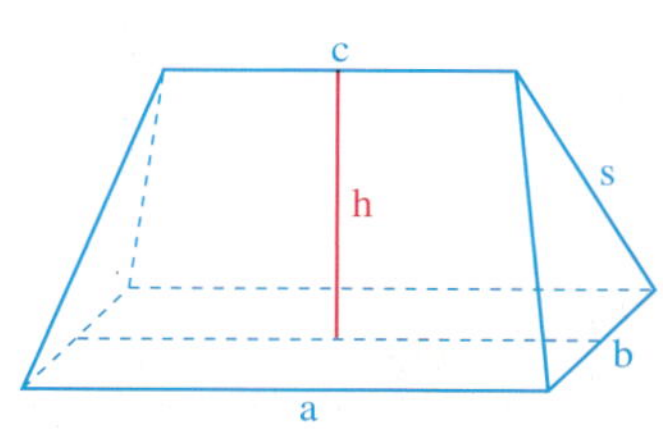

**9.** In einem Dachstuhl soll eine 80 cm hohe Stütze aufgestellt werden.
In welcher Entfernung vom Dachstuhlende E ist diese Stütze einzufügen?

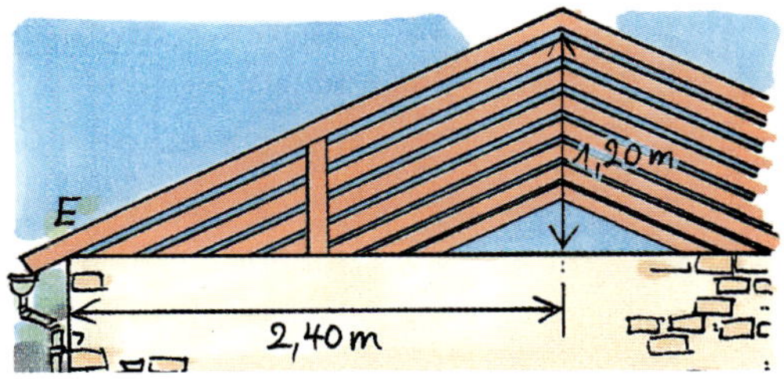


**10.** Um die Höhe eines Antennenmastes zu bestimmen, werden ein 1,60 m langer Stab $\overline{AD}$ und ein 2,40 m langer Stab $\overline{BF}$ so aufgestellt, dass man über sie den oberen Rand G des Turmes anpeilen kann. Man misst dann den Abstand $\overline{AB}$ der beiden Stäbe und den Abstand $\overline{BC}$ des längeren Stabes vom Turm und erhält: $\overline{AB}$ = 1,60 m und $\overline{BC}$ = 98 m.
Berechne die Höhe des Antennenmastes.

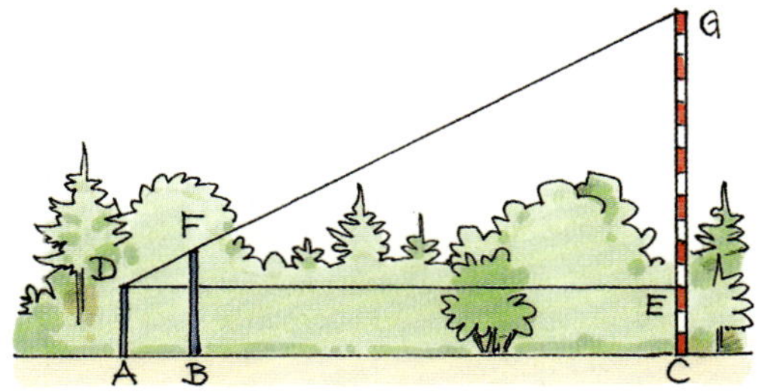


**11.** **a)** Ein Rechteck hat die Seitenlängen a und b.
Berechne die Diagonalenlänge e.

(1) a = 12 cm, b = 5 cm (2) a = 9 cm, b = 40 cm

**b)** Ein Quadrat hat die Seitenlänge a.
Berechne die Diagonalenlänge e.

(1) a = 5 cm (3) a = 12 dm
(2) a = 8,5 cm (4) a = 27 mm

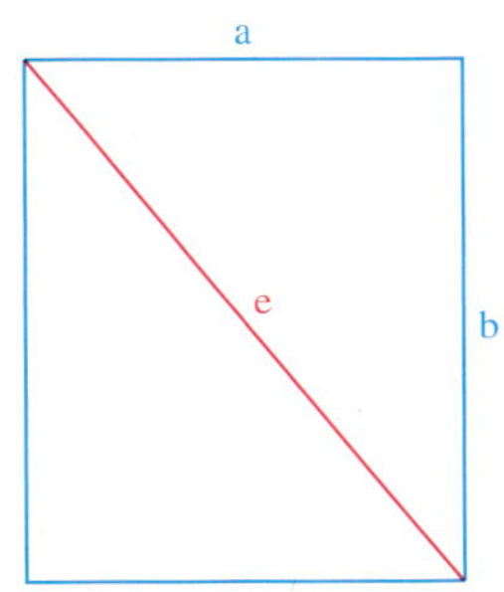


**12.** Berechne den Umfang und den Flächeninhalt der Figur. Zerlege dazu die Figur geeignet.

**a)**

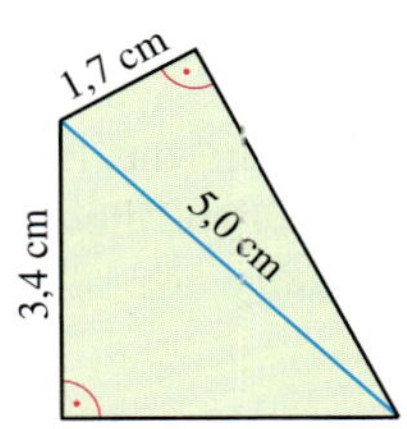


**b)**

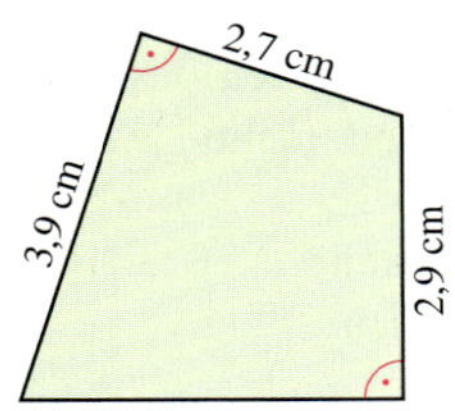


**c)**

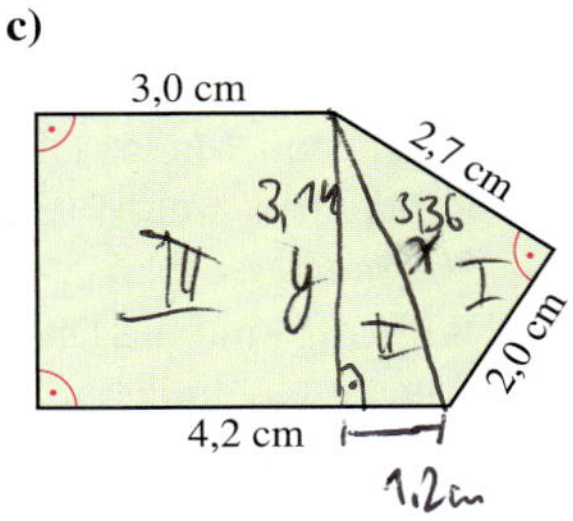


**d)**

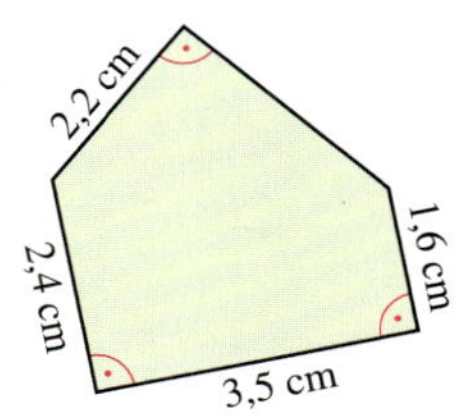


**13.** Berechne den Umfang und den Flächeninhalt der Grundstücke.

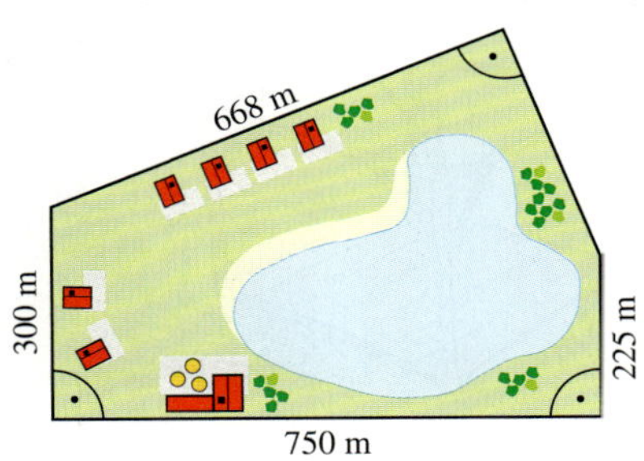


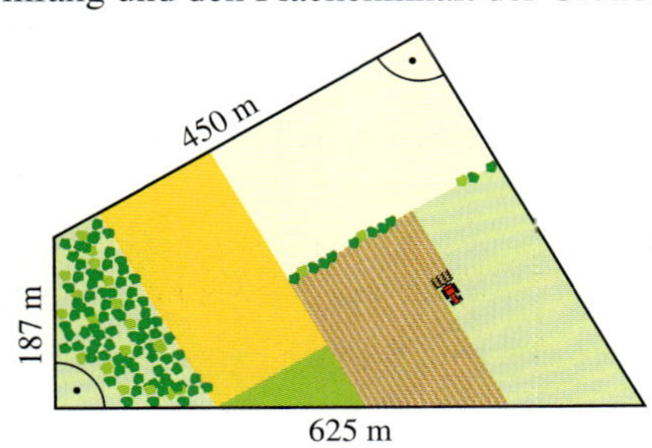


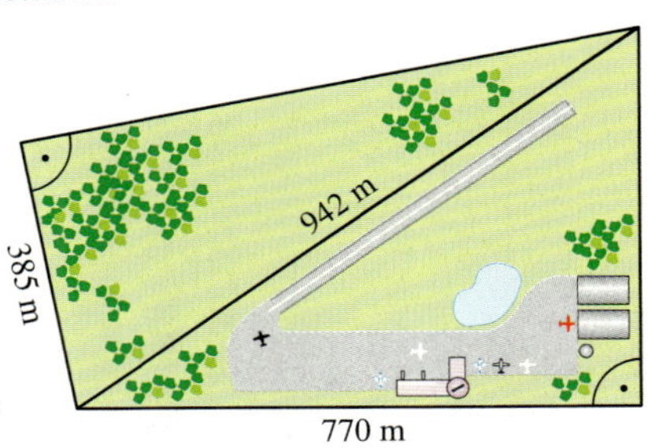

**14.** Gegeben ist das Dreieck ABC in einem Koordinatensystem.

**a)** Bestimme den Flächeninhalt.

**b)** Berechne die Seitenlängen des Dreiecks.

**c)** Berechne die Höhen $h_a$, $h_b$ und $h_c$. Verwende die Ergebnisse der Teilaufgaben a) und b).

**d)** Zeige: Wenn die Koordinaten der Eckpunkte des Dreiecks ganzzahlig sind, dann ist der Flächeninhalt ein ganzzahliges Vielfaches von $\frac{1}{2}$.

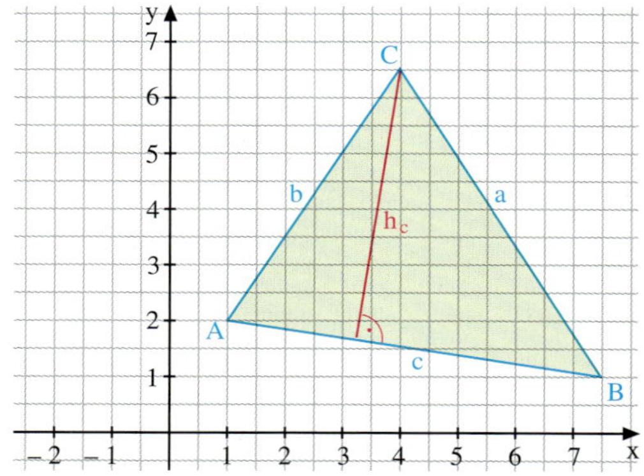


Eine Sehne ist eine Verbindungsstrecke von zwei Punkten auf dem Kreis.

**15.** In einem Kreis mit dem Radius $r = 8$ cm sind zwei Sehnen mit den Längen $s_1 = 5$ cm und $s_2 = 7$ cm parallel zueinander.
Berechne den Abstand der Sehnen voneinander. Unterscheide zwei Fälle.

**16.** Von einem rechtwinkligen Dreieck ABC mit $\gamma = 90°$ sind der Flächeninhalt $A = 22{,}12\ \text{cm}^2$ und die Länge der Kathete $a = 5{,}6$ cm gegeben. Berechne den Umfang u des Dreiecks, die Höhe $h_c$ zur Hypotenuse sowie den Radius r des Umkreises.

**17.**

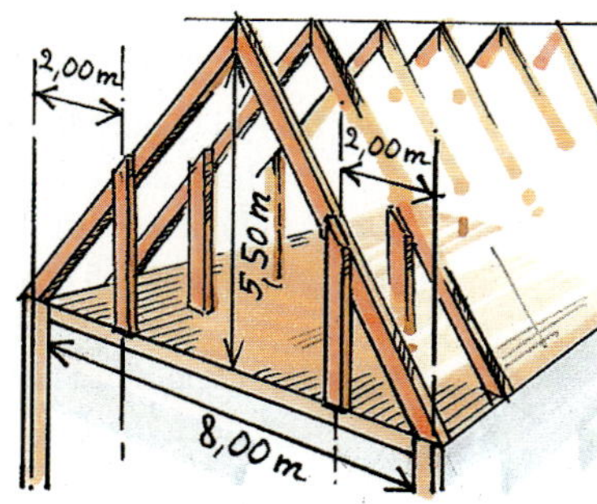


**a)** Ein Carport hat die in der Zeichnung angegebenen Maße. Die Dachsparren des Pultdaches stehen links und rechts je 30 cm über.
Wie lang sind die Dachsparren?
Welche Neigung hat das Dach?

**b)** Die Maße eines Satteldaches sind im Bild gegeben.
Berechne die Länge der Dachsparren und der Stützpfosten sowie die Größe der Dachneigung.

**18.** Der Gartenpavillon hat einen quadratischen Grundriss und 2 m hohe Wände. Das Dach ist eine Pyramide; die Firstbalken sind 3,82 m lang.
Wie hoch ist der Pavillon insgesamt?

**19.** Röhrenfernsehgeräte sind hergestellt worden
- mit unterschiedlichen Bildschirmgrößen, das sind die Diagonallängen;
- mit zwei Formaten, nämlich 4:3 und 16:9; das ist das Verhältnis von Länge zu Breite des Bildschirms.

Bei den technischen Daten eines alten Fernsehers findet Julia die Angabe: 70 cm-Farbbildröhre (sichtbares Bild: 66 cm).

**a)** Bestimme Länge und Breite des gesamten Bildschirms sowie des sichtbaren Teils bei dem Format 4:3. Wie viel Prozent des Bildschirms ist sichtbar?

**b)** Löse die Teilaufgabe a) für das Format 16:9. Vergleiche die Bildschirmflächen beider Formate.

**20.** Auf die Dachreling eines Pizza-Taxis sollen zwei rechteckige Platten für Werbung aufgeschraubt und oben verbunden werden. Das Auto mit Dachreling ist 1,43 m hoch, die Holme der Dachreling sind 2,10 m lang und 1,39 m voneinander entfernt.
Das Auto soll unter einem 2,50 m hohen Carport stehen. Der Sicherheitsabstand in der Höhe soll 10 cm betragen.
Wie groß dürfen die Platten höchstens sein?

**21.** Eine Tür ist 0,82 m breit und 1,97 m hoch. Eine 2,10 m breite und 3,40 m lange Holzplatte soll durch die Tür getragen werden. Ist das möglich?

**22.** Eine Seilbahn überwindet auf einer ersten Teilstrecke von 250 m Länge eine Höhendifferenz von 180 m. Auf einer zweiten Teilstrecke von 124 m Länge beträgt die Höhendifferenz 78 m.
Wie groß sind die Steigungswinkel der beiden Teilstrecken?
Fertige eine Skizze an.

**23.** Eine Leiter ist genauso lang wie eine Mauer hoch ist. Lehnt man diese Leiter 20 cm unter dem oberen Mauerrand an, so steht sie unten 1,20 m von der Mauer entfernt.
Wie lang ist die Leiter?

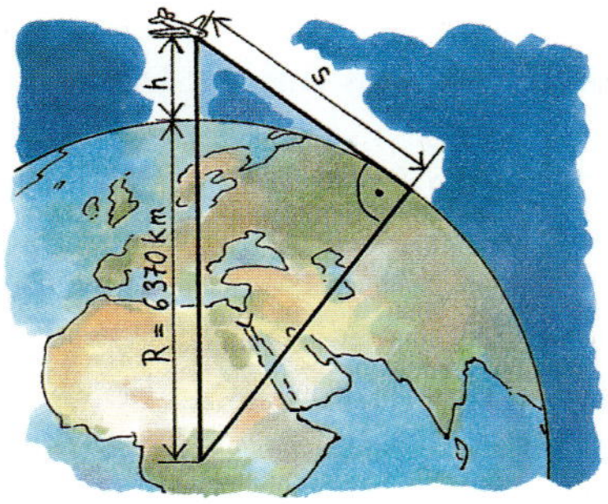


**24.** **a)** Am Strand der Nordsee fliegt ein Sportflugzeug in 150 m Höhe.
Bis zu welcher Entfernung s kann die Pilotin noch Schiffe bis zur Wasserlinie sehen?

**b)** Wie hoch muss das Flugzeug fliegen, damit die Pilotin 100 km weit sehen kann?

**c)** Wie weit kann ein Mensch mit der Augenhöhe 1,70 m ins Meer hinaus sehen?

**d)** Stelle weitere Fragen und beantworte sie.

*Hinweis:* Die Lichtbrechung wird nicht berücksichtigt. Die Lichtstrahlen sollen geradlinig sein.

**25.** Auf dem Foto links siehst du eine Steigungsangabe für Fahrradfahrer. Erkläre sie.
Wie kann man das Steigungsverhalten des Fahrradweges noch angeben?

**26.** Jede Straße muss eine Querneigung besitzen, damit z. B. das Regenwasser abfließen kann. Die Querneigung beträgt in der Regel 2,5 %.

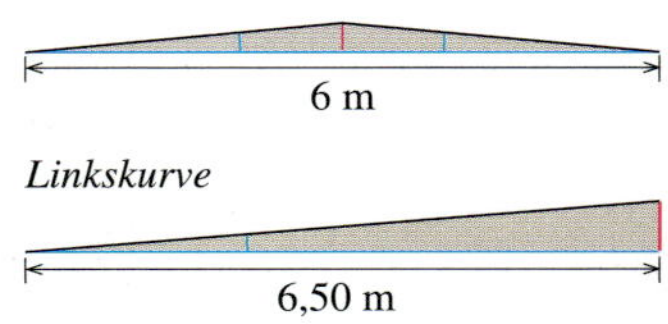


**a)** Um wie viel cm ist eine 6 m breite, gerade Straße in der Mitte höher als am Rande?

**b)** Um wie viel cm ist eine 6,50 m breite Straße in einer Kurve an einer Seite höher als an der anderen?

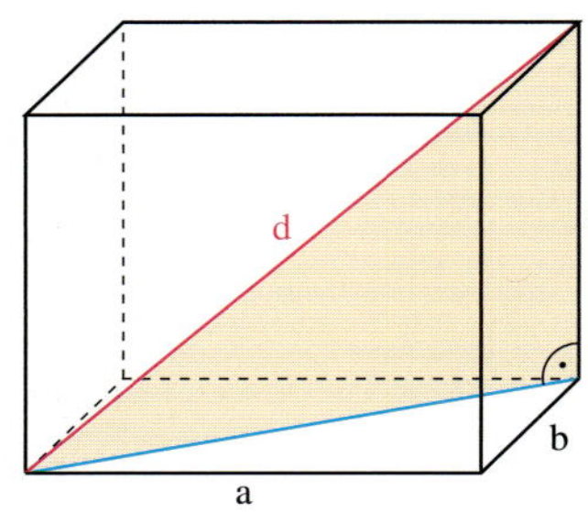


**27.** **a)** Ein Quader ist durch die Kantenlängen a, b, c gegeben.
Leite eine Formel für die Länge d der Raumdiagonalen her.

**b)** Berechne die Längen der Diagonalen der Seitenflächen sowie die Länge der Raumdiagonalen eines Quaders.

(1) a = 7 cm; b = 5 cm; c = 4 cm
(2) a = 6,4 cm; b = 8,9 cm; c = 1,9 cm

**c)** Von den vier Größen a, b, c und d eines Quaders sind drei gegeben. Berechne die nicht gegebene.

| (1) | (2) | (3) |
|---|---|---|
| a = 2 cm | a = 2,4 cm | b = 4,9 cm |
| b = 4 cm | c = 1,8 cm | c = 3,7 cm |
| c = 6 cm | d = 4,6 cm | d = 9,5 cm |

**28.** **a)** Wie lang ist die Raumdiagonale in einem Würfel mit der Kantenlänge a?
Leite eine Formel her.

**b)** Berechne die Länge einer Flächendiagonalen und die Länge einer Raumdiagonalen eines Würfels mit der Kantenlänge a = 5 cm [a = 3,5 m].

**c)** Berechne die Kantenlänge und die Länge einer Flächendiagonalen eines Würfels, dessen Raumdiagonale 8 cm [5,3 cm] lang ist.

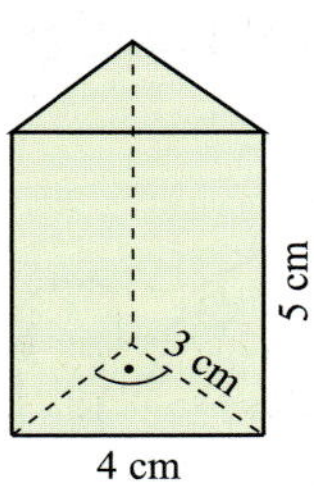


**29.** **a)** Berechne das Volumen V und den Oberflächeninhalt $A_O$ des Prismas.

**b)** Ein 6,5 cm hohes Prisma hat ein gleichseitiges Dreieck als Grundfläche; das Dreieck hat eine Seitenlänge von 3,8 cm.
Berechne Oberflächeninhalt und Volumen des Prismas.

**30.** Das nebenstehende Netz gehört einem 8 cm hohen Prisma mit einem gleichseitigen Dreieck als Grundfläche, dessen Seitenlänge 5 cm beträgt.

**a)** Zeichne das Schrägbild des Prismas.

**b)** Zeichne die Strecke $\overline{AB}$ ein. Die beiden Punkte liegen genau in der Mitte der Seite.

**c)** Berechne die Länge der Strecke $\overline{AB}$.

**d)** Berechne das Volumen des Prismas.

M = 1 : 2

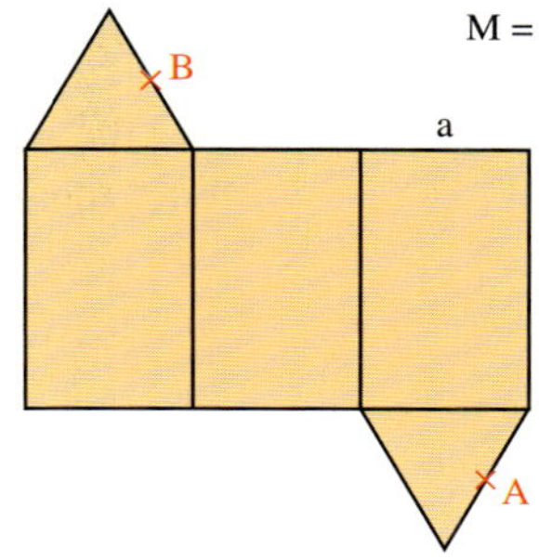


**31. a)** Die Maße der Grundfläche des Prismas sind der Zeichnung zu entnehmen. Das Prisma hat eine Höhe von 8,0 cm.

(1) Zeichne das Schrägbild des Prismas.

(2) Zeichne die Strecke $\overline{AB}$ in das Schrägbild ein und berechne deren Länge.

**b)** Die Grundkante des regelmäßigen Sechsecks beträgt a = 4,0 cm, die Körperhöhe des Prismas h = 7,6 cm.

(1) Zeichne das Schrägbild des Prismas.

(2) Zeichne die Strecke $\overline{AB}$ in das Schrägbild ein. Berechne die Länge der Strecke $\overline{AB}$.

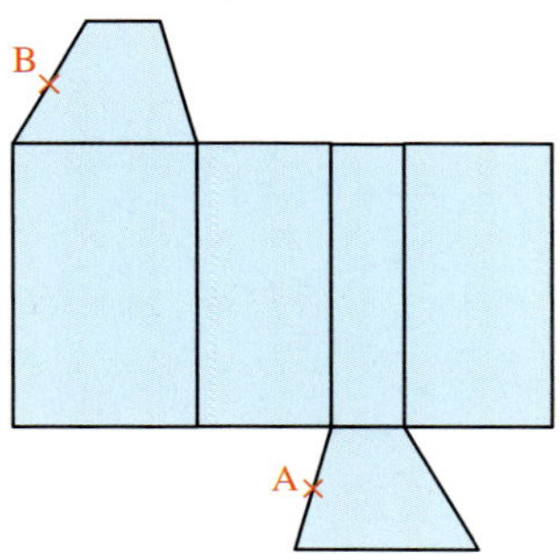


Maße in cm

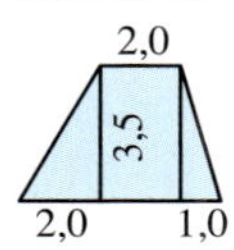


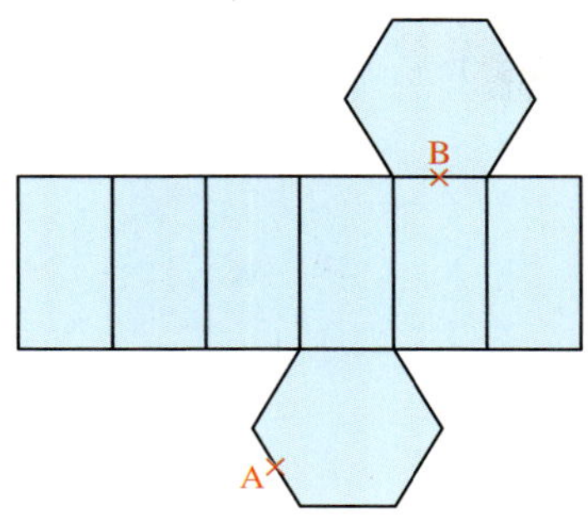


**32.** Gegeben sind im Koordinatensystem (Einheit 1 cm) die Punkte A(–2|–1) und B(4|5).
Berechne die Länge der Strecke $\overline{AB}$. Verlängere dann die Strecke $\overline{AB}$ über A und B hinaus; du erhältst eine Gerade g. Bestimme die Gleichung von g.

**33.** zu **a)**

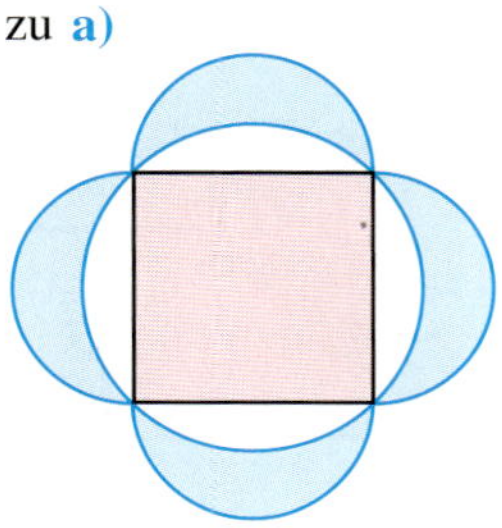

zu **b)**

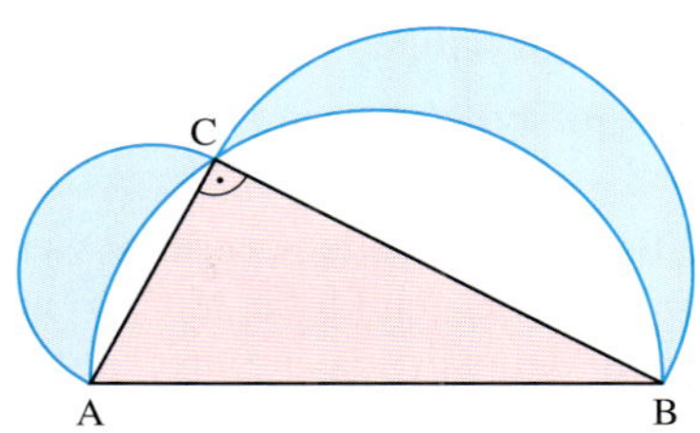


zu **c)**

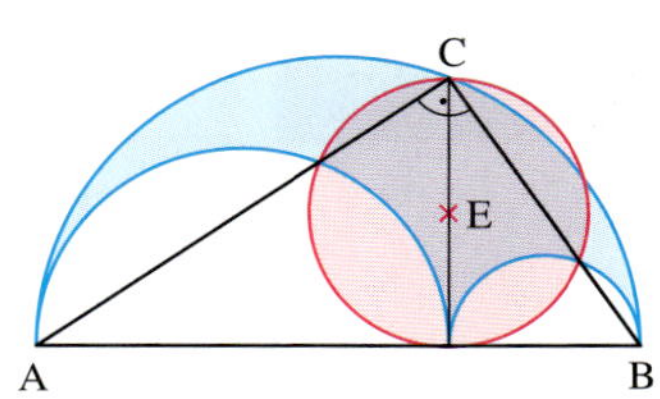


**a)** Zeige: Die Summe der Flächeninhalte der „Möndchen" über den Quadratseiten ist gleich dem Flächeninhalt des Quadrates.

**b)** Zeige: Die Summe der Flächeninhalte der „Möndchen" über den Katheten des rechtwinkligen Dreiecks ist gleich dem Flächeninhalt des Dreiecks (Möndchen des Hippokrates von Chios, um 440 v. Chr.).

**c)** Zeige: Die blau gefärbte „Sichel" ist genauso groß wie der rot gefärbte Kreis (Sichel des Archimedes).

## Bist du fit?

**1.** Berechne die Länge der roten Seite.

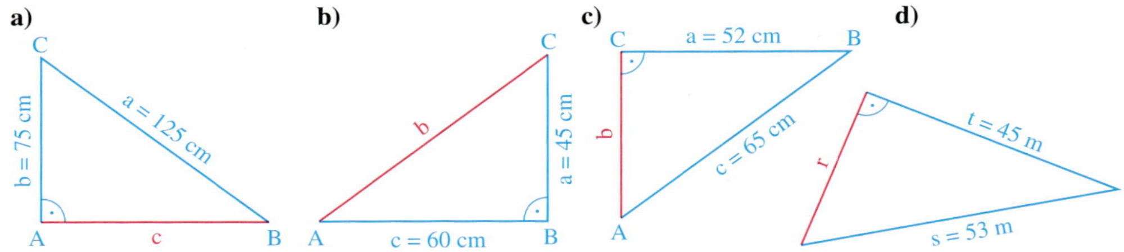


**2.** Berechne die Höhe und bestimme den Flächeninhalt für ein

**a)** gleichschenkliges Dreieck mit der Schenkellänge s = 85 cm und der Basis g = 72 cm;

**b)** gleichseitiges Dreieck mit der Seitenlänge a = 26 cm.

**3.** Berechne die Seitenlängen des rot gefärbten Dreiecks.

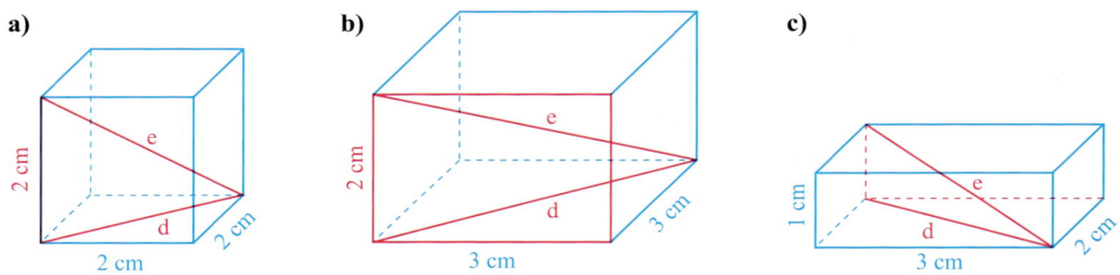

**4.** Ein 120 m hoher Sendemast soll durch vier Stahlseile abgesichert werden, die in $\frac{3}{4}$ der Höhe befestigt sind. Die Seile sollen 60 m vom Mast entfernt im Boden verankert werden.
Wie viel m Seil werden benötigt?
(Das Durchhängen der Seile soll unberücksichtigt bleiben.)

**5.** An einer Straße wird ein 60 m langer Lärmschutzwall geplant, dessen Querschnittsfläche ein gleichschenkliges Trapez sein soll.

**a)** Wie viel $m^3$ Erde müssen aufgeschüttet werden?

**b)** Beide Böschungen sollen bepflanzt werden. Das Bepflanzen kostet 36 € pro $m^2$ zuzüglich Mehrwertsteuer. Berechne die Kosten.

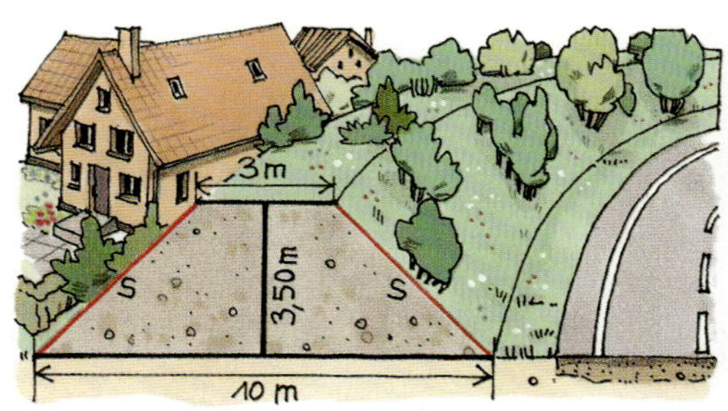


**6.** Ein Dreieck ABC hat einen rechten Winkel bei C. Berechne die übrigen der sechs Längen a, b, c, p, q und h. Kontrolliere durch Zeichnung. Berechne auch den Flächeninhalt des Dreiecks.

**a)** b = 6 cm; q = 4 cm

**b)** p = 3 cm; q = 4 cm

**7.** Berechne die Länge einer Diagonalen.

**a)** Quadrat mit a = 8,5 cm [43 cm];

**b)** Rechteck mit a = 12 cm und b = 5 cm.

# Bleib fit im …
# Umgang mit Flächeninhalt und Volumen

**Zum Aufwärmen**

**1.** Berechne für den im Schrägbild dargestellten Körper den Oberflächeninhalt und das Volumen.

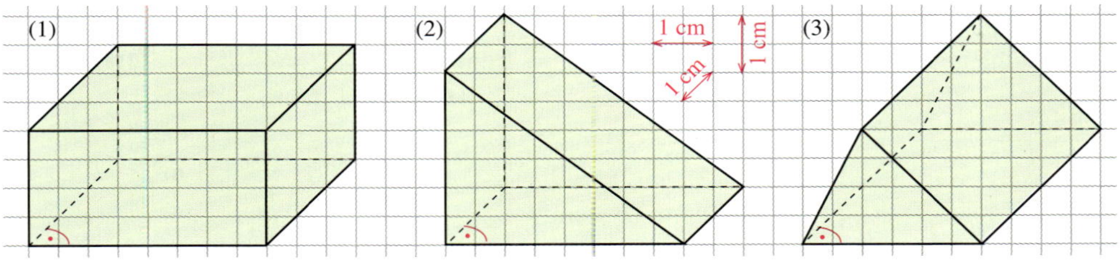


**2. a)** Erläutere am Quadrat rechts den Zusammenhang zwischen den Flächeninhaltseinheiten $mm^2$ und $cm^2$.

**b)** Erläutere ebenso am Würfel rechts den Zusammenhang zwischen den Volumeneinheiten $mm^3$ und $cm^3$.

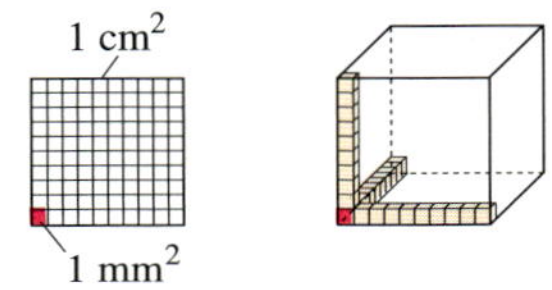


**Zum Erinnern**

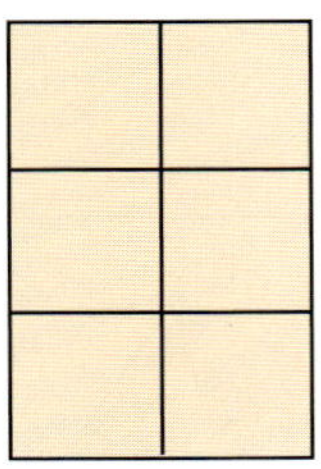

**(1) Flächeninhalt und Umfang von ebenen Figuren**

Der Flächeninhalt A einer Figur gibt an, wie viele Einheitsquadrate in der Figur enthalten sind. Das Rechteck links enthält 6 Quadrate der Seitenlänge 1 cm, sein Flächeninhalt beträgt 6 $cm^2$. Will man andere Figuren lückenlos überdecken, muss man die Einheitsquadrate geeignet zerteilen.

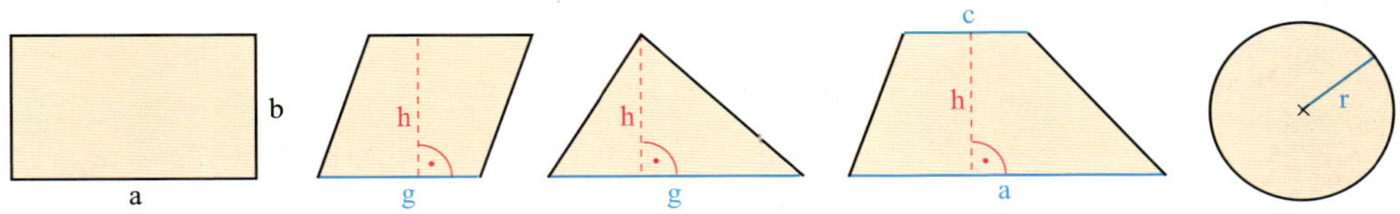


$A = a \cdot b$ | $A = g \cdot h$ | $A = \frac{1}{2} g \cdot h$ | $A = \frac{1}{2}(a + c) \cdot h$ | $A = \pi r^2$

**(2) Oberflächeninhalt und Volumen von Prismen**

Der Oberflächeninhalt $A_O$ eines Körpers ist die Summe der Flächeninhalte aller Begrenzungsflächen; er gibt z. B. an, wie viel Pappe zur Herstellung eines Flächenmodells des Körpers benötigt wird. Das Volumen V eines Körpers gibt an, wie viele Einheitswürfel lückenlos in ihn passen.

Für den **Oberflächeninhalt $A_O$ eines geraden Prismas** mit der Grundflächengröße $A_G$, der Mantelflächengröße $A_M$, der Höhe h und dem Umfang u der Grundfläche gilt:

$A_O = 2 \cdot A_G + A_M$ **bzw.** $A_O = 2 \cdot A_G + u \cdot h$

Für das **Volumen V dieses Prismas** gilt:

$V = G \cdot h$

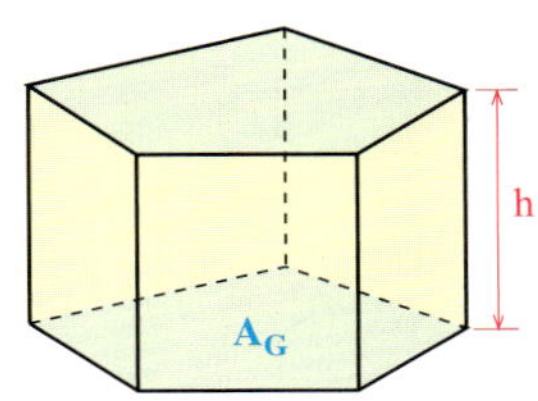

### (3) Umwandeln von Flächeninhalts- und Volumeneinheiten

Die Umwandlungszahl der Längeneinheiten ist 10 (z.B. 10 mm = 1 cm; 10 dm = 1 m). Man benötigt daher z.B. $10 \cdot 10$ Quadrate der Größe 1 $dm^2$, um ein 1 $m^2$ großes Quadrat auszulegen. Entsprechend benötigt man $10 \cdot 10 \cdot 10$ Würfel der Kantenlänge 1 $dm^3$, um einen 1 $m^3$ Würfel damit zu füllen.

*Bei Flächeninhaltseinheiten: Umwandlungszahl 100*

$1\,mm^2 \xrightarrow{\cdot 100} 1\,cm^2 \xrightarrow{\cdot 100} 1\,dm^2 \xrightarrow{\cdot 100} 1\,m^2 \xrightarrow{\cdot 100} 1\,a \xrightarrow{\cdot 100} 1\,ha \xrightarrow{\cdot 100} 1\,km^2$

$100\,mm^2 = 1\,cm^2$ | $100\,m^2 = 1\,a$
$100\,cm^2 = 1\,dm^2$ | $100\,a = 1\,ha$
$100\,dm^2 = 1\,m^2$ | $100\,ha = 1\,km^2$

*Bei Volumeneinheiten: Umwandlungszahl 1000*

$1\,mm^3 \xrightarrow{\cdot 1\,000} 1\,cm^3 \xrightarrow{\cdot 1\,000} 1\,dm^3 \xrightarrow{\cdot 1\,000} 1\,m^3$

$1\,000\,mm^3 = 1\,cm^3$ | $1\,l = 1\,dm^3$
$1\,000\,cm^3 = 1\,dm^3$ | $1\,ml = 1\,cm^3$
$1\,000\,dm^3 = 1\,m^3$ | $1\,l = 1\,000\,ml$

**Zum Trainieren**

**3.** Rechts sind Grundstücke eines Neubaugebietes skizziert. 1 $m^2$ kostet 110 €.
Berechne die Preise der vier Grundstücke.

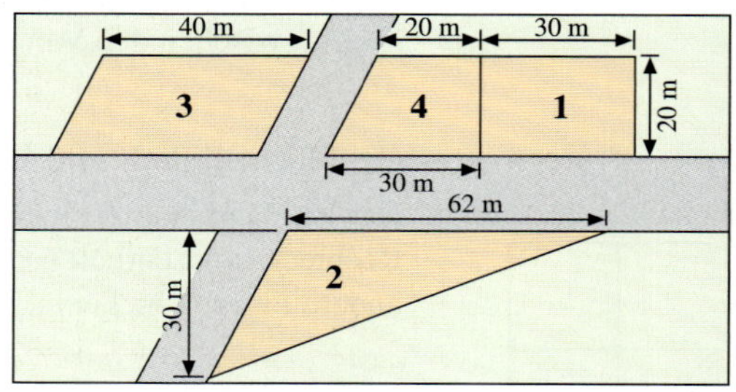


**4.** Um einen Baum wird eine kreisrunde Pflanzscheibe mit Durchmesser 1,60 m angelegt.

**a)** Berechne den Flächeninhalt der Pflanzscheibe.

**b)** Berechne die Länge des Randes der Pflanzscheibe, die mit Kantsteinen eingefasst wird.

**5.** Eine Süßigkeiten-Verpackung hat die Form eines dreiseitigen Prismas.

**a)** Berechne das Fassungsvermögen der Verpackung.

**b)** Berechne den Materialbedarf der Verpackung.

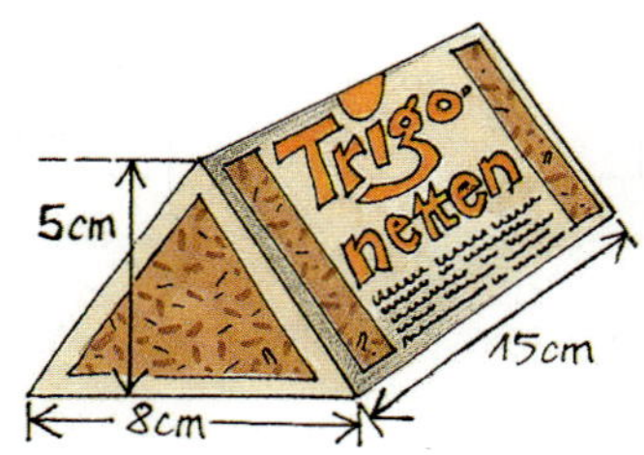


**6.** In einer verkehrsberuhigten Straße sollen acht gleich große Pflanzkübel mit Blumenerde gefüllt werden. Ihre Grundfläche ist ein regelmäßiges Sechseck. Die Erde soll innen 60 cm hoch sein. Wie viel $m^3$ Erde muss gekauft werden?

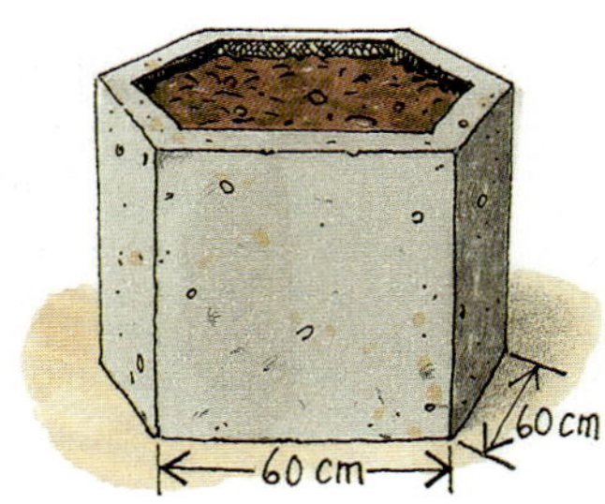


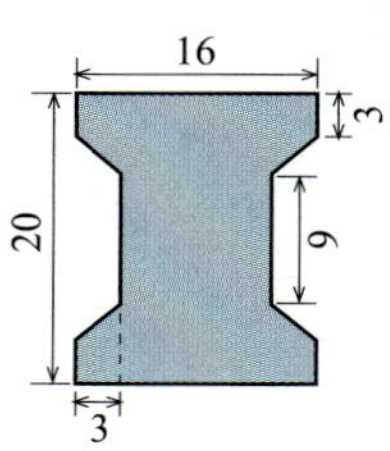

Maße in cm

**7.** Einfahrten werden häufig mit Verbundsteinen gepflastert. Links siehst du die Maße eines Steines, der 7 cm hoch ist. Er wird aus Beton hergestellt; 1 $cm^3$ Beton wiegt 2,5 g.

**a)** Eine 30 $m^2$ große Einfahrt soll mit diesen Steinen gepflastert werden. Zur Sicherheit und wegen des Verschnittes werden 3 % mehr Steine bestellt als mindestens nötig. Berechne, wie viele Steine bestellt werden müssen.

**b)** Ein gemieteter Kleinlaster hat eine Zuladung von 3 t.
Wie viele Fahrten sind für den Transport der benötigten Steine erforderlich?

# 6. ZYLINDER, PYRAMIDE, KEGEL, KUGEL

In Griechenland und Spanien haben viele zylinderförmige Windmühlen ein kegelförmiges Dach. Solche Dächer findet man auch bei Türmen von Kirchen, Schlössern und Moscheen.

Der Vergnügungspark „Disney World" in Florida (USA) bietet in diesem kugelförmigen Gebäude eine Reise durch die Entstehungsgeschichte der Erde an. Die Kugel ist ungefähr 55 m hoch und die Ummantelung besteht aus 11 324 Dreiecken aus Aluminium und Plastik.

Auf dem Marktplatz von Karlsruhe errichtete Johann Jakob Friedrich Weinbrenner im 19. Jahrhundert eine 6,5 m hohe Sandsteinpyramide. Auf dem Kirchturm findest du auch eine Pyramide.

- Suche nach Gebäuden oder Gebäudeteilen, die die Form eines Zylinders, einer Pyramide, eines Kegels oder einer Kugel haben.
- Überlege, warum man diese Formen gewählt hat.

In diesem Kapitel lernst du, wie man das Volumen und den Oberflächeninhalt dieser Körper berechnen kann.

## 6.1 Eigenschaften und Darstellung des Kreiszylinders

### 6.1.1 Eigenschaften des Kreiszylinders

**Aufgabe 1**

Die abgebildeten Verpackungen stellen ein Prisma und einen Kreiszylinder dar.
Beschreibe Gemeinsamkeiten und Unterschiede der beiden Körper.

**Lösung**

Beide Körper besitzen zwei zueinander parallele und kongruente Grundflächen. Die Grundflächen des Prismas sind Vielecke (hier: Sechsecke), beim Zylinder Kreisflächen.
Die Seitenflächen des Prismas sind Rechtecke; die Seitenfläche des Zylinders ist gewölbt.
Die Kanten des Prismas sind Strecken, beim Zylinder Kreise. Das Prisma besitzt Ecken, der Zylinder dagegen nicht.

**Information**

Ein **Kreiszylinder** (kurz: *Zylinder*) ist ein Körper, dessen **Grundflächen** Kreisflächen sind, die parallel und kongruent zueinander sind.
Die **Mantelfläche** eines Zylinders ist gewölbt.
Der Abstand der beiden Grundflächen voneinander ist die Höhe des Zylinders.

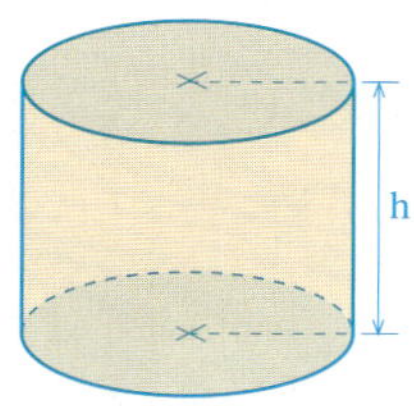


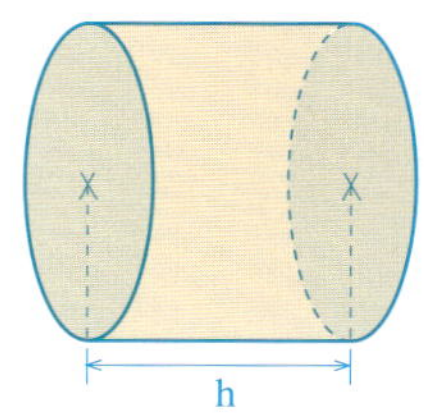


**Weiterführende Aufgabe**

**2.** *Gerade und schiefe Kreiszylinder*

Rechts sind ein *gerader* und ein *schiefer* Zylinder abgebildet. Beschreibe den Unterschied.

(1)

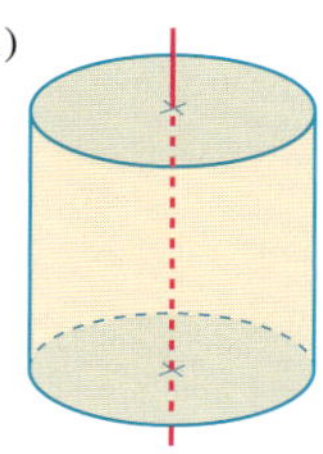

(2)

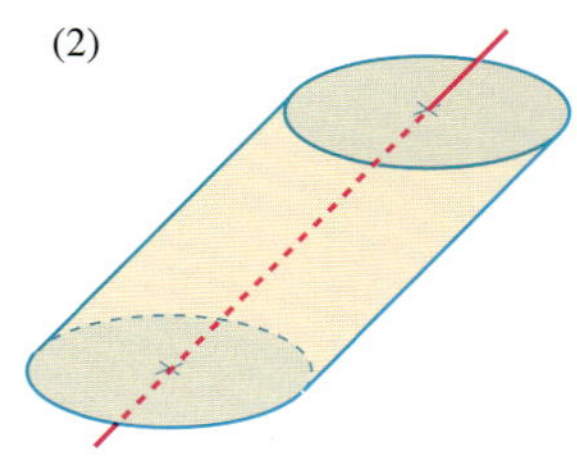

**Übungsaufgaben**

**3.** **a)** Stelle aus Knete einen geraden Kreiszylinder her. Zerschneide ihn
(1) parallel zu einer Grundfläche,
(2) entlang der Achse (Gerade durch den Mittelpunkt der Grundflächen).
Welche Form haben die Schnittflächen?

**b)** Denke dir dasselbe mit einem schiefen Kreiszylinder ausgeführt. Was kannst du hier über die Schnittflächen aussagen?

**4.** Dreht man ein Rechteck um eine Mittellinie, so entsteht ein gerader Kreiszylinder. Ihr könnt das mit einem aus Karton ausgeschnittenen Rechteck und aufgeklebtem dünnen Stab ausprobieren.
Was erzeugen bei einer solchen Rotation
(1) die Strecken $\overline{AB}$ und $\overline{CD}$, (2) die Strecken $\overline{AD}$ und $\overline{BC}$?

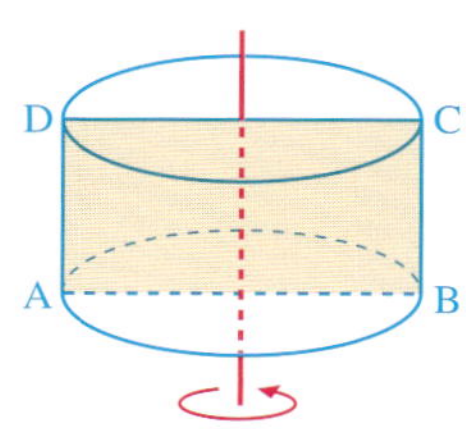

**5.** Sucht Gegenstände im Alltag, die die Form eines Kreiszylinders haben. Fotografiert sie und erstellt ein Poster.

**6.** Entscheide, ob ein Kreiszylinder vorliegt oder nicht. Begründe.

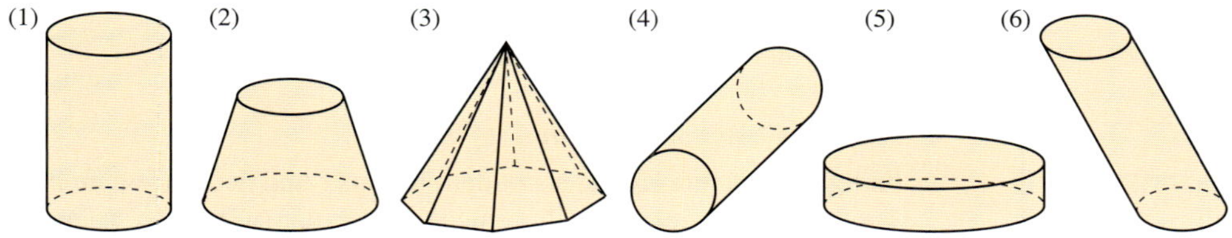


### 6.1.2 Schrägbild und Zweitafelbild des geraden Kreiszylinders

**Aufgabe 1**

Gegeben ist ein 3 cm hoher gerader Zylinder. Der Radius der Grundfläche beträgt 2 cm.
Zeichne ein Schrägbild des Zylinders mit dem Verzerrungswinkel 45° und dem Verkürzungsfaktor $\frac{1}{2}$. Zeichne geeignete Tiefenstrecken ein.

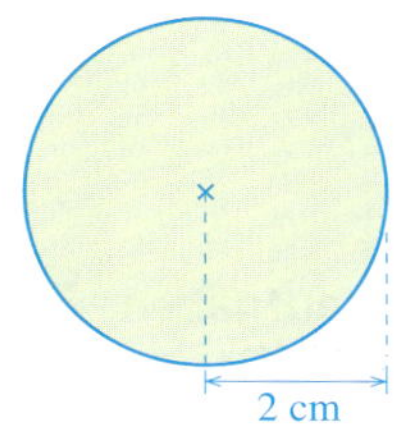


**Lösung**

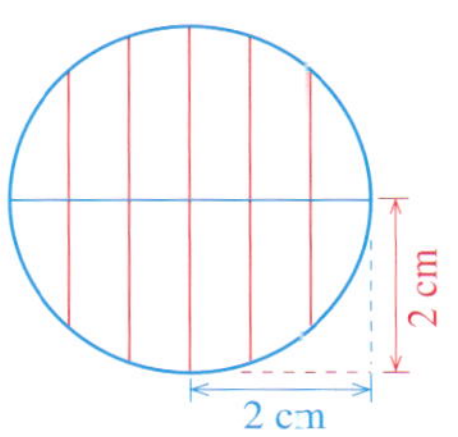


Zeichne geeignete Tiefenstrecken (rot) ein.

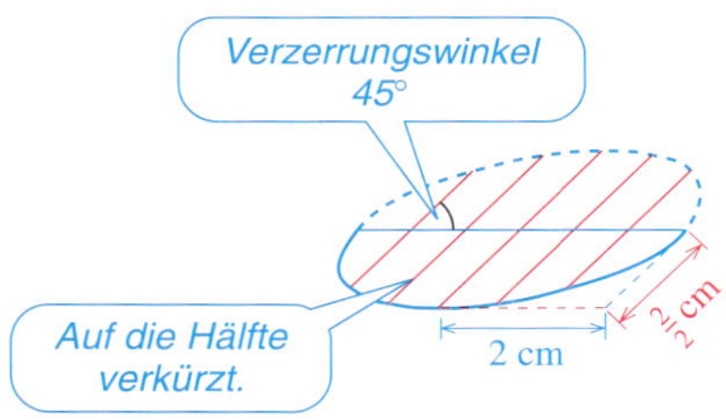


Zeichne den parallel zur Vorderseite verlaufenden Durchmesser (blau) unverkürzt sowie die Tiefenstrecken (rot) unter einem Winkel von 45° und auf die Hälfte verkürzt.

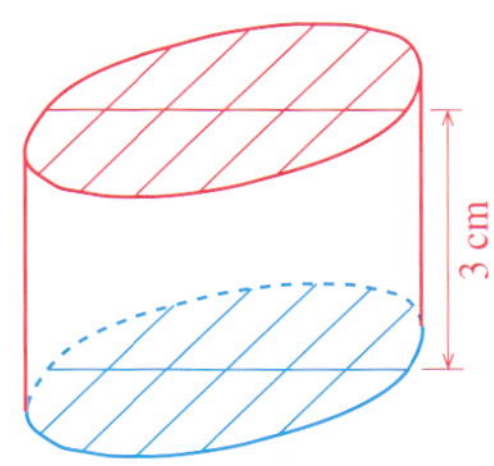


Zeichne senkrecht nach oben verlaufende Strecken unverkürzt. Ergänze die Deckfläche.
Verdeckte Kanten werden gestrichelt gezeichnet.

**Weiterführende Aufgaben**

**2.** *Schrägbild mit dem Verzerrungswinkel 90°*

Für das Schrägbild eines Zylinders wählt man oft als Verzerrungswinkel 90°, weil dadurch das Zeichnen erleichtert wird.
Zeichne ein Schrägbild des Zylinders aus Aufgabe 1 mit dem Verzerrungswinkel 90° und dem Verkürzungsfaktor $\frac{1}{2}$.

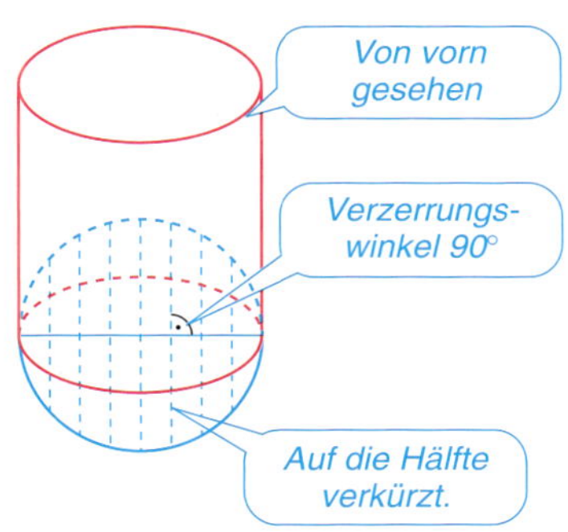

**3.** *Schrägbild eines liegenden Zylinders*

In den Aufgaben 1 und 2 steht der Zylinder auf einer Grundfläche. Zylinder werden aber häufig auch liegend dargestellt. Man sieht dann die Grundfläche von vorn und es ist einfacher, das Schrägbild zu zeichnen.
Zeichne den Zylinder aus Aufgabe 1 liegend.

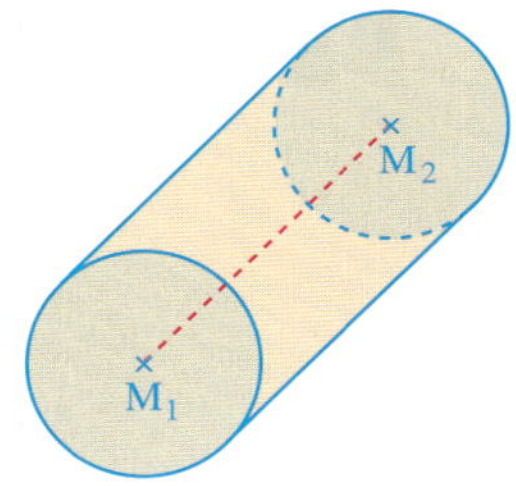


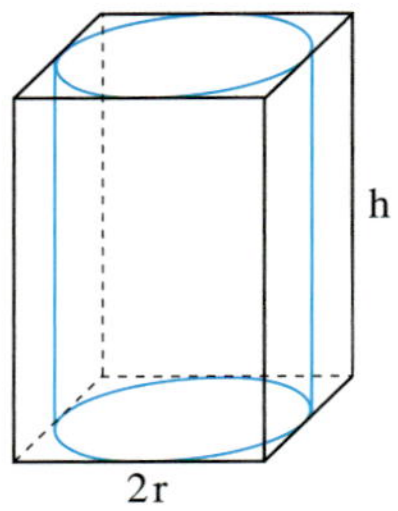


**4.** *Skizzieren eines Schrägbildes*

Fertige von einem Zylinder mit dem Radius r und der Höhe h eine Handskizze an.
*Anleitung:* Skizziere zunächst einen Quader, der (wie in der Zeichnung links) auf einer quadratischen Grundfläche mit der Seitenlänge 2r steht und die Höhe h hat.

**5.** *Zweitafelbild eines geraden Kreiszylinders*

Gegeben ist ein Kreiszylinder mit dem Radius r = 2,5 cm und der Höhe 5,4 cm.

**a)** Skizziere den Zylinder stehend. Zeichne (1) den Grundriss, (2) den Aufriss.

**b)** Skizziere den Zylinder liegend. Zeichne verschiedene Ansichten wie in Teilaufgabe a).

**Übungsaufgaben**

**6.** Zeichne ein Schrägbild des Zylinders mit dem Verzerrungswinkel $\alpha = 90°$ und dem Verkürzungsfaktor $q = \frac{1}{2}$.

**a)** r = 30 mm; h = 45 mm **b)** d = 45 mm; h = 35 mm **c)** d = h = 62 mm

**7.** Zeichne die Zylinder aus Aufgabe 6 liegend mit $q = \frac{1}{2}$ und $\alpha = 45°$.

**8.** **a)** Zeichne ein Schrägbild eines liegenden Kreiszylinders mit r = 2 cm und h = 5 cm.

**b)** Zeichne ein Zweitafelbild dieses Zylinders.

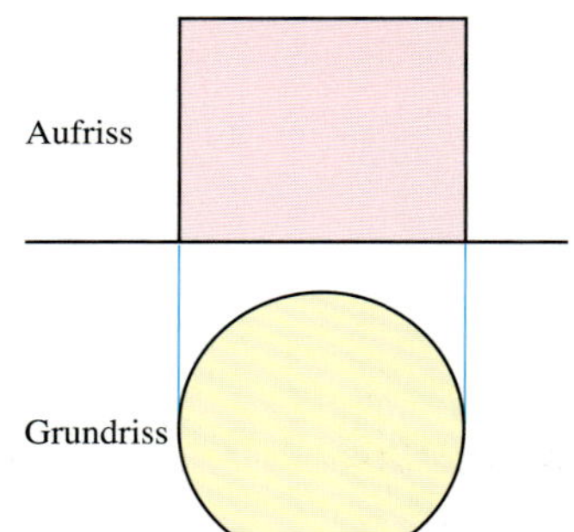


**9.** Entnimm die Maße des Kreiszylinders dem *Zweitafelbild* rechts.

**a)** Vergleiche den Aufriss des Zylinders mit einem Achsenschnitt des Zylinders. Zeichne einen Achsenschnitt in den Grundriss ein.

**b)** Zeichne ein Schrägbild des Zylinders.

**10.** Rechts seht ihr Zylinderdiagramme zu den typischen Skater-Verletzungen und den Lieblingsbrotsorten der Deutschen im Jahr 2009.
Führt in eurer Klasse eine Befragung durch und zeichnet die dazugehörigen Zylinderdiagramme.

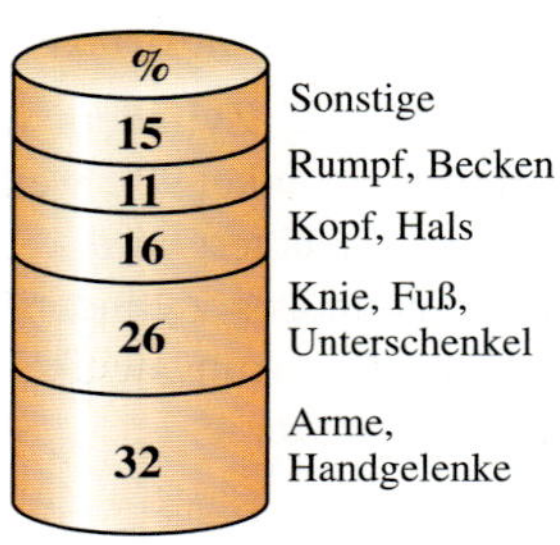


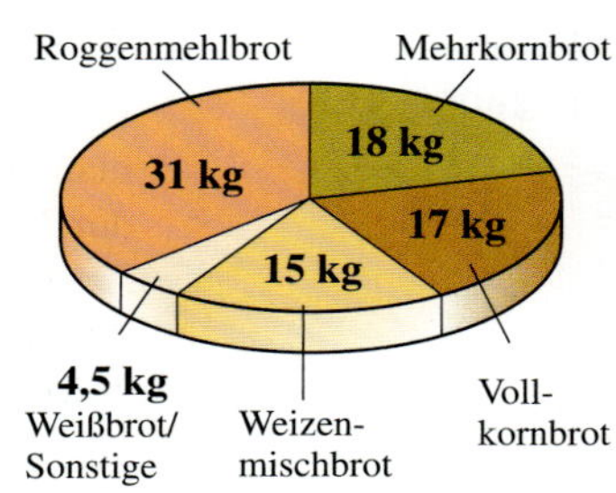

## 6.2 Netz und Oberflächeninhalt des Kreiszylinders

**Aufgabe 1**

Zur Verpackung von Lebkuchen benutzt eine Firma auch zylinderförmige Blechdosen (Maße im Bild).

**a)** Es soll ein Papiermodell hergestellt werden. Fertige dazu ein Netz des Zylinders an.

**b)** Berechne den Materialbedarf (ohne Verschnitt); stelle zunächst eine Formel auf.

**Lösung**

Die Dose hat die Form eines Zylinders.

**a)** Wenn man die Mantelfläche des Zylinders in die Ebene abwickelt, erhält man ein Rechteck. Das Netz des Zylinders besteht aus dem Rechteck und den beiden kreisförmigen Grundflächen.

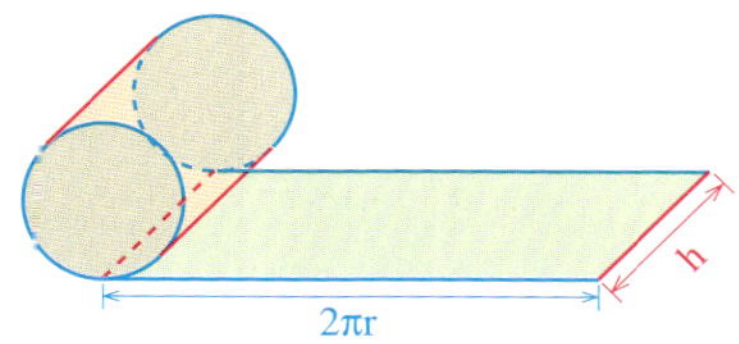


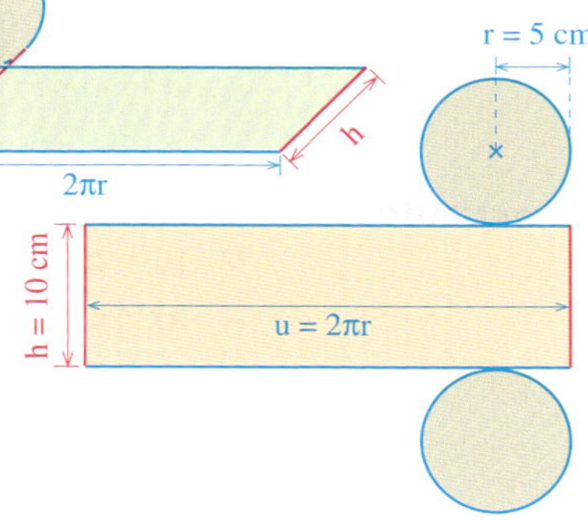


**b)** (1) *Mantelflächeninhalt*

$A_M = u \cdot h = 2\pi r \cdot h$

$A_M = 2\pi \cdot 5\text{ cm} \cdot 10\text{ cm}$

$A_M \approx 314{,}2\text{ cm}^2$

(2) *Grundflächeninhalt*

$A_G = \pi r^2$

$A_G = \pi \cdot (5\text{ cm})^2$

$A_G \approx 78{,}5\text{ cm}^2$

(3) *Oberflächeninhalt*

$A_O = 2 \cdot A_G + A_M$

$A_O \approx 2 \cdot 78{,}5\text{ cm}^2 + 314{,}2\text{ cm}^2$

$A_O \approx 471{,}2\text{ cm}^2$

*Ergebnis:* Man benötigt ungefähr 472 $\text{cm}^2$ Blech.

**Weiterführende Aufgabe**

**2.** *Weitere Formeln zur Oberflächenberechnung eines Zylinders*

In Formelsammlungen findet man für den Oberflächeninhalt $A_O$ eines Zylinders häufig auch folgende Formeln. Begründe diese Formeln.

(1) $A_O = 2\pi r \cdot (r + h)$ (2) $A_O = \frac{\pi}{2} d \cdot (d + 2h)$

**Information**

Der Oberflächeninhalt ist die Größe der Oberfläche.

**Satz**

Für den **Oberflächeninhalt $A_O$ eines Zylinders** mit dem Grundflächeninhalt $A_G$, dem Mantelflächeninhalt $A_M$, dem Umfang u der Grundfläche und der Höhe h gilt:

$\mathbf{A_O = 2\,A_G + A_M}$ bzw. $\mathbf{A_O = 2\,A_G + u \cdot h}$

Bezeichnet r den Radius bzw. d den Durchmesser des Grundkreises eines Zylinders, so gilt insbesondere:

$\mathbf{A_O = 2\pi r^2 + 2\pi r \cdot h}$ bzw. $\mathbf{A_O = \frac{\pi}{2} d^2 + \pi d \cdot h}$

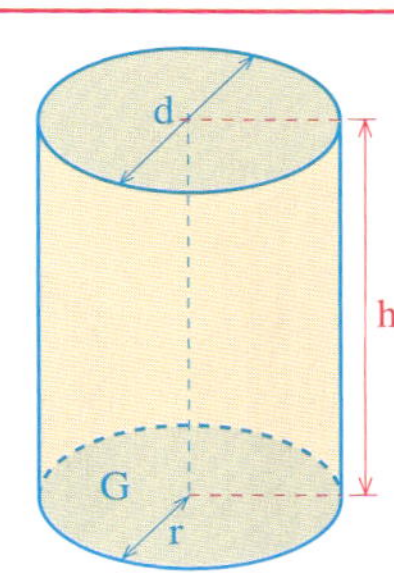

**Übungsaufgaben**

**3.** Poster werden zum Versand in zylinderförmigen Rollen verpackt. Der Durchmesser der Grundfläche ist 5,2 cm und die Höhe beträgt 52,0 cm. Wie viel $cm^2$ Pappe wird zur Herstellung einer Posterrolle benötigt?

**4.** Zeichne ein Netz eines Zylinders mit den folgenden Maßen:
Durchmesser einer Grundfläche: d = 3,4 cm; Höhe des Zylinders: h = 5,1 cm;

**5.** Welche der Figuren kann kein Netz eines Zylinders sein? Begründe.

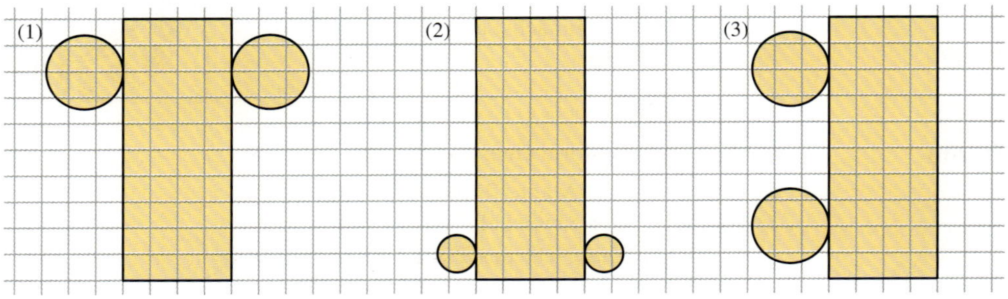


**6.** Berechne den Mantelflächeninhalt und den Oberflächeninhalt des Zylinders.

**a)** r = 21,3 cm; h = 15,7 cm **b)** d = 12,6 cm; h = 4,9 cm **c)** d = 3,7 dm; h = 64 cm **d)** d = 3,7 cm; h = 14 m **e)** r = 9,4 cm; h = d

**7.** Ein zylindrischer Behälter aus Stahlblech ist oben offen. Er hat einen Durchmesser von 1,40 m und eine Höhe von 2,50 m. 1 $m^2$ Stahlblech wiegt 36,5 kg. Wie viel wiegt der leere Behälter?

**8.** Stelle für die gesuchte Größe zunächst eine Formel auf. Isoliere die Variable, mit der man die gesuchte Größe berechnen kann. Setze dann ein und berechne.
Ein Zylinder hat den Radius r = 6,5 cm. Der Oberflächeninhalt beträgt $A_O = 551{,}35\ cm^2$.
Wie hoch ist der Zylinder?

**9.** Ein Zylinder hat einen Oberflächeninhalt von 1 $dm^2$.

**a)** Berechne seine Höhe, wenn sein Durchmesser 0,5 cm beträgt.

**b)** Berechne den Durchmesser, wenn seine Höhe 0,5 cm beträgt.

**10.** Stelle den Zusammenhang jeweils in einem Koordinatensystem grafisch dar.

**a)** Ein Zylinder ist 3 cm hoch. Wie verändert sich der Oberflächeninhalt des Zylinders in Abhängigkeit vom Radius der Grundfläche?

**b)** Ein Zylinder hat eine Grundfläche mit r = 3 cm. Wie ändert sich der Oberflächeninhalt des Zylinders in Abhängigkeit von der Höhe?

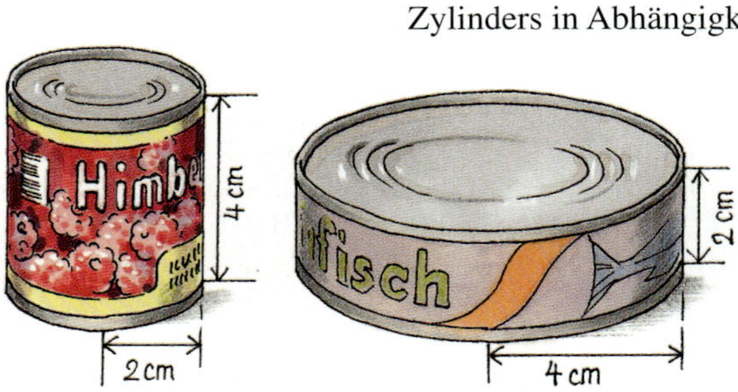


**11. a)** Vergleiche die Größe der rundherum aufgeklebten Etiketten.

**b)** Vergleiche den Materialverbrauch für beide Konservendosen.

**c)** Verändere entweder Radius oder Höhe so, dass beide Dosen gleichen Materialverbrauch haben.

## 6.3 Volumen des Kreiszylinders

**Aufgabe 1**

Eine zylinderförmige Konservendose hat den Radius r = 5 cm und die Höhe h = 11,5 cm.

**a)** Begründe, dass für das Volumen des Zylinders gilt:
$V_Z = A_G \cdot h$,
also $V_Z = \pi r^2 \cdot h$.

**b)** Berechne das Volumen der Dose.

**Lösung**

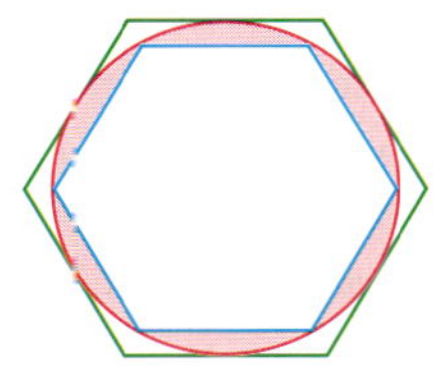

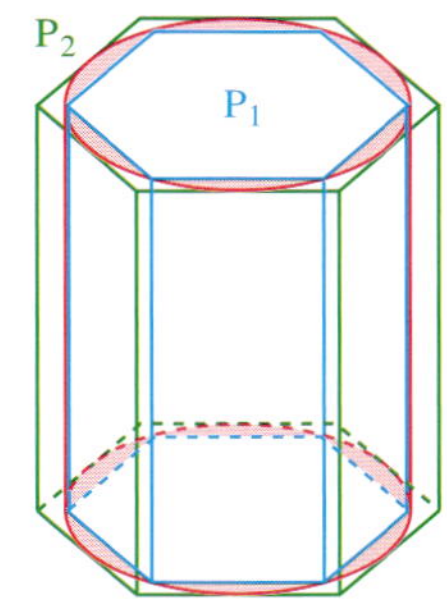


**a)** Den Flächeninhalt $A_K$ einer Kreisfläche kann man mithilfe von einbeschriebenen bzw. umbeschriebenen regelmäßigen n-Ecken bestimmen. Als Formel für den Inhalt des Kreises kennst du: $A_K = \pi r^2$
Ist die Kreisfläche die Grundfläche eines Zylinders Z, so kannst du jedes der n-Ecke als Grundfläche eines einbeschriebenen Prismas $P_1$ bzw. eines umbeschriebenen Prismas $P_2$ betrachten.
Es gilt: $V_{P_1} < V_Z < V_{P_2}$.
Das Volumen der Prismen kann man mit der Formel $V_P = A_G \cdot h$ berechnen.
Diese Formel gilt auch, wenn die Eckenzahl n beliebig wächst. Mit wachsendem n nähert sich der Flächeninhalt $A_G$ der n-Ecke beliebig genau dem Kreisflächeninhalt $A_K$, das Volumen des Prismas nähert sich beliebig genau dem Volumen des Zylinders.
Somit muss auch für den Zylinder gelten: $V_Z = A_G \cdot h = \pi r^2 \cdot h$.

**b)** $V = \pi r^2 \cdot h = \pi \cdot (5\text{ cm})^2 \cdot 11{,}5\text{ cm} = \pi \cdot 287{,}5\text{ cm}^3 \approx 903\text{ cm}^3$.
*Ergebnis:* Die Konservendose hat ein Volumen von ungefähr 903 cm³.

**Information**

**Satz**

Für das **Volumen V eines Zylinders** mit dem Grundflächeninhalt $A_G$ und der Höhe h gilt:

$$\mathbf{V = A_G \cdot h}$$

Bezeichnet r den Radius bzw. d den Durchmesser des Grundkreises eines Zylinders, so gilt insbesondere:

$$\mathbf{V = \pi r^2 \cdot h} \quad \text{bzw.} \quad \mathbf{V = \tfrac{\pi}{4} d^2 \cdot h}$$

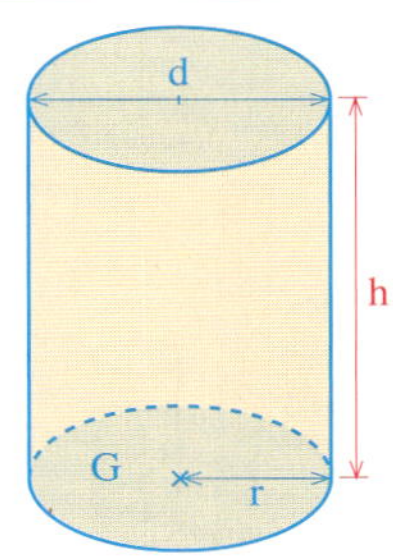


**Weiterführende Aufgabe**

**2.** *Volumen eines Hohlzylinders*

Ein Eisenring hat die Form eines Hohlzylinders. Berechne das Volumen des Ringes für $r_1 = 19$ cm; $r_2 = 23$ cm und h = 8 cm.
Stelle auch eine Formel für das Volumen eines Hohlzylinders auf.

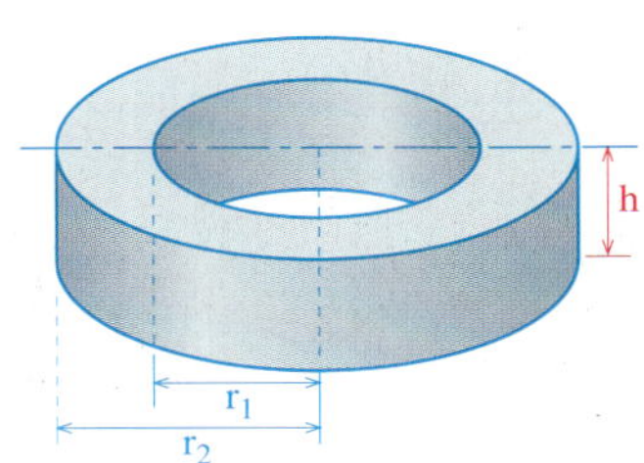

**Übungsaufgaben**

**3.** Eine Torte hat den Radius r = 17 cm und die Höhe h = 6 cm.
Franziska sagt: Das Volumen einer Torte kann ich ganz leicht bestimmen. Es gilt:
$V = A_G \cdot h$, also $V = \pi r^2 \cdot h$.
Begründe die Formeln und berechne das Volumen der Torte in *l*.

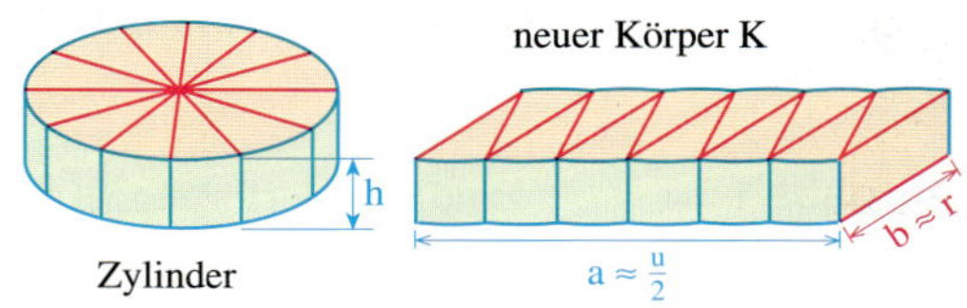


**4.** Berechne das Volumen des Zylinders.

**a)** r = 17,2 cm; h = 23,8 cm **b)** d = 8,2 cm; h = 11,2 cm **c)** d = 4,8 dm; h = 2 · d

**5.** Ein Zylinder hat das Volumen V = 500 cm$^3$. Stelle zunächst eine Formel auf. Isoliere die gesuchte Variable, setze ein und rechne.

**a)** Der Radius beträgt 4 cm. Wie hoch ist der Zylinder?

**b)** Die Höhe beträgt 8 cm. Welchen Radius [Durchmesser] hat der Zylinder?

**6.** Wie viel wiegen die Drähte?

**a)** Kupferdraht: Länge 100 m; d = 1 mm **b)** Eisendraht: Länge 50 m; d = 2 mm

**Dichte-Tabelle** (in $\frac{g}{cm^3}$)

| | |
|---|---|
| Kupfer | 8,9 |
| Eisen | 7,9 |
| Gusseisen | 7,3 |
| Dieselöl | 0,94 |

**7.** Jeder Rundstahl einer bestimmten Sorte ist 4,70 m lang und hat einen Durchmesser von 12 mm. 1 cm$^3$ des Stahls wiegt 7,85 g. Wie viel wiegt ein Bund mit 20 Stück?

**8. a)** Wie viel wiegt das im Bild dargestellte Rohr aus Gusseisen (Maße in mm)?

**b)** Wie viel wiegt das Rohr, wenn es vollständig mit Wasser gefüllt ist?

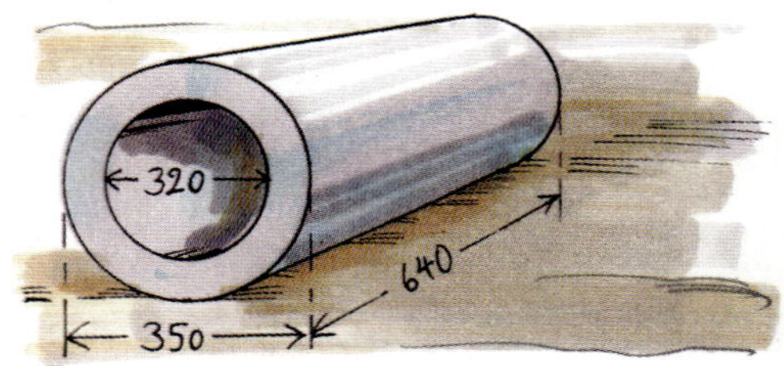


**9.** Wie verändert sich das Volumen des Kreiszylinders, wenn man

(1) den Radius verdoppelt [verdreifacht] und die Höhe unverändert lässt;

(2) die Höhe verdoppelt [verdreifacht] und den Radius unverändert lässt?

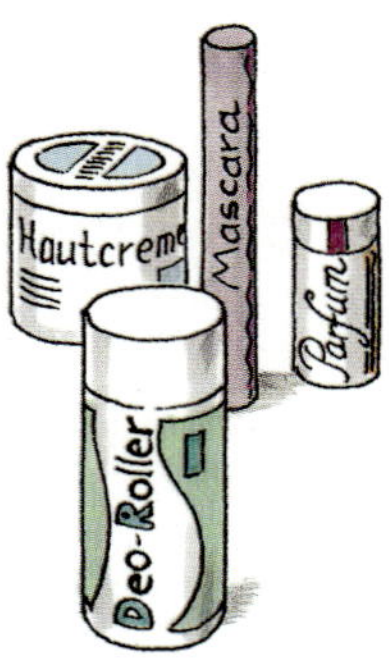


**10.** Kosmetik wird oft aufwändig verpackt. Welche Verpackung ist am aufwändigsten?

| Artikel | Zylinderförmige Verpackung | | Inhaltsangabe |
|---|---|---|---|
| | Durchmesser | Höhe | |
| Hautcreme | 5,5 cm | 5,0 cm | 50 ml |
| Deo-Roller | 3,5 cm | 10,0 cm | 50 ml |
| Mascara | 1,4 cm | 12,0 cm | 10 ml |
| Parfüm | 2,6 cm | 5,4 cm | 5 ml |

**11.** Verschiedene zylinderförmige Verpackungen für Nougatkonfekt sollen alle das Volumen 150 cm$^3$ haben. Stelle für die gesuchte Größe zunächst eine Formel auf; berechne dann.

**a)** Der Radius ist 1,5 cm [2 cm; 2,5 cm]. Wie hoch sind die Verpackungen?

**b)** Die Höhe ist 10 cm [15 cm; 20 cm]. Berechne den Durchmesser der Verpackungen.

**12.** Janice hat Formeln zum Zylinder umgeformt. Kontrolliere.

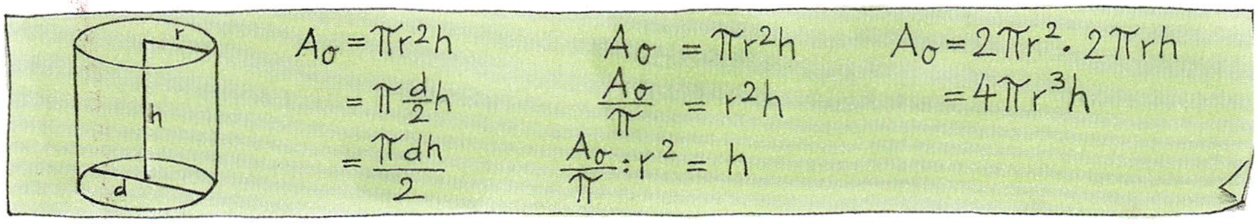


**Vermischte Übungen**

**13.** In einen zylinderförmigen Blechbehälter mit dem Durchmesser 60 cm und der Höhe 1 m werden 50 *l* Wasser eingefüllt.

**a)** Wie viel m² Blech benötigt man für die Herstellung des Behälters (ohne Deckel und ohne Verschnitt)?

**b)** Wie viel Prozent des Behälters sind gefüllt?

**c)** Wie viel mehr wird der Wasserbehälter wiegen, wenn weitere 30 *l* Wasser eingefüllt werden?

**d)** Wie viel 10-*l*-Gießkannen können mit dem Wasser gefüllt werden, wenn es in dem Behälter 20 cm unter dem Rand steht?

**14.** Für integrierte Schaltungen in Computern werden extrem dünne Drähte verwandt. Ein solcher Draht hat einen Durchmesser von 0,01 mm.

**a)** Wie lang muss dieser Draht sein, damit er ein Volumen von 1 cm³ besitzt?

**b)** Der Draht besteht aus fast reinem Gold. 1 cm³ reines Gold wiegt 19,3 g.
Wie viel wiegt der Draht von einem Meter Länge?

**15.** Die Walze einer Straßenbaumaschine hat den Durchmesser 1,15 m und ist 2,25 m breit. Wie groß ist die Fläche, die die Walze mit einer Umdrehung überfährt?

1 Zoll
1" = 25,4 mm

**16.** Wie viel *l* Wasser befinden sich in einem 50 m langen Gartenschlauch mit dem Innendurchmesser $\frac{3}{4}$ Zoll?

**17.** Ein rechteckiges Blechstück mit 6 cm Länge und 9 cm Breite soll zur Mantelfläche einer Dose gerollt werden.

**a)** Berechne den Radius und das Volumen der Dose.

**b)** Berechne den Materialverbrauch für jeweils 1 000 Dosen, wenn für die Herstellung des Bodens und des Deckels 25 % Verschnitt gerechnet werden müssen.

**18.** Aus einem Kantholz wird ein Zylinder herausgearbeitet und aus dem Rundholz wird der größtmögliche Balken mit quadratischer Grundfläche herausgesägt.

**a)** Vergleiche den jeweils entstandenen Abfall.

**b)** Wie viel wiegen beide Körper aus Eichenholz? 1 cm³ Eichenholz wiegt 0,8 g.

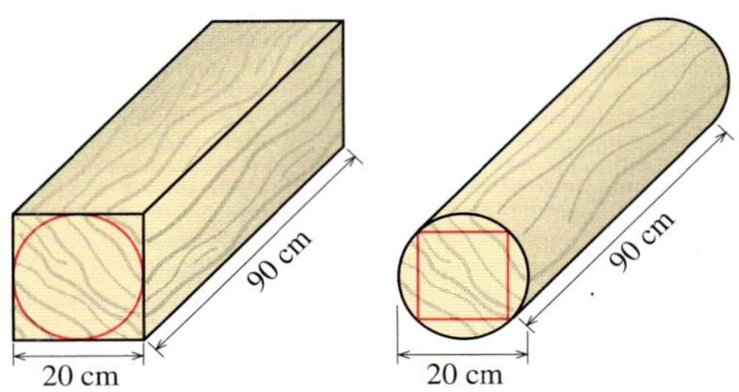


**19.** Wie verändert sich der Mantelflächeninhalt eines Kreiszylinders, wenn man
(1) den Radius des Grundkreises verdoppelt [verdreifacht] und die Höhe unverändert bleibt;
(2) die Höhe verdoppelt [verdreifacht] und der Radius unverändert bleibt?

# 6.4 Eigenschaften und Darstellung der Pyramide

## 6.4.1 Eigenschaften und Schrägbild einer Pyramide

**Einführung**

Betrachtet die unten abgebildeten Körper. Beschreibt ihre Form. Welche Gemeinsamkeiten, welche Unterschiede weisen sie auf?

**Information**

**Grundkante:** Seite der Grundfläche
**Seitenkante:** Kante, die zur Spitze führt

Eine **Pyramide** ist ein Körper, der von einem Vieleck (n-Eck) und Dreiecken begrenzt wird. Die Dreiecke treffen sich in einem Punkt, der *Spitze* der Pyramide, und grenzen alle an das Vieleck. Das Vieleck heißt **Grundfläche** der Pyramide, die Dreiecke heißen **Seitenflächen**. Die Seitenflächen bilden zusammen die **Mantelfläche** der Pyramide.

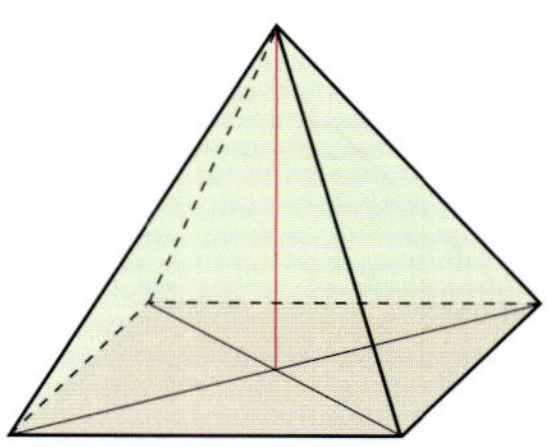
quadratische Pyramide

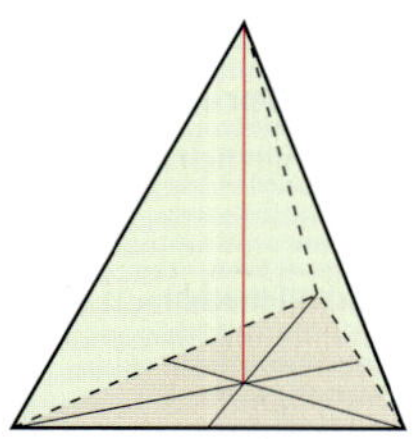
dreiseitige Pyramide

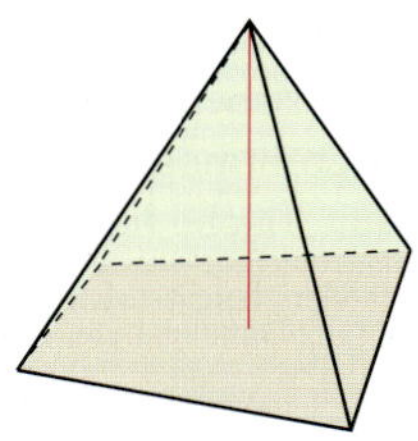
vierseitige Pyramide

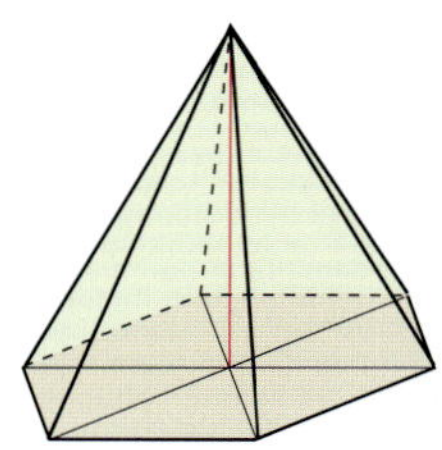
sechsseitige Pyramide

Der Abstand der Spitze von der Grundfläche ist die **Höhe** der Pyramide.
Eine **quadratische Pyramide** ist eine besondere Pyramide, sie hat ein Quadrat als Grundfläche; ihre Spitze liegt senkrecht über dem Schnittpunkt der Diagonalen des Quadrats.

**Aufgabe 1** Zeichne ein Schrägbild einer geraden quadratischen Pyramide mit der Grundkantenlänge $a = 2{,}7$ cm und der Höhe $h = 2{,}1$ cm. Wähle den Verzerrungswinkel $\alpha = 45°$ und den Verkürzungsfaktor $q = \frac{1}{2}$.

**Lösung**

*1. Schritt:*

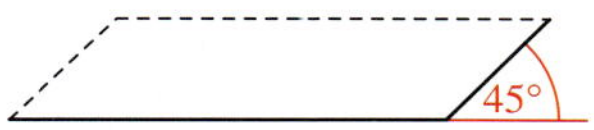


Zeichne ein Schrägbild der Grundfläche. Grundkanten, die rechtwinklig nach hinten verlaufen (Tiefenstrecken), werden unter einem Winkel von 45° und auf die Hälfte verkürzt gezeichnet.

*2. Schritt:*

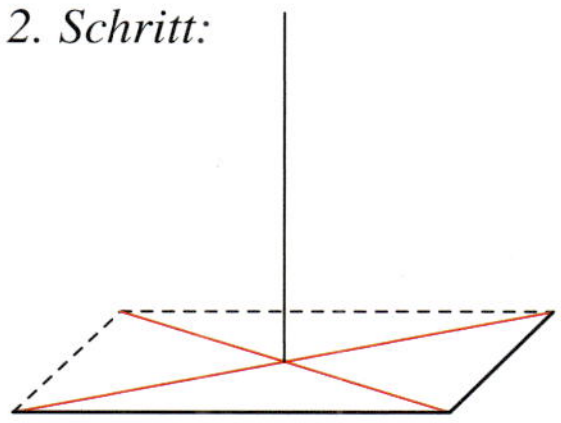

Zeichne vom Mittelpunkt der Grundfläche aus die Höhe ein.

*3. Schritt:*

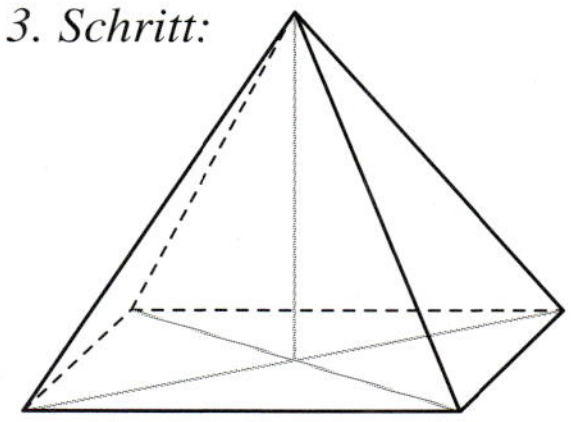

Verbinde die Spitze der Pyramide mit den Eckpunkten der Grundfläche.

Unsichtbare Kanten werden gestrichelt gezeichnet.

**Übungsaufgaben**

**2.** Entscheide, ob der Körper eine Pyramide ist. Begründe.

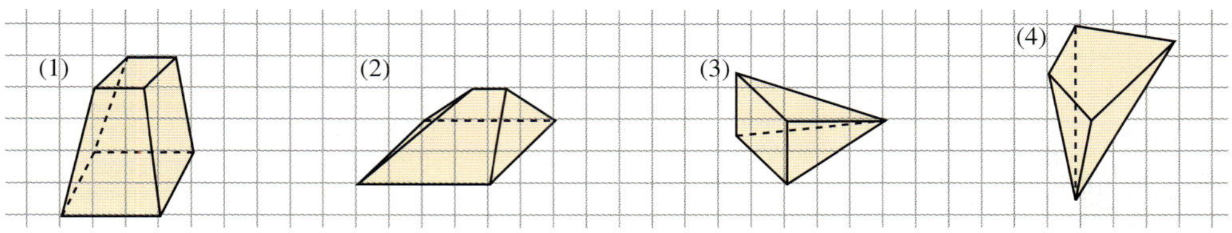


**3.** Nennt Gegenstände aus der Umwelt, die die Form einer Pyramide haben. Fotografiert sie und erstellt ein Poster.

**4.** Wie viele Ecken, wie viele Kanten, wie viele Flächen hat eine
(1) dreiseitige, (2) vierseitige, (3) sechsseitige, (4) achtseitige Pyramide?
Lege eine Tabelle an.

**5.** Rechts siehst du eine gerade und eine schiefe Pyramide.
Beschreibe Gemeinsamkeiten und Unterschiede.

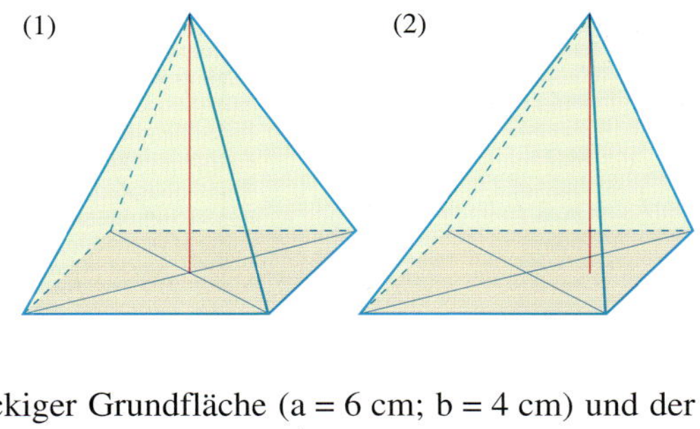


**6.** Zeichne ein Schrägbild einer geraden quadratischen Pyramide mit $a = 6$ cm und $h = 7$ cm. Wähle $\alpha = 45°$ und $q = \frac{1}{2}$.

**7.** Gegeben ist eine gerade Pyramide mit rechteckiger Grundfläche ($a = 6$ cm; $b = 4$ cm) und der Körperhöhe $h = 5$ cm. Zeichne ein Schrägbild mit $\alpha = 45°$ und $q = \frac{1}{2}$.

**8.** Gegeben ist eine gerade Pyramide mit einem gleichseitigen Dreieck als Grundfläche. Die Grundkantenlänge soll 5 cm betragen, die Körperhöhe 7 cm.

### 6.4.2 Zweitafelbild der geraden Pyramide

**Aufgabe 1**

Unterscheide: Höhe der Seitenfläche $h_s$ und Körperhöhe h

**1.** Gegeben ist eine quadratische Pyramide mit der Grundkantenlänge a = 3 cm und der Körperhöhe h = 3,5 cm. Die Spitze S der Pyramide befindet sich senkrecht über dem Schnittpunkt der Diagonalen des Quadrats.
Zeichne ein Zweitafelbild der Pyramide.

(1) Die Körperkante $\overline{AB}$ verläuft parallel zur Rissachse.
(2) Die Diagonale $\overline{AC}$ verläuft parallel zur Rissachse.

Überlege, welche Körperkanten und Höhen in wahrer Länge abgebildet werden.

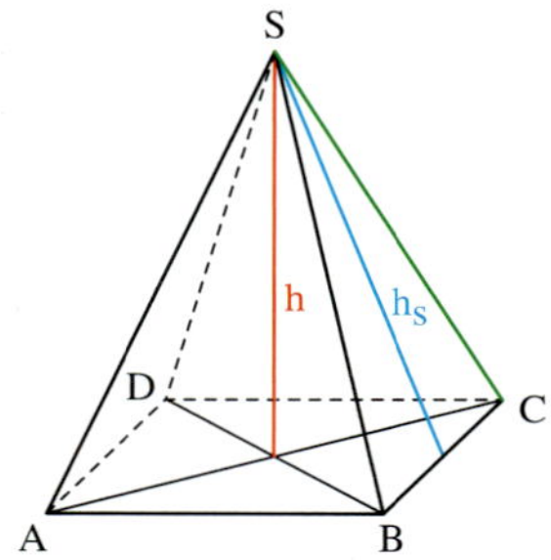


**Lösung**

*1. Schritt:*
Die Grundkanten der Pyramide werden in der Grundrissebene in wahrer Länge abgebildet. Deshalb beginnen wir mit dem *Grundriss.*

*2. Schritt:*
Zeichne die Ordnungslinien ein.

*3. Schritt:*
Die Körperhöhe erscheint in der Aufrissebene in wahrer Länge. Mit ihrer Hilfe zeichnen wir den *Aufriss.*

Du kannst auch mit dem Aufriss beginnen.

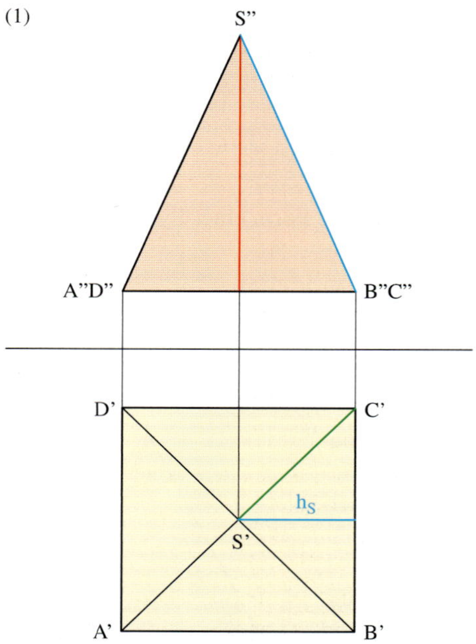


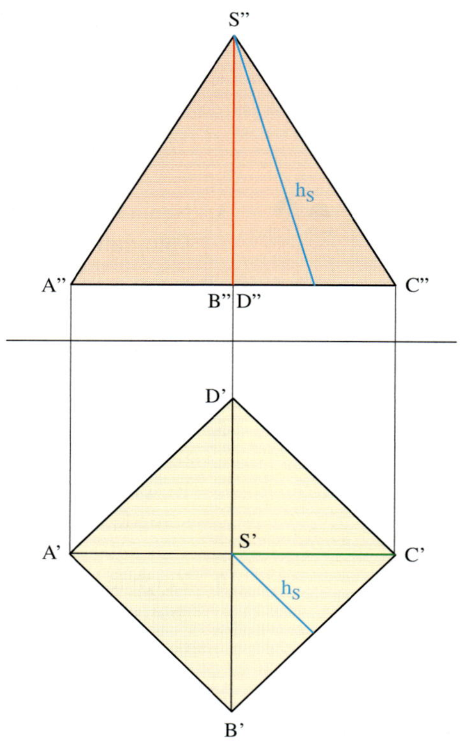


Die Körperkante $\overline{CS}$ erscheint im Grund- und im Aufriss verkürzt.
Die Höhe $h_s$ der Seitenfläche BSC wird im Aufriss in wahrer Länge abgebildet.

Die Körperkante $\overline{CS}$ erscheint im Aufriss in wahrer Länge.
Die Höhen $h_s$ der Seitenflächen werden im Grund- und im Aufriss verkürzt dargestellt.

**Übungsaufgaben**

**2.** Zeichne ein Zweitafelbild einer Pyramide, deren Grundfläche ein Quadrat mit der Seitenlänge 5 cm ist. Überlege, welche Körperkanten und Höhen in wahrer Länge abgebildet werden.

**a)** Die Spitze liegt 6 cm senkrecht über dem Schnittpunkt der Diagonalen des Quadrats.

**b)** Die Spitze liegt 6 cm senkrecht über einem Eckpunkt des Quadrats.

**c)** Die Spitze liegt 6 cm senkrecht über dem Mittelpunkt einer Quadratseite.

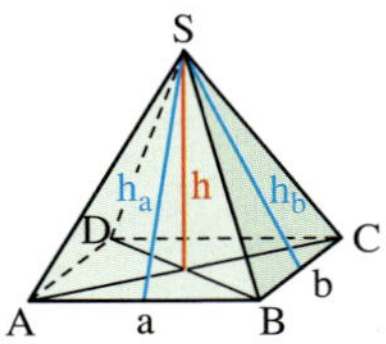


**3.** Zeichne das Zweitafelbild der rechteckigen Pyramide mit a = 4,0 cm, b = 3,6 cm und der Höhe h = 7,0 cm.
Gib an, welche Kanten und Höhen in wahrer Länge abgebildet werden.

**a)** Die Kante $\overline{AB}$ verläuft parallel zur Rissachse.

**b)** Die Kante $\overline{BC}$ verläuft parallel zur Rissachse.

**c)** Die Diagonale $\overline{AC}$ verläuft parallel zur Rissachse.

**4.** Eine dreiseitige Pyramide ist 7 cm hoch und besitzt als Grundfläche ein gleichseitiges Dreieck mit der Seitenlänge a = 5,0 cm.
Wird die Lage der Spitze verändert, so entstehen verschiedene Pyramiden. Zeichne von mindestens drei unterschiedlichen Pyramiden die Zweitafelbilder und die passenden Schrägbilder. Beschreibe die Lage der Spitze möglichst genau.

**5.** Ein (regelmäßiges) *Tetraeder* ist eine Pyramide, die von vier zueinander kongruenten gleichseitigen Dreiecken begrenzt wird.
(1) Zeichne ein Netz des Tetraeders mit der Kantenlänge 6 cm und schneide es aus.
(2) Falte das Netz zu einem Körper. Bestimme Körperhöhe und Höhe der Seitenflächen.
(3) Zeichne ein Schrägbild und ein Zweitafelbild des Tetraeders.

**6.** Eine Pyramide ist 8 cm hoch und besitzt die abgebildete Grundfläche. Zeichne Schrägbild und Zweitafelbild einer Pyramide (1) auf einer Grundfläche; (2) auf der Spitze stehend.

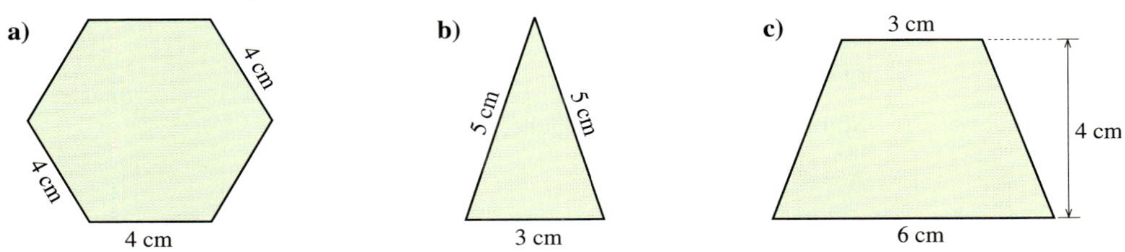

**7.** Laura hat für verschiedene Pyramiden Zweitafelbilder gezeichnet. Kontrolliere.

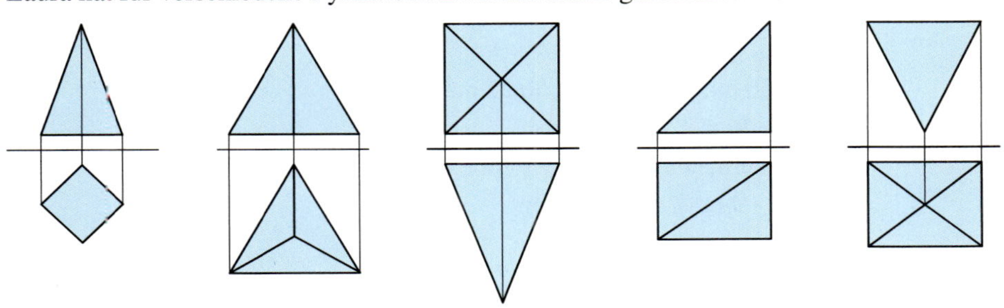

**8.** Skizziert das Schrägbild einer Pyramide. Tauscht die Blätter aus und skizziert dann ein passendes Zweitafelbild. Beschreibt die Körper.

## 6.5 Netz und Oberflächeninhalt der Pyramide

**Aufgabe 1**

# Biberschwanzziegel

Der **Biberschwanzziegel** ist ein flacher, an der Unterkante oft halbrund geformter Dachziegel. Seine Form erinnert insofern an den Schwanz eines Bibers, da er in einer Rundung endet und in der Mitte durch einen leicht erhobenen Strich längs halbiert wird. Neben der halbrunden Ausformung der Unterkante kommen Biberschwanzziegeln traditionell auch in zahlreichen anderen Varianten vor, z. B. mit Segmentbogen, mit geradem Abschluss, geschweift oder spitz zulaufend („Rautenspitzbiber"). Jede dieser Formen bewirkt eine andere, charakteristische Strukturierung der Dachfläche.
Es gibt Anzeichen dafür, dass die Dachziegelform Biberschwanz im 14. Jahrhundert in den Lehmgruben um Nürnberg herum entstand. Weite Teile der NürnbergerAltstadt sind mit solchen Ziegeln eingedeckt.
Der Biberschwanz wird in zwei überlappenden, seitlich eweils um einen halben Ziegel versetzten Lagen auf den Dachstuhl gelegt und haftet noch bei steilen Dächern ohne zusätzliche Verankerung sehr gut. Dadurch entsteht der typische „Fischschuppen-Eindruck".

Das Bild zeigt einen Turm mit quadratischer Grundfläche und einem pyramidenförmigen Dach. Die Länge der Grundkante des Daches beträgt 9 m, die Höhe des Daches 6 m.
Das Turmdach soll mit Biberschwanz-Ziegeln (siehe oben) neu gedeckt werden. Für 1 $m^2$ Dachfläche werden 36 Ziegel benötigt.
Wie viele Dachziegel müssen mindestens bestellt werden?

**Lösung**

*(1) Berechnen der Größe der Dachfläche*

Die Dachfläche besteht aus vier zueinander kongruenten gleichschenkligen Dreiecken. Jedes dieser Dreiecke hat den Flächeninhalt $\frac{a \cdot h_s}{2}$.

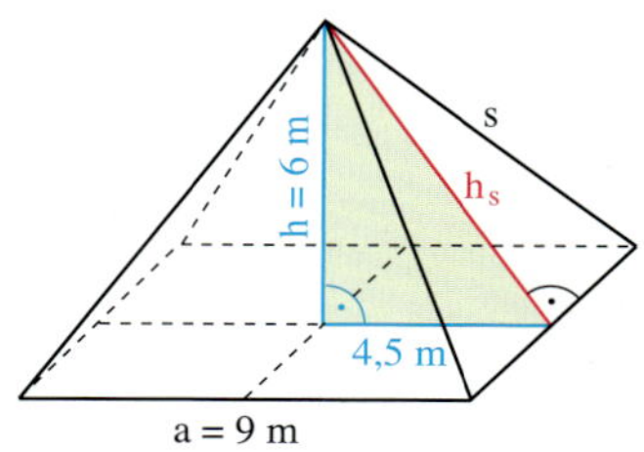


Somit folgt für die Dachfläche:

$A = 4 \cdot \frac{a \cdot h_s}{2} = 2 \cdot a \cdot h_s$

Die Kantenlänge a der geraden Pyramide ist bekannt. Die Dreieckshöhe $h_s$ der Seitenfläche müssen wir noch berechnen; sie ist die Hypotenuse in dem grün gefärbten Dreieck.
Nach dem Satz des Pythagoras gilt dann:

$h_s^2 = (6\text{ m})^2 + (4{,}5\text{ m})^2$
$\quad = 36\text{ m}^2 + 20{,}25\text{ m}^2 = 56{,}25\text{ m}^2$,

also: $h_s = 7{,}5\text{ m}$

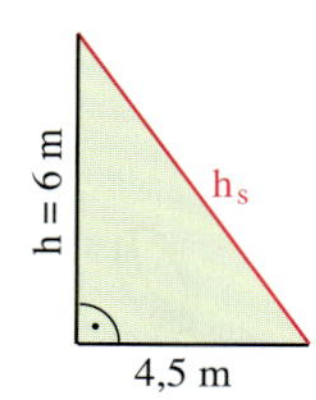


Damit erhalten wir für die Größe der Dachfläche:

$A = 2 \cdot 9\text{ m} \cdot 7{,}5\text{ m} = 135\text{ m}^2$

*(2) Berechnen der Anzahl der Dachziegel*

Für 1 $m^2$ Dachfläche werden 36 Ziegel benötigt. Für 135 $m^2$ sind es $135 \cdot 36 = 4\,860$ Dachziegel.
*Ergebnis:* Für das Decken des Daches müssen mindestens 4 860 Dachziegel bestellt werden.

**Information**

**Satz**

Für den **Oberflächeninhalt $A_O$ einer Pyramide** mit dem Grundflächeninhalt $A_G$ und dem Mantelflächeninhalt $A_M$ gilt:

$\mathbf{A_O = A_G + A_M}$

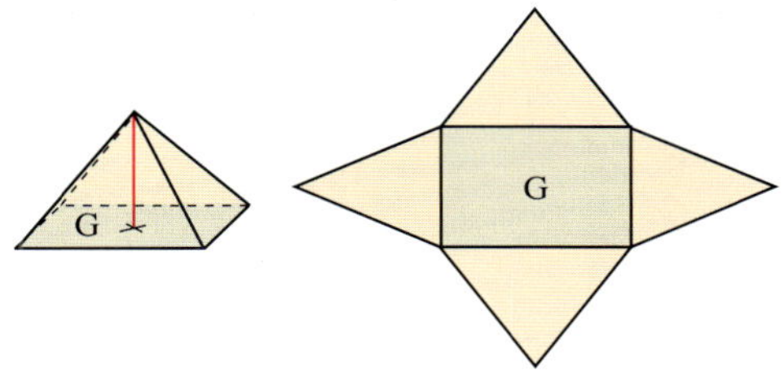


**Weiterführende Aufgabe**

**2.** *Berechnen der Länge einer Seitenkante einer Pyramide*

Die schrägen Kanten des Turmdachs (Aufgabe 1) sollen mit Firstziegeln gedeckt werden. Für eine 1 m lange Kante benötigt man drei Firstziegel.
Wie viele Firstziegel müssen bestellt werden?

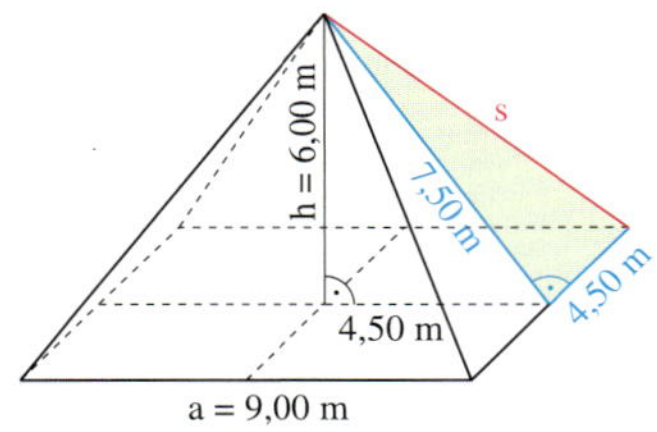


**Übungsaufgaben**

**3.** Der Fuß einer Stehlampe hat die Form einer quadratischen Pyramide. Er wird aus Stahlblech gefertigt und pulverbeschichtet. Wie groß ist die zu beschichtende Fläche?
Entnimm die Abmessungen aus dem Schrägbild.

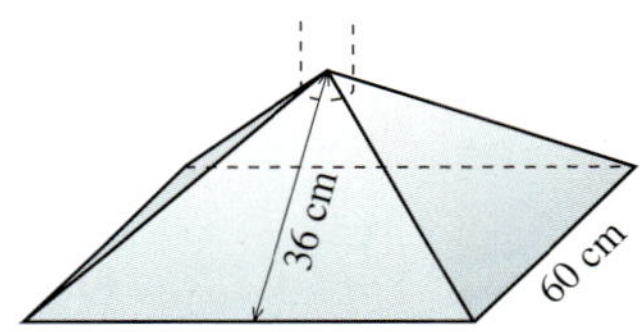


**4.** Eine quadratische Pyramide hat die Grundkante a = 4 cm und die Seitenkante s = 6 cm.

**a)** Zeichne ein Netz und stelle den Körper her.

**b)** Berechne die Seitenhöhe sowie den Mantelflächeninhalt und den Oberflächeninhalt.

**c)** Berechne die Körperhöhe und zeichne ein Schrägbild mit $\alpha = 45°$ und $q = \frac{1}{2}$.

**5.** Moritz hat für verschiedene Pyramiden ein Netz gezeichnet. Kontrolliere.

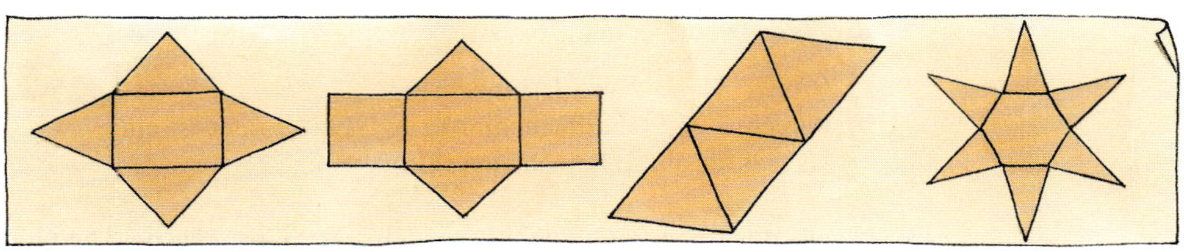

**6.** Der Louvre in Paris, bis zur französischen Revolution königliche Residenz, ist heute ein weltberühmtes Kunstmuseum.
Als Haupteingang dient seit einigen Jahren eine 21,6 m hohe gläserne Pyramide mit quadratischer Grundfläche, dessen Seite 35,4 m lang ist. Die Außenfläche wird regelmäßig von Fensterputzern gereinigt.
Wie groß ist diese Fläche?

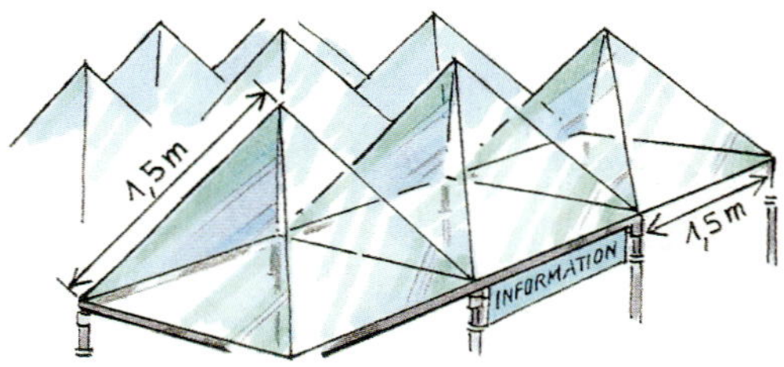


**7.** Die Überdachung eines Informationsstandes besteht aus 9 quadratischen Glaspyramiden ohne Boden. Diese sind aus Fensterglas von 1 cm Dicke hergestellt worden, das 2,5 g pro $cm^3$ wiegt. Wie schwer ist das Glasdach?

**8.** Gegeben ist eine quadratische Pyramide mit der Grundkante a und der Seitenhöhe $h_s$. Gib eine Formel für den Oberflächeninhalt $A_O$ an. Löse nach der Variablen $h_s$ [der Variablen a] auf.

**9.** Eine quadratische Pyramide hat die Grundkante q = 8 cm und die Höhe h = 7 cm. Berechne die Länge s einer Seitenkante, die Seitenhöhe $h_s$ sowie den Mantelflächeninhalt $A_M$ und den Oberflächeninhalt $A_O$.

**10.** **a)** Vergleiche den Materialverbrauch für die beiden quadratischen Pyramiden.

**b)** Verändere entweder die Länge der Grundkante oder die Seitenhöhe so, dass beide Pyramiden gleichen Materialverbrauch haben.

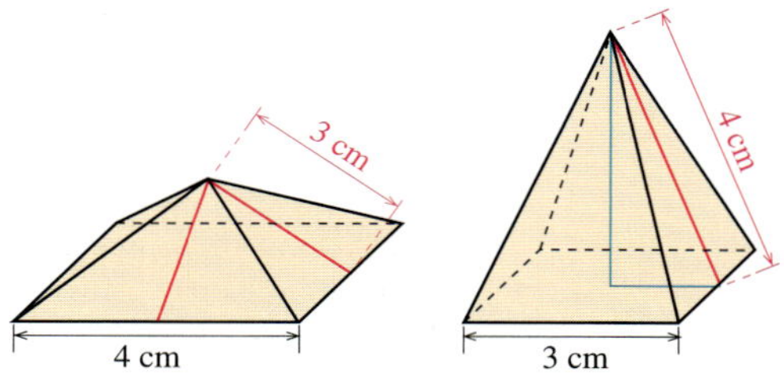


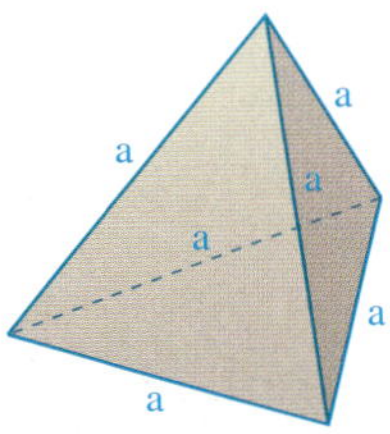


**11.** Ein (regelmäßiges) *Tetraeder* ist eine Pyramide, die von vier zueinander kongruenten gleichseitigen Dreiecken begrenzt ist.

**a)** Berechne den Oberflächeninhalt $A_O$ eines Tetraeders mit der Kantenlänge a = 4 cm. Stelle zunächst eine Formel auf.

**b)** Zeichne auch ein Schrägbild und ein Netz des Tetraeders.

**c)** Stelle den Körper her.

**12.** Gegeben ist eine Pyramide mit rechteckiger Grundfläche (a = 6 cm; b = 4 cm) und der Körperhöhe h = 5 cm. Die Spitze soll senkrecht über dem Schnittpunkt der Diagonalen des Rechtecks liegen.
*Beachte:* Diese Pyramide hat zwei verschiedene Seitenhöhen.

**a)** Zeichne ein Netz der Pyramide.

**b)** Berechne den Oberflächeninhalt $A_O$. Leite zunächst eine Formel für die zu berechnende Größe her.

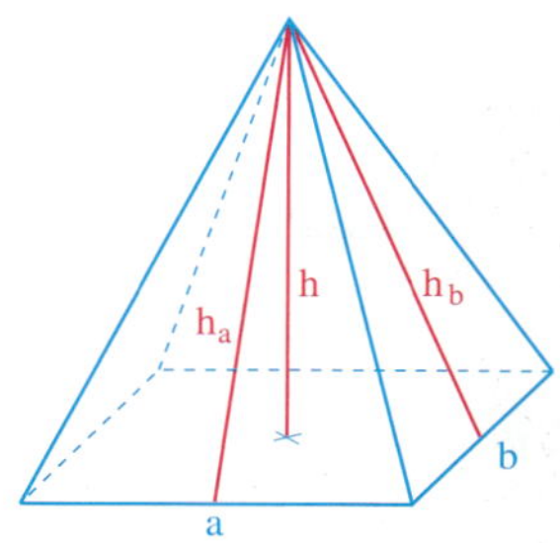


**13.** Gegeben ist eine Pyramide mit quadratischer Grundfläche. Die Grundkante ist 5 cm lang, die Spitze der Pyramide steht senkrecht über einem Eckpunkt der Grundfläche.

**a)** Zeichne ein Schrägbild und ein Netz der Pyramide.

**b)** Berechne den Oberflächeninhalt der Pyramide.

**c)** Stelle die Pyramide her.

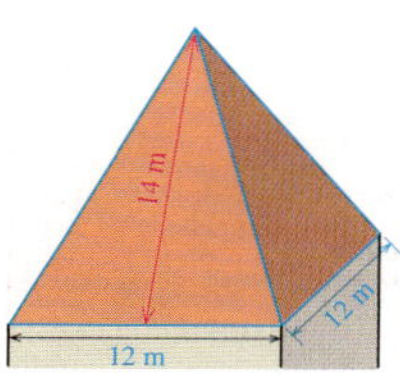


**14.** Links ist das pyramidenförmige Dach eines Turmes abgebildet. Es soll mit Schindeln gedeckt werden. Von einer Firma wird die Arbeit für 105 € pro $m^2$ übernommen.
Wie teuer sind die Dacharbeiten, wenn noch die Mehrwertsteuer dazukommt und bei Bezahlung innerhalb von 10 Tagen 3 % Rabatt gewährt werden?

# 6.6 Volumen der Pyramide

## 6.6.1 Prinzip von Cavalieri – Volumengleiche Pyramiden

**Einführung**

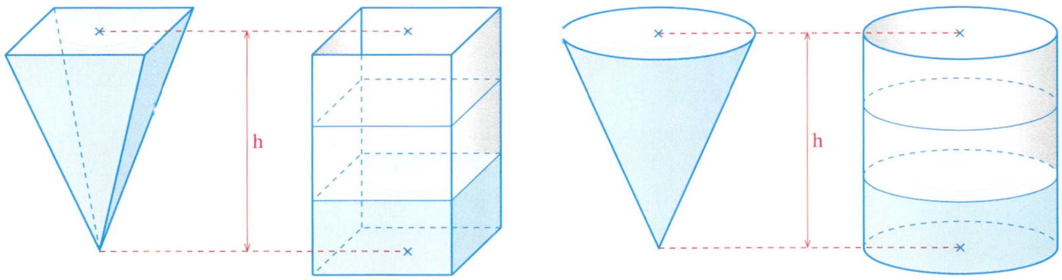


Das Wasser aus der Pyramide mit der Grundflächengröße $A_G$ und der Höhe h ist in den Quader mit gleich großer Grundfläche und derselben Höhe gegossen worden. Das Wasser aus dem Kegel mit der Grundflächengröße $A_G$ und der Höhe h ist in den Zylinder mit gleich großer Grundfläche und derselben Höhe gegossen worden. Aufgrund dieser Umfüllversuche vermuten wir:

$V_{Pyramide} = \frac{1}{3} V_{Quader}$ $\qquad$ $V_{Kegel} = \frac{1}{3} V_{Zylinder}$

Wir wollen nun versuchen, diese Formeln durch Überlegung zu begründen.

**Information**

**(1) Satz des Cavalieri, auch *Prinzip von Cavalieri* genannt**

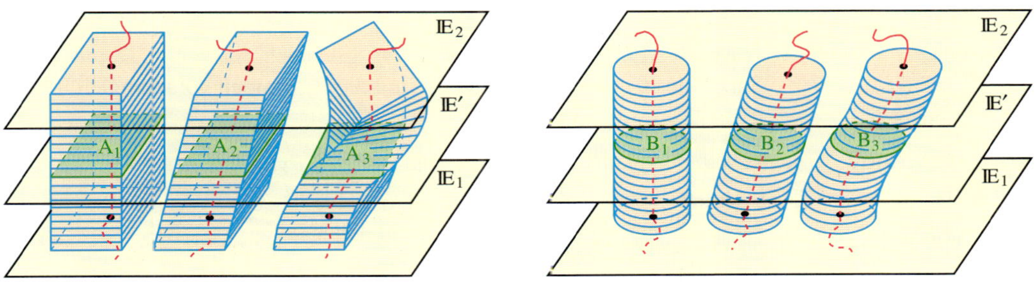


Wir fassen einen Stoß aufgeschichteter Spielkarten bzw. runder Bierdeckel als Modell eines *geraden* Prismas bzw. Zylinders auf. Die Modelle werden durchbohrt und auf eine Schnur aufgezogen. Nun kann man verschiedene Körper erzeugen, insbesondere *schiefe* Prismen bzw. *schiefe* Zylinder.

Der Anschauung entnehmen wir:

(1) Die erzeugten schiefen Körper haben dasselbe Volumen wie die geraden Ausgangskörper.

(2) Liegt eine Grundfläche eines aus den Modellen erzeugten Körpers in der Ebene $\mathbb{E}_1$, so liegt die andere Grundfläche in einer zu $\mathbb{E}_1$ parallelen Ebene $\mathbb{E}_2$.

(3) Schneidet man alle aus demselben Modell entstandenen Körper durch eine Ebene $\mathbb{E}'$, die zu $\mathbb{E}_1$ parallel ist, so haben die entstehenden Schnittflächen $A_1$, $A_2$ und $A_3$ alle den gleichen Flächeninhalt. Flächeninhaltsgleich sind auch die Schnittflächen $B_1$, $B_2$ und $B_3$.

Diesen anschaulich gewonnenen Sachverhalt hat CAVALIERI als grundlegenden Satz formuliert.

Bonaventura CAVALIERI (1598–1647) ital. Mathematiker

**Satz des Cavalieri**

Liegen zwei Körper zwischen zueinander parallelen Ebenen $\mathbb{E}_1$ und $\mathbb{E}_2$ und werden sie von *jeder* zu $\mathbb{E}_1$ parallelen Ebene $\mathbb{E}'$ so geschnitten, dass gleich große Schnittflächen entstehen, so haben die Körper das gleiche Volumen.

**(2) Volumenvergleich zweier Pyramiden**

Mithilfe des Satzes des Cavalieri kann man folgenden Satz begründen.

**Satz**

Zwei Pyramiden mit gleicher Höhe und gleich großer Grundfläche besitzen das gleiche Volumen.

Dazu führen wir folgende Überlegungen durch:

(1) Die gleich großen Grundflächen D und R der beiden Pyramiden liegen in derselben Ebene $\mathbb{E}_1$. Die Spitzen S bzw. T liegen in derselben zu $\mathbb{E}_1$ parallelen Ebene $\mathbb{E}_2$, da die Höhen übereinstimmen.

(2) Eine zu $\mathbb{E}_1$ parallele Ebene $\mathbb{E}'$ schneidet die Pyramiden in den Flächen D′ bzw. R′. Den Abstand von $\mathbb{E}'$ zu $\mathbb{E}_2$ nennen wir $h^*$.

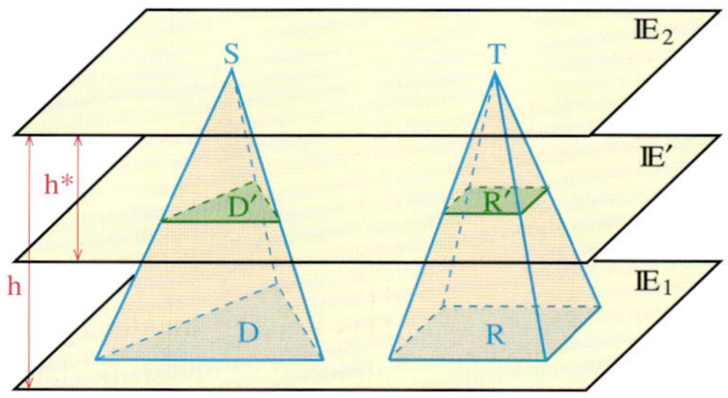


(3) Durch die Schnittfläche entsteht an jeder Pyramide eine Strahlensatzfigur. Damit kann man zeigen, dass die Schnittfläche ähnlich zur Grundfläche der Pyramide ist. Der Ähnlichkeitsfaktor ist $k = \frac{h^*}{h}$.

(4) Da die Flächen D und D′ sowie R und R′ zueinander ähnlich sind mit dem Ähnlichkeitsfaktor k, gilt für die Flächeninhalte:
$A_{D'} = k^2 \cdot A_D$ und $A_{R'} = k^2 \cdot A_R$

(5) Da nach Voraussetzung $A_D = A_R$ ist, gilt auch $A_{D'} = A_{R'}$. Damit sind die Bedingungen des Satzes des Cavalieri erfüllt. Also sind die Pyramiden volumengleich.

**Weiterführende Aufgabe**

**1.** *Volumenvergleich von geraden und schiefen Pyramiden*

Begründe, dass auch eine schiefe Pyramide zu einer geraden Pyramide mit gleicher Höhe und gleich großer Grundfläche volumengleich ist.

*Hinweis:* Es gilt $k = \frac{h^*}{h} = \frac{s^*}{s}$ (rote Strahlensatzfigur bei schiefer Pyramide).

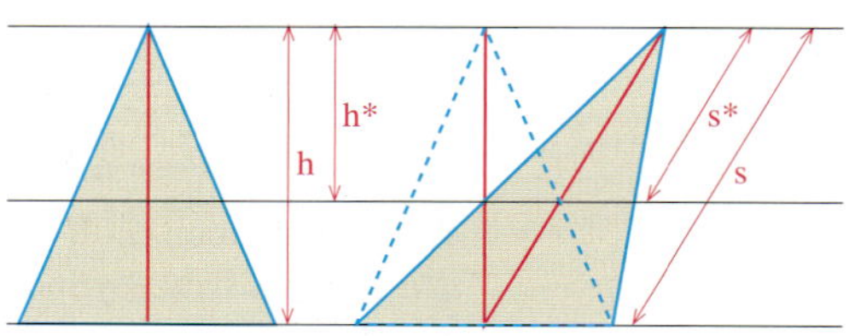


**Übungsaufgaben**

**2.** Begründe mithilfe des Satzes des Cavalieri:

**a)** Jedes schiefe Prisma ist volumengleich zu einem geraden Prisma mit gleich großer Grundfläche und gleicher Höhe.

**b)** Jeder schiefe Zylinder ist volumengleich zu einem entsprechenden geraden Zylinder.

**c)** Jeder schiefe Kegel ist volumengleich zu einem entsprechenden geraden Kegel.

**3.** Es gibt Kristalle (z.B. von Kalkspat), die die Form eines schiefen Prismas haben. Berechne das Volumen der abgebildeten Körper mit regelmäßiger Grundfläche (Maße in mm).

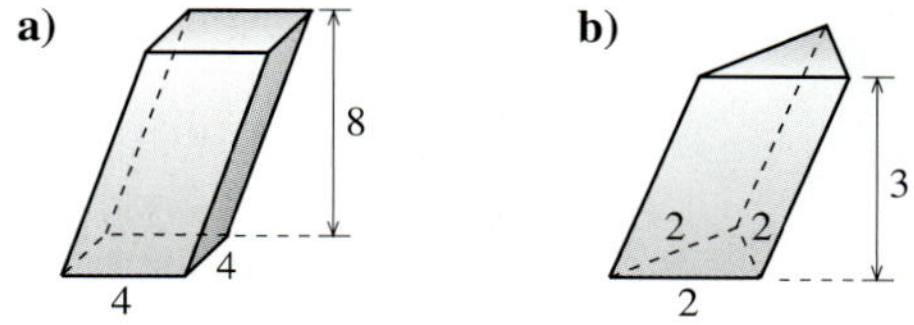

### 6.6.2 Volumen der Pyramide

**Einführung**

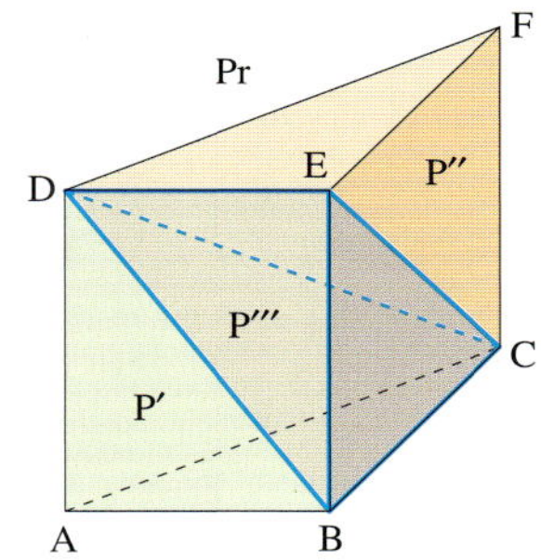


Der Umfüllversuch auf Seite 235 lässt vermuten:
Das Volumen der Pyramide ist ein Drittel des Volumens eines Prismas mit gleich großer Grundfläche und gleicher Höhe.
Um dieses Ergebnis zu beweisen, zeigen wir zunächst, dass sich ein dreiseitiges Prisma durch die eingezeichneten Schnitte in drei volumengleiche Pyramiden P′, P″ und P‴ zerlegen lässt.

*(1) Zerlegung des Prismas*

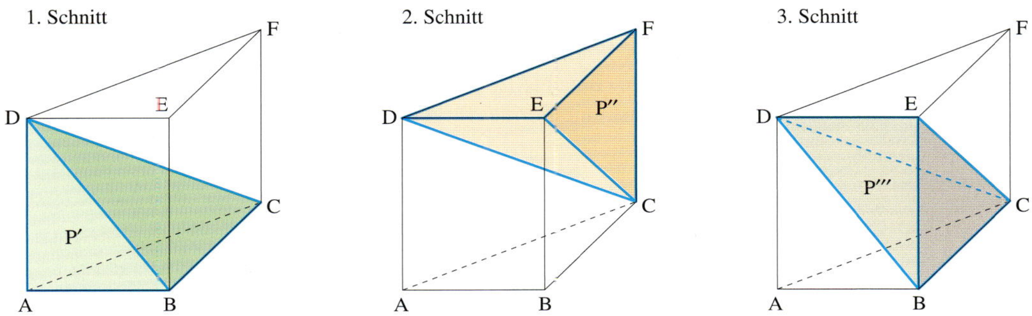


(a) Betrachte die Pyramiden P′ und P″:
Das Dreieck ABC ist kongruent zum Dreieck DEF (Grundflächen des Prismas).
$\overline{AD}$ und $\overline{CF}$ sind die Höhen von P′ bzw. P″; es gilt $\overline{AD} = \overline{CF}$ (Seitenkanten des Prismas).
Die Pyramiden P′ und P″ haben also gleich große Grundflächen und die gleiche Höhe; sie sind somit volumengleich.

(b) Betrachte die Pyramiden P′ und P‴.
Die Dreiecke ABD und BED sind zueinander kongruent und liegen in der gleichen Ebene, da das Rechteck ABED durch die Diagonale $\overline{BD}$ in zueinander kongruente Dreiecke zerlegt wird.
C ist die gemeinsame Spitze der Pyramiden P′ und P‴.
Die Pyramiden P′ und P‴ haben also gleich große Grundflächen und die gleiche Höhe; sie sind somit volumengleich.

(c) Das Prisma ist also in drei untereinander volumengleiche Pyramiden zerlegt.

*(2) Volumen einer beliebigen Pyramide*

Jetzt betrachten wir eine beliebige Pyramide.
Zu jeder Pyramide gibt es eine dreiseitige Pyramide P mit gleich großer Grundfläche und gleicher Höhe; diese hat nach dem Satz von Seite 236 dasselbe Volumen. Zu einer solchen dreiseitigen Pyramide P kann man wiederum eine dreiseitige Pyramide P′ mit gleich großer Grundfläche und gleicher Höhe angeben, bei der aber eine Seitenkante orthogonal zur Grundfläche ist.

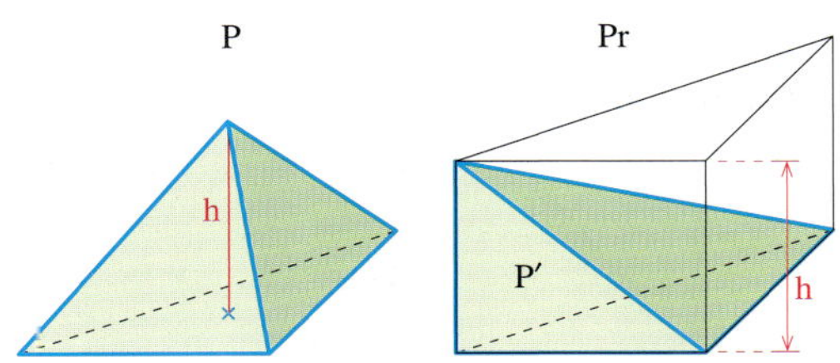


Ergänzt man die Pyramide P′ zu einem Prisma, so gilt aufgrund der Überlegung in Teil (1) oben:
$V_P = V_{P'} = \frac{1}{3}\,V_{Pr} = \frac{1}{3}\,A_G \cdot h$

**Information**

**Satz**

Für das **Volumen V einer Pyramide** mit dem Grundflächeninhalt $A_G$ und der Höhe h gilt:

$$\mathbf{V = \frac{1}{3} A_G \cdot h}$$

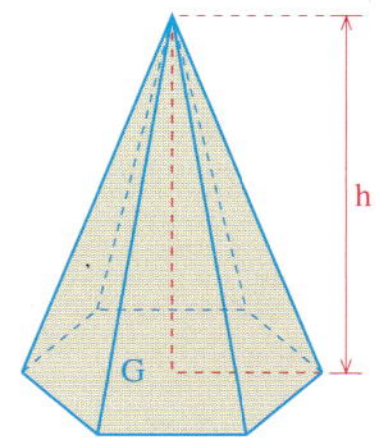


**Weiterführende Aufgabe**

Ein (regelmäßiges) Tetraeder wird von vier zueinander kongruenten, gleichseitigen Dreiecken begrenzt.

**1.** *Volumen eines (regelmäßigen) Tetraeders*

Berechne das Volumen V eines Tetraeders mit der Kantenlänge a = 5 m. (Beachte Lösungshilfen im Bild.)
Stelle zunächst eine Formel für das Volumen auf.

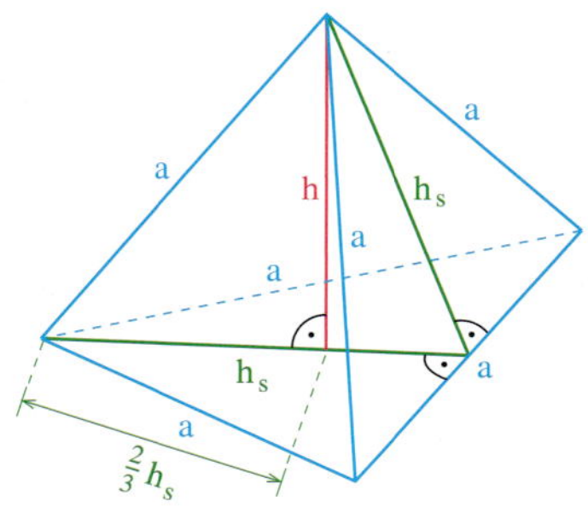


**Übungsaufgaben**

**2.** Felix behauptet, dass sich jeder Würfel durch geeignete Schnitte in sechs gleiche Pyramiden zerlegen lässt. Begründe das mithilfe der Abbildung. Erstelle dann eine Formel für das Volumen dieser Pyramiden.

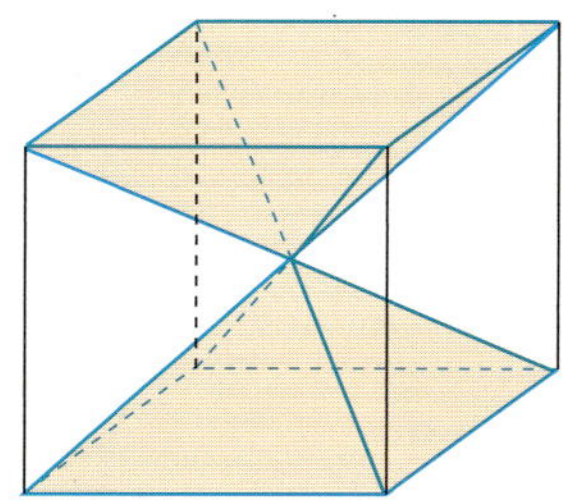

**3.** Berechne das Volumen V der Pyramide mit der Höhe h = 9,8 cm und zeichne ein Schrägbild.

**a)** Die Grundfläche ist ein Quadrat mit a = 6,3 cm.

**b)** Die Grundfläche ist ein Rechteck mit a = 11,3 cm und b = 7,2 cm.

**c)** Die Grundfläche ist ein gleichschenkliges Dreieck mit a = b = 5,9 cm und c = 9,3 cm.

**d)** Die Grundfläche ist ein gleichseitiges Dreieck mit a = 10,8 cm.

**e)** Die Grundfläche ist ein Trapez mit a = 6,8 cm, c = 4,2 cm und $h_a$ = 5,3 cm.

**4.** Die größte Pyramide ist die um 2600 v. Chr. erbaute Cheops-Pyramide. Sie war ursprünglich 146 m hoch, die Seitenlänge der quadratischen Grundfläche betrug ca. 233 m.

**a)** Berechne das Volumen der Cheopspyramide.

**b)** Heute beträgt die Länge der Grundseite nur noch ungefähr 227 m, die Höhe nur ungefähr 137 m.
Wie viel $m^3$ Stein sind inzwischen verwittert?
Gib diesen Anteil auch in Prozent an.

**c)** Von der heutigen Pyramide soll ein maßstabgerechtes Modell aus Pappe hergestellt werden. Wähle einen geeigneten Maßstab aus und berechne den Materialverbrauch für das Modell.

**5.** Rechts siehst du den Grundriss einer quadratischen Pyramide und einer regelmäßigen sechsseitigen Pyramide mit der Höhe h. Gib jeweils eine Formel für das Volumen an.

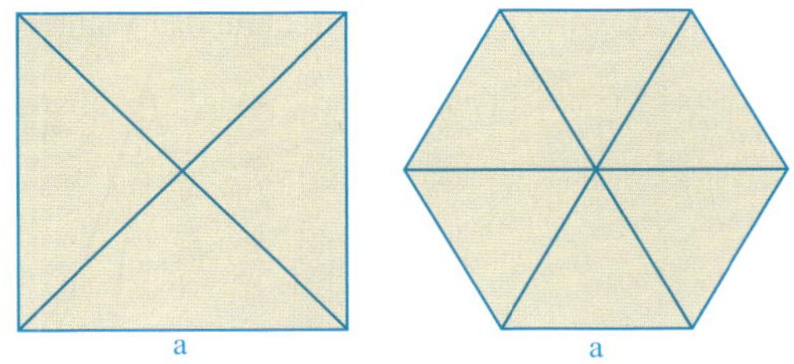


**6. a)** Entscheide, ob die Aussage wahr oder falsch ist. Begründe.

(1) Wenn die Größe der Grundfläche einer Pyramide verdoppelt [verdreifacht] wird, so wird auch das Volumen der Pyramide verdoppelt [verdreifacht].

(2) Werden alle Grundkanten einer Pyramide halbiert und dafür die Höhe verdoppelt, so bleibt das Volumen gleich.

(3) Wird die Höhe einer Pyramide halbiert, so wird auch das Volumen halbiert.

(4) Wird das Volumen einer Pyramide verdoppelt, so wird auch die Höhe verdoppelt.

(5) Verkürzt man jede Kantenlänge einer Pyramide um 10 %, so nimmt das Volumen auch um 10 % ab.

**b)** Untersuche weitere Zusammenhänge.

**7.** Eine Pyramide hat die abgebildete Grundfläche und die Höhe h. Gib eine Formel für das Volumen an.

**a)** $h = a$ **b)** $h = c + 3$ **c)** $a = c + 1$, $h = 2a$ **d)** $h = 2a$

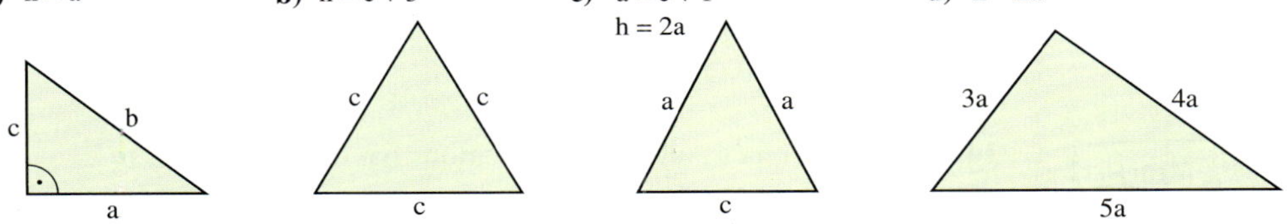


**8.** Stelle für die gesuchte Größe zunächst eine Formel auf; berechne dann.

**a)** Eine quadratische Pyramide hat das Volumen $256\ \text{cm}^3$ und die Kantenlänge 8 cm. Wie hoch ist die Pyramide?

**b)** Eine quadratische Pyramide hat das Volumen $216\ \text{cm}^3$ und die Höhe 8 cm. Wie lang ist eine Grundkante der Pyramide?

**c)** Eine quadratische Pyramide hat das Volumen $384\ \text{cm}^3$. Die Höhe h verhält sich zur Länge a der Grundkante wie 3 : 2. Berechne a und h.

**Vermischte Übungen**

**9.** Ein Marmordenkmal besteht aus einem quadratischen Prisma mit der Höhe $h = 1{,}20$ m und der Grundkantenlänge $a = 90$ cm sowie einer aufgesetzten Pyramide von 1,50 m Höhe. $1\ \text{cm}^3$ Marmor wiegt 2,6 g. Wie viel wiegt das Denkmal?

**10.** Die Grundkanten einer dreiseitigen Pyramide haben alle die Länge 3 cm. Berechne das Volumen und den Oberflächeninhalt. Zeichne auch ein Schrägbild.

**a)** Die Höhe beträgt 5 cm.

**b)** Alle Seitenkanten sind 5 cm lang.

**c)** Zeichne Schrägbild und Netz einer Pyramide der Höhe 5 cm, bei der nicht alle Seitenkanten gleich lang sind.

**11.** Berechne das Volumen und den Oberflächeninhalt.

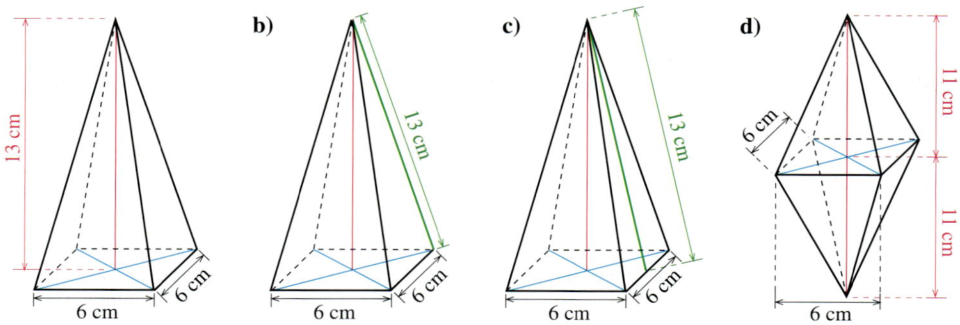


**12.** Die Abbildung zeigt das Netz eines Körpers (Maße in mm).

**a)** Berechne das Volumen und den Oberflächeninhalt.

**b)** Zeichne ein Schrägbild in einem geeigneten Maßstab.

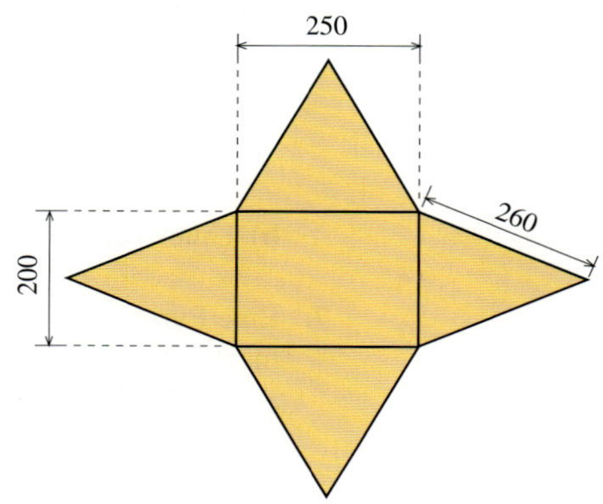


**13.** Zwei quadratische Pyramiden haben jeweils ein Volumen von 1 $dm^3$. Die eine Pyramide ist 1 dm hoch und die andere Pyramide hat eine Grundkante von 1 dm Länge. Vergleiche die Oberflächeninhalte.

**14.** Das Dach eines Ausstellungspavillons hat die Form einer regelmäßigen sechsseitigen Pyramide mit der Höhe h = 5,75 m und der Grundkantenlänge a = 6,20 m.

**a)** Zeichne ein Schrägbild in einem geeigneten Maßstab.

**b)** Berechne die Größe des umbauten Dachraumes. Stelle zuerst eine Formel auf.

**c)** Wie teuer wird das Decken des Daches, wenn 1 $m^2$ Dachziegel 105 € kostet und die Mehrwertsteuer noch dazukommt?

**15.** Beschreibe, wie die abgebildete Tomatenmark-Verpackung hergestellt wird.
Modelliere ihre Form mithilfe eines einfachen Körpers und berechne dessen Materialbedarf und Volumen.

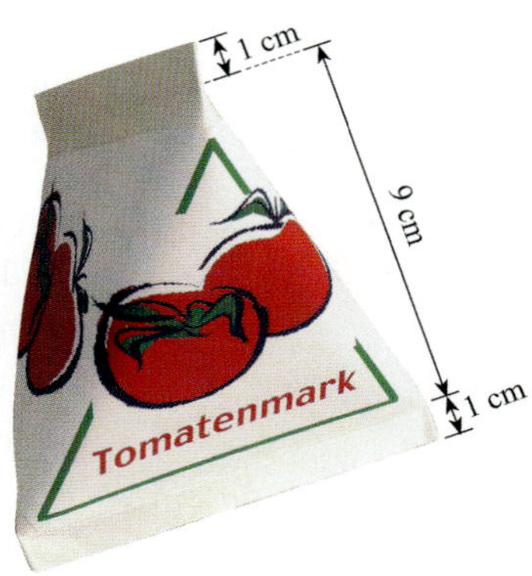


**16.** Eine Pyramide soll in halber Höhe parallel zur Grundfläche abgeschnitten werden.
Wie viel Prozent des Volumens bleiben übrig?

## 6.7 Eigenschaften und Darstellung des Kreiskegels

**Einführung**

Betrachte die abgebildeten Körper. Beschreibe ihre Form. Vergleiche sie mit Pyramiden. Welche Gemeinsamkeiten, welche Unterschiede weisen sie auf?

**Information**

Ersetzt man das Vieleck (n-Eck) der Grundfläche einer Pyramide durch einen Kreis, so erhält man einen verwandten Spitzkörper:

Ein **Kreiskegel** (kurz: *Kegel*) ist ein Körper, dessen **Grundfläche** eine Kreisfläche (*Grundkreis*) ist.
Die **Mantelfläche** eines Kegels ist gewölbt.
Der Abstand der Spitze von der Grundfläche ist die **Höhe** des Kegels.
Eine Verbindungsstrecke vom Kreisrand zur Spitze heißt **Mantellinie**.

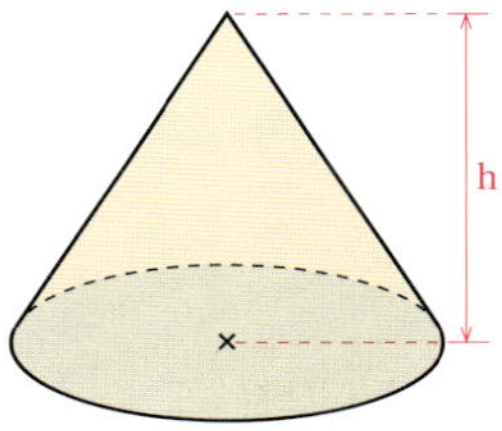


**Weiterführende Aufgabe**

**1.** *Schrägbild eines geraden Kegels*

Gegeben ist ein Kegel mit dem Radius r = 2,4 cm und der Körperhöhe h = 3,2 cm.
Zeichne ein Schrägbild des Kegels.

*Anleitung:*

(1) Zeichne die Grundfläche als Ellipse. Zeichne dazu die Hilfstiefenstrecken des Kreises unter einem Verzerrungswinkel von 90° und auf die Hälfte verkürzt.

(2) Zeichne vom Mittelpunkt der Grundfläche aus die Höhe h ein. Verbinde die Spitze des Kegels mit der Ellipse.

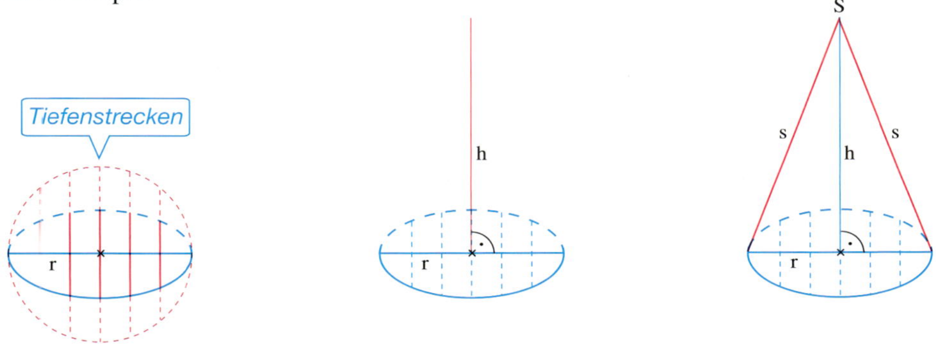

## Übungsaufgaben

**2.** Sucht Gegenstände aus eurer Umwelt, die kegelförmig sind. Ihr könnt sie auch fotografieren und ein Poster erstellen.

**3.** Rechts siehst du einen geraden und einen schiefen Kreiszylinder. Beschreibe Gemeinsamkeiten und Unterschiede.

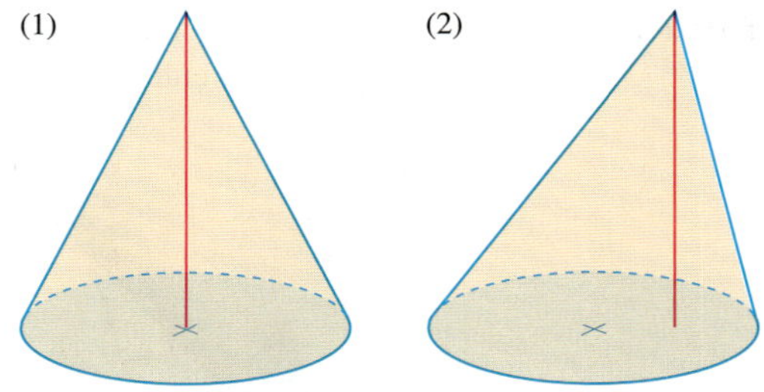


**4.** Stelle aus Knete einen geraden Kegel her. Zerschneide ihn
(1) parallel zur Grundfläche,
(2) senkrecht zur Grundfläche.
Welche Form haben die Schnittflächen?

**5.** Dreht man ein gleichschenkliges Dreieck um die Symmetrieachse, so entsteht ein gerader Kreiskegel.
Ihr könnt das mit einem aus Karton ausgeschnittenen Dreieck und einem aufgeklebten dünnen Stab ausprobieren.
Was erzeugen bei dieser Rotation
(1) die Schenkel AC und BC,
(2) die Basis AB des gleichschenkligen Dreiecks?

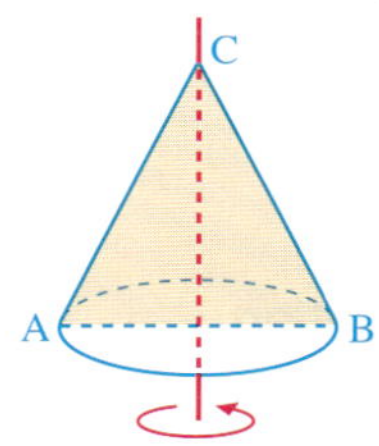


**6.** Ein Zeichendreieck (Maße im Bild) rotiert
(1) um die kürzere Kathete;
(2) um die längere Kathete.

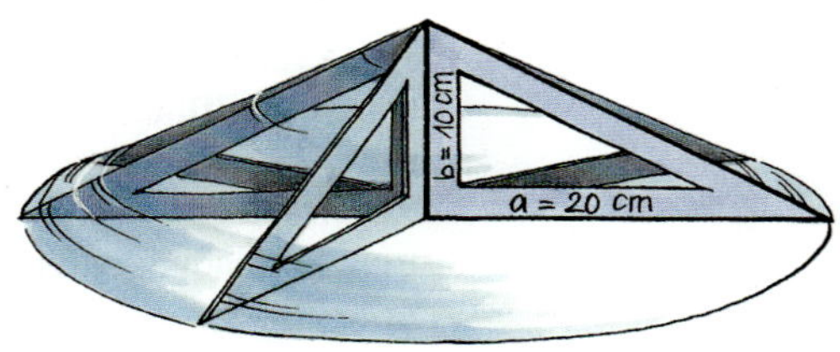


**a)** Gib jeweils die Höhe und den Durchmesser des Kegels an.

**b)** Zeichne jeweils ein Schrägbild des Kegels. Wähle einen geeigneten Maßstab.

**c)** Zeichne jeweils ein Zweitafelbild des Kegels. Wähle einen geeigneten Maßstab.

**7.** Gegeben ist ein gerader Kegel mit dem Radius r = 2,5 cm und der Körperhöhe h = 4,5 cm.

**a)** Zeichne ein Schrägbild des Kegels.

**b)** Zeichne ein Zweitafelbild des Kegels.

**c)** Berechne die Länge einer Mantellinie.

**8.** Gegeben ist ein gerader Kegel mit dem Radius r = 1,8 cm und der Mantellinienlänge s = 5,6 cm.

**a)** Zeichne ein Zweitafelbild des Kegels.

**b)** Berechne die Höhe h des Kegels.

**c)** Zeichne ein Schrägbild des Kegels.

**9.** Fertige von einem Kegel mit dem Radius r und der Höhe h eine Freihandskizze an.
Anleitung: Skizziere wie in der Zeichnung rechts zunächst ein Prisma mit quadratischer Grundfläche (Seitenlänge 2 r) und der Höhe h.

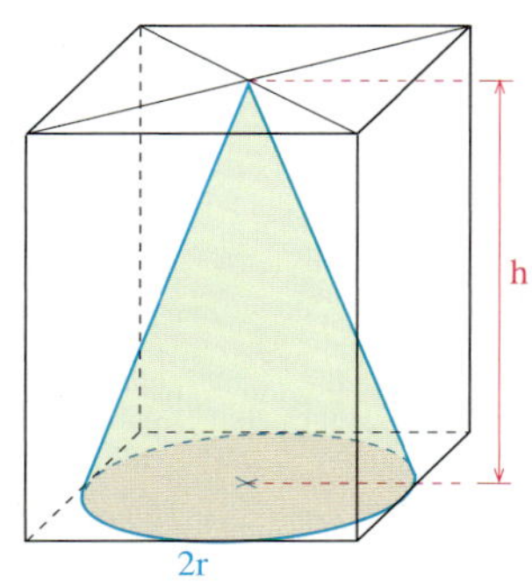

## 6.8 Netz und Oberflächeninhalt des Kreiskegels

**Einführung**

*Berechnung der Größe der Mantelfläche*

Das kegelförmige Dach eines alten Wehrturms soll neu mit Schiefer gedeckt werden. Der Radius r des Daches beträgt 5,60 m, die Höhe h des Daches beträgt 7,50 m. Für die Bestellung der Schieferplatten wird die Größe der Dachfläche benötigt.
Wir führen dazu folgende Überlegungen durch:
Die Dachfläche ist die Mantelfläche eines Kegels. Bei der Berechnung der Größe $A_M$ der Mantelfläche gehen wir folgendermaßen vor:

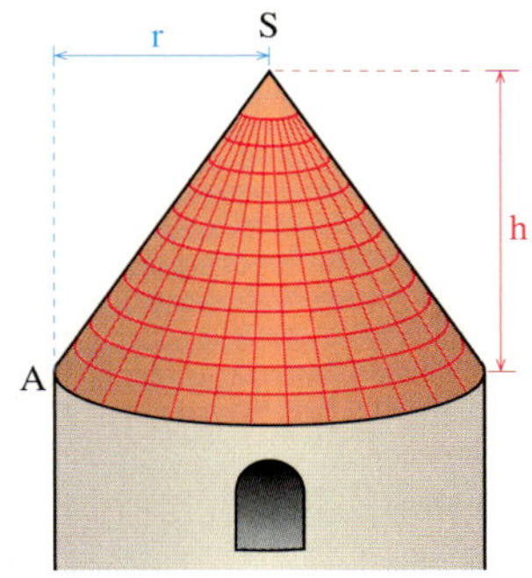


(1) Wir stellen uns vor: Der Mantel wird entlang einer Mantellinie aufgeschnitten und in die Ebene abgewickelt. Wir erhalten einen Kreisausschnitt mit dem Radius s und dem Bogen b. Die Länge b des Bogens ist gleich dem Umfang der Grundfläche des Kegels: $b = 2\pi r$.
*Beachte:* r ist hier der Radius der Grundfläche des Kegels.
Nun gilt für den Flächeninhalt eines Kreisausschnitts:
$A = \frac{1}{2} b \cdot r$.
In unserem Fall muss man in diese Formel für b den Umfang $2\pi r$ der Grundfläche und für r den Radius s des Kreisausschnitts einsetzen.
Also gilt für den Mantelflächeninhalt $A_M$:
$A_M = \frac{1}{2} 2\pi r \cdot s = \pi r s$

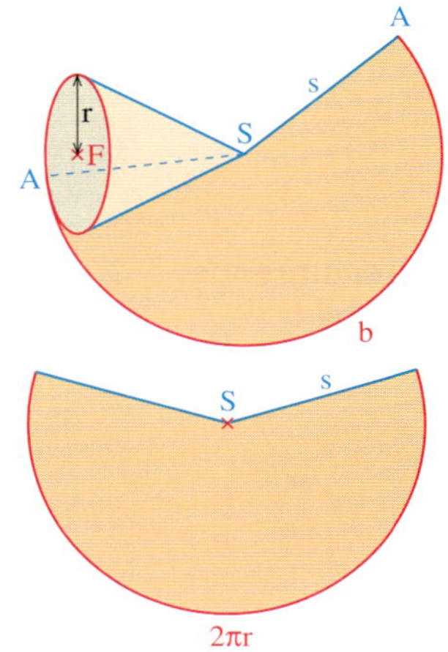


(2) Nach dem Satz des Pythagoras gilt im grünen Dreieck für die Länge s der Mantellinie des Kegels:
$s^2 = r^2 + h^2$
$s^2 = (5{,}60\ \text{m})^2 + (7{,}50\ \text{m})^2$
$s = \sqrt{87{,}61\ \text{m}^2} \approx 9{,}36\ \text{m}$

(3) Wir setzen die Werte in die Formel für die Mantelflächeninhalt ein: $A_M = \pi r s$,
$A_M \approx \pi \cdot 5{,}60\ \text{m} \cdot 9{,}36\ \text{m} \approx 164{,}67\ \text{m}^2$

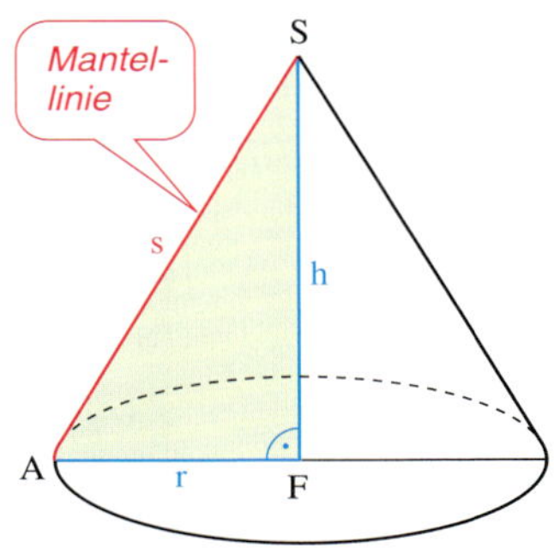


*Ergebnis:* Es müssen Schieferplatten für eine Dachfläche von 165 m² bestellt werden. Dabei muss noch berücksichtigt werden, dass sich die Schieferplatten überlappen und Verschnitt anfällt.

**Information**

**Satz**

Für den **Mantelflächeninhalt $A_M$ eines geraden Kegels** mit dem Grundkreisradius r und der Länge s einer Mantellinie gilt:

$$\mathbf{A_M = \pi \cdot r \cdot s}$$

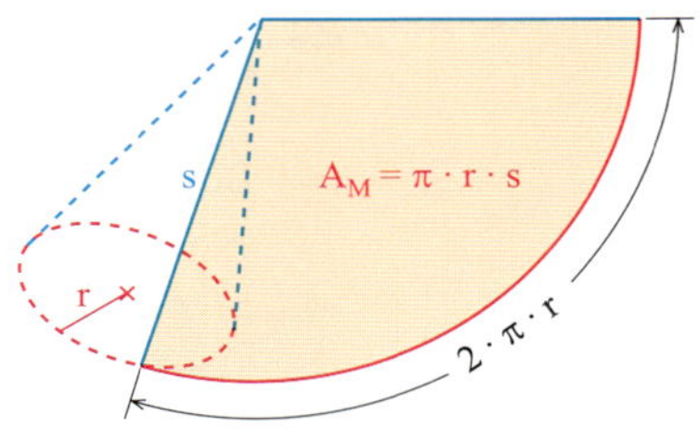

**Aufgabe 1**

Gegeben ist ein gerader Kreiskegel mit dem Radius r = 2,5 cm und der Höhe h = 7,0 cm. Zeichne ein Netz des Kegels.

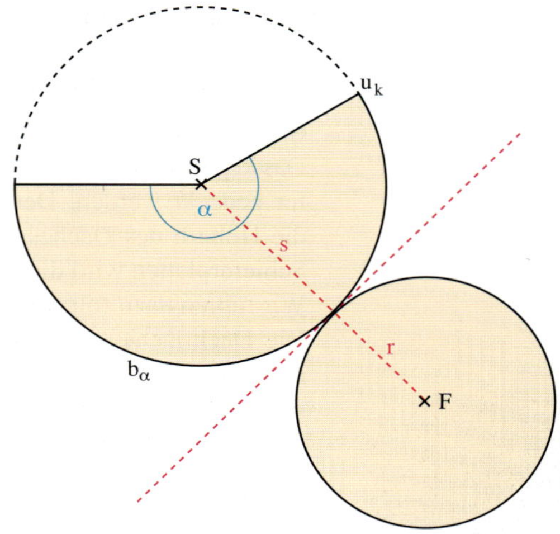


**Lösung**

(1) Berechne wie in der Einführung die Länge s einer Mantellinie.
$s^2 = r^2 + h^2$
$s^2 = (2{,}5\text{ cm})^2 + (7{,}0\text{ cm})^2$
$s = \sqrt{55{,}25}\text{ cm} \approx 7{,}4\text{ cm}$

(2) Zeichne einen Kreis mit dem Radius s.

(3) Für die Größe α des Zentriwinkels gilt:
$\frac{\alpha}{360°} = \frac{\text{Bogenlänge } b_\alpha}{\text{Kreisumfang } u_k} = \frac{2\pi r}{2\pi s} = \frac{r}{s}$, also
$\alpha = \frac{360° \cdot r}{s}$
$\alpha = \frac{360° \cdot 2{,}5\text{ cm}}{7{,}4\text{ cm}} \approx 121{,}6°$

(4) Zeichne den Kreisausschnitt.

**Weiterführende Aufgabe**

**2.** *Formel zur Berechnung des Oberflächeninhalts eines Kegels*

**a)** Zur Dekoration eines Schaufensters werden aus Karton Kegel hergestellt. Der Radius des Grundkreises ist 0,60 m und eine Mantellinie ist 1,30 m lang.
Wie viel $m^2$ Karton müssen für die Herstellung eines Kegels gerechnet werden, wenn Verschnitt nicht berücksichtigt wird?

**b)** Begründe: Für die Größe $A_O$ der Oberfläche eines Kegels mit dem Radius r des Grundkreises und der Länge s der Mantellinie gilt: $A_O = \pi r \cdot (r + s)$

**Satz**

(1) Für den **Oberflächeninhalt $A_O$ eines geraden Kegels** mit der Grundflächengröße $A_G$ und dem Mantelflächeninhalt $A_M$ gilt:
$\mathbf{A_O = A_G + A_M}$
Bezeichnet r den Radius des Grundkreises und s die Länge einer Mantellinie des Kegels, so gilt insbesondere:
$\mathbf{A_O = \pi r^2 + \pi r s = \pi r \cdot (r + s)}$

(2) Für die Größe des Zentriwinkels φ des Mantels gilt:
$\varphi = \frac{360° \cdot r}{s}$

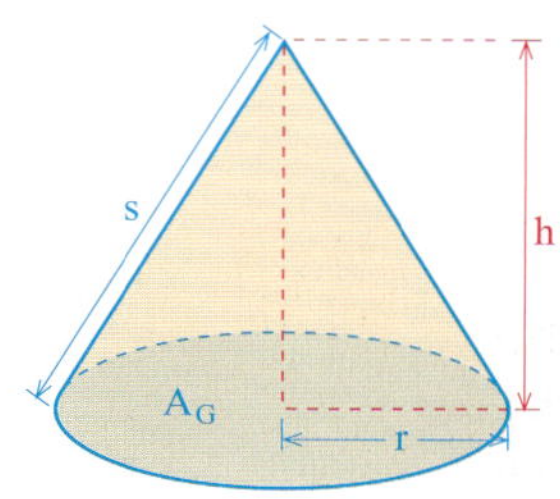


**Übungsaufgaben**

**3.** Aus Pappe soll eine Zuckertüte hergestellt werden. Wie viel $dm^2$ sind erforderlich, wenn für Verschnitt 9% dazu gerechnet wird?

**4.** Berechne den Mantelflächeninhalt $A_M$ und den Oberflächeninhalt $A_O$ des Kegels.

**a)** r = 4 cm; s = 6 cm
**b)** d = 46 dm; s = 15 m
**c)** r = 2,7 m; h = 2,3 m
**d)** s = 9,75 m; h = 7,25 m

**5.** Zeichne ein Netz des Kegels mit dem Radius r = 3 cm und der Höhe h = 6 cm.

**6.** Berechne vom Kegel den Oberflächeninhalt sowie die Größe des Zentriwinkels $\alpha$ des abgewickelten Mantels.

**a)** r = 25 cm, h = 47 cm **b)** r = 46 cm, h = 95 cm **c)** r = 4,75 m, h = 5,25 m **d)** d = 3,80 m, h = 4,25 m **e)** d = 326 mm, h = 43,5 cm

**7.** Ein Kreisausschnitt mit dem Radius 4 cm soll zu einem Kegel zusammengebogen werden. Die Größe des Zentriwinkels soll 180° [90°; 270°] sein.
Berechne den Oberflächeninhalt des Kegels.

**8.** Der Turm hat ein annähernd kegelförmiges Dach. Das Turmdach ist 13,80 m hoch und sein Umfang beträgt 27,75 m.

**a)** Das Dach soll neu eingedeckt werden. Pro Quadratmeter werden 93 € gerechnet; dazu kommt noch die Mehrwertsteuer. Wie teuer wird das Decken des Daches?

**b)** Die Dachsparren sind wie Mantellinien eines Kegels angeordnet. Wie groß ist der Winkel, den zweieinander gegenüberliegende Sparren an der Spitze bilden?

**9.** Von einem Kegel sind die Mantellinienlänge s = 18 cm und der Mantelflächeninhalt $A_M = 345\ \text{cm}^2$ bekannt. Berechne den Oberflächeninhalt $A_O$.

**10.** Gib eine Formel für den Oberflächeninhalt eines Kegels mit dem Radius r und der Mantellinie s an, wenn gilt:

**a)** s ist dreimal so lang wie r; **b)** r ist halb so lang wie s; **c)** r ist um 10 % kürzer als s.

**11.** Aus einem Karton mit den angegebenen Maßen soll ein Zauberhut gebastelt werden.

**a)** Wie hoch wird der Zauberhut werden?

**b)** Welchen Durchmesser hat seine Öffnung?

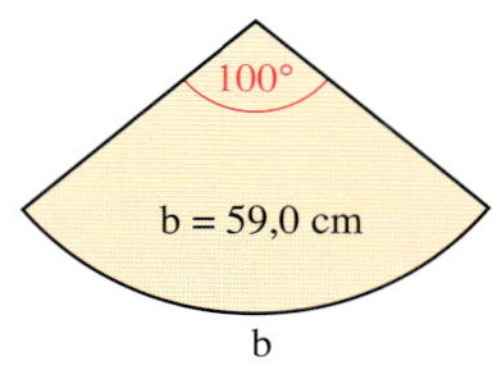

**12.** Das Bild zeigt das abgewickelte Verpackungspapier einer Eistüte.
Berechne den Flächeninhalt und bestimme den Anteil des Klebefalzes an der Gesamtfläche.

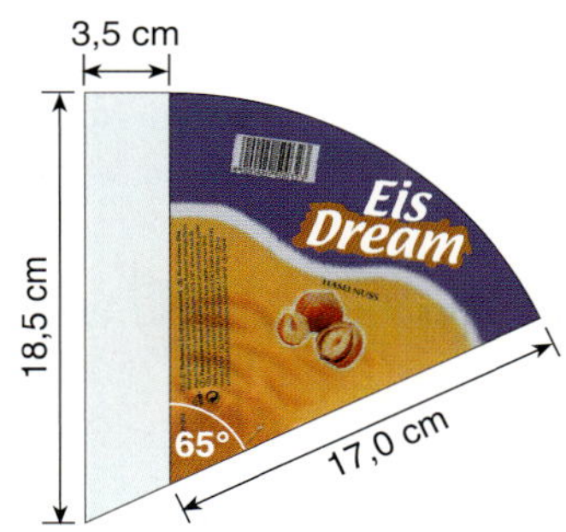


**13.** Bei einem Kegel ist die Länge der Mantellinie gleich dem Grundkreisradius r. Ein Zylinder hat denselben Grundkreisradius r und die Höhe r.
In welchem Verhältnis stehen die Oberflächeninhalte von Kegel und Zylinder zueinander?

**14.** Bei einem Kegel ist r der Grundkreisradius und s die Länge der Mantellinie.
In welchem Verhältnis stehen r und s zueinander, wenn gilt

**a)** der Oberflächeninhalt ist dreimal so groß wie der Grundflächeninhalt;

**b)** der Grundflächeninhalt ist halb so groß wie der Mantelflächeninhalt;

**c)** der Oberflächeninhalt verhält sich zum Mantelflächeninhalt wie 5 : 3?

## 6.9 Volumen des Kreiskegels

**Aufgabe 1**

Die Grundfläche des Kegels K und der Pyramide P sollen gleich groß sein, ebenso die Höhen.

**a)** Zeige, dass der Kegel und die Pyramide dann auch dasselbe Volumen haben.

**b)** Leite eine Formel für das Volumen V des Kegels her.

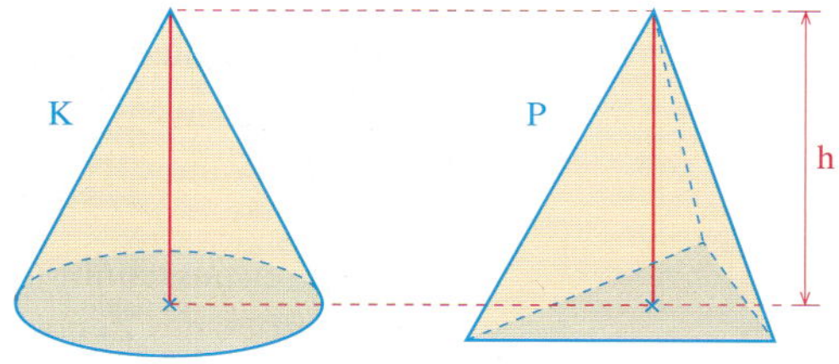


**Lösung**

**a)** Die beiden Körper liegen zwischen zwei zueinander parallelen Ebenen $\mathbb{E}_1$ und $\mathbb{E}_2$. Die zu $\mathbb{E}_1$ parallelen Schnittflächen von C′ und D′ sind gleich groß, da sie ähnlich sind zu den Grundflächen C bzw. D (siehe Seite 235). Damit sind die Voraussetzungen des Satzes des Cavalieri erfüllt. Also ist der Kegel K volumengleich zur Pyramide P.

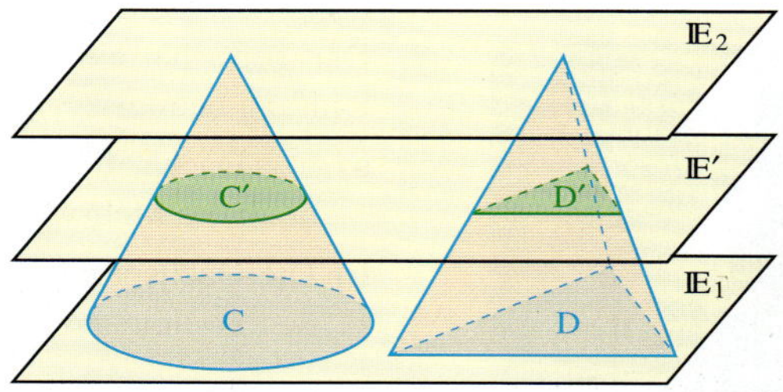


**b)** Bezeichnet $A_G$ die Größe der Grundfläche des Kegels K bzw. der Pyramide P, dann gilt wegen $V_P = \frac{1}{3} A_G \cdot h$ auch $V_K = \frac{1}{3} A_G \cdot h$.

**Satz**

Für das **Volumen V eines Kegels** mit der Grundflächengröße $A_G$ und der Höhe h gilt:

$$\mathbf{V = \tfrac{1}{3} A_G \cdot h}$$

Bezeichnet r den Radius des Grundkreises des Kegels, so gilt insbesondere:

$$\mathbf{V = \tfrac{1}{3} \pi r^2 \cdot h}$$

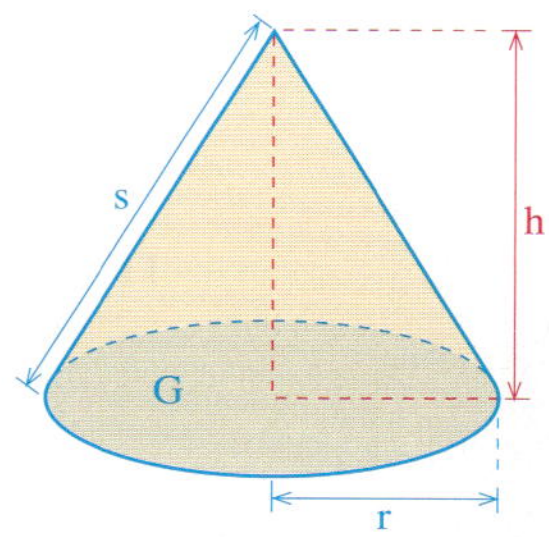


**Weiterführende Aufgabe**

**2.** *Eine weitere Formel zur Volumenberechnung eines Kegels*

Begründe: Für das Volumen eines Kegels mit dem Durchmesser d des Grundkreises und der Höhe h gilt: $V = \frac{1}{12} \pi d^2 \cdot h$

**Übungsaufgaben**

**3.** Eine Kerze hat die Form eines Kegels mit dem Grundkreisradius r = 2,9 cm und der Höhe h = 11,6 cm.
Berechne das Volumen der Kerze.

**4.** Ein kegelförmiges Werkstück aus Grauguss hat einen Grundkreisdurchmesser d = 153 mm und eine Mantellinienlänge s = 193 mm. 1 $cm^3$ Grauguss wiegt 7,3 g.
Wie viel wiegt das Werkstück?

**5.** Berechne das Volumen. Gib die Kantenlänge eines Würfels an, der das gleiche Volumen hat.

**a)** Dach

Durchmesser: 6,40 m
Länge der Dachsparren: 5,80 m

**b)** Sandhaufen

Umfang: 20,50 m
Mantellinie: 3,90 m

**c)** Vulkankrater des Poás (Costa Rica)

Umfang des Kraterrandes: 4,7 km
Tiefe des Kraters: 300 m

**6. a)** Entscheide, ob die Aussage wahr oder falsch ist. Begründe.

(1) Wird der Radius der Grundfläche eines Kegels verdoppelt, so verdoppelt sich auch das Volumen.

(2) Wird der Radius der Grundfläche verdoppelt und dafür die Mantellinie halbiert, so bleibt das Volumen gleich.

(3) Wird das Volumen eines Kegels verdoppelt, so wird auch die Höhe verdoppelt.

(4) Wird die Mantellinie eines Kegels um 10 % verlängert und der Radius der Grundfläche bleibt unverändert, so nimmt das Volumen um 10 % zu.

**b)** Untersuche weitere Zusammenhänge.

**7.** Berechne das Volumen des Kegels.

**a)** $r = 5$ cm, $h = 9$ cm
**b)** $d = 7{,}6$ dm, $h = 9{,}3$ dm
**c)** $r = 3{,}9$ dm, $h = 1{,}2$ m
**d)** $r = 4$ cm, $s = 8$ cm
**e)** $A_M = 62{,}7\ \text{cm}^2$, $r = 3{,}7$ cm

**8.** Leite zunächst eine Formel zur Berechnung der gesuchten Größe her.

**a)** Ein Kegel hat das Volumen $V = 26{,}461\ \text{cm}^3$ und den Radius $r = 3{,}4$ cm.
Wie hoch ist der Kegel?

**b)** Ein Kegel hat das Volumen $V = 346{,}739\ \text{dm}^3$ und die Höhe $h = 6{,}7$ dm.
Welchen Radius besitzt die Grundfläche?

**c)** Ein Kegel hat das Volumen $V = 768{,}446\ \text{cm}^3$.
Seine Höhe h verhält sich zum Radius r wie 3 : 2. Berechne h und r.

**9.** Zu wie viel Prozent ist das Sektglas links gefüllt, wenn der Sekt 6 cm [4 cm; 3 cm; 8 cm; 10 cm] hoch steht?

## Vermischte Übungen

**10.** Bei einem Kegel bezeichnet r den Grundkreisradius, h die Höhe, s die Länge einer Mantellinie, V das Volumen und $A_O$ den Oberflächeninhalt.
Berechne aus den gegebenen Größen die anderen.

**a)** $r = 7{,}5$ cm, $h = 1{,}35$ m
**b)** $r = 45$ cm, $s = 78$ dm
**c)** $h = 63$ cm, $s = 7{,}9$ dm
**d)** $r = 5{,}6$ cm, $V = 426{,}9\ \text{cm}^3$
**e)** $s = 3{,}6$ cm, $A_O = 135{,}2\ \text{cm}^2$

**11.** Ein kegelförmig aufgeschütteter Sandberg hat eine Mantellinienlänge $s = 2{,}10$ m und den Umfang $u = 6{,}50$ m. Die Dichte von Sand beträgt $\varrho = 1{,}6\,\frac{\text{t}}{\text{m}^3}$.
Wie viel kg Sand wurden auf dem Berg abgeladen?

**12.** In verschiedene Werkstücke werden kegelförmige Hohlräume gebohrt. Dem Schrägbild kann man die Art der Bohrung und die Maße (in mm) entnehmen. Berechne das Volumen und den Oberflächeninhalt des Restkörpers.

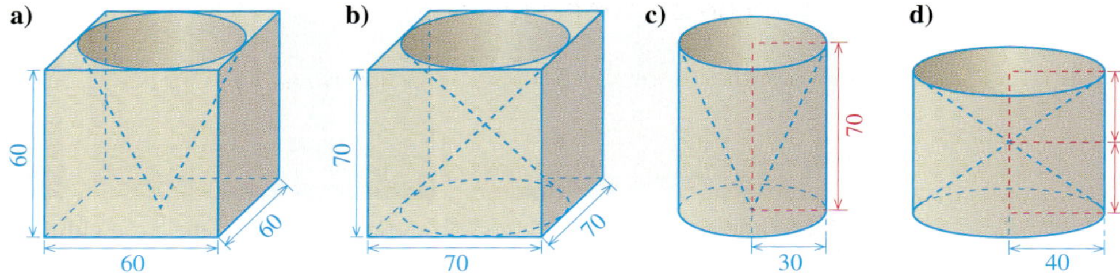


**13.** Aus den Blechteilen (siehe Abbildung) werden offene Behälter hergestellt.
Wie groß ist das Fassungsvermögen und der Materialverbrauch für einen Behälter?

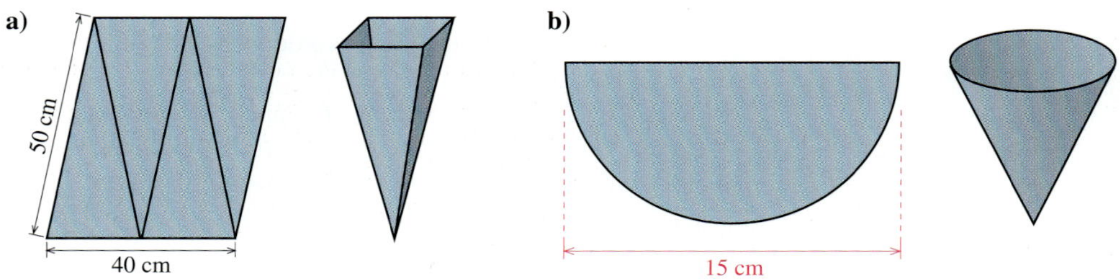

**14.** Ein zylindrischer Messbecher und ein kegelförmiger Messbecher besitzen einen Grundkreisradius von 6 cm.
In welcher Höhe müssen die Markierungen für 1 $l$, $\frac{1}{2}\,l$, $\frac{1}{4}\,l$, $\frac{1}{8}\,l$, und $\frac{3}{4}\,l$ angebracht werden?

**15.** Aus einem kegelförmigen Metallteil ($r = 10$ cm; $h = 25$ cm; Dichte $8{,}4\,\frac{\text{g}}{\text{cm}^3}$) wird ein möglichst großes Werkstück hergestellt, das die Form einer regelmäßigen sechseckigen Pyramide hat.

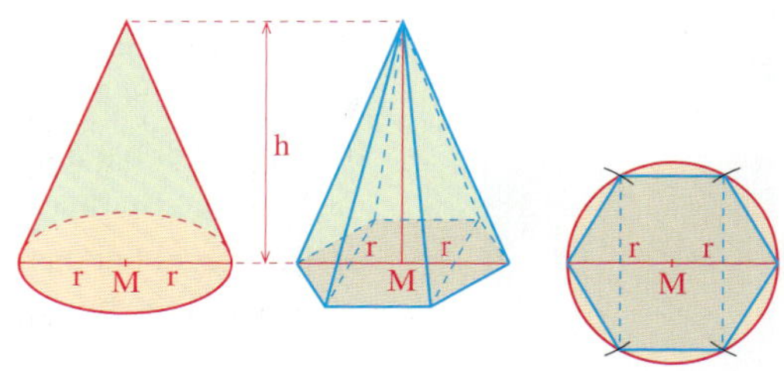


**a)** Wie groß ist der Masseunterschied der beiden Körper?
Schätze zuerst, rechne dann genau.

**b)** Die beiden Körper sollen auch als Hohlkörper aus Blech hergestellt werden. Das verwandte Blech ist 1 mm dick. Es hat eine Dichte von $7{,}6\,\frac{\text{g}}{\text{cm}^3}$.
Berechne den Masseunterschied der beiden Hohlkörper.

**16.** Einem Würfel mit der Kantenlänge a ist ein Kegel [eine quadratische Pyramide] einbeschrieben.
Wie viel Prozent vom Würfelvolumen beträgt das Volumen des einbeschriebenen Körpers?

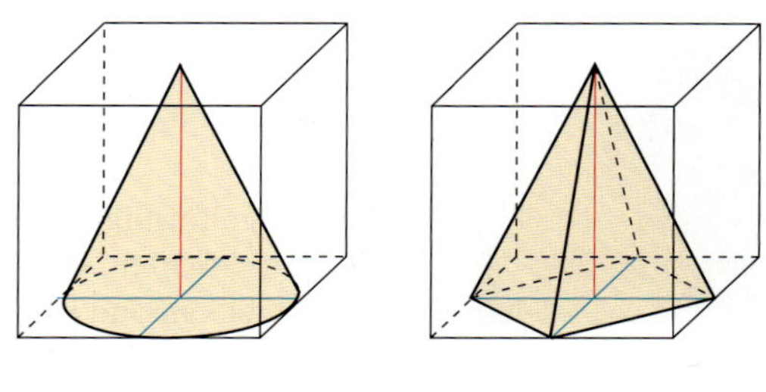

## 6.10 Volumen und Oberflächeninhalt der Kugel

### 6.10.1 Volumen der Kugel

**Einführung**

*(1) Vergleich der Volumina von Zylinder, Kegel und Halbkugel*

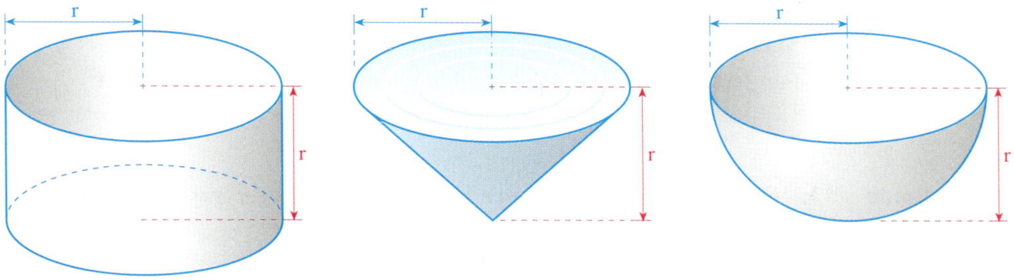


Im Bild siehst du drei Gefäße: einen Zylinder, einen Kegel und eine Halbkugel jeweils mit dem Radius r. Zylinder, Kegel und Kugel haben die Höhe r. Der Kegel ist mit Wasser gefüllt. Du weißt: Das Volumen des Kegels ist ein Drittel des Volumens des Zylinders:

$V_{Ke} = \frac{1}{3} V_{Zy}$ bzw. $V_{Ke} = \frac{1}{3} \pi r^2 \cdot r = \frac{1}{3} \pi r^3$

Durch Umschütten stellst du fest: Das Volumen der Halbkugel ist doppelt so groß wie das Volumen der Kegels: $V_H = 2 \cdot V_{Ke} = \frac{2}{3} \pi r^3$.

Für das Volumen der Kugel erhält man also: $V_{Ku} = 2 \cdot V_H = \frac{4}{3} \pi r^3$.

Wir wollen diese Formel nun begründen.

*(2) Begründung der Formel für das Volumen einer Halbkugel*

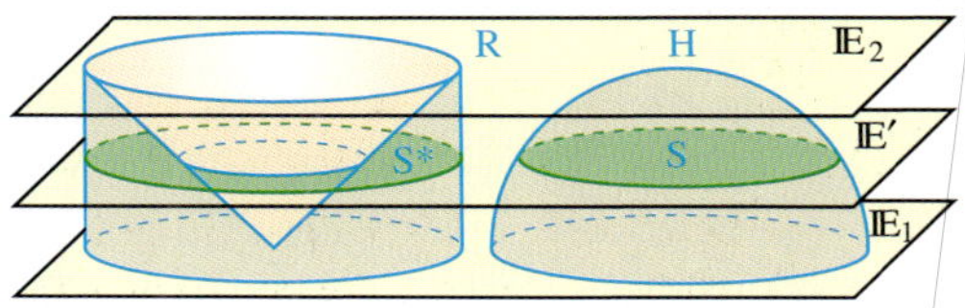


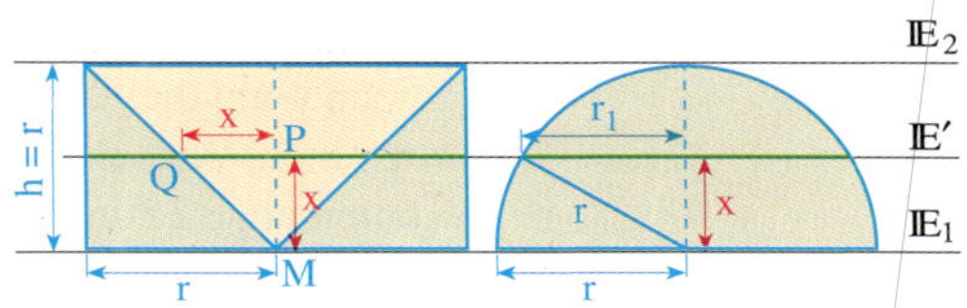


Der Restkörper R und die Halbkugel H liegen zwischen zwei zueinander parallelen Ebenen $\mathbb{E}_1$ und $\mathbb{E}_2$, da der Radius von H gleich der Höhe von R ist. Eine zu $\mathbb{E}_1$ parallele Ebene $\mathbb{E}'$ schneidet den Restkörper R in einem Kreisring S*, die Halbkugel H in einer Kreisfläche S.

Den Abstand von $\mathbb{E}'$ zu $\mathbb{E}_1$ bezeichnen wir mit x. Der Kreisring S* hat den äußeren Radius r und den inneren Radius x, da das Dreieck MPQ rechtwinklig und auch gleichschenklig ist.

Also hat der Kreisring S* den Flächeninhalt:

$A_R = \pi r^2 - \pi x^2$

Für den Radius $r_1$ des Schnittkreises S der Halbkugel gilt nach dem Satz des Pythagoras:

$r_1^2 = r^2 - x^2$, also:

$A_K = \pi r_1^2 = \pi (r^2 - x^2) = \pi r^2 - \pi x^2$

Der Kreisring S* und der Schnittkreis S haben also den gleichen Flächeninhalt. Da der Restkörper R und die Halbkugel H zwischen zwei zueinander parallelen Ebenen $\mathbb{E}_1$ und $\mathbb{E}_2$ liegen und von jeder Parallelebene $\mathbb{E}'$ zu $\mathbb{E}_1$ in gleich großen Flächen geschnitten werden, sind sie nach dem Satz des Cavalieri volumengleich.

Es gilt also: $V_R = V_H$

Da das Volumen der Kugel doppelt so groß ist wie das Volumen der Halbkugel, gilt damit auch:

$V_{Ku} = 2 \cdot V_H = 2 \cdot V_R$

Volumen des Zylinders: $V_Z = \pi r^2 \cdot h = \pi r^2 \cdot r = \pi r^3$

Volumen des Kegels: $V_K = \frac{1}{3}\pi r^2 \cdot h = \frac{1}{3}\pi r^2 \cdot r = \frac{1}{3}\pi r^3$

Also gilt für das Volumen des Restkörpers: $V_R = V_Z - V_K = \pi r^3 - \frac{1}{3}\pi r^3 = \frac{2}{3}\pi r^3$

Da das Volumen der Halbkugel gleich dem Volumen des Restkörpers ist, gilt: $V_H = \frac{2}{3}\pi r^3$

Das Volumen der Kugel ist doppelt so groß: $V_K = \frac{4}{3}\pi r^3$

**Satz**

Für das **Volumen V einer Kugel** mit dem Radius r gilt: $\mathbf{V = \frac{4}{3}\pi r^3}$

**Weiterführende Aufgaben**

**1.** *Formel zur Berechnung des Volumens einer Kugel aus dem Durchmesser*

In der Technik wird häufig mit dem Durchmesser d gerechnet.

Begründe: Für das Volumen der Kugel mit dem Durchmesser d gilt: $V = \frac{1}{6}\pi d^3$.
Berechne damit das Volumen der Kugellager-Kugel mit dem Durchmesser d = 8 mm.

**2.** *Volumen einer Hohlkugel*

Eine Hohlkugel besteht aus Gusseisen der Dichte $7{,}3\,\frac{g}{cm^3}$. Ihr äußerer Radius beträgt $r_2$ = 10 cm, der Radius des Hohlraumes ist $r_1$ = 8 cm.
Leite zunächst eine Formel für das Volumen der Hohlkugel her.

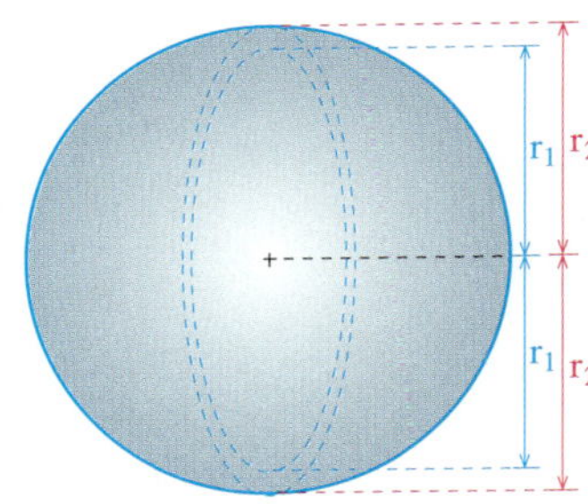


**Übungsaufgaben**

**3.** Janina überlegt sich, wie sie das Volumen einer Kugel abschätzen kann. Sie zeichnet um die Kugel herum einen Würfel mit der Kantenlänge 2 r und zerlegt den Würfel mit der einbeschriebenen Kugel in acht volumengleiche Teilwürfel mit der Kantenlänge r, welche dann jeweils ein Achtel der Kugel enthalten.
Nun kann Janina eine untere und eine obere Schranke für das Kugelvolumen finden. Welche Werte ergeben sich?

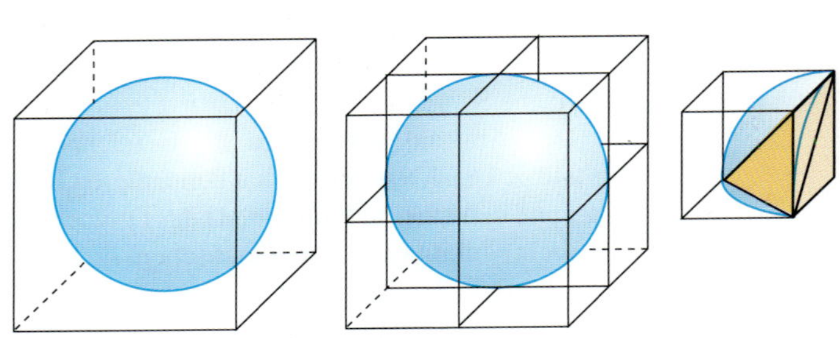

**4.** Rechts siehst du, wie eine Kugel durch Rotation um eine Achse entsteht.
Wodurch entsteht die Oberfläche.

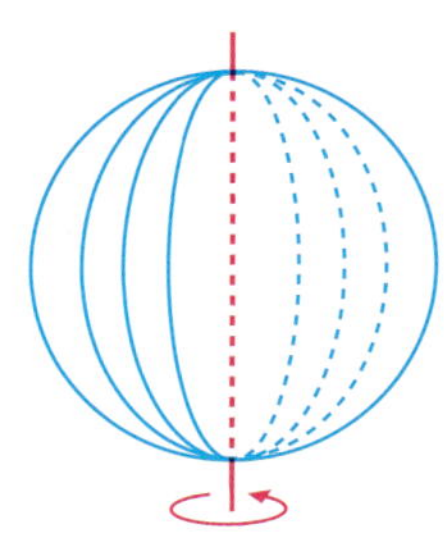

**5.** Eine Kugel hat den Radius r = 2,5 cm. Zeichne ein Zweitafelbild.

**6.** Sucht in eurer Umwelt kugelförmige Gegenstände.
Fotografiert sie und erstellt ein Poster.

**7.** Berechne das Volumen der Kugel.

**a)** r = 38,6 cm **b)** d = 16,9 dm **c)** d = 0,09 m **d)** r = 214,6 dm **e)** r = 6,33 cm

**8.** Berechne das Volumen des Himmelskörpers.

**a)** Pluto: $r = 3{,}5 \cdot 10^3$ km
**b)** Mond: $r = 1{,}74 \cdot 10^3$ km
**c)** Sonne: $r = 7 \cdot 10^5$ km
**d)** Mars: $r = 3{,}43 \cdot 10^3$ km
**e)** Merkur: $r = 2{,}4 \cdot 10^3$ km
**f)** Venus: $r = 6{,}2 \cdot 10^3$ km
**g)** Saturn: $r = 6{,}04 \cdot 10^4$ km
**h)** Uranus: $r = 2{,}38 \cdot 10^4$ km
**i)** Neptun: $r = 2{,}23 \cdot 10^4$ km

**9.** Sven behauptet: „Das Volumen einer Kugel kann man ohne großen Fehler schneller mit der Näherung $V \approx 4 \cdot r^3$ berechnen."
Um wie viel Prozent weicht die Näherung vom korrekten Wert ab?

**10.** Auf dem Foto siehst du einen Brunnen, in dessen Mitte sich eine Kugel aus Granit befindet. Die Kugel hat einen Durchmesser von 1,20 m. 1 $cm^3$ Granit wiegt 2,8 g.
Wie viel wiegt die Kugel?

**11.** Das Volumen einer Kugel beträgt 647,210 $cm^3$. Wie groß ist der Radius? Leite zunächst eine Formel her.

**12.** Kork ist ein besonders leichtes Material, es hat eine Dichte von $0{,}2\,\frac{g}{cm^3}$.

**a)** Kannst du eine Kugel aus Kork mit einem Durchmesser von 1 m tragen? Schätze zuerst, rechne dann.

**b)** Wie groß ist der Radius einer Stahlkugel, die genauso viel wiegt wie die Korkkugel?
Die Dichte von Stahl beträgt $7{,}94\,\frac{g}{cm^3}$.

**13.** Drei gleich große Metallkugeln haben den Durchmesser 4,5 cm, aber unterschiedliche Masse.
Kugel 1: $m_1 \approx 350$ g   Kugel 2: $m_2 \approx 500$ g   Kugel 3: $m_3 \approx 130$ g
Aus welchen Metallen könnten die Kugeln bestehen? Verwende eine Dichtetabelle.

**14. a)** Wie verändert sich das Volumen einer Kugel, wenn man den Radius [Durchmesser] verdoppelt, verdreifacht, …?

**b)** Wie muss man den Radius einer Kugel verändern, wenn das Volumen verdoppelt werden soll?

**15. a)** Wie groß ist das Volumen einer Kugel mit dem Radius 1 m?

**b)** Wie groß ist das Volumen einer Kugel mit dem Durchmesser 1 m?

**c)** Wie groß ist das Volumen einer Kugel mit dem Umfang 1 m?

**d)** Wie groß ist der Radius einer Kugel mit dem Volumen 1 $m^3$?

**16. a)** Wie viel wiegt eine Hohlkugel aus Messing der Dichte $8{,}52\,\frac{g}{cm^3}$ mit dem Durchmesser d = 25,0 cm und der Wandstärke von 2,3 cm?

**b)** Eine Hohlkugel aus Glas der Dichte $2{,}2\,\frac{g}{cm^3}$ hat den Kugelumfang 56,5 cm und wiegt 31,1 g. Berechne die Wandstärke.

### 6.10.2 Oberflächeninhalt der Kugel

**Einführung**

Für Zylinder und Kegel können wir ein ebenes Netz zeichnen und so den Oberflächeninhalt bestimmen.
Die Kugeloberfläche ist eine gekrümmte Fläche, die man nicht in die Ebene abwickeln kann. Daher müssen wir zur Bestimmung der Größe der Kugeloberfläche anders vorgehen:

(1) Man zerlegt die Oberfläche der Kugel in kleine Flächen („gekrümmte Dreiecke") und verbindet die Randpunkte jeder Fläche mit dem Kugelmittelpunkt.
So erhält man Teilkörper $K_1$, $K_2$, …, $K_n$ der Kugel, die angenähert Pyramiden mit der Höhe r sind.

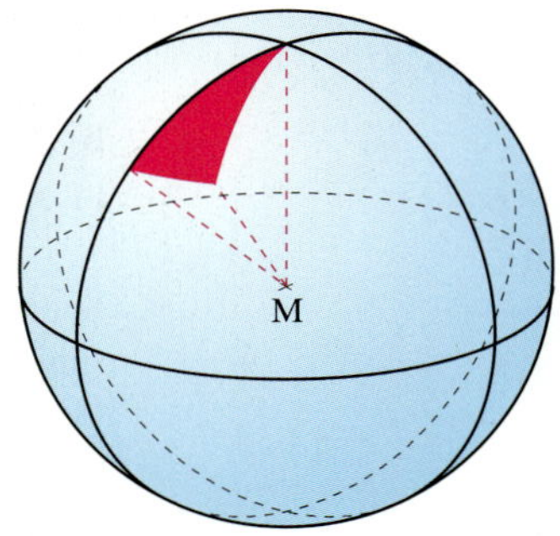


(2) $V_{Ku} = V_{K_1} + V_{K_2} + \ldots + V_{K_n}$
Unter Benutzung der Formel für das Volumen der Pyramide erhält man:
$V_{Ku} \approx \frac{1}{3} A_{G_1} \cdot r + \frac{1}{3} A_{G_2} \cdot r + \ldots + \frac{1}{3} A_{G_n} \cdot r$
$V_{Ku} \approx \frac{1}{3} r \cdot [A_{G_1} + A_{G_2} + \ldots + A_{G_n}]$
Der Term in der Klammer bezeichnet den Oberflächeninhalt der Kugel.

(3) Zerlegt man die Kugeloberfläche in immer mehr kleinere Flächen, so unterscheiden sich die „gekrümmten" Dreiecke immer weniger von ebenen Dreiecken; das Volumen der Teilkörper $K_1$, $K_2$, …, $K_n$ unterscheidet sich immer weniger vom Volumen der entsprechenden Pyramiden. Deshalb gilt:
$V_{Ku} = \frac{1}{3} A_O \cdot r$

(4) Wegen $V_{Ku} = \frac{4}{3} \pi r^3$ gilt: $\frac{4}{3} \pi r^3 = \frac{1}{3} A_O \cdot r$
Wir isolieren die Variable $A_O$: $A_O = \frac{4}{3} \pi r^3 \cdot \frac{3}{r}$, also $A_O = 4\pi r^2$

**Satz**
Für den **Oberflächeninhalt $A_O$ einer Kugel** mit dem Radius r gilt: $\mathbf{A_O = 4\pi r^2}$

**Weiterführende Aufgabe**

**1.** *Oberflächeninhalt einer Kugel bei gegebenem Durchmesser*
In der Technik wird häufig mit dem Durchmesser d gerechnet.
**a)** Begründe: Für den Oberflächeninhalt einer Kugel gilt $A_O = \pi d^2$.
**b)** Berechne den Durchmesser einer Kugel mit $A_O = 8\ dm^2$.

**Übungsaufgaben**

**2.** **a)** Berechne die Größe der Dachfläche eines Kuppelzeltes (Halbkugel) mit dem Radius r = 60 m.
**b)** Überprüfe die in dem Zeitungsartikel angegebene Behauptung.

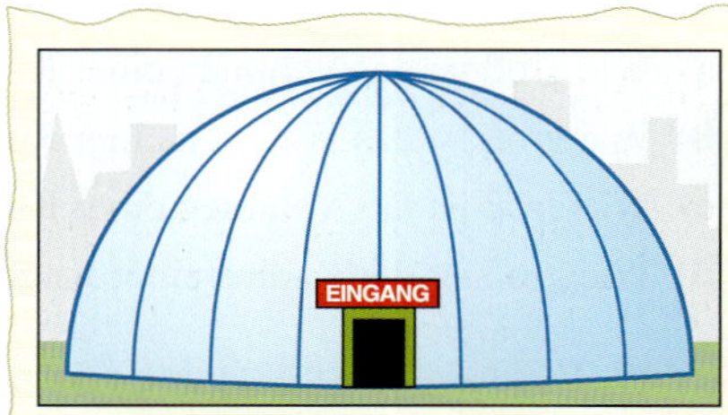


**KUPPELZELT**
Die Dachfläche des Kuppelzeltes ist genau doppelt so groß wie die Fläche des Zeltbodens.

**3.** Berechne den Oberflächeninhalt der Kugel.
**a)** r = 17 cm **b)** d = 3,9 dm **c)** r = 0,09 dm **d)** $V = 615\ mm^3$ **e)** $V = 8{,}27\ dm^3$

**4.** Der Oberflächeninhalt einer Kugel beträgt 803,84 $cm^2$. Wie groß ist der Radius? Leite zunächst eine Formel zur Berechnung des Radius r her.

**5. a)** Wie viel Stoff braucht man für die Hülle eines kugelförmigen Freiballons mit dem Durchmesser 12,75 m?

**b)** Für die Hülle eines kugelförmigen Freiballons wurden 415 $m^2$ Stoff verbraucht. Wie viel $m^3$ Gas fasst der Ballon?

**6.** Gib zunächst eine Formel für die gesuchte Größe an. Berechne dann.

**a)** Wie groß ist die Oberfläche einer Kugel mit dem Radius 1 m?

**b)** Wie groß ist die Oberfläche einer Kugel mit dem Durchmesser 1 m?

**c)** Wie groß ist die Oberfläche einer Kugel mit dem Umfang 1 m?

**d)** Wie groß ist die Oberfläche einer Kugel mit dem Volumen 1 $m^3$?

**e)** Wie groß ist der Radius einer Kugel mit der Oberflächengröße 1 $m^2$?

## Vermischte Übungen

**7.** Der Erdradius beträgt 6 370 km.

**a)** Berechne die Länge des Äquators.

**b)** 70,8 % der Erdoberfläche sind mit Wasser bedeckt. Wie viel Liter sind das bei einer durchschnittlichen Meerestiefe von 3 500 m?

**c)** Die durchschnittliche Dichte der Erde beträgt 5,56 $g \cdot cm^{-3}$. Wie groß ist die Masse der Erde?

**d)** Vergleiche mit den Werten von Mond und Sonne.

**8.** Aus einem Wasserhahn tropft alle 3 Sekunden ein kugelförmiger Wassertropfen mit dem Durchmesser 4 mm. Wie viel Liter Wasser werden dadurch in einem Jahr verschwendet?

**9.** Bei einer Kugel ist r der Radius, V das Volumen und $A_O$ der Oberflächeninhalt. Berechne die übrigen Größen. Gib zunächst eine Formel für die gesuchte Größe an.

| | | | |
|---|---|---|---|
| **a)** r = 39 cm | **c)** V = 980 $cm^3$ | **e)** $A_O$ = 60 000 $dm^2$ | **g)** $A_O$ = 36 $m^2$ |
| **b)** $A_O$ = 260 $cm^2$ | **d)** $A_O$ = 1 985,96 $m^2$ | **f)** r = 0,71 m | **h)** d = 84 mm |

**10.** Die Lunge eines Menschen enthält ungefähr $4 \cdot 10^8$ Lungenbläschen. Ein Lungenbläschen hat einen Durchmesser von 0,2 mm.

**a)** Wie groß ist die Oberfläche aller Lungenbläschen eines Menschen?

**b)** Welchen Durchmesser hätte eine einzige Kugel der gleichen Oberflächengröße?

**c)** Welchen Oberflächeninhalt hätte eine Kugel, deren Volumen so groß ist wie das Volumen aller Lungenbläschen zusammen?

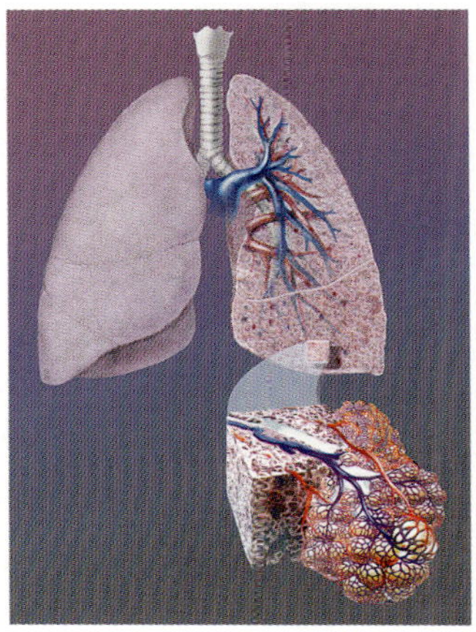

**11.** Ein Glaszylinder mit dem Innendurchmesser von 8 cm ist zum Teil mit Wasser gefüllt. Taucht man 8 Porzellankugeln mit der Dichte 2,4 $\frac{g}{cm^3}$ ein, so steigt der Wasserspiegel um 5 cm. Welche Masse hat eine Kugel?

## 6.11 Vermischte und komplexe Übungen

**1.** Eine Litfaßsäule (Bild links) hat den Durchmesser 1,30 m. Sie ist 3,20 m hoch. Der 50 cm hohe Sockel soll nicht beklebt werden. 1 $m^2$ Werbefläche kostet 99 € zuzüglich Mehrwertsteuer. Stelle selbst geeignete Aufgaben und löse sie.

**2.** Eine über 100 Jahre alte Rotbuche musste gefällt werden. Der annähernd zylinderförmige Stamm war 25 m hoch und hatte einen Umfang von 4,5 m.
Wie viele Lkw-Fahrten waren zum Abtransport des Stammes bei einer Tragfähigkeit von 6 t nötig? 1 $dm^3$ Buche wiegt etwa 0,7 kg.

**3.** Laut Reglement darf ein Fußball den Umfang von 68 bis 70 cm besitzen.

**a)** Um wie viel Prozent ist das Volumen beim Mindestmaß kleiner als beim Höchstmaß?

**b)** Eine Firma produziert täglich 400 Bälle. Wie viel $m^2$ Leder werden für das Höchstmaß mehr gebraucht als für das Mindestmaß, wenn noch jeweils 25 % Verschnitt hinzu gerechnet werden müssen?

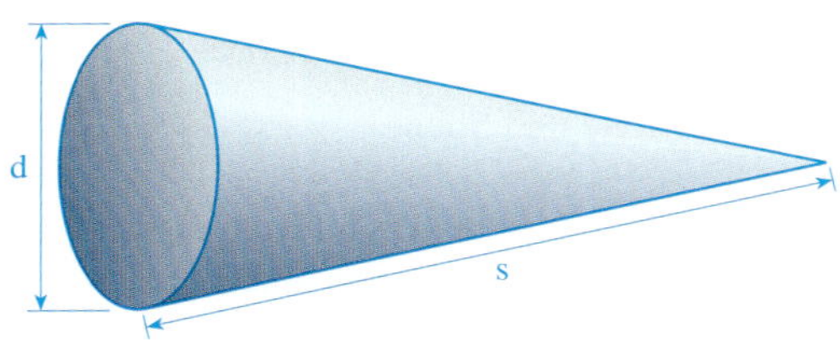


**4.** Das kegelförmige Werkstück aus Stahl hat folgende Abmessungen:
Durchmesser d = 84 mm;
Länge einer Mantellinie s = 123 mm.
1 $cm^3$ des Stahls wiegt 7,8 g.
Wie viel wiegt das Werkstück?

**5.** *Oktaeder*

Ein *Oktaeder* ist eine „Doppelpyramide“, deren 8 Seitenflächen gleichseitige Dreiecke sind.
Die Länge einer Seitenkante eines Oktaeders ist a = 8 cm.
Berechne das Volumen des Oktaeders.
Stelle für das Volumen zunächst eine Formel auf.

*Anleitung:* Zeichne zur Berechnung von h eine geeignete Schnittfläche.

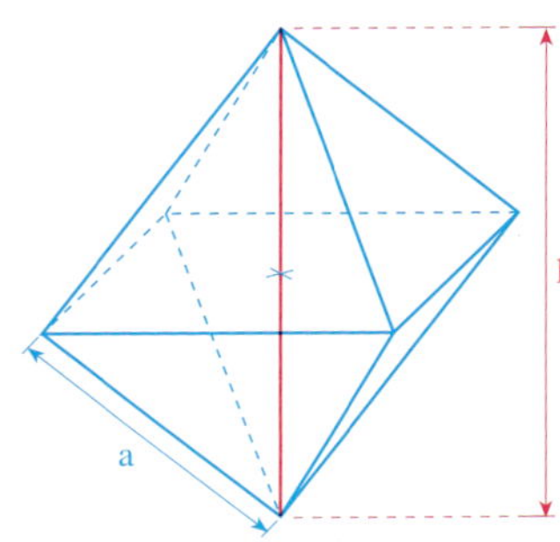


**6.** Auf einen runden Turm (Umfang: 25 m) wird ein kegelförmiges Dach gesetzt.
Die Länge s der Dachsparren beträgt 6,50 m.
Wie groß ist die Dachfläche?

**7.** Eine Designer-Obstschale ist aus poliertem Edelstahl-Blech in Form einer Kugelkappe hergestellt. Ihr Durchmesser beträgt 30 cm, ihre Höhe 12 cm. Berechne den Materialbedarf und das Fassungsvermögen der Schale.

**8.** Einem Kegel mit dem Radius r und der Höhe h wird eine quadratische Pyramide einbeschrieben und umbeschrieben. In welchem Verhältnis stehen die Volumina der drei Körper zueinander?

**9.** Bei einer Kugel hängt der Oberflächeninhalt und auch das Volumen nur von einer Variablen, z. B. dem Radius ab.
Zeichne den Graphen der Funktion, beschreibe ihn und gib auch die Gleichung an.

**a)** *Radius → Volumen* **b)** *Radius → Oberflächeninhalt*

**10.** Eine zylinderförmige Vase mit einem Innendurchmesser von 6,0 cm ist zum Teil mit Wasser gefüllt. Acht gleich große farbige Zierkugeln aus Glas $\left(\rho = 2{,}5\,\frac{g}{cm^3}\right)$ jeweils mit dem Radius 0,9 cm werden in die Vase gegeben.

**a)** Um wie viel cm steigt der Wasserspiegel im Zylinder?

**b)** Um wie viel g nimmt die Masse des Inhaltes zu?

**c)** Welches Volumen besitzt der größte Würfel, der gerade noch in die Vase passen würde?

**11.** Archimedes erkannte, dass die Volumina von Zylinder, Halbkugel und Kegel bei gleichem Radius und gleicher Höhe in einem ganzzahligen Vielfachen zueinander stehen. Er fand das Ergebnis so schön, dass er die Figur auf seinem Grabstein haben wollte.
Berechne die Verhältnisse.

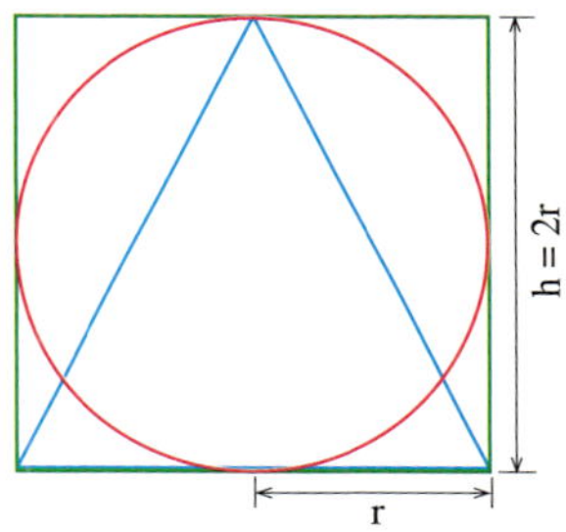


**12.** Die Maße einer quadratischen Pyramide sind mit der Grundkantenlänge a = 127 mm ± 0,5 mm und der Höhe h = 158 mm ± 0,5 mm angegeben.

**a)** Berechne den möglichen Höchstwert und den möglichen Mindestwert für das Volumen der Pyramide.

**b)** Berechne das Volumen einer quadratischen Pyramide mit a = 127 mm und h = 158 mm.
Vergleiche mit den Ergebnissen in Teilaufgabe a). Gib dazu den absoluten und den prozentualen Fehler gegenüber dem genauen Wert an.

**13.** In einer technischen Zeichnung ist der Radius eines Kegels mit r = 37 mm ± 0,5 mm angegeben, die Länge einer Mantellinie mit s = 52 mm ± 0,5 mm.

**a)** Berechne den möglichen Höchstwert und den möglichen Mindestwert für
(1) den Oberflächeninhalt, (2) das Volumen des Kegels.

**b)** Berechne den Oberflächeninhalt eines Kegels mit r = 37 mm und s = 52 mm.
Vergleiche mit den Ergebnissen in Teilaufgabe a). Gib dazu den absoluten und den prozentualen Fehler gegenüber dem genauen Wert an.

**14.** Der Radius einer Kugel ist in einer technischen Zeichnung mit 236 mm ± 0,5 mm angegeben.

**a)** Berechne den möglichen Höchstwert und den möglichen Mindestwert für
(1) den Oberflächeninhalt, (2) das Volumen der Kugel.

**b)** Berechne den Oberflächeninhalt und das Volumen einer Kugel mit dem Radius r = 236 mm.
Vergleiche mit den Ergebnissen in Teilaufgabe a). Gib dazu den absoluten und den prozentualen Fehler gegenüber dem genauen Wert an.

## Bist du fit?

**1.** **a)** Ein Zylinder hat den Grundkreisradius $r = 2{,}1$ cm. Das Volumen des Zylinders beträgt $V = 0{,}1\ dm^3$. Berechne die Höhe und den Oberflächeninhalt des Zylinders.

**b)** Eine 5 cm hohe quadratische Pyramide besitzt das Volumen $V = 700\ cm^3$.
Wie lang ist die Seite der quadratischen Grundfläche?

**c)** Ein 1 m hoher Kegel hat ein Volumen von $1\ m^3$.
Welchen Grundkreisradius besitzt der Kegel?

**d)** Die Oberfläche einer Kugel ist $9\ cm^2$ groß.
Berechne Radius und Volumen der Kugel.

**2.** Die Abbildung zeigt Netze von Körpern.

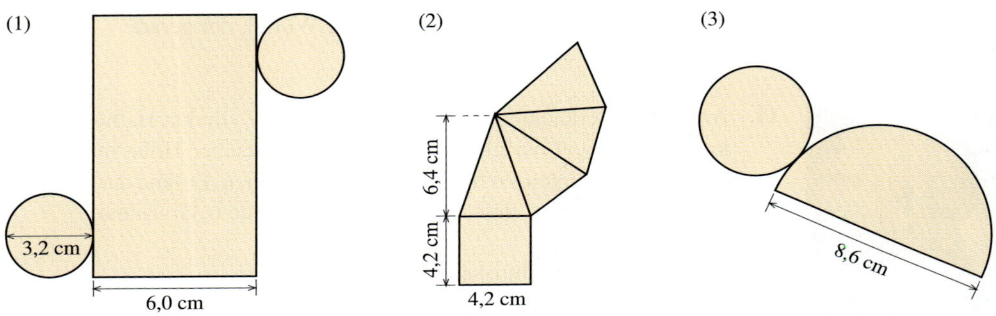


**a)** Gib den Namen der Körper an; zeichne jeweils ein Schrägbild und ein Zweitafelbild.

**b)** Berechne jeweils Volumen und Oberflächeninhalt.

**3.** Schätze zuerst, rechne dann. Benutze eine Dichtetabelle.

**a)** Eine Betonkugel wiegt 35 kg. Wie groß sind Volumen und Oberflächeninhalt?

**b)** Ein Kegel aus Buchenholz hat den Radius $r = 1{,}8$ m und die Höhe $h = 2{,}7$ m. Wie groß ist der Winkel an der Spitze? Berechne auch Volumen, Masse und Oberflächeninhalt.

**c)** Eine quadratische Pyramide aus Quarzglas ist 75 cm hoch und eine Seitenfläche bildet mit der Grundfläche einen Winkel von 65°. Wie viel wiegt die Pyramide?

**d)** Eine Rolle Kupferdraht wiegt 1,7 kg. Der Draht hat einen Durchmesser von 2,7 mm.
Wie lang ist der Draht?

**4.** Ein kegelförmiger Sandhaufen mit einer Höhe von 2,5 m und einem Umfang von 22,8 m soll abgefahren werden. $1\ cm^3$ Sand wiegt 1,6 g.

**a)** Ein Lkw hat eine Tragfähigkeit von 3,5 t. Wie viele Fahrten sind nötig?

**b)** Damit der Sand bis zum Abtransport nicht dem Wetter ausgesetzt ist, soll er mit einer Folie abgedeckt werden. Berechne dazu die Mantelfläche des kegelförmigen Sandhaufens.

**5.** Eine Tomatenmark-Dose hat die Form eines Zylinders mit dem Radius 2 cm und der Höhe 8 cm. Berechne den Blechbedarf und das Volumen.

# Im Blickpunkt

Im Blickpunkt

## Platonische Körper

Betrachte das Bild *Sterne* von dem niederländischen Grafiker M. C. Escher und beschreibe die Körper, die du siehst. Welche kennst du schon?

**Vielecke** mit lauter gleich langen Seiten und gleich großen Innenwinkeln heißen *regelmäßig*.

Bei der Untersuchung von Körpern fanden schon in frühester Zeit die regelmäßigen Körper besondere Beachtung und Bewunderung. Das sind Körper, die von regelmäßigen Vielecken begrenzt werden. Einige solcher Körper kennst du schon:

- *Würfel:* Sie sind nur von sechs zueinander kongruenten Quadraten begrenzt; an jeder Ecke stoßen drei Quadrate zusammen.
- *Tetraeder:* Die Begrenzungsflächen sind vier zueinander kongruente gleichseitige Dreiecke; an jeder Ecke stoßen drei Dreiecke zusammen.

**Platonische Körper** sind Körper, bei denen
(1) die Begrenzungsflächen zueinander kongruente, regelmäßige Vielecke derselben Art sind,
(2) in jeder Ecke gleich viele dieser Vielecke zusammenstoßen.
Platonische Körper nennt man auch *regelmäßige Körper*.

**Würfel** = Hexaeder
**hexa** bedeutet sechs

**tetra:** vier
**okta:** acht
**dodeka:** zwölf
**ikosa:** zwanzig
**-eder:** Seite

Die Namen der platonischen Körper stammen aus dem Griechischen und geben an, wie viele Seitenflächen der Körper besitzt.
*Tetraeder, Oktaeder* und *Ikosaeder* sind von vier bzw. acht bzw. zwanzig gleichseitigen Dreiecken begrenzt.
Beim *Hexaeder* stehen sechs Quadrate rechtwinklig aufeinander.
Zwölf regelmäßige Fünfecke bilden die Begrenzungsflächen des *Dodekaeders*.

Körper, die nur von Vielecken begrenzt werden heißen **Polyeder**. Besondere Polyeder sind die platonische Körper.

Es gibt genau fünf platonische Körper:

**Tetraeder**

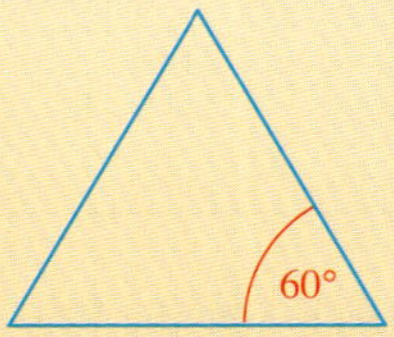


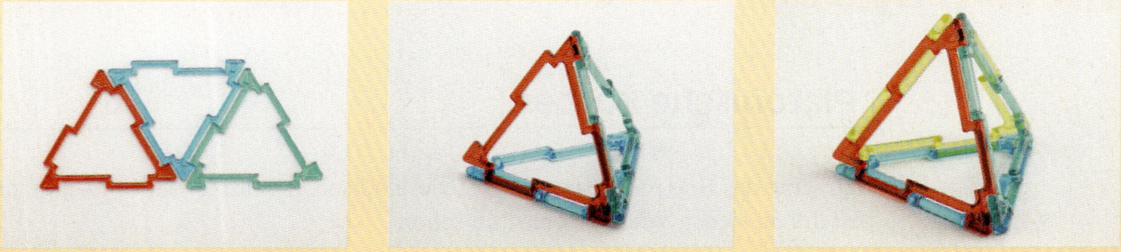

**Oktaeder**

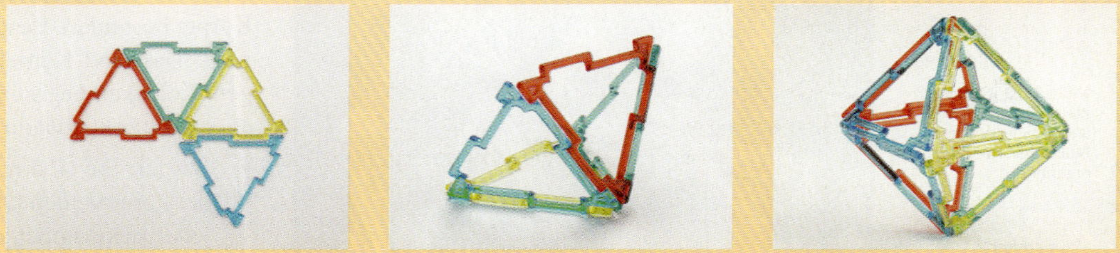

**Ikosaeder**

**Hexaeder**

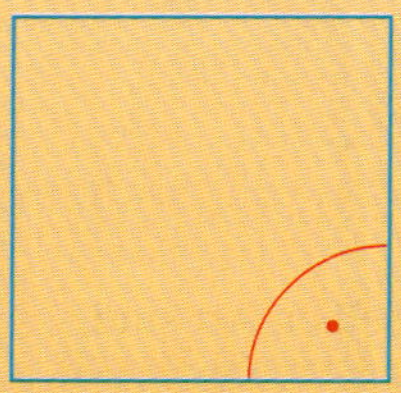

**Dodekaeder**

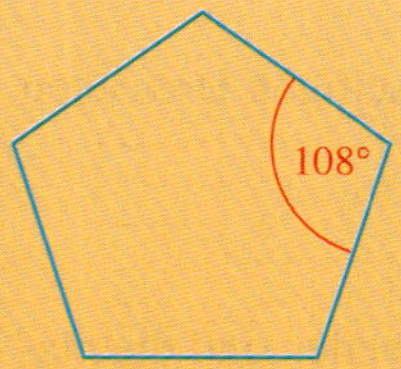


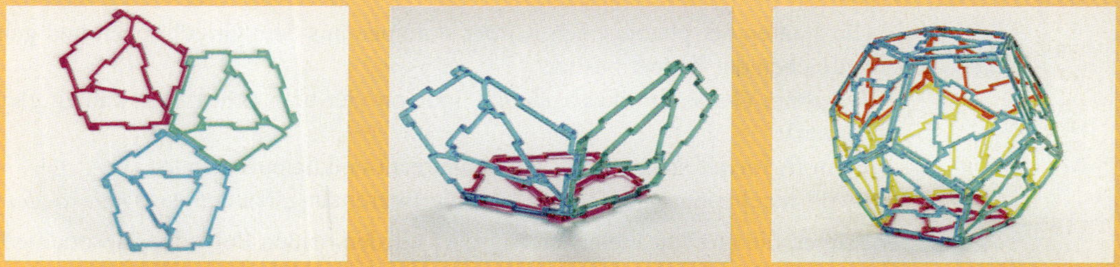

**1.** Betrachte die Abbildungen oben und begründe, dass es genau fünf dieser Körper gibt.

*Platon*
(427–347 v. Chr.),
griechischer Philosoph

Benannt wurden diese Körper nach Platon, der wie viele andere griechische Philosophen nach den Grundbausteinen der Welt suchte. Er ging davon aus, dass die kleinsten Teilchen, aus denen die Welt besteht, regelmäßige Körper sein müssen. So brachte er sie mit den vier Elementen Erde (Hexaeder), Wasser (Ikosaeder), Feuer (Tetraeder) und Luft (Oktaeder) in Verbindung und ordnete dem Dodekaeder (zwölf Flächen – zwölf Sternbilder) das Weltall zu.

Bei den nachfolgenden drei Aufgaben ist es sinnvoll, arbeitsteilig vorzugehen.

**2.** Zeichnet die Netze der platonischen Körper.
Um eine Vorstellung vom Aussehen der Netze zu haben, könnt ihr euch zum Beispiel einen Satz Würfel besorgen. Rollt nun diese Körper auf einer Unterlage ab und zeichnet die Umrisse der Flächen nach.

**3.** Baut Modelle der platonischen Körper.
Als Materialien könnt ihr verwenden: Rundstäbe und Draht, Strohhalme, Garn und Stopfnadel, Knetgummi und Holzspieße, Papier und Kleber.

**4.** Stellt Würfel und Tetraeder durch Flechten von Papier her.

*Tetraeder:*
Fertigt nach nebenstehender Vorlage drei verschiedenfarbige Streifen aus Tonpapier an.
Faltet jeden Streifen entlang der gestrichelten Linien nach oben, sodass sich der Streifen nur in eine Richtung krümmt.
Legt nun die drei Streifen mit der Krümmung nach oben übereinander.

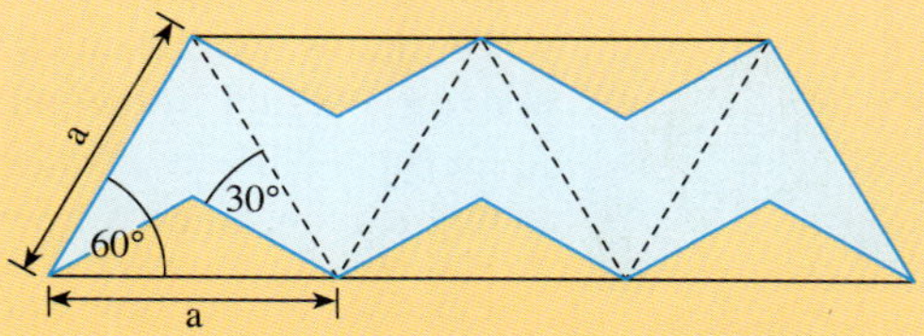


Das mittlere Dreieck, welches alle drei Streifen enthält, bildet die Grundfläche des Tetraeders. Mit Büroklammern fixieren und die Seiten zusammenfalten.

**5. a)** Zähle die Ecken, Kanten und Flächen der Körper. Übertrage die Tabelle in dein Heft und ergänze sie.

| Platonischer Körper | Flächenform | Anzahl der Ecken | Anzahl der Flächen | Anzahl der Kanten |
|---|---|---|---|---|
| Tetraeder | | | | |
| Hexaeder | | | | |
| Oktaeder | | | | |
| Dodekaeder | | | | |
| Ikosaeder | | | | |

**b)** Finde eine Gesetzmäßigkeit zwischen den drei Größen.

*Leonard Euler*
(1707–1783)

Eine wichtige Entdeckung für die Theorie der platonischen Körper war der Polyedersatz von Euler, der eine Gesetzmäßigkeit zwischen den Anzahlen der Ecken, Kanten und Flächen angibt.

**Polyedersatz von Euler:**
Hat ein konvexes Polyeder F Flächen, E Ecken und K Kanten, so gilt: $\mathbf{F + E - K = 2}$.
*Hinweis: K*onvex heißt ein Körper, wenn die Verbindung von zwei Eckpunkten vollständig zum Körper gehört.

**6.** Nenne Gemeinsamkeiten von
**a)** Tetraeder, Würfel und Oktaeder; **b)** Tetraeder, Oktaeder und Ikosaeder.

**7.** Untersuche Tetraeder, Würfel und Oktaeder auf ihre Symmetrieeigenschaften. Beschreibe auch die Lage der Symmetrieebenen.

**8.** Gegeben ist ein Tetraeder mit einer Kantenlänge von 6 cm.
**a)** Stelle den Körper im Schrägbild und im Zweitafelbild dar.
**b)** Ermittle Volumen und Oberflächeninhalt des Körpers.

## Aus der Geschichte

Seit Jahrtausenden beschäftigen sich die Menschen mit regelmäßigen Körpern. Das Hexaeder (Würfel) ist schon im Altertum bekannt gewesen. Pythagoras soll das Dodekaeder entdeckt haben. Unter der Bezeichnung Pyramide kannte er auch das Tetraeder.
Theaitetos von Athen, ein Freund von Platon, entdeckte Oktaeder und Ikosaeder. Er konstruierte als erster alle fünf Körper nur unter Verwendung von Zirkel und Lineal.
Im Buch XIII der *Elemente* des Euklid findet man ca. 300 v. Chr. den Nachweis, dass es nur diese fünf regelmäßigen Körper gibt.

*Johannes Kepler*
(1571–1630)

Johannes Kepler beschreibt 1596 in seinem Werk *Mysterium Cosmographicum* sein Planetenmodell (1596):

*„Die Erdbahn ist das Maß für alle anderen Bahnen. Ihr umschreibe ein Dodekaeder; die dies umspannende Sphäre ist der Mars. Der Marsbahn umschreibe ein Tetraeder; die dieses umspannende Sphäre ist der Jupiter. Der Jupiterbahn umschreibe einen Würfel; die diesen umspannende Sphäre ist der Saturn. Nun lege in die Erdenbahn ein Ikosaeder; die diesen einbeschriebene Sphäre ist die Venus. In die Venusbahn lege ein Oktaeder; die diesem einbeschriebene Sphäre ist der Merkur. Da hast du den Grund für die Anzahl der Planeten.“*

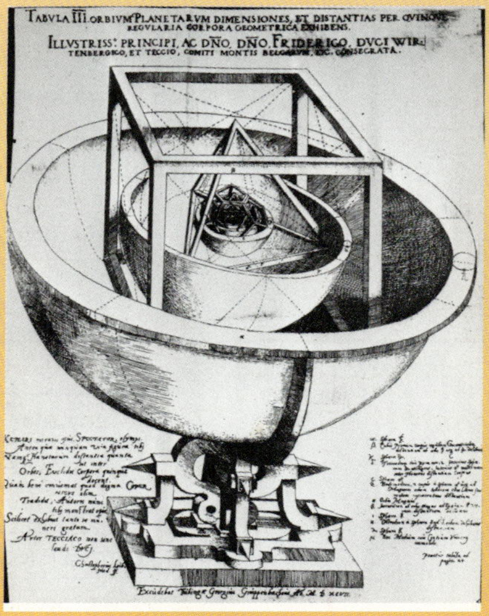

Bei diesem Modell wird die Eigenschaft ausgenutzt, dass jeder der platonischen Körper eine Inkugel besitzt, auf der die Mittelpunkte sämtlicher Flächen liegen und eine Umkugel, auf der sämtliche Körperecken liegen.

**1.** Welche Planeten waren zu Keplers Zeiten noch nicht bekannt?

**2.** Nenne die Planeten in der richtigen Reihenfolge. Kennst du eine Eselsbrücke?

# 7. AUFGABENPRAKTIKUM

Familie Rabe möchte ihre Wanderung am anderen Ufer des Flusses fortsetzen. Es steht nur ein Boot zur Verfügung. Wie können sie hinüber gelangen?

**Heuristik:** (griechisch, „heuriskein“ = finden) „Entdeckungs- und Erfindungskunst“

Günstig ist es, beim Bearbeiten einer Aufgabe die folgenden **heuristischen Regeln** zu beachten:

(1) *Verstehen der Aufgabe*
- Lies die Aufgabe gründlich.
- Gib den Inhalt mit eigenen Worten wieder.
- Notiere die gegebenen und gesuchten Stücke.
- Achte auf die Bedingungen, die für die Aufgabe gelten.

(2) *Aufstellen eines Lösungsplanes*
- Veranschauliche den Sachverhalt durch Skizzen.
- Was weißt du über die gegebenen und gesuchten Stücke?
- Formuliere Vermutungen über die Zusammenhänge zwischen den gegebenen und gesuchten Größen.
- Versuche, die Zusammenhänge in eine mathematische Form zu bringen, führe Variablen ein, nutze Tabellen und Diagramme.
- Lege Teilziele fest.

(3) *Ausführen des Lösungsplanes*
- Folge deinem Plan, kontrolliere jeden Schritt.
- Prüfe, ob du dich der Lösung näherst.
- Halte deinen Lösungsweg fest (dokumentiere).

(4) *Kontrolle*
- Prüfe, ob du das Problem wirklich gelöst hast.
- Entscheide, ob das Ergebnis sinnvoll ist.
- Formuliere eine Antwort zur Aufgabenstellung.

In diesem Kapitel findest du vermischte Aufgaben zu allen Themenbereichen deines Buches. Vor allem bei komplexeren Aufgabenstellungen ist ein planmäßiges Vorgehen unerlässlich. Einige solcher Vorgehensweisen, man sagt heuristische Strategien, die dir beim Lösen der Aufgaben helfen können, lernst du im Folgenden kennen.

## 7.1 Vermischte Übungen

**1. a)** Entscheide, welche Ausdrücke keine Terme sind.
$3a$ $\quad$ $x + y -$ $\quad$ $\sqrt{x^2}$ $\quad$ $a \cdot (b + c)$ $\quad$ $-x + y$ $\quad$ $\sqrt{\ }$

**b)** Die Punkte A und B legen eine Gerade fest. Ermittle eine Gleichung der Geraden.
(1) $A(2|-1)$; $B(-4|-7)$ $\quad$ (3) $A(0|5)$; $B(5|0)$ $\quad$ (5) $A(0|0)$; $B(5|0)$
(2) $A(3|3)$; $B(4|4)$ $\quad$ (4) $A\left(-\frac{1}{2}\middle|2\right)$; $B\left(\frac{1}{2}\middle|-\frac{3}{4}\right)$ $\quad$ (6) $A(-2|-2)$; $B(2|-2)$

**c)** Bei einem 100-m-Lauf starten Axel, Bert, Carsten und Daniel.
Stelle alle Möglichkeiten für den Zieleinlauf zusammen.

**d)** Gib die Länge der dritten Seite jeweils so an, dass Dreieck ABC rechtwinklig mit $\gamma = 90°$ ist.
Berechne jeweils den Flächeninhalt und den Umfang.
(1) $a = 12$ cm; $c = 13$ cm $\quad$ (3) $b = 1{,}2$ dm; $c = 1{,}3$ dm
(2) $a = 4$ cm; $b = 5$ cm $\quad$ (4) $a = \sqrt{5}$ m; $b = \sqrt{7}$ m

**e)** (1) Das Modell eines Pkw hat im Maßstab 1 : 55 eine Länge von 7,4 cm.
Wie lang ist der Pkw in der Wirklichkeit?
(2) Tim misst die Länge seines Modellautos: 24 cm. Er weiß, dass dieses Fahrzeug in Wirklichkeit 4,32 m lang ist. In welchem Maßstab ist das Modellauto hergestellt?

**f)** Welche Figuren sind Netze von Prismen?

(1)
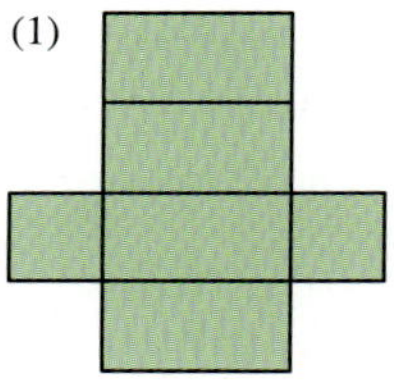
(2)
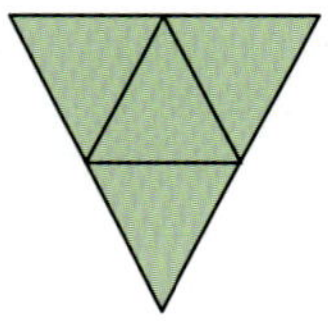
(3)
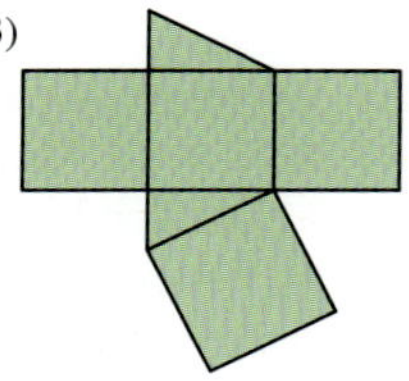
(4)
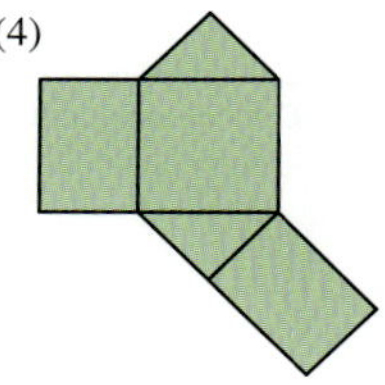

**2. a)** Löse die Gleichungen bzw. Ungleichungen. Kontrolliere mittels Probe.
(1) $4x + 33 = 3x + 22$ $\quad$ (5) $|x| + \frac{1}{4} > \frac{1}{3}$ $\quad$ (9) $-0{,}8 + 0{,}3(20x - 10) = -2(x - 0{,}3)$
(2) $-\frac{1}{4}u + 0{,}25v = 0{,}25v - 1$ $\quad$ (6) $\frac{3}{x} > 2$ $\quad$ (10) $(5x - 4) \cdot (3 - x) = 0$
(3) $7(x + 3) = 5(x + 2{,}2)$ $\quad$ (7) $3 - |x| = 2$ $\quad$ (11) $(x + 3) \cdot (x - 3) = 16$
(4) $44{,}5x - 44{,}5 > 0$ $\quad$ (8) $x^3 + 12 = 48$ $\quad$ (12) $(2 - y) \cdot (2 + y) + 2 = 0$

**b)** Vervollständige die Wertetabelle einer linearen Funktion.

| | | | | |
|---|---|---|---|---|
| x | −4 | 2 | | 3 |
| f(x) | | | 0 | 7 |

**c)** Ein MC-Test umfasst zehn Fragen. Von den jeweils vorgegebenen drei Antwortmöglichkeiten ist genau eine richtig.
Berechne die Wahrscheinlichkeit, mit der durch blindes Ankreuzen mehr als fünf Fragen richtig beantwortet werden.

**d)** Zeichne den Punkt in ein Koordinatensystem (Einheit 1 cm). Miss seine Entfernung zum Koordinatenursprung und kontrolliere deine Messung durch eine Rechnung.
(1) $A(4|3)$ $\quad$ (2) $B(-5|4)$ $\quad$ (3) $C(6|-2)$ $\quad$ (4) $D(-3|-3)$ $\quad$ (5) $E(-4{,}5|6)$

**e)** Gib die Koordinaten von vier Punkten an, die in einem Koordinatensystem (Einheit 1 cm) jeweils den Abstand 5 cm vom Koordinatenursprung haben.

**f)** Ein Storchennest wird aus einer Augenhöhe von 1,60 m über eine Messlatte anvisiert. Wie hoch ist das Nest über dem Erdboden?

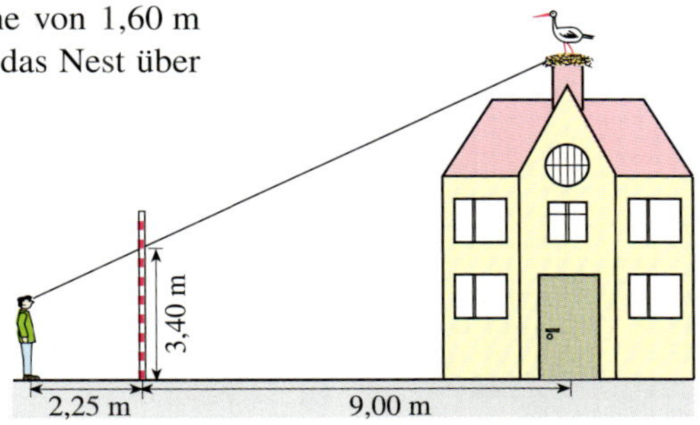


**g)** Welche Art von Körper entsteht, wenn die Fläche um die rote Achse rotiert? Berechne das Volumen und den Oberflächeninhalt.

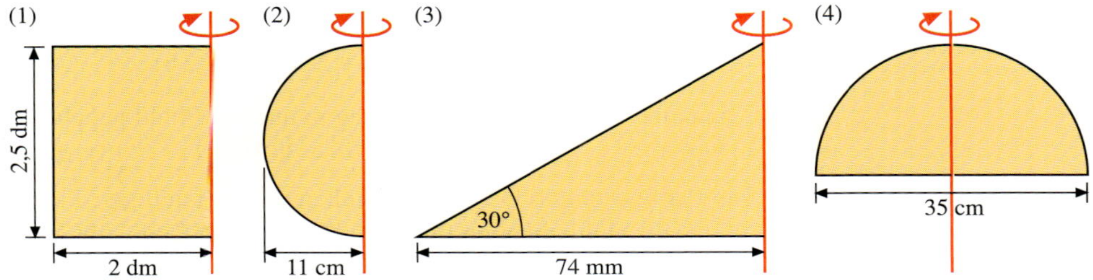


**3.** **a)** Berechne mit dem Taschenrechner jeweils den Wert des Terms $\frac{(3{,}2\,x - 1{,}5)^2}{y - x}$.

(1) $x = 3{,}2;\ y = 4{,}1$ (3) $x = y = -1$ (5) $x = 32;\ y = 41$ (7) $x = -333{,}2;\ y = -222{,}3$
(2) $x = 2{,}25;\ y = 0$ (4) $x = 0;\ y = -9{,}8$ (6) $x = \frac{1}{4};\ y = \frac{3}{2}$ (8) $x = 3;\ y = -5$

**b)** Untersuche die durch ihre Gleichung gegebene Funktion auf Nullstellen.

(1) $f(x) = 3x - 2$ (3) $f(x) = -\frac{3}{4}x - 4$ (5) $3x - 4 = y - 3$ (7) $f(x) = |x| - 1$
(2) $f(x) = -\frac{1}{2}x$ (4) $f(x) = \frac{3}{2}$ (6) $y = -5x + 5$ (8) $3 - |x| = y$

**c)** Eine Urne enthält fünf rote und sieben blaue Kugeln.

(1) Es wird einmal gezogen. Mit welcher Wahrscheinlichkeit ist die gezogene Kugel rot?
(2) Es wird zweimal mit Zurücklegen gezogen. Mit welcher Wahrscheinlichkeit sind die beiden gezogenen Kugeln blau? Zeichne auch ein Baumdiagramm.
(3) Es wird zweimal ohne Zurücklegen gezogen. Mit welcher Wahrscheinlichkeit sind die gezogenen Kugeln verschiedenfarbig? Zeichne auch ein Baumdiagramm.
(4) Wie viele grüne Kugeln müssen zu den roten und blauen Kugeln in die Urne gelegt werden, damit die Wahrscheinlichkeit für das (einmalige) Ziehen einer grünen Kugel $\frac{1}{4}$ ist?

**d)** Stelle gemäß der Abbildung

(1) drei Gleichungen nach dem Höhensatz auf;
(2) drei Gleichungen nach dem Kathetensatz auf.

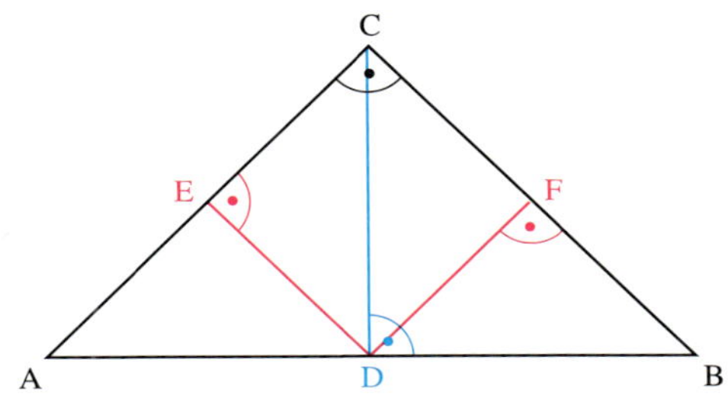


**e)** Beschreibe die Struktur des Terms in Worten.

(1) $1{,}5x - 2$ (2) $3a + 2b$ (3) $\frac{4}{5 + 7c}$ (4) $(3 + x) : 5$

**f)** Herr Richter hat sich beim Vermessen seines Fischteiches nebenstehende Skizze angelegt (Maße in m). Welche Länge x des Teiches hat er errechnet?

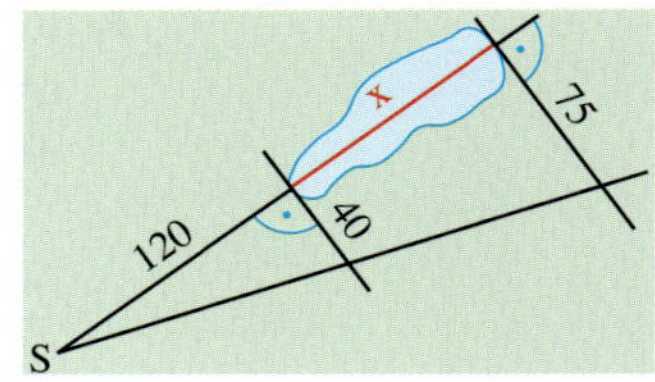


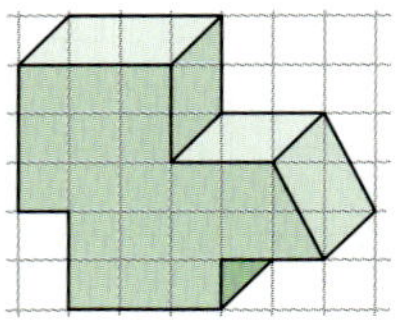

**g)** Welcher Grundriss ist richtig? Begründe.

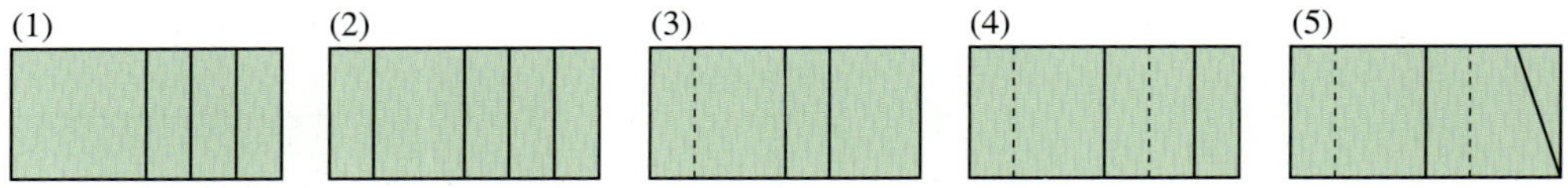


**4. a)** Vereinfache soweit wie möglich.

(1) $3\,\text{km}^2 \cdot 1{,}5\,\text{m}^2$ (3) $\left(\frac{2}{3}x^2 - \frac{3}{4}x^2\right) \cdot (-12)$ (5) $x^2 + 6xy + y^2$

(2) $abc \cdot (-3ab)$ (4) $(3a + 2b) \cdot (3a - 2b)$ (6) $\frac{4a^2b + 2ab}{2ab}$

**b)** Von einer Geraden sind der Anstieg m und ein Punkt gegeben. Gib ihre Gleichung an.

(1) $m = -\frac{3}{4}$; $P(0{,}5\,|\,1{,}0)$ (2) $m = 3$; $P(1\,|\,1)$ (3) $m = \frac{2}{3}$; $P\left(\frac{1}{2}\,\middle|\,\frac{3}{4}\right)$

**c)** Ein Fahrradschloss lässt das Einstellen von vierstelligen Codezahlen zu. Wie viele Möglichkeiten für einen vierstelligen Code gibt es?

**d)** Barbara hat Pythagorasfiguren aus einem rechtwinkligen Dreieck und drei Quadraten gezeichnet. Wie groß ist die

(1) gelbe Ärmelfläche, grüne Rockfläche? (2) Huthöhe, blaue Jackenfläche? (3) rote Ärmelfläche?

**e)** Gegeben ist ein Dreieck ABC mit a = 4 cm, b = 3 cm und c = 5,5 cm. Ein zu ABC ähnliches Dreieck A′B′C′ hat den Umfang u′ = 25 cm.
Wie lang sind die Seiten des Dreiecks A′B′C′?
Gib das Verhältnis der Flächeninhalte der Dreiecke ABC und A′B′C′ an.

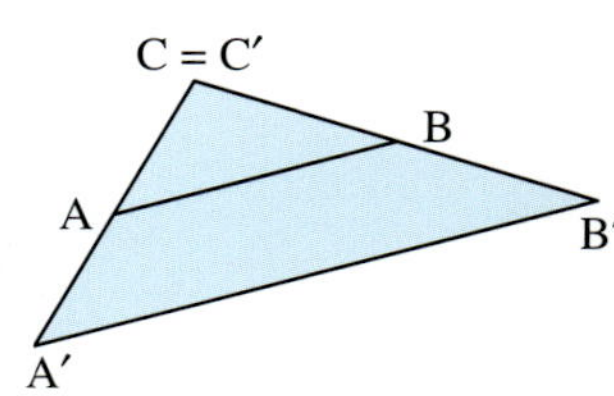


**f)** Ein kugelförmiger Wasserbehälter hat einen inneren Durchmesser von 1,8 m. Er ist vollständig mit Wasser gefüllt und soll mit einer Pumpe entleert werden. Diese Pumpe kann 1,5 Liter Wasser pro Sekunde abpumpen.
Wie lange dauert es, bis der Behälter geleert ist?

**g)** Gegeben ist ein rechtwinkliges Dreieck ABC mit $\gamma = 90°$, a = 3 cm und einem Flächeninhalt von 12 cm². Fertige eine Skizze an und berechne die Längen der anderen Seiten, der Hypotenusenabschnitte sowie die Höhe des Dreiecks.

**5.** **a)** Ein Drittel der Mitglieder einer Arbeitsgemeinschaft kommt aus der Klasse 8a, ein Viertel aus der Klasse 8 b und ein Neuntel aus der Klasse 8 c. 11 Mitglieder kommen aus 7. Klassen. Wie viele Mitglieder hat die Arbeitsgemeinschaft?

**b)** Von einer Geraden mit der Gleichung $y = mx + n$ sind n und ein Punkt P gegeben. Ermittle eine Gleichung und die Nullstelle der Funktion.
(1) $n = -4$; $P\left(3 \,\middle|\, -\frac{1}{2}\right)$ (2) $n = 22$; $P(6|8)$ (3) $n = 0$; $P(2|2)$ (4) $n = -1$; $P(-1|-1)$

**c)** In einer Urne befinden sich 51 Kugeln, die mit den Zahlen von 1 bis 51 beschriftet sind. Es werden zwei Kugeln auf einen Griff gezogen.
Mit welcher Wahrscheinlichkeit ist die Summe ihrer Zahlen ungerade?

**d)** Prüfe rechnerisch, ob das Dreieck ABC rechtwinklig ist. Berechne für die Dreiecke in (1), (2) und (3) den Flächeninhalt
(1) $a = 3$ cm; $b = 4$ cm; $c = 5$ cm
(2) $a = b = 40$ mm; $c = 6$ cm
(3) $a = 7$ dm; $b = 9$ dm; $c = \sqrt{130}$ dm
(4) $a = 1{,}2$ m; $b = 2{,}1$ m; $c = 3{,}2$ m

**e)** Die Schüler einer 8. Klasse haben in einem Projekt die Längen $\overline{BC}$ und $\overline{DF}$ zweier Teiche ermittelt. Für ihre Rechnung benutzen sie die folgenden Streckenlängen:
$\overline{AB} = 12$ m, $\overline{CD} = 82$ m, $\overline{CE} = 44$ m und $\overline{AE} = \overline{EF} = 100$ m.

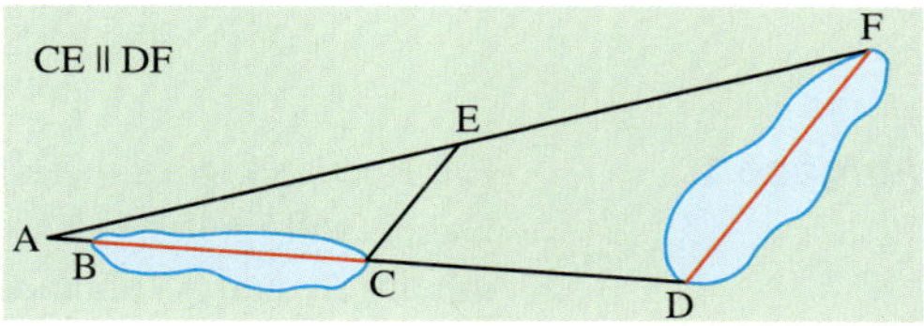


**f)** Berechne Volumen, Oberflächeninhalt und Masse der Körper (Maße in mm). Die Körper sind aus Stahl (Dichte $7{,}85\ \frac{g}{cm^3}$).

(1)
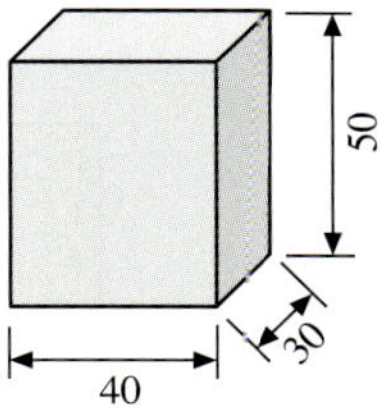


(2)
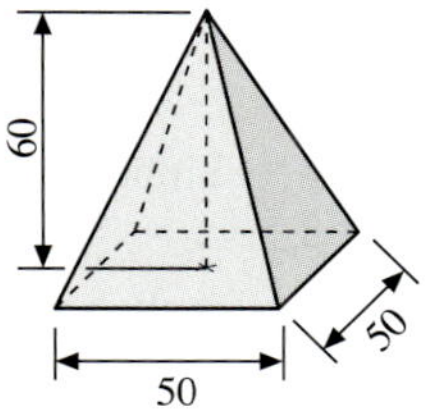


(3)
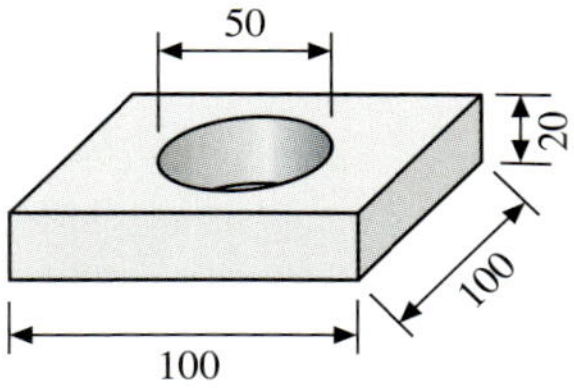


**6.** **a)** In dem gleichschenkligen Trapez rechts sind $a = 200$ mm, $b = 120$ mm und $c = 56$ mm gegeben.
Wie groß ist der Anteil des rot gefärbten Dreiecks an der Gesamtfläche?

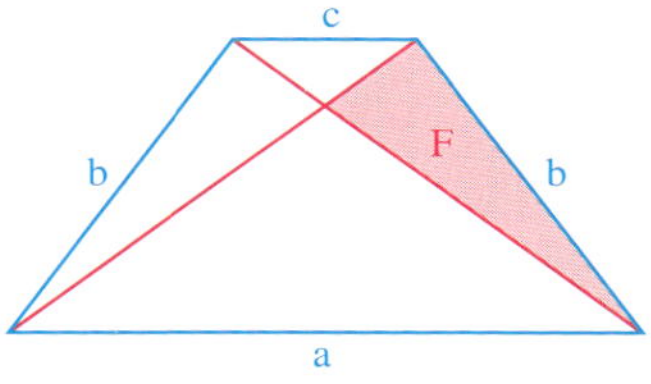


**b)** Auf einer topografischen Karte (Maßstab 1 : 25 000) misst Peter 53 cm für die Entfernung der Rathausplätze von Schönebeck und Gommern. Wie groß ist ihr Abstand (Luftlinie)?

**c)** Der Umfang eines Rechtecks ist 28,8 cm lang. Der Flächeninhalt wird um 17,35 $cm^2$ kleiner, wenn die eine Seite um 4,5 cm verlängert und die andere Seite um 3,5 cm verkürzt wird. Ermittle die Seitenlängen des Rechtecks.

**d)** Aus einem Kreiszylinder, dessen Durchmesser und Höhe jeweils 1 m betragen, wird ein Kreiskegel mit den gleichen Abmessungen gefertigt.
Berechne den Abfall in Kubikmeter und in Prozent.

## 7.2 Vorwärts- und Rückwärtsarbeiten

Was ist gegeben? Was weiß ich über das Gegebene? Was kann ich daraus ermitteln?
- Aufstellen von Teilzielen
- Erneute Kombination der gefundenen Daten

### 7.2.1 Das Vorwärtsarbeiten

Beim Vorwärtsarbeiten versucht man, möglichst viele Eigenschaften über die Ausgangssituation zu erfahren.
Ausgehend vom Gegebenen werden Schlussfolgerungen gezogen und Beziehungen zum bisher Bekannten hergestellt, um zum Gesuchten zu kommen.

**Aufgabe 1**

Ein Rechteck wird in Teilvierecke zerlegt. Dabei soll gelten, dass die beiden Flächeninhalte $A_1$ und $A_2$ einander gleich sind.
Ermittle den Flächeninhalt $A_3$.

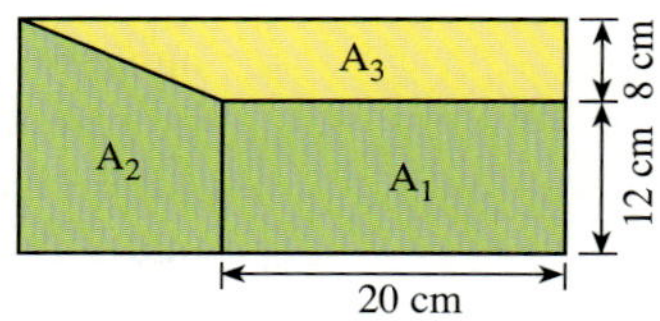


**Lösung**

*(1) Verstehen der Aufgabe*

Die Gleichheit der Flächeninhalte wird in der Skizze durch gleiche Farben dargestellt. Variablen werden eingeführt.

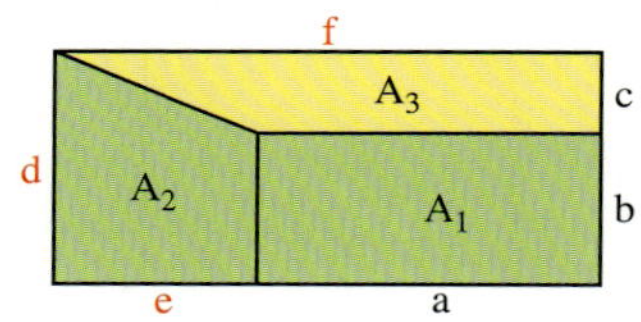


*Gegeben:*
Rechteck mit dem Flächeninhalt $A_1$:
$a = 20$ cm; $b = 12$ cm
Trapez mit dem Flächeninhalt $A_2$:
$d = c + b = 20$ cm; $b = 12$ cm

*Gesucht:* Flächeninhalt $A_3$ unter der Bedingung der Flächeninhaltsgleichheit $A_1 = A_2$.

*(2) Aufstellen eines Lösungsplanes*

Vorwärtsdenken

1. Den Inhalt $A_1$ der Rechteckfläche kann man direkt aus den gegebenen Werten a und b berechnen. Damit ist wegen $A_1 = A_2$ auch $A_2$ bekannt.
2. Aus dem Flächeninhalt kann man mithilfe der Trapezformel die Länge der Strecke e bestimmen.
3. Nun ist es möglich, den Flächeninhalt A des gegebenen Rechtecks zu errechnen.
4. Der Flächeninhalt von $A_3$ ergibt sich dann als Differenz: $A_3 = A - A_1 - A_2$.

*(3) Ausführen des Lösungsplanes:*

Vorwärtsausführen

(1) Es gilt $A_1 = a \cdot b = 20\text{ cm} \cdot 12\text{ cm} = 240\text{ cm}^2$.

(2) $A_2 = 240\text{ cm}^2 = \frac{d + b}{2} \cdot e = \frac{20\text{ cm} + 12\text{ cm}}{2} \cdot e$

$$e = \frac{480\text{ cm}^2}{32\text{ cm}} = 15\text{ cm}$$

(3) $A = (b + c)(a + e) = 20\text{ cm} \cdot 35\text{ cm} = 700\text{ cm}^2$

(4) $A_3 = A - A_1 - A_2 = 700\text{ cm}^2 - 2 \cdot 240\text{ cm}^2 = 220\text{ cm}^2$

*(4) Kontrolle*

Der Flächeninhalt $A_3$ des Trapezes kann auch folgendermaßen ermittelt werden:

$$A_3 = \frac{f + a}{2} \cdot c = \frac{(e + a) + a}{2} \cdot c = \frac{35\text{ cm} + 20\text{ cm}}{2} \cdot 8\text{ cm} = 220\text{ cm}^2$$

Damit wurde der errechnete Wert bestätigt.

*Antwort:* Der gesuchte Flächeninhalt $A_3$ des Trapezes beträgt 220 $\text{cm}^2$.

**Übungsaufgaben**

**2.** Die Funktion f ist gegeben durch $f(x) = -x - 1$, die Funktion $g(x)$ durch $g(x) = mx + 2$. Bestimme den Anstieg m so, dass sich f und g im II. Quadranten schneiden.

**a)** Erläutere deinen Lösungsplan mithilfe eines Koordinatensystems.

**b)** Bestimme den Anstieg m.

**3.** Im Klassenzimmer sollen die Wände gestrichen werden. Drei Väter malern am Vormittag in 4 Stunden die Hälfte. Am Nachmittag helfen zwei Schüler, die aber nur halb so schnell arbeiten können.

**a)** Schätze, zu welcher Zeit das Zimmer fertig gestrichen ist, wenn die Arbeit um 8.00 Uhr beginnt.

**b)** Übertrage die folgende Tabelle in dein Heft und ergänze sie.

| Anzahl der Arbeitsstunden | Vormittag | | | | Nachmittag | |
|---|---|---|---|---|---|---|
| | 1. Stunde | 2. Stunde | 3. Stunde | 4. Stunde | 1. Stunde | |
| Maler 1 | | | | | | |
| Maler 2 | | | | | | |
| Maler 3 | | | | | | |
| Maler 4 | | | | | | |

**c)** Ermittle die Uhrzeit für die Beendigung der Arbeit. Erläutere deine Antwort mithilfe der Tabelle.

**4.** Eine Gerade g verläuft durch die Punkte $P(-1|-6)$ und $Q(8|12)$ im Koordinatensystem. Diese Gerade bildet mit den Koordinatenachsen ein Dreieck.

**a)** Zeichne in ein Koordinatensystem. Du kannst auch einen GTR verwenden.

**b)** Berechne den Flächeninhalt des Dreiecks. Erläutere deinen Lösungsweg.

**5.** Suche in der Figur gleichschenklige Dreiecke. Begründe deine Aussage.

**a)**

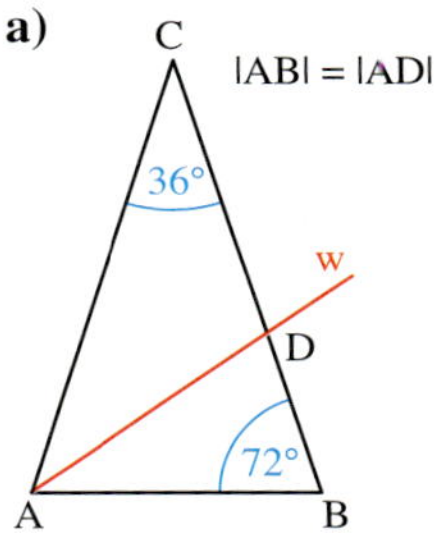


**b)**

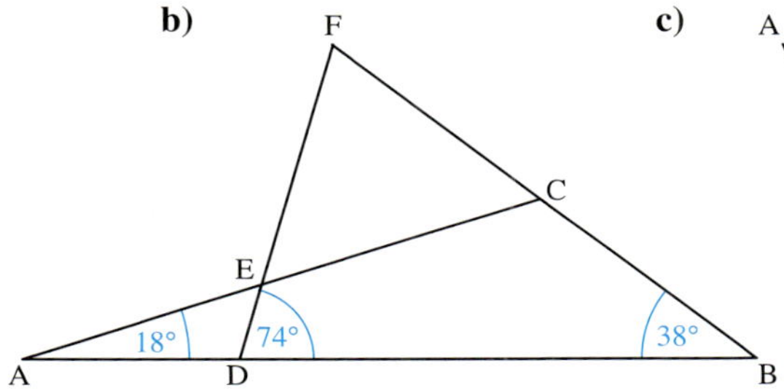


**c)**

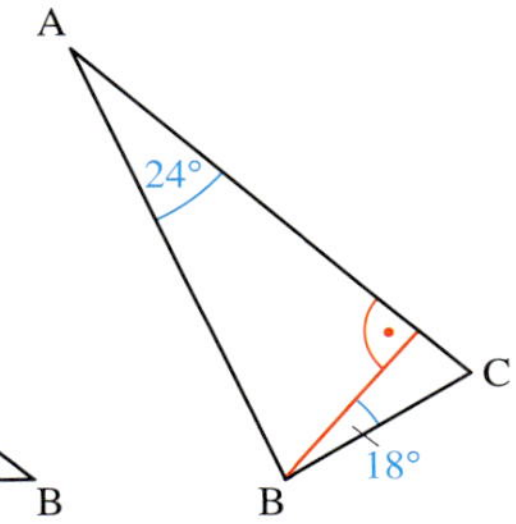

### 7.2.2 Das Rückwärtsarbeiten

Was ist gesucht?
Was weiß ich darüber?
Was benötige ich, um es zu ermitteln?
- Aufstellen von Teilzielen
- Erneute Kombination der gefundenen Daten

Beim Rückwärtsarbeiten beginnt man am Ende und überlegt, vom Gesuchten ausgehend, wie man die Ausgangssituation erreicht.

**Aufgabe 1**

In einer alten Parkanlage haben die drei Eichen an den Standorten A, B und C jeweils den Abstand $\overline{AB} = 30$ m, $\overline{AC} = 40$ m und $\overline{BC} = 50$ m voneinander.
Es soll ein Springbrunnen (S) so angelegt werden, dass er von jeder der drei Eichen und einem geplanten Pavillon (P) denselben Abstand hat. Die von den Eichen an den Standorten B und C sowie dem Pavillon begrenzte dreieckförmige Fläche soll unter diesen Bedingungen größtmöglichen Inhalt haben.
Löse das Problem (maßstäblich) konstruktiv.

**Lösung**

*(1) Verstehen der Aufgabe*

Mit einer Planfigur verschaffst du dir einen Überblick über die Aufgabenstellung und bereitest die Lösungsplanung vor.
Denselben Abstand zu haben, das bedeutet, dass die Punkte A, B, C und P auf einem Kreis mit dem Mittelpunkt S liegen. Den Radius des Kreises und die genaue Lage des Punktes P kennen wir nicht.

*Planfigur*

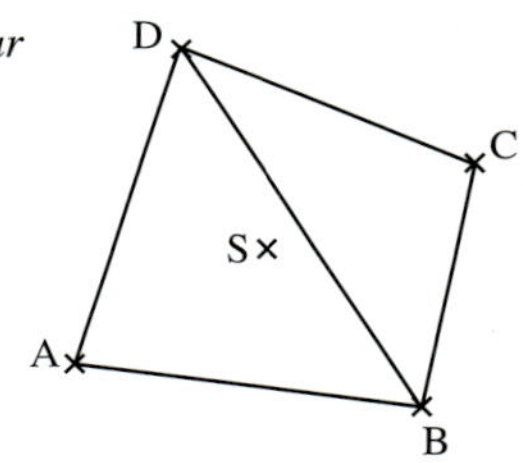


*(2) Aufstellen eines Lösungsplanes*

1. Die Punkte A, B und C bilden ein Dreieck mit den Seitenlängen 30 m, 40 m und 50 m. Wegen $(30\text{ m})^2 + (40\text{ m})^2 = (50\text{ m})^2$ ist das Dreieck (nach der Umkehrung des Satzes des Pythagoras) rechtwinklig im Punkt A und der Strecke $\overline{BC}$ als Hypotenuse.
2. Der Punkt A liegt (nach der Umkehrung des Thalessatzes) auf dem Thaleskreis mit dem Durchmesser $\overline{BC}$. Der Mittelpunkt des Thaleskreises und somit Mittelpunkt von $\overline{BC}$ ist der Punkt S. Auf diesem Thaleskreis muss auch der Punkt P liegen. Also ist auch das Dreieck BCP rechtwinklig (im Punkt P).
3. Für den Flächeninhalt des Dreiecks BCP gilt $A = \frac{g \cdot h}{2}$ mit $g = \overline{BC}$. Er wird am größten, wenn h am größten ist. Das trifft zu für $h = \overline{PS}$, wobei das rechtwinklige Dreieck BCP dann gleichschenklig sein muss. Die Lage des Punktes P ist auf dem Thaleskreis somit eindeutig bestimmt.

*(3) Ausführen des Lösungsplanes*

1. Aus den gegebenen Stücken wird nach dem Kongruenzsatz sss das rechtwinklige Dreieck ABC konstruiert.
2. Den Punkt S, um den der Thaleskreis gezeichnet wird, erhältst du durch Konstruktion der Mittelsenkrechten von $\overline{BC}$.
3. Den Punkt P muss auf dem Thaleskreis und der Mittelsenkrechten von $\overline{BC}$ liegen.

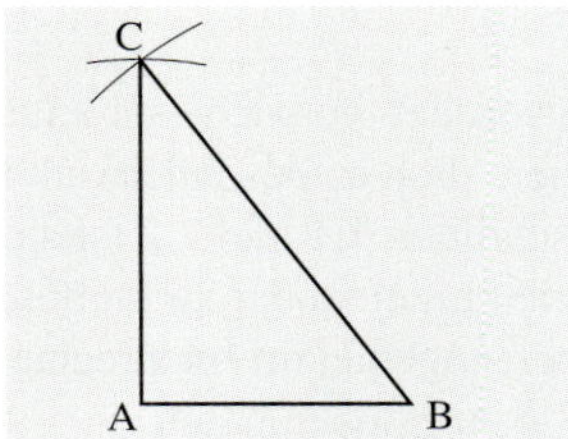


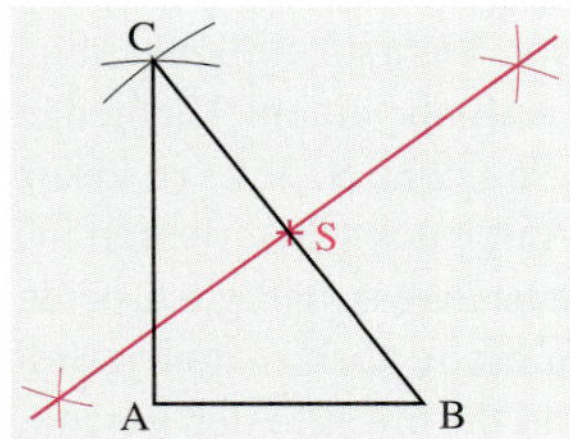


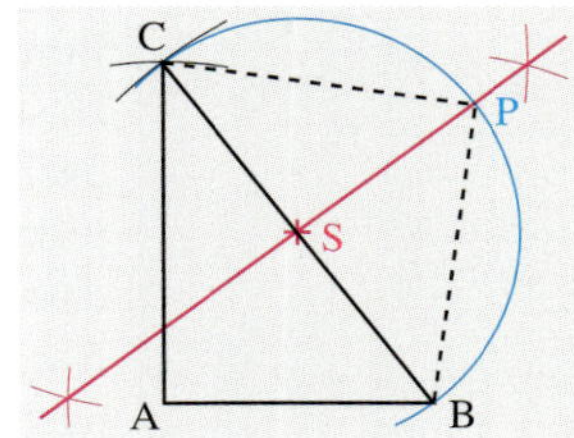


Maßstab 1 : 100; $\overline{AB}$ = 3,0 cm, $\overline{AC}$ = 4,0 cm, $\overline{BC}$ = 5,0 cm

*(4) Kontrolle des Ergebnisses*

Prüfe, ob alle Bedingungen der Aufgabenstellung erfüllt sind.
Der Punkt S hat von den Punkten A, B, C und P den gemessenen Abstand
$\overline{AS} = \overline{BS} = \overline{CS} = \overline{PS}$ =2,5 cm. Das sind jeweils 25 m.
Das Dreieck BCP hat den größtmöglichen Flächeninhalt. Es ist rechtwinklig und gleichschenklig mit der größtmöglichen Höhe $\overline{PS}$. Beim „Wandern“ des Punktes P auf dem Thaleskreis wird die Höhe des jeweils zugehörigen Dreiecks kleiner.

**Übungsaufgaben**

**2.** In einem neuen Gewerbegebiet soll eine 4,50 m tiefe Baugrube ausgehoben werden (siehe Skizze).
Vier Lkw mit einer Ladekapazität von jeweils 5 Tonnen stehen zum Abtransport zur Verfügung. Die Bodenanalyse ergab, dass es sich um Lehmboden (Dichte 1,8 $\frac{g}{cm^3}$) handelt.
Wie oft muss jeder Lkw fahren?

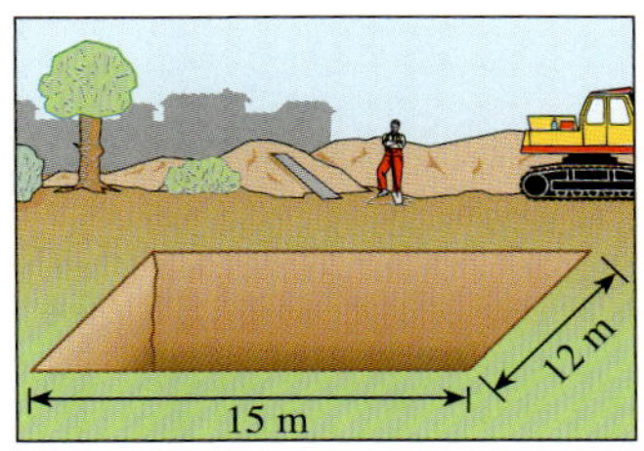


**3.** Zwei Metallwürfel mit den Kantenlängen 3 cm und 5 cm werden eingeschmolzen und zu einem Quader gegossen.

**a)** Demonstriere den Sachverhalt mit Modellen aus Knete.

**b)** Welche Kantenlängen kann der neue Quader haben, wenn eine seiner Seiten 4 cm lang ist?

**4.** Ein Handwerksgeselle auf Wanderschaft hat Äpfel in seinem Rucksack. Um in die nächste Stadt zu kommen, muss er sieben Tore passieren. Jeder Torwächter verlangt von ihm die Hälfte seiner Äpfel und einen Apfel mehr.
Am Schluss bleibt dem Mann nur ein einziger Apfel.
Wie viele Äpfel hatte er am Anfang?
Beschreibe an dieser Aufgabe die Strategie des Rückwärtsarbeitens.

**5.** Mutter zur Tochter: „Als ich geboren wurde, war meine Mutter 21. Als du geboren wurdest, war ich 21 und heute sind wir beide zusammen gerade 21 Jahre älter als Oma.“

**a)** Stelle Fragen und beantworte sie.

**b)** Entwickle ähnliche Aufgaben. Nutze dabei den engen Zusammenhang zwischen dem Vorwärts- und Rückwärtsarbeiten.

## 7.3 Komplexe Übungen

Überlege bei den Sachaufgaben zunächst, zu welchem Themengebiet die ausgewählte Aufgabe gehören könnte. Das ist zumeist an Signalwörtern in den Fragestellungen bzw. Aufträgen erkennbar. So kann z. B. das Wort „Chance“ ein Signal für das Aufstellen von Baumdiagrammen und Berechnen von Wahrscheinlichkeiten sein.
Hast du die Aufgabe einem Themengebiet zugeordnet, versuche sie unter Beachtung der heuristischen Regeln (siehe S. 261) zu lösen. Orientiere dich insbesondere an den Beispielen zum Vorwärts- und zum Rückwärtsarbeiten in den Abschnitten 7.1 und 7.2 (siehe Seite 262 ff.). Beachte, dass es zumeist zweckmäßig ist, beide Strategien miteinander zu kombinieren.
Natürlich kannst du auch zu dem jeweiligen Themengebiet im entsprechenden Kapitel des Buches nachlesen und dir mithilfe der Beispiele dort Lösungsideen holen.

**1.** Lena und ihre Freundinnen wollen am nahegelegenen See einen Rundweg ablaufen. Sie treffen sich um 9.00 Uhr und planen für die 18 km lange Strecke 4 Stunden ein.
Petra hat verschlafen und kommt eine halbe Stunde zu spät am Treffpunkt an. Sie läuft den Freundinnen mit $8\,\frac{\text{km}}{\text{h}}$ hinterher, um sie einzuholen. Wann und nach welcher Strecke wird sie sie einholen?

**2.** Ein Sportverein hat 650 Mitglieder, davon sind 400 Kinder und Jugendliche. Diese zahlen einen Beitrag von 4,00 € monatlich, Erwachsene zahlen 7,50 €. Die monatlichen Beitragseinnahmen müssen um mindestens 600 € erhöht werden, um die gestiegenen Kosten zu decken. Wie können die neuen Beiträge festgesetzt werden, um die Erhöhung gerecht zu verteilen?

**3.** An einer Seilbahnstation findet sich folgendes Angebot:

SEILBAHNOBERTAL
Preisliste

| | |
|---|---|
| Einzelfahrt | **7 €** |
| 12er Karte | **75 €** |
| 20er Karte | **120 €** |

**a)** Wie teuer ist die Fahrt für vier Personen?

**b)** Wie viele Fahrten kann man für 150 € kaufen?

**c)** Liegt eine proportionale Zuordnung zwischen der Anzahl der Fahrten und dem Preis vor?

**d)** Für eine Gruppe von 48 Personen muss man 300 € bezahlen, rechnet Sven aus.
Julia behauptet, es geht auch billiger. Überprüfe.

**e)** Es soll eine 50er-Karte eingeführt werden. Was wäre ein angemessener Preis?

**4.** Ein Verlag beabsichtigt einen Posten Bücher in 100 Paketen mit den Maßen 20 cm mal 20 cm mal 30 cm zu versenden. Die Transportfirma wiederum wird die Pakete in Kartons vom Format 40 cm mal 40 cm mal 60 cm verpacken.
Wie viele dieser Kartons werden benötigt?

**5.** Paul und Lukas wollen eine Ferienwoche auf einem Campingplatz am See verbringen. Dieser liegt 75 km von Aschersleben entfernt. Damit sie das Zelt nicht transportieren müssen, will Pauls Vater die Ausrüstung hinterher bringen. Um 8.00 Uhr starten die beiden Jungen mit den Fahrrädern.
Wann muss Pauls Vater zu Hause abfahren, um gemeinsam mit den Jungen am Zeltplatz anzukommen?
Überlege gemeinsam mit deinem Partner, welche Werte ihr zum Berechnen benötigt und legt sie gemeinsam fest. Demonstriert den Lösungsweg mithilfe einer Zeichnung.

**6.** Zum Wohngebietsfest in der Schillerstraße bereitet sich eine elfköpfige Schülerband auf ihren ersten Einsatz vor. Einige Musiker sind miteinander verwandt, aber niemand hat den gleichen Namen (also den gleichen Vornamen und den gleichen Nachnamen).
Drei Spieler haben den Namen Richter, vier heißen Müller, zwei Schneider und zwei Musol. In der Band spielen fünf Mädchen. Davon heißen vier Anne und eine Lena. Lena ist die Sängerin. Jeweils dreimal treten die Namen Tim und Paul auf. Dass Tim Musol die Band leitet, erkennt man auf dem Poster.
Entscheide dich, welche Veranschaulichung besonders gut für den Lösungsweg geeignet ist.
Formuliere eine ähnliche Aufgabe.

**7.** Bei einem Computerspiel ist ein Hindernis zu Beginn 2 cm hoch und nimmt jeweils innerhalb einer Sekunde um 50 % zu. Wenn eine maximale Höhe von 10,1 cm erreicht ist, fällt das Hindernis innerhalb einer Sekunde wieder auf die ursprüngliche Höhe von 2 cm zusammen und das Wachstum beginnt von Neuem. Das Hindernis versperrt den Weg für die beweglichen Figuren.
Kann eine Figur genau 40 Sekunden nach Beginn des Spieles diese Stelle in 4 cm Höhe passieren?

**9.** Der Pkw von Frau Wilhelm verbraucht erfahrungsgemäß im Durchschnitt 7,5 Liter pro 100 km bei Fahrten auf Autobahn und Landstraße. Der Tank ihres Autos hat ein Fassungsvermögen von 55 Litern. Er wurde vor Fahrtbeginn vollständig gefüllt.
Da Frau Wilhelm heute Fahrräder auf dem Dachgepäckträger mitnimmt, steigt der Verbrauch um ca. 15 % an. Die Anzeige im Fahrzeug ist nicht sehr präzise. Nach 560 km fährt Frau Wilhelm zu einer Tankstelle. Da eine Zapfsäule defekt ist, hat sich eine lange Schlange gebildet. Die nächste Tankstelle ist in 72 km Entfernung.
Kann sie guten Gewissens ohne zu tanken weiterfahren?

**9.** Bert behauptet, dass der in einer freien Ebene stehende Schornstein eine Höhe von 35 m hat. Elsa und Anna glauben nicht, dass das wahr sein könnte.
Wie können sie die Angabe mit wenigen Hilfsmitteln überprüfen?

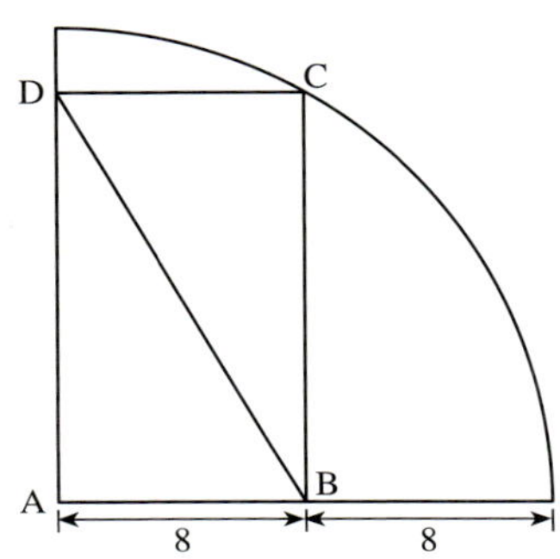


**10.** Betrachte die Figur nicht länger als dreißig Sekunden.
Gib danach sofort die Länge $\overline{BD}$ der Diagonalen im Rechteck ABCD an, ohne dabei zu messen oder eine Rechnung durchzuführen.

**11.** Eine Mutter und ihre Tochter sind zusammen 60 Jahre alt. In 15 Jahren ist die Mutter doppelt so alt wie die Tochter. Wie alt waren sie vor 5 Jahren?

**12.** Für die Aufführung eines Theaterstückes werden als Kulisse verschiedene Körper gebaut.

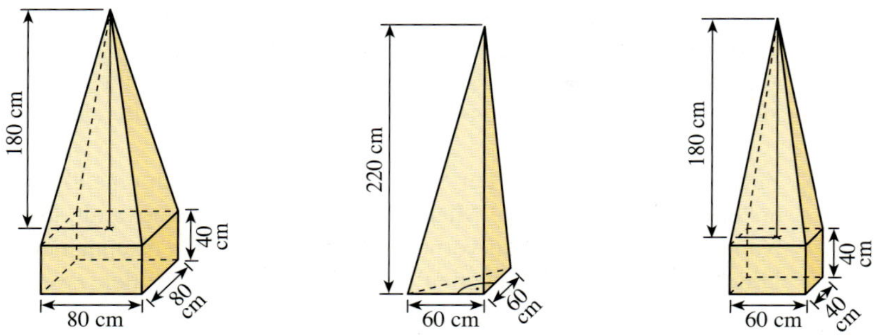


Sie werden aus Grobspanplatten, die 2,50 m lang und 1,25 m breit sind, angefertigt. Je zwei Körper der gleichen Sorte werden benötigt.

**a)** Zeichne das Netz von jedem der drei Körper in einem geeigneten Maßstab. Gib den Maßstab an.

**b)** Wie viel Quadratmeter Spanplatte begrenzen die einzelnen Körper?

**c)** Wie viele solcher Platten werden insgesamt benötigt? Verteile die auszusägenden Flächen günstig auf die einzelnen Platten.

**d)** Wie viel Prozent der Gesamtfläche aller Platten sind Abfall?

**e)** Die Körper werden außen von allen Seiten mit blauem Acryllack gestrichen. Eine 375-ml-Dose reicht für ca. 5 $m^2$. Schlage vor, wie man am günstigsten einkauft.

**f)** Die Grobspanplatten sind 12 mm dick. Welche Masse haben alle Körper zusammen, wenn die Dichte der Platten etwa $0{,}5\,\frac{g}{cm^3}$ beträgt? Runde sinnvoll.

**13.** *Vier fahren kostenlos!*

Eine Gruppe von Jugendlichen macht eine längere Wanderung an der Elbe. Auf dem Rückweg sind viele von ihnen schon müde und wollen die letzte Strecke mit der Bahn fahren. Vier Jugendliche sind jedoch dagegen.

Da entdeckt einer Folgendes: Wenn die vier trotzdem mitfahren – ohne etwas zu zahlen – kann die Gruppe ein Gruppenticket für 60 Euro lösen und – wegen des Mengenrabatts – billiger fahren, als wenn jeder eine Einzelkarte kauft.

Dazu sind die vier gern bereit. Sie brauchten nichts zu bezahlen, jeder andere zahlte 75 Cent mehr, als wenn diese auch bezahlt hätten.

Aus wie vielen Mitgliedern bestand die Gruppe?

**14.** Bei einem Fernsehquiz mit hohen Gewinnmöglichkeiten müssen die 10 Kandidaten zunächst unter Zeitdruck vier Begriffe in die richtige Reihenfolge bringen. Der Moderator behauptet, dass man bei einer zufällig getippten Reihenfolge eine Wahrscheinlichkeit von $\frac{1}{24}$ besteht, die richtige Reihenfolge erwischt zu haben. Hat er recht?

**15.** Beim Spiel „Monopoly“ wird mit zwei Würfeln geworfen. Manchmal landet man während des Spiels im „Gefängnis“. Man kann sich daraus selbst befreien, wenn man innerhalb der nächsten drei Spielrunden einen Pasch (zwei gleiche Augenzahlen) wirft, sonst muss man eine Strafe zahlen.
Vergleiche die Wahrscheinlichkeiten von „Selbst befreien“ und „Strafe zahlen“.

**16.** Beim Roulette-Spiel achtet ein Spieler nur auf die Ergebnisse „erstes Dutzend“ bzw. „zweites Dutzend“ bzw. „letztes Dutzend“ bzw. „Zero“. Bestimme die zugehörige Wahrscheinlichkeiten. Stelle diese in einem Säulendiagramm grafisch dar.

**17.** Bei einem regelmäßigen Sechseck sind die Ecken mit A, B, C, D, E, F gegen den Uhrzeigersinn gekennzeichnet. Mit einem Würfel, der mit den Buchstaben A, B, C, D, E, F beschriftet ist, wird zweimal gewürfelt. Die beiden zugehörigen Punkte werden durch eine Strecke verbunden.
Mit welcher Wahrscheinlichkeit erhält man so eine Seite bzw. eine Diagonale?

**18.** Ein Lebensmittelproduzent entnimmt seiner Produktion eine Stichprobe von 32 Nudelpäckchen und kontrolliert deren Masse in g.

| | | | | | | | |
|---|---|---|---|---|---|---|---|
| 554 | 545 | 557 | 552 | 543 | 561 | 551 | 553 |
| 549 | 559 | 554 | 544 | 560 | 551 | 550 | 548 |
| 562 | 556 | 548 | 553 | 556 | 552 | 557 | 551 |
| 553 | 557 | 549 | 564 | 554 | 546 | 558 | 550 |

**a)** Wie viel g wiegt durchschnittlich ein Päckchen?

**b)** Nimm an, die Stichprobe sei repräsentativ. Von wie vielen Päckchen unter 545 g kann man dann bei einer Produktion von 4000 Nudelpäckchen ausgehen? Begründe.

**19.** Auf dem Wochenmarkt muss jeder Händler für die wöchentliche Nutzung des Marktplatzes an die Stadt eine Gebühr entrichten. Diese enthält eine Grundgebühr von 8 €, hinzu kommen 1,20 € pro m² Stellfläche.

**a)** Der Fischhändler hat einen 2,2 m breiten und 7,5 m langen Verkaufswagen.

**b)** Gib für die Zuordnung *Stellfläche x (in m²) → Gebühren y (in €)* die Funktionsgleichung an und zeichne den Graphen.

**c)** Frau Helle muss für ihren Gemüsestand 24,20 € bezahlen.

**d)** Die Stadt ändert ihre Gebührenordnung. Herr Dröge bezahlt für 12 m² jetzt 25,60 €, bei Frau Peck erhöhen sich die Gebühren für 17 m² auf 32,10 €.
Berechne die neue Grundgebühr und die Kosten pro m² Stellfläche.

**e)** Herr Wilhelm will einen möglichst langen, auffälligen Verkaufsstand einrichten. Untersuche, wie breit ein 10 m langer Stand höchstens sein darf, wenn (nach der alten Gebührenordnung) höchstens 15 € Gebühren anfallen sollen.

**20.**

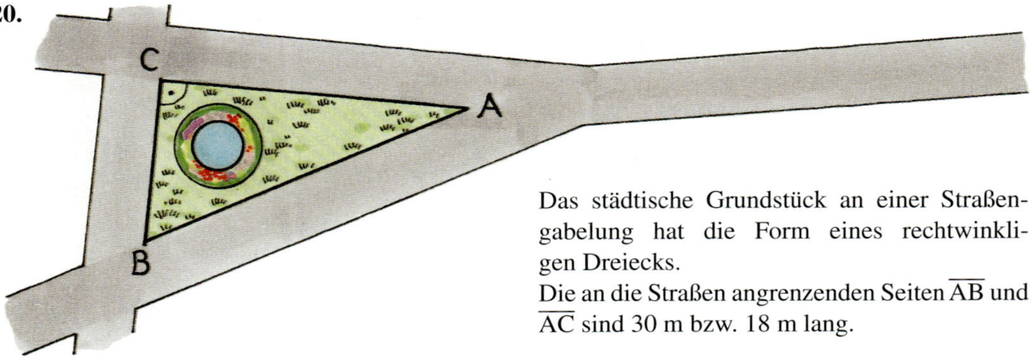


Das städtische Grundstück an einer Straßengabelung hat die Form eines rechtwinkligen Dreiecks.
Die an die Straßen angrenzenden Seiten $\overline{AB}$ und $\overline{AC}$ sind 30 m bzw. 18 m lang.

Es ist geplant, das Grundstück rundherum mit 40 cm langen Rasenkantsteinen einzufassen. Wie viele Steine werden benötigt?

**21.** Auf dem Grundstück (siehe Aufgabe 20) soll ein kreisringförmiges Blumenbeet angelegt werden. Der äußere Kreis hat von allen drei Grundstücksseiten jeweils 2 m Abstand. Im inneren Kreis, der einen Radius von 1,3 m hat, ist eine Springbrunnenanlage geplant.

**a)** Erstelle eine maßstabtreue Zeichnung des städtischen Grundstücks und des Blumenbeets. Beschreibe die Konstruktion.
Wie groß ist der Radius des äußeren Kreises? *Zur Kontrolle: $r_a = 3{,}8$ m*

**b)** Das Blumenbeet soll außen mit einer kleinen Buchsbaumhecke eingefasst werden. Man rechnet mit 8 Pflanzen auf 1 m.
Wie viele Buchsbaumpflanzen werden benötigt?

**c)** Im Frühjahr wird das Blumenbeet mit Begonien und Petunien im Verhältnis von 2 : 5 bepflanzt. Auf 1 m² kommen 16 Pflanzen. Eine Begonie kostet 1,59 €, eine Petunie 0,85 €.
Wie viel Euro kosten die Blumen?

**d)** Die restliche Grundstücksfläche außerhalb des Blumenbeets wird mit Rasen eingesät.
Wie viel Prozent des gesamten Grundstücks sind das?

**22.** Das zylinderförmige Springbrunnenbecken hat innen einen Durchmesser von 2,5 m und ist 28 cm tief. Die Seitenwand ist 5 cm dick, der Boden 7 cm.

**a)** Wie viel Liter Wasser fasst das Becken?

**b)** Das Becken besteht aus Beton mit der Dichte $2{,}1\ \frac{g}{cm^3}$. Berechne die Masse des Betonbeckens.

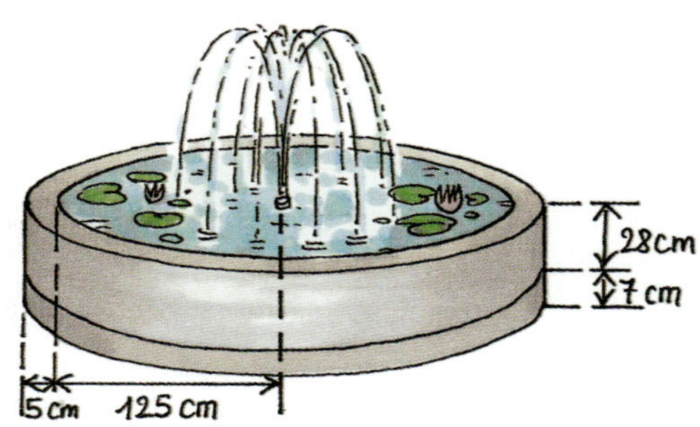

**23.** Herr Dyrlich ist Eigentümer eines rechteckigen Grundstücks, durch das die Stadt eine neue Straße bauen will (s. Zeichnung).

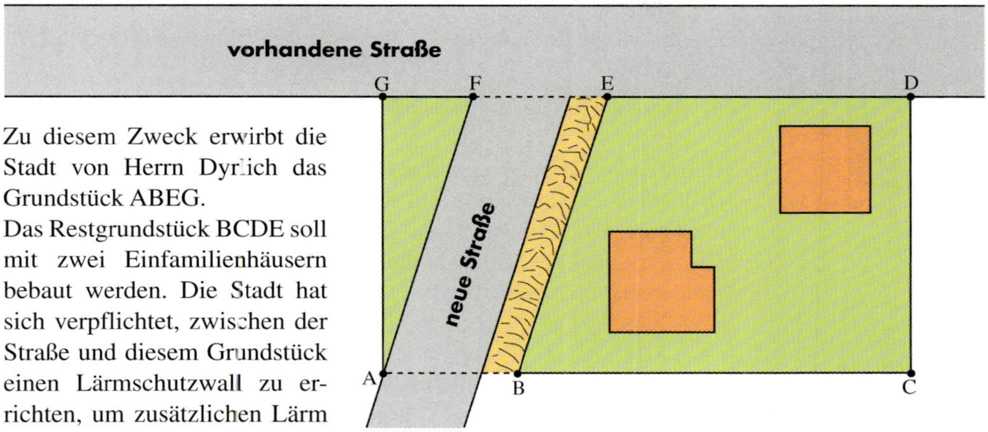


Zu diesem Zweck erwirbt die Stadt von Herrn Dyrlich das Grundstück ABEG.
Das Restgrundstück BCDE soll mit zwei Einfamilienhäusern bebaut werden. Die Stadt hat sich verpflichtet, zwischen der Straße und diesem Grundstück einen Lärmschutzwall zu errichten, um zusätzlichen Lärm zu vermeiden.
Die Zeichnung wurde im Maßstab 1 : 1 000 erstellt.

**a)** Ermittle anhand der Zeichnung die Größe des verkauften Grundstücks.
Wie viel Prozent sind dies von der gesamten Grundstücksfläche?

**b)** Herr Dyrlich hat von der Stadt 78 € pro Quadratmeter erhalten. Den gesamten Verkaufserlös legt er 3 Jahre zu einem Zinssatz von 4,5 % bei einer Bank an.
Auf wie viel Euro wächst sein Guthaben mit Zinseszins in dieser Zeit an?

**c)** Das Dreieck AFG wird mit Sträuchern bepflanzt. Auf 10 m² kommen 3 Sträucher. Jeder Strauch kostet 6,75 € zuzüglich 10,7 % Mehrwertsteuer.
Berechne die Kosten.

**d)** Das Restgrundstück BCDE soll längs einer Linie PQ so in zwei gleich große Bauplätze aufgeteilt werden, dass die Straßenzufahrt $\overline{EP}$ des linken Grundstücks noch 10 m breit ist.
Wo muss der Grenzstein Q hingesetzt werden.

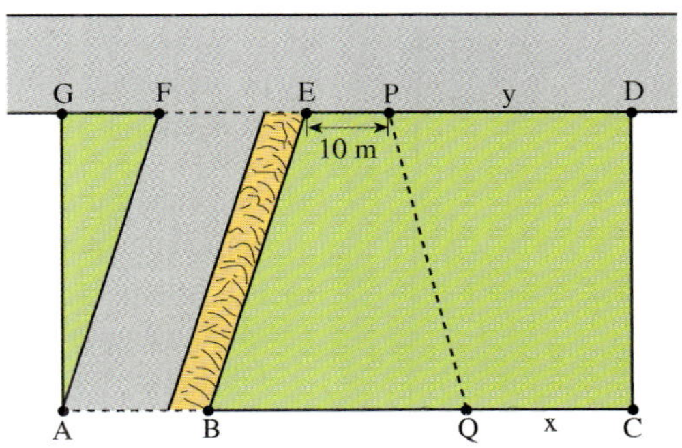


**e)** Die Asphaltdecke der neuen Straße wird 12 cm dick. Ein Lkw liefert 9 m³ Asphalt. Wie groß ist die Straßenfläche, die man hiermit asphaltieren kann?

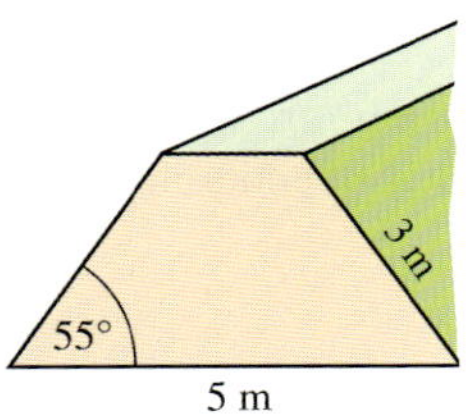


**f)** Der Querschnitt des Lärmschutzwalls hat die Form eines gleichschenkligen Trapezes (s. Skizze). Der Wall ist 40 m lang und an seinen Enden durch Mauern begrenzt.
(1) Zeichne den Querschnitt maßstabsgetreu.
(2) Wie viel m³ Erde benötigt man für den Wall?
(3) Der Wall soll mit Bodendeckern zuwachsen. Wie groß ist die zu bepflanzende Fläche?

**24.** Ein auf der Kreisfläche stehender 2,0 m hoher zylinderförmiger Wassertank (d = 1,2 m) enthält noch 10 hl Wasser.
Wie hoch steht das Wasser im Tank?

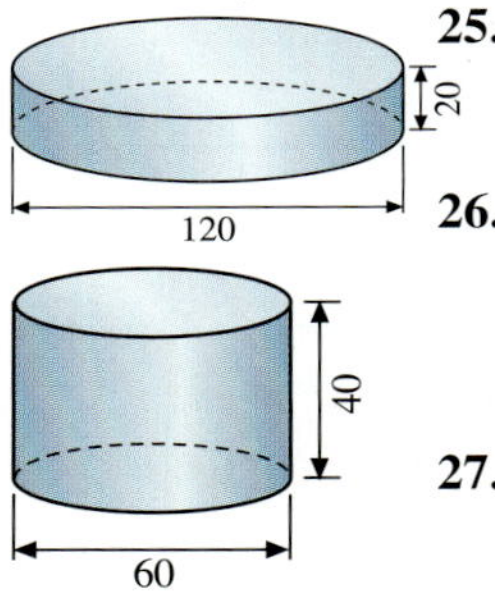


**25.** Haben die zwei links abgebildeten Konservendosen (Maße in mm) ein Fassungsvermögen von $\frac{1}{4}\,l$? Begründe.

**26.** Ein im Schmiedewerk Gröditz hergestellter Stahlring hat die Maße $r_a = 1{,}10$ m, $r_i = 0{,}95$ m und h = 20 cm.

**a)** Berechne das Volumen des Stahlrings. **b)** Welche Masse hat er?

**27.** Herr Tender hat im Garten eine Modellbahnanlage aufgebaut (Bild rechts; Maße in dm). Auf einer der beiden geraden Strecken durchfährt der Zug einen 72 cm langen Tunnel.
Gib den Anteil der Tunneldurchfahrt bezüglich der gesamten Fahrstrecke in Prozent an.

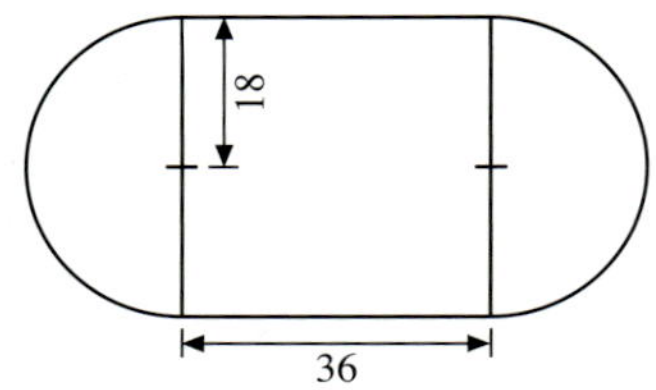


**28.** Die Mitarbeiter der Abfallwirtschaft leeren regelmäßig die Mülltonnen der privaten Haushalte. Mit einem Gebührenbescheid werden die Kosten der Mülltonnenentleerung dargestellt. Familie Sorgsam erhielt folgenden Gebührenbescheid:

Gebührenbescheid der Abfallwirtschaft für
Familie Sorgsam, Sauberer Weg 7

**(1) Grundgebühr**

| Zeitraum | Anzahl Monate | Anzahl Personen | Jahresgebühr je Person |
|---|---|---|---|
| 01. 01. – 31. 12. | 12 | 5 | 23,45 € |

**(2) Kippgebühr**

| Zeitraum | Anzahl Entleerungen | Gebühr je Entleerung |
|---|---|---|
| 01. 01.–31. 12. | 18 | 3,21 € |

**(3) Abschläge**
Im März, Mai, Juli und September wurden Abschläge zu je 31,50 € abgebucht.

**a)** Berechne mithilfe dieses Gebührenbescheides der Abfallwirtschaft die Grundgebühr sowie die Kippgebühr für Familie Sorgsam.

**b)** Die Abfallwirtschaft hat für Technik und Personal ständige Ausgaben. Deshalb sind Vorauszahlungen in Form von Abschlägen nötig. Wie viel Geld hat Familie Sorgsam im Laufe des Jahres durch die Abschläge bereits bezahlt?

**c)** Wie viel Euro hat Familie Sorgsam abschließend noch zu überweisen?

**29.** Ein Auszubildender muss aus einem Holzwürfel einen Hohlzylinder mit größtmöglicher Höhe herstellen. Der Würfel hat eine Kantenlänge von 75 mm. Der Außendurchmesser des Hohlzylinders soll 66 mm betragen bei einer Wanddicke von 22 mm.

**a)** Zeichne ein Zweitafelbild des Hohlzylinders.

**b)** Gib den bei der Herstellung entstehenden Abfall in $cm^3$ an.

**c)** 1 $cm^3$ des verwendeten Holzes hat eine Masse von 0,9 g. Wiegen 50 solcher Hohlzylinder mehr als ein Kilogramm?
Begründe deine Entscheidung.

**30.** Welche der Vorhersagen für das einmalige Würfeln ist wahrscheinlicher?
Helen: „Meine Augenzahl ist durch 2 und 3 teilbar."
Lutz: „Ich erwarte nicht mehr als drei Augen."
Heike: „Meine Zahl wird eine Primzahl sein."
Hans-Ulrich: „Die Augenzahl 5 und 6 schaffe ich nicht."

**31.** Im Sommer kommen täglich ca. 120 Schüler mit dem Fahrrad zur Schule. Überraschend werden an einem Tag 48 Fahrräder auf Verkehrssicherheit geprüft. An 18 Fahrrädern werden dabei Mängel festgestellt.

**a)** Wie groß ist etwa die Wahrscheinlichkeit, dass ein beliebig herausgegriffenes Fahrrad eines Schülers Mängel aufweist?

**b)** Schätze ab, wie viele der 120 Fahrräder Mängel aufweisen?

**32.** In einem Geschäft werden verpackte Energiesparlampen zu einem ermäßigten Preis angeboten. Wie viele muss Holger mindestens kaufen, damit er mit hoher Wahrscheinlichkeit 5 vollwertige Lampen zu Hause auspacken kann?

**33.** Bei einem Preisausschreiben werden von 1215 richtigen Einsendungen zunächst 3 Hauptpreise, danach 5 Einkaufsgutscheine und letztlich 10 Trostpreise gezogen. Wie groß ist die Wahrscheinlichkeit, mit einer richtigen Einsendung einen Hauptpreis zu gewinnen?

**34.** In einem Losbeutel befinden sich noch 9 Nieten und 6 Gewinne. Jemand kauft drei Lose.

**a)** Zeichne für diesen dreistufigen Zufallsversuch ein Baumdiagramm und schreibe an die einzelnen Zweige die zugehörigen Wahrscheinlichkeiten.

**b)** Wie hoch ist die Wahrscheinlichkeit, dass genau drei Gewinne gezogen werden?

**c)** Wie wahrscheinlich ist es, dass genau ein Gewinn dabei ist?

**d)** Wie groß ist die Chance, dass mindestens ein Gewinn dabei ist?

**35.** Frau Plathe erzählt, dass sie drei unterschiedlich alte Enkelkinder hat. Wir nehmen an, dass die Geburt eines Mädchens bzw. Jungen gleich wahrscheinlich ist.
Wie groß ist die Wahrscheinlichkeit, dass

**a)** genau eines ihrer Enkelkinder ein Mädchen ist;

**b)** alle Kinder Jungen sind;

**c)** mindestens ein Kind ein Junge ist;

**d)** die Geburtenreihenfolge Mädchen/Junge/Mädchen war?

**e)** Informiere dich über die tatsächliche Wahrscheinlichkeit für die Geburt eines Mädchens bzw. eines Jungen. Wie lässt sich der Unterschied begründen?

**36.** Bei einer Stichprobe in einer Porzellanmanufaktur wurde bei der Qualitätskontrolle von 240 Vasen 36-mal eine Rückstufung von der 1. Wahl in die 2. Wahl vorgenommen, was eine 50%-ige Preisminderung bedeutet. Der Abgabepreis für eine Vase der 1. Wahl beträgt 2,80 €.

**a)** Wie viel Euro Verlust erleidet die Manufaktur täglich, wenn sie eine Tagesproduktion von etwa 6400 Vasen hat?

**b)** Die Arbeiter nehmen sich vor, die Qualitätsminderung von der 1. zur 2. Wahl um 20 % zu verringern. Auf wie viel Euro erhöht sich dadurch der Wert einer Tagesproduktion Vasen?

## Bist du fit? – Lösungen

**Seite 7**

**1. a)** (1) $6 \cdot (+20\ €) = 6 \cdot 20\ € = 120\ €$

(2) $6 \cdot (+20\ €) + 3 \cdot (-20\ €) = 6 \cdot 20\ € - 3 \cdot 20\ € = 60\ €$

**b)** (1) Man addiert negative rationale Zahlen, indem man die Beträge addiert und das gemeinsame Vorzeichen, also ein Minuszeichen, setzt.
$5 \cdot (-3{,}50\ €) = -17{,}50\ €$

(2) Man subtrahiert negative rationale Zahlen, indem man den kleineren Betrag von dem größeren Betrag subtrahiert und das Vorzeichen der Zahl mit dem größeren Betrag setzt.
$5 \cdot (-3{,}50\ €) + 2 \cdot (+3{,}50\ €) = -5 \cdot 3{,}50\ € + 2 \cdot 3{,}50\ € = -10{,}20\ €$

**c)** $6 \cdot 20\ € - 3 \cdot 20\ € - 5 \cdot 3{,}50\ € + 2 \cdot 3{,}50\ € = 49{,}50\ €$
Man multipliziert zwei rationale Zahlen, indem man ihre Beträge miteinander multipliziert und das Vorzeichen nach folgender Regel setzt: Bei gleichen Vorzeichen der Faktoren ist das Produkt positiv, bei verschiedenen Vorzeichen ist das Produkt negativ.

**Seite 8**

**2. a)** $-25{,}5;\ -\frac{99}{4};\ -15;\ -\frac{25}{2};\ 5{,}5;\ 12{,}1;\ 25$

**b)** $25{,}5;\ 25;\ \frac{99}{4};\ 15;\ \frac{25}{2};\ 12{,}1;\ 5{,}5$

**3. a)**

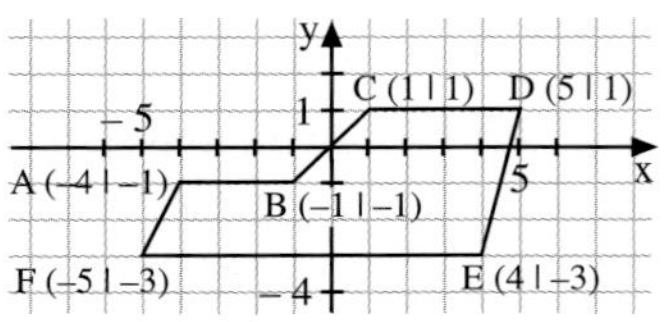


**b)** A′ = (–7; –4)
B′ = (–4; –4)
C′ = (–2; –2)
D′ = (2; –2)
E′ = (1; –6)
F′ = (–8; –6)

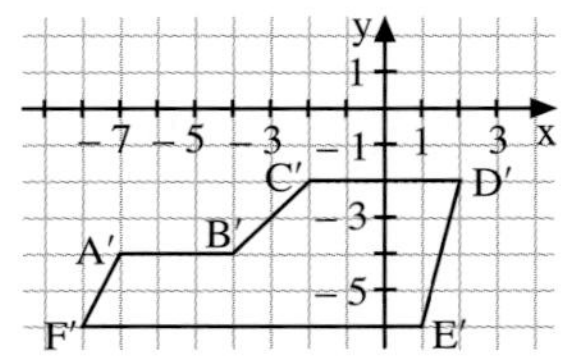


Das neue Vieleck ist kongruent zum alten, allerdings um jeweils 3 Einheiten nach links und nach unten verschoben.

**4.**

| a) | b) | c) | d) |
|---|---|---|---|
| +4 | +23 | –15 | –5 |
| +40 | +8 | +64 | +3 |
| –7 | –3 | –75 | –2 |
| –11 | –30 | –180 | +13 |
| +16 | –8 | –77 | –12 |
| –26 | +6 | +132 | nicht definiert |
| 0 | 0 | 0 | 0 |
| –54 | +50 | –64 | nicht definiert |

**5.**

| a) | b) | c) | d) |
|---|---|---|---|
| –46 | –60 | –8 | $\frac{2}{15}$ |
| 2,2 | –60 | –70 | –0,9 |
| 1,3 | 25 | 25 | $-\frac{1}{2}$ |

**6.** *Beispiele:* $2 + (-8) + (-12) = -18$; $8 : (-8) + (-12) = -13$; $-2 + 2 - 12 = -12$

**7. a)** 20,00 € – (7,36 € – 1,50 €) = 14,14 €

**b)** Z. B. 6,86 € oder 10,86 €

**c)** 12,64 € Rückgeld

**d)** 14,64 € (mit Schokolade); 16,14 € (ohne Schokolade)

**Seite 68**

**1.** **a)** $2 \cdot a \cdot b + 2 \cdot b \cdot c$;   $(2 \cdot a + c) \cdot b + b \cdot c$
**b)** $84\ cm^2$ [$67{,}2\ cm^2$]
**c)** 8 cm
**d)** $a + c + a + b + a + b + c + b + a + b = 4a + 4b + 2c$;   52 cm [38 cm]

**2.** **a)** $10x^2 + 4y$
**b)** 0
**c)** $4{,}5x + 2{,}8ax$
**d)** $\frac{1}{3}w^2 - \frac{5}{8}vw$

**3.** **a)** $21ab + 3ac$   **d)** $-2r^2 + rs$   **g)** $27a + 9ab + 2b + 6$   **j)** $4x^2 + 12x + 9$
**b)** $72xy - 96xz$   **e)** $-x + 3$   **h)** $14p + 7pq - 2q - q^2$   **k)** $16a^2 - 16ab + 4b^2$
**c)** $2x^3 + 2x$   **f)** $6a^2 - 5a$   **i)** $3u^2 - 14uv + 8v^2$   **l)** $p^2 - 4q^2$

**4.** **a)** $-129b$   **c)** $8u - uv - 1$   **e)** $13ab - 16b^2$
**b)** $4r - 24rs - 4s$   **d)** 0   **f)** $35x - 60y + 40xy - 3$

**5.** **a)** $\mathbb{L} = \{x \in \mathbb{Q}\}$   **c)** $\mathbb{L} = \left\{\frac{2}{3}\right\}$   **e)** $\mathbb{L} = \{0\}$
**b)** $\mathbb{L} = \{8\}$   **d)** $\mathbb{L} = \{-1\}$   **f)** $\mathbb{L} = \left\{-\frac{1}{2}\right\}$

**6.** **a)** $\mathbb{L} = \{x \in \mathbb{Q} \mid -4 < x < 4\}$

**c)** $\mathbb{L} = \{x \in \mathbb{Q} \mid x > 5$ *oder* $x < 0\}$

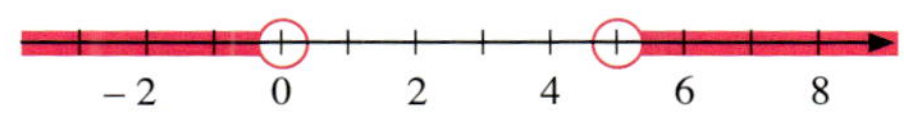

**b)** $\mathbb{L} = \{z \in \mathbb{Q} \mid z < -5$ *oder* $z > 5\}$

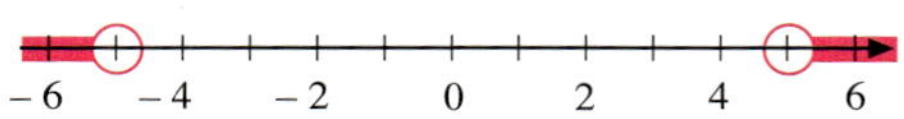

**d)** $\mathbb{L} = \left\{y \in \mathbb{Q} \mid y > 0\right.$ *und* $\left. y < \frac{1}{2}\right\}$

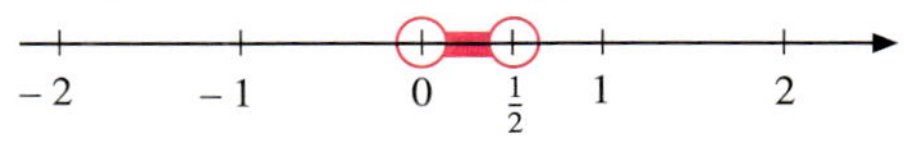

**7.** **a)** $b(12a + 7c)$   **b)** $-5x(8y + 5z)$   **c)** $9(5 - 3ab + 4x^2)$   **d)** $0{,}9u(1 - u + u^2)$
$x(3y - 5x)$   $3b(3a^2 + 7bc)$   $11r^2(4r^2 + 3r + 2)$   $\frac{1}{2}r(1 + r - 3s)$

**8.** **a)** $(4x + 5y)(4x - 5y)$
**b)** $(8x - 12y)^2$
**c)** $(4 - 5x)^2$
**d)** $(2x + y)^2$

**9.** Marcs Alter sei x.
$7x + 6 = 3(x + 6)$
$x = 3$
Marc ist 3 Jahre alt, die Tante 21 Jahre.

**10.** Länge der Quadratseite sei x.
$(x - 1)^2 = x^2 - 57$
$x = 29$
Neue Grundstücksgröße: $28\ m \cdot 28\ m = 784\ m^2$

**11.** u ist der Umfang des Dreiecks. $g = u - 2b$;   $b = \frac{u - g}{2}$

**Seite 69**

**1.** **a)** 36 kg; 54 kg; 27 kg; 117 kg
**b)** 1000 kg; 500 kg; 5000 kg; 250 kg

**2.** 72 mm; 108 mm; 144 mm; 18 mm; 24 mm

**Seite 70**

**3.**

| Volumen (in *l*) | 10 | 50 | 40 | 26 | 36 |
|---|---|---|---|---|---|
| Preis (in €) | 13,99 | 69,95 | 55,96 | 36,37 | 50,36 |

**4.** 50 g Speck; $3\frac{1}{3}$ Kartoffeln

**5.** **a)** 20 Stunden **b)** 5 Pumpen

**6.** **a)** 400 Schraubkrallen **b)** 41,25 $m^2$

**7.** 14 Minuten

**8.** **a)** 9 m über dem Eingang **b)** 15,3 m über dem Eingang

**9.** **a)** 30000 alte Flaschen bzw. 2500 alte Kästen.
**b)** 16800 neue Flaschen bzw. 2100 neue Kästen.
**c)** 1000 alte Kästen enthielten 8400 l Wasser.
1000 neue Kästen enthalten 10000 l Wasser.

**10.** **a)** 320 km **b)** 2 h 53 min 20 s

**11.** Norman ist vermutlich in der Lage, bei einem Halbmarathon eine höhere Durchschnittsgeschwindigkeit zu laufen als bei der 42-km-Strecke. Es liegt daher keine proportionale Zuordnung vor. Für die 21 km wird Norman vermutlich deutlich weniger als 1 h 10 min brauchen.

**Seite 106**

**1.** **a)** Von 0 Uhr bis 4 Uhr steigt der Wasserstand von –10 cm bis auf +22 cm. Ab 4 Uhr sinkt der Wasserstand bis auf –22 cm um ca. 10.15 Uhr. Dann steigt er wieder bis auf etwa 27,5 cm um 16.30 Uhr. Bis 22.30 Uhr fällt er dann wieder auf –23 cm, um schließlich wieder anzusteigen.
Um 1, 7, 13, 20 Uhr ist der Wasserstand normal, der Graph hat an diesen Stellen Nullstellen.
Hochpunkte hat der Graph an den Stellen 4 Uhr und 16.30 Uhr, Tiefpunkte bei 10.15 Uhr und 22.30 Uhr.
**b)** +20 cm; +20 cm; –10 cm; –24 cm; +20 cm; +28 cm; 0 cm; –14 cm
**c)** +20 cm um 3.00 Uhr, 5.00 Uhr, 14.00 Uhr, 18.30 Uhr
[0 cm um 1.00 Uhr, 7.00 Uhr, 13.00 Uhr, 20.00 Uhr;
–20 cm um 9.00 Uhr, 11.30 Uhr, 21.30 Uhr, 23.30 Uhr]
**d)** Jedem Zeitpunkt ist eindeutig ein Wasserstand zugeordnet; *Zeit* ⟶ *Wasserstand* ist eine Funktion.
Zu einem bestimmten Wasserstand gibt es mehrere Zeitpunkte; *Wasserstand* ⟶ *Zeit* ist keine Funktion.

**2.** Schnittpunkte mit den Achsen:
**a)** $P(0|0)$ **c)** $P(0|0)$ **e)** $P(0|1)$; $Q(1|0)$ **g)** $P(0|-2)$; $Q\left(\frac{10}{7}\middle|0\right)$ **i)** $P(0|2)$; $Q(4|0)$
**b)** $P(0|0)$ **d)** $P(0|0)$ **f)** $P(0|2{,}5)$; $Q(-2{,}5|0)$ **h)** $P(0|3)$; $Q(1|0)$ **j)** $P(0|2)$

**3.** *Beispiele:* **a)** $y = x + 1{,}5$ **b)** $y = \frac{1}{2}x + 1{,}5$ **c)** $y = \frac{3}{4}x + 1$ **d)** $y = -x + 1{,}5$

**4.** **a)** $P_1, P_3, P_4$ **b)** $P_2, P_3$

**5.** **a)** $y = 3x - 2$; Nullstelle $P\left(\frac{2}{3}\middle|0\right)$
**b)** $y = 3x - 1$; Nullstelle $P\left(\frac{1}{3}\middle|0\right)$
**c)** $y = \frac{1}{3}x + 2$; Nullstelle $P(-6|0)$

**6.** (1) $y = \frac{3}{2}x = 1{,}5x$ (4) $y = -\frac{3}{4}x = -0{,}75x$ (7) $y = 3$
(2) $y = 1{,}5x + 2$ (5) $y = -0{,}75x - 3$ (8) $y = 0$
(3) $y = 1{,}5x - 3$ (6) $y = -0{,}75x + 3$ (9) $y = -2$

**7.** **a)** $250\text{ m} + 20 \cdot 5\text{ m} = 350\text{ m}$ **b)** $y = -5x + 350$; Das Absinken dauert 70 s = 1 min 10 s.

**Seite 107**

**1.** **a)** (1) $P(3) = \frac{1}{8}$ (2) $P(\text{keine } 3) = \frac{7}{8}$ (3) $P(\text{mindestens } 3) = \frac{3}{4}$ (4) $P(\text{Zahl durch 3 teilbar}) = \frac{1}{4}$

**b)** $P(\text{beim nächsten Wurf eine } 3) = \frac{1}{8}$

**c)** Eine sehr hohe Anzahl an Würfen würfeln.

**Seite 108**

**2.** (1) P(Erscheinen einer Primzahl beim Werfen eines Oktaeders) $= \frac{4}{8} = 0{,}5$

(2) P (Erscheinen einer geraden Zahl beim Werfen eines gewöhnlichen Würfels) $= \frac{3}{6} = 0{,}5$

Die Wahrscheinlichkeit für einen Gewinn ist bei beiden Zufallsversuchen gleich groß.

**3.** **a)** P(Kreuz-Bube) $= \frac{1}{32}$

**b)** P(Bube) $= \frac{4}{32} = \frac{1}{8}$

**c)** P(Kreuz-Karte) $= \frac{8}{32} = \frac{1}{4}$

**d)** P(rote Karte) $= \frac{16}{32} = \frac{1}{2}$

**e)** P(Karte ohne Punkte) $= \frac{12}{32} = \frac{3}{8}$

**4.** **a)** P(gerade Augenzahl) = 0,4

**b)** P(ungerade Augenzahl) = 0,6

**c)** P(Augenzahl höchstens 3) = 0,6

**d)** P(Augenzahl mindestens 2) = 0,52

**e)** P(Augenzahl durch 7 teilbar) = 0

**f)** P(Augenzahl kleiner als 7) = 1

**5.** Jede richtige Ziffer hat die Wahrscheinlichkeit p = 0,1

| Gewinn | Wahrscheinlichkeit |
|---|---|
| 2,50 € | P(2 richtige Endziffern) = 0,01 |
| 66,00 € | P(3 richtige Endziffern) = 0,001 |
| 666,00 € | P(4 richtige Endziffern) = 0,0001 |
| 6666,00 € | P(5 richtige Endziffern) = 0,00001 |
| 100000,00 € | P(6 richtige Endziffern) = 0,000001 |

**Seite 138**

**1.** **a)** $P(E_1) = \left(\frac{5}{12}\right)^3 + \left(\frac{4}{12}\right)^3 + \left(\frac{2}{12}\right)^3 + \left(\frac{1}{12}\right)^3 = \frac{198}{1728} \approx 0{,}1146$

Zur Berechnung von $P(E_2)$: Wenn nach dreifacher Versuchsdurchführung einmal Rot, einmal Blau und einmal Grün aufgetreten ist, dann kann dieses in 6 verschiedenen Reihenfolgen abgelaufen sein.

$P(E_2) = 6 \cdot \left(\frac{5}{12} \cdot \frac{4}{12} \cdot \frac{2}{12} + \frac{5}{12} \cdot \frac{4}{12} \cdot \frac{1}{12} + \frac{5}{12} \cdot \frac{2}{12} \cdot \frac{1}{12} + \frac{4}{12} \cdot \frac{2}{12} \cdot \frac{1}{12}\right) = 6 \cdot \frac{78}{1728} = \frac{468}{1728} \approx 0{,}2708$

$P(E_3) = 1 - P(\text{keinmal Rot}) = 1 - \left(\frac{7}{12}\right)^3 = \frac{1385}{1728} \approx 0{,}8015$

**b)** $P(E_1) = \frac{5}{12} \cdot \frac{4}{11} \cdot \frac{3}{10} + \frac{4}{12} \cdot \frac{3}{11} \cdot \frac{2}{10} + \frac{2}{12} \cdot \frac{1}{11} \cdot \frac{0}{10} + \frac{1}{12} \cdot \frac{0}{11} \cdot \frac{0}{10} = \frac{84}{1320} \approx 0{,}0636$

$P(E_2) = 6 \cdot \left(\frac{5}{12} \cdot \frac{4}{11} \cdot \frac{2}{10} + \frac{5}{12} \cdot \frac{4}{11} \cdot \frac{1}{10} + \frac{5}{12} \cdot \frac{2}{11} \cdot \frac{1}{10} + \frac{4}{12} \cdot \frac{2}{11} \cdot \frac{1}{10}\right) = 6 \cdot \frac{78}{1320} = \frac{468}{1320} \approx 0{,}3545$

$P(E_3) = 1 - \frac{7}{12} \cdot \frac{6}{11} \cdot \frac{5}{10} = \frac{1110}{1320} \approx 0{,}8409$

**2.** Mittlere Auszahlung bei drei Schüssen auf die obere Öffnung: $3 \cdot 0{,}1 \cdot 3\,€ = 0{,}90\,€$
Mittlere Auszahlung bei drei Schüssen auf die untere Öffnung: $3 \cdot 0{,}3 \cdot 1\,€ = 0{,}90\,€$
Im Mittel beträgt der Gewinn 1,80 € bei 2,00 € Einsatz.

**Seite 138**

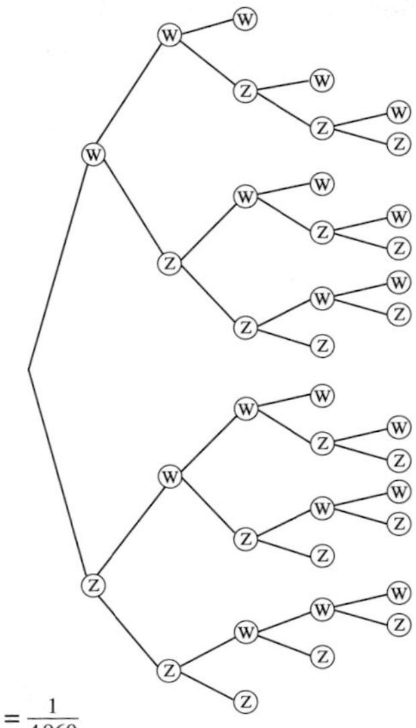

**3.** Siehe Bild rechts.
*Nach 3 Runden:* $\frac{1}{8} + \frac{1}{8} = \frac{2}{8} = \frac{1}{4}$; *Nach 4 Runden:* $6 \cdot \frac{1}{16} = \frac{3}{8}$;
*Nach 5 Runden:* $12 \cdot \frac{1}{32} = \frac{3}{8}$

**4. a)** (1) Es gibt $100 \cdot 100 = 10\,000$ Möglichkeiten, die Summe aus 2 Nummern zu bilden. Jeweils die Hälfte ist gerade bzw. ungerade.
$P(\text{Summe ist gerade}) = \frac{5\,000}{10\,000} = \frac{1}{2}$

(2) Da eine Kugel nun nicht mehr zweifach gezogen werden kann, entfallen alle 100 Paare aus (1) mit gleichen Summanden.
$P(\text{Summe ist gerade}) = \frac{5\,000 - 100}{10\,000 - 100} = \frac{4\,900}{9\,900} = \frac{49}{99}$

**b)** (1) Von den 10 000 möglichen Paaren gilt für $29 \cdot 29 = 841$ Paare, dass beide Summanden kleiner als 30 sind.
$P(\text{Jede der beiden Nummern ist kleiner als 30}) = \frac{841}{10\,000}$

(2) Es entfallen 29 Paare der möglichen Paare aus (1) und 100 Paare aller möglichen Paare.
$P(\text{Jede der beiden Nummern ist kleiner als 30}) = \frac{841 - 29}{10\,000 - 100} = \frac{812}{9\,900}$

**5.** (1) $\frac{1}{32} \cdot \frac{1}{31} \cdot \frac{1}{30} = \frac{1}{29\,760}$ (2) Es gibt 6 mögliche Reihenfolgen: $6 \cdot \frac{1}{32} \cdot \frac{1}{31} \cdot \frac{1}{30} = \frac{1}{4\,960}$

(3) $\frac{4}{32} \cdot \frac{3}{31} \cdot \frac{2}{30} = \frac{1}{1\,240}$ (4) König kann als 1., 2. oder 3. Karte gezogen werden (Faktor 3): $3 \cdot \frac{4}{32} \cdot \frac{3}{31} \cdot \frac{4}{30} = \frac{3}{620}$

**6. a)** Dies ist „Ziehen mit Beachtung der Reihenfolge" also nicht „auf einen Griff".
Beim 1. Mal Ziehen hat man 37 Möglichkeiten.
Beim 2. Mal Ziehen hat man 36 Möglichkeiten.
Beim 3. Mal Ziehen hat man 35 Möglichkeiten.
Beim 4. Mal Ziehen hat man 34 Möglichkeiten.
Beim 5. Mal Ziehen hat man 33 Möglichkeiten.
Das sind insgesamt
$37 \cdot 36 \cdot 35 \cdot 34 \cdot 33 = 52\,307\,640$
Möglichkeiten.

**b)** Für die erste Zahl gibt es 5 Möglichkeiten.
Für die Zweite nur noch 4 usw.
Das sind insgesamt
$5 \cdot 4 \cdot 3 \cdot 2 \cdot 1 = 120$
Möglichkeiten.

**c)** Man wirft 5 Kugeln gleichzeitig in ein Roulettespiel mit 37 Feldern.
A ist das Ereignis: „Alle Zahlen sind verschieden".
Beim 1. Mal ist die Wahrscheinlichkeit, dass eine andere Zahl als die vorherige kommt 1.
Beim 2. Mal ist die Wahrscheinlichkeit $\frac{36}{37}$.
Beim 3. Mal ist die Wahrscheinlichkeit $\frac{35}{37}$.
Beim 4. Mal ist die Wahrscheinlichkeit $\frac{34}{37}$.
Beim 5. Mal ist die Wahrscheinlichkeit $\frac{33}{37}$.
Also ist $P(A) = 1 \cdot \frac{36}{37} \cdot \frac{35}{37} \cdot \frac{34}{37} \cdot \frac{33}{37} = \frac{1\,413\,720}{1\,874\,161} = 0{,}754$

**7. a)** (1) $\frac{10^6}{10^7} = \frac{1}{10}$ (2) $\frac{5 \cdot 10^6}{10^7} = \frac{5}{10} = \frac{1}{2}$

**b)** Alle haben dieselbe Wahrscheinlichkeit, nämlich $\frac{1}{10\,000\,000} = 0{,}0000001$.

**Seite 189**

**1.** **a)** 1,6 cm, also ungefähr 280 km
**b)** 3,3 cm, also ungefähr 577,5 km ≈ 580 km
**c)** 2,9 cm, also ungefähr 507,5 km ≈ 510 km
**d)** 1,2 cm, also ungefähr 210 km
**e)** 2,9 cm, also ungefähr 507,5 km ≈ 510 km
**f)** 3,1 cm, also ungefähr 542,5 km ≈ 540 km
**g)** 2,4 cm, also ungefähr 420 km
**h)** 1,8 cm, also ungefähr 315 km

**2.**

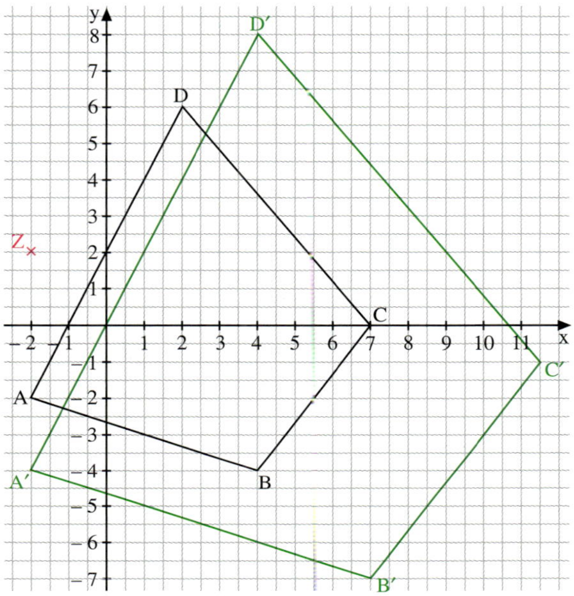


**3.** **a)** $Z(2|-2)$; $k = 3$ **b)** $Z(-1|-2)$; $k = \frac{1}{2}$

**4.** **a)**

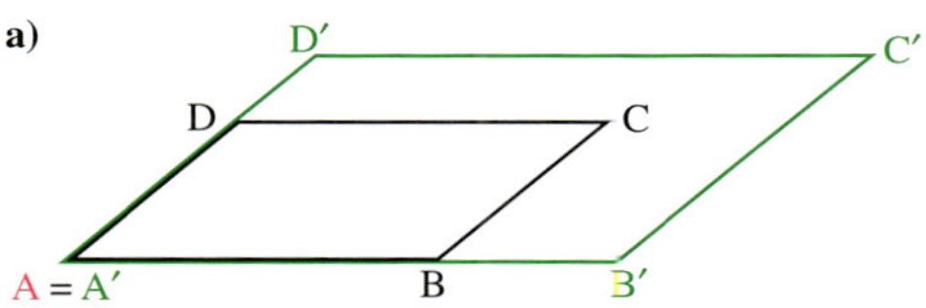


[a)]

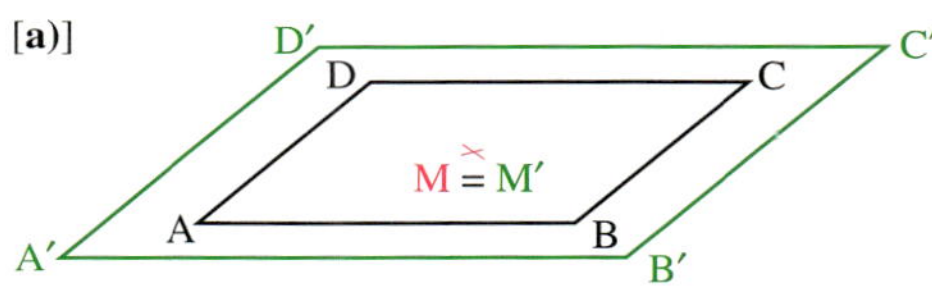


**b)**

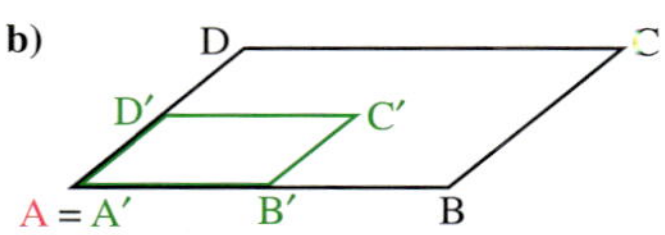


[b)]

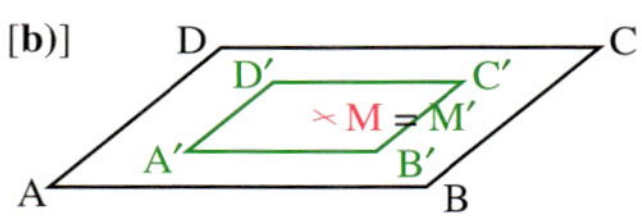


**c)**

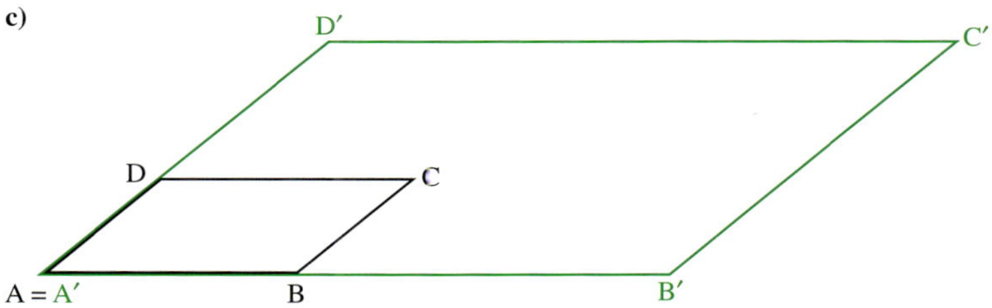


[c)]

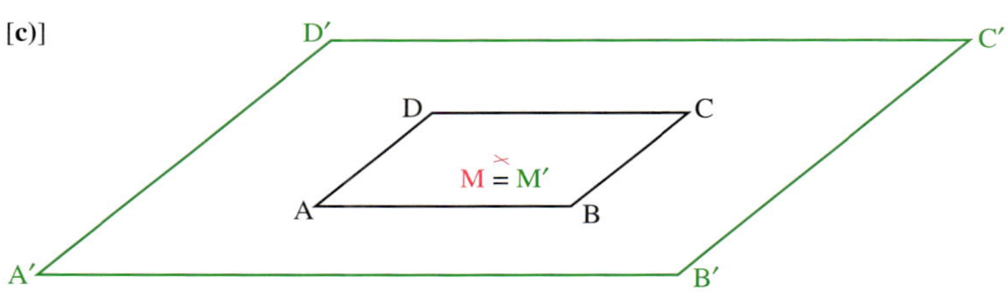

**Seite 189**

**5. a)** A und B sind ähnlich zueinander, weil die entsprechenden Seitenlängen im gleichen Verhältnis zueinander stehen. $k = \frac{3}{2}$

**b)** C und D sind nicht ähnlich zueinander.

**c)** E und F sind ähnlich zueinander, weil die entsprechenden Seitenlängen im gleichen Verhältnis zueinander stehen. $k = 2$

**6. a)** ja, Streckungsfaktor $\frac{2}{3}$ **b)** nein **c)** nein **d)** ja, Streckungsfaktor $\frac{11}{6}$

**7.** $x = \overline{DE} = \frac{\overline{CD}}{\overline{BC}} \cdot \overline{AB} = 75{,}25\ \text{m}$

**Seite 190**

**8. a)** Ähnlichkeitsfaktor 1,2

| | |
|---|---|
| $a = 5$ cm | $a' = 6$ cm |
| $b \approx 2{,}12$ cm | $b' \approx 2{,}55$ cm |
| $c \approx 4{,}72$ cm | $c' \approx 5{,}66$ cm |
| $\alpha = 85°$ | $\alpha' = 85°$ |
| $\beta = 25°$ | $\beta' = 25°$ |
| $\gamma = 70°$ | $\gamma' = 70°$ |

**b)** Ähnlichkeitsfaktor $\frac{3}{5} = 0{,}6$

| | |
|---|---|
| $a = 10$ cm | $a' = 6$ cm |
| $b = 8$ cm | $b' = 4{,}8$ cm |
| $c = 5$ cm | $c' = 3$ cm |
| $\alpha \approx 97{,}9°$ | $\alpha' \approx 97{,}9°$ |
| $\beta \approx 52{,}4°$ | $\beta' \approx 52{,}4°$ |
| $\gamma \approx 29{,}7°$ | $\gamma' \approx 29{,}7°$ |

**c)** Ähnlichkeitsfaktor 1,5

| | |
|---|---|
| $a = 4$ cm | $a' = 6$ cm |
| $b \approx 6{,}29$ cm | $b \approx 9{,}44$ cm |
| $c = 6$ cm | $c = 9{,}0$ cm |
| $\alpha \approx 37{,}9°$ | $\alpha' \approx 37{,}9°$ |
| $\beta \approx 75{,}0°$ | $\beta' \approx 75{,}0°$ |
| $\alpha \approx 67{,}1°$ | $\alpha' \approx 67{,}1°$ |

**d)** Ähnlichkeitsfaktor $\frac{4}{5} = 0{,}8$

| | |
|---|---|
| $a = 7{,}5$ cm | $a' = 6{,}0$ cm |
| $b = 4{,}5$ cm | $b' = 3{,}6$ cm |
| $c \approx 10{,}44$ cm | $c' \approx 8{,}35$ cm |
| $\alpha \approx 39°$ | $\alpha' \approx 39°$ |
| $\beta \approx 22{,}2°$ | $\beta' \approx 22{,}2°$ |
| $\gamma \approx 118{,}8°$ | $\gamma' \approx 118{,}8°$ |

**9.** $k' = \frac{c}{c'} = \frac{4\ \text{cm}}{6\ \text{cm}} = \frac{2}{3}$; $A = (k')^2 \cdot A' = \frac{4}{9} \cdot 36\ \text{cm}^2 = 16\ \text{cm}^2$

**10.** Die Größe der Winkel bleibt erhalten.
Nur das Dreieck in (2) ist ähnlich zum Dreieck ABC.
Für diese Dreiecke gilt: $\frac{a^*}{c} = \frac{b^*}{b} = \frac{c^*}{a}$

*Bild zu Aufgabe 10:*

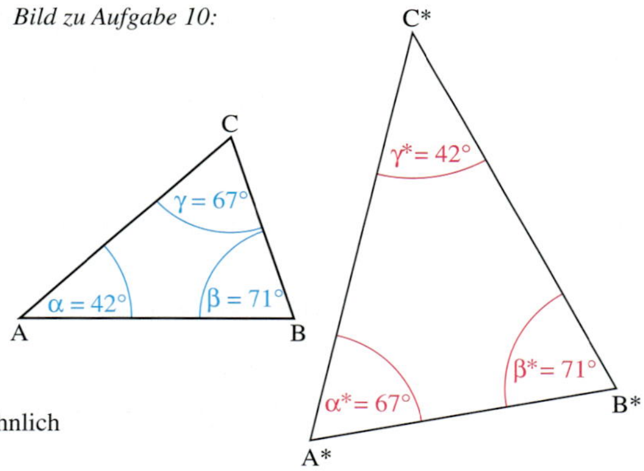


**11.** $h = \frac{12{,}75\ \text{m}}{1{,}56\ \text{m}} \cdot 1{,}30\ \text{m} = 10{,}625\ \text{m} \approx 11\ \text{m}$

**12.** $b = 4{,}5$ cm; $c = \frac{4}{3} \cdot b = 6{,}0$ cm; $a \approx 5{,}9$ cm;
$\alpha \approx 67°$; $\beta \approx 44°$; $\gamma = 69°$

**13. a)** $a_2 = 9{,}6$ cm; $c_2 = 3{,}2$ cm

**b)** $b_2 = 5{,}75$ dm; $c_1 = 2{,}16$ dm

**c)** $a_1 = 12{,}32$ km; $b_1 = 5{,}46$ km

**14. a)** ähnlich, $k = \frac{1}{3}$ **b)** ähnlich, $k = \frac{4}{9}$ **c)** nicht ähnlich

**15.** $a \cdot b \cdot c \cdot k^3 \approx 1\,633{,}6\ \text{cm}^3$

**Seite 216**

**1. a)** $c = \sqrt{a^2 - b^2} = 100$ cm **b)** $b = \sqrt{c^2 + a^2} = 75$ cm **c)** $b = \sqrt{c^2 - a^2} = 39$ cm **d)** $r = \sqrt{s^2 - t^2} = 28$ cm

**2. a)** $h = \sqrt{s^2 - \left(\frac{g}{2}\right)^2} = 77$ cm; $A = \frac{g \cdot h}{2} = 2\,772\ \text{cm}^2$

**b)** $h = \frac{a}{2}\sqrt{3} = 13\ \text{cm} \cdot \sqrt{3} \approx 22{,}5$ cm; $A = \frac{a^2}{4} \cdot \sqrt{3} = 169 \cdot \sqrt{3}\ \text{cm}^2 \approx 292{,}72\ \text{cm}^2$

**3. a)** $d = \sqrt{(2\ \text{cm})^2 + (2\ \text{cm})^2} = 2 \cdot \sqrt{2}\ \text{cm} \approx 2{,}8$ cm
$e = \sqrt{d^2 + (2\ \text{cm})^2} = 2\sqrt{3}\ \text{cm} \approx 3{,}5$ cm

**b)** $d = \sqrt{(3\ \text{cm})^2 + (3\ \text{cm})^2} = 3\sqrt{2}\ \text{cm} \approx 4{,}2$ cm
$e = \sqrt{d^2 + (2\ \text{cm})^2} = \sqrt{22}\ \text{cm} \approx 4{,}7$ cm

**c)** $d = \sqrt{(3\ \text{cm})^2 + (2\ \text{cm})^2} = \sqrt{13}\ \text{cm} \approx 3{,}6$ cm
$e = \sqrt{d^2 + (1\ \text{cm})^2} = \sqrt{14}\ \text{cm} \approx 3{,}7$ cm

**Seite 216**

**4.** $l = 4 \cdot \sqrt{(60\text{ m})^2 + (\frac{3}{4} \cdot 120\text{ m})^2} = 4 \cdot \sqrt{(60\text{ m})^2 + (90\text{ m})^2} = 4 \cdot 30 \cdot \sqrt{13}\text{ m} \approx 433\text{ m}$

**5.** **a)** $A_{\text{Querschnitt}} = 22{,}75\text{ m}^2$; $1\,365\text{ m}^3$ Erde

**b)** $s = \sqrt{(3{,}50\text{ m})^2 + (3{,}50\text{ m})^2} = 3{,}5 \cdot \sqrt{2}\text{ m} \approx 4{,}95\text{ m}$

Mehrwertsteuersatz 19 %

$K = 2 \cdot s \cdot 60\text{ m} \cdot 36\,\frac{€}{\text{m}^2} \cdot 1{,}19 = 25\,446{,}96\text{ €} \approx 25\,450\text{ €}$

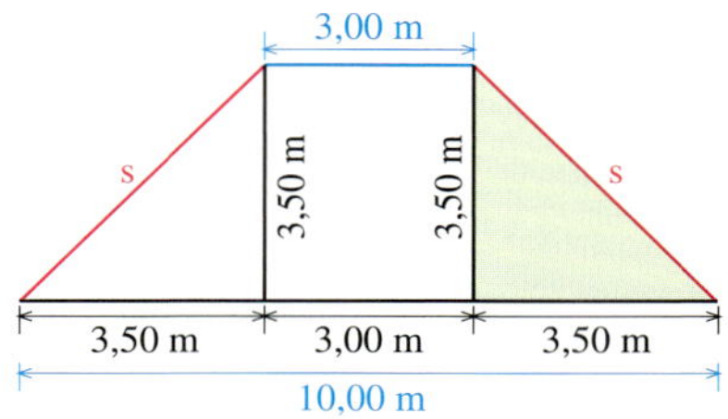


**6.** Es gibt teilweise mehrere Möglichkeiten, die fehlenden Größen mit dem Satz des Pythagoras, dem Kathetensatz oder dem Höhensatz zu berechnen.

**a)** $c = \frac{b^2}{q} = 9\text{ cm}$

$p = c - q = 5\text{ cm}$

$a = \sqrt{c^2 - b^2} = 3 \cdot \sqrt{5}\text{ cm} \approx 6{,}7\text{ cm}$

$h = \sqrt{b^2 - q^2} = 2 \cdot \sqrt{5}\text{ cm} \approx 4{,}5\text{ cm}$

$A = \frac{a \cdot b}{2} = \frac{c \cdot h}{2} = 9 \cdot \sqrt{5}\text{ cm}^2 \approx 20{,}12\text{ cm}^2$

**b)** $c = p + q = 7\text{ cm}$

$a = \sqrt{c \cdot p} = \sqrt{21}\text{ cm} \approx 4{,}6\text{ cm}$

$b = \sqrt{c \cdot q} = 2 \cdot \sqrt{7}\text{ cm} \approx 5{,}3\text{ cm}$

$h = \sqrt{p \cdot q} = 2 \cdot \sqrt{3}\text{ cm} \approx 3{,}5\text{ cm}$

$A = \frac{a \cdot b}{2} = \frac{c \cdot h}{2} = 7 \cdot \sqrt{3}\text{ cm}^2 \approx 12{,}12\text{ cm}^2$

**7.** **a)** $d \approx 12{,}02$ cm [$d \approx 60{,}81$ cm] **b)** $d = 13$ cm

**Seite 217**

**1.** (1) Länge 4 cm, Breite 3 cm, Höhe 2 cm
$O = 52\text{ cm}^2$; $V = 24\text{ cm}^3$

(2) Dreieckseiten: 4 cm, 3 cm, 5 cm; Höhe des Prismas: 2 cm
$O = 36\text{ cm}^2$; $V = 12\text{ cm}^3$

(3) Dreieckseiten: 3 cm, $\sqrt{5}$ cm, $\sqrt{8}$ cm; Höhe des Prismas: 4 cm
$O \approx 38{,}26\text{ cm}^2$; $V = 12\text{ cm}^3$

**2.** **a)** Ein Quadrat mit der Seitenlänge 1 cm besteht aus $10 \cdot 10 = 100$ Quadraten mit der Seitenlänge 1 mm.
Daraus folgt: $1\text{ cm}^2 = 100\text{ mm}^2$.

**b)** Ein Würfel mit der Kantenlänge 1 cm besteht aus $10 \cdot 10 \cdot 10 = 1\,000$ Würfeln mit der Kantenlänge 1 mm.
Daraus folgt: $1\text{ cm}^3 = 1\,000\text{ mm}^3$.

**Seite 218**

**3.** (1) $600\text{ m}^2$ kosten 66 000 € (3) $800\text{ m}^2$ kosten 88 000 €
(2) $930\text{ m}^2$ kosten 102 300 € (4) $500\text{ m}^2$ kosten 55 000 €

**4.** **a)** $A \approx 2{,}01\text{ m}^2 \approx 2\text{ m}^2$ **b)** $u \approx 5{,}03\text{ m} \approx 5\text{ m}$

**5.** **a)** $V = 300\text{ cm}^3$

**b)** Seitenlängen der Grundfläche: 8 cm, $\sqrt{41}$ cm bzw. $\sqrt{41}$ cm
$O \approx 352{,}1\text{ cm}^2$

**6.** Die Dicke der Kübelwände bleibt unberücksichtigt.
Die Grundfläche besteht aus 6 gleichseitigen Dreiecken mit der Grundseite 60 cm und der Höhe $30\sqrt{3}$ cm.
Grundfläche $A \approx 93{,}53\text{ dm}^2$; $V \approx 561{,}2\text{ dm}^3 = 0{,}5612\text{ m}^3$
Für 8 Kübel müssen ungefähr $4{,}5\text{ m}^3$ Erde gekauft werden.

**7.** **a)** Fläche eines Steines: $251\text{ cm}^2$
Anzahl der Steine ohne prozentualen Aufschlag: 1 195
Bestellt werden etwa 1 230 Steine.

**b)** Volumen eines Steines: $1\,757\text{ cm}^3$
Gewicht eines Steines: 4 392,5 g = 4,3925 kg
Gewicht der bestellten Steine: 5 403 kg ≈ 5,4 t
Es sind 2 Fahrten des Lastwagens erforderlich.

**Seite 256**

**1.** **a)** $V = \pi r^2 \cdot h$, also $h = \frac{V}{\pi r^2} = \frac{0{,}1\text{ dm}^3}{\pi \cdot (2{,}1\text{ cm})^2} \approx 7{,}2\text{ cm}$

$A_O = 2\pi r^2 + 2\pi r \cdot h = 2\pi r\,(r + h) \approx 2\pi \cdot 2{,}1\text{ cm} \cdot (2{,}1\text{ cm} + 7{,}2\text{ cm}) = 122{,}7\text{ cm}^2$

**b)** $V = \frac{1}{3}a^2 \cdot h$, also $a = \sqrt{\frac{3V}{h}} = \sqrt{\frac{2\,100\text{ cm}^3}{5\text{ cm}}} = \sqrt{420\text{ cm}^2} \approx 20{,}5\text{ cm}$

**Seite 256**

**1. c)** $V = \frac{1}{3}\pi r^2 \cdot h$, also $r = \sqrt{\frac{3\,V}{\pi h}} = \sqrt{\frac{3\,m^3}{\pi m}} \approx 0{,}977\ m \approx 97{,}7\ cm$

**d)** $A_O = 4\pi r^2$, also $r = \sqrt{\frac{O}{4\pi}} = \sqrt{\frac{9\,cm^2}{4\pi}} \approx 0{,}85\ cm$

$V = \frac{4}{3}\pi r^3 \approx 2{,}54\ cm^3$

**2.** (1) **a)** Zylinder mit dem Grundkreisradius r = 1,6 cm und der Höhe h = 6,0 cm

**b)** $V = \pi r^2 h \approx 48{,}25\ cm^3$
$A_O = 2\pi r\,(r + h) \approx 76{,}4\ cm^2$

*zu (1):*

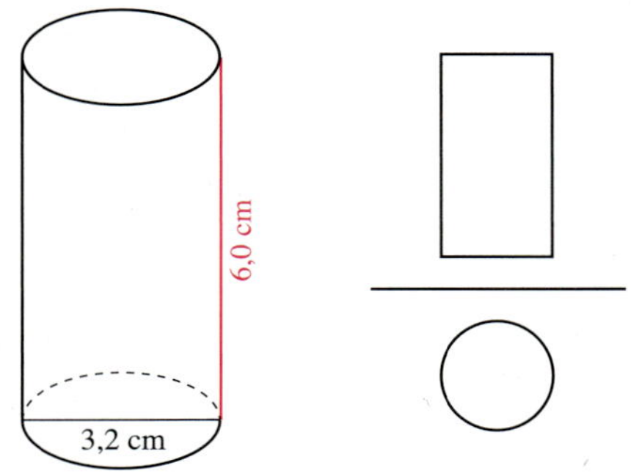


(2) **a)** Pyramide mit quadratischer Grundfläche und der Höhe
$h = \sqrt{(6{,}4\ cm)^2 - (2{,}1\ cm)^2} \approx 6{,}05\ cm$

**b)** $V = \frac{1}{3} a^2 h \approx 35{,}6\ cm^3$
$A_O = a^2 + 4 \cdot \frac{1}{2} \cdot a \cdot h_s = 71{,}4\ cm^2$

*zu (2):*

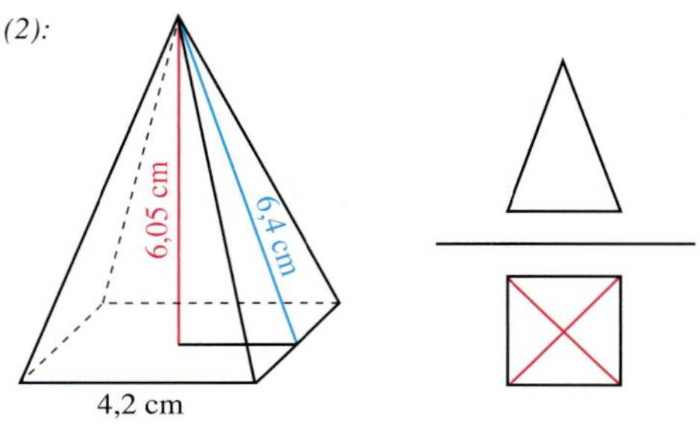


(3) **a)** Kegel mit dem Grundkreisradius
$r = \frac{1}{2} \cdot \pi \cdot 8{,}6\ cm : 2\pi = 2{,}15\ cm$,
der Mantellinie s = 8,6 cm : 2 = 4,3 cm
und der Höhe $h = \sqrt{s^2 - r^2} \approx 3{,}72\ cm$

**b)** $V = \frac{1}{3}\pi r^2 h \approx 18{,}0\ cm^3$
$A_O = \pi r^2 + \pi r s \approx 43{,}57\ cm^2$

*zu (3):*

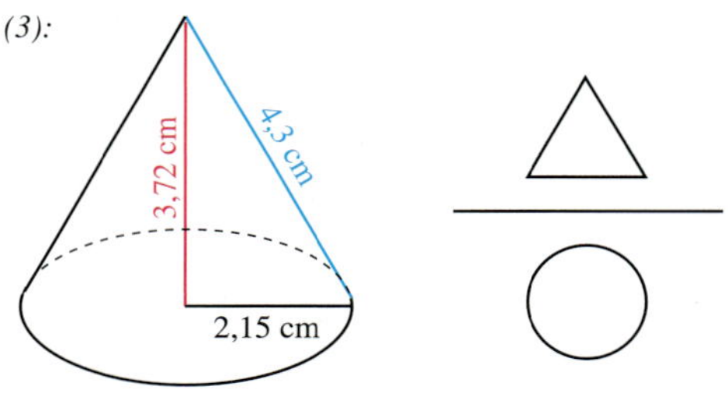


**3. a)** $\varrho_{Beton} = 2{,}3\,\frac{g}{cm^3}$
$V \approx 15\,217{,}4\ cm^3$; $r \approx 15{,}37\ cm$
$A_0 \approx 2\,968{,}64\ cm^2$

**b)** Winkel an der Spitze: 67,4°
$V \approx 9{,}16\ m^3$
$A_0 \approx 28{,}53\ m^2$; Masse $= 9{,}16\ m^3$.

**c)** Grundseite: $a \approx 70\ cm$
$V \approx 122\,500\ cm^3$; $A_M \approx 122\,500\ cm^3 \cdot 2{,}2\,\frac{g}{cm^3} = 269\,500\ g = 269{,}5\ kg$

**d)** $\varrho_{Kupfer} = 8{,}96\,\frac{g}{cm^3}$
$V \approx 189{,}73\ cm^3$; $h = 3\,313{,}78\ cm$
Die Länge des Drahts beträgt 33,1378 m.

**4. a)** Es gilt: $r = \frac{u}{2\pi}$.
Volumen des Sandhaufens: $V = \frac{1}{3}\pi \cdot \left(\frac{u}{2\pi}\right)^2 \cdot h = \frac{1}{12\pi} \cdot u^2 \cdot h \approx 34{,}473\ m^3$
Masse des Sandhaufens: $m = 34{,}473 \cdot 1{,}6\ t \approx 55{,}157\ t$
Anzahl der Fahrten: $55{,}157 : 3{,}5 \approx 15{,}8$
Es sind 16 Fahrten nötig.

**b)** $M = \pi \cdot \frac{u}{2\pi} \cdot s = \frac{u}{2} \cdot \sqrt{\left(\frac{u}{2\pi}\right)^2 + h^2} \approx 50{,}23\ m^2$

**5.** $O = 2\pi r\,(r + h) \approx 125{,}7\ cm^2$ Blechbedarf $\quad V = \pi r^2 \cdot h \approx 100{,}5\ cm^3$

# Verzeichnis mathematischer Symbole

## Mengen

| | |
|---|---|
| $\mathbb{N}$ [$\mathbb{N}^*$] | Menge der natürlichen Zahlen [ohne null] |
| $\mathbb{Z}$ | Menge der ganzen Zahlen |
| $\mathbb{Z}_+$ [$\mathbb{Z}_+^*$] | Menge der positiven ganzen Zahlen [ohne null] |
| $\mathbb{Z}_-$ [$\mathbb{Z}_-^*$] | Menge der negativen ganzen Zahlen [ohne null] |
| $\mathbb{Q}$ | Menge der rationalen Zahlen |
| $\mathbb{Q}_+$ [$\mathbb{Q}_+^*$] | Menge der gebrochenen Zahlen [ohne null]<br>Menge der positiven rationalen Zahlen [ohne null] |
| $\mathbb{Q}_-$ [$\mathbb{Q}_-^*$] | Menge der negativen rationalen Zahlen [ohne null] |
| $\{1, 2, 3\}$ | Menge mit den Elementen 1, 2, 3 |
| $\{\ \}$ | leere Menge |
| $a \in M$ | a ist Element der Menge M, a gehört zu M |

## Zahlen

| | |
|---|---|
| $a = b$ | a gleich b |
| $a \neq b$ | a ungleich b |
| $a < b$ | a kleiner b |
| $a > b$ | a größer b |
| $a \leq b$ | a kleiner oder gleich b |
| $a \geq b$ | a größer oder gleich b |
| $a \approx b$ | a ungefähr gleich (rund) b |
| $\lvert a \rvert$ | (absoluter) Betrag von a |
| $a^n$ | Potenz aus Basis a und Exponent n; a hoch n |
| $\sqrt{a}$ | Quadratwurzel aus a ($a \geq 0$) |
| p% | p Prozent |
| p‰ | p Promille |

## Geometrie

| | |
|---|---|
| AB | Verbindungsgerade durch die Punkte A und B; Gerade durch A und B |
| $\overline{AB}$ | Verbindungsstrecke der Punkte A und B; Strecke mit den Endpunkten A und B; Länge der Strecke $\overline{AB}$ |
| $\overrightarrow{AB}$ | Strahl mit dem Anfangspunkt A durch den Punkt B |
| $g \parallel h$ | g ist parallel zu h |
| $g \nparallel h$ | g ist nicht parallel zu h |
| $g \perp h$ | g ist orthogonal zu h |
| $g \not\perp h$ | g ist nicht orthogonal zu h |
| $P(x \vert y)$ | Punkt mit den Koordinaten x und y |
| ABC | Dreieck mit den Eckpunkten A, B und C |
| ABCD | Viereck mit den Eckpunkten A, B, C und D |
| $\sphericalangle ASB$ | Winkel mit dem Scheitel S und den Schenkeln $\overrightarrow{SA}$ und $\overrightarrow{SB}$, der bei Linksdrehung von $\overrightarrow{SA}$ auf $\overrightarrow{SB}$ entsteht |

# Stichwortverzeichnis